现代物理海洋学丛书

海洋动力系统控制方程组集及其解析应用实例

袁业立 著

科学出版社

北 京

内 容 简 介

海洋动力系统是物理海洋学与系统科学相结合的一种现代科学技术基础研究架构。它主要包括提出具有物理确定性的控制机制两层次运动类划分原则和构造具有数学自洽性的运动类描述量可加性的分解-合成演算样式以及在与原始 Navier-Stokes 控制方程组保持一致性意义下导出运动类相互作用的控制方程组完备集。理论研究结果对“高精度-全覆盖海洋资料集”相关观测和观测计算现象无一缺失的动力学解译，检验了海洋动力系统基础研究架构的现代物理海洋学精密科学定量描述能力。

本书是“现代物理海洋学丛书”的首本，是在“现代”意义下编写的一本物理海洋学高等教材，借以系统地提高专业博士研究生和高级研究人员的基础水平。

审图号：GS 京（2024）1321 号

图书在版编目（CIP）数据

海洋动力系统控制方程组集及其解析应用实例/袁业立著. —北京：科学出版社，2024.9

ISBN 978-7-03-074846-1

Ⅰ. ①海… Ⅱ. ①袁… Ⅲ. ①海洋动力学–动力系统–研究 Ⅳ. ①P731.2

中国国家版本馆 CIP 数据核字（2023）第 027004 号

责任编辑：陈艳峰 钱 俊/责任校对：彭珍珍

责任印制：张 伟/封面设计：无极书装

科学出版社出版

北京东黄城根北街 16 号

邮政编码：100717

http://www.sciencep.com

北京富资园科技发展有限公司印刷

科学出版社发行 各地新华书店经销

*

2024 年 9 月第 一 版 开本：720×1000 1/16

2024 年 9 月第一次印刷 印张：27 1/2

字数：308 000

定价：268.00 元

（如有印装质量问题，我社负责调换）

问题并不在于你掌握的学科知识有多广、多深，这仅涉及你对知识完备性的美学追求；而在于你对学科知识存在问题的敏感、准确和锲而不舍，那里有一扇扇未知宝库大门在等待着你去打开。

——袁业立

前　言

海洋动力系统是物理海洋学与系统科学相结合的一种现代科学技术基础研究架构。它主要包括提出具有物理确定性的控制机制两层次运动类划分原则、构造具有数学自洽性的运动类描述量可加性分解-合成演算样式以及在与原始 Navier-Stokes 控制方程组保持一致性的意义下导出运动类相互作用的控制方程组完备集。在本书写作期间，我们还运用一些独到的解析研究技巧对有代表性的重要领域开展了检验性的研究尝试，得到了一些称得上海洋湍流混合动力学初步、“一般海洋”简化重力波动“统一解析理论”和“一般海洋”简化重力涡旋“统一解析理论”的研究成果。理论结果对“高精度-全覆盖海洋资料集”相关观测和观测计算现象无一缺失的动力学解译，检验了海洋动力系统基础研究架构的现代物理海洋学数学物理描述能力和精密科学解题能力。

本书是“现代物理海洋学丛书”的首本，是在“现代”意义下编写的一本物理海洋学高等教材，以系统地提高专业博士研究生和高级研究人员的基础研究水平。

在本前言中，我们将给出“海洋动力系统”基本命题的提出过程和重要应用课题的解析解题细节。

1. “海洋混合”问题带来的思考

那是在大约 20 年前回归研究正道的时候，我把“海洋混合”选作这辈子最后的研究课题。本期望能在一个不太长的时间里做出一些看得过去的研究成果，例如对先前所提出“海浪生湍流对环流混合系数”命题给出能称得上“严谨”的动力学解译论述，以此作为“离开纷扰凡世，放心颐养天年”的一个说得过去的理由。实际上，这个问题在任何方面都远比按Prandtl混合模型给出能把海浪数值模式和环流数值模式耦合起来，大幅提高上层海洋数值模拟效果的“半经验半理论混合系数”要困难得多。

研究刚开题我就陷入一种完全没有头绪的境地，茫无边际、不知所措，以至于连个问题提法都拿不出来。好在这时我已经“博得”了自由身，虽然被“剥夺”了申请课题的权力，但是还算有点家底积蓄，更有山东省政府的一份“就是要支持”的拨款，能任我在知识的海洋里寻觅，敲门问津、请教对话。这时我才体会到，弄清一门学问的“存在问题”，远比知道这门学科的“知识内容”要重要得多。这时面对的挑战实在太大，有时也会暗地里埋怨上苍，在这个离享福只有一步之遥的地方，还要来引诱我去做那上不去下不来的活儿。在那昏天黑地的日子里有这么一天，也不知是哪根心弦被什么拨动了一下，发出切切的私语：“海洋混合”应当包括非线性力湍流对重力波动、重力涡旋和地转力环流的混合作用，以及还应当包括重力波动和重力涡旋对地转力环流混合的总和。这里，请你暂时忍受一下我所采用的“规范化”运动类相互作用用语，它们实际上是需要在海洋动力系统框架下加以严谨论述和定义的。既然“海洋混合”的物理本质在于运动类之间的相互作用，我们就应当在做这件事之前大补一下从事相互作用研究的系统科学知识。

在不多的系统科学本本中，我选了一本算得上大部头的中文版高等教科书读物，开始了“一气猛读，反复推敲”的学习过程。初读起来都是些喋喋不休的文字叙述，偶尔才有几条集合论的推理表述；细读起来真是大有滋味，它包罗了整个物理海洋学的学科范畴，也在相互作用意义上提升和完善了物理海洋学的知识体系。它实际上展现的是一条跨时代的研究路线，帮助我们轻易地跨过了物理海洋学从“近代”到“现代”的认识论鸿沟。

采用集合论的表示形式，物理海洋学的主要研究对象：海洋运动的总和，它作为一个系统 S，可以表示为运动元集合 $A=\{a_i\}$ 及其相互作用元集合 $R=\{r_{i,j}\}$ 的联系关系

$$S=S(A;R)。\tag{1}$$

其实，这个关联关系对于我们并不陌生，它实际上就是质量守恒、动量平衡、总能量守恒和物质守恒等物理规律所决定的海洋运动方程和边界条件。这组有完全确定意义的海洋运动控制方程组是物理海洋学数学物理描述的出发点。它通常被称为海洋流体力学原始 Navier-Stokes 控制方程组，对于海洋动力系统的发展当然也是具有根本意义的。依据自然资源部第一海洋研究所研究生教育所形成的基础教材所编写的本书第一篇，它主要包括海洋流体动力学及其平衡态热力学、海洋流体动力学控制方程组以及它们的主要实用形式等三章。希望我们的编写能对初学者和研究者都能起到经典查询的作用。值得庆幸的是，我们这套教材的组织思想与后来于2010年发布的联合国教科文组织官方文件：《TEOS-10》是高度一致的。

2. 海洋动力系统概念的提出

从本质上讲，所导出的海洋流体力学原始 Navier–Stokes 控制方程组

是物理上完全确定的。但是，想要用它们或它们的 Boussinesq 近似来计算得到全部海洋运动实际上是一件几乎不可能做到的事情。因为，它不仅需要有能计算从热耗散湍流到全大洋环流海洋运动的高性能计算机参与，更需要有能分辨所有这些运动并能保持其物理计算精准要求的计算格式参与；更不要说这里还涉及到计算数值结果的运动类分解-合成演算方法和技术，这些都是至今尚无值得提及研究进展的学科领域。这三条完全超出我们在可看到的将来所能拥有的科学知识范畴和科学技术能力限制。

好在系统科学的知识告诉我们，复杂系统的元素和元素关联关系实际上是存在着一致性的成群性差异的。我们可以依据这种成群性差异将一个复杂系统区隔成“运动类互不叠置和海洋运动全覆盖”的元素子集合 $A_l=\left\{S_j\right\}_l$ 和相互作用子集合 $R_l=\left\{R_{j,k}\right\}_l$ 所构成的子系统总和，这样，复杂系统实际上是可以写成如下可加性子系统的分解-合成形式

$$S=\sum_l S_l\left(A_l;R_l\right), \tag{2}$$

这里的子系统是它元素和它元素与系统元素相互作用的集合论表示。这种子系统对于我们也是不陌生的，它就是可加性运动类划分的海洋动力系统，它的数学物理表示就是运动类可加性的海洋动力系统控制方程组完备集。

衔接海洋流体力学原始 Navier-Stokes 控制方程组和海洋动力系统运动类可加性控制方程组集的运算规则实际上就是按运动类划分控制机制原则所构建的运动类分解-合成演算样式。它包括与“作用力控制与否”有关的运动类样本集合上定义的 Reynolds 平均运算和与“控制力平衡状态动与静”有关的控制力平衡方程时间变化项的有无可加性运算。按照这两

种可加性演算所构建的运动类分解-合成演算样式，我们不难得到与海洋流体力学原始 Navier-Stokes 控制方程组保持一致性的海洋动力系统运动类可加性控制方程组完备集。在这个控制方程组集内运动类相互作用被精准表示为三类项，它们依次是（1）前类运动对本类运动的输运通量偏差剩余混合项，（2）本类运动的自身非线性相互作用项，（3）后类运动对本类运动的剪切-梯度生成项。

为了打下海洋动力系统运动类可加性控制方程组集的导出基础，所编写的本书第二篇将包括名为系统科学概要和海洋动力系统研究框架建立的两章。前一章是一些有关的系统科学知识积累，也有作者自己在系统科学和物理海洋学结合方面的一些心得体会，它们是构建海洋动力系统的核心思想。希望通过小酌“系统科学概要”一杯，起到在物理海洋学这一潭池水中掀起学习引入系统科学概念、思想和知识体系的一簇浪花作用。后一章是海洋动力系统研究框架的建立，其中包括提出具有物理确定性的控制机制运动类划分原则和构建运动类描述量可加性的分解-合成演算样式。这样，我们才有与原始 Navier-Stokes 控制方程组保持一致性的运动控制方程组完备集的导出。给出的控制方程组完备集推演细节，是希望初学者和研究者能在“描红”的过程中，传承海洋动力系统提出问题和解决问题的能力，养成一种新型的现代物理海洋学研究工作严谨习惯。

3. 现代物理海洋学解题能力的系列解析检验

海洋动力系统作为物理海洋学崭新的现代科学研究框架，我们要求在本书的第三篇中能对它做有深度的系列性解析研究能力检验。在海洋动力系统偏爱的运动类相互作用研究中，要想得到问题的可解析解简化，一般有三种做法可供选择，一是“基本运动形态下的简化研究”，它可以包括（1）三维性、各向同性和饱和平衡的湍流基本运动形态，它也是湍流闭合假定结构均衡形式表示的提出依据；（2）充分成长和饱和平衡的重力波动和重力涡旋基本运动形态，它可以是统计动力学时间平稳的或水平空间均匀的。二是“忽略前类运动对本类运动的输运通量偏差剩余混合项和本类运动的自身非线性相互作用项，仅保留具有线性形式的后类运动对本类运动的速度剪切-温盐梯度生成项”。三是“不同坐标系和坐标变换所带来的可解析解简化好处”，特别是环流局域自然坐标系表示的大尺度离心力作用和 Sigma 坐标变换显示的大尺度坡度地形效应。引入这三类可解析处理我们在相当宽的范畴内，摆脱了参数化处理的束缚，创造性地走出了一条非参数化的技术路线。

在第三篇第一子篇中，我们从海洋动力系统湍流控制方程组出发，采用第一种解析做法，给出湍流输运通量 Fourier 律有量纲参变量和无量纲系数的结构均衡形式表示。把湍流混合问题归结为或解析地或数值地求解基本特征量：湍流动能和动能耗散率，在饱和平衡意义下按简约湍流动能方程得到基本特征量的理论关系，其中包括单一参变量：湍流剩余类运动密度垂直修正的速度剪切模的引入。在由湍流动能耗散率测量得到基本特征量实验关系的分析过程中，我们可以将其统一归纳为海浪和内波或湍流剩余类运动单一参变量的四次方律。从而，演算得湍流基本特征量和混合系数的上确界解析估计。采用所得到的湍流耗散率测量分析结构均衡形式表示，我们还可以闭合所得到的简约湍流耗散率方程。这样，结合已经得到的简约闭合湍流动能方程，我们实际上已经有了由两个基本特征量方程以及基本输运通量和混合系数结构均衡形式表示构成的湍流混合动力学初步，它们实际上构成了海洋动力系统数值模式体系湍流特征量的精密科学描述。

在第三篇的第二子篇中我们从重力波动控制方程组出发，采用第二、三种解析做法得到“一般海洋”简化下包括海浪和内波的重力波动“统一解析理论”。包括惯性波在内的三种波动只是统一解析解在广义 Vaisala 频率和广义惯性频率分割的三个频率段上的具体表现。这样简单的结果也只有在重力波动控制方程组基础上才可能得到。所建立的考虑流场剪切、密度垂直变化和大坡度地形变化的三种波动“统一解析理论”可以用来做重力波动观测，特别是遥感测量现象的动力学解译依据。

在第三篇的第三子篇中，我们将检验工作转向黑潮这一西北太平洋最重要海洋现象上来。如众所周知，高分辨和大覆盖的“海洋资料集”正在世界范围内形成，改变着人们对海洋运动的认知水平。在本子篇所属三章的中间一章中，我们把资料分析研究分成两部分，首先是给出有三个负曲率转弯处和一个正曲率转弯处以及包括它们之间两个平直段分布的“黑潮流径”基本弯曲形态和黑潮运动主要观测和观测计算现象的惯性力环流与重力涡旋相互作用运动本质的“海洋资料集”基础认定。随后是将主要黑潮观测和观测计算运动现象划归为北太平洋“西部边界流径”、“黑潮分支”和“多核结构”的三类分属。在“西部边界流径”一类现象中我们发现，在吕宋海峡到图格拉海峡之间黑潮流经断续槽状地形的中间海域，存在着一条高度计 SSH 资料的统计偏差低值带；在“黑潮分支”一类现象中我们发现，它们与“黑潮流径”的三个负曲率转弯处有着非常好的一一对应关系；在“多核结构”一类观测现象中我们发现，这类以测量计算为依据的运动元规律性排列，实际上是更多出现在PN断面上的。碰巧这个PN断面正好处于远台湾东北正曲率转弯处和九州西南负曲率转弯处之间的流径平直段上。所提出的重力涡旋“统一解析理论”能帮助我们对观测和观测计算现象做无一缺失的定性定量解析解译，这是一种非常严厉的分析检验。

在第三子篇所属三章的第一章中，为了考虑黑潮流径弯曲和大地形变化对问题的影响，我们从环流局域自然坐标系和Sigma坐标变换的重力涡旋控制方程组出发，采用第二、三种解析做法，可以得到“一般海洋”简化的重力涡旋“统一解析理论”。其中所得到的“解析解存在性限制条件”实际上就是问题确定的复频率-波数关系，它的两个因子正好可以作为重力涡旋两种运动形态：垂直旋转指向和水平旋转指向重力涡旋的定义式。它们惊人地对应于“海洋资料集”分析的两种运动现象：“黑潮分支”和“多核结构”的两种基本运动元：垂直和水平旋转指向的重力涡旋运动。

在第三子篇所属三章的第三章中，我们首先证明了所得结果实际上是能覆盖重力控制和地转力控制的两类涡旋，它表明我们的重力涡旋实际上是有泛中尺度涡旋的意义的。在解译高度计SSH资料统计偏差低值带存在的同时，我们还指出“多核结构”的运动元也会主要分布在海槽的大陆坡海域。在解译“黑潮分支”在负曲率流径转弯处，会因有更大成长指数运动元缓慢泻出而生成发展的同时，我们可以解译“多核结构”在零曲率流径平直段上，会因有最大成长指数运动元的缓慢移动而有强的生成发展形成。在做“多核结构”核间距测量计算估计检验时，我们可以同时解析指出，“多核结构”将在陆坡海域存在，并呈陆架一侧小、大洋一侧大的分布态势，甚至理论的核间距预测值分布也能精确达到从 O(27km) 到 O(42km) 的实测计算定量水平。

这里，我们仍愿意以 M. Planck 的那句著名的话作为本前言的结束语，与读者共享。“科学是一个内在联系的知识整体，它被分为若干个孤立部分来研究，不是取决于事物的本质，而是取决于人类认识能力的局限性”。在物理海洋学从“近代”跨入“现代”的当下，我们需要具有物理分类确定性、数学演算相洽性和与原始 Navier-Stokes 控制方程组保持一致性的海洋动力系统基础研究架构。这里有崭新的现代自然科学光辉，有物理海洋科学的光彩夺目未来。

最后，感谢国家自然科学基金创新研究群体项目“新型海洋与气候模式的发展”（项目批准号 41821004）对本书的资助。

袁业立

2023 年 2 月 28 日

目　录

第一篇　海洋流体运动基本控制方程组

坚持不懈，目标始终如一。　　攻坚克难，好好做学问。

第一篇
海洋流体运动基本控制方程组

第一章

海洋流体及其平衡态热力学基础

鉴于海洋流体，海水的热力学弛豫时空尺度远小于动力学趋稳时空尺度，海洋运动可以认为是热力学平衡态和动力学非平衡态的。在$\{p,T,s;\zeta\}$变量系中热力学的所有参变量和属性量被归结为 Gibbs 势函数的平衡态表示式，它们是近年来形成的 TEOS-10 测定系统的理论和实践基础。

1.1　海洋流体的形成演化和组分模型

海洋流体，海水的组分特征是与其形成演化过程密切相关的。

1.1.1　海洋流体的形成演化简要模型

我们将用以下两点来给出海水形成演化的简要模型。

1. 地球的含水量估计

按化学动力学原理，氢元素 H 和氧元素 O 以两种反应状态存在的可能性最大，它们分别是

$$H_2+2O=2OH \tag{1.1}$$

和

$$H_2+O=H_2O, \tag{1.2}$$

所谓含水量就是指处于这两种存在形式的氢元素和氧元素的总和。

为了估计地球的含水量，我们可以追溯到 45 亿年以前，太阳星云开始形成太阳系的时候，那时，绝大部分的星云物质在万有引力作用下聚集在它的旋转中心附近，演化形成我们的恒星：太阳。较少部分的星云物质聚集在太阳的旋转平面附近，呈多条带状分布。不同条带的物质也在万有引力作用下继续旋转维持，发生碰撞，各自聚集，形成演化为如今依然复杂莫测的太阳-行星系列。按这个粗浅的模型，我们可以用长期以来运行在地球周围，其中极少数会以陨石形式坠落于地球上的物质：地球陨石作为组成原始地球物质的参照标本。虽然它们已经并存了 45 亿年，我们仍以这些陨石标本的收集和测定，作为估计地球含水量的样本依据。大量地

球陨石的收集和测定表明，它们都是不同程度含水的，其中各类碳质球粒陨石的含水量还相当高。这些情况可以由表 1.1 所列的测定值见其一斑。

表 1.1 地球陨石种类及其密度和含水量测定表

种类	密度（g/cm^3）	含水量（%）
碳质球粒陨石Ⅰ	2.20	20
碳质球粒陨石Ⅱ	2.60-2.90	13
碳质球粒陨石Ⅲ	3.40	0.69
普通球粒陨石	3.20-3.60	0.27
地球地壳	5.52	3.2×10^{-2}
月球表层	3.35	1.5×10^{-2}

比较地球物质与地球陨石的组分测定，可以认为地球物质组分与获取陨石中的普通球粒陨石最为接近，我们可以用这种陨石的测定作为推算地球含水量的基本依据。依此估算的地球含水量约为 2.000×10^{25}g。现代地球沿指向地心的垂直方向大致可以被划分为地壳、地幔和地核三部分。地壳含水量主要分布在海水、江河湖水和极区冰以及沉积物和岩石三个圈层中。列于表 1.2 中的是按这三个圈层估计的含水量，所得地壳含水量约为 1.89×10^{24}g。它要比前面所估计的地球含水量小得多，这样，一个自然的推断应当是，大约还有 1.811×10^{25}g 的含水量实际存在于地壳以下的地幔和地核之中，它大致是地壳含水量的近 10 倍。

表 1.2 地壳含水量的区带估计

编号	区带	含水量/g
1	海水、河湖水与极区冰	1.45×10^{24}
2	沉积物	0.20×10^{24}
3	岩石	0.24×10^{24}
总和	地壳	1.89×10^{24}

既然地球有这么大的含水量，那么，这个含水量的十分之一是怎样聚集到地球表面形成原始海洋的呢？原始海水又是怎样演化成现代海水的呢？我们将分原始海洋形成演化简要模型和现代海水定比组成两节加以概说。

2. 原始海洋形成演化的简要模型

我们可以用一个简要模型，来理解原始海洋的形成和演化，它主要包括以下三点。

1）关于原始大气几乎为零的认知

所谓原始大气指的是地球刚完成其物质聚集时的地表以上大气。在大约 45 亿年前地球刚完成其物质从条带到球体的聚集时，地表以上空间实际上是并无可辨识大气的，这是现今宇宙间陨石存在形式的一种自然推论。这一点也可以用现代大气中氩$(\mathrm{Ar}-40)$的形成关系

$$\begin{aligned}&\text{现代大气}(\mathrm{Ar}-40)\\&=\text{原始大气}(\mathrm{Ar}-40)+45\text{ 亿年间脱气积存大气}(\mathrm{Ar}-40)\end{aligned} \tag{1.3}$$

加以论述说明。事实上,它的右端第一项又可以写成如下双因子形式

$$\begin{aligned}&\text{原始大气}(\mathrm{Ar}-40)\\&=\text{原始大气}(\mathrm{Ar}-36)\times\text{地球形成时大气}\left(\frac{\mathrm{Ar}-40}{\mathrm{Ar}-36}\right)\text{。}\end{aligned} \tag{1.4}$$

按地球化学研究成果这两个因子的估计值可分别给出为

$$\text{原始大气}(\mathrm{Ar}-36)=2.2\times10^{17}\,\mathrm{g} \tag{1.5}$$

和

$$\text{地球形成时大气}\left(\frac{\mathrm{Ar}-40}{\mathrm{Ar}-36}\right)=3.0\times10^{-5}\text{。} \tag{1.6}$$

这样，按（1.4）式推算的原始大气$(\mathrm{Ar}-40)$值应为

$$\text{原始大气}(\mathrm{Ar}-40)=6.6\times10^{14}\,\mathrm{g}\ 。\tag{1.7}$$

它仅是现代大气观测分析值

$$\text{现代大气}(\mathrm{Ar}-40)=6.56\times10^{19}\,\mathrm{g}\tag{1.8}$$

的十万分之一。这一估计支持一个对大气演化的认识，即原始大气的存在对大气的演化是可以被忽略的，它不会对现代大气有大的影响。这样，现代大气物质主要是由地球内部物质蜕变形成的，是由脱气过程向地表以上空间排放，受万有引力作用在那里聚集而成的。

2）地球形成的初期演化和原始海洋形成

从 45 亿年前地球物质完成聚集之时起，在万有引力的作用下地球物质开始收缩、挤压和发热，在化学分解-化合过程和原子裂变-聚变过程中所产生的含水物质，包括浓浊的水溶液和浑浊的水蒸气，会以液体形式向上运动，向地表供水和聚集大气。

收缩、挤压和发热可以使原始地球物质达到能使橄榄岩熔融的温度，约为 1.2×10^{3} ℃，这时硅酸盐类物质开始熔化，较重的金属物质，不论熔化与否，都会向下沉降而形成地核物质。地核物质会因极高的收缩和挤压而发生裂变-聚变反应，进一步发热达到极高的核反应温度，例如 10^{8}℃以上，使整个地球都开始熔化，地球进入其形成史上最活跃的阶段。这时，先前供水过程所形成的地表含水物质也会被汽化，脱气和汽化过程所排出的各种气态物质，在地球引力维持下形成浓浊的原始大气。

后来，所有物理化学过程，包括核反应过程在地球表层都会逐渐趋缓，脱气过程逐渐减弱，辐射冷却使地壳降温固化。最后，地表温度降到地表

水的沸点以下，浑浊水汽开始凝结形成浑浊降水，在地壳温度低的地方聚集形成原始海洋。那时的海洋，除在大气的驱动下形成各种形式的运动以外，还因地壳温度的不均匀分布，形成激烈的对流和较大尺度的环流。这里的对流与现今深海热液喷发区相似，它们和原始海洋的其他运动形态一起，对海水起着重要的混合和输运作用。

3）从古至今的海洋演化和现代海洋形成

原始海洋一旦形成，它就处于不断运动的复杂过程中，在太阳辐射、大气驱动以及各种海面和海底通量作用下，产生包括湍流、波动、涡旋、环流的各类海洋运动。实际上，海洋、湖泊、江河和地下的液态水和大气的气态水，在蒸发、降水、渗流、径流的作用下联成一个整体，形成全球尺度的水循环。与全球尺度水循环相联系的是陆地、海洋、大气之间的相互作用，这将带来更加复杂的全球尺度物质输运。在全球尺度的水循环和物质输运过程中，结合与海洋自身运动相关的迁移输运和搅拌混合，对海底变迁和海岸带形成以及海水组分变化起着重要或决定的作用。

地球演化也在不断影响着原始海洋演变和现代海洋形成，最典型的有与板块运动相联系的海洋重新分割和海洋环流形态改变，与地质年代相联系的海平面升降，以及与地球生物圈形成和进化相联系的物质输运和海水更新等。当然更大尺度的天体系统，特别是太阳-行星-月球系统也对现代海洋的形成演化起着重要的作用。

1.1.2 海水组分定比关系和盐度定义

从元素地球化学平衡的角度看，在几十亿年时间和全球范围内，海洋水、地表水、地下水和大气水的物相转换、搅拌混合和物质输运，特别是各类海洋运动对地球水的物质输运和搅拌混合是形成现代海水化学组分定比关系的主要物理化学机制。海水是多种物质的水溶液，被溶解的物质主要是一些以离子形态存在的强电解质。用$m_1, m_2, \cdots, m_{n-1}$来标记质量为$m$的海水所溶解各组分物质的质量，用$m_n$标记海水所含纯水组分的质量，用$m_S = \sum_1^{n-1} m_i$标记所含非纯水物质质量的总和，这样，海水的总质量可写成

$$m = \sum_1^{n} m_i = \sum_1^{n-1} m_i + m_n = m_S + m_n \ , \tag{1.9}$$

海水盐度s（下文简称盐度）是非纯水物质所占的海水质量分数

$$s \equiv \frac{m_S}{m} = \frac{1}{m} \sum_{i=1}^{n-1} m_i \ , \tag{1.10}$$

海水纯水度W是纯水物质所占的海水质量分数

$$W = \frac{m_n}{m} \ 。 \tag{1.11}$$

盐度通常还以 g/kg 或 0/00 为单位，以大写字S来标记，即

$$S = 1000 s \ 。 \tag{1.12}$$

所谓海水组分定比关系指的是，在远离海岸的大洋深部海域，经过充分搅拌混合和输运循环作用的上中层海水中，溶解物质组分质量m_k相对于总量$m_S = \sum_{i=1}^{n-1} m_i$的含量

$$\lambda_k = \frac{m_k}{m_S}，（因此\ \ m_k = \lambda_k \sum_{i=1}^{n-1} m_i\ ） \tag{1.13}$$

非常接近常数的存在事实。这里，海水溶解物质组分质量比λ_k，$(k = 1, \cdots, n-1)$被称为定比常数，它满足归一化关系

$$\sum_{k=1}^{n-1} \lambda_k = 1 \ 。 \tag{1.14}$$

这个被称为定比关系的海水组分属性是1891年首先由马赛特提出的。

一般海水中主要有15种溶解物质，引自TEOS-10文件的定比常数测定值被列于表1.3中，它们是按盐度的定义和所提出的定比关系，海水中

表1.3　主要海水物质成分及其定比常数

组分物质	定比常数	组分物质	定比常数
Na^+	0.306 595 8	Br^-	0.001 913 4
Mg^{2+}	0.036 505 5	CO_3^{2-}	0.000 407 8
Ca^{2+}	0.011 718 6	$B(OH)_4^-$	0.000 225 9
K^+	0.011 349 5	F^-	0.000 036 9
Sr^{2+}	0.000 226 0	$(OH)^-$	0.000 003 8
Cl^-	0.550 339 6	$B(OH)_3$	0.000 552 7
SO_4^{2-}	0.077 131 9	CO_2	0.000 012 1
HCO_3^-	0.002 980 5	总计	1.000 000 0

的任一组分物质浓度可写成

$$\frac{m_k}{m}=\left(\frac{m_k}{\sum_{i=1}^{n-1} m_i}\right)\left(\frac{\sum_{i=1}^{n-1} m_i}{m}\right)=\lambda_k s\ ,\quad k=1,\cdots,n-1\ , \tag{1.15}$$

即海水某溶解物质组分，其浓度可用盐度乘以该组分物质定比常数算得。

许多海洋现象和过程都与海水盐度及其分布有关，盐度成为海水最重要的基本热力学变量。精确地测定各种物质组分的浓度和给出严格意义的盐度是一件十分重要的，也是十分困难的事情。长期以来人们对此进行了广泛的研究，引进了各种实用盐度定义。最新的TEOS-10标准显示，这一领域的研究方向是，使基本热力学变量$\{p,T,s;\zeta\}$的测定尽量符合平衡态热力学的理论定义，采用Gibbs势函数的精确拟合结果，按热力学关系式计算能表示各种海水物理属性的热力学参变量。TEOS-10标准的具体细节见

本章的第三部分。

1.2　海水的平衡态热力学

1.2.1　海水质点和局部热力学平衡态

1. 海水质点

海水在海洋中的存在和运动是物理海洋学研究的主要对象。通常采用赋予流体质点上的宏观量来描述海水的存在和运动状态，如速度$\{u_1,u_2,u_3\}$和压强p，温度T、盐度s和密度ρ，分子粘滞系数ν、传导系数κ和扩散系数D等就是这种宏观描述量。质点既是与流体宏观量连续性相联系的几何点，又是与宏观量的统计定义相联系的微体质心点。它的大小应比流体运动特征空间尺度小得多，流体质点可以被抽象为空间几何点构成的连续点线面体；它的大小要比组成连续介质的最小空间尺度，分子自由程大得多，可以把微体统计定义的宏观量置于连续微体的质心点上。

运动特征空间尺度一般指运动的范围或运动描述量两个最近极值点之间的距离。运动特征空间尺度因运动类不同而有很大差异，因此相应的海水质点大小也可以有很不一样的理解。考虑到海洋运动特征尺度和有关计算网格尺度的估计，我们在表 1.4 中列出以运动特征空间尺度和以其十万分之一作为质点大小的估计。这些数值有助于我们理解相对不同运动类的不同质点表意。以上所推荐的质点大小估计，进一步也帮助我们理解海洋质点宏观量的测量意义。它表明，在研究海浪和内波时，质点宏观量测量可以理解为具有湍流元平均意义，而在研究垂直和水平旋转指向重力涡旋时，质点宏观量测量可以理解为具有波动元平均意义。对质点宏观量的理解不但影响现场测量和资料分析，也影响理论模型的建立和数值模式的研制，以及观测-模拟-理论结果的分析，甚至海洋仪器的设计。

表 1.4　不同类海洋运动的空间尺度和对其海水质点大小的理解

海洋运动类型	运动特征空间尺度/m	海水质点大小估计/m
湍流	$(10^{-2}\sim1)\times10^{-1}$	$(10^{-2}\sim1)\times10^{-6}$
海浪	$(1\sim10^{2})$	$(1\sim10^{2})\times10^{-5}$
内波	$(1\sim10)\times10^{2}$	$(1\sim10)\times10^{-3}$
垂直旋转指向重力涡旋	$(1\sim10^{2})\times10^{2}$	$(1\sim10^{2})\times10^{-3}$
水平旋转指向重力涡旋	$(1\sim10^{2})\times10^{2}$	$(1\sim10^{2})\times10^{-3}$
环流	$(1\sim10^{2})\times10^{5}$	$(1\sim10^{2})$

2. 热力学第零定律和局部平衡态

1）热力学第零定律

热力学第零定律指出，一个物理学系统必趋于或达到其热力学过程的平衡态。物理学系统的热力学过程可以包括力学、热学和化学过程，所谓狭义的热力学过程平衡态指的是三种过程都达到不随时-空变化的状态。描述一个系统平衡态的宏观量可分为两类，一为基本宏观量，它们具有相互独立的量纲，如速度$\{u_1,u_2,u_3\}$、温度T、盐度s、压力p等。其他宏观量具有非独立的量纲，原则上可以用基本宏观量将其表示成无量纲函数形式。按量纲分析的π定理，其他宏观量可以用基本宏观量幂函数组合的局域形式表示。

热力学第零定律还指出，表示物理学系统平衡态的热力学势函数可以完全由基本宏观量确定，它与系统达到平衡态的过程或路径无关。

2）热力学局部平衡态

对于一个海水微团，即海水质点系统，其力学和热学-化学过程达到平衡态的时空尺度是不一样的。我们称力学过程达到平衡态的时空尺度为运动的趋稳时空尺度，它决定于力学过程的动力学机制以及过程范围和外力变化尺度等；而称热学-化学过程达到平衡态的时空尺度为运动的弛豫时空尺度，它决定于物质扩散、热传导、化学反应以及过程范围和外强迫变化尺度。由于海水微团的热学-化学弛豫时空尺度，要比它的力学趋稳时空尺度小得多，所以海洋流体运动可以被认为是局域热学-化学平衡态的和局域力学非平衡态的。

1.2.2　热力学势函数和 Gibbs 关系式

1. 热力学第一定律和热力学基本量：温度和熵的定义

首先让我们在经典意义下，给出海水的力学-热学-化学的平衡态规律，即热力学第一定律。

1）热力学第一定律

热力学第一定律是能量平衡律的表示形式。以 δQ 表示对物理学系统的热能输入，dU 表示系统的内能增加，δW 表示系统对外所做的功。在先不考虑化学过程的情况下，物理学系统的能量平衡律可写成

$$\delta Q = dU + \delta W \text{ 或 } \delta Q - \delta W = dU 。\tag{1.16}$$

这里内能 U 实际上是所引入的第一个热力学势函数，我们将它的变化写成微分形式。为区别起见，其他两项变化被写成增量形式。对于处于平衡态的流体微团，其热力学第一定律可写成

$$\delta Q = dU + pdV \tag{1.17}$$

的形式。这里流体微团对外所做的功被写成 $\delta W = pdV$ 的形式，其中 p 是海水的压力，V 为流体微团的体积，作为一种基本量，它的变化被记为微分

形式。

2）热力学基本量：温度和熵的定义

从数学上讲，表示热力学第一定律增量形式的表示式（1.17），只有在乘以积分因子后才能写成全微分形式。我们将用这个积分因子来定义温度，用相应的首次积分来定义熵，它是除内能以外的另一个热力学势函数。

取$\{p,\theta,V\}$作为描述流体微团的热力学基本量，其中θ为待定义的拟温度量，它是与基本量$\{p,V\}$量纲独立的另一个热力学基本量。合并两个处于热力学平衡态的流体微团，其压力相等$p_1=p_2=p$，拟温度相等$\theta_1=\theta_2=\theta$。合并后流体微团的热能输入等于合并前两个流体微团热能输入的和，合并后微团的内能等于合并前两个微团内能的和

$$\delta Q=\delta Q_1+\delta Q_2\,,\quad dU=dU_1+dU_2\,。\tag{1.18}$$

合并前两个微团的内能可分别写成热力学基本量$\{p,\theta,V_1\}$和$\{p,\theta,V_2\}$的函数

$$U_1=U_1(p,\theta,V_1)\,,\quad U_2=U_2(p,\theta,V_2)\,。\tag{1.19}$$

由于假定合并前两个微团的压力相同，合并后将保持不变，这样，合并前两个微团的热力学第一定律和合并后微团的热力学第一定律可分别写成

$$\delta Q_1=dU_1+pdV_1\,,\quad \delta Q_2=dU_2+pdV_2\,,\tag{1.20}$$

和

$$\delta Q=\delta Q_1+\delta Q_2=\left(\frac{\partial U_1}{\partial V_1}+p\right)dV_1+\left(\frac{\partial U_2}{\partial V_2}+p\right)dV_2+\left(\frac{\partial U_1}{\partial \theta}+\frac{\partial U_2}{\partial \theta}\right)d\theta\,。\tag{1.21}$$

这里，认为合并后拟温度是可能变化的，即$d\theta$可以不为零。

设表示式（1.18）和（1.19）的右端分别有积分因子$\left\{\frac{1}{\gamma_1},\frac{1}{\gamma_2}\right\}$和$\frac{1}{\gamma}$，相应的首次积分分别为$\{\phi_1,\phi_2\}$和$\phi$，这样，我们有

$$\delta Q_1=\gamma_1 d\phi_1\text{，}\quad \delta Q_2=\gamma_2 d\phi_2\text{，}\quad \delta Q=\gamma d\phi\text{，} \tag{1.22}$$

从而有

$$\gamma d\phi=\gamma_1 d\phi_1+\gamma_2 d\phi_2 \tag{1.23}$$

进一步，作从$\{V_1,V_2,\theta\}$到$\{\phi_1,\phi_2,\theta\}$的变量变换，则有

$$\gamma_1=\gamma_1(\phi_1,\theta)\text{，}\quad \gamma_2=\gamma_2(\phi_2,\theta)\text{，}\quad \gamma=\gamma(\phi,\theta)\text{，} \tag{1.24}$$

和

$$d\phi=\frac{\partial\phi}{\partial\phi_1}d\phi_1+\frac{\partial\phi}{\partial\phi_2}d\phi_2+\frac{\partial\phi}{\partial\theta}d\theta\text{。} \tag{1.25}$$

对比表示式（1.25）和（1.23），则可得

$$\frac{\partial\phi}{\partial\phi_1}=\frac{\gamma_1}{\gamma}\text{，}\quad \frac{\partial\phi}{\partial\phi_2}=\frac{\gamma_2}{\gamma}\text{，}\quad \frac{\partial\phi}{\partial\theta}=0\text{。} \tag{1.26}$$

这表明，在独立变量$\{\phi_1,\phi_2,\theta\}$下ϕ与θ无关，因此，ϕ对ϕ_1、ϕ_2的导数也与θ无关

$$\frac{\partial}{\partial\theta}\left(\frac{\gamma_1}{\gamma}\right)=\frac{\partial}{\partial\theta}\left(\frac{\gamma_2}{\gamma}\right)=0\text{。} \tag{1.27}$$

表示式（1.27）经过整理演算后，可写成

$$\frac{\partial\ln\gamma_1}{\partial\theta}=\frac{\partial\ln\gamma_2}{\partial\theta}=\frac{\partial\ln\gamma}{\partial\theta}\equiv f(\theta)\text{。} \tag{1.28}$$

这里前两个等式表明，$f(\theta)$既应仅是ϕ_1和θ的函数，又应仅是ϕ_2和θ的函数，所以它只好仅是θ的函数。这样，由表示式（1.28）的前两个等式，可得

$$\gamma_\alpha=\Phi(\phi_\alpha)\exp\left\{\int f(\theta)d\theta+c\right\}\text{。} \tag{1.29}$$

将表示式（1.29）代入考虑表示式（1.23）的（1.22），则有

$$\delta Q=\gamma d\phi=\sum\gamma_\alpha d\phi_\alpha=\exp\left\{\int f(\theta)d\theta+c\right\}\left[\sum\Phi(\phi_\alpha)d\phi_\alpha\right]\equiv T(\theta)d\eta\text{，}\tag{1.30}$$

其中

$$T(\theta)\equiv\exp\left\{\int f(\theta)d\theta+c\right\}\text{，}\quad d\eta\equiv\sum\Phi(\phi_\alpha)d\phi_\alpha\text{。}\tag{1.31}$$

这样，我们可以用表示式（1.31）的第一式，积分因子 $T(\theta)\equiv\exp\left\{\int f(\theta)d\theta+c\right\}$ 来定义温度，它仅是拟温度量的函数，其中常数 c 和函数 $f(\theta)$ 可以用拟合摄氏温标的冰点 0℃和沸点 100℃给出。同时，我们可以用表示式（1.31）的第二式，全微分 $d\eta\equiv\sum\Phi(\phi_\alpha)d\phi_\alpha$ 来得到的首次积分

$$\eta\equiv\int\sum\Phi(\phi_\alpha)d\phi_\alpha+C\text{，}\tag{1.32}$$

并用它来定义热力学势函数：熵。

将所得表示式（1.30）代入（1.17），可得不考虑化学过程的热力学第一定律表示式

$$Td\eta=dU+pdV\text{。}\tag{1.33}$$

2. 海水的热力学势函数和 Gibbs 关系式

开放的海水微团一般是处于热学-化学平衡态和力学非平衡态的。在包括化学过程，即物质过程的海水微团中，熵 η 应是内能 U、体积 V、纯水组分质量 m_W 和非纯水组分质量 $\{m_k\,|\,k=1,\cdots,n-1\}$ 的函数。这时，按热力学第一定律我们有熵 η 的微分表示式

$$d\eta=\left(\frac{\partial\eta}{\partial U}\right)_{V,m_W,m_i}dU+\left(\frac{\partial\eta}{\partial V}\right)_{U,m_W,m_i}dV+\left(\frac{\partial\eta}{\partial m_W}\right)_{U,V,m_i}dm_W+\sum_{k=1}^{n-1}\left(\frac{\partial\eta}{\partial m_k}\right)_{U,V,m_W,m_{i\neq k}}dm_k\text{。}\tag{1.34}$$

由于非纯水物质组分满足定比关系（1.13）、（1.14）和熵关系（1.31）、（1.32），则表示式（1.34）的最后一项可演算为

$$\sum_{k=1}^{n-1}\left(\frac{\partial\eta}{\partial m_k}\right)_{U,V,m_W,m_{\neq k}}dm_k \equiv \sum_{k=1}^{n-1}\left\{\partial\left[\lambda_k\eta\left(\frac{1}{\lambda_k}m_k\right)\right]\Big/\partial\left(\frac{1}{\lambda_k}m_k\right)\right\}_{U,V,m_W,m_{\neq k}}d\left(\frac{1}{\lambda_k}m_k\right) = \sum_{k=1}^{n-1}\lambda_k\left[\frac{\partial\eta(m_S)}{\partial m_S}\right]_{U,V,m_W}dm_S = \left(\frac{\partial\eta}{\partial m_S}\right)_{U,V,m_W}dm_S,\quad(1.35)$$

这样，对补充化学过程的开放微团系统，以热力学势函数，熵η描述的热力学第一定律可写成

$$Td\eta = T\left(\frac{\partial\eta}{\partial U}\right)_{V,m_W,m_S}dU + T\left(\frac{\partial\eta}{\partial V}\right)_{U,m_W,m_S}dV + T\left(\frac{\partial\eta}{\partial m_W}\right)_{U,V,m_S}dm_W + T\left(\frac{\partial\eta}{\partial m_S}\right)_{U,V,m_W}dm_S。\quad(1.36)$$

将表示式（1.36）与（1.33）作比较，我们有温度T的表示式

$$\frac{1}{T} = \left(\frac{\partial\eta}{\partial U}\right)_{V,m_W,m_S},\quad(1.37)$$

和纯水化学势μ_W和盐分化学势μ_S的定义式

$$\mu_W \equiv -T\left(\frac{\partial\eta}{\partial m_W}\right)_{U,V,m_S}\quad 和\quad \mu_S \equiv -T\left(\frac{\partial\eta}{\partial m_S}\right)_{U,V,m_W}。\quad(1.38)$$

为了导出用热力学基本量$\{p,T,V\}$表示的$\left(\frac{\partial\eta}{\partial V}\right)_{U,m_W,m_S}$，我们引用孤立系统的概念。所谓孤立系统指的是不与周围进行热量和物质交换的系统，这时，由表示式（1.33）和（1.36），我们有

$$(dU + pdV)_{\eta,m_W,m_S} = 0\quad 和\quad \left(\frac{\partial\eta}{\partial U}\right)_{V,m_W,m_S} + \left(\frac{\partial\eta}{\partial V}\right)_{U,m_W,m_S}\left(\frac{\partial V}{\partial U}\right)_{\eta,m_W,m_S} = 0,\quad(1.39)$$

从而有

$$\left(\frac{\partial\eta}{\partial V}\right)_{U,m_W,m_S} = -\frac{\left(\frac{\partial\eta}{\partial U}\right)_{V,m_W,m_S}}{\left(\frac{\partial V}{\partial U}\right)_{\eta,m_W,m_S}} = \frac{p}{T}。\quad(1.40)$$

最后，将表示式（1.37）、（1.38）和（1.40）代入（1.36），则得开放海水微团完整的热力学第一定律表示式

$$Td\eta = dU + pdV - \mu_W dm_W - \mu_S dm_S \text{。} \tag{1.41}$$

以总质量m除表示式（1.41），则得以热力学独立变量$\{\varepsilon_m, \rho, s\}$表示的，单位质量海水微团的比吉布斯（Gibbs）关系式

$$d\eta_m = \frac{1}{T}d\varepsilon_m + \frac{p}{T}d\left(\frac{1}{\rho}\right) - \frac{\mu_W}{T}d\frac{(m-m_S)}{m} - \frac{\mu_S}{T}d\frac{m_S}{m}$$

或

$$d\eta_m = \frac{1}{T}d\varepsilon_m + \frac{p}{T}d\left(\frac{1}{\rho}\right) - \frac{\mu}{T}ds \text{，} \tag{1.42}$$

其中

$$\mu \equiv \mu_S - \mu_W \text{，（即}\quad \mu \equiv \mu_S - \mu_W = \left(\frac{\partial \eta_m}{\partial s}\right)_{\varepsilon_m, \rho}\text{）} \tag{1.43}$$

为独立变量系$\{\varepsilon_m, \rho, s\}$中的海水化学势，下标$m$表示单位质量意义的比热力学势函数，如$\varepsilon_m$为比内能，$\eta_m$为比熵等。

表示式（1.42）是热力学第一定律的一种全微分形式。实际上，做适当的演算我们还可以得到热力学第一定律的其他全微分形式，它们主要有

$$d\varepsilon_m = Td\eta_m - pd\left(\frac{1}{\rho}\right) + \mu ds \text{，（独立变量系}\{\varepsilon_m, \rho, s\}\text{中的）}$$

$$d\eta_m = \frac{1}{T}d\varepsilon_m + \frac{p}{T}d\left(\frac{1}{\rho}\right) - \frac{\mu}{T}ds \text{，（独立变量系}\{\eta_m, \rho, s\}\text{中的）}$$

$$d(\varepsilon_m - T\eta_m) = -\eta_m dT - pd\left(\frac{1}{\rho}\right) + \mu ds \text{，（独立变量系}\{T, \rho, s\}\text{中的）}$$

$$d\left(\varepsilon_m + \frac{p}{\rho}\right) = Td\eta_m + \frac{1}{\rho}dp + \mu ds \text{，（独立变量系}\{\eta_m, p, s\}\text{中的）}$$

$$d\left(\varepsilon_m + \frac{p}{\rho} - T\eta_m\right) = -\eta_m dT + \frac{1}{\rho}dp + \mu ds \text{。（独立变量系}\{T, p, s\}\text{中的）} \tag{1.44}$$

这些全微分形式统称为 Gibbs 关系式，它们依次确定的热力学势函数分别

称为比熵η_m、比内能ε_m、比自由能$\psi_m=\varepsilon_m-T\eta_m$、比焓$\chi_m=\varepsilon_m+\dfrac{p}{\rho}$和比 Gibbs 势$\zeta_m=\varepsilon_m+\dfrac{p}{\rho}+T\eta_m$。这些全微分形式还表明，化学势存在用不同热力学势函数表示的形式

$$-T\left(\frac{\partial\eta_m}{\partial s}\right)_{\varepsilon_m,\rho}=\left(\frac{\partial\varepsilon_m}{\partial s}\right)_{\eta_m,\rho}=\left(\frac{\partial\psi_m}{\partial s}\right)_{T,\rho}=\left(\frac{\partial\chi_m}{\partial s}\right)_{\eta_m,p}=\left(\frac{\partial\zeta_m}{\partial s}\right)_{p,T}=\mu\text{。}\quad(1.45)$$

这样，热学-化学最常用的几种独立变量系及其热力学势函数和相应的 Gibbs 关系式可归纳整理为

1）第一种独立热力学变量系为

$$\left\{\varepsilon_m,\frac{1}{\rho},s\right\},\quad(1.46)$$

其热力学势函数为比熵

$$\eta_m,\quad(1.47)$$

相应的 Gibbs 关系式为

$$d\eta_m=\frac{1}{T}d\varepsilon_m+\frac{p}{T}d\left(\frac{1}{\rho}\right)-\frac{\mu}{T}ds\text{。}\quad(1.48)$$

2）第二种独立热力学变量系为

$$\left\{\eta_m,\frac{1}{\rho},s\right\},\quad(1.49)$$

其热力学势函数为比内能

$$\varepsilon_m,\quad(1.50)$$

相应的 Gibbs 关系式为

$$d\varepsilon_m=Td\eta_m-pd\left(\frac{1}{\rho}\right)+\mu ds\text{。}\quad(1.51)$$

3）第三种独立热力学变量系为

$$\left\{T,\frac{1}{\rho},s\right\},\quad(1.52)$$

其热力学势函数为比自由能

$$\psi_m = \varepsilon_m - T\eta_m \text{,} \tag{1.53}$$

相应的 Gibbs 关系式为

$$d\psi_m = -\eta_m dT - pd\left(\frac{1}{\rho}\right) + \mu ds \text{。} \tag{1.54}$$

4）第四种独立热力学变量系为

$$\{\eta_m, p, s\} \text{,} \tag{1.55}$$

其热力学势函数为比热焓

$$\chi_m = \varepsilon_m + \frac{p}{\rho} \text{,} \tag{1.56}$$

相应的 Gibbs 关系式为

$$d\chi_m = Td\eta_m + \frac{1}{\rho}dp + \mu ds \text{。} \tag{1.57}$$

5）第五种独立热力学变量系为

$$\{p, T, s\} \text{,} \tag{1.58}$$

其热力学势函数为比 Gibbs 势

$$\zeta_m = \varepsilon_m + \frac{p}{\rho} + T\eta_m \text{,} \tag{1.59}$$

相应的 Gibbs 关系式为

$$d\zeta_m = \frac{1}{\rho}dp - \eta_m dT + \mu ds \text{。} \tag{1.60}$$

值得注意的是，在所有独立变量系中只有$\{p, T, s\}$的前两个变量是与质量无关的，这样，按关系式

$$\lambda\zeta_m(p, T, m_s, m_W) = \zeta_m(p, T, \lambda m_s, \lambda m_W) \text{,} \tag{1.61}$$

对它做λ的导数，则可得

$$\begin{aligned}\frac{\partial\lambda\zeta_m(p,T,m_s,m_W)}{\partial\lambda}&=\zeta_m(p,T,m_s,m_W)=\frac{\partial}{\partial\lambda}\left[\zeta_m(p,T,\lambda m_s,\lambda m_W)\right]\\&=\left(m_s\frac{\partial}{\partial m_s}+m_W\frac{\partial}{\partial m_W}\right)\zeta_m(p,T,m_s,m_W)\end{aligned}\quad。\tag{1.62}$$

很明显，所有 Gibbs 关系式都是热力学第一定律在不同基本变量系中的不同表示形式。

1.2.3 海水热力学参变量及其势函数表示

1. 海水主要热力学参变量

一个热力学描述系统，包括独立变量系、热力学势函数及其 Gibbs 关系式，它们是热力学属性推演的基础。物理海洋学中常用的是，由独立变量系：$\{p,T,s\}$，热力学势函数：Gibbs 比势 $\zeta_m=\varepsilon_m+\frac{p}{\rho}+T\eta_m$ 和 Gibbs 关系式：$d\zeta_m=-\eta_m dT+\frac{1}{\rho}dp+\mu ds$ 所构成的热力学描述系统。它实际上就是 TEOS-10 文件所工作的热力学描述系统。在这个热力学描述系统中比熵、密度和化学势可写成

$$\eta_m=-\left(\frac{\partial\zeta_m}{\partial T}\right)_{p,s},\quad \rho=\left(\frac{\partial\zeta_m}{\partial p}\right)_{T,s}^{-1},\quad \mu=\left(\frac{\partial\zeta_m}{\partial s}\right)_{T,p}。\tag{1.63}$$

有关热力学参变量可定义地写成

1）定压（定盐）比热

$$C_p\equiv T\left(\frac{\partial\eta_m}{\partial T}\right)_{p,s}。\tag{1.64}$$

2）定容（定盐）比热

$$C_v\equiv T\left(\frac{\partial\eta_m}{\partial T}\right)_{\rho,s}。\tag{1.65}$$

3）绝热（定盐）温度梯度

$$\Gamma \equiv \left(\frac{\partial T}{\partial p}\right)_{\eta_m, s} 。\tag{1.66}$$

4）绝热（定盐）位温

绝热位温指的是，水质点由压强 p 处绝热（定盐）地移动到一个大气压 p_a 处所具有的温度

$$\theta(\eta_m, p, s; p_a) = T(\eta_m, p, s) + \int_p^{p_a} \Gamma(\eta_m, p, s) dp ,\tag{1.67}$$

这里（定盐）实际上有物质守恒的含义。

5）绝热（定盐）位密度

绝热位密度指的是，水质点由压强 p 处绝热（定盐）地移动到一个大气压 p_a 处所具有的密度

$$\rho_*(\eta_m, p, s; p_a) = \rho(\eta_m, p, s) + \int_p^{p_a} \left(\frac{\partial \rho}{\partial p}\right)_{\eta_m, s} dp = \rho(\eta_m, p, s) + \int_p^{p_a} c^{-2}(\eta_m, p, s) dp ,\tag{1.68}$$

其中 c 为声速

$$c^2(\eta_m, p, s) \equiv \left(\frac{\partial p}{\partial \rho}\right)_{\eta_m, s} 。\tag{1.69}$$

6）定压（定盐）热膨胀系数

$$\alpha \equiv -\frac{1}{\rho}\left(\frac{\partial \rho}{\partial T}\right)_{p, s} 。\tag{1.70}$$

7）绝热（定盐）压缩系数

$$\kappa_\eta \equiv \frac{1}{\rho}\left(\frac{\partial \rho}{\partial p}\right)_{\eta_m, s} = \frac{1}{\rho c^2} 。\tag{1.71}$$

8）定温（定盐）压缩系数

$$\kappa_T \equiv \frac{1}{\rho}\left(\frac{\partial \rho}{\partial p}\right)_{T,s} 。\tag{1.72}$$

2. 海水主要热力学参变量关系式

按诸热力学参变量的定义，采用不同热力学势函数表示的Gibbs关系式，可以导出各种热力学参变量关系式。在海洋学常用的热力学描述系统$\{p, T, s\}$中，按热力学势函数及其Gibbs关系式

$$\zeta_m = \varepsilon_m + \frac{p}{\rho} + T\eta_m\,,\quad d\zeta_m = \frac{1}{\rho}dp - \eta_m dT + \mu ds\,,\tag{1.73}$$

我们有如下热力学参量关系式

1）$$\left(\frac{\partial \mu}{\partial T}\right)_{p,s} = -\left(\frac{\partial \eta_m}{\partial s}\right)_{p,T}\quad（因为\ \frac{\partial^2 \zeta_m}{\partial s \partial T} = \frac{\partial^2 \zeta_m}{\partial T \partial s}），\tag{1.74}$$

2）$$\left(\frac{\partial \, 1/\rho}{\partial T}\right)_{p,s} = -\left(\frac{\partial \eta_m}{\partial p}\right)_{T,s}\quad（因为\ \frac{\partial^2 \zeta_m}{\partial p \partial T} = \frac{\partial^2 \zeta_m}{\partial T \partial p}），\tag{1.75}$$

3）$$\left(\frac{\partial \, 1/\rho}{\partial s}\right)_{p,T} = \left(\frac{\partial \mu}{\partial p}\right)_{T,s}\quad（因为\ \frac{\partial^2 \zeta_m}{\partial p \partial s} = \frac{\partial^2 \zeta_m}{\partial s \partial p}），\tag{1.76}$$

4）$$\left(-\frac{1}{T}\frac{\partial C_p}{\partial p}\right)_{T,s} = \left(\frac{\partial^2 \, 1/\rho}{\partial T^2}\right)_{p,s}\quad（因为\ \frac{\partial^3 \zeta_m}{\partial T^2 \partial p} = \frac{\partial^3 \zeta_m}{\partial p \partial T^2}），\tag{1.77}$$

5）$$-\left(\frac{1}{T}\frac{\partial C_p}{\partial s}\right)_{p,T} = \left(\frac{\partial^2 \mu}{\partial T^2}\right)_{p,s}\quad（因为\ \frac{\partial^3 \zeta_m}{\partial T^2 \partial s} = \frac{\partial^3 \zeta_m}{\partial s \partial T^2}），\tag{1.78}$$

这些海水热力学参变量关系式可以按导数交换形式得以证明。另一类关系式称为热力学参变量导出关系式，它们有

6）$$C_v = C_p - \frac{\alpha^2 T}{\rho \kappa_T}\tag{1.79}$$

证：按C_v的定义（1.65）式，在独立变量系$\{p,T,s\}$中，做演算

$$C_v \equiv T\left(\frac{\partial \eta_m}{\partial T}\right)_{\rho,s} = T\frac{\partial\left(\eta_m, 1/\rho\right)}{\partial\left(T, 1/\rho\right)} = T\frac{\partial\left(\eta_m, 1/\rho\right)}{\partial(T,p)}\frac{1}{\dfrac{\partial\left(T, 1/\rho\right)}{\partial(T,p)}} = T\left(\frac{\partial \eta_m}{\partial T}\right)_{p,s} + T\left(\frac{\partial\, 1/\rho}{\partial T}\right)_{T,s}^2\left(\frac{\partial\, 1/\rho}{\partial p}\right)_{T,s}^{-1},$$

或

$$C_v = C_p + T\left(\frac{\partial\, 1/\rho}{\partial T}\right)_{p,s}^2\left(\frac{\partial\, 1/\rho}{\partial p}\right)_{T,s}^{-1} = C_p + \frac{T}{\rho^2}\left(\frac{\partial \rho}{\partial T}\right)_{p,s}\left\{-\frac{1}{\rho}\left(\frac{\partial \rho}{\partial T}\right)_{p,s}\left[\frac{1}{\rho}\left(\frac{\partial \rho}{\partial p}\right)_{T,s}\right]^{-1}\right\}。$$

（1.80）

将（1.70）式和（1.72）式代入，则得

$$C_v = C_p - \frac{T\alpha^2}{\rho\kappa_T}, \tag{1.81}$$

证毕。

7）
$$\Gamma = \frac{\alpha T}{\rho C_p} \tag{1.82}$$

证：由Γ的定义（1.66）式，在独立变量系$\{T,p,s\}$中，做演算

$$\Gamma \equiv \left(\frac{\partial T}{\partial p}\right)_{\eta_m,s} = \frac{\partial(T,\eta_m)}{\partial(p,\eta_m)} = \frac{\partial(T,\eta_m)}{\partial(T,p)}\Bigg/\frac{\partial(p,\eta_m)}{\partial(T,p)} = -\left(\frac{\partial \eta_m}{\partial p}\right)_{T,s}\Bigg/\left(\frac{\partial \eta_m}{\partial T}\right)_{p,s}。 \tag{1.83}$$

将（1.74）、（1.64）和（1.69）式代入（1.83），则得

$$\Gamma = \frac{T}{C_p}\frac{\partial}{\partial T}\left(1/\rho\right) = \frac{\alpha T}{\rho C_p}, \tag{1.84}$$

证毕。

8）
$$\kappa_\eta = \kappa_T - \alpha\Gamma \tag{1.85}$$

证：按κ_η的定义式（1.70），在独立变量系$\{p,T,s\}$中，做演算

$$\kappa_\eta \equiv \frac{1}{\rho}\left(\frac{\partial \rho}{\partial p}\right)_{\eta_m,s} = \frac{1}{\rho}\frac{\partial(\rho,\eta_m)}{\partial(p,\eta_m)} = \frac{1}{\rho}\frac{\partial(\rho,\eta_m)}{\partial(T,p)} \Big/ \frac{\partial(p,\eta_m)}{\partial(T,p)}$$
$$= -\frac{1}{\rho}\left(\frac{\partial \rho}{\partial T}\frac{\partial \eta_m}{\partial p} - \frac{\partial \rho}{\partial p}\frac{\partial \eta_m}{\partial T}\right)\left(\frac{\partial \eta_m}{\partial T}\right)^{-1}$$

或

$$\begin{aligned}\kappa_\eta &= \frac{1}{\rho}\left(\frac{\partial \rho}{\partial p}\right)_{T,s} - \frac{1}{\rho}\left(\frac{\partial \rho}{\partial T}\right)_{p,s}\left[\left(\frac{\partial \eta_m}{\partial p}\right)_{T,s}\left(\frac{\partial \eta_m}{\partial T}\right)_{p,s}^{-1}\right] \\ &= \frac{1}{\rho}\left(\frac{\partial \rho}{\partial p}\right)_{T,s} - \frac{1}{\rho}\left(\frac{\partial \rho}{\partial T}\right)_{p,s}\left(-\frac{\partial T}{\partial p}\right)_{\eta_m,s}\end{aligned}。 \tag{1.86}$$

将表示式（1.72）、（1.70）和（1.66）代入（1.86），则得

$$\kappa_\eta = \kappa_T - \alpha\Gamma, \tag{1.87}$$

证毕。

9）
$$\kappa_\eta = \kappa_T \frac{C_v}{C_p} \tag{1.88}$$

证：由表示式（1.81）和（1.84）可得

$$\frac{C_v}{C_p} = \left(1 - \frac{T\alpha^2}{\rho C_p \kappa_T}\right) = \left(1 - \frac{\alpha\Gamma}{\kappa_T}\right), \tag{1.89}$$

再由表示式（1.87）可得

$$\kappa_\eta = \kappa_T\left(1 - \frac{\alpha\Gamma}{\kappa_T}\right)。 \tag{1.90}$$

对比表示式（1.89）和（1.90），则得

$$\kappa_\eta = \kappa_T \frac{C_v}{C_p}, \tag{1.91}$$

证毕。

这里的主要海水热力学参量关系式可以按等值面演算

$$\left(\frac{\partial X}{\partial Y}\right)_Z \equiv \frac{\partial(X,Z)}{\partial(Y,Z)} = \frac{\partial(X,Z)}{\partial(T,p)} \Big/ \frac{\partial(Y,Z)}{\partial(T,p)}, \tag{1.92}$$

得到。

1.2.4　海水热力学不等式

本节所给出的热力学不等式主要来自最大熵原理。所谓最大熵原理指的是，处于平衡态的孤立热力学系统，其熵值最大，即有

$$\delta\eta=0, \tag{1.93}$$

和

$$\delta^2\eta\leqslant 0。 \tag{1.94}$$

对于处于平衡态的孤立热力学系统 $\{0,2\varepsilon,2V,2m_S\}$，我们可以把它理解为由两个相等部分 $\{0,\varepsilon,V,m_S\}$ 和 $\{0,\varepsilon,V,m_S\}$ 组成。在总体积总质量不变的条件下，这两部分可认为是来源于 $\{\delta\bar{v}_1,\varepsilon+\delta\varepsilon',V+\delta V,m_S+\delta m_S\}$ 和 $\{\delta\bar{v}_2,\varepsilon+\delta\varepsilon'',V-\delta V,m_S-\delta m_S\}$ 的，这样，按最大熵原理，合成后处于平衡态的孤立系统，其热熵变化应满足不等式

$$\Delta\eta\equiv\left[\eta\left(\varepsilon+\delta\varepsilon',V+\delta V,m_S+\delta m_S\right)+\eta\left(\varepsilon+\delta\varepsilon'',V-\delta V,m_S-\delta m_S\right)\right]-\eta\left(2\varepsilon,2V,2m_S\right)\leqslant 0。 \tag{1.95}$$

展开至二阶的结果是

$$\begin{aligned}\Delta\eta=\ &\eta(1)+\frac{\partial\eta}{\partial\varepsilon}\delta\varepsilon'+\frac{\partial\eta}{\partial V}\delta V+\frac{\partial\eta}{\partial m_S}\delta m_S+\frac{1}{2}\frac{\partial^2\eta}{\partial\varepsilon^2}(\delta\varepsilon')^2+\frac{1}{2}\frac{\partial^2\eta}{\partial V^2}(\delta V)^2+\frac{1}{2}\frac{\partial^2\eta}{\partial m_S^2}(\delta m_S)^2\\&+\frac{\partial^2\eta}{\partial\varepsilon\partial V}(\delta\varepsilon'\delta V)+\frac{\partial^2\eta}{\partial\varepsilon\partial m_S}(\delta\varepsilon'\delta m_S)+\frac{\partial^2\eta}{\partial V\partial m_S}(\delta V\delta m_S)+\eta(1)+\frac{\partial\eta}{\partial\varepsilon}\delta\varepsilon''+\frac{\partial\eta}{\partial V}(-\delta V)\\&+\frac{\partial\eta}{\partial m_S}(-\delta m_S)+\frac{1}{2}\frac{\partial^2\eta}{\partial\varepsilon^2}(\delta\varepsilon'')^2+\frac{1}{2}\frac{\partial^2\eta}{\partial V^2}(-\delta V)^2+\frac{1}{2}\frac{\partial^2\eta}{\partial m_S^2}(-\delta m_S)^2+\frac{\partial^2\eta}{\partial\varepsilon\partial V}\delta\varepsilon''(-\delta V)\\&+\frac{\partial^2\eta}{\partial\varepsilon\partial m_S}\delta\varepsilon''(-\delta m_S)+\frac{\partial^2\eta}{\partial V\partial m_S}(-\delta V)(-\delta m_S)-\eta(2)\leqslant 0\end{aligned},$$

或

$$\Delta\eta=\frac{\partial\eta}{\partial\varepsilon}\delta\varepsilon'+\frac{\partial\eta}{\partial\varepsilon}\delta\varepsilon''+\frac{1}{2}\frac{\partial^2\eta}{\partial\varepsilon^2}(\delta\varepsilon')^2+\frac{1}{2}\frac{\partial^2\eta}{\partial\varepsilon^2}(\delta\varepsilon'')^2+\frac{\partial^2\eta}{\partial\varepsilon\partial V}(\delta\varepsilon'\delta V)$$
$$-\frac{\partial^2\eta}{\partial\varepsilon\partial V}(\delta\varepsilon''\delta V)+\frac{\partial^2\eta}{\partial\varepsilon\partial m_S}(\delta\varepsilon'\delta m_S)-\frac{\partial^2\eta}{\partial\varepsilon\partial m_S}(\delta\varepsilon''\delta m_S)+\frac{\partial^2\eta}{\partial V^2}(\delta V)^2\text{。}$$
$$+\frac{\partial^2\eta}{\partial m_S^2}(\delta m_S)^2+2\frac{\partial^2\eta}{\partial V\partial m_S}(\delta V\delta m_S)\leqslant 0$$

(1.96)

对于两个分系统组成的孤立热力学系统，总动量和总能量不变可写成

$$(m+\delta m_S)\delta\bar{v}_1+(m-\delta m_S)\delta\bar{v}_2=0 \quad \text{和} \quad (m+\delta m_S)\frac{(\delta\bar{v}_1)^2}{2}+(m-\delta m_S)\frac{(\delta\bar{v}_2)^2}{2}+\delta\varepsilon'+\delta\varepsilon''=0\text{。}$$

(1.97)

由第一式取最低阶近似可得

$$\delta\bar{v}_1\approx-\delta\bar{v}_2\equiv\delta\bar{v}, \quad (1.98)$$

将等式（1.98）代入（1.97）的第二式，取最低阶近似则得

$$m\frac{(\delta\bar{v}_1)^2}{2}+m\frac{(\delta\bar{v}_2)^2}{2}+\delta\varepsilon'+\delta\varepsilon''\approx 0 \quad \text{即} \quad \delta\varepsilon''\approx-m(\delta\bar{v})^2-\delta\varepsilon'\text{。}$$

(1.99)

将等式（1.99）代入（1.96），则得二阶近似的二次型可写成

$$\Delta\eta=\frac{\partial\eta}{\partial\varepsilon}\delta\varepsilon'-\frac{\partial\eta}{\partial\varepsilon}\left(m(\delta\bar{v})^2+\delta\varepsilon'\right)+\frac{1}{2}\frac{\partial^2\eta}{\partial\varepsilon^2}(\delta\varepsilon')^2+\frac{1}{2}\frac{\partial^2\eta}{\partial\varepsilon^2}\left(m(\delta\bar{v})^2+\delta\varepsilon'\right)^2$$
$$+\frac{\partial^2\eta}{\partial\varepsilon\partial V}(\delta\varepsilon'\delta V)+\frac{\partial^2\eta}{\partial\varepsilon\partial V}\left(m(\delta\bar{v})^2+\delta\varepsilon'\right)\delta V+\frac{\partial^2\eta}{\partial\varepsilon\partial m_S}(\delta\varepsilon'\delta m_S)$$
$$+\frac{\partial^2\eta}{\partial\varepsilon\partial m_S}\left(m(\delta\bar{v})^2+\delta\varepsilon'\right)\delta m_S+\frac{\partial^2\eta}{\partial V^2}(\delta V)^2+\frac{\partial^2\eta}{\partial m_S^2}(\delta m_S)^2+2\frac{\partial^2\eta}{\partial V\partial m_S}(\delta V\delta m_S)\leqslant 0$$

或

$$\Delta\eta=-m\frac{\partial\eta}{\partial\varepsilon}(\delta\bar{v})^2+\frac{\partial^2\eta}{\partial\varepsilon^2}(\delta\varepsilon')^2+\frac{\partial^2\eta}{\partial V^2}(\delta V)^2+\frac{\partial^2\eta}{\partial m_S^2}(\delta m_S)^2$$
$$+2\frac{\partial^2\eta}{\partial\varepsilon\partial V}(\delta\varepsilon'\delta V)+2\frac{\partial^2\eta}{\partial\varepsilon\partial m_S}(\delta\varepsilon'\delta m_S)+2\frac{\partial^2\eta}{\partial V\partial m_S}(\delta V\delta m_S)\leqslant 0\text{。} \quad (1.100)$$

这一负定的二次型（1.100）要求其系数矩阵

$$\begin{bmatrix} -m\dfrac{\partial \eta}{\partial \varepsilon} & 0 & 0 & 0 \\ 0 & \dfrac{\partial^2 \eta}{\partial \varepsilon^2} & \dfrac{\partial^2 \eta}{\partial \varepsilon \partial V} & \dfrac{\partial^2 \eta}{\partial \varepsilon \partial m_S} \\ 0 & \dfrac{\partial^2 \eta}{\partial \varepsilon \partial V} & \dfrac{\partial^2 \eta}{\partial V^2} & \dfrac{\partial^2 \eta}{\partial V \partial m_S} \\ 0 & \dfrac{\partial^2 \eta}{\partial \varepsilon \partial m_S} & \dfrac{\partial^2 \eta}{\partial V \partial m_S} & \dfrac{\partial^2 \eta}{\partial m_S^2} \end{bmatrix}, \tag{1.101}$$

的对角子行列式满足如下交替小于和大于零的不等式，这样，我们有

$$|1| \equiv -m\frac{\partial \eta}{\partial \varepsilon} < 0, \tag{1.102}$$

$$|2| \equiv \begin{vmatrix} m\dfrac{\partial \eta}{\partial \varepsilon} & 0 \\ 0 & \dfrac{\partial^2 \eta}{\partial \varepsilon^2} \end{vmatrix} = |1|\frac{\partial^2 \eta}{\partial \varepsilon^2} > 0, \tag{1.103}$$

$$|3| \equiv \begin{vmatrix} -m\dfrac{\partial \eta}{\partial \varepsilon} & 0 & 0 \\ 0 & \dfrac{\partial^2 \eta}{\partial \varepsilon^2} & \dfrac{\partial^2 \eta}{\partial \varepsilon \partial V} \\ 0 & \dfrac{\partial^2 \eta}{\partial \varepsilon \partial V} & \dfrac{\partial^2 \eta}{\partial V^2} \end{vmatrix} = |1| \begin{vmatrix} \dfrac{\partial^2 \eta}{\partial \varepsilon^2} & \dfrac{\partial^2 \eta}{\partial \varepsilon \partial V} \\ \dfrac{\partial^2 \eta}{\partial \varepsilon \partial V} & \dfrac{\partial^2 \eta}{\partial V^2} \end{vmatrix} < 0, \tag{1.104}$$

$$|4| \equiv \begin{vmatrix} -m\dfrac{\partial \eta}{\partial \varepsilon} & 0 & 0 & 0 \\ 0 & \dfrac{\partial^2 \eta}{\partial \varepsilon^2} & \dfrac{\partial^2 \eta}{\partial \varepsilon \partial V} & \dfrac{\partial^2 \eta}{\partial \varepsilon \partial m_S} \\ 0 & \dfrac{\partial^2 \eta}{\partial \varepsilon \partial V} & \dfrac{\partial^2 \eta}{\partial V^2} & \dfrac{\partial^2 \eta}{\partial V \partial m_S} \\ 0 & \dfrac{\partial^2 \eta}{\partial \varepsilon \partial m_S} & \dfrac{\partial^2 \eta}{\partial V \partial m_S} & \dfrac{\partial^2 \eta}{\partial m_S^2} \end{vmatrix} = |1| \begin{vmatrix} \dfrac{\partial^2 \eta}{\partial \varepsilon^2} & \dfrac{\partial^2 \eta}{\partial \varepsilon \partial V} & \dfrac{\partial^2 \eta}{\partial \varepsilon \partial m_S} \\ \dfrac{\partial^2 \eta}{\partial \varepsilon \partial V} & \dfrac{\partial^2 \eta}{\partial V^2} & \dfrac{\partial^2 \eta}{\partial V \partial m_S} \\ \dfrac{\partial^2 \eta}{\partial \varepsilon \partial m_S} & \dfrac{\partial^2 \eta}{\partial V \partial m_S} & \dfrac{\partial^2 \eta}{\partial m_S^2} \end{vmatrix} > 0。 \tag{1.105}$$

我们可以根据这些不等式，导出相应的热力学不等式。它们分别是

1）
$$|1| = -m\frac{\partial \eta}{\partial \varepsilon} = -\frac{m}{T}$$

因为$|1|<0$，所以有不等式

$$T>0。\tag{1.106}$$

2）
$$\frac{|2|}{|1|}=\frac{\partial^2\eta}{\partial\varepsilon^2}=\frac{\partial}{\partial\varepsilon}\left(\frac{\partial\eta}{\partial\varepsilon}\right)=\frac{\partial}{\partial\varepsilon}\left(\frac{1}{T}\right)=\cdots=-\frac{1}{T^2C_v}$$

因为$\frac{|2|}{|1|}<0$，所以有不等式

$$C_v>0。\tag{1.107}$$

3）
$$\frac{|3|}{|1|}=\begin{vmatrix}\frac{\partial^2\eta}{\partial\varepsilon^2} & \frac{\partial^2\eta}{\partial\varepsilon\partial V}\\ \frac{\partial^2\eta}{\partial\varepsilon\partial V} & \frac{\partial^2\eta}{\partial V^2}\end{vmatrix}=\frac{\partial\left(\frac{\partial\eta}{\partial\varepsilon},\frac{\partial\eta}{\partial V}\right)}{\partial(\varepsilon,V)}=\frac{\partial\left(\frac{1}{T},\frac{p}{T}\right)}{\partial(\varepsilon,V)}=\cdots=\frac{1}{T}\left(\frac{\partial p}{\partial V}\right)_{T,m_S}\frac{|2|}{|1|}$$

因为$\frac{|2|}{|1|}<0$ 和$\frac{|3|}{|1|}>0$，所以有不等式

$$\left(\frac{\partial p}{\partial V}\right)_{T,m_S}<0 \quad 或 \quad \left(\frac{\partial\rho}{\partial p}\right)_{T,m_S}\equiv\rho\kappa_T>0 \quad \left(\left(-\rho^2\frac{\partial p}{\partial\rho}\right)_{T,m_S}<0\right)。\tag{1.108}$$

4）
$$\frac{|4|}{|1|}=\begin{vmatrix}\frac{\partial^2\eta}{\partial\varepsilon^2} & \frac{\partial^2\eta}{\partial\varepsilon\partial V} & \frac{\partial^2\eta}{\partial\varepsilon\partial m_S}\\ \frac{\partial^2\eta}{\partial\varepsilon\partial V} & \frac{\partial^2\eta}{\partial V^2} & \frac{\partial^2\eta}{\partial V\partial m_S}\\ \frac{\partial^2\eta}{\partial\varepsilon\partial m_S} & \frac{\partial^2\eta}{\partial V\partial m_S} & \frac{\partial^2\eta}{\partial m_S^2}\end{vmatrix}=\frac{\partial\left(\frac{\partial\eta}{\partial\varepsilon},\frac{\partial\eta}{\partial V},\frac{\partial\eta}{\partial m_S}\right)}{\partial(\varepsilon,V,m_S)}=\frac{\partial\left(\frac{1}{T},\frac{p}{T},-\frac{\mu}{T}\right)}{\partial(\varepsilon,V,m_S)}=\cdots=-\frac{1}{T}\left(\frac{\partial\mu}{\partial m_S}\right)_{T,p}\frac{|3|}{|1|}$$

因为$\frac{|3|}{|1|}>0$和$\frac{|4|}{|1|}<0$，所以有不等式

$$\left(\frac{\partial\mu}{\partial m_S}\right)_{T,p}>0 \quad 即 \quad \left(\frac{\partial\mu}{\partial s}\right)_{T,p}>0 \quad \left(\left(\frac{1}{m}\frac{\partial\mu}{\partial\left(m_S/m\right)}\right)_{T,p}>0\right)。\tag{1.109}$$

此外，还可由热力学参量关系式(1.89)、(1.91)和不等式(1.107)、(1.108)导得

$$C_p > C_v，\quad \kappa_\eta > 0，\quad \frac{dp_v}{ds} < 0。 \tag{1.110}$$

其中 p_v 为海水饱和蒸汽压。

1.3　讨论和结论：国际海水热力学方程—2010，简称 TEOS-10，热力学部分

2010 年政府间海洋组织［IOC，SCOR 和 IAPSO］颁布的国际海水热力学方程组—2010，简称 TEOS-10，是一种尽量按热力学理论框架刻画海水属性的官方科学文件，是早期研究成果的自然延伸。我们以它热力学部分的简要作为本文内容的总结。

1.3.1　海水基本热力学变量系 $\{p,t,S_A\}$ 的测定

1. 基本热力学变量系 $\{p,t,S_A\}$ 的测定

1）海水压强 p，它是绝对压强 P 减去一个标准大气压 P_0 的值

$$p = P - P_0。 \tag{1.111}$$

这里一个标准大气压取为 $P_0 = 101\,325\ \text{Pa}$。

2）ITS-90 温标 t_{90}，它是一种更接近理论值的新温标。它与先前计算实用盐度的 ITS-68 温标 t_{68} 之间有换算关系

$$(t_{68}/℃) = 1.00024(t_{90}/℃)。 \tag{1.112}$$

这个换算系数虽然超出了海洋仪器的计量精度，但在适用范围内的累积效应还是十分可观的。

3）绝对盐度 S_A，它被定义为海水溶解物质的质量分数，这是一种与热力学理论一致的盐度定义。但是，绝对盐度还是一个需要通过测量得到

的度量。TEOS-10标准，和先前一样，推荐采用电导率测量法，所以，要使绝对盐度的测量值更符合理论定义，我们还需关注一些具体问题。它们首先是解决溶解物质不符合定比关系部分的处理办法，而后我们可以按合乎定比关系的标准海水给出剩余部分：基准盐度的测量计算办法。

（1）标准海水

标准海水是采自北大西洋特定深海海域$\{50°W-40°W\}$大量样本的一种最优估计，表1.5给出的是在$\{t_{68}=25℃, p=0\,Pa\}$条件下标准海水的基准化学成分。

表1.5 在$\{t_{68}=25℃, p=0Pa\}$条件下的标准海水基准盐度的定义盐成分

溶解物质j	Z_j/g	M_j/mol^{-1}	$X_j/(\times10^{-7})$	$X_j\times Z_j/(\times10^{-7})$	W_j
Na^+	+1	22.989 769 28（2）	4 188 071	4 188 071	0.306 595 8
Mg^{2+}	+2	24.305 0（6）	471 678	943 356	0.036 505 5
Ca^{2+}	+2	40.078（4）	91 823	183 646	0.011 718 6
K^+	+1	39.098 3（1）	91 159	91 159	0.011 349 5
Sr^{2+}	+2	87．62（1）	810	1 620	0.000 226 0
Cl^-	−1	35.453（2）	4 874 839	−4 874 839	0.550 339 6
SO_4^{2-}	−2	96.062 65（0）	252 152	−504 304	0.077 131 9
HCO_3^-	−1	61.016 84（9 6）	15 340	−15 340	0.002 980 5
Br^-	−1	79.904（1）	7 520	−7 520	0.001 913 4
CO_3^{2-}	−2	60.008 9（10）	2 134	−4 268	0.000 407 8
$B(OH)_4^-$	−1	78.840 4（70）	900	−900	0.000 225 9
F^-	−1	18.998 403 2（5）	610	−610	0.000 036 9
$(OH)^-$	−1	17.007 33（7）	71	−71	0.000 003 8
$B(OH)_3$	0	61.833 0（70）	2 807	0	0.000 552 7
CO_2	0	44.009 5（9）	86	0	0.000 012 1
总计			10 000 000	0	1.000 000 0

（2）基准盐度

考虑到实际海水盐分相对于标准海水的偏差对绝对盐度的影响，我们

将绝对盐度 S_A 写成基准值 S_R 和偏差值 δS_A 和的形式

$$S_A = S_R + \delta S_A , \tag{1.113}$$

其中 S_R 是与测量样本有相同盐分的标准海水盐度，被称为基准成分盐度（简称基准盐度）；δS_A 是绝对盐度，测量样本盐度 S_A 相对于基准盐度 S_R 的偏差，它表示海水盐分非标准部分对绝对盐度的影响。基准盐度 S_R 和实用盐度 S_P 之间存在一个简单的比例关系，它是

$$S_R \approx u_{PS} S_P , \tag{1.114}$$

其中比例系数的推荐值是

$$u_{PS} = \frac{35.165\,04}{35} \mathrm{g} \times \mathrm{kg}^{-1} 。 \tag{1.115}$$

基于 1978 年颁布的实用盐标（Unesco 1981, 1983），按电导率比值测量的实用盐度 S_P 可以通过以下步骤计算得到

（1）在 $t_{68} = 15℃$, $p = 0\,\mathrm{Pa}$ 条件下实用盐度的测量计算

本节所谓测量指的是，在 $t_{68} = 15℃$, $p = 0\,\mathrm{Pa}$ 条件下对标准海水样本所作的电导率 $C_{\text{Sea Water}}(S_P, t_{68} = 15℃, 0\,\mathrm{Pa})$ 测量。而后通过定义的电导率比

$$K_{15} \equiv \frac{C_{\text{Sea Water}}\left(S_P, t_{68} = 15\,^0\mathrm{C}, p = 0\,\mathrm{Pa}\right)}{C_{\text{Stand KCl}}\left(35, t_{68} = 15\,^0\mathrm{C}, p = 0\,\mathrm{Pa}\right)} , \tag{1.116}$$

计算实用盐度，这里分母是一个标准 KCl 溶液的电导率。所谓一个标准 KCl 溶液指的是与盐度为 35 的标准海水有相同电导率的 KCl 溶液，其 KCl 浓度为

$$S_{\text{Stand KCl}}\left(35, t_{68} = 15\,^0\mathrm{C}, 0\,\mathrm{Pa}\right) = 32.435\,6 \times 10^{-3} 。 \tag{1.117}$$

按以上测量计算，我们可以得到拟合关系

$$S_P(15℃) = \sum_{i=0}^{5} a_i (K_{15})^{i/2} 。 \tag{1.118}$$

这里的拟合系数 a_i 和以后将得到的拟合系数列于表 1.6

表 1.6　绝对盐度的电导率计算用系数

i	a_i	b_i	c_i	d_i	e_i
0	0.008 0	0.000 5	$6.766\,097\times10^{-1}$		
1	−0.169 2	−0.005 6	$2.005\,64\times10^{-2}$	3.426×10^{-2}	2.070×100^{-5}
2	25.385 1	−0.006 6	$1.104\,259\times100^{-4}$	4.464×100^{-4}	-6.370×100^{-10}
3	14.094 1	−0.037 5	$-6.969\,8\times100^{-7}$	4.215×100^{-1}	3.989×100^{-15}
4	−7.026 1	0.063 6	$1.003\,1\times100^{-7}$	-3.107×100^{-3}	
5	2.708 1	−0.014 4			

由于 $S_P(15℃)=35$ 时，$K_{15}=1$，故有 $\sum_{i=0}^{5}a_i=35$。

（2）在海洋温度和压强范围内的实用盐度测量计算

这里所谓的测量计算是在海洋温度和压力范围（$t_{68}=-2\sim35℃$，$p=0\sim10\,000\,\text{dbar}$）内，对标准海水所做的电导率测量和拟合计算。这时的测量电导率比 R 可写成

$$R\equiv\frac{C(S_P,t_{68},p)}{C\left(35,t_{68}=15^0\text{C},0\right)}=\frac{C(S_P,t_{68},p)}{C(S_P,t_{68},0)}\frac{C(S_P,t_{68},0)}{C(35,t_{68},0)}\frac{C(35,t_{68},0)}{C\left(35,t_{68}=15^0\text{C},0\right)}=R_pR_tr_t\,,$$

（1.119）

其中因子 r_t 和 R_p 可以通过实验数据的拟合计算得到。它们可分别表示为 t_{68} 和 $\{p,t_{68},R\}$ 的函数

$$r_t=\frac{C(35,t_{68},0)}{C(35,t_{68}=15℃,0)}=\sum_{i=0}^{4}c_i\left(t_{68}/℃\right)^i\,,\tag{1.120}$$

$$R_p=\frac{C(S_P,t_{68},p)}{C(S_P,t_{68},0)}=1+\frac{\sum_{i=0}^{3}e_ip^i}{1+d_1\left(t_{68}/℃\right)+d_2\left(t_{68}/℃\right)^2+R\left[d_3+d_4\left(t_{68}/℃\right)\right]}\,。\tag{1.121}$$

这样，对于 R 的任何样本测量值，我们可以计算 r_t 和 R_p，因此，可以计算出

$$R_t = \frac{C(S_P, t_{68}, 0)}{C(35, t_{68}, 0)} = \frac{R}{R_p r_t} \text{。} \tag{1.122}$$

在 $t_{68} = 15℃$ 的情况下，R_t 实际上就是先前的 K_{15}。在 $t_{68} \neq 15℃$ 的情况下，我们可以采用拟合公式计算海洋温度和压强范围内的实用盐度

$$S_P = \sum_{i=0}^{5} a_i (R_t)^{\frac{i}{2}} + \frac{(t_{68}/℃ - 15)}{[1 + k(t_{68}/℃ - 15)]} \sum_{i=0}^{5} b_i (R_t)^{\frac{i}{2}} \text{，} \tag{1.123}$$

其中温度偏差影响系数值为

$$k = 0.0162 \text{。} \tag{1.124}$$

1.3.2　海水 Gibbs 势函数的表示及其他热力学势函数

海水 Gibbs 势函数 $g(S_A, t, p)$ 被定义为纯水 Gibbs 势函数 $g^W(t, p)$ 与盐分 Gibbs 势函数 $g^S(S_A, t, p)$ 之和

$$g(S_A, t, p) = g^W(t, p) + g^S(S_A, t, p) \text{。} \tag{1.125}$$

这种表示形式暗示，在绝对盐度为零的情况下，海水 Gibbs 势函数自然转为纯水的。这里纯水 Gibbs 势函数是 ITS-90 摄氏度 $t = t_u \times y$ 和海水压强 $p = p_u \times z$ 的函数

$$g^W(t, p) = g_u \sum_{j=0}^{7} \sum_{k=0}^{6} g_{jk} y^j z^k \text{，} \tag{1.126}$$

这里的约化常数分别确定为 $t_u = 40℃$、$p_u = 10^8\ \mathrm{Pa}$ 和 $g_u = 1\ \mathrm{J \cdot kg^{-1}}$。所拟合的纯水 Gibbs 势函数多项式系数见表 1.7。

表 1.7　纯水 Gibbs 函数 $g^W(t, p)$ 多项式拟合系数

j	k	g_{jk}	j	k	g_{jk}
0	0	$0.101\ 342\ 743\ 139\ 674 \times 10^3$	3	2	$0.499\ 360\ 390\ 819\ 152 \times 10^3$
0	1	$0.100\ 015\ 695\ 367\ 145 \times 10^6$	3	3	$-0.239\ 545\ 330\ 654\ 412 \times 10^3$
0	2	$-0.254\ 457\ 654\ 203\ 630 \times 10^4$	3	4	$0.488\ 012\ 518\ 593\ 872 \times 10^2$
0	3	$0.284\ 517\ 778\ 446\ 287 \times 10^3$	3	5	$-0.166\ 307\ 106\ 208\ 905 \times 10$

续表

j	k	g_{jk}	j	k	g_{jk}
0	4	$-0.333\,146\,754\,253\,611\times10^2$	4	0	$-0.148\,185\,936\,433\,658\times10^3$
0	5	$0.420\,263\,108\,803\,084\times10$	4	1	$0.397\,968\,445\,406\,972\times10^3$
0	6	$-0.546\,428\,511\,471\,039$	4	2	$-0.301\,815\,380\,621\,876\times10^3$
1	0	$0.590\,578\,347\,909\,402\times10$	4	3	$0.152\,196\,371\,733\,841\times10^3$
1	1	$-0.270\,983\,805\,184\,062\times10^3$	4	4	$-0.263\,748\,377\,232\,802\times10^2$
1	2	$0.776\,153\,611\,613\,101\times10^3$	5	0	$0.580\,259\,125\,842\,571\times10^2$
1	3	$-0.196\,512\,550\,881\,220\times10^3$	5	1	$-0.194\,618\,310\,617\,595\times10^3$
1	4	$0.289\,796\,526\,294\,175\times10^3$	5	2	$0.120\,520\,654\,902\,025\times10^3$
1	5	$-0.213\,290\,083\,518\,327\times10$	5	3	$-0.552\,723\,052\,340\,152\times10^2$
2	0	$-0.123\,577\,859\,330\,390\times10^5$	5	4	$0.648\,190\,668\,077\,221\times10$
2	1	$0.145\,503\,645\,404\,680\times10^4$	6	0	$-0.189\,843\,846\,514\,172\times10^2$
2	2	$-0.756\,558\,385\,769\,359\times10^3$	6	1	$0.635\,113\,936\,641\,785\times10^2$
2	3	$0.273\,479\,662\,323\,528\times10^3$	6	2	$-0.222\,897\,317\,140\,459\times10^2$
2	4	$-0.555\,604\,063\,817\,218\times10^2$	6	3	$0.817\,060\,541\,818\,112\times10$
2	5	$0.434\,420\,671\,917\,197\times10$	7	0	$0.305\,081\,646\,487\,967\times10$
3	0	$0.736\,741\,204\,151\,612\times10^3$	7	1	$-0.963\,108\,119\,393\,062\times10$
3	1	$-0.672\,507\,783\,145\,070\times10^3$			

盐分 Gibbs 函数 $g^S(S_A,t,p)$ 是绝对盐度 $S_A=S_u\times x^2$ 、ITS-90 摄氏度 $t=t_u\times y$ 和海水压强 $p=p_u\times z$ 的函数

$$g^S(S_A,t,p)=g_u\sum_{j,k=0}\left\{g_{1jk}x^2\ln x+\sum_{i>1}g_{ijk}x^i\right\}y^jz^k\ , \tag{1.127}$$

其中额外引入的计量单位相关常数是绝对盐度的 $S_u=40.188617$ 。

在已知变量系 $\{p,t,S_A\}$ 的比 Gibbs 势函数 ζ_m 以后（这里，我们恢复用符号 ζ_m 表示 Gibbs 势函数），我们可以按热力学参量关系式计算所有其他势函数，如

表 1.8　盐分 Gibbs 函数 $g^S(S_A, t, p)$多项式拟合系数

i	j	k		i	j	k		i	j	k	
1	0	0	5 812.814 566 267 32	2	5	0	−21.660 324 087 531 1	3	2	2	−54.191 726 251 711 2
1	1	0	851.226 734 946 706	4	5	0	2.496 970 095 695 08	2	3	2	−204.889 641 964 903
2	0	0	1 416.276 484 841 97	2	6	0	2.130 169 708 471 83	2	4	2	74.726 141 138 756 0

续表

i	j	k		i	j	k		i	j	k	
3	0	0	−2 432.146 623 817 94	2	0	1	−3 310.491 540 448 39	2	0	3	−96.532 432 010 745 8
4	0	0	2 025.801 156 036 97	3	0	1	199.459 603 073 901	3	0	3	68.044 494 272 645 9
5	0	0	−1 091.668 410 429 67	4	0	1	−54.791 913 353 288 7	4	0	3	−30.175 511 197 116 1
6	0	0	374.601 237 877 840	5	0	1	36.028 419 561 108 6	2	1	3	124.687 671 116 248
7	0	0	−48.589 106 902 540 9	2	1	1	729.116 529 735 046	3	1	3	−29.483 064 349 429 0
2	1	0	168.072 408 311 545	3	1	1	−175.292 041 186 547	2	2	3	−178.314 556 207 638
3	1	0	−493.407 510 141 682	4	1	1	−22.668 355 851 282 9	3	2	3	25.639 848 738 991 4
4	1	0	543.835 333 000 098	2	2	1	−860.764 303 783 977	2	3	3	113.561 697 840 594
5	1	0	−196.028 306 689 776	3	2	1	383.058 066 002 476	2	4	3	−36.487 291 900 158 8
6	1	0	36.757 162 299 580 5	2	3	1	694.244 814 133 268	2	0	4	15.840 817 276 682 4
2	2	0	880.031 352 997 204	3	3	1	−460.319 931 801 257	3	0	4	−3.412 519 324 412 82
3	2	0	−43.066 467 597 804 2	2	4	1	−297.728 741 987 187	2	1	4	−31.656 964 386 073 0
4	2	0	−68.557 250 920 449 1	3	4	1	234.565 187 611 355	2	2	4	44.204 035 830 800 0
2	3	0	−225.267 649 263 401	2	0	2	384.794 152 978 599	2	3	4	−11.128 273 432 641 3
3	3	0	−10.022 737 086 187 5	3	0	2	−52.294 090 928 133 5	2	0	5	−2.624 801 565 909 92
4	3	0	49.366 769 485 625 4	4	0	2	−4.081 939 789 122 61	2	1	5	7.046 588 033 154 49
2	4	0	91.426 044 775 125 9	2	1	2	−343.956 902 961 561	2	2	5	−7.920 015 472 116 82
3	4	0	0.875 600 661 808 945	3	1	2	83.192 392 780 181 9				
4	4	0	−17.139 757 741 978 8	2	2	2	337.409 530 269 367				

按（1.63）式计算比熵η_m

$$\eta_m = -\left(\frac{\partial \zeta_m}{\partial T}\right)_{p,s}, \tag{1.128}$$

按（1.73）式计算比内能ε_m

$$\varepsilon_m = \zeta_m - \frac{p}{\rho} - T\eta_m, \tag{1.129}$$

按（1.53）式计算比自由能ψ_m

$$\psi_m = \varepsilon_m - T\eta_m, \tag{1.130}$$

按（1.56）式计算比焓χ_m

$$\chi_m = \varepsilon_m + \frac{p}{\rho}。 \tag{1.131}$$

1.3.3　基本热力学属性参变量和有关导出参变量的计算

在导出海水 Gibbs 势函数和其他热力学势函数以后，我们可以很容易地给出所有基本热力学属性参变量和其他导出参变量的计算。这里值得提及的是，TEOS-10 按多项式给出的密度 Gibbs 势函数表示式

$$\rho=\left(\frac{\partial \zeta_m}{\partial p}\right)_{T,s}^{-1}。 \tag{1.132}$$

其计算密度的标准偏差是 0.004kg×m^{-3}，它不如 McDougall(2011)按有理函数

$$\rho=P_{\text{num}}^{\rho 25}/P_{\text{denom}}^{\rho 25}, \tag{1.133}$$

拟合实测数据的结果，后者的标准偏差可达 0.0015kg·m^{-3}。

McDougall 的拟合公式适合于所有海表面的温度和盐度，对于大于 5 500dbar 情况下拟合数据的温度小于 12℃，盐度大于 30 g·kg^{-1}。其 25 项有理函数的分子和分母多项式系数列于表 1.9 和表 1.10。

表 1.9　拟合密度的 25 项有理函数式的 $P_{\text{num}}^{\rho 25}(S_A,\Theta,p)$ 和 $P_{denom}^{\rho 25}(S_A,\Theta,p)$ 多项式系数

i	$P_{\text{num}}^{\rho 25}$	系数	i	$P_{\text{denom}}^{\rho 25}$	系数
c_1		9.998 438 029 070 821 4×10^{2}	c_{13}		1.0
c_2	Θ	7.118 809 067 894 091 0×10^{0}	c_{14}	Θ	7.054 768 189 607 157 6×10^{-3}
c_3	Θ^2	−1.945 992 251 337 968 7×10^{-2}	c_{15}	Θ^2	−1.175 369 560 585 864 7×10^{-5}
c_4	Θ^3	6.174 840 445 587 464 1×10^{-4}	c_{16}	Θ^3	5.921 980 948 827 490 3 ×10^{-7}
c_5	S_A	2.892 573 154 127 765 3×10^{0}	c_{17}	Θ^4	3.488 790 222 801 251 9×10^{-10}
c_6	$S_A\Theta$	2.147 149 549 326 832 4×10^{-3}	c_{18}	S_A	2.077 771 608 561 845 8×10^{-3}
c_7	$(S_A)^2$	1.945 753 175 118 305 9×10^{-3}	c_{19}	$S_A\Theta$	−2.221 085 729 372 299 8×10^{-8}
c_8	p	1.193 068 181 853 174 8×10^{-2}	c_{20}	$S_A\Theta^3$	−3.662 814 106 789 528 2×10^{-10}
c_9	$p\Theta^2$	2.696 914 801 183 075 8×10^{-7}	c_{21}	$(S_A)^{1.5}$	3.468 821 075 791 734 0×10^{-6}
c_{10}	pS_A	5.935 568 592 503 565 3×10^{-6}	c_{22}	$(S_A)^{1.5}\Theta^2$	8.019 054 152 807 065 5×10^{-10}
c_{11}	p^2	−2.594 338 980 742 903 9×10^{-8}	c_{23}	p	6.831 462 955 412 332 4×10^{-6}
c_{12}	$p^2\Theta^2$	−7.273 411 171 282 270 7×10^{-12}	c_{24}	$p^2\Theta^3$	−8.529 479 483 448 544 6×10^{-17}
			c_{25}	$p^3\Theta$	−9.227 532 514 503 807 0×10^{-18}

表 1.10　拟合密度的 25 项有理函数式的 $P_{\text{num}}^{\rho 25}(S_A,\theta,p)$ 和 $P_{\text{denom}}^{\rho 25}(S_A,\theta,p)$ 多项式系数

i	$P_{\text{num}}^{\rho 25}$	系数	i	$P_{\text{denom}}^{\rho 25}$	系数
c_1		9.998 427 704 040 868 8×10^{2}	c_{13}		1.0
c_2	θ	7.353 990 725 780 200 0×10^{0}	c_{14}	θ	7.288 277 317 994 539 7×10^{-3}
c_3	θ^2	−5.272 502 484 658 053 7×10^{-2}	c_{15}	θ^2	−4.427 042 357 570 579 5×10^{-5}
c_4	θ^3	5.105 140 542 790 050 1×10^{-4}	c_{16}	θ^3	4.821 816 757 416 573 2 ×10^{-7}
c_5	S_A	2.837 207 495 416 299 4×10^{0}	c_{17}	θ^4	1.966 643 777 649 954 1×10^{-10}
c_6	$S_A\theta$	−5.746 287 373 866 898 5×10^{-3}	c_{18}	S_A	2.019 220 131 573 115 6×10^{-3}
c_7	$(S_A)^2$	2.016 582 840 401 100 5×10^{-3}	c_{19}	$S_A\theta$	−7.838 666 741 074 767 1×10^{-6}
c_8	p	1.150 668 012 876 069 5×10^{-2}	c_{20}	$S_A\theta^3$	−2.749 397 117 121 584 4×10^{-10}
c_9	$p\theta^2$	1.202 602 702 900 458 1×10^{-7}	c_{21}	$(S_A)^{1.5}$	4.661 419 029 016 429 3×10^{-6}
c_{10}	pS_A	5.536 190 936 504 846 6×10^{-6}	c_{22}	$(S_A)^{1.5}\theta^2$	1.518 271 263 728 829 5×10^{-9}
c_{11}	p^2	−2.756 315 640 465 192 8×10^{-8}	c_{23}	p	6.414 629 356 742 288 6×10^{-6}
c_{12}	$p^2\theta^2$	−5.883 476 945 993 336 4×10^{-12}	c_{24}	$p^2\theta^3$	−9.536 284 588 639 736 0×10^{-17}
			c_{25}	$p^3\theta$	−9.623 745 548 627 732 0×10^{-18}

McDougall 拟合公式并不是总比采用 Gibbs 势函数更有效，例如在计算声速时前者的标准偏差是 0.25m·sec^{-1}，它几乎是后者的 5 倍。

参 考 文 献

陈镇东. 1994. 海洋化学. 茂昌图书有限公司.

卡曼柯维奇. 1983. 海洋动力学基础，中文版：含第一海洋研究所训练班讲义内容. 北京：海洋出版社.

IOC，SCOR and IAPSO，2010. The international thermodynamic equation of seawater-2010. Calculation and use of thermodynamic properties. Intergovernmental Oceanographic Commission，Manuals and Guides No.56，UNESCO（English），196pp.

第二章

海洋流体动力学控制方程组

非平衡态的海洋动力学过程遵循着质量守恒、动量平衡、盐量守恒和总能量守恒等物理规律。本章进一步引入质点的概念，定义$\{u_i;p,T,s;\zeta_m\}$变量系的海洋运动宏观量，在流体微团上给出以上各物理规律的连续介质表示，得到描述海洋运动的运动方程和边界条件。按 TEOS-10 联合国教科文组织官方文件，所给出的海洋运动控制方程组实际上是完全确定的。

2.1　海洋流体运动基本方程组

海洋流体，海水的存在和运动是物理海洋学的主要研究对象。被抽象为连续介质的海水，其基本描述元是定义在空间几何点或微体质心点上具有统计意义运动描述量的海水质点。海水的存在和运动由定义在流体微团质心点上的力学、热学和化学宏观量来描述，对海水质点的理解应把握以下两点。

1）质点尺度要比运动特征尺度和运动分辨尺度都要小得多，质点置海水微体以宏观几何点的意义，海洋流体是质点点线面体构成的连续介质。

2）质点尺度要比分子自由程大得多，使在质点上定义的宏观运动量具有微体统计的意义。置统计量于微体质心的质点概念是连续介质运动描述的基本元。

这里所谓运动描述分辨尺度，实际上指的是数值格式的网格距运动分辨尺度。对海水质点的理解还应把握海水动力学过程和热力学过程的趋稳时空尺度和弛豫时空尺度的区隔。对于实际海洋运动，其动力学趋稳时空尺度要比热学化学弛豫时空尺度大得多，所以尽管海洋运动是动力学非平衡态的，仍可认为它是热学化学平衡态的，平衡态热学化学基本关系可以在非平衡态动力学描述中被直接采用。简言之，海洋流体质点实际上被认为是动力学非平衡态的和热学化学平衡态的。

在本节中，为了导出海洋运动的基本动力学控制方程组，我们采用狭义的质点概念，它比运动的特征尺度小得多，比海水的分子自由程大得多。对于海洋流体质点，其主要宏观描述量有速度$\{u_i; i=1,\cdots,3\}$、压强p、温度

T 、盐度 s 和比 Gibbs 势 ζ_m 等。其他势函数还有比内能 ε_m 、比熵 η_m 、比焓 χ_m 、比自由能 ψ_m 对应着不同的变量系。由于这些热力学比势是按单位质量定义的，所以单位体积的 Gibbs 势、内能、熵、焓、自由能可以分别写成 $\rho\zeta_m$ 、 $\rho\varepsilon_m$ 、 $\rho\eta_m$ 、 $\rho\chi_m$ 、 $\rho\psi_m$ 。

以平均角速度

$$\Omega \approx 7.29\times10^{-5}\frac{1}{\text{sec}}, \tag{2.1}$$

绕地球南北极轴旋转的坐标架，被称为地球坐标架。相对这个坐标架，我们常采用海面局地坐标系来描述海水的存在和运动。通常将描述流体运动的宏观量或与质点质心本身或与质点质心时空坐标联系起来。前一种做法被称为拉格朗日（Lagrange）描述方法，后一种被称为欧拉（Euler）描述方法。

在采用海水质点概念和欧拉描述方法的情况下，我们可以根据质量守恒、动量平衡、总能量守恒、物质守恒律和平衡态热力学关系式，在地球坐标架中建立适用于海洋流体运动描述的动力学控制方程组。它被称为海洋流体力学原始 Navier-Stokes 控制方程组。在整套书中我们一致地采用哑指标-简易张量表示形式，它可以带来许多书写和运算方面的好处。

2.1.1　质量守恒方程和盐量守恒方程

在海水溶解物质组分有定比关系存在的情况下，我们可以分别定义单位体积海水的盐分密度 ρ_S 和纯水分密度 ρ_W ，以及盐分速度 u_{Sj} 和纯水分速度 u_{Wj} 。这样，海水运动速度 u_j 和密度 ρ 可分别写成加权平均的形式

$$u_j = \frac{\rho_S u_{Sj} + \rho_W u_{Wj}}{\rho_S + \rho_W} \tag{2.2}$$

和

$$\rho=\rho_S+\rho_W,\quad \rho_S=\rho s,\quad \rho_W=\rho W。\tag{2.3}$$

这里我们定义海水的纯水度W为单位质量海水所含的纯水分质量，因此有

$$s+W=1。\tag{2.4}$$

基于海水盐分和纯水分的质量守恒定律，我们可以按立方微团写出它们的守恒方程

$$\frac{\partial\rho_S}{\partial t}+\frac{\partial\rho_S u_{Sj}}{\partial x_j}=0\quad（或\ \frac{\partial\rho s}{\partial t}+\frac{\partial}{\partial x_j}\left[\rho s u_j+\rho_S\left(u_{Sj}-u_j\right)\right]=0）\tag{2.5}$$

和

$$\frac{\partial\rho_W}{\partial t}+\frac{\partial\rho_W u_{Wj}}{\partial x_j}=0\quad（或\ \frac{\partial\rho W}{\partial t}+\frac{\partial}{\partial x_j}\left[\rho W u_j+\rho_W\left(u_{Wj}-u_j\right)\right]=0）。\tag{2.6}$$

这里，盐分通量和纯水分通量可按表示式

$$I_{Sj}\equiv\rho_S\left(u_{Sj}-u_j\right),\quad I_{Wj}\equiv\rho_W\left(u_{Wj}-u_j\right)\tag{2.7}$$

显示它们的物理意义，它们分别是盐分密度（或纯水分密度）和盐分速度（或纯水分速度）与海水运动组分速度偏差的乘积。按海水速度的定义式（2.2），盐分通量和纯水分通量应满足关系式

$$I_{Sj}+I_{Wj}=0。\tag{2.8}$$

这样，做方程（2.5）和（2.6）的和，可得单位体积海水的质量守恒方程

$$\frac{\partial\rho}{\partial t}+\frac{\partial\rho u_j}{\partial x_j}=0\ \text{或}\ \frac{\partial\rho}{\partial t}+u_j\frac{\partial\rho}{\partial x_j}+\rho\frac{\partial u_j}{\partial x_j}=0。\tag{2.9}$$

将表示式（2.3）和（2.7）代入方程（2.5），则可得单位体积海水的盐量守恒方程

$$\frac{\partial\rho s}{\partial t}+\frac{\partial}{\partial x_j}\left(\rho s u_j+I_{Sj}\right)=0\ \text{或}\ \rho\left(\frac{\partial s}{\partial t}+u_j\frac{\partial s}{\partial x_j}\right)+\frac{\partial I_{Sj}}{\partial x_j}=0。\tag{2.10}$$

2.1.2 动量平衡方程和角动量平衡方程

1. 动量平衡方程

在地球坐标系中，按海水立方微团导得的动量平衡方程可写成

$$\frac{\partial \rho u_i}{\partial t}+\frac{\partial}{\partial x_j}\left(\rho u_i u_j-\pi_{ij}\right)=2\rho\varepsilon_{ijk}u_j\Omega_k-\rho\frac{\partial \Phi}{\partial x_i}, \tag{2.11}$$

或

$$\frac{\partial \rho u_i}{\partial t}+\frac{\partial \rho u_i u_j}{\partial x_j}=2\rho\varepsilon_{ijk}u_j\Omega_k+\frac{\partial \pi_{ij}}{\partial x_j}-\rho\frac{\partial \Phi}{\partial x_i}, \tag{2.12}$$

或

$$\rho\left(\frac{\partial u_i}{\partial t}+u_j\frac{\partial u_i}{\partial x_j}\right)=2\rho\varepsilon_{ijk}u_j\Omega_k+\frac{\partial \pi_{ij}}{\partial x_j}-\rho\frac{\partial \Phi}{\partial x_i}, \tag{2.13}$$

这里π_{ij}为海水应力张量，作为 Newton 流体的海水，它可写成

$$\pi_{ij}=-p\delta_{ij}+\sigma_{ij}, \tag{2.14}$$

其中σ_{ij}为剪切应力张量，δ_{ij}为 Kronecker delta 符号

$$\delta_{ij}=\begin{cases}1, & 若\ i=j\\ 0, & 若\ i\neq j\end{cases}; \tag{2.15}$$

$2\rho\varepsilon_{ijk}u_j\Omega_k$表示 Coriolis 地转力，$\varepsilon_{ijk}$为 Levi-Civita 符号

$$\varepsilon_{ijk}=\begin{cases}1, & 若\ i,j,k\ 为\ 1,2,3\ 的正循环\\ -1, & 若\ i,j,k\ 为\ 1,2,3\ 的反循环\\ 0 & 若\ i=j\ 或\ j=k\ 或\ k=i\end{cases}; \tag{2.16}$$

Φ表示除地转力以外的地球-天体万有引力势，它可以写成两项和形式

$$\Phi=\Phi_1+\Phi_2, \tag{2.17}$$

前者称为重力势，在很薄的海洋深度范围内它可以近似地写成$\Phi_1\approx gx_3$，其中g是引入的重力加速度；后者称为引潮力势，它的写出十分复杂，涉及

到Milankovitch（1879-1958）理论的细节，在本书中暂不做这种描述。在本丛书的第二本中，我们将在潮汐数值模拟中给出它的细节，在地球变化研究中考虑它的极长期作用。

2. 角动量平衡方程

海水立方微团平衡，除要求力的平衡外还要求力矩的平衡，即动量矩的局地变化和局地剩余等于它所受各种外力矩的总和。在所采用的符号系中体积力$\{F_\alpha, F_3\}$相对于坐标原点的力矩可写成

$$\begin{vmatrix} i_1 & i_2 & i_3 \\ x_1 & x_2 & x_3 \\ F_1 & F_2 & F_3 \end{vmatrix} \equiv \varepsilon_{ijk} x_j F_k 。\qquad (2.18)$$

由方程（2.11）可以看到，参与动量矩和应力矩平衡的外体积力有两种，它们分别是地转力，即$2\rho\varepsilon_{ijk}u_j\Omega_k$以及重力和引潮力的和，即$-\rho\frac{\partial\Phi}{\partial x_i}=-\rho\frac{\partial\Phi_1+\Phi_2}{\partial x_i}$。这样，角动量方程可写成

$$\begin{aligned} &\frac{\partial}{\partial t}\left(\varepsilon_{ijk}x_j\rho u_k\right)+\frac{\partial}{\partial x_l}\left[\varepsilon_{ijk}x_j\left(\rho u_k u_l-\pi_{lk}\right)\right] \\ &=\varepsilon_{ijk}x_j\left(2\varepsilon_{k\beta\gamma}\rho u_\beta\Omega_\gamma\right)+\varepsilon_{ijk}x_j\left(-\rho\frac{\partial\Phi}{\partial x_k}\right) \end{aligned} 。\qquad (2.19)$$

另外，由方程（2.12）可以看到，参与动量矩平衡的体积力实际上有三种，它们分别为地转力$\left(2\rho\varepsilon_{k\beta\gamma}u_\beta\Omega_\gamma\right)$、重力和引潮力$\left(-\rho\frac{\partial\Phi}{\partial x_k}\right)$以及应力剩余力$\left(\frac{\partial\pi_{ij}}{\partial x_j}\right)$，这样，角动量方程可写成

$$\begin{aligned} &\frac{\partial}{\partial t}\left(\varepsilon_{ijk}x_j\rho u_k\right)+\frac{\partial}{\partial x_l}\left(\varepsilon_{ijk}x_j\rho u_k u_l\right) \\ &=\varepsilon_{ijk}x_j\left(2\rho\varepsilon_{k\beta\gamma}u_\beta\Omega_\gamma\right)+\varepsilon_{ijk}x_j\left(-\rho\frac{\partial\Phi}{\partial x_k}\right)+\varepsilon_{ijk}x_j\frac{\partial\pi_{lk}}{\partial x_l} \end{aligned} 。\qquad (2.20)$$

对比表示式（2.19）和（2.20），可得

$$\varepsilon_{ijk}\pi_{jk}=0\text{（因为}\left(\frac{\partial \varepsilon_{ijk}x_j}{\partial x_l}\right)\pi_{lk}=0\text{，从而}\varepsilon_{ijk}\delta_{jl}\pi_{lk}=0\text{）。}\tag{2.21}$$

这个结果表明，应力张量π_{jk}实际上应该是一个对称张量，即

$$\pi_{jk}=\pi_{kj}\text{。}\tag{2.22}$$

它是角动量平衡方程（2.19）或（2.20）对海水应力张量的要求。

2.1.3　机械能平衡方程、内能平衡方程和总能量守恒方程

所谓总能量指的是单位体积机械动能和势能和$\rho\left(\frac{u_i^2}{2}+\Phi\right)$和内能$\rho\varepsilon_m$的总和

$$E=\rho\left(\frac{u_i^2}{2}+\Phi\right)+\rho\varepsilon_m=\rho\left(\frac{u_i^2}{2}+\Phi+\varepsilon_m\right)\text{。}\tag{2.23}$$

为了最终给出总能量守恒方程，我们先分别导出机械能平衡方程和内能平衡方程。

1. 机械能平衡方程

以u_i乘以动量平衡方程（2.13），有

$$\rho\frac{\partial}{\partial t}\left(\frac{u_i^2}{2}\right)+\rho u_j\frac{\partial}{\partial x_j}\left(\frac{u_i^2}{2}\right)-2\rho\varepsilon_{ijk}u_iu_j\Omega_k=\frac{\partial}{\partial x_j}\left(u_i\pi_{ij}\right)-\frac{\partial u_i}{\partial x_j}\pi_{ij}-\rho u_i\frac{\partial \Phi}{\partial x_i}\text{，}$$

再考虑到质量守恒方程（2.9），则我们有

$$\frac{\partial}{\partial t}\left(\rho\frac{u_i^2}{2}\right)+\frac{\partial}{\partial x_j}\left(\rho u_j\frac{u_i^2}{2}\right)-2\rho\varepsilon_{ijk}u_iu_j\Omega_k=\frac{\partial}{\partial x_j}\left(u_i\pi_{ij}\right)-\frac{\partial u_i}{\partial x_j}\pi_{ij}-\rho u_i\frac{\partial \Phi}{\partial x_i}\text{。}\tag{2.24}$$

由于π_{ij}是一个对称张量，ε_{ijk}是一个反对称张量，所以有

$$-\frac{\partial u_i}{\partial x_j}\pi_{ij}=-\frac{1}{2}\left(\frac{\partial u_i}{\partial x_j}+\frac{\partial u_j}{\partial x_i}\right)\pi_{ij}=-\frac{1}{2}\pi_{ij}e_{ij}\text{，}\tag{2.25}$$

和

$$2\rho\varepsilon_{ijk}u_iu_j\Omega_k=0\,, \tag{2.26}$$

这里应变张量 e_{ij} 被定义为

$$e_{ij}\equiv\left(\frac{\partial u_i}{\partial x_j}+\frac{\partial u_j}{\partial x_i}\right)。 \tag{2.27}$$

另外，考虑到引力势 Φ 也是时间函数的一般形式，利用质量守恒方程（2.9），则有

$$\rho u_i\frac{\partial\Phi}{\partial x_i}=\frac{\partial\rho\Phi}{\partial t}+\frac{\partial\rho u_i\Phi}{\partial x_i}-\rho\frac{\partial\Phi}{\partial t}。 \tag{2.28}$$

将表示式（2.25）、（2.26）和（2.28）代入方程（2.24），则可得单位体积海水的机械能平衡方程

$$\frac{\partial}{\partial t}\left[\rho\left(\frac{u_i^2}{2}+\Phi\right)\right]+\frac{\partial}{\partial x_j}\left[\rho u_j\left(\frac{u_i^2}{2}+\Phi\right)-u_i\pi_{ij}\right]=-\frac{1}{2}\pi_{ij}e_{ij}+\rho\frac{\partial\Phi}{\partial t}。 \tag{2.29}$$

2. 内能平衡方程

对于一个开放的流体微团，其内能平衡可以分为没有物质交换的和仅有物质交换的两部分，这样，在变量系 $\{u_i,p,T,s\}$ 中的内能平衡可表示为

$$d\varepsilon=(d\varepsilon)_S+(d\varepsilon)_{p,T}\,, \tag{2.30}$$

其中符号 $(\ )_S$ 表示没有物质交换的（即 s 不变，p 和 T 可变），符号 $(\ )_{p,T}$ 表示仅有物质交换的（即 p 和 T 不变，s 可变）。

在没有物质交换的情况下，内能变化主要取决于机械能向内能的转换以及热传导剩余量和热辐射量。由于应力张量 π_{ij} 和应变张量 e_{ij} 都是对称的，所以，机械能平衡方程（2.29）的右端第一项是恒小于零的，这表明机械能总是向内能转换的。单位体积的这种转换量可以写成

$$\delta A = \frac{1}{2}\pi_{ij}e_{ij}dt \text{。} \tag{2.31}$$

另外，单位体积的热传导剩余量和热辐射量可以分别写成

$$\delta Q_1 = -\frac{\partial q_j}{\partial x_j}dt\text{，}\quad \delta Q_2 = Qdt \text{。} \tag{2.32}$$

这样，按热力学第一定律，在没有物质交换情况下，海水微团的单位体积内能平衡可写成

$$(d\varepsilon)_S = \delta A + (\delta Q_1 + \delta Q_2) \text{。} \tag{2.33}$$

为了研究在仅有物质交换情况下海水微团的单位体积内能平衡，审视所引入的热力学势函数（包括单位体积的Gibbs势 $\rho\zeta_m = \rho\varepsilon_m + p + \rho T\eta_m$、内能 $\rho\varepsilon_m$、熵 $\rho\eta_m$、自由能 $\rho\psi_m = \rho\varepsilon_m - \rho T\eta_m$ 和热焓 $\rho\chi_m = \rho\varepsilon_m + p$），我们发现，内能与焓有同等变化关系，即

$$(d\varepsilon)_{p,T} = (d\chi)_{p,T} \text{。} \tag{2.34}$$

这样，由于在仅有物质变化情况下，焓可以写成组分偏焓 $\chi_j \equiv \left(\frac{\partial\chi}{\partial m_j}\right)_{p,T,m_{k\neq j}}$ 和的形式，因此内能-焓同等变化关系就可写成

$$(d\varepsilon)_{p,T} = (d\chi)_{p,T} = \sum_{j=1}^{n}\chi_j dm_j \text{。} \tag{2.35}$$

按海水盐量的组分定比关系，表示式（2.35）可整理为

$$\begin{aligned}(d\varepsilon)_{p,T} &= \sum_{j=1}^{n}\chi_j dm_j = \sum_{j=1}^{n-1}\frac{\partial\chi}{\partial m_j}dm_j + \frac{\partial\chi}{\partial m_n}dm_n \\ &= \sum_{1}^{n-1}\frac{\partial\chi}{\partial m_S}\frac{\partial m_S}{\partial m_j}d\lambda_j m_S + \frac{\partial\chi}{\partial m_W}dm_W = \frac{\partial\chi}{\partial m_S}dm_S + \frac{\partial\chi}{\partial m_W}dm_W\end{aligned} \text{。} \tag{2.36}$$

将表示式（2.33）（2.34）和（2.36）代入（2.30），则可得

$$\begin{aligned}d\varepsilon &= (\delta A + \delta Q_1 + \delta Q_2)_s + (d\chi)_{p,T} \\ &= \left(-\frac{\partial q_j}{\partial x_j} + Q + \frac{1}{2}\pi_{ij}e_{ij}\right)dt + \frac{\partial\chi}{\partial m_S}dm_S + \frac{\partial\chi}{\partial m_W}dm_W\end{aligned} \text{。} \tag{2.37}$$

这表明，海水微团的单位体积内能变化是机械能做功和热传导剩余量、热辐射量以及盐分和纯水分化学能通量剩余量三部分的总和。按（2.37）式所示的物理意义，考虑到方程（2.5）、（2.6）、（2.9），开放海水微团的内能平衡方程可写成

$$\frac{\partial\rho\varepsilon_m}{\partial t}+\frac{\partial\rho u_j\varepsilon_m}{\partial x_j}=-\frac{\partial q_j}{\partial x_j}+\frac{1}{2}\pi_{ij}e_{ij}-\frac{\partial}{\partial x_j}\left(\frac{\partial\chi}{\partial m_S}I_{Sj}+\frac{\partial\chi}{\partial m_W}I_{Wj}\right)+Q\ ,$$

或

$$\frac{\partial\rho\varepsilon_m}{\partial t}+\frac{\partial}{\partial x_j}\left[\rho u_j\varepsilon_m+q_j+\left(\frac{\partial\chi}{\partial m_S}-\frac{\partial\chi}{\partial m_W}\right)I_{Sj}\right]=\frac{1}{2}\pi_{ij}e_{ij}+Q\ 。\tag{2.38}$$

考虑到方程（2.9）可得随质点形式的比内能平衡方程

$$\rho\left(\frac{\partial\varepsilon_m}{\partial t}+u_j\frac{\partial\varepsilon_m}{\partial x_j}\right)=-\frac{\partial}{\partial x_j}\left[q_j+\left(\frac{\partial\chi}{\partial m_S}-\frac{\partial\chi}{\partial m_W}\right)I_{Sj}\right]+\frac{1}{2}\pi_{ij}e_{ij}+Q\ 。\tag{2.39}$$

考虑到仅通过微分运算就可以得到的恒等式

$$\begin{aligned}\left\{d\left(\frac{\chi}{m}\right)\right\}_{p,T}&=\left\{\frac{1}{m}d\chi+\chi d\frac{1}{m}\right\}_{p,T}=\left\{\frac{1}{m}\left[\frac{\partial\chi}{\partial m_S}dm_S+\frac{\partial\chi}{\partial m_W}dm_W+\frac{\partial\chi}{\partial m}dm\right]-\frac{\chi}{m^2}dm\right\}_{p,T}\\&=\left\{\frac{\partial\chi}{\partial m_S}d\left(\frac{m_S}{m}\right)+\frac{\partial\chi}{\partial m_W}d\left(\frac{m_W}{m}\right)+\left(\frac{\partial\chi}{\partial m_S}m_S+\frac{\partial\chi}{\partial m_W}m_W+m\frac{\partial\chi}{\partial m}-\chi\right)\frac{1}{m^2}dm\right\}_{p,T}\end{aligned},$$

或

$$\left\{d\left(\frac{\chi}{m}\right)=\left(\frac{\partial\chi}{\partial m_S}-\frac{\partial\chi}{\partial m_W}\right)ds+\left(\frac{\partial\chi}{\partial m_S}m_S+\frac{\partial\chi}{\partial m_W}m_W+m\frac{\partial\chi}{\partial m}-\chi\right)\frac{1}{m^2}dm\right\}_{p,T}\ ,\tag{2.40}$$

这样，考虑到总质量不变，则我们有

$$\left[\frac{\partial}{\partial s}\left(\frac{\chi}{m}\right)\right]_{p,T}\equiv\left(\frac{\partial\chi_m}{\partial s}\right)_{p,T}=\left(\frac{\partial\chi}{\partial m_S}-\frac{\partial\chi}{\partial m_W}\right)_{p,T}\ 。\tag{2.41}$$

将表示式（2.41）代入方程（2.38）和（2.39），则可得单位体积海水的内能和比内能平衡方程

$$\frac{\partial(\rho\varepsilon_m)}{\partial t}+\frac{\partial}{\partial x_j}\left[\rho u_j\varepsilon_m+q_j+\left(\frac{\partial\chi_m}{\partial s}\right)_{p,T}I_{Sj}\right]=\frac{1}{2}\pi_{ij}e_{ij}+Q\,, \tag{2.42}$$

和

$$\rho\left(\frac{\partial\varepsilon_m}{\partial t}+u_j\frac{\partial\varepsilon_m}{\partial x_j}\right)=-\frac{\partial}{\partial x_j}\left[q_j+\left(\frac{\partial\chi_m}{\partial s}\right)_{p,T}I_{Sj}\right]+\frac{1}{2}\pi_{ij}e_{ij}+Q\,。 \tag{2.43}$$

3. 总能量守恒方程

将单位体积海水机械能平衡方程（2.29）和内能平衡方程（2.43）相加，稍作整理就可得到单位体积海水的总能量守恒方程

$$\begin{aligned}&\frac{\partial}{\partial t}\left[\rho\left(\frac{u_i^2}{2}+\Phi+\varepsilon_m\right)\right]+\frac{\partial}{\partial x_j}\left[\rho u_j\left(\frac{u_i^2}{2}+\Phi+\varepsilon_m\right)+q_j-u_i\pi_{ij}+\left(\frac{\partial\chi_m}{\partial s}\right)_{p,T}I_{Sj}\right]\\&=Q+\rho\frac{\partial\Phi}{\partial t}\end{aligned}\,。 \tag{2.44}$$

到此我们导得了一些与海水运动有关的方程，它们包括质量守恒方程、盐量守恒方程、动量平衡方程和角动量平衡方程以及机械能平衡方程、内能平衡方程和总能量守恒方程。其中前三个和第五个（或第六个）是相互独立的，它们加上热力学关系式可以是变量系$\{u_i,\varepsilon,s,p\}$封闭的，被称为海洋运动基本方程组，其他两个方程是派出的。我们注意到，尚有一些分析所需的特殊物理量，如涡度、位涡度和比熵等，它们的方程还需要导出。更有一些动力学、热学和化学通量，如π_{ij}、q_j和$\left(\frac{\partial\chi_m}{\partial s}\right)_{p,T}I_{Sj}$的具体表达式还需要给出。这些是以下章节的主要任务。

2.2　海洋运动的若干导出方程，力学热学化学力和通量表示

在本节中我们将给出海洋运动的导出方程组，主要包括涡度、位涡度和比熵的平衡方程组。

2.2.1　涡度和位涡度，涡度和位涡度平衡方程组

1. 涡度，涡度平衡方程

涡度是速度的旋度，它的张量形式可写成

$$\omega_i = \left(\varepsilon_{ijk}\frac{\partial}{\partial x_j}\right)u_k = \begin{vmatrix} \vec{i}, & \vec{j}, & \vec{k} \\ \frac{\partial}{\partial x_1}, & \frac{\partial}{\partial x_2}, & \frac{\partial}{\partial x_3} \\ u_1, & u_2, & u_3 \end{vmatrix} 。\tag{2.45}$$

考虑到张量运算关系

$$u_j\frac{\partial u_i}{\partial x_j} = \frac{\partial}{\partial x_i}\left(\frac{1}{2}u_j^2\right) - \varepsilon_{ljk}u_j\omega_k ,\tag{2.46}$$

我们有动量平衡方程（2. 13）的另一种写法

$$\frac{\partial u_i}{\partial t} + \frac{\partial}{\partial x_i}\left(\frac{1}{2}u_j^2\right) = -\frac{1}{\rho}\frac{\partial p}{\partial x_i} + \frac{1}{\rho}\frac{\partial \sigma_{ij}}{\partial x_j} + \varepsilon_{ijk}u_j\omega_{Ak} - \frac{\partial \Phi}{\partial x_i} ,\tag{2.47}$$

其中总涡度定义为

$$\omega_{Ak} \equiv (\omega_k + 2\Omega_k) 。\tag{2.48}$$

这样，以旋度算子 $\varepsilon_{ijk}\frac{\partial}{\partial x_j}$ 作用于方程（2. 47），则得

$$\begin{aligned} &\frac{\partial}{\partial t}\left(\varepsilon_{ijk}\frac{\partial u_k}{\partial x_j}\right) + \varepsilon_{ijk}\frac{\partial^2}{\partial x_j \partial x_k}\left(\frac{1}{2}u_l^2\right) = -\varepsilon_{ijk}\frac{\partial}{\partial x_j}\left(\frac{1}{\rho}\right)\frac{\partial p}{\partial x_k} - \frac{1}{\rho}\varepsilon_{ijk}\frac{\partial^2 p}{\partial x_j \partial x_k} \\ &+\varepsilon_{ijk}\frac{\partial}{\partial x_j}\left(\frac{1}{\rho}\frac{\partial \sigma_{kl}}{\partial x_l}\right) + \frac{\partial}{\partial x_j}\left(\varepsilon_{kij}\varepsilon_{klm}u_l\omega_{Am}\right) - \varepsilon_{ijk}\frac{\partial^2 \Phi}{\partial x_j \partial x_k} \end{aligned} 。\tag{2.49}$$

考虑到张量运算关系

$$\varepsilon_{\alpha\beta\gamma}\varepsilon_{\alpha\nu\mu}B_{\nu\mu} = B_{\beta\gamma} - B_{\gamma\beta} ,\tag{2.50}$$

可以证明方程（2. 49）的左端第二项和右端第二、五项均为零，右端第四项可写成四项和形式，这样，我们有

$$\frac{\partial}{\partial t}\left(\varepsilon_{ijk}\frac{\partial u_k}{\partial x_j}\right)=-\varepsilon_{ijk}\frac{\partial}{\partial x_j}\left(\frac{1}{\rho}\right)\frac{\partial p}{\partial x_k}+\varepsilon_{ijk}\frac{\partial}{\partial x_j}\left(\frac{1}{\rho}\frac{\partial \sigma_{kl}}{\partial x_l}\right)+\left(\frac{\partial u_i}{\partial x_j}\omega_{Aj}-\frac{\partial u_j}{\partial x_j}\omega_{Ai}+u_i\frac{\partial \omega_{Aj}}{\partial x_j}-u_j\frac{\partial \omega_{Ai}}{\partial x_j}\right)。\tag{2.51}$$

再考虑到旋度的散度为零的张量运算关系

$$\frac{\partial \omega_{Aj}}{\partial x_j}=0,\tag{2.52}$$

则可得

$$\left(\frac{\partial \omega_{Ai}}{\partial t}+u_j\frac{\partial \omega_{Ai}}{\partial x_j}\right)+\frac{\partial u_j}{\partial x_j}\omega_{Ai}=-\varepsilon_{ijk}\frac{\partial}{\partial x_j}\left(\frac{1}{\rho}\right)\frac{\partial p}{\partial x_k}+\varepsilon_{ijk}\frac{\partial}{\partial x_j}\left(\frac{1}{\rho}\frac{\partial \sigma_{kl}}{\partial x_l}\right)+\frac{\partial u_i}{\partial x_j}\omega_{Aj}。\tag{2.53}$$

考虑质量守恒方程（2.9），最后我们有

$$\frac{\partial}{\partial t}\left(\frac{\omega_{Ai}}{\rho}\right)+u_j\frac{\partial}{\partial x_j}\left(\frac{\omega_{Ai}}{\rho}\right)=\left(\frac{\omega_{Aj}}{\rho}\right)\frac{\partial u_i}{\partial x_j}+\frac{1}{\rho^3}\varepsilon_{ijk}\frac{\partial \rho}{\partial x_j}\frac{\partial p}{\partial x_k}+\frac{1}{\rho}\varepsilon_{ijk}\frac{\partial}{\partial x_j}\left(\frac{1}{\rho}\frac{\partial \sigma_{kl}}{\partial x_l}\right)。\tag{2.54}$$

这就是所谓弗里得曼（Ф р и д м а н）绝对涡度方程。它表示，方程的左端单位质量绝对涡度的随质点微商决定于右端第一项涡度线的拉伸、第二项海水的斜压性和第三项切应力剩余量的旋度。

2. 位涡度，位涡度平衡方程

大部分海洋运动描述量，例如盐度、密度、机械能、内能，甚至速度的三个分量，它们的描述方程都可以写成

$$\frac{\partial \phi}{\partial t}+u_j\frac{\partial \phi}{\partial x_j}=\Theta\tag{2.55}$$

的形式。它的梯度可以写成

$$\left[\frac{\partial}{\partial t}\left(\frac{\partial \phi}{\partial x_i}\right)+u_j\frac{\partial}{\partial x_j}\left(\frac{\partial \phi}{\partial x_i}\right)\right]+\frac{\partial u_j}{\partial x_i}\frac{\partial \phi}{\partial x_j}=\frac{\partial \Theta}{\partial x_i}\tag{2.56}$$

的形式。把组合变量$\left(\frac{\omega_{Ai}}{\rho}\frac{\partial \phi}{\partial x_i}\right)$称作描述量$\phi$的位涡度，做$\frac{\omega_{Ai}}{\rho}$ •（2.56）+

$\frac{\partial \phi}{\partial x_i}$ •（2. 54），则我们进一步有

$$\rho\left[\frac{\partial}{\partial t}\left(\frac{\omega_{Ai}}{\rho}\frac{\partial \phi}{\partial x_i}\right)+u_j\frac{\partial}{\partial x_j}\left(\frac{\omega_{Ai}}{\rho}\frac{\partial \phi}{\partial x_i}\right)\right]$$
$$=\frac{1}{\rho^2}\left[\varepsilon_{ijk}\frac{\partial \rho}{\partial x_j}\frac{\partial p}{\partial x_k}\right]\frac{\partial \phi}{\partial x_i}+\frac{\partial \phi}{\partial x_i}\left[\varepsilon_{ijk}\frac{\partial}{\partial x_j}\left(\frac{1}{\rho}\frac{\partial \sigma_{kl}}{\partial x_l}\right)\right]+\omega_{Ai}\frac{\partial \Theta}{\partial x_i}$$

或

$$\rho\left[\frac{\partial}{\partial t}\left(\frac{\omega_{Ai}}{\rho}\frac{\partial \phi}{\partial x_i}\right)+u_j\frac{\partial}{\partial x_j}\left(\frac{\omega_{Ai}}{\rho}\frac{\partial \phi}{\partial x_i}\right)\right]=\frac{1}{\rho^2}\left[\varepsilon_{ijk}\frac{\partial \rho}{\partial x_j}\frac{\partial p}{\partial x_k}\right]\frac{\partial \phi}{\partial x_i}$$
$$+\frac{\partial}{\partial x_i}\left[\varepsilon_{ijk}\phi\frac{\partial}{\partial x_j}\left(\frac{1}{\rho}\frac{\partial \sigma_{kl}}{\partial x_l}\right)\right]-\phi\left[\varepsilon_{ijk}\frac{\partial}{\partial x_i}\frac{\partial}{\partial x_j}\left(\frac{1}{\rho}\frac{\partial \sigma_{kl}}{\partial x_l}\right)\right]+\frac{\partial\left(\omega_{Ai}\Theta\right)}{\partial x_i}-\Theta\frac{\partial \omega_{Ai}}{\partial x_i}\text{。}\quad(2.57)$$

考虑到梯度的旋度和旋度的散度都为零，即方程右端第三、五项为零

$$\varepsilon_{ijk}\frac{\partial}{\partial x_i}\frac{\partial}{\partial x_j}\left(\frac{1}{\rho}\frac{\partial \sigma_{kl}}{\partial x_l}\right)=0,\quad \frac{\partial \omega_{Ai}}{\partial x_i}=0,\quad(2.58)$$

则方程（2. 57）可写成

$$\rho\left[\frac{\partial}{\partial t}\left(\frac{\omega_{Ai}}{\rho}\frac{\partial \phi}{\partial x_i}\right)+u_j\frac{\partial}{\partial x_j}\left(\frac{\omega_{Ai}}{\rho}\frac{\partial \phi}{\partial x_i}\right)\right]$$
$$=\frac{1}{\rho^2}\left[\varepsilon_{ijk}\frac{\partial \rho}{\partial x_j}\frac{\partial p}{\partial x_k}\right]\frac{\partial \phi}{\partial x_i}+\frac{\partial}{\partial x_i}\left[\varepsilon_{ijk}\phi\frac{\partial}{\partial x_j}\left(\frac{1}{\rho}\frac{\partial \sigma_{kl}}{\partial x_l}\right)+\omega_{Ai}\Theta\right]\text{。}\quad(2.59)$$

这个方程有时可以有清晰的物理意义，称为物理量ϕ的位涡度平衡方程。

2.2.2　比熵平衡方程，热学化学力学力和通量表示式

1. 比熵平衡方程

比熵平衡方程实际上是一种导出方程。它是阐明热学-化学-力学力及其通量物理意义的基础，是证明重要热力学不等式的依据。除此以外，它还是导出温度-压力平衡方程的中间方程。在变量系$\{u_i,p,T,s;\zeta_m\}$中应用Gibbs 关系式

$$d\eta_m = \frac{1}{T} d\varepsilon_m + \frac{p}{T} d\left(\frac{1}{\rho}\right) - \frac{\mu}{T} ds\,, \tag{2.60}$$

可演算得比熵与比内能、密度和盐度的随质点变化关系

$$\rho \frac{d\eta_m}{dt} = \frac{1}{T}\left(\rho \frac{d\varepsilon_m}{dt}\right) - \frac{p}{T\rho}\left(\frac{d\rho}{dt}\right) - \frac{\mu}{T}\left(\rho \frac{ds}{dt}\right)。 \tag{2.61}$$

将方程（2.43）、（2.9）和（2.10）代入这个变化关系，则可得随质点形式的比熵η_m方程

$$\rho \frac{d\eta_m}{dt} = -\frac{1}{T}\frac{\partial}{\partial x_j}\left\{q_j + \left[\left(\frac{\partial \chi_m}{\partial s}\right)_{p,T} - \mu\right] I_{Sj}\right\} + \frac{1}{2T}\sigma_{ij} e_{ij} - \frac{1}{T} I_{Sj} \frac{\partial \mu}{\partial x_j} + \frac{Q}{T}。 \tag{2.62}$$

在变量系$\{u_i, p, T, s\}$中，考虑比焓的 Gibbs 关系式$d\chi_m = Td\eta_m + \frac{1}{\rho}dp + \mu ds$，可得

$$\left(\frac{\partial \chi_m}{\partial s}\right)_{p,T} = T\left(\frac{\partial \eta_m}{\partial s}\right)_{p,T} + \mu\,, \tag{2.63}$$

这样，方程（2.62）可改写为

$$\rho \frac{d\eta_m}{dt} = -\frac{1}{T}\frac{\partial}{\partial x_j}\left[q_j + T\left(\frac{\partial \eta_m}{\partial s}\right)_{p,T} I_{Sj}\right] + \sigma_{ij}\left(\frac{1}{2T} e_{ij}\right) - I_{Sj}\left(\frac{1}{T}\frac{\partial \mu}{\partial x_j}\right) + \frac{Q}{T}。 \tag{2.64}$$

对方程（2.64）的右端作部分微分处理，则可得

$$\begin{aligned}\rho \frac{d\eta_m}{dt} = &-\frac{\partial}{\partial x_j}\left\{\frac{1}{T}\left[q_j + T\left(\frac{\partial \eta_m}{\partial s}\right)_{p,T} I_{Sj}\right]\right\} \\ &+\left[q_j + T\left(\frac{\partial \eta_m}{\partial s}\right)_{p,T} I_{Sj}\right]\frac{\partial}{\partial x_j}\left(\frac{1}{T}\right) + \sigma_{ij}\left(\frac{1}{2T} e_{ij}\right) - I_{Sj}\left(\frac{1}{T}\frac{\partial \mu}{\partial x_j}\right) + \frac{Q}{T}\end{aligned},$$

或

$$\begin{aligned}\rho \frac{d\eta_m}{dt} = &-\frac{\partial}{\partial x_j}\left[\frac{q_j}{T} + \left(\frac{\partial \eta_m}{\partial s}\right)_{p,T} I_{Sj}\right] + q_j \frac{\partial}{\partial x_j}\left(\frac{1}{T}\right) \\ &+ I_{Sj}\left\{-\frac{1}{T}\left[\left(\frac{\partial \eta_m}{\partial s}\right)_{p,T} + \left(\frac{\partial \mu}{\partial T}\right)_{p,s}\right]\frac{\partial T}{\partial x_j} - \frac{1}{T}\left(\frac{\partial \mu}{\partial x_j}\right)_T\right\} + \sigma_{ij}\left(\frac{1}{2T} e_{ij}\right) + \frac{Q}{T}\end{aligned}。 \tag{2.65}$$

考虑到比 Gibbs 势函数表示的热力学参变量关系

$$\eta_m = -\left(\frac{\partial \zeta_m}{\partial T}\right)_{p,s}, \quad \mu = \left(\frac{\partial \zeta_m}{\partial s}\right)_{T,p}, \tag{2.66}$$

从而有

$$\frac{\partial \eta_m}{\partial s} = -\left(\frac{\partial^2 \zeta_m}{\partial T \partial s}\right)_p, \quad \frac{\partial \mu}{\partial T} = \left(\frac{\partial^2 \zeta_m}{\partial T \partial s}\right)_p, \quad \left(\frac{\partial \eta_m}{\partial s}\right)_{p,T} + \left(\frac{\partial \mu}{\partial T}\right)_{p,s} = 0, \tag{2.67}$$

这样，随质点形式的比熵平衡方程可写成

$$\begin{aligned}\left(\frac{\partial \eta_m}{\partial t} + u_j \frac{\partial \eta_m}{\partial x_j}\right) &= -\frac{\partial}{\partial x_j}\left[\frac{q_j}{T} + \left(\frac{\partial \eta_m}{\partial s}\right)_{p,T} I_{Sj}\right] \\ &+ q_j \frac{\partial}{\partial x_j}\left(\frac{1}{T}\right) + I_{Sj}\left[-\frac{1}{T}\left(\frac{\partial \mu}{\partial x_j}\right)_T\right] + \sigma_{ij}\left(\frac{1}{2T} e_{ij}\right) + \frac{Q}{T}\end{aligned} \text{。} \tag{2.68}$$

再考虑质量守恒方程，单位体积海水的熵平衡方程可写成

$$\begin{aligned}&\rho\left(\frac{\partial \eta_m}{\partial t} + u_j \frac{\partial \eta_m}{\partial x_j}\right) + \left(\frac{\partial \rho}{\partial t} + \frac{\partial \rho u_j}{\partial x_j}\right)\eta_m \\ &= -\frac{\partial}{\partial x_j}\left[\frac{q_j}{T} + \left(\frac{\partial \eta_m}{\partial s}\right)_{p,T} I_{Sj}\right] + q_j \frac{\partial}{\partial x_j}\left(\frac{1}{T}\right) + I_{Sj}\left[-\frac{1}{T}\left(\frac{\partial \mu}{\partial x_j}\right)_T\right] + \sigma_{ij}\left(\frac{1}{2T} e_{ij}\right) + \frac{Q}{T}\end{aligned}$$

或

$$\begin{aligned}&\frac{\partial \rho \eta_m}{\partial t} + \frac{\partial}{\partial x_j}\left[\rho \eta_m u_j + \frac{q_j}{T} + \left(\frac{\partial \eta_m}{\partial s}\right)_{p,T} I_{Sj}\right] \\ &= q_j \frac{\partial}{\partial x_j}\left(\frac{1}{T}\right) + I_{Sj}\left[-\frac{1}{T}\left(\frac{\partial \mu}{\partial x_j}\right)_T\right] + \sigma_{ij}\left(\frac{1}{2T} e_{ij}\right) + \frac{Q}{T}\end{aligned} \text{。} \tag{2.69}$$

这样，我们得到随质点的单位体积海水熵平衡方程，它们的其他项还可以整理成通量剩余量和生成函数的形式

$$\rho\left(\frac{\partial \eta_m}{\partial t} + u_j \frac{\partial \eta_m}{\partial x_j}\right) + \frac{\partial I_\eta}{\partial x_j} = \theta_{\eta 1} + \theta_{\eta 2}, \tag{2.70}$$

或

$$\frac{\partial \rho \eta_m}{\partial t} + \frac{\partial}{\partial x_j}\left(\rho \eta_m u_j + I_\eta\right) = \theta_{\eta 1} + \theta_{\eta 2} \text{。} \tag{2.71}$$

其中熵通量I_η和生成函数$\theta_{\eta 1}$、$\theta_{\eta 2}$分别定义为

$$I_\eta \equiv \frac{q_j}{T} + \left(\frac{\partial \eta_m}{\partial s}\right)_{p,T} I_{Sj}\,, \tag{2.72}$$

和

$$\theta_{\eta 1} \equiv q_j \frac{\partial}{\partial x_j}\left(\frac{1}{T}\right) + I_{Sj}\left[-\frac{1}{T}\left(\frac{\partial \mu}{\partial x_j}\right)_T\right] + \sigma_{ij}\left(\frac{1}{2T}e_{ij}\right), \quad \theta_{\eta 2} \equiv \frac{Q}{T}。 \tag{2.73}$$

按热力学第二定理，熵生成函数应都大于零，$\theta_{\eta 1} > 0$，$\theta_{\eta 2} > 0$。它们将作为许多热力学不等式的导出依据。

2. 热学化学力学力及其通量的定义

这里广义地用热力学一词标示热学、化学和力学的总和。方程(2.71)描述在变量系$\{u_i, p, T, s\}$中的比熵平衡，其右端第一项由一组热学化学力学通量

$$q_j\,,\quad I_{Sj}\,,\quad \sigma_{ij} \tag{2.74}$$

与相应的热学化学力学力

$$\frac{\partial}{\partial x_j}\left(\frac{1}{T}\right),\quad -\frac{1}{T}\left(\frac{\partial \mu}{\partial x_j}\right)_T,\quad \frac{1}{2T}e_{ij} \tag{2.75}$$

的乘积，是一类与面元通量和应力相关的生成函数；其右端第二项具有热辐射量除以温度的形式，是一种与单位体积相关的热源生成函数。

所谓 Newton 流体指的是，具有热学化学力学通量线性地比例于相应力属性的流体。考虑到海水的热学化学通量与力学力无关，力学通量也与热学化学力无关，这样，我们有

$$q_j = A\frac{\partial}{\partial x_j}\left(\frac{1}{T}\right) + B\left[-\frac{1}{T}\left(\frac{\partial \mu}{\partial x_j}\right)_T\right], \tag{2.76}$$

$$I_{Sj} = B'\frac{\partial}{\partial x_j}\left(\frac{1}{T}\right) + C\left[-\frac{1}{T}\left(\frac{\partial \mu}{\partial x_j}\right)_T\right], \tag{2.77}$$

$$\sigma_{ij} = De_{ll}\delta_{ij} + Ee_{ij}\,。 \tag{2.78}$$

对于各向同性的海水，这里的通量和力表达式应当是对称系数矩阵的，即

$$B' = B 。\tag{2.79}$$

这表明，通量可以通过五个系数用三个力来表示，这五个系数可以是变量系$\{u_i, p, T, s\}$的函数。

1）动量通量表示式

动量通量表示式（2.78）的实质是，各向同性流体的应力张量线性地比例于变形张量的剪切变形部分$e_{ij} - \frac{1}{3}e_{ll}\delta_{ij}$和体积变形部分$\frac{1}{3}e_{ll}\delta_{ij}$。分别定义比例常数$E$与第一运动粘性系数$\nu_1$有关，比例常数$D$与第二运动粘性系数$\nu_2$有关，这样，我们有运动粘性系数表示式

$$\rho\nu_1 = E,\quad 3\rho\nu_2 = 3D + E \tag{2.80}$$

和应力-应变张量关系

$$\begin{aligned}\sigma_{ij} &= \pi_{ij} + p\delta_{ij} = E\left(e_{ij} - \frac{1}{3}e_{ll}\delta_{ij}\right) + (3D + E)\frac{1}{3}e_{ll}\delta_{ij} \\ &= \rho\nu_1\left(e_{ij} - \frac{1}{3}e_{ll}\delta_{ij}\right) + \rho\nu_2 e_{ll}\delta_{ij}\end{aligned}, \tag{2.81}$$

或应变-应力张量关系

$$\pi_{ij} = -p\delta_{ij} + \sigma_{ij} = (-p + \rho\nu_2 e_{ll})\delta_{ij} + \rho\nu_1\left(e_{ij} - \frac{1}{3}e_{ll}\delta_{ij}\right)。\tag{2.82}$$

进一步，按方程（2.73）右端第三项计算的比熵力学生成函数

$$\begin{aligned}\vartheta_\eta(\text{dynamics}) &= \sigma_{ij}\left(\frac{1}{2T}e_{ij}\right) \\ &= \frac{1}{2T}\left[\rho\nu_1\left(e_{ij} - \frac{1}{3}e_{ll}\delta_{ij}\right) + \rho\nu_2 e_{ll}\delta_{ij}\right]\left[\left(e_{ij} - \frac{1}{3}e_{ll}\delta_{ij}\right) + \frac{1}{3}e_{ll}\delta_{ij}\right]。\\ &= \frac{1}{2T}\left[\rho\nu_1\left(e_{ij} - \frac{1}{3}e_{ll}\delta_{ij}\right)^2 + \frac{1}{3}\rho\nu_2\left(e_{ll}\delta_{ij}\right)^2\right]\end{aligned} \tag{2.83}$$

按热力学第二定律，$\vartheta_\eta(\text{dynamics})$应当大于零，这样，表示式（2.83）就要求

两个粘性系数都为正，即有热力学不等式

$$\nu_1>0,\quad \nu_2>0。\tag{2.84}$$

2）热通量和盐分通量表达式

由热通量和盐分通量表示式（2.76）和（2.77）消去 $\left[-\frac{1}{T}\left(\frac{\partial\mu}{\partial x_j}\right)_T\right]$，可解得

$$\begin{aligned} q_j &= \left(A-\frac{B^2}{C}\right)\frac{\partial}{\partial x_j}\left(\frac{1}{T}\right)+\frac{B}{C}I_{Sj} \\ &= -\left(A-\frac{B^2}{C}\right)\frac{1}{T^2}\frac{\partial T}{\partial x_j}+\frac{B}{C}I_{Sj} = -\kappa\frac{\partial T}{\partial x_j}+\frac{B}{C}I_{Sj} \end{aligned},\tag{2.85}$$

和

$$\left[-\frac{1}{T}\left(\frac{\partial\mu}{\partial x_j}\right)_T\right]=\frac{1}{C}I_{Sj}-\frac{B}{C}\frac{\partial}{\partial x_j}\left(\frac{1}{T}\right)$$

或

$$I_{Sj}=C\left[-\frac{1}{T}\left(\frac{\partial\mu}{\partial x_j}\right)_T\right]+B\frac{\partial}{\partial x_j}\left(\frac{1}{T}\right),\tag{2.86}$$

其中

$$\kappa\equiv\left(A-\frac{B^2}{C}\right)\frac{1}{T^2}\tag{2.87}$$

是无盐通量变化情况下的热传导系数，C是无热通量变化情况下的盐扩散系数。

同样，可以按方程（2.73）的右端第一、二项计算比熵的热学-化学生成函数，将表示式（2.85）和（2.86）代入，可得

$$
\begin{aligned}
&\vartheta_\eta(\text{thermo-chemic}) \equiv q_j \frac{\partial}{\partial x_j}\left(\frac{1}{T}\right) + I_{Sj}\left[-\frac{1}{T}\left(\frac{\partial \mu}{\partial x_j}\right)_T\right] \\
&= \left(-\kappa \frac{\partial T}{\partial x_j} + \frac{B}{C} I_{Sj}\right)\frac{\partial}{\partial x_j}\left(\frac{1}{T}\right) + I_{Sj}\left[\frac{1}{C} I_{Sj} - \frac{B}{C}\frac{\partial}{\partial x_j}\left(\frac{1}{T}\right)\right] = \kappa\left(\frac{1}{T}\frac{\partial T}{\partial x_j}\right)^2 + \frac{1}{C}\left(I_{Sj}\right)^2
\end{aligned} \text{。} \quad (2.88)
$$

按热力学第二定律，$\vartheta_\eta(\text{thermo-chemic})$ 也应当大于零，这样，（2.88）式就要求无盐通量变化情况下的热传导系数 κ 和无热通量变化情况下的盐扩散系数 C 都为正，即有热力学不等式

$$
\kappa > 0, \quad C > 0 \text{。} \quad (2.89)
$$

进一步，演算（2.86）式可得

$$
\begin{aligned}
I_{Sj} &= B\frac{\partial}{\partial x_j}\left(\frac{1}{T}\right) + C\left[-\frac{1}{T}\left(\frac{\partial \mu}{\partial x_j}\right)_T\right] = \left(-\frac{C}{T}\frac{\partial \mu}{\partial s}\right)_T \frac{\partial s}{\partial x_j} + \left(-\frac{C}{T}\frac{\partial \mu}{\partial p}\right)_T \frac{\partial p}{\partial x_j} + B\left(-\frac{1}{T^2}\right)\frac{\partial \mathrm{T}}{\partial x_j} \\
&= -\rho D\left\{\frac{\partial s}{\partial x_j} + \frac{\kappa_T}{T}\frac{\partial T}{\partial x_j} + \frac{\kappa_p}{p}\frac{\partial p}{\partial x_j}\right\}
\end{aligned} , \quad (2.90)
$$

或

$$
I_{Sj} = -\rho D\left(\frac{\partial s}{\partial x_j} + \frac{k_T}{T}\frac{\partial T}{\partial x_j} + \frac{k_p}{p}\frac{\partial p}{\partial x_j}\right), \quad (2.91)
$$

其中定义盐度扩散系数为

$$
D = \frac{C}{\rho T}\left(\frac{\partial \mu}{\partial s}\right)_T, \quad (2.92)
$$

盐度扩散的温度增加率为

$$
\kappa_T = \frac{B}{C\left(\dfrac{\partial \mu}{\partial s}\right)_T}, \quad (2.93)
$$

盐度扩散的压力增加率为

$$
\kappa_p = \frac{p\left(\dfrac{\partial \mu}{\partial p}\right)_T}{\left(\dfrac{\partial \mu}{\partial s}\right)_T} \text{。} \quad (2.94)
$$

由热力学不等式$T>0$、$\left(\frac{\partial\mu}{\partial s}\right)_{p,T}>0$、$C>0$和表示式（2.92）可知，盐度扩散系数$D$应也是一个大于零的量，即有热力学不等式

$$D>0。\tag{2.95}$$

这里必须提醒的是，有些系数至今还是未确定的，例如κ_T、κ_p等，好在它们一般也是不太重要的。所引入的这些系数，其特征量值可由下表所列数据给出。

表 2.1 动力和运动粘性系数、热传导系数、盐扩散系数特征值（Montgomery，1957）

	纯水		海水	
	0℃	20℃	0℃	20℃
动力粘性系数 $\rho\nu$ /（g/cm・s）	1.787×10^{-2}	1.002×10^{-2}	1.877×10^{-2}	1.075×10^{-2}
运动粘性系数 ν /（cm²/s）	1.787×10^{-2}	1.004×10^{-2}	1.826×10^{-2}	1.049×10^{-2}
热传导系数 κ（W/cm・℃）	5.66×10^{-3}	5.99×10^{-3}	5.63×10^{-3}	5.96×10^{-3}
扩散系数 D（cm^{-2}・s）	0.74×10^{-5}	1.41×10^{-5}	0.68×10^{-5}	1.29×10^{-5}
导热率（$\kappa/\rho C_p$）/（cm²/s）	1.34×10^{-3}	1.43×10^{-3}	1.39×10^{-3}	1.49×10^{-3}
普朗特数 $\nu/(\kappa/\rho C_p)$	13.3	7.0	13.1	7.0

2.3 海洋流体运动边界条件

海洋流体运动的边界主要包括海面和海底，在其上的边界条件可按通量类型分为质量、盐量、热量和动量通量四类。

2.3.1 海面边界条件：质量、盐量、热量和动量通量边界条件

1. 质量通量边界条件

海面边界一般记作

$$F_S(x_i,t)=0 \quad 或 \quad x_3=\zeta(x_\alpha,t)\tag{2.96}$$

它是一种非常特殊的活动界面，在其上有纯水输出（蒸发或负降水）。设与海面边界相联系的界面几何速度为

$$\{u_{G1},u_{G2},u_{G3}\}=\left\{\frac{\partial x_{G1}}{\partial t},\frac{\partial x_{G2}}{\partial t},\frac{\partial x_{G3}}{\partial t}\right\}。\tag{2.97}$$

类似于质量守恒方程的处理办法，引入盐分密度ρ_S及其速度$\{u_{S1},u_{S2},u_{S3}\}$和纯水分密度ρ_W及其速度$\{u_{W1},u_{W2},u_{W3}\}$，则海水密度ρ与其速度$\{u_1,u_2,u_3\}$可写成

$$\rho=\rho_W+\rho_S \quad 和 \quad \{u_i\}=\left\{\frac{\rho_W u_{Wi}+\rho_S u_{Si}}{\rho_W+\rho_S}\right\}。\tag{2.98}$$

引入满足

$$u_{Gj}\frac{1}{\Delta_S}\frac{\partial F_S}{\partial x_j}=-\frac{\partial F_S}{\partial t}\tag{2.99}$$

的几何海面运动速度$\{u_{G1},u_{G2},u_{G3}\}$，我们有海面纯水分通量和盐分通量为

$$\rho_W\left(u_{Wj}-u_{Gj}\right)\frac{1}{\Delta_S}\frac{\partial F_S}{\partial x_j}=\tilde{P} \quad 或 \quad \rho_W\left(u_{Wj}-u_{Gj}\right)\frac{\partial F_S}{\partial x_j}=\tilde{P}\Delta_S，\tag{2.100}$$

和

$$\rho_S\left(u_{Sj}-u_{Gj}\right)\frac{1}{\Delta_S}\frac{\partial F_S}{\partial x_j}=0 \quad 或 \quad \rho_S\left(u_{Sj}-u_{Gj}\right)\frac{\partial F_S}{\partial x_j}=0。\tag{2.101}$$

这里第一个方程的右端项$\tilde{P}$为单位海面纯水蒸发量，垂直海面向上为正；第二个方程的右端项为零，表示海面没有盐分的交换；Δ_S为指向上的海面法向量$\left\{\frac{\partial F_S}{\partial x_j}\right\}$的模$\Delta_S=\sqrt{\left(\frac{\partial F_S}{\partial x_j}\right)^2}$。将这两个方程相加，则我们有

$$\frac{\left(\rho_W u_{Wj}+\rho_S u_{Sj}\right)}{\left(\rho_W+\rho_S\right)}\frac{\partial F_S}{\partial x_j}-u_{Gj}\frac{\partial F_S}{\partial x_j}=\frac{\tilde{P}\Delta_S}{\left(\rho_W+\rho_S\right)}$$

或

$$\left(u_j-u_{Gj}\right)\frac{\partial F_S}{\partial x_j}=\frac{\tilde{P}}{\rho}\Delta_S。\tag{2.102}$$

考虑方程（2.99），则可得海面质量通量边界条件

$$\frac{\partial F_S}{\partial t}+u_j\frac{1}{\Delta_S}\frac{\partial F_S}{\partial x_j}=\frac{\tilde{P}}{\rho}\text{。} \tag{2.103}$$

2. 盐量通量边界条件

海面没有盐分交换并不意味着没有海面盐量通量存在。由方程（2.103）减去方程（2.101），则有

$$\left(u_j-u_{Sj}\right)\frac{\partial F_S}{\partial x_j}+\left(\frac{\partial F_S}{\partial t}+u_{Gj}\frac{\partial F_S}{\partial x_j}\right)=\frac{\tilde{P}}{\rho}\Delta_S\text{，} \tag{2.104}$$

再考虑到$\frac{\partial F_S}{\partial t}+u_{Gj}\frac{\partial F_S}{\partial x_j}=0$和$I_{Sj}=\rho_S\left(u_{Sj}-u_j\right)$、$\rho_S=\rho s$，可得（海面）盐量通量边界条件

$$I_{Sj}\frac{1}{\Delta_S}\frac{\partial F_S}{\partial x_j}=-\tilde{P}s \quad \text{或} \quad I_{Sj}\frac{\partial F_S}{\partial x_j}=-\tilde{P}s\Delta_S\text{。} \tag{2.105}$$

3. 热量通量边界条件

对于海面有热输入$-Q_A$的情况下，我们有热量通量边界条件

$$q_j\frac{1}{\Delta_S}\frac{\partial F_S}{\partial x_j}=-Q_A \quad \text{或} \quad q_j\frac{\partial F_S}{\partial x_j}=-Q_A\Delta_S\text{。} \tag{2.106}$$

4. 动量通量边界条件

对于海面有动量输入P_{Ai}的情况下，我们有动量通量边界条件

$$\pi_{ij}\frac{1}{\Delta_S}\frac{\partial F_S}{\partial x_j}=P_{Ai} \quad \text{或} \quad \pi_{ij}\frac{\partial F_S}{\partial x_j}=P_{Ai}\Delta_S\text{。} \tag{2.107}$$

按（2.82）式，这里的应力张量可表示为

$$\pi_{ij}=-p\delta_{ij}+\sigma_{ij}=\left(-p+\rho\nu_2 e_{ll}\right)\delta_{ij}+\rho\nu_1\left(e_{ij}-\frac{1}{3}e_{ll}\delta_{ij}\right)\text{。} \tag{2.108}$$

值得注意的是，其中海面动量输入P_{Ai}应当是大气动量输入和表面张力的和。

在这里需要提醒的是表面张力在微小尺度运动的建模中有着重要作用，例如在导出海面微尺度波谱时，我们就曾给出过表面张力的解析表示式。

2.3.2 海底边界条件：质量、盐量、热量和动量通量边界条件

海底固体边界一般记为

$$F_H(x_i,t)=0 \quad 或 \quad x_3=-H(x_\alpha,t), \tag{2.109}$$

它一般认为是无纯水分和无盐分交换的。采用同样的推演办法，四类海底边界条件可分别写成

1. 质量通量边界条件

$$u_j\frac{1}{\Delta_H}\frac{\partial F_H}{\partial x_j}=-\frac{1}{\Delta_H}\frac{\partial F_H}{\partial t} \quad 或 \quad \frac{\partial F_H}{\partial t}+u_j\frac{\partial F_H}{\partial x_j}=0。\tag{2.110}$$

2. 盐量通量边界条件

$$I_{Sj}\frac{1}{\Delta_H}\frac{\partial F_H}{\partial x_j}=0 \quad 或 \quad I_{Sj}\frac{\partial F_H}{\partial x_j}=0。\tag{2.111}$$

3. 热量通量边界条件

对于海底热输入 Q_H 的情况下，我们有热量通量边界条件

$$q_j\frac{1}{\Delta_H}\frac{\partial F_H}{\partial x_j}=Q_H \quad 或 \quad q_j\frac{\partial F_H}{\partial x_j}=Q_H\Delta_H, \tag{2.112}$$

其中 $\Delta_H=\sqrt{\left(\frac{\partial F_H}{\partial x_j}\right)^2}$ 为指向上的海底法向量 $\left\{\frac{\partial F_H}{\partial x_j}\right\}$ 的模。

4. 动量通量边界条件

$$\pi_{ij}\frac{1}{\Delta_H}\frac{\partial F_H}{\partial x_j}=P_{Hi} \quad 或 \quad \pi_{ij}\frac{\partial F_H}{\partial x_j}=P_{Hi}\Delta_H。\tag{2.113}$$

以上所建立的是属于通量形式的第二类边界条件。当然还可以根据实际情况给出不同形式的其他类边界条件。例如，由于海底动量输入 P_{Hi} 一般是难以描述的，替代的动量边界条件可以是第一类的海底粘滞条件

$$u_j = 0, \quad j = 1,2,3 \quad 或 \quad u_j = u_{Hj}, \quad j = 1,2,3 \tag{2.114}$$

其中 u_{Hj} 表示海底运动速度。

2.4 讨论和结论：国际海水热力学方程—2010，简称 TEOS-10，动力学部分

对应于 TEOS-10 的第二部分，我们以列出 $\{u_i; p, T, s, \zeta_m\}$ 变量系的海洋运动基本控制方程组作为讨论和结论。参照下一章第一节的做法，在所导得的质量守恒、动量平衡、盐量守恒、比熵平衡方程组和 Gibbs 势函数关系式中，只需做必要的一点热力学变量变换，就可以得到所需要的海洋运动基本控制方程组。它们是

运动方程：

$$\frac{\partial \rho}{\partial t} + u_j \frac{\partial \rho}{\partial x_j} + \rho \frac{\partial u_j}{\partial x_j} = 0, \tag{2.115}$$

$$\frac{\partial u_i}{\partial t} + u_j \frac{\partial u_i}{\partial x_j} - 2\varepsilon_{ijk} u_j \Omega_k = -\frac{1}{\rho}\frac{\partial p}{\partial x_i} - g\delta_{i3} + \frac{1}{\rho}\frac{\partial \sigma_{ij}}{\partial x_j} - \frac{\partial \Phi_2}{\partial x_\alpha}\delta_{\alpha i}, \tag{2.116}$$

$$\frac{\partial T}{\partial t} + u_j \frac{\partial T}{\partial x_j} - \Gamma\left(\frac{\partial p}{\partial t} + u_j \frac{\partial p}{\partial x_j}\right) = -\frac{1}{\rho C_p}\frac{\partial q_j}{\partial x_j} + \frac{Q_1}{\rho C_p} + \frac{Q_2}{\rho C_p}, \tag{2.117}$$

$$\frac{\partial s}{\partial t} + u_j \frac{\partial s}{\partial x_j} = -\frac{1}{\rho}\frac{\partial I_{Sj}}{\partial x_j}, \tag{2.118}$$

$$\rho = \left(\frac{\partial \zeta_m}{\partial p}\right)_{T,s}^{-1} = \rho(T,s,p), \tag{2.119}$$

其中动量方程的右端项$\left\{-\dfrac{\partial\Phi_2}{\partial x_\alpha}\right\}$表示引潮力项，动量、盐量和热量通量可写成

$$\pi_{ij}=-p\delta_{ij}+\sigma_{ij}\ ,$$

$$\sigma_{ij}=\rho\nu_1\left(e_{ij}-\frac{1}{3}e_{ll}\delta_{ij}\right)+\rho\nu_2e_{ll}\delta_{ij}\ ,\quad e_{ij}=\left(\frac{\partial u_i}{\partial x_j}+\frac{\partial u_j}{\partial x_i}\right), \tag{2.120}$$

$$q_j=-\kappa\frac{\partial T}{\partial x_j}\ ; \tag{2.121}$$

$$I_{Sj}=-\rho D\frac{\partial s}{\partial x_j}\ , \tag{2.122}$$

温度-压力方程的导出可见下一章，其中右端的$Q_1\equiv\left[\dfrac{1}{2}\sigma_{ij}e_{ij}-I_{Sj}\dfrac{\partial}{\partial x_j}\left(\dfrac{\partial\chi_m}{\partial s}\right)_{p,T}\right]$表示机械能和化学能转换的贡献，$Q_2$表示热辐射的贡献。

边界条件：

海面边界条件$F_S(x_i,t)=0$　或　$x_3=\zeta(x_\alpha,t)$

$$\left\{u_jn_j-\tilde{P}\right\}_{F_S(x_i,t)=0}=\frac{\partial\zeta}{\partial t}\ , \tag{2.123}$$

$$\left\{\pi_{ij}n_j-P_{Ai}\right\}_{F_S(x_i,t)=0}=0\ , \tag{2.124}$$

$$\left\{q_jn_j+Q_A\right\}_{F_S(x_i,t)=0}=0\ , \tag{2.125}$$

$$\left\{I_{Sj}n_j+\rho sP\right\}_{F_S(x_i,t)=0}=0\ , \tag{2.126}$$

海底边界条件$F_H(x_i,t)=0$　或　$x_3=-H(x_\alpha,t)$

$$\left\{u_jn_j\right\}_{F_H(x_i,t)=0}=-\frac{\partial H}{\partial t}\ , \tag{2.127}$$

$$\left\{\pi_{ij}n_j-P_{Hi}\right\}_{F_H(x_i,t)=0}=0\ , \tag{2.128}$$

$$\left\{q_jn_j-Q_H\right\}_{F_H(x_i,t)=0}=0\ , \tag{2.129}$$

$$\{I_{Sj}n_j\}_{F_H(x_i,t)=0}=0\,,\tag{2.130}$$

其中$\tilde{P}=\rho P$为海面纯水通量（蒸发量），P_{Ai}为海面应力，Q_A为海面热输入通量，n_j表示海面（或海底）法向量；P_{Hi}为对海底应力，Q_H为海底热输入通量。

鉴于上章和本章所给出的热力学关系式和动力学控制方程组是建立在连续介质意义上完全确定的流体运动数学物理描述，它们完全无差别地覆盖从微小尺度湍流到全球尺度环流的全部海洋运动。

参考文献

卡曼柯维奇. 1983. 海洋动力学基础. 中文版：含第一海洋研究所训练班讲义内容. 北京：海洋出版社.

Landau L D，Lifshitz E M. 1987. Fluid Mechanics. Pergamon Press.

IOC，SCOR and IAPSO，2010，The international thermodynamic equation of seawater-2010. Calculation and use of thermodynamic properties. Intergovernmental Oceanographic Commission，Manuals and Guides No.56，UNESCO（English），196pp.

第三章

海洋流体运动实用控制方程组

这里所谓实用主要指的是:（1）在变量系$\{u_i;p,T,s;\zeta_m\}$和简约变量系$\{u_i;p,\rho\}$中的实用和近似；（2）引入包括小波动马赫数和小流动马赫数,小密度-压力变化和小热力学参变量变化的Boussinesq近似。所导出的实用控制方程组实际上也是完全确定的，海洋流体力学原始 Navier-Stokes 控制方程组和它们的 Boussinesq 近似一样，可以作为海洋运动无差别覆盖的研究出发控制方程组。

3.1　问题的提出：海洋流体运动基本控制方程组

所谓海洋运动基本控制方程组，指的是基本变量系$\{u_i;p,T,s,\zeta_m\}$中封闭的运动方程和边界条件的总和。所谓实用形式，主要包括基本变量系中Boussinesq 近似的封闭控制方程组以及简约变量系$\{u_i;p,\rho\}$中的控制方程组和它们的Boussinesq 近似。为了使用方便，在本章中我们还在环流局域自然坐标系中给出σ坐标变换的实用海洋运动控制方程组。

3.1.1　变量系$\{u_i;p,T,s,\zeta_m\}$的海洋运动基本控制方程组

为了给出在变量系$\{u_i;p,T,s,\zeta_m\}$中的海洋运动基本控制方程组，我们须对所导出的比熵方程作必要的热学化学和力学变量变换。在前两章中我们曾导出热力学关系式

$$\left(\frac{\partial\eta_m}{\partial p}\right)_{T,s}=-\frac{\alpha}{\rho}，\left(\frac{\partial\eta_m}{\partial T}\right)_{p,s}=\frac{C_p}{T}，\left(\frac{\partial\eta_m}{\partial s}\right)_{p,T}=-\left(\frac{\partial\mu}{\partial T}\right)_{p,s} \tag{3.1}$$

和

$$\alpha\equiv-\frac{1}{\rho}\left(\frac{\partial\rho}{\partial T}\right)_{p,s}，\quad\Gamma=\frac{\alpha T}{\rho C_p}，\left(\frac{\partial\chi_m}{\partial s}\right)_{p,T}=T\left(\frac{\partial\eta_m}{\partial s}\right)_{p,T}+\mu，\quad\rho=\left(\frac{\partial\zeta_m}{\partial p}\right)_{T,s}^{-1} \tag{3.2}$$

以及盐度方程和比熵方程

$$\rho\left(\frac{\partial s}{\partial t}+u_j\frac{\partial s}{\partial x_j}\right)=-\frac{\partial I_{sj}}{\partial x_j} \tag{3.3}$$

和

$$\rho\left(\frac{\partial\eta_m}{\partial t}+u_j\frac{\partial\eta_m}{\partial x_j}\right)=-\frac{\partial I_{\eta j}}{\partial x_j}+\vartheta_{\eta 1}+\vartheta_{\eta 2} \tag{3.4}$$

其中

$$I_{sj}=-\rho D\frac{\partial s}{\partial x_j}，\quad q_j=-\kappa\frac{\partial T}{\partial x_j}， \tag{3.5}$$

$$I_{\eta j} = \frac{q_j}{T} + \left(\frac{\partial \eta_m}{\partial s}\right)_{p,T} I_{Sj}, \tag{3.6}$$

$$\vartheta_{\eta 1} \equiv q_j \frac{\partial}{\partial x_j}\left(\frac{1}{T}\right) + I_{Sj}\left[-\frac{1}{T}\left(\frac{\partial \mu}{\partial x_j}\right)_T\right] + \sigma_{ij}\left(\frac{1}{2T}e_{ij}\right), \quad \vartheta_{\eta 2} \equiv \frac{Q}{T}。 \tag{3.7}$$

这里σ_{ij}、q_j、I_{Sj}和$I_{\eta j}$分别为动量、热量、盐量和比熵通量表示式，$\vartheta_{\eta 1}$和$\vartheta_{\eta 2}$分别为热学化学和力学力做功和热辐射对比熵的体积贡献。将关系式（3.1）和（3.2）以及方程（3.3）和（3.4）代入变量系$\{u_i;p,T,s,\zeta_m\}$中的比熵关系

$$\begin{aligned} d\eta_m &\equiv \left(\frac{\partial \eta_m}{\partial p}\right)_{T,s} dp + \left(\frac{\partial \eta_m}{\partial T}\right)_{p,s} dT + \left(\frac{\partial \eta_m}{\partial s}\right)_{p,T} ds \\ &= -\frac{\alpha}{\rho} dp + \frac{C_p}{T} dT - \left(\frac{\partial \mu}{\partial T}\right)_{p,s} ds \end{aligned}, \tag{3.8}$$

我们容易有结果

$$\begin{aligned} \frac{\partial \eta_m}{\partial t} + u_j \frac{\partial \eta_m}{\partial x_j} &= -\frac{\alpha}{\rho}\left(\frac{\partial p}{\partial t} + u_j \frac{\partial p}{\partial x_j}\right) + \frac{C_p}{T}\left(\frac{\partial T}{\partial t} + u_j \frac{\partial T}{\partial x_j}\right) - \left(\frac{\partial \mu}{\partial T}\right)_{p,s}\left(\frac{\partial s}{\partial t} + u_j \frac{\partial s}{\partial x_j}\right) \\ &= -\frac{1}{\rho}\frac{\partial I_\eta}{\partial x_j} + \frac{\theta_{\eta 1}}{\rho} + \frac{\theta_{\eta 2}}{\rho} \end{aligned},$$

从而得到温度-压力方程

$$\frac{\partial T}{\partial t} + u_j \frac{\partial T}{\partial x_j} - \Gamma\left(\frac{\partial p}{\partial t} + u_j \frac{\partial p}{\partial x_j}\right) = -\frac{1}{\rho C_p}\frac{\partial q_j}{\partial x_j} + \frac{Q_1}{\rho C_p} + \frac{Q}{\rho C_p}。 \tag{3.9}$$

这个方程的左端是温度和压力温度当量的随质点变化，右端各项分别是热通量剩余量的温度变化贡献$-\frac{1}{\rho C_p}\frac{\partial q_j}{\partial x_j}$、机械能-化学能转换的温度变化贡献$\frac{Q_1}{\rho C_p} \equiv \frac{1}{\rho C_p}\left[\frac{1}{2}\sigma_{ij}e_{ij} - I_{Sj}\frac{\partial}{\partial x_j}\left(\frac{\partial \chi_m}{\partial s}\right)_{p,T}\right]$以及热辐射的温度变化贡献$\frac{Q}{\rho C_p}$。这样，在变量系$\{u_i;p,T,s,\zeta_m\}$中的海洋运动基本控制方程组可写成

运动方程：

$$\frac{\partial \rho}{\partial t}+u_j\frac{\partial \rho}{\partial x_j}+\rho\frac{\partial u_j}{\partial x_j}=0\ , \tag{3.10}$$

$$\frac{\partial u_i}{\partial t}+u_j\frac{\partial u_i}{\partial x_j}-2\varepsilon_{ijk}u_j\Omega_k=-\frac{1}{\rho}\frac{\partial p}{\partial x_i}-g\delta_{i3}+\frac{1}{\rho}\frac{\partial \sigma_{ij}}{\partial x_j}-\frac{\partial \Phi_2}{\partial x_\alpha}\delta_{\alpha i}\ , \tag{3.11}$$

$$\frac{\partial T}{\partial t}+u_j\frac{\partial T}{\partial x_j}-\Gamma\left(\frac{\partial p}{\partial t}+u_j\frac{\partial p}{\partial x_j}\right)=-\frac{1}{\rho C_p}\frac{\partial q_j}{\partial x_j}+\frac{Q_1}{\rho C_p}+\frac{Q}{\rho C_p}\ , \tag{3.12}$$

$$\frac{\partial s}{\partial t}+u_j\frac{\partial s}{\partial x_j}=-\frac{1}{\rho}\frac{\partial I_{Sj}}{\partial x_j}\ , \tag{3.13}$$

$$\rho=\left(\frac{\partial \zeta_m}{\partial p}\right)^{-1}_{T,s}=\rho(T,s,p)\ , \tag{3.14}$$

其中

$$\pi_{ij}=-p\delta_{ij}+\sigma_{ij}\ ,\quad \sigma_{ij}=\rho\nu_1\left(e_{ij}-\frac{1}{3}e_{ll}\delta_{ij}\right)+\rho\nu_2 e_{ll}\delta_{ij}\ ,\quad e_{ij}=\left(\frac{\partial u_i}{\partial x_j}+\frac{\partial u_j}{\partial x_i}\right); \tag{3.15}$$

边界条件：

海面 $F_S(x_i,t)=0$ 或 $x_3=\zeta(x_\alpha,t)$ 上的边界条件

$$\{u_j n_j-P\}_{F_S(x_i,t)=0}=\frac{\partial \zeta}{\partial t}\ , \tag{3.16}$$

$$\{\pi_{ij}n_j-P_{Ai}\}_{F_S(x_i,t)=0}=0\ , \tag{3.17}$$

$$\{q_j n_j+Q_A\}_{F_S(x_i,t)=0}=0\ , \tag{3.18}$$

$$\{I_{Sj}n_j+\rho sP\}_{F_S(x_i,t)=0}=0\ , \tag{3.19}$$

其中 $\tilde{P}=\rho P$ 为海面纯水通量，P_{Ai} 为海面应力，Q_A 为海面热输入通量，n_j 表示海面法向量。

海底 $F_H(x_i,t)=0$ 或 $x_3=-H(x_\alpha,t)$ 上的边界条件

$$\{u_j n_j\}_{F_H(x_i,t)=0}=-\frac{\partial H}{\partial t}\ , \tag{3.20}$$

$$\{\pi_{ij}n_j-P_{Hi}\}_{F_H(x_i,t)=0}=0\ , \tag{3.21}$$

$$\left\{q_j n_j - Q_H\right\}_{F_H(x_i,t)=0} = 0 \text{，} \tag{3.22}$$

$$\left\{I_{Sj} n_j\right\}_{F_H(x_i,t)=0} = 0 \text{，} \tag{3.23}$$

其中P_{Hi}为对海底应力，Q_H为海底热输入通量，n_j表示海底法向量。

3.1.2　简约变量系$\{u_i;p,\rho\}$的海洋运动控制方程组

在研究像湍流、重力波动和重力涡旋这样一些有较短特征尺度海洋运动时，较不关注海水的热传导性与盐扩散性差异，较多认为海水是小压缩比的。我们可以在简约变量系$\{u_i;p,\rho\}$而不在变量系$\{u_i;p,T,s,\zeta_m\}$中描述海洋运动。这种从 7 个到 5 个的变量数缩减将给我们的研究带来很大的方便。

考虑到盐度平衡方程（3.12）、温度-压力平衡方程（3.13）和热力学关系式

$$\left(\frac{\partial\rho}{\partial p}\right)_{T,s} = \rho\kappa_T \text{，}\quad \left(\frac{\partial\rho}{\partial T}\right)_{p,s} = -\rho\alpha \text{，}$$

$$\left[\left(\frac{\partial\rho}{\partial p}\right)_{T,s} + \Gamma\left(\frac{\partial\rho}{\partial T}\right)_{p,s}\right] = \rho(\kappa_T - \Gamma\alpha) = \rho\kappa_\eta \text{，} \tag{3.24}$$

按变量系$\{u_i;p,T,s,\zeta_m\}$中的海水密度关系式，我们有

$$\frac{d\rho}{dt} = \left(\frac{\partial\rho}{\partial p}\right)_{T,s}\frac{dp}{dt} + \left(\frac{\partial\rho}{\partial T}\right)_{s,p}\frac{dT}{dt} + \left(\frac{\partial\rho}{\partial s}\right)_{p,T}\frac{ds}{dt} \text{，} \tag{3.25}$$

从而有

$$\begin{aligned}&\frac{\partial\rho}{\partial t} + u_j\frac{\partial\rho}{\partial x_j} - \rho\kappa_\eta\left(\frac{\partial p}{\partial t} + u_j\frac{\partial p}{\partial x_j}\right)\\&= \left[\frac{\alpha}{C_p}\frac{\partial q_j}{\partial x_j} - \left(\frac{\partial\rho}{\partial s}\right)_{p,T}\frac{\partial I_{Sj}}{\partial x_j}\right] - \frac{\alpha}{C_p}\left[\frac{1}{2}\sigma_{ij}e_{ij} + I_{Sj}\frac{\partial}{\partial x_j}\left(-\frac{\partial\chi_m}{\partial s}\right)_{p,T}\right] - \frac{\alpha}{C_p}Q\end{aligned} \text{。} \tag{3.26}$$

这个方程式的右端第一项是热传导剩余和盐扩散剩余的密度变化贡献，它

们表示两类本质不同的过程却有着相同通量剩余形式的表示式，这样，我们引入一种称为主传导-扩散的密度通量当量表示

$$\frac{\partial I_{\rho j}}{\partial x_j} \equiv -\left[\frac{\alpha}{C_p}\frac{\partial q_j}{\partial x_j} - \left(\frac{\partial \rho}{\partial s}\right)_{p,T}\frac{\partial I_{Sj}}{\partial x_j}\right]。\tag{3.27}$$

按此式的意义，密度通量则可以写成

$$I_{\rho j} \equiv -\left\{\frac{\alpha}{C_p}q_j - \left(\frac{\partial \rho}{\partial s}\right)_{p,T} I_{Sj}\right\} \equiv -\rho K\frac{\partial \rho}{\partial x_j},\tag{3.28}$$

其中 K 是所谓分子主传导-扩散系数。这样，方程（3.26）可以写成

$$\begin{aligned}&\frac{\partial \rho}{\partial t} + u_j\frac{\partial \rho}{\partial x_j} - \rho\kappa_\eta\left(\frac{\partial p}{\partial t} + u_j\frac{\partial p}{\partial x_j}\right)\\&= -\frac{\partial I_{\rho j}}{\partial x_j} - \frac{\alpha}{C_p}\left[\frac{1}{2}\sigma_{ij}e_{ij} + I_{Sj}\frac{\partial}{\partial x_j}\left(-\frac{\partial \chi_m}{\partial s}\right)_{p,T}\right] - \frac{\alpha}{C_p}Q\end{aligned},\tag{3.29}$$

被称为密度-压力方程。方程的右端第一项表示分子主传导-扩散的密度通量剩余效应，第二、三项分别表示机械能和化学能转换和热辐射的密度变化贡献。

进一步，考虑到

$$\rho\kappa_\eta \equiv \left(\frac{\partial \rho}{\partial p}\right)_{\eta_m,s} = \frac{1}{c^2},\tag{3.30}$$

在低压缩比的实际海洋中，我们可以在上层大洋（主要指上 2000 米层海洋）中忽略左端的第二项，密度-压力方程退化为

$$\frac{\partial \rho}{\partial t} + u_j\frac{\partial \rho}{\partial x_j} \approx -\frac{\partial I_{\rho j}}{\partial x_j} - \frac{\alpha}{C_p}\left[\frac{1}{2}\sigma_{ij}e_{ij} + I_{Sj}\frac{\partial}{\partial x_j}\left(-\frac{\partial \chi_m}{\partial s}\right)_{p,T}\right] - \frac{\alpha}{C_p}Q。\tag{3.31}$$

这样，我们可以得到在简约变量系 $\{u_i;p,\rho\}$ 中分子主传导-扩散的海洋运动控制方程组

运动方程：

$$\frac{\partial\rho}{\partial t}+u_j\frac{\partial\rho}{\partial x_j}+\rho\frac{\partial u_j}{\partial x_j}=0\,, \tag{3.32}$$

$$\frac{\partial u_i}{\partial t}+u_j\frac{\partial u_i}{\partial x_j}-2\varepsilon_{ijk}u_j\Omega_k=-\frac{1}{\rho}\frac{\partial p}{\partial x_i}-g\delta_{i3}+\frac{1}{\rho}\frac{\partial\sigma_{ij}}{\partial x_j}-\frac{\partial\Phi_2}{\partial x_\alpha}\delta_{\alpha i}\,, \tag{3.33}$$

$$\frac{\partial\rho}{\partial t}+u_j\frac{\partial\rho}{\partial x_j}-\rho\kappa_\eta\left(\frac{\partial p}{\partial t}+u_j\frac{\partial p}{\partial x_j}\right)=-\frac{\partial I_{\rho j}}{\partial x_j}+Q_{\rho 1}+Q_\rho\,, \tag{3.34}$$

其中

$$\pi_{ij}=-p\delta_{ij}+\sigma_{ij}\,,\quad \sigma_{ij}=\rho\nu_1\left(e_{ij}-\frac{1}{3}e_{ll}\delta_{ij}\right)+\rho\nu_2 e_{ll}\delta_{ij}\,,$$

$$I_{\rho j}\equiv-\left\{\frac{\alpha}{C_p}q_j-\left(\frac{\partial\rho}{\partial s}\right)_{p,T}I_{Sj}\right\}\equiv-\rho K\frac{\partial\rho}{\partial x_j}\,, \tag{3.35}$$

$$Q_{\rho 1}\equiv-\frac{\alpha}{C_p}\left[\frac{1}{2}\sigma_{ij}e_{ij}+I_{Sj}\frac{\partial}{\partial x_j}\left(-\frac{\partial\chi_m}{\partial s}\right)\right],\quad Q_\rho\equiv-\frac{\alpha}{C_p}Q\,; \tag{3.36}$$

边界条件：

海面 $F_S(x_i,t)=0$ 或 $x_3=\zeta(x_\alpha,t)$ 上的边界条件

$$\{u_jn_j-P\}_{F_S(x_i,t)=0}=\frac{\partial\zeta}{\partial t}\,, \tag{3.37}$$

$$\{\pi_{ij}n_j-P_{Ai}\}_{F_S(x_i,t)=0}=0\,, \tag{3.38}$$

$$\left\{I_{\rho j}n_j+Q_{\rho A}+\left(\frac{\partial\rho}{\partial s}\right)_{p,T}sP\right\}_{F_S(x_i,t)=0}=0\,, \tag{3.39}$$

海底 $F_H(x_i,t)=0$ 或 $x_3=-H(x_\alpha,t)$ 上的边界条件

$$\{u_jn_j\}_{F_H(x_i,t)=0}=-\frac{\partial H}{\partial t}\,, \tag{3.40}$$

$$\{\pi_{ij}n_j-P_{Hi}\}_{F_H(x_i,t)=0}=0\,, \tag{3.41}$$

$$\{I_{\rho j}n_j-Q_{\rho H}\}_{F_H(x_i,t)=0}=0\,。 \tag{3.42}$$

在导出边界条件（3.39）和（3.42）时，我们分别按分子主传导-扩散的密度通量剩余定义式（3.28）计算海面和海底的密度通量

$$\left(I_{\rho j}\right)_{F_S(x_i,t)=0} \equiv \left[-\frac{\alpha}{C_p}q_j + \frac{1}{\rho}\left(\frac{\partial \rho}{\partial s}\right)_{p,T} I_{Sj}\right]_{F_S(x_i,t)=0}, \tag{3.43}$$

和

$$\left(I_{\rho j}\right)_{F_H(x_i,t)=0} \equiv \left[-\frac{\alpha}{C_p}q_j + \frac{1}{\rho}\left(\frac{\partial \rho}{\partial s}\right)_{p,T} I_{Sj}\right]_{F_H(x_i,t)=0}。 \tag{3.44}$$

当然在海面和海底边界条件（3.39）和（3.42）中，我们也可以给出其中的密度通量

$$Q_{\rho A} \equiv -\frac{\alpha}{C_p}Q_A，\quad Q_{\rho H} \equiv -\frac{\alpha}{C_p}Q_H。 \tag{3.45}$$

这样，在低压缩比海水情况下，引入分子主传导-扩散的密度通量近似，问题就可以在简约变量系$\{u_i,p,\rho\}$中得到描述，运动方程由七个变成五个，海面和海底边界条件也各由七个变成五个，问题得到大大地简化。

3.2　变量系$\{u_i;p,T,s,\zeta_m\}$中 Boussinesq 近似的基本控制方程组

Boussinesq 近似是适用于全尺度范围海洋运动控制方程组的实用简化形式。按运动方程和边界条件，我们可以分六点给出这种近似的导出细节。

3.2.1　Boussinesq 近似的质量守恒方程

为了对质量守恒方程（3.10）的前两项和第三项做量级比较

$$\left[\frac{\partial \rho}{\partial t} + u_j\frac{\partial \rho}{\partial x_j}\right] \sim \left[\rho\frac{\partial u_j}{\partial x_j}\right], \tag{3.46}$$

这里我们用方括号“[ ]”标示所括项的量级。我们可按绝热声速和动量关系，给出它们的量级估计。

1. $\dfrac{\partial\rho}{\partial t}+u_j\dfrac{\partial\rho}{\partial x_j}$项的量级估计

可以按绝热（等盐）声速：$c^2(\eta_m,p,s)\equiv\left(\dfrac{\partial p}{\partial\rho}\right)_{\eta_m,s}$，给出前两项：$\left(\dfrac{\partial\rho}{\partial t}+u_j\dfrac{\partial\rho}{\partial x_j}\right)$的量级估计，其中第一项对应于波动型运动，第二项对应于流动型运动，这样，我们有

$$\left[\frac{\partial\rho}{\partial t}\right]_{WAVE}\approx\left[\left(\frac{\partial p}{\partial\rho}\right)^{-1}\frac{\partial p}{\partial t}\right]\approx\frac{[\partial p]}{[c^2][T]},$$

和

$$\left[u_j\frac{\partial\rho}{\partial x_j}\right]_{MOVE}\approx\left[u_j\left(\frac{\partial p}{\partial\rho}\right)^{-1}\frac{\partial p}{\partial x_j}\right]\approx\frac{[U][\partial p]}{[c^2][L]}。\tag{3.47}$$

2. $\rho\dfrac{\partial u_j}{\partial x_j}$项的量级估计

类似地，可以按动量关系，$\left[\dfrac{\partial u_i}{\partial t}\right]\approx\left[\dfrac{1}{\rho}\dfrac{\partial p}{\partial x_i}\right]$和$\left[u_j\dfrac{\partial u_i}{\partial x_j}\right]\approx\left[\dfrac{1}{\rho}\dfrac{\partial p}{\partial x_i}\right]$给出$\rho\dfrac{\partial u_j}{\partial x_j}$项的量级估计，前者对应的是波动型运动，后者对应的是流动型运动。这样，我们分别按

$$\left[\rho\frac{\partial u_i}{\partial x_i}\right]_{WAVE}\approx\frac{[T][\partial p]}{[L]^2}\ \Bigg|\ \left[\frac{\partial u_\alpha}{\partial t}\right]\approx\left[\frac{1}{\rho}\frac{\partial p}{\partial x_\alpha}\right]$$

和

$$\left[\rho\frac{\partial u_i}{\partial x_i}\right]_{MOVE}\approx\frac{[\partial p]}{[L][U]}\ \Bigg|\ \left[u_j\frac{\partial u_\alpha}{\partial x_j}\right]\approx\left[\frac{1}{\rho}\frac{\partial p}{\partial x_\alpha}\right]。\tag{3.48}$$

分别做（3.47）和（3.48）的前一式和后一式的估计比较，我们可以分别得到波动型运动和流动型运动的质量方程两项量级比较

$$\left[\frac{\partial\rho}{\partial t}\right]_{WAVE}\Bigg/\left[\rho\frac{\partial u_j}{\partial x_j}\right]_{WAVE}\Rightarrow\frac{[\partial p]}{[c^2][T]}\Bigg/\frac{[T][\partial p]}{[L]^2}\approx\frac{[L]^2/[T]^2}{[c^2]}\approx(\mathrm{Ma_W})^2$$

和

$$\left[u_j\frac{\partial\rho}{\partial x_j}\right]_{MOVE}\bigg/\left[\rho\frac{\partial u_j}{\partial x_j}\right]_{MOVE}\Rightarrow\frac{[U]}{[c^2]}\frac{[\partial p]}{[L]}\bigg/\frac{[\partial p]}{[L][U]}\approx\frac{[U]^2}{[c^2]}\approx(\mathrm{Ma_M})^2。\quad(3.49)$$

这里，$\mathrm{Ma_W}$ 和 $\mathrm{Ma_M}$ 分别被称为波动型运动马赫数和流动型运动马赫数。由于实际海洋运动，不论波动型的还是流动型的，都不可能有分别超过每秒 100 米的相速度和 10 米的流动速度，它们都远小于每秒 1300 米的海水声速。这样，在波动型运动马赫数 $\mathrm{Ma_W}$ 和流动型运动马赫数 $\mathrm{Ma_M}$ 都远小 1 的情况下，Boussinesq 近似的质量守恒方程可写成

$$\frac{\partial u_j}{\partial x_j}\approx 0\quad 或\quad \rho\frac{\partial u_j}{\partial x_j}\left\{1+o\left\{\begin{matrix}(\mathrm{Ma_W})^2\\(\mathrm{Ma_M})^2\end{matrix}\right\}\right\}=0。\quad(3.50)$$

我们称这个方程为质量守恒方程的无辐散近似，不主张把它叫做海水的不可压缩近似。

3.2.2 Boussinesq 近似的动量平衡方程和盐量守恒方程

动量平衡方程（3.11）和盐量守恒方程（3.12）的 Boussinesq 近似，实际上是基于密度和压力的摄动表示

$$\rho=\rho_0+\rho'\ (\rho_0\gg\rho'),\quad p=p_0+p'\ (p_0\gg p')\quad(3.51)$$

所做的近似。这里 ρ_0 为全海盆或某种局域的水平平均密度，p_0 为与这种密度相应的平均压力，它们满足静压方程

$$\frac{\partial p_0}{\partial x_3}=-g\rho_0。\quad(3.52)$$

这样，方程（3.11）右端第三项和方程（3.12）左端第二项可初阶近似为

$$\frac{1}{\rho}\frac{\partial\sigma_{ij}}{\partial x_j}=\frac{1}{\rho_0+\rho'}\frac{\partial\sigma_{ij}}{\partial x_j}\approx\frac{1}{\rho_0}\frac{\partial(\sigma_{ij})_0}{\partial x_j},$$

$$\frac{1}{\rho}\frac{\partial I_{Sj}}{\partial x_j}=\frac{1}{\rho_0+\rho'}\frac{\partial I_{Sj}}{\partial x_j}\approx\frac{1}{\rho_0}\frac{\partial(I_{Sj})_0}{\partial x_j};\quad(3.53)$$

考虑静压方程（3.52），方程（3.11）右端压力梯度和重力两项的初阶近似可写成

$$
\begin{aligned}
&-\frac{1}{\rho}\frac{\partial p}{\partial x_i}-g\delta_{i3}=-\frac{1}{\rho_0+\rho'}\frac{\partial\left(p_0+p'\right)}{\partial x_i}-g\delta_{i3}\\
&\approx-\frac{1}{\rho_0}\frac{\partial p'}{\partial x_i}-\frac{\rho'}{\rho_0}g\delta_{i3}+\left(\frac{\partial p_0}{\partial x_3}+g\rho_0\right)=-\frac{1}{\rho_0}\frac{\partial p}{\partial x_i}-\frac{\rho}{\rho_0}g\delta_{i3}
\end{aligned}
\text{。} \quad (3.54)
$$

最后，Boussinesq 近似动量平衡方程和盐量守恒方程可分别写成

$$
\frac{\partial u_i}{\partial t}+u_j\frac{\partial u_i}{\partial x_j}-2\varepsilon_{ijk}u_j\Omega_k=-\frac{1}{\rho_0}\frac{\partial p}{\partial x_i}-g\frac{\rho}{\rho_0}\delta_{i3}+\frac{1}{\rho_0}\frac{\partial\left(\sigma_{ij}\right)_0}{\partial x_j}-\frac{\partial\Phi_2}{\partial x_\alpha}\delta_{\alpha i}, \quad (3.55)
$$

$$
\frac{\partial s}{\partial t}+u_j\frac{\partial s}{\partial x_j}=-\frac{1}{\rho_0}\frac{\partial\left(I_{sj}\right)_0}{\partial x_j}\text{。} \quad (3.56)
$$

3.2.3 Boussinesq 近似的温度-压力平衡方程

方程（3.13）的 Boussinesq 近似首先指的是右端项的密度摄动近似，再则是在小绝热温度梯度条件下，方程左端第二项的密度摄动近似：

$$
\Gamma_0=\frac{\alpha_0T_0}{\rho_0C_{p0}}, \quad (3.57)
$$

这样，温度-压力平衡方程可写成

$$
\frac{\partial T}{\partial t}+u_j\frac{\partial T}{\partial x_j}-\Gamma_0\left(\frac{\partial p}{\partial t}+u_j\frac{\partial p}{\partial x_j}\right)=-\frac{1}{\rho_0C_{p0}}\frac{\partial\left(q_j\right)_0}{\partial x_j}+\frac{Q_{10}}{\rho_0C_{p0}}+\frac{Q_0}{\rho_0C_{p0}}\text{。} \quad (3.58)
$$

和温度-压力平衡方程的称呼一致起来，我们将方程（3.34）的右端后两项归为一类，分别表示机械能-化学能转换对温度变化的贡献和热辐射对温度变化的贡献

$$
\frac{Q_{10}}{\rho_0C_{p0}}\equiv\frac{1}{\rho_0C_{p0}}\left[\frac{1}{2}\left(\sigma_{ij}\right)_0e_{ij}-\left(I_{sj}\right)_0\frac{\partial}{\partial x_j}\left(\frac{\partial\chi_m}{\partial s}\right)_0\right],\quad\frac{Q_0}{\rho_0C_{p0}}, \quad (3.59)
$$

与方程左端两项重要性有关的简化是，考虑到海水的绝热温度梯度是很小的，大致为$\Gamma_0=0.035-0.181$℃/1000分巴，所以在上 2000 米层海洋中可以忽略第二项；与方程右端第二项重要性有关的简化是，机械能和化学能转换的

温度变化贡献一般是很小的，这样，采用这两项简化，温度-压力平衡方程退化成

$$\frac{\partial T}{\partial t}+u_j\frac{\partial T}{\partial x_j}\approx-\frac{1}{\rho_0 C_{p0}}\frac{\partial\left(q_j\right)_0}{\partial x_j}+\frac{Q_0}{\rho_0 C_{p0}}。\tag{3.60}$$

这是在一般海洋动力学研究中所采用的温度方程。但是，在深层海洋中，特别是有热液活动的海域或需要长期计算的气候过程中，我们就不能做这两类简化，不得不使用更原始的方程（3.58）。

3.2.4　Boussinesq 近似的通量表示式

考虑 Boussinesq 近似的质量方程，采用粘性和传导、扩散系数的摄动近似，由表示式（3.15）-（3.17）可得到 Boussinesq 近似的动量通量和盐量、热量通量表示式

$$\left(\pi_{ij}\right)_0=-p\delta_{ij}+\left(\sigma_{ij}\right)_0，\quad\left(\sigma_{ij}\right)_0\approx\rho_0\nu_{10}e_{ij}，\quad e_{ij}=\left(\frac{\partial u_i}{\partial x_j}+\frac{\partial u_j}{\partial x_i}\right)，\tag{3.61}$$

$$\left(I_{Sj}\right)_0\approx-\rho_0 D_0\frac{\partial s}{\partial x_j}，\tag{3.62}$$

$$\left(q_j\right)_0\approx-\kappa_0\frac{\partial T}{\partial x_j}。\tag{3.63}$$

3.2.5　Boussinesq 近似的海面和海底边界条件

1. Boussinesq 近似的海面边界条件

做类似的处理，由海面边界条件（3.16）-（3.19）可得它们的 Boussinesq 近似

$$\left\{u_j n_j-P\right\}_{F_S(x_i,t)=0}=\frac{\partial\zeta}{\partial t}，\tag{3.64}$$

$$\left\{\left(\pi_{ij}\right)_0 n_j-P_{Ai}\right\}_{F_S(x_i,t)=0}=0，\tag{3.65}$$

$$\left\{\left(q_j\right)_0 n_j + Q_A\right\}_{F_S(x_i,t)=0} = 0 \text{。} \tag{3.66}$$

$$\left\{\left(I_{Sj}\right)_0 n_j + \rho_0 sP\right\}_{F_S(x_i,t)=0} = 0 \text{,} \tag{3.67}$$

其中 P 为海面从纯水通量，P_{Ai} 为海底应力，Q_A 为海底热输入通量。

2. Boussinesq 近似的海底边界条件

做类似的处理，由海底边界条件（3.20）-（3.23）可得它们的 Boussinesq 近似

$$\left\{u_j n_j\right\}_{F_H(x_i,t)=0} = -\frac{\partial H}{\partial t} \text{,} \tag{3.68}$$

$$\left\{\left(\pi_{ij}\right)_0 n_j - P_{Hi}\right\}_{F_H(x_i,t)=0} = 0 \text{,} \tag{3.69}$$

$$\left\{\left(q_j\right)_0 n_j - Q_H\right\}_{F_H(x_i,t)=0} = 0 \text{,} \tag{3.70}$$

$$\left\{\left(I_{Sj}\right)_0 n_j\right\}_{F_H(x_i,t)=0} = 0 \text{,} \tag{3.71}$$

其中考虑海底没有物质交换，P_{Hi} 为海底应力，Q_H 为海底热输入通量。

这样，在变量系 $\{u_i;p,T,s\}$ 中 Boussinesq 近似的海洋运动控制方程组可写成

运动方程：

$$\frac{\partial u_j}{\partial x_j} = 0 \text{,} \tag{3.72}$$

$$\frac{\partial u_i}{\partial t} + u_j\frac{\partial u_i}{\partial x_j} - 2\varepsilon_{ijk}u_j\Omega_k = -\frac{1}{\rho_0}\frac{\partial p}{\partial x_i} - g\frac{\rho}{\rho_0}\delta_{i3} + \frac{1}{\rho_0}\frac{\partial\left(\sigma_{ij}\right)_0}{\partial x_j} - \frac{\partial\Phi_2}{\partial x_\alpha}\delta_{\alpha i} \text{,} \tag{3.73}$$

$$\frac{\partial T}{\partial t} + u_j\frac{\partial T}{\partial x_j} - \Gamma_0\left(\frac{\partial p}{\partial t} + u_j\frac{\partial p}{\partial x_j}\right) = -\frac{1}{\rho_0 C_{p0}}\frac{\partial\left(q_j\right)_0}{\partial x_j} + \frac{Q_{10}}{\rho_0 C_{p0}} + \frac{Q_0}{\rho_0 C_{p0}} \text{,} \tag{3.74}$$

$$\frac{\partial s}{\partial t} + u_j\frac{\partial s}{\partial x_j} = -\frac{1}{\rho_0}\frac{\partial\left(I_{Sj}\right)_0}{\partial x_j} \text{,} \tag{3.75}$$

$$\rho=\left(\frac{\partial\zeta_m}{\partial p}\right)_{T,s}^{-1}=\rho(p,T,s)。\tag{3.76}$$

其中

$$(\pi_{ij})_0=-p\delta_{ij}+(\sigma_{ij})_0,\quad (\sigma_{ij})_0=\rho_0\nu_{10}e_{ij},\quad e_{ij}=\left(\frac{\partial u_i}{\partial x_j}+\frac{\partial u_j}{\partial x_i}\right),\tag{3.77}$$

$$(q_j)_0=-\kappa_0\frac{\partial T}{\partial x_j}。\tag{3.78}$$

$$(I_{Sj})_0=-\rho_0 D_0\frac{\partial s}{\partial x_j},\tag{3.79}$$

边界条件：

海面 $F_S(x_i,t)=0$ 或 $x_3=\zeta(x_\alpha,t)$ 边界条件：

$$\{u_jn_j-P\}_{F_S(x_i,t)=0}=\frac{\partial\zeta}{\partial t},\tag{3.80}$$

$$\{(\pi_{ij})_0n_j-P_{Ai}\}_{F_S(x_i,t)=0}=0,\tag{3.81}$$

$$\{(q_j)_0n_j+Q_A\}_{F_S(x_i,t)=0}=0,\tag{3.82}$$

$$\{(I_{Sj})_0n_j+\rho_0sP\}_{F_S(x_i,t)=0}=0;\tag{3.83}$$

海底 $F_H(x_i,t)=0$ 或 $x_3=-H(x_\alpha,t)$ 边界条件：

$$\{u_jn_j\}_{F_H(x_i,t)=0}=-\frac{\partial H}{\partial t},\tag{3.84}$$

$$\{(\pi_{ij})_0n_j-P_{Hi}\}_{F_H(x_i,t)=0}=0,\tag{3.85}$$

$$\{(q_j)_0n_j-Q_H\}_{F_H(x_i,t)=0}=0,\tag{3.86}$$

$$\{(I_{Sj})_0n_j\}_{F_H(x_i,t)=0}=0。\tag{3.87}$$

3.3　简约变量系$\{u_i;p,\rho\}$中Boussinesq近似的海洋运动控制方程组

3.3.1　Boussinesq 近似的海洋运动方程

通过类似的处理，在简约变量系$\{u_i;p,\rho\}$中 Boussinesq 近似的海洋运动方程可写成

$$\frac{\partial u_j}{\partial x_j}=0, \tag{3.88}$$

$$\frac{\partial u_i}{\partial t}+u_j\frac{\partial u_i}{\partial x_j}-2\varepsilon_{ijk}u_j\Omega_k=-\frac{1}{\rho_0}\frac{\partial p}{\partial x_i}-g\frac{\rho}{\rho_0}\delta_{i3}+\frac{1}{\rho_0}\frac{\partial(\sigma_{ij})_0}{\partial x_j}-\frac{\partial\Phi_2}{\partial x_\alpha}\delta_{\alpha i}, \tag{3.89}$$

$$\frac{\partial\rho}{\partial t}+u_j\frac{\partial\rho}{\partial x_j}-\rho_0\kappa_{\eta0}\left(\frac{\partial p}{\partial t}+u_j\frac{\partial p}{\partial x_j}\right)=-\frac{1}{\rho_0}\frac{\partial(I_{\rho j})_0}{\partial x_j}+Q_{\rho10}+Q_{\rho0}; \tag{3.90}$$

其中

$$(\pi_{ij})_0=-p\delta_{ij}+(\sigma_{ij})_0,\quad(\sigma_{ij})_0=\rho_0\nu_{10}e_{ij},\quad e_{ij}=\left(\frac{\partial u_i}{\partial x_j}+\frac{\partial u_j}{\partial x_i}\right), \tag{3.91}$$

$$(I_{\rho j})_0\equiv-\left\{\left(\frac{\alpha}{C_p}\right)_0q_j-\left[\left(\frac{\partial\rho}{\partial s}\right)_{p,T0}\right]I_{Sj}\right\}=-\rho_0K_0\frac{\partial\rho}{\partial x_j}, \tag{3.92}$$

$$Q_{\rho10}\equiv-\frac{\alpha_0}{C_{p0}}\left[\frac{1}{2}(\sigma_{ij})_0e_{ij}-(I_{Sj})_0\frac{\partial}{\partial x_j}\left(\frac{\partial\chi_m}{\partial s}\right)\right],\quad Q_{\rho0}\equiv-\frac{\alpha_0}{C_{p0}}Q_0。 \tag{3.93}$$

3.3.2　Boussinesq 近似的海洋运动边界条件

1. 海面$x_3=\zeta(x_\alpha,t)$边界条件：

$$\{u_jn_j-P\}_{F_S(x_i,t)=0}=\frac{\partial\zeta}{\partial t}, \tag{3.94}$$

$$\{(\pi_{ij})_0n_j-P_{Ai}\}_{F_S(x_i,t)=0}=0, \tag{3.95}$$

$$\left\{(I_{\rho j})_0n_j+Q_{\rho A0}+\left(\frac{\partial\rho}{\partial s}\right)_{p,T}sP\right\}_{F_S(x_i,t)=0}=0; \tag{3.96}$$

2. 海底 $x_3=-H(x_\alpha,t)$ 边界条件：

$$\left\{u_j n_j\right\}_{F_H(x_i,t)=0}=-\frac{\partial H}{\partial t}, \tag{3.97}$$

$$\left\{\left(\pi_{ij}\right)_0 n_j-P_{Hi}\right\}_{F_H(x_i,t)=0}=0, \tag{3.98}$$

$$\left\{\left(I_{\rho j}\right)_0 n_j-Q_{\rho H0}\right\}_{F_H(x_i,t)=0}=0。 \tag{3.99}$$

3.4　环流局域自然坐标系中 σ - 坐标变换的海洋运动控制方程组

在海洋动力学研究中有一类坐标系的采用会给问题的表示和演算带来很大好处，它们是环流局域自然坐标系和 σ - 坐标变换。以下我们将从 Boussinesq 近似的海洋运动方程出发逐一给出它们的表示细节。

3.4.1　环流局域自然坐标系中的海洋运动控制方程组

在图 3.1 中我们给出环流局域自然坐标系的示意图，其中坐标原点 O 被置于环流局域海平面上，x_2 轴水平指向环流局域的流速方向，x_3 轴垂直指向上，x_1 轴与 $\{x_2,x_3\}$ 轴构成右手正交系，$\bar{R}$ 是坐标面 $\{O;x_1,x_2\}$ 上由局域环流径曲率中心指向坐标原点的曲率半径，它沿 x_1 轴方向时取为正，反之为负。

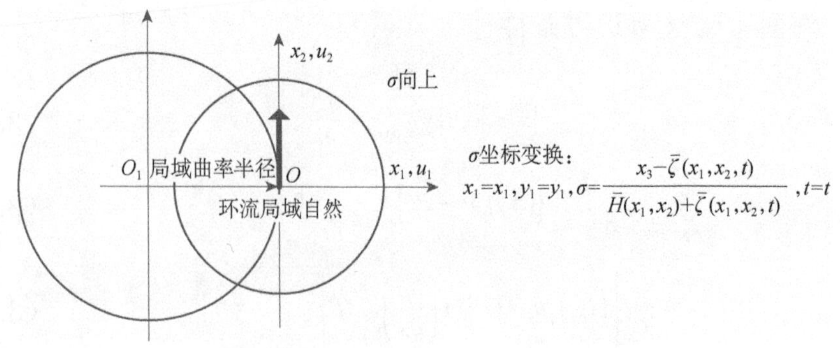

图 3.1　环流局域自然 σ - 坐标系示意图

在这个环流局域自然坐标系中，Boussinesq 近似海洋运动控制方程可写成

1. 变量系 $\{u_i;T,s,p;\zeta_m\}$ 环流局域自然坐标系中的海洋运动控制方程组

对于环流前运动类海洋运动，我们常在变量系 $\{u_i;T,s,p;\zeta_m\}$ 中构建这样的控制方程组，它们可以写成

运动方程：

$$\frac{\partial u_\alpha}{\partial x_\alpha}+\frac{\partial u_3}{\partial x_3}+\frac{1}{\overline{R}}u_1=0\text{ ,} \tag{3.100}$$

$$\begin{aligned}&\frac{\partial u_\beta}{\partial t}+u_\alpha\frac{\partial u_\beta}{\partial x_\alpha}+u_3\frac{\partial u_\beta}{\partial x_3}+\left\{-\frac{u_2^2}{\overline{R}}\bigg|_{\beta=1},\frac{u_1u_2}{\overline{R}}\bigg|_{\beta=2}\right\}-2\varepsilon_{\beta jk}u_j\Omega_k\\&=-\frac{1}{\rho_0}\frac{\partial p}{\partial x_\beta}+\frac{\partial}{\partial x_\alpha}\left(\nu_0\frac{\partial u_\beta}{\partial x_\alpha}\right)+\Delta_{u_\beta\overline{R}}+\frac{\partial}{\partial x_3}\left(\nu_0\frac{\partial u_\beta}{\partial x_3}\right)-\frac{\partial\Phi_2}{\partial x_i}\end{aligned}\text{ ,} \tag{3.101}$$

$$\begin{aligned}&\frac{\partial u_3}{\partial t}+u_\alpha\frac{\partial u_3}{\partial x_\alpha}+u_3\frac{\partial u_3}{\partial x_3}-2\varepsilon_{3jk}u_j\Omega_k\\&=-\frac{1}{\rho_0}\frac{\partial p}{\partial x_3}-g\frac{\rho}{\rho_0}+\frac{\partial}{\partial x_\alpha}\left(\nu_0\frac{\partial u_3}{\partial x_\alpha}\right)+\Delta_{u_3\overline{R}}+\frac{\partial}{\partial x_3}\left(\nu_0\frac{\partial u_3}{\partial x_3}\right)\end{aligned}\text{ ,} \tag{3.102}$$

$$\begin{aligned}&\frac{\partial T}{\partial t}+u_\alpha\frac{\partial T}{\partial x_\alpha}+u_3\frac{\partial T}{\partial x_3}-\Gamma_0\left(\frac{\partial p}{\partial t}+u_\alpha\frac{\partial p}{\partial x_\alpha}+u_3\frac{\partial p}{\partial x_3}\right)\\&=\frac{\partial}{\partial x_\alpha}\left(\frac{\kappa_0}{\rho_0C_{p0}}\frac{\partial T}{\partial x_\alpha}\right)+\Delta_{T\overline{R}}+\frac{\partial}{\partial x_3}\left(\frac{\kappa_0}{\rho_0C_{p0}}\frac{\partial T}{\partial x_3}\right)+\frac{Q_{10}}{\rho_0C_{p0}}+\frac{Q_0}{\rho_0C_{p0}}\end{aligned}\text{ ,} \tag{3.103}$$

$$\frac{\partial s}{\partial t}+u_\alpha\frac{\partial s}{\partial x_\alpha}+u_3\frac{\partial s}{\partial x_3}=\frac{\partial}{\partial x_\alpha}\left(D_0\frac{\partial s}{\partial x_\alpha}\right)+\Delta_{s\overline{R}}+\frac{\partial}{\partial x_3}\left(D_0\frac{\partial s}{\partial x_3}\right)\text{,} \tag{3.104}$$

$$\rho=\left(\frac{\partial\zeta_m}{\partial p}\right)_{T,s}^{-1}=\rho(p,T,s)\text{;} \tag{3.105}$$

边界条件：

$$\left\{u_jn_j-P\right\}_{F_S(x_i,t)=0}=\frac{\partial\zeta}{\partial t}\text{ ,} \tag{3.106}$$

$$\left\{(\pi_{ij})_0n_j-P_{Ai}\right\}_{F_S(x_i,t)=0}=0\text{ ,} \tag{3.107}$$

$$\left\{\left(q_j\right)_0 n_j + Q_A\right\}_{F_S(x_i,t)=0} = 0 \text{；} \tag{3.108}$$

$$\left\{\left(I_{Sj}\right)_0 n_j + \rho_0 s P\right\}_{F_S(x_i,t)=0} = 0 \text{，} \tag{3.109}$$

$$\left\{u_j n_j\right\}_{F_H(x_i,t)=0} = -\frac{\partial H}{\partial t} \text{，} \tag{3.110}$$

$$\left\{\left(\pi_{ij}\right)_0 n_j - P_{Hi}\right\}_{F_H(x_i,t)=0} = 0 \text{，} \tag{3.111}$$

$$\left\{\left(q_j\right)_0 n_j - Q_H\right\}_{F_H(x_i,t)=0} = 0 \text{，} \tag{3.112}$$

$$\left\{\left(I_{Sj}\right)_0 n_j\right\}_{F_H(x_i,t)=0} = 0 \text{。} \tag{3.113}$$

2. 简约变量系 $\{u_i;p,\rho\}$ 环流局域自然坐标系中的海洋运动控制方程组

对于亚环流尺度海洋运动，我们常在简约变量系 $\{u_i;p,\rho\}$ 中构建这种控制方程组，它们可以写成

运动方程：

$$\frac{\partial u_\alpha}{\partial x_\alpha} + \frac{\partial u_3}{\partial x_3} + \frac{1}{\overline{R}} u_1 = 0 \text{，} \tag{3.114}$$

$$\begin{aligned} &\frac{\partial u_\beta}{\partial t} + u_\alpha \frac{\partial u_\beta}{\partial x_\alpha} + u_3 \frac{\partial u_\beta}{\partial x_3} + \left\{ -\left.\frac{u_2^2}{\overline{R}}\right|_{\beta=1}, \left.\frac{u_1 u_2}{\overline{R}}\right|_{\beta=2} \right\} - 2\varepsilon_{\beta jk} u_j \Omega_k \\ &= -\frac{1}{\rho_0}\frac{\partial p}{\partial x_\beta} + \frac{\partial}{\partial x_\alpha}\left(\nu_0 \frac{\partial u_\beta}{\partial x_\alpha}\right) + \Delta_{u_\beta \overline{R}} + \frac{\partial}{\partial x_3}\left(\nu_0 \frac{\partial u_\beta}{\partial x_3}\right) - \frac{\partial \Phi_2}{\partial x_\beta} \end{aligned} \text{，} \tag{3.115}$$

$$\begin{aligned} &\frac{\partial u_3}{\partial t} + u_\alpha \frac{\partial u_3}{\partial x_\alpha} + u_3 \frac{\partial u_3}{\partial x_3} - 2\varepsilon_{3jk} u_j \Omega_k \\ &= -\frac{1}{\rho_0}\frac{\partial p}{\partial x_3} - g\frac{\rho}{\rho_0} + \frac{\partial}{\partial x_\alpha}\left(\nu_0 \frac{\partial u_3}{\partial x_\alpha}\right) + \Delta_{u_3 \overline{R}} + \frac{\partial}{\partial x_3}\left(\nu_0 \frac{\partial u_3}{\partial x_3}\right) \end{aligned} \text{，} \tag{3.116}$$

$$\begin{aligned} &\frac{\partial \rho}{\partial t} + u_\alpha \frac{\partial \rho}{\partial x_\alpha} + u_3 \frac{\partial \rho}{\partial x_3} - \rho_0 \kappa_{\eta 0}\left(\frac{\partial p}{\partial t} + u_\alpha \frac{\partial p}{\partial x_\alpha} + u_3 \frac{\partial p}{\partial x_3}\right) \\ &= \frac{\partial}{\partial x_\alpha}\left(K_0 \frac{\partial \rho}{\partial x_\alpha}\right) + \Delta_{\rho \overline{R}} + \frac{\partial}{\partial x_3}\left(K_0 \frac{\partial \rho}{\partial x_3}\right) + Q_{\rho 10} + Q_{\rho 0} \end{aligned} \text{；} \tag{3.117}$$

边界条件：

$$\left\{u_j n_j - P\right\}_{F_S(x_i,t)=0} = \frac{\partial \zeta}{\partial t}, \tag{3.118}$$

$$\left\{\left(\pi_{ij}\right)_0 n_j - P_{Ai}\right\}_{F_S(x_i,t)=0} = 0, \tag{3.119}$$

$$\left\{\left(I_{\rho j}\right)_0 n_j + Q_{\rho A} + \left(\frac{\partial \rho}{\partial s}\right)_{p,T} sP\right\}_{F_S(x_i,t)=0} = 0; \tag{3.120}$$

$$\left\{u_j n_j\right\}_{F_B(x_i,t)=0} = -\frac{\partial H}{\partial t}, \tag{3.121}$$

$$\left\{\left(\pi_{ij}\right)_0 n_j - P_{Hi}\right\}_{F_B(x_i,t)=0} = 0, \tag{3.122}$$

$$\left\{\left(I_{\rho j}\right)_0 n_j - Q_{\rho H}\right\}_{F_B(x_i,t)=0} = 0。 \tag{3.123}$$

3.4.2　环流局域自然坐标系中σ-坐标变换的海洋运动控制方程组

所谓σ-坐标变换指的是如下坐标变换

$$x_\alpha = x_{\alpha 0}, \quad \sigma = \frac{x_{30} - \overline{\zeta}\left(x_{10}, x_{20}, t_0\right)}{\overline{H} + \overline{\zeta}\left(x_{10}, x_{20}, t_0\right)}, \quad t = t_0。 \tag{3.124}$$

这里暂时以下标“$_0$”标示原坐标系，$x_{30} - \overline{\zeta}\left(x_{10}, x_{20}, t_0\right) = 0$和$x_{30} + \overline{H}\left(x_{10}, x_{20}, t_0\right) = 0$分别表示环流运动的局域海面起伏和海底地形。这样，$\sigma$-坐标变换的导数关系可写成

$$\frac{\partial \sigma}{\partial t_0} = -\left(\frac{1+\sigma}{\overline{H}+\overline{\zeta}}\right)\overline{\zeta}_t, \quad \frac{\partial \sigma}{\partial x_{\alpha 0}} = -\frac{\sigma \overline{H}_\alpha + (1+\sigma)\overline{\zeta}_\alpha}{\overline{H}+\overline{\zeta}}, \quad \frac{\partial \sigma}{\partial x_{30}} = \frac{1}{\overline{H}+\overline{\zeta}}, \tag{3.125}$$

和

$$\frac{\partial}{\partial t_0} = \frac{\partial}{\partial t} - \frac{(1+\sigma)\overline{\zeta}_t}{\overline{H}+\overline{\zeta}}\frac{\partial}{\partial \sigma},$$

$$\frac{\partial}{\partial x_{\alpha 0}} = \frac{\partial}{\partial x_\alpha} - \frac{\sigma \overline{H}_\alpha + (1+\sigma)\overline{\zeta}_\alpha}{\overline{H}+\overline{\zeta}}\frac{\partial}{\partial \sigma}, \quad \frac{\partial}{\partial x_{30}} = \frac{1}{\overline{H}+\overline{\zeta}}\frac{\partial}{\partial \sigma}。 \tag{3.126}$$

1. 变量系 $\{u_i;T,s,p;\zeta_m\}$ 中环流局域自然坐标系 σ - 坐标变换的海洋运动控制方程组

对于控制方程（3.100）-（3.113）做 σ - 坐标变换，则我们有变量系 $\{u_\alpha,u_3;T,s,p;\zeta_m\}$ 的运动方程和边界条件。

1）质量守恒方程的 σ - 坐标变换

由方程（3.100）和坐标变换导数关系（3.126），可得 σ - 坐标变换的质量守恒方程

$$\frac{\partial\zeta}{\partial t}+\frac{\partial\left(\bar{H}+\bar{\zeta}\right)u_\alpha}{\partial x_\alpha}+\frac{\partial\left(\bar{H}+\bar{\zeta}\right)\varpi}{\partial\sigma}+\frac{1}{\bar{R}}u_1=0\ ,\tag{3.127}$$

其中

$$\varpi\equiv\frac{1}{\left(\bar{H}+\bar{\zeta}\right)}\left[u_3-\sigma\left(u_\alpha\frac{\partial\bar{H}}{\partial x_\alpha}\right)-(1+\sigma)\left(\frac{\partial\bar{\zeta}}{\partial t}+u_\alpha\frac{\partial\bar{\zeta}}{\partial x_\alpha}\right)\right]。\tag{3.128}$$

2）动量平衡方程的 σ - 坐标变换

由方程（3.101）和坐标变换导数关系（3.126），可导得 σ - 坐标变换的水平动量平衡方程

$$\begin{aligned}&\frac{\partial u_\beta}{\partial t}+u_\alpha\frac{\partial u_\beta}{\partial x_\alpha}+\varpi\frac{\partial u_\beta}{\partial\sigma}+\left\{-\frac{u_2^2}{\bar{R}}\bigg|_{\beta=1},\frac{u_1u_2}{\bar{R}}\bigg|_{\beta=2}\right\}-2\varepsilon_{\beta jk}u_j\Omega_k\\&=-\frac{1}{\rho_0}\frac{\partial p}{\partial x_\beta}+\frac{\partial}{\partial x_\alpha}\left(\nu_0\frac{\partial u_\beta}{\partial x_\alpha}\right)+\left(\Delta_{u_\beta\bar{R}}\right)_\sigma+\frac{1}{\bar{H}+\bar{\zeta}}\frac{\partial}{\partial\sigma}\left[\frac{\nu_0}{\bar{H}+\bar{\zeta}}\frac{\partial u_\beta}{\partial\sigma}\right]-\frac{\partial\Phi_2}{\partial x_\beta}+\varepsilon_{D\beta}\end{aligned},\tag{3.129}$$

其中

$$\varepsilon_{D\beta} \equiv \frac{1}{\rho_0}\frac{\sigma\bar{H}_\beta+(1+\sigma)\bar{\zeta}_\beta}{\bar{H}+\bar{\zeta}}\frac{\partial p}{\partial\sigma}-\frac{\partial}{\partial x_\alpha}\left\{\nu_0\left[\frac{\sigma\bar{H}_\alpha+(1+\sigma)\bar{\zeta}_\alpha}{\bar{H}+\bar{\zeta}}\frac{\partial u_\beta}{\partial\sigma}\right]\right\}$$
$$-\frac{\sigma\bar{H}_\alpha+(1+\sigma)\bar{\zeta}_\alpha}{\bar{H}+\bar{\zeta}}\frac{\partial}{\partial\sigma}\left(\nu_0\frac{\partial u_\beta}{\partial x_\alpha}\right)-\frac{\sigma\bar{H}_\alpha+(1+\sigma)\bar{\zeta}_\alpha}{\bar{H}+\bar{\zeta}}\frac{\partial}{\partial\sigma}\left\{\nu_0\left[-\frac{\sigma\bar{H}_\alpha+(1+\sigma)\bar{\zeta}_\alpha}{\bar{H}+\bar{\zeta}}\frac{\partial u_\beta}{\partial\sigma}\right]\right\}。\tag{3.130}$$

同样，由方程（3.102）和坐标变换导数关系（3.126），可导得垂直动量平衡方程的σ-坐标变换

$$\frac{\partial u_3}{\partial t}+u_\alpha\frac{\partial u_3}{\partial x_\alpha}+\varpi\frac{\partial u_3}{\partial\sigma}-2\varepsilon_{3jk}u_j\Omega_k=-\frac{1}{\rho_0}\frac{1}{\left(\bar{H}+\bar{\zeta}\right)}\frac{\partial p}{\partial\sigma}-g\frac{\rho}{\rho_0}$$
$$+\frac{\partial}{\partial x_\alpha}\left(\nu_0\frac{\partial u_3}{\partial x_\alpha}\right)+\left(\Delta_{u_3\bar{R}}\right)_\sigma+\frac{1}{\bar{H}+\bar{\zeta}}\frac{\partial}{\partial\sigma}\left[\frac{\nu_0}{\left(\bar{H}+\bar{\zeta}\right)}\frac{\partial u_3}{\partial\sigma}\right]+\varepsilon_{D3}，\tag{3.131}$$

其中

$$\varepsilon_{D3}\equiv-\frac{\partial}{\partial x_\alpha}\left[\nu_0\frac{\sigma\bar{H}_\alpha+(1+\sigma)\bar{\zeta}_\alpha}{\bar{H}+\bar{\zeta}}\frac{\partial u_3}{\partial\sigma}\right]-\frac{\sigma\bar{H}_\alpha+(1+\sigma)\bar{\zeta}_\alpha}{\bar{H}+\bar{\zeta}}\frac{\partial}{\partial\sigma}\left(\nu_0\frac{\partial u_3}{\partial x_\alpha}\right)$$
$$+\frac{\sigma\bar{H}_\alpha+(1+\sigma)\bar{\zeta}_\alpha}{\bar{H}+\bar{\zeta}}\frac{\partial}{\partial\sigma}\left[\nu_0\frac{\sigma\bar{H}_\alpha+(1+\sigma)\bar{\zeta}_\alpha}{\bar{H}+\bar{\zeta}}\frac{\partial u_3}{\partial\sigma}\right]。\tag{3.132}$$

3）盐量平衡方程的σ-坐标变换

同样，由方程（3.103），可导得σ-坐标变换的盐量守恒方程

$$\frac{\partial s}{\partial t}+u_\alpha\frac{\partial s}{\partial x_\alpha}+\varpi\frac{\partial s}{\partial\sigma}=\frac{\partial}{\partial x_\alpha}\left(D_0\frac{\partial s}{\partial x_\alpha}\right)+\left(\Delta_{s\bar{R}}\right)_\sigma+\frac{1}{\bar{H}+\bar{Z}}\frac{\partial}{\partial\sigma}\left[\frac{D_0}{\bar{H}+\bar{Z}}\frac{\partial s}{\partial\sigma}\right]+\varepsilon_S，\tag{3.133}$$

其中

$$\varepsilon_S\equiv-\frac{\sigma\bar{H}_\alpha+(1+\sigma)\bar{\zeta}_\alpha}{\bar{H}+\bar{\zeta}}\frac{\partial}{\partial\sigma}\left(D_0\frac{\partial s}{\partial x_\alpha}\right)-\frac{\partial}{\partial x_\alpha}\left[D_0\frac{\sigma\bar{H}_\alpha+(1+\sigma)\bar{\zeta}_\alpha}{\bar{H}+\bar{\zeta}}\frac{\partial s}{\partial\sigma}\right]$$
$$+\frac{\sigma\bar{H}_\alpha+(1+\sigma)\bar{\zeta}_\alpha}{\bar{H}+\bar{\zeta}}\frac{\partial}{\partial\sigma}\left[D_0\frac{\sigma\bar{H}_\alpha+(1+\sigma)\bar{\zeta}_\alpha}{\bar{H}+\bar{\zeta}}\frac{\partial s}{\partial\sigma}\right]。\tag{3.134}$$

4）温度-压力平衡方程的σ-坐标变换

同样，由方程（3.104），可导得σ-坐标变换的温度-压力平衡方程

$$\begin{aligned}&\frac{\partial T}{\partial t}+u_\alpha\frac{\partial T}{\partial x_\alpha}+\varpi\frac{\partial T}{\partial \sigma}-\Gamma_0\left(\frac{\partial p}{\partial t}+u_\alpha\frac{\partial p}{\partial x_\alpha}+\varpi\frac{\partial p}{\partial \sigma}\right)\\&=\frac{\partial}{\partial x_\alpha}\left(\frac{\kappa_0}{\rho_0 C_{p0}}\frac{\partial T}{\partial x_\alpha}\right)+\left(\Delta_{T\bar{R}}\right)_\sigma+\frac{1}{\left(\bar{H}+\bar{\zeta}\right)}\frac{\partial}{\partial \sigma}\left(\frac{\kappa_0}{\rho_0 C_{p0}}\frac{1}{\left(\bar{H}+\bar{\zeta}\right)}\frac{\partial T}{\partial \sigma}\right)+Q_{T0}+\varepsilon_T\end{aligned}, \tag{3.135}$$

其中

$$Q_T\equiv\frac{Q_{10}}{\rho_0 C_{p0}}+\frac{Q_0}{\rho_0 C_{p0}}, \tag{3.136}$$

$$\begin{aligned}\varepsilon_T\equiv&-\frac{\partial}{\partial x_\alpha}\left[\frac{\kappa_0}{\rho_0 C_p}\frac{\sigma\bar{H}_\alpha+(1+\sigma)\bar{\zeta}_\alpha}{\bar{H}+\bar{\zeta}}\frac{\partial T}{\partial \sigma}\right]-\frac{\sigma\bar{H}_\alpha+(1+\sigma)\bar{\zeta}_\alpha}{\bar{H}+\bar{\zeta}}\frac{\partial}{\partial \sigma}\left(\frac{\kappa_0}{\rho_0 C_{p0}}\frac{\partial T}{\partial x_\alpha}\right)\\&+\frac{\sigma\bar{H}_\alpha+(1+\sigma)\bar{\zeta}_\alpha}{\bar{H}+\bar{\zeta}}\frac{\partial}{\partial \sigma}\left[\frac{\kappa_0}{\rho_0 C_{p0}}\frac{\sigma\bar{H}_\alpha+(1+\sigma)\bar{\zeta}_\alpha}{\bar{H}+\bar{\zeta}}\frac{\partial T}{\partial \sigma}\right]\end{aligned}。 \tag{3.137}$$

5）海水热力学关系式的σ-坐标变换

由于海水热力学关系式仅与热力学参数有关，它仍写成

$$\rho=\left(\frac{\partial \zeta_m}{\partial p}\right)_{T,s}^{-1}=\rho(p,T,s)。 \tag{3.138}$$

6）σ-坐标变换前后的速度关系

在引用σ-变换之后，计算实际上还包括一个速度关系

$$u_\alpha=u_\alpha,\quad u_3\equiv\left(\bar{H}+\bar{\zeta}\right)\varpi+\sigma u_\alpha\frac{\partial \bar{H}}{\partial x_\alpha}+(1+\sigma)\left(\frac{\partial \bar{\zeta}}{\partial t}+u_\alpha\frac{\partial \bar{\zeta}}{\partial x_\alpha}\right), \tag{3.139}$$

或

$$\varpi\equiv\frac{1}{\left(\bar{H}+\bar{\zeta}\right)}\left[u_3-\sigma u_\alpha\frac{\partial \bar{H}}{\partial x_\alpha}-(1+\sigma)\left(\frac{\partial \bar{\zeta}}{\partial t}+u_\alpha\frac{\partial \bar{\zeta}}{\partial x_\alpha}\right)\right]。 \tag{3.140}$$

7）海面边界条件的σ-坐标变换

$$\left\{u_j n_j-P\right\}_{F_S(x_i,t)=0}=\frac{\partial \zeta}{\partial t}, \tag{3.141}$$

$$\left\{\left(\pi_{ij}\right)_0 n_j - P_{Ai}\right\}_{F_S(x_i,t)=0} = 0 , \tag{3.142}$$

$$\left\{\left(q_j\right)_0 n_j + Q_A\right\}_{F_S(x_i,t)=0} = 0 , \tag{3.143}$$

$$\left\{\left(I_{Sj}\right)_0 n_j + \rho_0 sP\right\}_{F_S(x_i,t)=0} = 0 ; \tag{3.144}$$

8）海底边界条件的σ-坐标变换

$$\left\{u_j n_j\right\}_{F_H(x_i,t)=0} = -\frac{\partial H}{\partial t} , \tag{3.145}$$

$$\left\{\left(\pi_{ij}\right)_0 n_j - P_{Hi}\right\}_{F_H(x_i,t)=0} = 0 , \tag{3.146}$$

$$\left\{\left(q_j\right)_0 n_j - Q_H\right\}_{F_H(x_i,t)=0} = 0 , \tag{3.147}$$

$$\left\{\left(I_{Sj}\right)_0 n_j\right\}_{F_H(x_i,t)=0} = 0 。 \tag{3.148}$$

2. 简约变量系$\{u_i;p,\rho\}$中环流局域自然坐标系σ-坐标变换的海洋运动控制方程组

同样，我们可以由控制方程（3.116）-（3.125）导得简约变量系$\{u_i;p,\rho\}$中环流局域自然坐标系σ-坐标变换的海洋运动方程和边界条件。

1）质量守恒方程的σ-坐标变换

$$\frac{\partial \zeta}{\partial t} + \frac{\partial\left(\bar{H}+\bar{\zeta}\right)u_\alpha}{\partial x_\alpha} + \frac{\partial\left(\bar{H}+\bar{\zeta}\right)\varpi}{\partial \sigma} + \frac{1}{\bar{R}}u_1 = 0 , \tag{3.149}$$

2）动量平衡方程的σ-坐标变换

$$\begin{aligned} &\frac{\partial u_\beta}{\partial t} + u_\alpha \frac{\partial u_\beta}{\partial x_\alpha} + \varpi \frac{\partial u_\beta}{\partial \sigma} + \left\{ -\frac{u_2^2}{\bar{R}}\bigg|_{\beta=1}, \frac{u_1 u_2}{\bar{R}}\bigg|_{\beta=2} \right\} - 2\varepsilon_{\beta jk} u_j \Omega_k \\ &= -\frac{1}{\rho_0}\frac{\partial p}{\partial x_\beta} + \frac{\partial}{\partial x_\alpha}\left(\nu_0 \frac{\partial u_\beta}{\partial x_\alpha}\right) + \left(\Delta_{u_\beta \bar{R}}\right)_\sigma + \frac{1}{\bar{H}+\bar{\zeta}}\frac{\partial}{\partial \sigma}\left[\frac{\nu_0}{\left(\bar{H}+\bar{\zeta}\right)}\frac{\partial u_\beta}{\partial \sigma}\right] - \frac{\partial \Phi_2}{\partial x_\beta} + \varepsilon_{D\beta} \end{aligned} , \tag{3.150}$$

$$\frac{\partial u_3}{\partial t}+u_\alpha\frac{\partial u_3}{\partial x_\alpha}+\varpi\frac{\partial u_3}{\partial\sigma}-2\varepsilon_{3jk}u_j\Omega_k$$
$$=-\frac{1}{\rho_0\left(\bar{H}+\bar{\zeta}\right)}\frac{\partial p}{\partial\sigma}-g\frac{\rho}{\rho_0}+\frac{\partial}{\partial x_\alpha}\left(\nu_0\frac{\partial u_3}{\partial x_\alpha}\right)+\left(\Delta_{u_3\bar{R}}\right)_\sigma+\frac{1}{\bar{H}+\bar{\zeta}}\frac{\partial}{\partial\sigma}\left[\frac{\nu_0}{\bar{H}+\bar{\zeta}}\frac{\partial u_3}{\partial\sigma}\right]+\varepsilon_{D3}\text{，}\tag{3.151}$$

其中

$$\varepsilon_{D\beta}\equiv\frac{1}{\rho_0}\frac{\sigma\bar{H}_\beta+(1+\sigma)\bar{\zeta}_\beta}{\bar{H}+\bar{\zeta}}\frac{\partial p}{\partial\sigma}-\frac{\partial}{\partial x_\alpha}\left[\nu_0\frac{\sigma\bar{H}_\alpha+(1+\sigma)\bar{\zeta}_\alpha}{\bar{H}+\bar{\zeta}}\frac{\partial u_\beta}{\partial\sigma}\right]$$
$$-\frac{\sigma\bar{H}_\alpha+(1+\sigma)\bar{\zeta}_\alpha}{\bar{H}+\bar{\zeta}}\frac{\partial}{\partial\sigma}\left(\nu_0\frac{\partial u_\beta}{\partial x_\alpha}\right)-\frac{\sigma\bar{H}_\alpha+(1+\sigma)\bar{\zeta}_\alpha}{\bar{H}+\bar{\zeta}}\frac{\partial}{\partial\sigma}\left[-\nu_0\frac{\sigma\bar{H}_\alpha+(1+\sigma)\bar{\zeta}_\alpha}{\bar{H}+\bar{\zeta}}\frac{\partial u_\beta}{\partial\sigma}\right]\text{，}\tag{3.152}$$

$$\varepsilon_{D3}\equiv-\frac{\partial}{\partial x_\alpha}\left[\nu_0\frac{\sigma\bar{H}_\alpha+(1+\sigma)\bar{\zeta}_\alpha}{\bar{H}+\bar{\zeta}}\frac{\partial u_3}{\partial\sigma}\right]-\frac{\sigma\bar{H}_\alpha+(1+\sigma)\bar{\zeta}_\alpha}{\bar{H}+\bar{\zeta}}\frac{\partial}{\partial\sigma}\left(\nu_0\frac{\partial u_3}{\partial x_\alpha}\right)$$
$$+\frac{\sigma\bar{H}_\alpha+(1+\sigma)\bar{\zeta}_\alpha}{\bar{H}+\bar{\zeta}}\frac{\partial}{\partial\sigma}\left[\nu_0\frac{\sigma\bar{H}_\alpha+(1+\sigma)\bar{\zeta}_\alpha}{\bar{H}+\bar{\zeta}}\frac{\partial u_3}{\partial\sigma}\right]\text{。}\tag{3.153}$$

3）密度平衡方程的σ-坐标变换

$$\frac{\partial\rho}{\partial t}+u_\alpha\frac{\partial\rho}{\partial x_\alpha}+\varpi\frac{\partial\rho}{\partial\sigma}=\frac{\partial}{\partial x_\alpha}\left(K_0\frac{\partial\rho}{\partial x_\alpha}\right)+\left(\Delta_{\rho\bar{R}}\right)_\sigma+\frac{1}{\bar{H}+\bar{\zeta}}\frac{\partial}{\partial\sigma}\left[\frac{K_0}{\bar{H}+\bar{\zeta}}\frac{\partial\rho}{\partial\sigma}\right]+Q_\rho+\varepsilon_\rho\text{，}\tag{3.154}$$

其中

$$\varepsilon_\rho\equiv-\frac{\partial}{\partial x_\alpha}\left[K_0\frac{\sigma\bar{H}_\alpha+(1+\sigma)\bar{\zeta}_\alpha}{\bar{H}+\bar{\zeta}}\frac{\partial\rho}{\partial\sigma}\right]-\frac{\sigma\bar{H}_\alpha+(1+\sigma)\bar{\zeta}_\alpha}{\bar{H}+\bar{\zeta}}\frac{\partial}{\partial\sigma}\left(K_0\frac{\partial\rho}{\partial x_\alpha}\right)$$
$$+\frac{\sigma\bar{H}_\alpha+(1+\sigma)\bar{\zeta}_\alpha}{\bar{H}+\bar{\zeta}}\frac{\partial}{\partial\sigma}\left[K_0\frac{\sigma\bar{H}_\alpha+(1+\sigma)\bar{\zeta}_\alpha}{\bar{H}+\bar{\zeta}}\frac{\partial\rho}{\partial\sigma}\right]\text{。}\tag{3.155}$$

4）σ-坐标变换前后的速度关系

$$u_\alpha=u_\alpha\text{，}\quad u_3\equiv\left(\bar{H}+\bar{\zeta}\right)\varpi+\sigma\left(u_\alpha\frac{\partial\bar{H}}{\partial x_\alpha}\right)+(1+\sigma)\left(\frac{\partial\bar{\zeta}}{\partial t}+u_\alpha\frac{\partial\bar{\zeta}}{\partial x_\alpha}\right)\text{，}\tag{3.156}$$

或

$$\varpi\equiv\frac{1}{\bar{H}+\bar{\zeta}}\left[u_3-\sigma\left(u_\alpha\frac{\partial\bar{H}}{\partial x_\alpha}\right)-(1+\sigma)\left(\frac{\partial\bar{\zeta}}{\partial t}+u_\alpha\frac{\partial\bar{\zeta}}{\partial x_\alpha}\right)\right]\text{。}\tag{3.157}$$

5）海面和海底边界条件的σ-坐标变换

$$\left\{u_j n_j - P\right\}_{F_S(x_i,t)=0} = \frac{\partial \zeta}{\partial t}, \tag{3.158}$$

$$\left\{\left(\pi_{ij}\right)_0 n_j - P_{Ai}\right\}_{F_S(x_i,t)=0} = 0, \tag{3.159}$$

$$\left\{\left(I_{\rho j}\right)_0 n_j + Q_{\rho A} + \left(\frac{\partial \rho}{\partial s}\right)_{p,T} sP\right\}_{F_S(x_i,t)=0} = 0; \tag{3.160}$$

$$\left\{u_j n_j\right\}_{F_B(x_i,t)=0} = -\frac{\partial H}{\partial t}, \tag{3.161}$$

$$\left\{\left(\pi_{ij}\right)_0 n_j - P_{Hi}\right\}_{F_B(x_i,t)=0} = 0, \tag{3.162}$$

$$\left\{\left(I_{\rho j}\right)_0 n_j - Q_{\rho H}\right\}_{F_B(x_i,t)=0} = 0 \text{。} \tag{3.163}$$

参 考 文 献

卡曼柯维奇. 1983. 海洋动力学基础. 中文版：含第一海洋研究所训练班讲义内容. 北京：海洋出版社.

Landau L D，Lifshitz E M. 1987. Fluid Mechanics. Pergamon Press.

科学是一个内在联系的知识整体，它被分为若干个孤立部分来研究，不是取决于事物的本质，而是取决于人类认识能力的局限性。

第二篇

系统科学概要和海洋动力系统构建

第四章

系统科学概要

系统科学具有鲜明的现代科学特色，是主要研究相互联系、相互依赖、相互制约和相互作用的科学。鉴于人们多乏于对系统概念、思想和知识体系的认知，这里，我仅把十多年前学习《系统科学》一书的笔记整理出来，作为这门科学的概要，与大家分享。其中最有感触的是，怎样将系统科学的抽象论述和物理海洋学的现有成就结合起来，认识物理海洋学从“近代”到“现代”的发展需求，致力于发展海洋动力系统运动类的控制机理两层次划分原则和相洽的运动类可加性分解-合成演算样式，构建与海洋流体力学原始 Navier-Stokes 控制方程组保持一致性的海洋动力系统运动类控制方程组完备集。实际上这一可加性运动类控制方程组完备集，就是我们所要求的现代物理海洋学描述体系的数学物理主体。

海洋是一个多种多样和极其复杂的庞大运动系统。为了对这个系统的动力学有一个严谨的和一致的认识基础，为了对这个系统的数值模式有一个科学可行的发展框架，在本章中，我们将致力于系统科学概念、思想的引入，以重新构建物理海洋学的知识体系和设置海洋数值模式的研制架构。这里所谈及的系统科学知识，大多来自阅读许国志的《系统科学》一书的学习心得。

自然科学乃至整个科学技术的发展一般可以分为三个阶段加以论述。一是，**古代科学技术**，以古中国和古希腊朴素的唯物主义自然观为代表，以抽象的思辨原则代替对自然现象客观联系的具体分析。二是，**近代科学技术**，它是建立在形而上学的自然观基础上的，它把客观世界看作是彼此互不依赖的各个事物的偶然堆积，孤立抽象成为这一阶段的主要研究路线。到19世纪，基于这种自然观的近代科学技术取得了许多伟大的成就。三是，**现代科学技术**，它是建立在辩证唯物主义自然观和早先所有科学成就基础上的，它以科学实验、观察测量和数据资料为依据，认为自然界是有内在联系的统一体。各种事物、各种现象之间是相互联系、相互依赖、相互制约和相互作用的有机整体。

人类关于系统的认识可以分为系统观念、系统思想和系统科学三个层面。人类在认识自然和社会的过程中，经过漫长而曲折的历程才逐步形成有机整体的观念、相互联系的观念以及演化发展的观念。这些观念的总和逐步构成完备的系统思想。系统观念虽然起源于上古人类的开蒙，但直到20 世纪才逐步提升为一种有科学内涵的思想体系。系统科学是在系统观念和系统思想基础上，为适应科学、工程和社会的巨大需求而发展起来的新兴科学，是直到20世纪中期才蓬勃发展起来的**一个大科学门类**。

现代科学技术按大门类可以分为 11 个范畴，它们分别是自然科学、社会科学、数学科学、系统科学、思维科学、人体科学、地理科学、军事科学、行为科学、建筑科学和文艺理论。“这个大学科门类的划分把数学科学从自然科学中拿了出来，而把系统科学与所有大学科门类并列起来，这种思维方式有着特殊的深远意义”。

4.1　系统科学的形成和发展

我们将从需求和成就两个方面，概述系统科学为期不长，却朝气蓬勃的形成和发展过程。

4.1.1　系统科学发展的科学需求和社会需求

1. 系统科学发展的科学需求

普朗克（M. Planck）认为“科学是一个内在联系的知识整体，它被分为若干个孤立部分来研究，不是取决于事物的本质，而是取决于人类认识能力的局限性。实际上，客观世界存在着从物理学到化学到生物学和从人类学到社会学的发展链条，这是一条不能被打断的连续链条”。科学技术是人类对客观世界认识和改造的总和。它总是从局部到整体，再在更高阶段上从局部到整体的，它总是从分析到综合，再在更高阶段上从分析到综合的。

不论是在渺观世界、微观世界，还是在宏观世界、宇观世界乃至涨观世界，近代和现代科学技术都取得了令人瞩目的伟大成就。在这个发展过程中，人们很自然地把更多的注意力集中到以人为尺度的宏观世界上来，寻求事物产生、发展、演化的共同规律。在这个层次上，生命系统和人类社会是发展起来的极其复杂的客观事物，是宇宙演化绽放出来的最美丽的花朵。

2. 系统科学发展的社会需求

20 世纪以来，由于生产力的巨大发展，出现了许多大型、复杂的工程技术和社会经济问题，它们都以系统的形态出现，都要求从整体上加以优化解决。20 世纪 50 年代以后，在这种工程技术和社会经济需求的巨大推动下，在系统思想的指导下如雨后春笋般发展出来了一个崭新的“科学群”，簇拥着一个大的科学门类从东方地平线上喷薄而出。这就是系统科学，它在大科学门类里横跨自然科学、社会科学和工程技术，从系统结构和控制机理角度研究客观世界，解决现代科学技术和社会经济领域不断提出的各种复杂问题。

“作为科学技术和人类社会发展的一个新的方面，所形成的系统概念、系统思想和系统科学知识体系总会给人们带来新的机遇，毫无疑问，它们更需要人类的全部积累和更加严谨的发展规则。”

4.1.2　系统科学发展的主要成就

1. 20 世纪 40～60 年代，首先由理论生物学家贝塔朗菲（Von Bertalanffy）提出一般系统论的概念，指出它的任务是确立适用于系统的一般性原则，对系统的共性，例如，系统的整体性、关联性、动态性、有序性、目的性等做出一般性的概括。运筹学、控制论、信息论和系统工程、系统分析、管理科学等都是这一时期发展的系统科学经典理论，是按系统模型和数学方法构架起来的科学范例。形成独有特色的系统科学“科学群”。

2. 20世纪70～80年代，系统科学的发展主要表现在自组织理论的建立。它包括普利高津（I. Prigogine）的耗散结构理论，它研究远离平衡态的热力学，揭示由无序到有序的转化规律和哈肯（H. Haken）的协同学理论，它指出激光是一种远离平衡态，由无序转化到有序的典型现象。这两种现象的发生，其关键在于系统内各部分之间的非线性相互作用，它们在一定条件下能自发地产生时间、空间和功能上稳定的有序结构。这两种理论被称作自组织理论（self-organization）。

3. 20世纪80年代以来，非线性科学（nonlinear science）和复杂性研究（complexity study）的兴起，对系统科学的发展起着很大的和积极的推动作用。客观世界的一切事物，从根本上说，都是一些相互作用的客体或过程，非线性是相互作用的数学表述。系统一般是各部分的简单和，叠加原理普遍失效在数学上的表述是非线性。非线性相互作用影响着系统的内部结构、外显功能和过程演化。

“统观海洋流体力学的原始Navier-Stokes控制方程组和按与运动类划分原则相洽的分解-合成演算样式得到的海洋动力系统运动类控制方程组集，我们可以看到较大尺度运动类的平流输运和剪切生成作用、自身运动类的非线性相互作用以及较小尺度运动类的输运通量剩余混合作用，按其本质来说都是运动非线性相互作用的具体描述”。“非线性科学的研究成果极大地丰富和深化了系统科学和系统工程的定量化描述水平，完备了耗散结构和协同学的理论基础，推动了复杂性研究的发展”。“定量化水平是精密科学追求的研究境界，它原则上应是由物理模型（或系统模型）和数学方法（或系统方法）所支撑的定量研究过程和结果，不管它们是解析的还是数值的”。

这里我们必须强调，凡带“”号的部分实际上是本书作者的体会，它有意向着建立物理海洋学的系统科学研究框架，有意向着物理海洋学从“近代”到“现代”的跨越实践。

1984 年以跨学科、跨领域研究为宗旨的圣达菲研究所（Santa Fe Institute）在美国新墨西哥州成立，标志着复杂性研究在国际上正式兴起。这类研究认为事物的复杂性是从其简单性开始的，是在适应环境的过程中产生的。所谓复杂适应系统（complex adaptive system）存在于经济、生态、免疫、胚胎、神经，以及计算机和网络系统中。探究控制这些复杂适应系统行为的一般性规律和问题的解决方法，是现代科学技术发展的总体日标和综合趋势。

“系统科学和复杂性研究的各种范例，虽然在研究范畴、侧重面以及技术路线上有所不同，但无论就其科学内容的抽象，还是大致推演方向而言，都是相当一致的。在它们之间形成了一种相辅相成、互相借鉴的研究局面。值得物理海洋学认真分析学习的”

4.1.3 系统科学在中国的发展

1. 中国是系统科学研究的早期倡导国

在钱学森的倡导下，在国内首先形成以简单系统-简单巨系统-复杂巨系统为主线的系统学（systematology）研究提纲，概括了这门新兴大学科的主要研究内容，提出系统学是研究体系结构和功能，包括控制、协同、演化等一般规律的科学。在国内的系统科学研究中还提炼出“开放复杂巨系统”的概念、思想和处理这类系统的方法论，有着丰富的建立物理模型、系统模型和使用数学方法解决问题的研究经验。

协同学理论的创始人哈肯曾评价说：“中国是充分认识到系统科学巨大重要性的国家之一”，“系统科学的许多概念是由中国学者在其早期研究中提出的","我认为…这是一些很有意义的概括，在理解和解释现代科学，推动其发展方面，相互借鉴是十分重要的"。

2. 中国科学家对系统科学体系结构的贡献

在钱学森的倡导和推动下，系统科学在中国得到较好的发展。他明确地提出系统科学的体系结构应包括：（1）研究范畴，系统科学作为一门现代科学技术门类，其研究范畴可以包括从渺观世界和微观世界再到宏观世界、宇观世界和涨观世界的全部。其中宏观世界就是我们的地球，这里有包括生物、生命在内的自然科学，也有包括人类、社会在内的诸多科学门类。（2）研究方法论，系统科学以各种具体的系统模型和数学方法综合各个学科的认识成果和数学科学的方法论述，形成各个学科领域强有力的解题能力和生动活泼的研究局面。系统科学的体系结构显示它的广泛性和开放性，它广泛地渗透到各个学科领域。实际上，宽广的现代科学技术都可以纳入系统科学的研究范畴。（3）矩阵式体系结构，中国科学家提出的现代科学技术体系结构，包括 11 大科学技术门类及其联系马克思主义的 11 条桥梁。

所提出的现代科学技术体系的矩阵式结构包括

1）11 大科学技术门类。11 大科学技术门类包括自然科学、社会科学、数学科学、系统科学、思维科学、人体科学、地理科学、军事科学、行为科学、建筑科学、文艺理论。其中自然科学包括 3 个层次：工程技术、技术科学、基础科学。

2）11 大科学技术门类联系马克思主义的桥梁。与 11 大科学技术门类相对应的马克思主义理论有自然辩证法、历史唯物主义、数学哲学、系统观论、认识论、人体观、人行为学、地理哲学、军事哲学、建筑哲学、美学。

在这种提法下的系统科学知识体系的矩阵式结构，可列为表 4.1 的形式。

表 4.1　系统科学知识体系的矩阵式结构

马克思主义哲学	系统论	系统学	系统模型和数学方法	
	系统观、 系统思想	物理模型和系统模型抽象	数学方法和数值方法的集成 运筹学、信息论、控制论……	各门系统工程，自动化技术，通信技术…
哲学		基础科学	技术科学	工程技术

自然科学是从物质的运动、运动的不同层次以及不同层次运动的相互作用这些角度，来研究整个客观世界的科学。这是将自然科学纳入系统科学研究范畴的认识论基础和方法论依据。“作为个例，物理海洋学是研究海洋流体存在和运动的科学。海水运动按其时-空尺度或控制机理差异，可以或粗略或精准地划分为若干类或若干层次。不同种类或层次的运动之间存在着不可忽略的相互联系和相互作用，将海洋运动关联成一个紧致的运动整体。这就是将物理海洋学纳入系统科学研究范畴的认识论基础和方法论依据”。

“这里，我们提出系统模型的概念，它区别于以孤立抽象为目标的一般物理模型，是对相互联系客观世界做概括性的抽象。系统科学之所以多彩和绚丽，是因为它是用系统模型和数学方法刻画的客观世界，是具体化的精密科学研究成果”。“系统模型是建立在对系统原型深刻了解基础上的，是由系统结构或子系统划分、组分相互作用和边界行为等所构建起来的客观模型抽象。我们追求对系统模型做精准的数学描述，这是物理海洋学向着精密科学发展所必须坚持的研究路线”。**“系统科学讲究模型刻画的客观性、相互作用性和相洽性，讲究方法论的确定性、一致性和完备性。**

作为一门精密科学，更要讲究它的美学形象，提法是精密和完美的、方法是精巧和完善的、结果是严格和美丽的”。

4.2　系统科学的概念和方法

“系统科学的核心概念是系统和系统的子系统划分，所有其他概念都是用来刻画这种结构系统的。系统科学的研究是系统概念的思维具体化，包括系统科学的问题提出和形成解题能力。”

4.2.1　系统科学的基本概念

1. 系统、结构、层次

现代系统研究的开创者贝塔郎菲，首先给出系统很一般的定义，系统（system）是相关联多元素的复合体。这里，多元素性指的是系统元素的多样性和差异性，关联性包括元素和元素组之间的相互依存、相互激励、相互补充、相互制约和相互作用等。

系统是一切事物的存在方式，可以用系统观点来考察客观世界，用系统方法来描述客观世界。因此，系统科学的基本命题可以用集合论的方式表述为

$$S=\{A,R\}。\tag{4.1}$$

这里以S记系统，A是系统全部元素s_i的集合，R是系统元素间全部关联关系$r_{i,j}$的集合，A中不存在相对于R的孤立元素。“系统被定义为元素集合和关联关系集合共同确定的集合。系统模型的建立就是给出系统元素集合A和关联关系集合R的抽象描述或数学表述”。系统研究所关注的不仅是

构成系统的“元素”，也特别关注把所有元素关联起来的“关系”，形成元素集合的特有整体关联方式。组分及其关联方式的总和被称为系统的结构（structure）。元素集合 A 和关联关系集合 R 是系统结构的基本数学描述。

当系统的元素数量很大，彼此之间存在不可忽略的成群性差异时，系统元素可以按照这种成群性差异整合成较小数量的不同部分。按照成群性差异将系统划分成的不同部分，被称为系统的子系统（sub-system），得到子系统的过程称为子系统划分。子系统是经过这样的划分处理，所形成的按成群性差异区分、组织、整合的元素集合和关联关系集合。

按集合论的写法，若给定系统 S 的元素集合 $(s_i)_l$ 满足条件

1）$(s_i)_l$ 是 S 的第 l 部分（元素子集合），即有 $(s_i)_l = S_l \subset S$ 和 $\sum_l (s_i)_l = S$，这些没有交集（$(s_i)_l \cap (s_i)_m = \varnothing$，$l \neq m$；）的元素集合之间存在显著的成群性属性差异和成群性关联关系，这种成群性关联关系可类似地被记为 $R_{l,m}$。

2）$(s_i)_l = S_l$ 本身也是一个特定的系统，满足前述对系统的要求，包括元素集合和关联关系集合，则 $(s_i)_l$ 被称为系统 S 的子系统。这时 S 称为 $(s_i)_l = S_l$ 的母系统，元素和子系统都是系统的组成部分，统称为组分。

在以后的研究中，我们经常用到“组织”和“结构”两个词，它们是两个有差异的概念。只要组分间存在相互关联，就称系统是有结构的；结构可分为有序和无序两大类，有序结构才被称为是有组织的，有组织的系统就是具有有序结构的系统。

“结构分析的重要内容是划分子系统和分析各子系统间的关联关系，进而描述不同子系统和它们之间的关联方式，形成对系统的整体性认识”。

最简单的组分是元素，子系统是一种多元素组分。多元素组分的划分及其元素相互作用的描述是子系统定义的一对要素。由于目前尚无完备、统一的子系统划分标准，所以系统的结构方式是千变万化的。系统可以按照不同标准划分子系统，从不同侧面了解系统的结构。按照同一标准划分出来的子系统有可比性，按照不同标准划分出来的子系统没有可比性。把按照不同标准划分的子系统并列起来，是概念混淆的主要原因。

“关于湍流的定义实际上有两种，一种是狭义的，它是受非线性力作用的流体运动，在 Reynolds 数超过某大阈值时所发生的一类，以紊乱性为特征的次小尺度运动。另一种是广义的，它包括除大尺度环流以外所有其他运动的总和。这两种定义的湍流是没有可比性的，前者以三维性、各向同性和饱和平衡为基本运动状态，后者实际上缺乏严格的运动分类定义，特征尺度和物理本质都十分复杂。这种分类不清是现今人们误入过分参数化陷阱的根源所在。”

系统结构方式，即系统的子系统划分原则的确定，目前尚无统一的标准和操作办法。一般情况下，应注意从以下两个方面来考虑实现子系统的划分，形成系统的结构。

1）空间结构和时间结构原则

组分在空间中的排列或配置方式，称为系统的空间结构（spatial structure）。组分在时间中的流程或关联方式，称为系统的时间结构（temporal structure）。

2）框架结构和运行结构原则

当系统处于尚未运行或停止运行的状态时，所表现出来的各组分之间的基本连接方式，称为系统的框架结构。当系统处于运行状态时，所表现出来的组分分组和它们之间的相互依存、相互支持、相互制约和相互作用方式，称为系统的运行结构。

“虽然目前尚没有，也可能永远没有统一完备的系统结构分析办法，但一般可遵循两类结构分析步骤：一类是时间和空间结构分析，它通常称为“时-空尺度分析原则”，包括运动特征尺度范围在时间和空间中的分布，是一种易做但粗糙、表象的运动类划分准则。另一类是框架结构和运行框架分析，它实际上相当于我们通常称为“运动控制机理分析原则”的做法，包括运动作用力的控制与否以及控制力平衡状态的或动或静两个层次的区隔分析，是一种精准的和本质的运动类划分原则。”

整体和部分是系统科学的一对研究范畴，系统科学着眼于考察系统的整体性（wholeness）：整体的形态、整体的困难、整体的机遇、整体的分析等。整体具有部分不具有的特性，称为整体涌现性（whole emergence），例如，温度、压力等都是整体涌现的属性。

亚里士多德（Aristotle）认为，“整体大于部分之和”。霍兰（J. Holland）认为，“多来自少”。老子《道德经》中说到，“道生一，一生二，二生三，三生万物”。涌现性是整体性，但整体性不一定都是涌现性。系统科学也是探索整体涌现性发生的条件、机理、规律以及如何利用整体涌现性的知识体系。

涌现性的广义解释是，高层次具有低层次没有的涌现特性。新层次源于新涌现性的出现，有不同层次必有不同程度的涌现性。最简单的系统由元素层次和系统整体层次组成。复杂系统不可能一次完成从元素性质到整体性质的涌现，需要经过一系列中间等级的整合才能逐次涌现出系统的整体性，每个涌现等级代表一个层次，每经过一次涌现会形成一个新的层次。

层次是系统科学的基本概念之一，是认识系统结构的主要工具，层次分析是结构分析的重要方面。系统是否划分层次，层次的起源，分哪些层次，不同层次的差异、联系、衔接和相互过渡，不同层次的相互缠绕，层次界限的确定性和模糊性，层次划分如何增加系统的复杂性，系统结构的系统学意义，以及层次结构设计的原则等都是层次分析要回答的问题。

按照所引入的这些概念，系统可以按系统规模大与小分类，如小系统（little system）、大系统（large system）、巨系统（giant system）；也可以按系统结构简与繁分类，如简单系统（simple system）、复杂系统（complex system）。

“在不同尺度范围上定义的Reynolds平均不具有各态历经性；在不同运动类集合上定义的Reynolds平均当然具有各自的各态历经性。或将运动分解为湍流、重力波动、重力涡旋和环流运动类的，或将运动分解为湍流和重力波动+重力涡旋+环流合成运动，或将运动分解为湍流+重力波动+重力涡旋合成运动和环流的。这些运动类分解是和它们的属性形成，是与层次和它涌现性形成相互联系的。”

2. 环境、行为、功能

我们可以确切地给出系统环境的集合论写法

$$E_S=\{x\,|\,x\notin S,\ \text{且与}S\text{有不可忽略的联系}\}, \tag{4.2}$$

这样，就可以把系统和环境分开的东西称为系统的边界。系统按边界可分为开放性和封闭性的两类。

系统相对于它的环境所表现出来的任何变化，或系统可以被外部探知的一切变化，称为系统的行为（behavior）。系统行为所引起的、有利于环境中某些事物乃至整个环境存续和发展的作用，称为系统的功能

（function）。应当区分系统的功能和性能（performance）的差异。

系统首先包括它的组分和组分之间的相互作用，再则包括它的环境和它与环境之间的行为功能。

3. 状态、过程、演化

1）系统的状态（state）。通常称系统的动力学和热力学变量为状态变量（state variable），如七状态变量$\{u_i,T,s,p,\zeta_m\}$和五状态变量$\{u_i,p,\rho\}$。当刻画系统的状态变量不随时间变化时，则称系统为静态的（static）；当随时间变化时，则称系统为动态的（dynamic）。系统的状态受制于系统的内部（组分之间的相互作用），也受制于环境（系统与环境的相互作用）。

2）系统的演化（evolution）。系统的结构、状态、特性、行为、功能等随着时间的推移而发生的变化，称为系统的演化。演化是事物存在的基本形态过程，包括它的发生和生成过程、成长和变化过程以及蜕化和消亡过程。

“在描述系统结构的差异时已经谈到状态的概念，那时我们提出框架结构和运行结构的区隔，空间结构和时间结构的区隔。实际上前一部分指的就是静态平衡状态，后一部分指的就是动态平衡状态。控制力及其平衡状态是按控制机理形成系统结构的两层次含义。这里系统作用力的控制与否，控制力平衡的动态或静态就能得到精确的刻画：大运动类可按控制力决定的 Reynolds 平均运算得到，标准运动类可按控制力平衡方程时间变化项的有无区隔。”

“到此为止，按系统科学的思想，以复杂的海洋运动系统为例，原则上可以分三步进行子系统或运动类的划分：第一步是做运动的时间和空间特征尺度范围分析，即时间结构和空间结构分析，在这一步骤中由于运动在尺度范围上可能存在广泛的叠置现象，运动类的划分是表象的、粗糙的和初步的。第二步是做子系统或运动类划分的控制力分析，即框架结构和运行结构分析，在这一步骤中，参考第一步所做的初步尺度范围分析，按作用力控制的差异实现对运动的大类别划分，由于控制力的差异是“若是甲，即非乙”的，所以这样做的大运动类划分是不叠置的。第三步骤是按控制力的平衡状态进行的，对划分了的大运动类作进一步的状态区隔，一般可以将一大运动类再划分为静态平衡和动态平衡的一对运动类，它可以按控制力平衡方程时间变化项的有无划分为一对标准运动类。标准运动类也是“若是甲，即非乙”的，也是互不叠置的。”

“其实，人们对一种运动的认识往往是从表象开始的，但是，它的严格定义还取决于主要热学化学力学力在运动方程中的控制作用及其平衡状态逐次加以认知的。在第五章中，我们将依此具体给出海洋动力系统的四运动类划分细节。”

4.2.2　系统科学的方法论

凡是用系统的观点来认知和处理问题的方法，也即把系统作为认知和处理对象的方法，不管它们是理论的或是经验的，定性的或是定量的，数学的或是非数学的，确定的或是随机的，精确的或是近似的，都纳入系统科学的方法论范畴。

1. 系统分析方法

系统分析方法的哲学基础是广泛的，它可以是还原论和整体论相结合的，定性描述和定量描述相结合的，局部描述和整体描述相结合的，确定性描述和不确定性描述相结合的，系统分析和系统综合相结合的。

2. 系统模拟方法

在这里我们首先要解决的问题是建立系统模型，它包括系统的物理模型和数学模式，它们分别是原型抽象的系统模型和数学模式。前者可以依据室内实验或现场调查，实验研究对象原型的各种属性；后者是前者的精密科学表述，可以依据数学物理方法追求问题的解析表述，也可以依据计算技术和高性能计算机数值地研究模式的各种属性。这里必须强调的是，我们主要研究的原型是系统，所提出的模型是系统模型。建立在系统模型基础上的模拟方法，原则上可以分为物理模拟和数值模拟两类。

“物理海洋学作为精密科学的一个门类，以抽象系统模型和建立数学模式作为研究问题的基本提法，随后才有应用各种仪器测量和数学演算达到问题求解的可能性。面对这种问题研究的基本描述，以子系统或运动类相互作用为核心的复杂系统作为海洋运动的基本模型，我们需要结合确定的子系统或运动类划分原则和与其相洽的运动类分解-合成演算样式，从海洋流体力学原始的 Navier-Stokes 方程组或它的 Boussinesq 近似出发，得到描述各类运动及其相互作用的海洋动力系统控制方程组完备集。”

4.3　讨论和结论：物理海洋学研究的系统科学基本架构

物理海洋学的研究方式正在从孤立抽象模型向着相互作用有机整体的方向转变。这种发生着的深刻变化突出表现在 2004 年 Wuntch 关于海洋能量学研究的文章里。他把海洋运动看作是一个运动类相互作用的整体，尽管他所给出的运动类分类还是颇有争议的，但是，从能量分析的角度研究运动类之间的相互联系和相互作用，他的文章仍不失为一份引入系统科学思想，研究物理海洋整体问题的先期性范例。

4.3.1 “全覆盖-不叠置”运动类的控制机理划分原则

“系统科学的现有知识告诉我们，运动类的划分并没有固定的规则可循，同时，它还提出从时-空特征表象到控制机制本质的运动类划分两步走建议。由于时-空特征分析着眼于运动的尺度表象，原则上不可能给出运动类的“无叠置-全覆盖”划分，但也不失是为达到最终划分目标的一种客体认识尝试。我们提出的物理本质分析主要着眼于海洋运动控制机制的两个层次，它们是作用力的控制与否和控制力平衡状态的或静或动。它引导我们从海洋流体力学原始 Navier-Stokes 控制方程组出发，按控制力及其平衡状态两个层次实现“类别不叠置和运动全覆盖”的海洋运动类划分。这种运动类划分原则实际上是物理本质确定性的，而且是运动类各态历经的。”实际上，运动类“互不叠置和海洋运动全覆盖”是一种对运动类划分的“无缝”提法，包括与样本集合相洽的“运动描述量可加性”和与集合平均定义相联系的“运动类样本各态历经性”。

“原始的 Navier-Stokes 运动方程告诉我们（见图 4.1），具有粘滞、传导和扩散属性的实际海洋流体运动主要包括非线性力、重力、地转力和引潮力的作用，其边界条件主要是由质量、动量、盐量、热量通量联系着的运动主体和环境，使运动变得更加多种多样。这样，我们可以按所划分的三组控制力将海洋运动划分为湍流（以大阈值 Reynolds 数非线性力为控制力的）、重力（波动+涡旋）（以重力为控制力的）和环流（以地转力、引潮力和热力化学力为控制力的）三大运动类。再按控制力平衡状态的或动或静，将重力（波动+涡旋）大运动类划分为重力波动和重力涡旋标准运动类。这样，我们就可以得到与现有运动分类最为接近的海洋动力系统四运动类划分。”

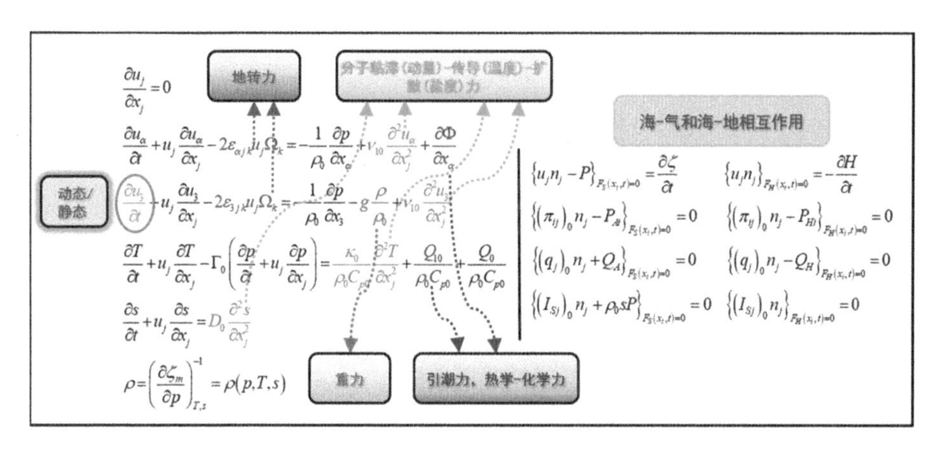

图 4.1 作为控制机理分析基础的 Boussinesq 近似控制方程

“这种海洋动力系统四运动类划分，实际上可以用来规范化目前物理海洋学的运动分类，得到相当好的运动分类调整效果，影响到现代物理海洋学的学科分类”。“现代物理海洋学的学科分类应当不排除，甚至强调学科之间的相互关联、相互依存和相互作用的”。

4.3.2 与运动类划分原则相洽的描述量可加性分解-合成演算样式

系统科学是一门描述和研究运动类相互作用的科学。海洋运动作为一个多种多样、极其复杂的巨大系统，实际上人们并不大可能在可预见的将来能简单地按原始 Navier-Stokes 控制方程组非线性项，采用所拥有的高性能计算机和计算方法实现对这个运动系统做定性和定量的精密科学求解。

“实际上，另一条可行的描述海洋运动相互作用的研究路线是存在的，它就是在确定意义运动类划分基础上，导出海洋动力系统运动类控制方程组完备集。当然，这里有两个前提是需要满足的，那就是要有一套与控制机制两个层次相洽的运动类描述量可加性分解-合成演算样式和所导得的海洋动力系统运动类控制方程组完备集要与原始的 Navier-Stokes 控制方程组保持完全的数学物理一致性”。我们将在本节和下节中分别给出这两条要求满意的答复。

“事实上，我们对这种运动类描述量可加性分解-合成运算样式并不陌生，那就是与第一层次控制力相联系的所谓大运动类样本集合上定义的 Reynolds 平均运算。这里我们自然地接受了运动类集合上的定义，因为只有它才是和“无叠置和全覆盖”运动类划分原则相洽的，也只有它才是满足各态历经性的确定性运算。这样，我们才可以方便地给出与湍流和重力（波动+涡旋）大运动类描述量可加性的 Reynolds 平均运算表示。”

1. 在湍流大运动类样本集合上定义的 Reynolds 平均运算

$$\langle x\rangle_{M_1}=\int_{M_1} x\left\{\sum_{i=1}^{4}M_i\right\}P\{M_1\}\mathrm{d}M_1=\langle x\rangle_{SS}=\tilde{y}\left\{\sum_{i=2}^{4}M_i\right\},\tag{4.3}$$

其中

$$x\left\{\sum_{i=1}^{4}M_i\right\}=x_{SS}+\langle x\rangle_{SS}=x_{SS}+\tilde{y}\left\{\sum_{i=2}^{4}M_i\right\},\quad \langle x_{SS}\rangle_{SS}=0\text{。}\tag{4.4}$$

2. 在重力（波动+涡旋）大运动类集合上定义的 Reynolds 平均运算

$$\langle y\rangle_{M_2+M_3}=\int_{M_2}\tilde{y}\left\{\sum_{i=2}^{4}M_i\right\}P\{M_2+M_3\}\mathrm{d}(M_2+M_3)=\langle\langle x\rangle_{SS}\rangle_{SM+NN}=\bar{z}\{M_4\},\tag{4.5}$$

其中

$$\tilde{y}\left\{\sum_{i=2}^{4}M_i\right\}=x_{SM+MM}+\langle\langle x\rangle_{SS}\rangle_{SM+MM}=x_{SM+MM}+\bar{z}\{M_4\},\quad \langle x_{SM+MM}\rangle_{SM+MM}=0\text{。}\tag{4.6}$$

这里M_1、M_2、M_3、M_4分别表示湍流、重力波动、重力涡旋、环流运动类样本集合，$x\left\{\sum_{i=1}^{4}M_i\right\}$、$y\left\{\sum_{i=2}^{4}M_i\right\}$、$\bar{z}\{M_4\}$分别表示在全四类、后三类、后一类样本集合上定义的描述量，$P\{M_1\}$和$P\{M_2+M_3\}$是分别在湍流和重力（波

动+涡旋）类样本集合上定义的分布函数，$\langle x\rangle_{SS}$ 和 $\langle\tilde{y}\rangle_{SM+MM}$ 是全四类、后三类样本集合上定义的描述量分别在湍流和重力（波动+涡旋）运动类样本集合上的 Reynolds 平均运算。

“基于大运动类 Reynolds 平均运算的分解-合成演算样式可以表述为：原始的 Navier-stokes 控制方程组减去它的某大运动类 Reynolds 平均运算结果，就是所要求的海洋动力系统某大运动类的控制方程组。Reynolds 平均运算的线性属性保证了大运动类控制方程组的可加性，大运动类的“无叠置-全覆盖”属性保证了海洋动力系统大运动类控制方程组集与原始 Navier-stokes 控制方程组的一致性，而且这种一致性是对这个海洋运动无缝的”。

“至于某大运动类的标准运动类对分解-合成演算样式，可以按该大运动类的控制力平衡方程时间变化项的或有或无来规定。波动型标准运动类和涡旋型标准运动类在大运动类控制方程组是完全对称的，只是前者包括控制力平衡方程的时间变化项而后者不包括。显然这样规定的标准运动类对控制方程组是与其大运动类控制方程组是保持一致的”。“值得注意的是有和无时间变化项作为一种算子，它们都是对称的”。

4.3.3　包括组分集合及其相互作用集合的海洋动力系统建立

“对于海洋运动系统，它的“系统科学基本命题”集合论表述可以写成

$$S=\{A,R\}\text{。} \tag{4.7}$$

这里 A 表示所有运动元集合，R 表示所有运动元的关联关系元集合，其中

不存在孤立于关联关系集合之外的运动元。

其实控制力及其平衡状态就是运动多样性的根源，海洋运动系统因此表现出明显的成群性差异，这种成群性差异实际上就是子系统划分的依据。这样，海洋运动系统的子系统总和基本命题集合论表述就可以写成

$$S=\sum_{k=1}^{N}S_k\left(\left\{A_i\right\}_k,\left\{R_{i,j}\right\}_k\right) \tag{4.8}$$

这里，子系统总和的运动元就应当是系统的运动元总和 $\sum_{k=1}^{K}\left\{A_i\right\}_k=A$，子系统总和的关联关系元也应当就是系统的关联关系元总和 $\sum_{k=1}^{K}\left\{R_{i,j}\right\}_k=R$。这样，子系统的关联关系总和就要求是子系统运动元与系统运动元的关联关系 $\left\{R_{i,j}\right\}_{N_k,\sum_{k=1}^{K}N_k}$，而不仅是本子系统运动元的关联关系 $\left\{R_{i,j}\right\}_{N_k,N_k}$。因为

$$\begin{aligned}\left\{R_{i,j}\right\}_k&=\left\{R_{i,j}\right\}_{N_k,\sum_{k=1}^{K}N_k}=\left\{R_{i,j}\right\}_{N_k,\left(\sum_{k=1}^{k-1}N_k+N_k+\sum_{k=k+1}^{K}N_k\right)}\\&=\left\{R_{i,j}\right\}_{N_k,\sum_{k=1}^{k-1}N_k}+\left\{R_{i,j}\right\}_{N_k,N_k}+\left\{R_{i,j}\right\}_{N_k,\sum_{k=k+1}^{K}N_k}\end{aligned}, \tag{4.9}$$

子系统关联关系实际上应当包括三部分，它们依次是前类运动的关联关系、自身类运动的关联关系和后类运动的关联关系。”

“鉴于海洋运动系统 S 的描述主体是海洋流体力学原始 Navier-Stokes 控制方程组或它们的 Boussinesq 近似，我们就可以按一致性表示(4.8)和在前 $N-1$ 大运动类样本集合上定义的分解-合成演算样式，得到全运动类的描述主体。它们就是所要求的海洋动力系统可加性运动类控制方程组完备集。”

“这样，结合物理海洋学的研究现状和系统科学的概念、思想和知识体系，我们实际上已经建立起海洋动力系统的研究基础，它包括具有物理确定性的运动类的划分原则和与运动类划分原则相洽的分解-合成演算样式以及按数学物理表示的一致性关系

$$S=\sum_{k=1}^{K}S_k\left(\{A_i\}_k,\{R_{i,j}\}_k\right), \tag{4.10}$$

我们可以得到运动类可加性的控制方程组完备集。它们就是所建立的海洋动力系统理论研究和数值模式体系研制基本架构。在第五章中我们将给出四运动类海洋动力系统基本架构的导出细节。”

参 考 文 献

许国志，顾基发，车宏安. 2000. 系统科学. 上海：上海科技教育出版社.

Wunsch C，Ferrari R. 2004. Vertical mixing，energy，and the general circulation of the oceans. Annu. Rev. Fluid Mech.，36：281-314.

Reynolds O. 1883. An experimental investigation of the circumstances which determine whether the motion of water shall be direct or sinuous，and of the law of resistance in parallel channels. Phil. Trans. R. Soc. Land.，174，935-982.

卡曼柯维奇 B M. 1983. 海洋动力学基础. 赵俊生，耿世江，译. 北京：海洋出版社.

第五章

海洋动力系统及其控制方程组集

在上一章中，结合物理海洋学的研究成果，我们提出了海洋动力系统构架建立的三要素，它主要包括具有物理确定性意义的控制机制两层次运动类划分原则、具有与运动类划分相洽性的描述量可加性分解-合成演算样式以及在与海洋运动系统基本命题保持一致性意义下的海洋动力系统运动类控制方程组完备集。在本章中，我们将给出四运动类海洋动力系统研究架构建立的细节。从运动分类的表象和本质分析出发，提出控制机制两层次运动类划分原则，构建起包括控制力决定的湍流、重力（波动+涡旋）和环流三大运动类和平衡状态决定的重力波动和重力涡旋标准运动类对的四运动类划分。进一步，在“运动类互不叠置和海洋运动全覆盖”样本集合上定义 Reynolds 平均运算和构建起具有运动描述量可加性的分解-合成演算样式以及在此基础上推演出与海洋流体力学原始 Navier-Stokes 控制方程组保持数学物理一致性的海洋动力系统四运动类控制方程组完备集。本章还给出 $\{u_i;p,T,s\}$ 和 $\{u_i;p,\rho\}$ 变量系 Boussinesq 近似的湍流、重力波动、重力涡旋和环流的控制方程组集的导出细节以及它们的环流局域自然坐标系的 Sigma 坐标变换表示形式。

5.1　海洋运动系统四运动类划分原则和相洽的运动类分解-合成运算样式

5.1.1　具有物理确定意义的海洋动力系统四运动类划分原则

1. 海洋运动系统运动类划分的表象和本质再认识

海洋运动是多种多样和相互作用的复杂整体。它通常表现为湍流、毛细和毛细-重力波以及盐指对流和逆温对流，海面层和密度跃层波动（海浪和内波），锋面结构（锋面波动和涡旋），亚中尺度涡旋和次级环流，黑潮分支和多核结构，地转波动和中尺度涡旋，大洋波动和涡环，海盆尺度波动和环流，洋盆尺度波动和环流，全大洋尺度波动和物质输送带以及潮汐潮流和日变化等运动形态。在以后的论述中我们采用系统科学的语言，称这些多种多样和相互作用的复杂运动整体为海洋运动系统，称经过子系统或运动类划分的海洋运动系统为海洋动力系统。

这些海洋运动有各自不同的时-空特征尺度范围和分布，受到各自不同的动力学机理，从最普遍的层面上它应当在作用力及其平衡状态控制下处于完全的相互关联的过程中。我们将按照系统科学关于子系统划分的原则，按空间结构和时间结构分析（特征时-空尺度范围和分布分析）和框架结构和运行结构分析（控制力及其平衡状态分析），依次完善和完成海洋动力系统运动类从粗略到严谨的划分。

首先，从特征时-空尺度范围和分布分析出发，它是基于海洋现象现场测量和动力学分析的认识积累，所得到的海洋各种运动时-空尺度认知的总和。海洋主要运动形态及其特征时-空尺度范围和分布的基本数据可见表 5.1。

表 5.1　海洋主要运动形态的特征时-空尺度范围和分布

编号	运动种类	时间尺度/s	空间尺度/m
1.1	湍流、毛细-重力波和毛细波、盐指对流和逆温对流	$10^{-1.5}\sim10^{0.5}$	$10^{-2.0}\sim10^{0.0}$
2.2	海浪	$10^{-0.5}\sim10^{2.0}$	$10^{-0.5}\sim10^{2.5}$
2.3	内波	$10^{2.5}\sim10^{4.5}$	$10^{2.0}\sim10^{3.0}$
3.4	次级环流	$10^{3.0}\sim10^{4.5}$	$10^{2.5}\sim10^{3.5}$
3.5	黑潮多核结构	$10^{3.5}\sim10^{5.0}$	$10^{4.0}\sim10^{4.5}$
4.6	锋面结构	$10^{4.0}\sim10^{5.0}$	$10^{3.5}\sim10^{5.5}$
4.7	黑潮分支涡旋	$10^{5.0}\sim10^{6.0}$	$10^{4.5}\sim10^{6.0}$
5.8	地转波（惯性波）	$10^{6.0}\sim10^{8.0}$	$10^{4.0}\sim10^{6.5}$
5.9	中尺度涡	$10^{6.0}\sim10^{8.0}$	$10^{4.0}\sim10^{6.5}$
6.10	大洋波动	$10^{7.0}\sim10^{8.5}$	$10^{5.0}\sim10^{6.5}$
6.11	涡环	$10^{7.0}\sim10^{8.5}$	$10^{5.0}\sim10^{6.5}$
7.12	海盆波动	$10^{7.0}\sim10^{9.5}$	$10^{5.5}\sim10^{7.5}$
7.13	海盆环流	$10^{7.5}\sim10^{10.5}$	$10^{6.5}\sim10^{8.5}$
8.14	洋盆波动	$10^{8.0}\sim10^{10.0}$	$10^{6.5}\sim10^{8.0}$
8.15	洋盆环流	$10^{8.0}\sim10^{10.0}$	$10^{6.5}\sim10^{8.0}$
9.16	全大洋波动（输送带波动）	$10^{8.0}\sim10^{10.0}$	$10^{6.5}\sim10^{8.5}$
9.17	全大洋环流（输送带环流）	$10^{9.0}\sim10^{11.0}$	$10^{7.5}\sim10^{9.5}$
10.18	引潮力控制运动（潮汐和潮流）	$10^{4.5}\sim10^{5.0}$	$10^{7.0}\sim10^{7.5}$
11.19	热力-化学力控制运动（日变化）	$10^{4.5}\sim10^{5.0}$	$10^{7.0}\sim10^{7.5}$

用一个椭圆的纵轴和横轴分别表示表 5.1 所列海洋运动的特征时-空尺度范围，置这种椭圆于图 5.1 所示的时-空尺度坐标系中，可显示它们的分布信息。这样，我们可以清楚看到，所有这些椭圆会处于一个不太宽的条带之中，唯有引潮力决定的潮汐潮流和与热学化学力同时决定的日变化，其特征尺度范围处于或可能处于这一条带之外。我们把所显示的这种时-空尺度范围约束称为海洋运动的拟色散关联。仔细审视这个拟色散关联所显示的海洋运动特征时-空尺度范围和分布，我们可以发现，各种运动在约束条带中的分布是成群性有序排列的。这种成群性有序排列所反映的范围和分布差异，实际上是与不同运动类的控制机理差异相联系的。特征尺度范围和分布差异是运动控制力及其平衡状态差异的表象，因此，我

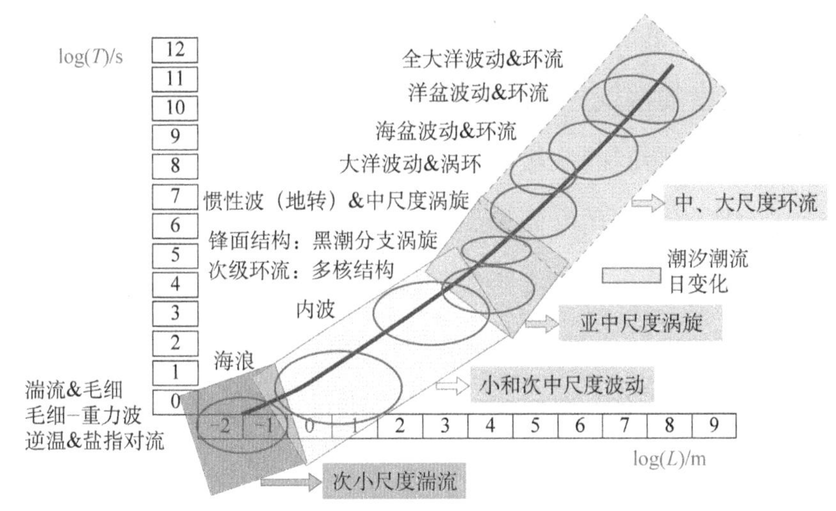

图 5.1 各种运动的特征时-空尺度范围约束关联带（拟色散关系）示意图

们可以用特征时-空尺度范围和分布差异作为初步界定海洋动力系统运动类的表象依据。

按图 5.1 中运动特征尺度范围所勾画的长方形区域，我们可以将海洋运动初步界定为四运动类：

1）**次小尺度的湍流**，它包括狭义湍流、毛细和毛细-重力波、盐指对流和逆温对流等的总和。具有粘性-传导-扩散力和表面张力属性的实际海洋流体，当 Reynolds 数超过某个大阈值时会突然发育出具有紊乱性特征的湍流部分。实际海洋流体运动的湍流部分会在非线性力作用下得到很快发展，迅速达到一种以三维性、各向同性和饱和平衡为特征的基本运动状态；这时平均部分也会调整为受分子力和湍流搅拌混合同时作用的较大尺度运动。

2）**小和次中尺度的波动**，它主要包括海面层的小尺度海浪和密度跃层的次中尺度内波。这两种波动实际上是受重力控制和处于动态平衡的一类海洋运动。它们在非线性相互作用下迅速成长，发展成具有明显随机属性的时间平稳和水平均匀充分成长的基本运动形态。

3）**亚中尺度的涡旋**，它主要包括垂直旋转指向的锋面结构与黑潮分支涡旋和水平旋转指向的次级环流与黑潮多核结构涡旋。亚中尺度涡旋区别于受地转力控制的中尺度涡旋，其空间尺度一般较小于 Rossby 半径，是海洋中广泛存在的一类尺度跨度很大的涡旋运动。以后在做运动类划分的控制机理分析时，我们把这种亚中尺度涡旋与小和次中尺度波动对应起来定义，它们都是受重力控制的，只是后者处于重力的动态平衡，而前者处于静态平衡而已。在不会引起混淆的情况下，我们常分别将它们冠以重力的名号，称它们为“重力波动”和“重力涡旋”。对于中尺度涡旋，由于它实际上受地转力控制，在以后做控制机理，即控制力及其平衡状态分析时，我们区别于通常的做法将它划归环流一类运动。

4）**中和大尺度环流**，这里我们用环流一词来概称剩余较大尺度运动的总和。它们主要包括受地转力控制的运动，例如，惯性波和中尺度涡旋、海盆波动和环流、洋盆波动和涡环、大洋波动和环流、全大洋波动和物质输运等。此外受引潮力和热学化学力控制的潮汐潮流和日变化等，也作为剩余较大尺度运动而被归为中和大尺度环流一类运动。采用剩余运动总和作为环流类运动的定义表明，现有运动类划分实际上是不具有唯一性的分类做法。

2. 具有物理确定意义的控制机制两层次运动类划分原则

依特征时-空尺度范围和分布差异初步界定的这四类海洋运动，实际上还是有相当时间-空间尺度叠置的。我们不可能直接用这种分析来严格刻画海洋运动类。我们将进一步做基于控制力及其平衡状态差异的运动类分析，以得到“运动类无叠置和海洋运动全覆盖”的运动类严谨划分。为

此，我们回归到变量系$\{u_i;p,T,s\}$中完全确定的 Boussinesq 近似海洋运动控制方程组

运动方程：

$$\frac{\partial u_i}{\partial x_i}=0\ , \tag{5.1}$$

$$\frac{\partial u_\alpha}{\partial t}+u_j\frac{\partial u_\alpha}{\partial x_j}-2\varepsilon_{\alpha jk}u_j\Omega_k=-\frac{1}{\rho_0}\frac{\partial p}{\partial x_\alpha}-\frac{\partial \Phi_{\mathrm{T}}}{\partial x_\alpha}+\nu_{10}\frac{\partial^2 u_\alpha}{\partial x_j^2}\ , \tag{5.2}$$

$$\frac{\partial u_3}{\partial t}+u_j\frac{\partial u_3}{\partial x_j}-2\varepsilon_{3jk}u_j\Omega_k=-\frac{1}{\rho_0}\frac{\partial p}{\partial x_3}-g\frac{\rho}{\rho_0}+\nu_{10}\frac{\partial^2 u_3}{\partial x_j^2}\ , \tag{5.3}$$

$$\frac{\partial T}{\partial t}+u_j\frac{\partial T}{\partial x_j}-\Gamma_0\left(\frac{\partial p}{\partial t}+u_j\frac{\partial p}{\partial x_j}\right)=\frac{\kappa_0}{\rho_0 C_{p0}}\frac{\partial^2 T}{\partial x_j^2}+\frac{Q_1}{\rho_0 C_{p0}}+\frac{Q_0}{\rho_0 C_{p0}}\ , \tag{5.4}$$

$$\frac{\partial s}{\partial t}+u_j\frac{\partial s}{\partial x_j}=D_0\frac{\partial^2 s}{\partial x_j^2}\ , \tag{5.5}$$

$$\rho=\left(\frac{\partial \zeta_m}{\partial p}\right)^{-1}_{T,s}=\rho(p,T,s)\ ; \tag{5.6}$$

边界条件：

海面$F_S(x_i,t)=0$　或　$x_3=\zeta(x_\alpha,t)$边界条件

$$\{u_j n_j-P\}_{F_S(x_i,t)=0}=\frac{\partial \zeta}{\partial t}\ , \tag{5.7}$$

$$\left\{-pn_i+\rho_0\nu_{10}\left(\frac{\partial u_i}{\partial x_j}+\frac{\partial u_j}{\partial x_i}\right)n_j-P_{Ai}\right\}_{F_S(x_i,t)=0}=0\ , \tag{5.8}$$

$$\left\{-\kappa_0\frac{\partial T}{\partial x_j}n_j+Q_A\right\}_{F_S(x_i,t)=0}=0\ ; \tag{5.9}$$

$$\left\{-\rho_0 D_0\frac{\partial s}{\partial x_j}n_j+\rho_0 sP\right\}_{F_S(x_i,t)=0}=0\ ; \tag{5.10}$$

海底$F_H(x_i,t)=0$或$x_3=-H(x_\alpha,t)$边界条件

$$\{u_j n_j\}_{F_H(x_i,t)=0}=-\frac{\partial H}{\partial t}\ , \tag{5.11}$$

$$\left\{-pn_i+\rho_0\nu_{10}\left(\frac{\partial u_i}{\partial x_j}+\frac{\partial u_j}{\partial x_i}\right)n_j-P_{Hi}\right\}_{F_H(x_i,t)=0}=0\text{，}\tag{5.12}$$

$$\left\{-\kappa_0\frac{\partial T}{\partial x_j}n_j-Q_H\right\}_{F_H(x_i,t)=0}=0\text{，}\tag{5.13}$$

$$\left\{-\rho_0 D_0\frac{\partial s}{\partial x_j}n_j\right\}_{F_H(x_i,t)=0}=0\text{。}\tag{5.14}$$

具体地开展包括控制力及其平衡状态的海洋运动控制机理分析。在运动方程中$\{u_i,p,T,s\}$分别表示速度、压力、温度、盐度，$\{\nu_0,\kappa_0,D_0,C_{p0}\}$分别为Boussinesq 近似的海水分子粘性、传导、扩散系数和等压比热。$-\Phi_T$表示引潮力势，Q_T是热辐射和机械化学能转换温度函数

$$Q_T\equiv\frac{Q}{\rho_0C_{p0}}+\frac{1}{\rho_0C_{p0}}\left[\frac{1}{2}\sigma_{ij}e_{ij}-I_{Sj}\frac{\partial}{\partial x_j}\left(\frac{\partial\chi_m}{\partial s}\right)\right]\text{。}\tag{5.15}$$

在边界条件中，$F_S(x_i,t)=x_3-\zeta(x_\alpha,t)=0$和$F_H(x_j,t)=x_3+H(x_\alpha,t)=0$分别表示海面和海底边界，$n_j$为指向上的海面或海底法向量，$\Delta_S\equiv\sqrt{\left(\frac{\partial F_S}{\partial x_j}\right)^2}$，$\Delta_H\equiv\sqrt{\left(\frac{\partial F_H}{\partial x_j}\right)^2}$；$\{(\pi_{ij})_0,(q_j)_0,(I_{Sj})_0\}$分别表示 Boussinesq 近似的动量、热量和盐量通量，其中$(\pi_{ij})_0=-p\delta_{ij}+(\sigma_{ij})_0$为应力张量，$-p\delta_{ij}$为正压力张量，$(\sigma_{ij})_0\approx\rho_0\nu_{10}e_{ij}$为切应力张量，$e_{ij}=\left(\frac{\partial u_i}{\partial x_j}+\frac{\partial u_j}{\partial x_i}\right)$为变形张量，$(q_j)_0\approx-\kappa_0\frac{\partial T}{\partial x_j}$和$(I_{Sj})_0\approx-\rho_0D_0\frac{\partial s}{\partial x_j}$分别为热量和盐量通量，$P\equiv\frac{P_m}{\rho_0}$是海面向大气的淡水通量（蒸发量和负降水）$P_m$的体积当量；$P_{Aj}$是大气对海面的作用应力，$P_{Hj}$是海洋对海底的作用应力，$Q_A$是海面大气对海水的热输入通量，$Q_H$是海底对海水的热输入通量。

所考虑的海水是一种有分子粘性-传导-扩散属性的实际流体，按其运动方程和边界条件，控制运动的力学力主要有（1）**惯性力**，它以非线性项的形式，出现在运动方程（5.2）～（5.5）中；（2）**重力**，它以小和次中尺度恢复力项的形式，出现在运动方程（5.3）中；（3）**地转力**，它以中和大尺度恢复力项的形式，主要出现在运动方程（5.2）和（5.3）中；（4）**引潮力和热学化学力**，它们是控制潮汐潮流和日变化的天体力和热学化学力，出现在运动方程（5.2）和（5.4）中。海洋动力系统结构的控制机理分析还包括与控制力平衡状态相关的运动类划分。在四运动类划分中，仅表现在受重力控制的运动，它按重力所在方程（5.3）时间变化项的有和无，区分为重力波动和重力涡旋标准运动类对。

这里，需要重点介绍的是分子粘性-传导-扩散力，它作为实际海洋流体的属性影响着所有海洋运动。按实际流体运动从层流转变为紊流的原本实验，在 Reynolds 数超过临界值时运动会因非线性力项远大于分子力项而变得特别不稳定，其中湍流部分会突然发生并迅速成长，形成一类以紊乱性为主要特征的次小尺度运动；平均部分也同时调整发展为既有分子力作用，又有湍流混合作用的其他较大尺度运动。这样，我们可以按实际流体运动，在 Reynolds 数超过大阈值所显示的非线性力、重力及其动态和静态平衡以及地转力和其他剩余力控制的原则，将海洋运动划分为“机理不叠置和运动全覆盖”的四类运动。另外需要重点指出的是万有引力，在地球坐标中除与地球旋转相联系的地转力以外，它实际上被投影为两种力：重力和引潮力。

基于控制机理两层次原则的运动类划分，还满足如下两个运动尺度的表象关系

1）控制力所决定的运动类特征尺度范围表象关系：

$$\begin{bmatrix}\text{非线性力控制的湍流运动,}\\ \text{是次小特征尺度的}\end{bmatrix}\leqslant\begin{bmatrix}\text{重力控制的运动}\\ \text{是小和次中特征尺度的}\end{bmatrix}\leqslant\begin{bmatrix}\text{地转力控制的运动}\\ \text{是中和大特征尺度的}\end{bmatrix}, \tag{5.16}$$

2）控制力平衡状态所决定的特征尺度范围表象关系：

$$\begin{bmatrix}\text{重力控制和处于动态平衡的}\\ \text{波动是小和次中特征尺度的}\end{bmatrix}\leqslant\begin{bmatrix}\text{重力控制和处于静态平衡的}\\ \text{涡旋是亚中特征尺度的}\end{bmatrix}。 \tag{5.17}$$

这两种特征尺度范围表象关系，一方面刻画了四类运动的逐次增大的特征尺度，另一方面又刻画了运动类之间存在尺度叠置表观现象。

综上所述，我们按控制力及其平衡状态分析得到“机理不叠置和运动全覆盖”的四运动类划分。

1）非线性力湍流大运动类：湍流是一类难以表象描述和动力刻画的运动。按分子力作用实用流体运动从层流转变为紊流的原本实验，在Reynolds数超过大阈值时运动会因大的非线性力作用而变得特别不稳定，其中湍流部分会突然发生并迅速成长，形成一类以紊乱性为主要特征的次小尺度运动；平均部分也同时调整发展为既有分子力作用，又有湍流混合作用的其他类运动。Reynolds 数的大阈值意味着非线性力决定了运动能量向次小尺度湍流的大量转移，使它迅速成长为具有三维性、各向同性和饱和平衡的湍流**基本运动形态**。强非线性基本运动形态是湍流解析统计研究的物理依据。

2）重力波动标准运动类：它是受重力控制和处于动态平衡的一类海洋运动，主要包括海面层的小尺度海浪和密度跃层的次中尺度内波。重力波动也是一类随机海洋运动，受海洋和大气的强迫共振和剪切-梯度相互作用，它会迅速生成和充分成长，发展成以时间平稳、水平均匀和饱和平衡状态为主要特征的**基本运动形态**。弱非线性基本运动状态是重力波动解析和统计研究的物理依据。

3）**重力涡旋标准运动类**：在我们的研究中它是一类首先按定义规定的运动类。它可以与重力波动成对定义，有相当尺度跨度的运动类。它们都是受重力控制的，只是重力波动控制力处于动态平衡，重力涡旋处于静态平衡而已。这类运动包括旋转轴垂直指向的锋面结构，它们可以是从较小尺度垂直涡旋到黑潮分支涡旋的系列运动，以及旋转轴水平指向的次级环流，它们可以是从较小尺度水平涡旋到黑潮多核结构的系列运动。由于是受重力控制和控制力处于静态平衡的，重力涡旋在表象上是一类形状移动速度较重力波动与水体移动速度更接近的海洋运动。同是重力控制的波动和涡旋，前者较后者有更小的时−空尺度。近期受到相当关注的所谓亚中尺度涡旋和上面提及的黑潮分支涡旋和多核结构一样，实际上都是属于重力涡旋的。由于重力涡旋也是较环流有更小尺度的一类运动，也可以把时间平稳、水平均匀和饱和平衡作为它的**基本运动形态**，开展必要的弱非线性解析和统计研究。

4）**地转力环流大运动类**：我们把较大尺度的其他中和大尺度运动都归为统称为环流的大运动类。它们主要是受地转力控制的中和大尺度运动，例如，惯性波和中尺度涡旋，海盆波动和环流、大洋波动和涡环，洋盆波动和环流、全大洋波动和物质输送带等。在四运动类划分中我们也把受引潮力和热学化学力控制的潮汐潮流和日变化纳入环流大运动类。

以上是参考特征时间−空间尺度范围分析，基于控制机理分析，包括控制力差异及其平衡状态不同的分析所做的海洋运动类划分，确定了海洋动力系统的四运动类结构。它们符合系统科学要求的控制机理“运动类无叠置和海洋运动全覆盖”的运动类划分原则，是在湍流和重力（波动+涡旋）集合上定义 Reynolds 平均运算，构建相洽的运动类分解-合成演算样式运动分类基础，这样，我们就能在与海洋流体力学原始 Navier-Stokes 控制方程组保持一致性意义下，导出海洋动力系统的控制方程组完备集，实现各类运动相互作用的精密科学描述基础和构建海洋动力系统的数学物理研究框架。

5.1.2　与四运动类划分原则相洽的描述量可加性分解-合成演算样式

1. 控制力决定的大运动类分解-合成演算样式

考虑到按控制力差异和平衡状态不同所依次划分的四运动类是“运动类无叠置和海洋运动全覆盖”的，其中湍流和重力（波动+涡旋）是非线性力和重力控制的具有相当随机性的大运动类，我们可以在它们的样本集合上分别定义 Reynolds 平均运算和构建可加性运动类描述量可加性分解-合成演算样式。

由于这样定义的 Reynolds 平均运算天然具有完全的各态历经确定性，是完全适合对海洋流体力学原始 Navier-Stokes 控制方程组作分解-合成演算，得到包括湍流、重力（波动+涡旋）和环流大运动类可加性控制方程组的完备集。记 M_i 为第 i 类运动样本集合，其中 $i=1$ 表示湍流，$i=2$ 表示重力波动，$i=3$ 表示重力涡旋，$i=4$ 表示环流；$P\{M_i\}$ 表示第 i 类运动样本集合上规定的概率分布函数；$x\left\{\sum_{i=1}^{4} M_i\right\}$、$\tilde{y}\left\{\sum_{i=2}^{4} M_i\right\}$、$\bar{z}\{M_4\}$ 分别表示在全海洋运动类、后三运动类和环流运动类样本集合上的运动描述量，并用下标 $_{SS}$、$_{SM}$ 和 $_{MM}$ 分别标示湍流、重力波动和重力涡旋的运动描述量，用上标

"¯"标示环流运动描述量。这样，在湍流和重力（波动+涡旋）样本集合上定义的 Reynolds 平均运算可写成：

1）非线性力湍流大运动类样本集合上定义的 Reynolds 平均运算

$$\langle x\rangle_{M_1} \equiv \int_{M_1} x\left\{\sum_{i=1}^{4} M_i\right\} P\{M_1\} \mathrm{d}M_1 \equiv \langle x\rangle_{SS} \tag{5.18}$$

其中

$$x\left\{\sum_{i=1}^{4} M_i\right\} = x_{SS} + \langle x\rangle_{SS} = x_{SS} + \tilde{y}\left\{\sum_{i=2}^{4} M_i\right\},\quad \langle x_{SS}\rangle_{SS} = 0。 \tag{5.19}$$

2）重力（波动+涡旋）大运动类样本集合上定义的 Reynolds 平均运算

$$\begin{aligned}\left\langle\langle x\rangle_{M_1}\right\rangle_{(M_2+M_3)} &\equiv \int_{M_2+M_3} \tilde{y}\left\{\sum_{i=2}^{4} M_i\right\} P\{M_2+M_3\} \mathrm{d}(M_2+M_3) \\ &\equiv \left\langle\langle x\rangle_{SS}\right\rangle_{SM+MM} = \langle\tilde{y}\rangle_{SM+MM}\end{aligned}, \tag{5.20}$$

其中

$$\tilde{y}\left\{\sum_{i=2}^{4} M_i\right\} = x_{SM+MM} + \left\langle\langle x\rangle_{SS}\right\rangle_{SM+MM} = x_{SM+MM} + \bar{z}\{M_4\},\quad \langle x_{SM+MM}\rangle_{SM+MM} = 0。 \tag{5.21}$$

由于在湍流和重力（波动+涡旋）样本集合上分别定义的 Reynolds 平均总是各自各态历经的，所以它们是适合构成大运动类分解-合成演算样式的。湍流、重力（波动+涡旋）和环流大运动类分解-合成演算样式可表述为：原始的 Navier-stokes 控制方程组减去它的某大运动类 Reynolds 平均运算结果，就是所要求的海洋动力系统某大运动类的控制方程组。

2. 控制力平衡状态决定的标准运动类对分解-合成演算样式

鉴于重力波动和重力涡旋标准运动类对控制方程组是按重力控制的大运动类控制方程组劈分得到的。按保留和不保留时间变化项和对等劈分

非线性项和其他线性项的原则，这个分解-合成演算样式可表述为

$$\left\{\frac{\partial}{\partial t}\Bigg|_{\text{控制力波动标准运动类}}^{\text{控制力平衡方程}} \neq 0 \left| \begin{array}{l} \text{或}\ (u_{wi}+u_{ei})^2 \Rightarrow (u_{wi}+u_{ei})u_{wi} \\ \text{或}\ (u_{wi}+u_{ei})\begin{pmatrix} T_w+T_e \\ s_w+s_e \end{pmatrix} \Rightarrow (u_{wi}+u_{ei})\begin{pmatrix} T_w \\ s_w \end{pmatrix} \end{array} \right.\right\} \tag{5.22}$$

和

$$\left\{\frac{\partial}{\partial t}\Bigg|_{\text{控制力涡旋标准运动类}}^{\text{控制力平衡方程}} = 0 \left| \begin{array}{l} \text{或}\ (u_{wi}+u_{ei})^2 \Rightarrow (u_{wi}+u_{ei})u_{ei} \\ \text{或}\ (u_{wi}+u_{ei})\begin{pmatrix} T_w+T_e \\ s_w+s_e \end{pmatrix} \Rightarrow (u_{wi}+u_{ei})\begin{pmatrix} T_e \\ s_e \end{pmatrix} \end{array} \right.\right\}。 \tag{5.23}$$

5.2 变量系$\{u_i, p, T, s\}$中的海洋动力系统控制方程组完备集

按照系统科学概念和思想建立起来的海洋动力系统，我们不但需要给出它作为海洋运动系统的运动元集合及其关联关系元集合总和的精密科学描述

$$S=\{A,R\}。 \tag{5.24}$$

同时我们更需要得到作为海洋动力系统运动类的运动元集合及其关联关系元集合的精密科学描述。到此，这个问题实际上是已经解决了的，由于海洋运动系统的运动元集合及其关联关系元集合的精密科学描述就是海洋流体力学原始 Navier-Stokes 控制方程组本身，它鉴于所有的分子粘滞传导扩散系数是完全确定的。它的解的总和就是海洋运动元集合，它的解所描述的运动规律就是所要求关联关系元集合。这时，与海洋运动系统的精密科学描述保持一致性的海洋动力系统运动类可加性表示式可以写成

$$S=\sum_{k=1}^{N} S_k\left(\{A_i\}_k, \{R_{i,j}\}_k\right)。 \tag{5.25}$$

当有了与物理确定性运动类划分原则相洽的描述量可加性分解-合成演算

样式，我们就可以由海洋运动系统原始 Navier-Stokes 控制方程组依次演算得满足数学物理一致性的海洋动力系统运动类控制方程组完备集。本章的主要研究目标就是在四运动类海洋动力系统框架下，演算得到所有描述各运动类变化规律及其相互作用的控制方程组完备集。

5.2.1 非线性力湍流大运动类控制方程组和湍流剩余类运动控制方程组

从变量系 $\{u_i, p, T, s\}$ 的 Boussinesq 近似海洋运动控制方程组（5.1）-（5.14）出发，将分解式（5.19）代入运动方程和边界条件，则可得展开的控制方程组。

运动方程：

$$\frac{\partial \tilde{U}_i}{\partial x_i} + \frac{\partial u_{SSi}}{\partial x_i} = 0 \tag{5.26}$$

$$\begin{aligned}
&\frac{\partial \tilde{U}_i}{\partial t} + \tilde{U}_j \frac{\partial \tilde{U}_i}{\partial x_j} - 2\varepsilon_{ijk}\tilde{U}_j\Omega_k + \frac{\partial u_{SSi}}{\partial t} + \tilde{U}_j \frac{\partial u_{SSi}}{\partial x_j} + u_{SSj}\frac{\partial \tilde{U}_i}{\partial x_j} + \frac{\partial}{\partial x_j}\Delta_{SS}\left(u_{SSj}u_{SSi}\right) \\
&-2\varepsilon_{ijk}u_{SSj}\Omega_k = -\frac{1}{\rho_0}\frac{\partial \tilde{p}}{\partial x_i} - g\frac{\tilde{\rho}}{\rho_0}\delta_{i3} - \frac{\partial \Phi_2}{\partial x_\alpha}\delta_{\alpha i} + \frac{\partial}{\partial x_j}\left(\nu_0 \frac{\partial \tilde{U}_i}{\partial x_j}\right) \\
&+\frac{\partial}{\partial x_j}\left(-\left\langle u_{SSj}u_{SSi}\right\rangle_{SS}\right) - \frac{1}{\rho_0}\frac{\partial p_{SS}}{\partial x_i} - g\frac{\rho_{SS}}{\rho_0}\delta_{i3} + \frac{\partial}{\partial x_j}\left(\nu_0 \frac{\partial u_{SSi}}{\partial x_j}\right)
\end{aligned} \quad , \tag{5.27}$$

$$\begin{aligned}
&\frac{\partial \tilde{T}}{\partial t} + \tilde{U}_j \frac{\partial \tilde{T}}{\partial x_j} - \Gamma\left(\frac{\partial \tilde{p}}{\partial t} + \tilde{U}_j \frac{\partial \tilde{p}}{\partial x_j}\right) + \frac{\partial T_{SS}}{\partial t} + \tilde{U}_j \frac{\partial T_{SS}}{\partial x_j} + u_{SSj}\frac{\partial \tilde{T}}{\partial x_j} + \frac{\partial}{\partial x_j}\Delta_{SS}\left(u_{SSj}T_{SS}\right) \\
&-\Gamma\left[\frac{\partial p_{SS}}{\partial t} + \tilde{U}_j \frac{\partial p_{SS}}{\partial x_j} + u_{SSj}\frac{\partial \tilde{p}}{\partial x_j} + \frac{\partial}{\partial x_j}\Delta_{SS}\left(u_{SSj}p_{SS}\right)\right] = \frac{\partial}{\partial x_j}\left(\frac{\kappa_0}{\rho_0 C_{p0}}\frac{\partial \tilde{T}}{\partial x_j}\right) \\
&+\frac{\partial}{\partial x_j}\left(-\left\langle u_{SSj}T_{SS}\right\rangle_{SS}\right) - \Gamma\frac{\partial}{\partial x_j}\left(-\left\langle u_{SSj}p_{SS}\right\rangle_{SS}\right) + \frac{\partial}{\partial x_j}\left(\frac{\kappa_0}{\rho_0 C_{p0}}\frac{\partial T_{SS}}{\partial x_j}\right) + \left\langle Q_T\right\rangle_{SS} + Q_{TSS}
\end{aligned} \quad , \tag{5.28}$$

$$\begin{aligned}
&\frac{\partial \tilde{S}}{\partial t} + \tilde{U}_j \frac{\partial \tilde{S}}{\partial x_j} + \frac{\partial s_{SS}}{\partial t} + \tilde{U}_j \frac{\partial s_{SS}}{\partial x_j} + u_{SSj}\frac{\partial \tilde{S}}{\partial x_j} + \frac{\partial}{\partial x_j}\Delta_{SS}\left(u_{SSj}s_{SS}\right) \\
&= \frac{\partial}{\partial x_j}\left(D_0 \frac{\partial \tilde{S}}{\partial x_\alpha}\right) + \frac{\partial}{\partial x_j}\left(-\left\langle u_{SSj}s_{SS}\right\rangle_{SS}\right) + \frac{\partial}{\partial x_j}\left(D_0 \frac{\partial s_{SS}}{\partial x_j}\right)
\end{aligned} \quad , \tag{5.29}$$

$$\tilde{\rho}+\rho_{SS}=\begin{Bmatrix}\left\langle\rho\left(\tilde{p}+p_{SS},\tilde{T}+T_{SS},\tilde{S}+s_{SS}\right)\right\rangle_{SS}\\+\Delta_{SS}\rho\left(\tilde{p}+p_{SS},\tilde{T}+T_{SS},\tilde{S}+s_{SS}\right)\end{Bmatrix};\tag{5.30}$$

边界条件：

$$\begin{aligned}&\begin{Bmatrix}\tilde{U}_j\tilde{n}_j-\tilde{P}+\left\langle u_{SSj}n_{SSj}\right\rangle_{SS}\\+\tilde{U}_jn_{SSj}+u_{SSj}\tilde{n}_j-P_{SS}+\Delta_{SS}\left(u_{SSj}n_{SSj}\right)\end{Bmatrix}_{\tilde{F}_S(x_i,t)=0},\\&+\left\langle\Delta_{SSS}(un)\right\rangle_{SS}+\Delta_{SS}\left[\Delta_{SSS}(un)\right]=\frac{\partial\tilde{\zeta}}{\partial t}+\frac{\partial\zeta_{SS}}{\partial t}\end{aligned}\tag{5.31}$$

$$\begin{aligned}&\begin{Bmatrix}\left(\tilde{\pi}_{ij}\right)_0\tilde{n}_j-\tilde{P}_{Si}+\left\langle\left(\pi_{SSij}\right)_0n_{SSj}\right\rangle_{SS}\\+\left(\tilde{\pi}_{ij}\right)_0n_{SSj}+\left(\pi_{SSij}\right)_0\tilde{n}_j-P_{SSSi}+\Delta_{SS}\left[\left(\pi_{SSij}\right)_0n_{SSj}\right]\end{Bmatrix}_{\tilde{F}_S(x_i,t)=0},\\&+\left\langle\Delta_{SSS}(\pi n)\right\rangle_{SS}+\Delta_{SS}\left[\Delta_{SSS}(\pi n)\right]=0\end{aligned}\tag{5.32}$$

$$\begin{aligned}&\begin{Bmatrix}\left(\tilde{q}_j\right)_0\tilde{n}_j+\tilde{Q}_A+\left\langle\left(q_{SSj}\right)_0n_{SSj}\right\rangle_{SS}\\+\left(\tilde{q}_j\right)_0n_{SSj}+\left(q_{SSj}\right)_0\tilde{n}_j+Q_{SSA}+\Delta_{SS}\left[\left(q_{SSj}\right)_0n_{SSj}\right]\end{Bmatrix}_{\tilde{F}_S(x_i,t)=0},\\&+\left\langle\Delta_{SSS}(qn)\right\rangle_{SS}+\Delta_{SS}\left[\Delta_{SSS}(qn)\right]=0\end{aligned}\tag{5.33}$$

$$\begin{aligned}&\begin{Bmatrix}\left(\tilde{I}_{Sj}\right)_0\tilde{n}_j+\rho_0\tilde{S}\tilde{P}+\left\langle\left(I_{SSSj}\right)_0n_{SSj}\right\rangle_{SS}+\rho_0\left\langle s_{SS}P_{SS}\right\rangle_{SS}\\+\left(\tilde{I}_{Sj}\right)_0n_{SSj}+\left(I_{SSSj}\right)_0\tilde{n}_j+\rho_0\left(\tilde{S}P_{SS}+s_{SS}\tilde{P}\right)\\+\Delta_{SS}\left[\left(I_{SSSj}\right)_0n_{SSj}\right]+\Delta_{SS}\left(\rho_0s_{SS}P_{SS}\right)\end{Bmatrix}_{\tilde{F}_S(x_i,t)=0},\\&+\left\langle\Delta_{SSS}(In)\right\rangle_{SS}+\Delta_{SS}\left[\Delta_{SSS}(In)\right]=0\end{aligned}\tag{5.34}$$

$$\begin{aligned}&\begin{Bmatrix}\tilde{U}_j\tilde{n}_j+\left\langle u_{SSj}n_{SSj}\right\rangle_{SS}\\+\tilde{U}_jn_{SSj}+u_{SSj}\tilde{n}_j+\Delta_{SS}\left(u_{SSj}n_{SSj}\right)\end{Bmatrix}_{\tilde{F}_H(x_i,t)=0},\\&+\left\langle\Delta_{HSS}(un)\right\rangle_{SS}+\Delta_{SS}\left[\Delta_{HSS}(un)\right]=-\frac{\partial\tilde{H}}{\partial t}-\frac{\partial H_{SS}}{\partial t}\end{aligned}\tag{5.35}$$

$$\begin{aligned}&\begin{Bmatrix}\left(\tilde{\pi}_{ij}\right)_0\tilde{n}_j-\tilde{P}_{Hi}+\left\langle\left(\pi_{SSij}\right)_0n_{SSj}\right\rangle_{SS}\\+\left(\tilde{\pi}_{ij}\right)_0n_{SSj}+\left(\pi_{SSij}\right)_0\tilde{n}_j-P_{HSSi}+\Delta_{SS}\left[\left(\pi_{SSij}\right)_0n_{SSj}\right]\end{Bmatrix}_{\tilde{F}_H(x_i,t)=0},\\&+\left\langle\Delta_{HSS}(\pi n)\right\rangle_{SS}+\Delta_{SS}\left[\Delta_{HSS}(\pi n)\right]=0\end{aligned}\tag{5.36}$$

$$\left.\begin{cases}\left(\tilde{q}_j\right)_0\tilde{n}_j-\tilde{Q}_H+\left\langle\left(q_{SSj}\right)_0 n_{SSj}\right\rangle_{SS}\\+\left(\tilde{q}_j\right)_0 n_{SSj}+\left(q_{SSj}\right)_0\tilde{n}_j-Q_{HSS}+\Delta_{SS}\left[\left(q_{SSj}\right)_0 n_{SSj}\right]\end{cases}\right\}_{\tilde{F}_H(x_i,t)=0}, \quad (5.37)$$
$$+\left\langle\Delta_{HSS}(qn)\right\rangle_{SS}+\Delta_{SS}\left[\Delta_{HSS}(qn)\right]=0$$

$$\left.\begin{cases}\left(\tilde{I}_{Sj}\right)_0\tilde{n}_j+\left\langle\left(I_{SSSj}\right)_0 n_{SSj}\right\rangle_{SS}\\+\left(\tilde{I}_{Sj}\right)_0 n_{SSj}+\left(I_{SSSj}\right)_0\tilde{n}_j+\Delta_{SS}\left[\left(I_{SSSj}\right)_0 n_{SSj}\right]\end{cases}\right\}_{\tilde{F}_H(x_i,t)=0}。 \quad (5.38)$$
$$+\left\langle\Delta_{HSS}(In)\right\rangle_{SS}+\Delta_{SS}\left[\Delta_{HSS}(In)\right]=0$$

这里，边界条件里包括从全运动海面或海底到重力（波动+涡旋）+环流的替代附加项，它们是

$$\Delta_{SSS}(un)\equiv\begin{cases}\tilde{U}_j\tilde{n}_j-\tilde{P}+\left\langle u_{SSj}n_{SSj}\right\rangle_{SS}+\tilde{U}_j n_{SSj}\\+u_{SSj}\tilde{n}_j-P_{SS}+\Delta_{SS}\left(u_{SSj}n_{SSj}\right)\end{cases}\Bigg|_{\tilde{F}_S(x_i,t)=0}^{F_S(x_i,t)=0}, \quad (5.39)$$

$$\Delta_{SSS}(\pi n)\equiv\begin{cases}\left(\tilde{\pi}_{ij}\right)_0\tilde{n}_j-\tilde{P}_{Ai}+\left\langle\left(\pi_{SSij}\right)_0 n_{SSj}\right\rangle_{SS}+\left(\tilde{\pi}_{ij}\right)_0 n_{SSj}\\+\left(\pi_{SSij}\right)_0\tilde{n}_j-P_{ASSi}+\Delta_{SS}\left[\left(\pi_{SSij}\right)_0 n_{SSj}\right]\end{cases}\Bigg|_{\tilde{F}_S(x_i,t)=0}^{F_S(x_i,t)=0}, \quad (5.40)$$

$$\Delta_{SSS}(qn)\equiv\begin{cases}\left(\tilde{q}_j\right)_0\tilde{n}_j+\tilde{Q}_A+\left\langle\left(q_{SSj}\right)_0 n_{SSj}\right\rangle_{SS}+\left(\tilde{q}_j\right)_0 n_{SSj}\\+\left(q_{SSj}\right)_0\tilde{n}_j+Q_{ASS}+\Delta_{SS}\left[\left(q_{SSj}\right)_0 n_{SSj}\right]\end{cases}\Bigg|_{\tilde{F}_S(x_i,t)=0}^{F_S(x_i,t)=0}, \quad (5.41)$$

$$\Delta_{SSS}(In)\equiv\begin{cases}\left(\tilde{I}_{Sj}\right)_0\tilde{n}_j+\rho_0\tilde{s}\tilde{P}+\left\langle\left(I_{SSSj}\right)_0 n_{SSj}+\rho_0 s_{SS}P_{SS}\right\rangle_{SS}\\+\left(\tilde{I}_{Sj}\right)_0 n_{SSj}+\left(I_{SSSj}\right)_0\tilde{n}_j+\rho_0\tilde{s}P_{SS}+\rho_0 s_{SS}\tilde{P}\\+\Delta_{SS}\left[\left(I_{SSSj}\right)_0 n_{SSj}+\rho_0 s_{SS}P_{SS}\right]\end{cases}\Bigg|_{\tilde{F}_S(x_i,t)=0}^{F_S(x_i,t)=0}, \quad (5.42)$$

$$\Delta_{HSS}(un)\equiv\begin{cases}\tilde{U}_j\tilde{n}_j+\left\langle u_{SSj}n_{SSj}\right\rangle_{SS}+\tilde{U}_j n_{SSj}\\+u_{SSj}\tilde{n}_j+\Delta_{SS}\left(u_{SSj}n_{SSj}\right)\end{cases}\Bigg|_{\tilde{F}_H(x_i,t)=0}^{F_H(x_i,t)=0}, \quad (5.43)$$

$$\Delta_{HSS}(\pi n)\equiv\begin{cases}\left(\tilde{\pi}_{ij}\right)_0\tilde{n}_j+\tilde{P}_{Hi}+\left\langle\left(\pi_{SSij}\right)_0 n_{SSj}\right\rangle_{SS}+\left(\pi_{SSij}\right)_0\tilde{n}_j\\+\left(\tilde{\pi}_{ij}\right)_0 n_{SSj}+\tilde{P}_{HSSi}+\Delta_{SS}\left[\left(\pi_{SSij}\right)_0 n_{SSj}\right]\end{cases}\Bigg|_{\tilde{F}_H(x_i,t)=0}^{F_H(x_i,t)=0}, \quad (5.44)$$

$$\Delta_{HSS}(qn) \equiv \left\{ \begin{array}{l} \left(\tilde{q}_j\right)_0 \tilde{n}_j - \tilde{Q}_H + \left\langle \left(q_{SSj}\right)_0 n_{SSj} \right\rangle_{SS} + \left(\tilde{q}_j\right)_0 n_{SSj} \\ + \left(q_{SSj}\right)_0 \tilde{n}_j - Q_{HSS} + \Delta_{SS}\left[\left(q_{SSj}\right)_0 n_{SSj} \right] \end{array} \right\}_{\tilde{F}_H(x_i,t)=0}^{F_H(x_i,t)=0}, \tag{5.45}$$

$$\Delta_{HSS}(In) \equiv \left\{ \begin{array}{l} \left(\tilde{I}_{Sj}\right)_0 \tilde{n}_j + \left\langle \left(I_{SSSj}\right)_0 n_{SSj} \right\rangle_{SS} + \left(\tilde{I}_{Sj}\right)_0 n_{SSj} \\ + \left(I_{SSSj}\right)_0 \tilde{n}_j + \Delta_{SS}\left[\left(I_{SSSj}\right)_0 n_{SSj} \right] \end{array} \right\}_{\tilde{F}_H(x_i,t)=0}^{F_H(x_i,t)=0}。 \tag{5.46}$$

1. 湍流剩余类运动控制方程组

将湍流集合上定义的 Reynolds 平均运算（5.18）作用于分解的运动方程和边界条件，则可得湍流剩余类运动控制方程组。

运动方程：

$$\frac{\partial \tilde{U}_i}{\partial x_i} = 0, \tag{5.47}$$

$$\begin{array}{l} \dfrac{\partial \tilde{U}_i}{\partial t} + \tilde{U}_j \dfrac{\partial \tilde{U}_i}{\partial x_j} - 2\varepsilon_{ijk}\tilde{U}_j\Omega_k = -\dfrac{1}{\rho_0}\dfrac{\partial \tilde{p}}{\partial x_i} - g\dfrac{\tilde{\rho}}{\rho_0}\delta_{i3} - \dfrac{\partial \Phi_2}{\partial x_\alpha}\delta_{\alpha i} \\ + \dfrac{\partial}{\partial x_j}\left(\nu_0 \dfrac{\partial \tilde{U}_i}{\partial x_j}\right) + \dfrac{\partial}{\partial x_j}\left(-\left\langle u_{SSj}u_{SSi}\right\rangle_{SS}\right) \end{array}, \tag{5.48}$$

$$\begin{array}{l} \dfrac{\partial \tilde{T}}{\partial t} + \tilde{U}_j \dfrac{\partial \tilde{T}}{\partial x_j} - \Gamma_0\left(\dfrac{\partial \tilde{p}}{\partial t} + \tilde{U}_j\dfrac{\partial \tilde{p}}{\partial x_j}\right) = \dfrac{\partial}{\partial x_j}\left(\dfrac{\kappa_0}{\rho_0 C_{p0}}\dfrac{\partial \tilde{T}}{\partial x_j}\right) \\ + \dfrac{\partial}{\partial x_j}\left(-\left\langle u_{SSj}T_{SS}\right\rangle_{SS}\right) - \Gamma_0\dfrac{\partial}{\partial x_j}\left(-\left\langle u_{SSj}p_{SS}\right\rangle_{SS}\right) + \tilde{Q}_T \end{array}, \tag{5.49}$$

$$\frac{\partial \tilde{S}}{\partial t} + \tilde{U}_j\frac{\partial \tilde{S}}{\partial x_j} = \frac{\partial}{\partial x_j}\left(D_0\frac{\partial \tilde{S}}{\partial x_j}\right) + \frac{\partial}{\partial x_j}\left(-\left\langle u_{SSj}s_{SS}\right\rangle_{SS}\right), \tag{5.50}$$

$$\langle \rho \rangle_{SS} = \left\langle \rho\left(\tilde{p} + p_{SS}, \tilde{T} + T_{SS}, \tilde{S} + s_{SS}\right)\right\rangle_{SS}; \tag{5.51}$$

边界条件：

$$\left\{ \begin{array}{l} \tilde{U}_j\tilde{n}_j - \tilde{P} \\ + \left\langle u_{SSj}n_{SSj}\right\rangle_{SS} \end{array} \right\}_{\tilde{F}_S(x_i,t)=0} + \left\langle \Delta_{SSS}(un)\right\rangle_{SS} = \frac{\partial \tilde{\zeta}}{\partial t}, \tag{5.52}$$

$$\left\{ \begin{array}{l} \left(\tilde{\pi}_{ij}\right)_0 \tilde{n}_j - \tilde{P}_{Si} \\ + \left\langle \left(\pi_{SSij}\right)_0 n_{SSj}\right\rangle_{SS} \end{array} \right\}_{\tilde{F}_S(x_i,t)=0} + \left\langle \Delta_{SSS}(\pi n)\right\rangle_{SS} = 0, \tag{5.53}$$

$$\left\{\begin{array}{l}\left(\tilde{q}_j\right)_0\tilde{n}_j+\tilde{Q}_S \\ +\left\langle\left(q_{SSj}\right)_0 n_{SSj}\right\rangle_{SS}\end{array}\right\}_{\tilde{F}_S(x_i,t)=0}+\left\langle\Delta_{SSS}(qn)\right\rangle_{SS}=0, \tag{5.54}$$

$$\left\{\begin{array}{l}\left(\tilde{I}_{Sj}\right)_0\tilde{n}_j+\left\langle\left(I_{SSSj}\right)_0 n_{SSj}\right\rangle_{SS} \\ +\rho_0\tilde{S}\tilde{P}+\rho_0\left\langle s_{SS}P_{SS}\right\rangle_{SS}\end{array}\right\}_{\tilde{F}_S(x_i,t)=0}+\left\langle\Delta_{SSS}(In)\right\rangle_{SS}=0, \tag{5.55}$$

$$\left\{\begin{array}{l}\tilde{U}_j\tilde{n}_j \\ +\left\langle u_{SSj}n_{SSj}\right\rangle_{SS}\end{array}\right\}_{\tilde{F}_H(x_i,t)=0}+\left\langle\Delta_{HSS}(un)\right\rangle_{SS}=-\frac{\partial\tilde{H}}{\partial t}, \tag{5.56}$$

$$\left\{\begin{array}{l}\left(\tilde{\pi}_{ij}\right)_0\tilde{n}_j-\tilde{P}_{Hi} \\ +\left\langle\left(\pi_{SSij}\right)_0 n_{SSj}\right\rangle_{SS}\end{array}\right\}_{\tilde{F}_H(x_i,t)=0}+\left\langle\Delta_{HSS}(\pi n)\right\rangle_{SS}=0, \tag{5.57}$$

$$\left\{\begin{array}{l}\left(\tilde{q}_j\right)_0\tilde{n}_j-\tilde{Q}_H \\ +\left\langle\left(q_{SSj}\right)_0 n_{SSj}\right\rangle_{SS}\end{array}\right\}_{\tilde{F}_H(x_i,t)=0}+\left\langle\Delta_{HSS}(qn)\right\rangle_{SS}=0, \tag{5.58}$$

$$\left\{\begin{array}{l}\left(\tilde{I}_{Sj}\right)_0\tilde{n}_j \\ +\left\langle\left(I_{SSSj}\right)_0 n_{SSj}\right\rangle_{SS}\end{array}\right\}_{\tilde{F}_H(x_i,t)=0}+\left\langle\Delta_{HSS}(In)\right\rangle_{SS}=0。 \tag{5.59}$$

2. 非线性力湍流大运动类控制方程组

以全海洋运动控制方程组减去湍流剩余类运动控制方程组，我们容易得到湍流大运动类控制方程组。

运动方程：

$$\frac{\partial u_{SSi}}{\partial x_i}=0, \tag{5.60}$$

$$\begin{aligned}&\frac{\partial u_{SSi}}{\partial t}+\tilde{U}_j\frac{\partial u_{SSi}}{\partial x_j}+u_{SSj}\frac{\partial\tilde{U}_i}{\partial x_j}+\frac{\partial}{\partial x_j}\Delta_{SS}\left(u_{SSj}u_{SSi}\right)\\&-2\varepsilon_{ijk}u_{SSj}\Omega_k=-\frac{1}{\rho_0}\frac{\partial p_{SS}}{\partial x_i}-g\frac{\rho_{SS}}{\rho_0}\delta_{i3}+\frac{\partial}{\partial x_j}\left(\nu_0\frac{\partial u_{SSi}}{\partial x_j}\right)\end{aligned}, \tag{5.61}$$

$$\begin{aligned}&\frac{\partial T_{SS}}{\partial t}+\tilde{U}_j\frac{\partial T_{SS}}{\partial x_j}+u_{SSj}\frac{\partial\tilde{T}}{\partial x_j}+\frac{\partial}{\partial x_j}\Delta_{SS}\left(u_{SSj}T_{SS}\right)-\Gamma_0\left[\frac{\partial p_{SS}}{\partial t}+\tilde{U}_j\frac{\partial p_{SS}}{\partial x_j}\right.\\&\left.+u_{SSj}\frac{\partial\tilde{p}}{\partial x_j}+\frac{\partial}{\partial x_j}\Delta_{SS}\left(u_{SSj}p_{SS}\right)\right]=\frac{\partial}{\partial x_j}\left(\frac{\kappa_0}{\rho_0 C_{p0}}\frac{\partial T_{SS}}{\partial x_j}\right)+Q_{TSS}\end{aligned}, \tag{5.62}$$

$$\frac{\partial s_{SS}}{\partial t}+\tilde{U}_j\frac{\partial s_{SS}}{\partial x_j}+u_{SS\,j}\frac{\partial \tilde{S}}{\partial x_j}+\frac{\partial}{\partial x_j}\Delta_{SS}\left(u_{SS\,j}s_{SS}\right)=\frac{\partial}{\partial x_j}\left(D_0\frac{\partial s_{SS}}{\partial x_j}\right), \tag{5.63}$$

$$\rho_{SS}=\Delta_{SS}\rho\left(\tilde{p}+p_{SS},\tilde{T}+T_{SS},\tilde{S}+s_{SS}\right); \tag{5.64}$$

边界条件：

$$\left\{\begin{array}{l}\tilde{U}_j n_{SS\,j}+u_{SS\,j}\tilde{n}_j-P_{SS}\\+\Delta_{SS}\left(u_{SS\,j}n_{SS\,j}\right)\end{array}\right\}_{\tilde{F}_S(x_i,t)=0}+\Delta_{SS}\left[\Delta_{S\,SS}(un)\right]=\frac{\partial \zeta_{SS}}{\partial t}, \tag{5.65}$$

$$\left\{\begin{array}{l}\left(\tilde{\pi}_{i\,j}\right)_0 n_{SS\,j}+\left(\pi_{SS\,i\,j}\right)_0\tilde{n}_j-P_{S\,SS\,i}\\+\Delta_{SS}\left[\left(\pi_{SS\,i\,j}\right)_0 n_{SS\,j}\right]\end{array}\right\}_{\tilde{F}_S(x_i,t)=0}+\Delta_{SS}\left[\Delta_{S\,SS}(\pi n)\right]=0, \tag{5.66}$$

$$\left\{\begin{array}{l}\left(\tilde{q}_j\right)_0 n_{SS\,j}+\left(q_{SS\,j}\right)_0\tilde{n}_j+Q_{S\,SS}\\+\Delta_{SS}\left[\left(q_{SS\,j}\right)_0 n_{SS\,j}\right]\end{array}\right\}_{\tilde{F}_S(x_i,t)=0}+\Delta_{SS}\left[\Delta_{S\,SS}(qn)\right]=0, \tag{5.67}$$

$$\left\{\begin{array}{l}\left(\tilde{I}_{S\,j}\right)_0 n_{SS\,j}+\left(I_{S\,SS\,j}\right)_0\tilde{n}_j\\+\left(\rho_0\tilde{S}P_{SS}+\rho_0 s_{SS}\tilde{P}\right)\\+\Delta_{SS}\left[\left(I_{S\,SS\,j}\right)_0 n_{SS\,j}\right]+\Delta_{SS}\left(\rho_0 s_{SS}P_{SS}\right)\end{array}\right\}_{\tilde{F}_S(x_i,t)=0}+\Delta_{SS}\left[\Delta_{S\,SS}(In)\right]=0, \tag{5.68}$$

$$\left\{\begin{array}{l}\tilde{U}_j n_{SS\,j}+u_{SS\,j}\tilde{n}_j\\+\Delta_{SS}\left(u_{SS\,j}n_{SS\,j}\right)\end{array}\right\}_{\tilde{F}_H(x_i,t)=0}+\Delta_{SS}\left[\Delta_{H\,SS}(un)\right]=-\frac{\partial H_{SS}}{\partial t}, \tag{5.69}$$

$$\left\{\begin{array}{l}\left(\tilde{\pi}_{i\,j}\right)_0 n_{SS\,j}+\left(\pi_{SS\,i\,j}\right)_0\tilde{n}_j-P_{H\,SS\,i}\\+\Delta_{SS}\left[\left(\pi_{SS\,i\,j}\right)_0 n_{SS\,j}\right]\end{array}\right\}_{\tilde{F}_H(x_i,t)=0}+\Delta_{SS}\left[\Delta_{H\,SS}(\pi n)\right]=0, \tag{5.70}$$

$$\left\{\begin{array}{l}\left(\tilde{q}_j\right)_0 n_{SS\,j}+\left(q_{SS\,j}\right)_0\tilde{n}_j-Q_{H\,SS}\\+\Delta_{SS}\left[\left(q_{SS\,j}\right)_0 n_{SS\,j}\right]\end{array}\right\}_{\tilde{F}_H(x_i,t)=0}+\Delta_{SS}\left[\Delta_{H\,SS}(qn)\right]=0, \tag{5.71}$$

$$\left\{\begin{array}{l}\left(\tilde{I}_{S\,j}\right)_0 n_{SS\,j}+\left(I_{S\,SS\,j}\right)_0\tilde{n}_j\\+\Delta_{SS}\left[\left(I_{S\,SS\,j}\right)_0 n_{SS\,j}\right]\end{array}\right\}_{\tilde{F}_H(x_i,t)=0}+\Delta_{SS}\left[\Delta_{H\,SS}(In)\right]=0。 \tag{5.72}$$

5.2.2 重力(波动+涡旋)大运动类控制方程组和地转力环流大运动类控制方程组

将分解式（5.21）代入湍流剩余类运动控制方程组，则可得展开的运动方程和边界条件。

运动方程：

$$\frac{\partial \bar{U}_j}{\partial x_j}+\frac{\partial u_{(SM+MM)j}}{\partial x_j}=0\,, \tag{5.73}$$

$$\begin{aligned}&\frac{\partial \bar{U}_i}{\partial t}+\bar{U}_j\frac{\partial \bar{U}_i}{\partial x_j}-2\varepsilon_{ijk}\bar{U}_j\Omega_k+\frac{\partial u_{(SM+MM)i}}{\partial t}+\bar{U}_j\frac{\partial u_{(SM+MM)i}}{\partial x_j}+u_{(SM+MM)j}\frac{\partial \bar{U}_i}{\partial x_j}\\&+\frac{\partial}{\partial x_j}\Delta_{SM+MM}\left(u_{(SM+MM)j}u_{(SM+MM)i}\right)-2\varepsilon_{ijk}u_{(SM+MM)j}\Omega_k=-\frac{1}{\rho_0}\frac{\partial \bar{p}}{\partial x_i}-g\frac{\bar{\rho}}{\rho_0}\delta_{i3}\\&-\frac{\partial \Phi_2}{\partial x_\alpha}\delta_{\alpha i}+\frac{\partial}{\partial x_j}\left(\nu_0\frac{\partial \bar{U}_i}{\partial x_j}\right)+\frac{\partial}{\partial x_j}\left\langle-\left\langle u_{SSj}u_{SSi}\right\rangle_{SS}-u_{(SM+MM)j}u_{(SM+MM)i}\right\rangle_{SM+MM}\\&-\frac{1}{\rho_0}\frac{\partial p_{SM+MM}}{\partial x_i}-g\frac{\rho_{SM+MM}}{\rho_0}\delta_{i3}+\frac{\partial}{\partial x_j}\left(\nu_0\frac{\partial u_{(SM+MM)3}}{\partial x_j}\right)+\frac{\partial}{\partial x_j}\Delta_{SM+MM}\left(-\left\langle u_{SSj}u_{SS3}\right\rangle_{SS}\right)\end{aligned}\,, \tag{5.74}$$

$$\begin{aligned}&\frac{\partial \bar{T}}{\partial t}+\bar{U}_j\frac{\partial \bar{T}}{\partial x_j}-\Gamma_0\left(\frac{\partial \bar{p}}{\partial t}+\bar{U}_j\frac{\partial \bar{p}}{\partial x_j}\right)+\frac{\partial T_{SM+MM}}{\partial t}+\bar{U}_j\frac{\partial T_{SM+MM}}{\partial x_j}+u_{(SM+MM)j}\frac{\partial \bar{T}}{\partial x_j}+\frac{\partial}{\partial x_j}\Delta_{SM+MM}\\&\left(u_{(SM+MM)j}T_{SM+MM}\right)-\Gamma_0\left[\frac{\partial p_{SM+MM}}{\partial t}+\bar{U}_j\frac{\partial p_{SM+MM}}{\partial x_j}+u_{(SM+MM)j}\frac{\partial \bar{p}}{\partial x_j}+\frac{\partial}{\partial x_j}\Delta_{SM+MM}\left(u_{(SM+MM)j}p_{SM+MM}\right)\right]\\&=\frac{\partial}{\partial x_j}\left(\frac{\kappa_0}{\rho_0 C_{p0}}\frac{\partial \bar{T}}{\partial x_j}\right)+\frac{\partial}{\partial x_j}\left\langle-\left\langle u_{SSj}T_{SS}\right\rangle_{SS}-u_{(SM+MM)j}T_{SM+MM}\right\rangle_{SM+MM}-\Gamma_0\frac{\partial}{\partial x_j}\left\langle-\left\langle u_{SSj}p_{SS}\right\rangle_{SS}\right.\\&\left.-u_{(SM+MM)j}p_{SM+MM}\right\rangle_{SM+MM}+\frac{\partial}{\partial x_j}\left(\frac{\kappa_0}{\rho_0 C_{p0}}\frac{\partial T_{SM+MM}}{\partial x_j}\right)+\frac{\partial}{\partial x_j}\Delta_{SM+MM}\left(-\left\langle u_{SSj}T_{SS}\right\rangle_{SS}\right)-\Gamma_0\frac{\partial}{\partial x_j}\Delta_{SM+MM}\\&\left(-\left\langle u_{SSj}p_{SS}\right\rangle_{SS}\right)+\bar{Q}_T+Q_{T\,SM+MM}\end{aligned}\,, \tag{5.75}$$

$$\begin{aligned}&\frac{\partial \bar{S}}{\partial t}+\bar{U}_j\frac{\partial \bar{S}}{\partial x_j}+\frac{\partial s_{SM+MM}}{\partial t}+\bar{U}_j\frac{\partial s_{SM+MM}}{\partial x_j}+u_{(SM+MM)j}\frac{\partial \bar{S}}{\partial x_j}+\frac{\partial}{\partial x_j}\Delta_{SM+MM}\\&\left(u_{(SM+MM)j}s_{SM+MM}\right)=\frac{\partial}{\partial x_j}\left(D_0\frac{\partial \bar{S}}{\partial x_j}\right)+\frac{\partial}{\partial x_j}\left\langle-\left\langle u_{SSj}s_{SS}\right\rangle_{SS}\right.\\&\left.-u_{(SM+MM)j}s_{SM+MM}\right\rangle_{SM+MM}+\frac{\partial}{\partial x_j}\left(D_0\frac{\partial s_{SM+MM}}{\partial x_j}\right)+\frac{\partial}{\partial x_j}\Delta_{SM+MM}\left(-\left\langle u_{SSj}s_{SS}\right\rangle_{SS}\right)\end{aligned}\,, \tag{5.76}$$

$$\bar{\rho}+\rho_{SM+MM}=\left\{\begin{aligned}&\left\langle\left\langle\rho\left(\begin{aligned}&\bar{p}+p_{SM+MM}+p_{SS},\bar{T}+T_{SM+MM}+T_{SS},\\&\bar{S}+s_{SM+MM}+s_{SS}\end{aligned}\right)\right\rangle_{SS}\right\rangle_{SM+MM}\\&+\Delta_{SM+MM}\left\langle\rho\left(\begin{aligned}&\bar{p}+p_{SM+MM}+p_{SS},\bar{T}+T_{SM+MM}+T_{SS},\\&\bar{S}+s_{SM+MM}+s_{SS}\end{aligned}\right)\right\rangle_{SS}\end{aligned}\right\}; \tag{5.77}$$

边界条件：

$$\left\{\begin{aligned}&\bar{U}_j\bar{n}_j-\bar{P}+\bar{U}_j n_{(SM+MM)j}+u_{(SM+MM)j}\bar{n}_j-P_{SM+MM}\\&+\left\langle\left\langle u_{SSj}n_{SSj}\right\rangle_{SS}+u_{(SM+MM)j}n_{(SM+MM)j}\right\rangle_{SM+MM}\\&+\Delta_{SM+MM}\left[\left\langle u_{SSj}n_{SSj}\right\rangle_{SS}+u_{(SM+MM)j}n_{(SM+MM)j}\right]\end{aligned}\right\}_{\bar{F}_S(x_i,t)=0}, \tag{5.78}$$
$$+\Delta_{SM+MM}\left[\left\langle\Delta_{SSS}(un)\right\rangle_{SS}+\Delta_{S(SM+MM)}(un)\right]$$
$$+\left\langle\left\langle\Delta_{SSS}(un)\right\rangle_{SS}+\Delta_{S(SM+MM)}(un)\right\rangle_{SM+MM}=\frac{\partial\bar{\zeta}}{\partial t}+\frac{\partial\zeta_{SM+MM}}{\partial t}$$

$$\left\{\begin{aligned}&\left(\bar{\pi}_{ij}\right)_0\bar{n}_j-\bar{P}_{Ai}+\left(\bar{\pi}_{ij}\right)_0 n_{(SM+MM)j}+\left(\pi_{(SM+MM)ij}\right)_0\bar{n}_j-P_{A(SM+MM)i}\\&+\left\langle\left\langle\left(\pi_{SSij}\right)_0 n_{SSj}\right\rangle_{SS}+\left(\pi_{(SM+MM)ij}\right)_0 n_{(SM+MM)j}\right\rangle_{SM+MM}\\&+\Delta_{SM+MM}\left[\left\langle\left(\pi_{SSij}\right)_0 n_{SSj}\right\rangle_{SS}+\left(\pi_{(SM+MM)ij}\right)_0 n_{(SM+MM)j}\right]\end{aligned}\right\}_{\bar{F}_S(x_i,t)=0}, \tag{5.79}$$
$$+\Delta_{SM+MM}\left[\left\langle\Delta_{SSS}(\pi n)\right\rangle_{SS}+\Delta_{S(SM+MM)}(\pi n)\right]$$
$$+\left\langle\left\langle\Delta_{SSS}(\pi n)\right\rangle_{SS}+\Delta_{S(SM+MM)}(\pi n)\right\rangle_{SM+MM}=0$$

$$\left\{\begin{aligned}&\left(\bar{q}_j\right)_0\bar{n}_j+\bar{Q}_A+\left(\bar{q}_j\right)_0 n_{(SM+MM)j}+\left(q_{(SM+MM)j}\right)_0\bar{n}_j+Q_{A(SM+MM)}\\&+\left\langle\left\langle\left(q_{SSj}\right)_0 n_{SSj}\right\rangle_{SS}+\left(q_{(SM+MM)j}\right)_0 n_{(SM+MM)j}\right\rangle_{SM+MM}\\&+\Delta_{SM+MM}\left[\left\langle\left(q_{SSj}\right)_0 n_{SSj}\right\rangle_{SS}+\left(q_{(SM+MM)j}\right)_0 n_{(SM+MM)j}\right]\end{aligned}\right\}_{\bar{F}_S(x_i,t)=0}, \tag{5.80}$$
$$+\Delta_{SM+MM}\left[\left\langle\Delta_{SSS}(qn)\right\rangle_{SS}+\Delta_{S(SM+MM)}(qn)\right]$$
$$+\left\langle\left\langle\Delta_{SSS}(qn)\right\rangle_{SS}+\Delta_{S(SM+MM)}(qn)\right\rangle_{SM+MM}=0$$

$$\left\{\begin{aligned}&\left(\bar{I}_{Sj}\right)_0\bar{n}_j+\left(\bar{I}_{Sj}\right)_0 n_{(SM+MM)j}+\left(I_{S(SM+MM)j}\right)_0\bar{n}_j\\&+\rho_0\bar{s}\bar{P}+\rho_0\bar{s}P_{SM}+\rho_0 s_{SM}\bar{P}\\&+\left\langle\left\langle\left(I_{SSSj}\right)_0 n_{SSj}\right\rangle_{SS}+\left(I_{S(SM+MM)j}\right)_0 n_{(SM+MM)j}\right\rangle_{SM+MM}\\&+\left\langle\left\langle\rho_0 s_{SS}P_{SS}\right\rangle_{SS}+\rho_0 s_{SM+MM}P_{SM+MM}\right\rangle_{SM+MM}\\&+\Delta_{SM+MM}\left[\left\langle\left(I_{SSSj}\right)_0 n_{SSj}\right\rangle_{SS}+\left(I_{S(SM+MM)j}\right)_0 n_{(SM+MM)j}\right]\\&+\Delta_{SM+MM}\left[\left\langle\rho_0 s_{SS}P_{SS}\right\rangle_{SS}+\left(\rho_0 s_{SM+MM}P_{SM+MM}\right)\right]\end{aligned}\right\}_{\bar{F}_S(x_i,t)=0}, \tag{5.81}$$
$$+\Delta_{SM+MM}\left[\left\langle\Delta_{SSS}(In)\right\rangle_{SS}+\Delta_{S(SM+MM)}(In)\right]$$
$$+\left\langle\left\langle\Delta_{SSS}(In)\right\rangle_{SS}+\Delta_{S(SM+MM)}(In)\right\rangle_{SM+MM}=0$$

$$
\begin{aligned}
&\left\{\begin{aligned}
&\bar{U}_j\bar{n}_j+\bar{U}_j n_{(SM+MM)j}+u_{(SM+MM)j}\bar{n}_j\\
&+\left\langle\left\langle u_{SS\,j}n_{SS\,j}\right\rangle_{SS}+u_{(SM+MM)j}n_{(SM+MM)j}\right\rangle_{SM+MM}\\
&+\Delta_{SM+MM}\left[\left\langle u_{SS\,j}n_{SS\,j}\right\rangle_{SS}+u_{(SM+MM)j}n_{(SM+MM)j}\right]
\end{aligned}\right\}_{\bar{F}_H(x_i,t)=0}\\
&+\Delta_{SM+MM}\left[\left\langle\Delta_{H\,SS}(un)\right\rangle_{SS}+\Delta_{H(SM+MM)}(un)\right]\\
&+\left\langle\left\langle\Delta_{H\,SS}(un)\right\rangle_{SS}+\Delta_{H(SM+MM)}(un)\right\rangle_{SM+MM}=-\frac{\partial\bar{H}}{\partial t}-\frac{\partial H_{SM+MM}}{\partial t}
\end{aligned}
\quad, \tag{5.82}
$$

$$
\begin{aligned}
&\left\{\begin{aligned}
&\left(\bar{\pi}_{i\,j}\right)_0\bar{n}_j-\bar{P}_{H\,i}\\
&+\left(\bar{\pi}_{i\,j}\right)_0 n_{(SM+MM)j}+\left(\pi_{(SM+MM)i\,j}\right)_0\bar{n}_j-P_{H(SM+MM)i}\\
&+\left\langle\left\langle\left(\pi_{SS\,i\,j}\right)_0 n_{SS\,j}\right\rangle_{SS}+\left(\pi_{(SM+MM)i\,j}\right)_0 n_{(SM+MM)j}\right\rangle_{SM+MM}\\
&+\Delta_{SM+MM}\left[\left\langle\left(\pi_{SS\,i\,j}\right)_0 n_{SS\,j}\right\rangle_{SS}+\left(\pi_{(SM+MM)i\,j}\right)_0 n_{(SM+MM)j}\right]
\end{aligned}\right\}_{\bar{F}_H(x_i,t)=0}\\
&+\Delta_{SM+MM}\left[\left\langle\Delta_{H\,SS}(\pi n)\right\rangle_{SS}+\Delta_{H(SM+MM)}(\pi n)\right]\\
&+\left\langle\left\langle\Delta_{H\,SS}(\pi n)\right\rangle_{SS}+\Delta_{H(SM+MM)}(\pi n)\right\rangle_{SM+MM}=0
\end{aligned}
\quad, \tag{5.83}
$$

$$
\begin{aligned}
&\left\{\begin{aligned}
&\left(\bar{q}_j\right)_0\bar{n}_j-\bar{Q}_H+\left(\bar{q}_j\right)_0 n_{(SM+MM)j}+\left(q_{(SM+MM)j}\right)_0\bar{n}_j-Q_{H(SM+MM)}\\
&+\left\langle\left\langle\left(q_{SS\,j}\right)_0 n_{SS\,j}\right\rangle_{SS}+\left(q_{(SM+MM)j}\right)_0 n_{(SM+MM)j}\right\rangle_{SM+MM}\\
&+\Delta_{SM+MM}\left[\left\langle\left(q_{SS\,j}\right)_0 n_{SS\,j}\right\rangle_{SS}+\left(q_{(SM+MM)j}\right)_0 n_{(SM+MM)j}\right]
\end{aligned}\right\}_{\bar{F}_H(x_i,t)=0}\\
&+\Delta_{SM+MM}\left[\left\langle\Delta_{H\,SS}(qn)\right\rangle_{SS}+\Delta_{H(SM+MM)}(qn)\right]\\
&+\left\langle\left\langle\Delta_{H\,SS}(qn)\right\rangle_{SS}+\Delta_{H(SM+MM)}(qn)\right\rangle_{SM+MM}=0
\end{aligned}
\quad, \tag{5.84}
$$

$$
\begin{aligned}
&\left\{\begin{aligned}
&\left(\bar{I}_{S\,j}\right)_0\bar{n}_j+\left(\bar{I}_{S\,j}\right)_0 n_{(SM+MM)j}+\left(I_{S(SM+MM)j}\right)_0\bar{n}_j\\
&+\left\langle\left\langle\left(I_{S\,SS\,j}\right)_0 n_{SS\,j}\right\rangle_{SS}+\left(I_{S(SM+MM)j}\right)_0 n_{(SM+MM)j}\right\rangle_{SM+MM}\\
&+\Delta_{SM+MM}\left[\left\langle\left(I_{S\,SS\,j}\right)_0 n_{SS\,j}\right\rangle_{SS}+\left(I_{S(SM+MM)j}\right)_0 n_{(SM+MM)j}\right]
\end{aligned}\right\}_{\bar{F}_H(x_i,t)=0}\\
&+\Delta_{SM+MM}\left[\left\langle\Delta_{H\,SS}(In)\right\rangle_{SS}+\Delta_{H(SM+MM)}(In)\right]\\
&+\left\langle\left\langle\Delta_{H\,SS}(In)\right\rangle_{SS}+\Delta_{H(SM+MM)}(In)\right\rangle_{SM+MM}=0
\end{aligned}
\quad, \tag{5.85}
$$

其中从湍流剩余类运动海面和海底到环流的替代附加项是

$$\Delta_{S(SM+MM)}(un) \equiv \left\{ \begin{array}{l} \bar{U}_j \bar{n}_j - \bar{P} \\ +\bar{U}_j n_{(SM+MM)j} + u_{(SM+MM)j} \bar{n}_j - P_{SM+MM} \\ +\left\langle \left\langle u_{SS\,j} n_{SS\,j} \right\rangle_{SS} + u_{(SM+MM)j} n_{(SM+MM)j} \right\rangle_{SM+MM} \\ +\Delta_{SM+MM}\left[\left\langle u_{SS\,j} n_{SS\,j} \right\rangle_{SS} + u_{(SM+MM)j} n_{(SM+MM)j} \right] \end{array} \right\}_{\bar{F}_S(x_i,t)=0}^{\tilde{F}_S(x_i,t)=0}, \quad (5.86)$$

$$\Delta_{S(SM+MM)}(\pi n) \equiv \left\{ \begin{array}{l} \left(\bar{\pi}_{ij}\right)_0 \bar{n}_j - \bar{P}_{Ai} \\ +\left(\bar{\pi}_{ij}\right)_0 n_{(SM+MM)j} + \left(\pi_{(SM+MM)ij}\right)_0 \bar{n}_j - P_{A(SM+MM)i} \\ +\left\langle \left\langle \left(\pi_{SSij}\right)_0 n_{SS\,j} \right\rangle_{SS} + \left(\pi_{(SM+MM)ij}\right)_0 n_{(SM+MM)j} \right\rangle_{SM+MM} \\ +\Delta_{SM+MM}\left[\left\langle \left(\pi_{SSij}\right)_0 n_{SS\,j} \right\rangle_{SS} + \left(\pi_{(SM+MM)ij}\right)_0 n_{(SM+MM)j} \right] \end{array} \right\}_{\bar{F}_S(x_i,t)=0}^{\tilde{F}_S(x_i,t)=0}, \quad (5.87)$$

$$\Delta_{S(SM+MM)}(qn) \equiv \left\{ \begin{array}{l} \left(\bar{q}_j\right)_0 \bar{n}_j + \bar{Q}_S \\ +\left(\bar{q}_j\right)_0 n_{(SM+MM)j} + \left(q_{(SM+MM)j}\right)_0 \bar{n}_j + Q_{S(SM+MM)} \\ +\left\langle \left\langle \left(q_{SS\,j}\right)_0 n_{SS\,j} \right\rangle_{SS} + \left(q_{(SM+MM)j}\right)_0 n_{(SM+MM)j} \right\rangle_{SM+MM} \\ +\Delta_{SM+MM}\left[\left\langle \left(q_{SS\,j}\right)_0 n_{SS\,j} \right\rangle_{SS} + \left(q_{(SM+MM)j}\right)_0 n_{(SM+MM)j} \right] \end{array} \right\}_{\bar{F}_S(x_i,t)=0}^{\tilde{F}_S(x_i,t)=0}, \quad (5.88)$$

$$\Delta_{S(SM+MM)}(In) \equiv \left\{ \begin{array}{l} \left(\bar{I}_{S\,j}\right)_0 \bar{n}_j + \rho_0 \bar{S}\bar{P} + \left(\bar{I}_{S\,j}\right)_0 n_{(SM+MM)j} + \left(I_{S(SM+MM)j}\right)_0 \bar{n}_j \\ +\rho_0 \bar{S} P_{SM+MM} + \rho_0 s_{SM+MM} \bar{P} \\ +\left\langle \left\langle \left(I_{S\,SS\,j}\right)_0 n_{SS\,j} \right\rangle_{SS} + \left(I_{S(SM+MM)j}\right)_0 n_{(SM+MM)j} \right\rangle_{SM+MM} \\ +\left\langle \left\langle \rho_0 s_{SS} P_{SS} \right\rangle_{SS} + \rho_0 s_{SM+MM} P_{SM+MM} \right\rangle_{SM+MM} \\ +\Delta_{SM+MM}\left[\left\langle \left(I_{S\,SS\,j}\right)_0 n_{SS\,j} \right\rangle_{SS} + \left(I_{S(SM+MM)j}\right)_0 n_{(SM+MM)j} \right] \\ +\Delta_{SM+MM}\left(\left\langle \rho_0 s_{SS} P_{SS} \right\rangle_{SS} + \rho_0 s_{SM+MM} P_{SM+MM} \right) \end{array} \right\}_{\bar{F}_S(x_i,t)=0}^{\tilde{F}_S(x_i,t)=0}, \quad (5.89)$$

$$\Delta_{H(SM+MM)}(un) \equiv \left\{ \begin{array}{l} \bar{U}_j \bar{n}_j + \bar{U}_j n_{(SM+MM)j} + u_{(SM+MM)j} \bar{n}_j \\ +\left\langle \left\langle u_{SS\,j} n_{SS\,j} \right\rangle_{SS} + u_{(SM+MM)j} n_{(SM+MM)j} \right\rangle_{SM+MM} \\ +\Delta_{SM+MM}\left[\left\langle u_{SS\,j} n_{SS\,j} \right\rangle_{SS} + u_{(SM+MM)j} n_{(SM+MM)j} \right] \end{array} \right\}_{\bar{F}_H(x_i,t)=0}^{\tilde{F}_H(x_i,t)=0}, \quad (5.90)$$

$$\Delta_{H\,SM+MM}(\pi n) \equiv \left\{ \begin{array}{l} \left(\bar{\pi}_{ij}\right)_0 \bar{n}_j - \bar{P}_{Hi} \\ +\left(\bar{\pi}_{ij}\right)_0 n_{(SM+MM)j} + \left(\pi_{(SM+MM)ij}\right)_0 \bar{n}_j - P_{H(SM+MM)i} \\ +\left\langle \left\langle \left(\pi_{SSij}\right)_0 n_{SS\,j} \right\rangle_{SS} + \left(\pi_{(SM+MM)ij}\right)_0 n_{(SM+MM)j} \right\rangle_{SM+MM} \\ +\Delta_{SM+MM}\left[\left\langle \left(\pi_{SSij}\right)_0 n_{SS\,j} \right\rangle_{SS} + \left(\pi_{(SM+MM)ij}\right)_0 n_{(SM+MM)j} \right] \end{array} \right\}_{\bar{F}_H(x_i,t)=0}^{\tilde{F}_H(x_i,t)=0}, \quad (5.91)$$

$$\Delta_{H(SM+MM)}(qn) \equiv \left\{ \begin{array}{l} (\bar{q}_j)_0 \bar{n}_j - \bar{Q}_H \\ +(\bar{q}_j)_0 n_{(SM+MM)j} + (q_{(SM+MM)j})_0 \bar{n}_j - Q_{H(SM+MM)} \\ +\left\langle \left\langle (q_{SSj})_0 n_{SSj} \right\rangle_{SS} + (q_{(SM+MM)j})_0 n_{(SM+MM)j} \right\rangle_{SM+MM} \\ +\Delta_{SM+MM}\left[\left\langle (q_{SSj})_0 n_{SSj} \right\rangle_{SS} + (q_{(SM+MM)j})_0 n_{(SM+MM)j} \right] \end{array} \right\}_{\bar{F}_H(x_i,t)=0}^{\bar{F}_H(x_i,t)=0}, \tag{5.92}$$

$$\Delta_{H(SM+MM)}(In) \equiv \left\{ \begin{array}{l} (\bar{I}_{Sj})_0 \bar{n}_j + (\bar{I}_{Sj})_0 n_{(SM+MM)j} + (I_{S(SM+MM)j})_0 \bar{n}_j \\ +\left\langle \left\langle (I_{SSSj})_0 n_{SSj} \right\rangle_{SS} + (I_{S(SM+MM)j})_0 n_{(SM+MM)j} \right\rangle_{SM+MM} \\ +\Delta_{SM+MM}\left[\left\langle (I_{SSSj})_0 n_{SSj} \right\rangle_{SS} + (I_{S(SM+MM)j})_0 n_{(SM+MM)j} \right] \end{array} \right\}_{\bar{F}_H(x_i,t)=0}^{\bar{F}_H(x_i,t)=0}。 \tag{5.93}$$

1. 地转力环流大运动类控制方程组

将重力（波动+涡旋）集合上定义的 Reynolds 平均（5.21）作用于展开的运动方程和边界条件，则可得环流大运动类控制方程组。

运动方程：

$$\frac{\partial \bar{U}_i}{\partial x_i} = 0 , \tag{5.94}$$

$$\begin{aligned} &\frac{\partial \bar{U}_i}{\partial t} + \bar{U}_j \frac{\partial \bar{U}_i}{\partial x_j} - 2\varepsilon_{ijk}\bar{U}_j\Omega_k = -\frac{1}{\rho_0}\frac{\partial \bar{p}}{\partial x_i} - g\frac{\bar{\rho}}{\rho_0}\delta_{i3} - \frac{\partial \Phi_2}{\partial x_\alpha}\delta_{\alpha i} \\ &+\frac{\partial}{\partial x_j}\left(\nu_0 \frac{\partial \bar{U}_i}{\partial x_j}\right) + \frac{\partial}{\partial x_j}\left\langle -\left\langle u_{SSj}u_{SSi}\right\rangle_{SS} - u_{(SM+MM)j}u_{(SM+MM)i}\right\rangle_{SM+MM} \end{aligned}, \tag{5.95}$$

$$\begin{aligned} &\frac{\partial \bar{T}}{\partial t} + \bar{U}_j \frac{\partial \bar{T}}{\partial x_j} - \Gamma_0\left(\frac{\partial \bar{p}}{\partial t} + \bar{U}_j \frac{\partial \bar{p}}{\partial x_j}\right) \\ &= \frac{\partial}{\partial x_j}\left(\frac{\kappa_0}{\rho_0 C_{p0}}\frac{\partial \bar{T}}{\partial x_j}\right) + \frac{\partial}{\partial x_j}\left\langle -\left\langle u_{SSj}T_{SS}\right\rangle_{SS} - u_{(SM+MM)j}T_{SM+MM}\right\rangle_{SM+MM} \\ &-\Gamma_0 \frac{\partial}{\partial x_j}\left\langle -\left\langle u_{SSj}p_{SS}\right\rangle_{SS} - u_{(SM+MM)j}p_{SM+MM}\right\rangle_{SM+MM} + \left\langle \left\langle Q_T\right\rangle_{SS}\right\rangle_{SM+MM} \end{aligned}, \tag{5.96}$$

$$\frac{\partial \bar{S}}{\partial t} + \bar{U}_j \frac{\partial \bar{S}}{\partial x_j} = \frac{\partial}{\partial x_j}\left(D_0 \frac{\partial \bar{S}}{\partial x_j}\right) + \frac{\partial}{\partial x_j}\left\langle -\left\langle u_{SSj}s_{SS}\right\rangle_{SS} - u_{(SM+MM)j}s_{SM+MM}\right\rangle_{SM+MM}, \tag{5.97}$$

$$\bar{\rho} = \left\langle \left\langle \rho\left(\begin{array}{l} \bar{p} + p_{SM+MM} + p_{SS}, \bar{T} + T_{SM+MM} + T_{SS}, \\ \bar{S} + s_{SM+MM} + s_{SS} \end{array} \right) \right\rangle_{SS} \right\rangle_{SM+MM}; \tag{5.98}$$

边界条件：

$$\left.\begin{Bmatrix}\bar{U}_j\bar{n}_j-\bar{P}\\+\left\langle\left\langle u_{SS\,j}n_{SS\,j}\right\rangle_{SS}+u_{(SM+MM)j}n_{(SM+MM)j}\right\rangle_{SM+MM}\end{Bmatrix}\right|_{\bar{F}_S(x_i,t)=0},\qquad(5.99)$$
$$+\left\langle\left\langle\Delta_{S\,SS}(un)\right\rangle_{SS}+\Delta_{S\,SM+MM}(un)\right\rangle_{SM+MM}=\frac{\partial\bar{\zeta}}{\partial t}$$

$$\left.\begin{Bmatrix}\left(\bar{\pi}_{ij}\right)_0\bar{n}_j-\bar{P}_{Si}\\+\left\langle\left\langle\left(\pi_{SSij}\right)_0n_{SS\,j}\right\rangle_{SS}+\left(\pi_{(SM+MM)ij}\right)_0n_{(SM+MM)j}\right\rangle_{SM+MM}\end{Bmatrix}\right|_{\bar{F}_S(x_i,t)=0},\qquad(5.100)$$
$$+\left\langle\left\langle\Delta_{S\,SS}(\pi n)\right\rangle_{SS}+\Delta_{S\,SM+MM}(\pi n)\right\rangle_{SM+MM}=0$$

$$\left.\begin{Bmatrix}\left(\bar{q}_j\right)_0\bar{n}_j+\bar{Q}_S\\+\left\langle\left\langle\left(q_{SS\,j}\right)_0n_{SS\,j}\right\rangle_{SS}+\left(q_{(SM+MM)j}\right)_0n_{(SM+MM)j}\right\rangle_{SM+MM}\end{Bmatrix}\right|_{\bar{F}_S(x_i,t)=0},\qquad(5.101)$$
$$+\left\langle\left\langle\Delta_{S\,SS}(qn)\right\rangle_{SS}+\Delta_{S\,SM+MM}(qn)\right\rangle_{SM+MM}=0$$

$$\left.\begin{Bmatrix}\left(\bar{I}_{S\,j}\right)_0\bar{n}_j+\rho_0\bar{S}\bar{P}\\+\left\langle\left\langle\left(I_{S\,SS\,j}\right)_0n_{SS\,j}\right\rangle_{SS}+\left(I_{S(SM+MM)j}\right)_0n_{(SM+MM)j}\right\rangle_{SM+MM}\\+\rho_0\left\langle\left\langle s_{SS}P_{SS}\right\rangle_{SS}+s_{SM+MM}P_{SM+MM}\right\rangle_{SM+MM}\end{Bmatrix}\right|_{\bar{F}_S(x_i,t)=0},\qquad(5.102)$$
$$+\left\langle\left\langle\Delta_{S\,SS}(In)\right\rangle_{SS}+\Delta_{S\,SM+MM}(In)\right\rangle_{SM+MM}=0$$

$$\left.\begin{Bmatrix}\bar{U}_j\bar{n}_j\\+\left\langle\left\langle u_{SS\,j}n_{SS\,j}\right\rangle_{SS}+u_{(SM+MM)j}n_{(SM+MM)j}\right\rangle_{SM+MM}\end{Bmatrix}\right|_{\bar{F}_H(x_i,t)=0},\qquad(5.103)$$
$$+\left\langle\left\langle\Delta_{H\,SS}(un)\right\rangle_{SS}+\Delta_{H\,SM+MM}(un)\right\rangle_{SM+MM}=-\frac{\partial\bar{H}}{\partial t}$$

$$\left.\begin{Bmatrix}\left(\bar{\pi}_{ij}\right)_0\bar{n}_j-\bar{P}_{Hi}\\+\left\langle\left\langle\left(\pi_{SSij}\right)_0n_{SS\,j}\right\rangle_{SS}+\left(\pi_{(SM+MM)ij}\right)_0n_{(SM+MM)j}\right\rangle_{SM+MM}\end{Bmatrix}\right|_{\bar{F}_H(x_i,t)=0},\qquad(5.104)$$
$$+\left\langle\left\langle\Delta_{H\,SS}(\pi n)\right\rangle_{SS}+\Delta_{H\,SM+MM}(\pi n)\right\rangle_{SM+MM}=0$$

$$\left.\begin{Bmatrix}\left(\bar{q}_j\right)_0\bar{n}_j-\bar{Q}_H\\+\left\langle\left\langle\left(q_{SS\,j}\right)_0n_{SS\,j}\right\rangle_{SS}+\left(q_{(SM+MM)j}\right)_0n_{(SM+MM)j}\right\rangle_{SM+MM}\end{Bmatrix}\right|_{\bar{F}_H(x_i,t)=0},\qquad(5.105)$$
$$+\left\langle\left\langle\Delta_{H\,SS}(qn)\right\rangle_{SS}+\Delta_{H\,SM+MM}(qn)\right\rangle_{SM+MM}=0$$

$$\left\{\begin{array}{l}\left(\bar{I}_{Sj}\right)_0\bar{n}_j \\ +\left\langle\left\langle\left(I_{SSSj}\right)_0 n_{SSj}\right\rangle_{SS}+\left(I_{S(SM+MM)j}\right)_0 n_{(SM+MM)j}\right\rangle_{SM+MM}\end{array}\right\}_{\bar{F}_H(x_i,t)=0} 。 \quad (5.106)$$
$$+\left\langle\left\langle\Delta_{HSS}(In)\right\rangle_{SS}+\Delta_{HSM+MM}(In)\right\rangle_{SM+MM}=0$$

2. 重力（波动+涡旋）大运动类控制方程组

以所展开的湍流剩余类运动控制方程组减去所得到的环流大运动类控制方程组，我们容易得到重力（波动+涡旋）大运动类控制方程组。

运动方程：

$$\frac{\partial u_{(SM+MM)i}}{\partial x_i}=0\,, \quad (5.107)$$

$$\begin{aligned}&\frac{\partial u_{(SM+MM)i}}{\partial t}+\bar{U}_j\frac{\partial u_{(SM+MM)i}}{\partial x_j}+u_{(SM+MM)j}\frac{\partial \bar{U}_i}{\partial x_j}+\frac{\partial}{\partial x_j}\Delta_{SM+MM}\\&\left(u_{(SM+MM)j}u_{(SM+MM)i}\right)-2\varepsilon_{ijk}u_{(SM+MM)j}\Omega_k=-\frac{1}{\rho_0}\frac{\partial p_{SM+MM}}{\partial x_i}\\&-g\frac{\rho_{SM+MM}}{\rho_0}\delta_{i3}+\frac{\partial}{\partial x_j}\left(\nu_0\frac{\partial u_{(SM+MM)i}}{\partial x_j}\right)+\frac{\partial}{\partial x_j}\Delta_{SM+MM}\left(-\left\langle u_{SSj}u_{SSi}\right\rangle_{SS}\right)\end{aligned}\,, \quad (5.108)$$

$$\begin{aligned}&\frac{\partial T_{SM+MM}}{\partial t}+\bar{U}_j\frac{\partial T_{SM+MM}}{\partial x_j}+u_{(SM+MM)j}\frac{\partial \bar{T}}{\partial x_j}+\frac{\partial}{\partial x_j}\Delta_{SM+MM}\left(u_{(SM+MM)j}T_{SM+MM}\right)\\&-\Gamma_0\left[\frac{\partial p_{SM+MM}}{\partial t}+\bar{U}_j\frac{\partial p_{SM+MM}}{\partial x_j}+u_{(SM+MM)j}\frac{\partial \bar{p}}{\partial x_j}+\frac{\partial}{\partial x_j}\Delta_{SM+MM}\right.\\&\left.\left(u_{(SM+MM)j}p_{SM+MM}\right)\right]=\frac{\partial}{\partial x_j}\left(\frac{\kappa_0}{\rho_0 C_{p0}}\frac{\partial T_{SM+MM}}{\partial x_j}\right)+\frac{\partial}{\partial x_j}\Delta_{SM+MM}\left(-\left\langle u_{SSj}T_{SS}\right\rangle_{SS}\right)\\&-\Gamma_0\frac{\partial}{\partial x_j}\Delta_{SM+MM}\left(-\left\langle u_{SSj}p_{SS}\right\rangle_{SS}\right)+Q_{TSM+MM}\end{aligned}\,, \quad (5.109)$$

$$\begin{aligned}&\frac{\partial s_{SM+MM}}{\partial t}+\bar{U}_j\frac{\partial s_{SM+MM}}{\partial x_j}+u_{(SM+MM)j}\frac{\partial \bar{S}}{\partial x_j}+\frac{\partial}{\partial x_j}\Delta_{SM+MM}\\&\left(u_{(SM+MM)j}s_{SM+MM}\right)=\frac{\partial}{\partial x_j}\left(D_0\frac{\partial s_{SM+MM}}{\partial x_j}\right)+\frac{\partial}{\partial x_j}\Delta_{SM+MM}\left(-\left\langle u_{SSj}s_{SS}\right\rangle_{SS}\right)\end{aligned}\,, \quad (5.110)$$

$$\rho_{SM+MM}=\Delta_{SM+MM}\left\langle\rho\left(\begin{array}{l}\bar{p}+p_{SM+MM}+p_{SS},\bar{T}+T_{SM+MM}+T_{SS},\\ \bar{S}+s_{SM+MM}+s_{SS}\end{array}\right)\right\rangle_{SS}\,; \quad (5.111)$$

边界条件：

$$\left\{\begin{array}{l}\bar{U}_j n_{(SM+MM)j} + u_{(SM+MM)j}\bar{n}_j - P_{SM+MM} \\ +\Delta_{SM+MM}\left[\left\langle u_{SSj}n_{SSj}\right\rangle_{SS} + u_{(SM+MM)j}n_{(SM+MM)j}\right]\end{array}\right\}_{\bar{F}_S(x_i,t)=0}, \tag{5.112}$$
$$+\Delta_{SM+MM}\left[\left\langle \Delta_{S\,SS}(un)\right\rangle_{SS} + \Delta_{S\,SM+MM}(un)\right] = \frac{\partial \zeta_{SM+MM}}{\partial t}$$

$$\left\{\begin{array}{l}\left(\bar{\pi}_{ij}\right)_0 n_{(SM+MM)j} + \left(\pi_{(SM+MM)ij}\right)_0 \bar{n}_j - P_{S(SM+MM)i} \\ +\Delta_{SM+MM}\left[\left\langle\left(\pi_{SSij}\right)_0 n_{SSj}\right\rangle_{SS} + \left(\pi_{(SM+MM)ij}\right)_0 n_{(SM+MM)j}\right]\end{array}\right\}_{\bar{F}_S(x_i,t)=0}, \tag{5.113}$$
$$+\Delta_{SM+MM}\left[\left\langle \Delta_{S\,SS}(\pi n)\right\rangle_{SS} + \Delta_{S\,SM+MM}(\pi n)\right] = 0$$

$$\left\{\begin{array}{l}\left(\bar{q}_j\right)_0 n_{(SM+MM)j} + \left(q_{(SM+MM)j}\right)_0 \bar{n}_j + Q_{S\,SM+MM} \\ +\Delta_{SM+MM}\left[\left\langle\left(q_{SSj}\right)_0 n_{SSj}\right\rangle_{SS} + \left(q_{(SM+MM)j}\right)_0 n_{(SM+MM)j}\right]\end{array}\right\}_{\bar{F}_S(x_i,t)=0}, \tag{5.114}$$
$$+\Delta_{SM+MM}\left[\left\langle \Delta_{S\,SS}(qn)\right\rangle_{SS} + \Delta_{S\,SM+MM}(qn)\right] = 0$$

$$\left\{\begin{array}{l}\left(\bar{I}_{Sj}\right)_0 n_{(SM+MM)j} + \left(I_{S(SM+MM)j}\right)_0 \bar{n}_j + \rho_0\left(\bar{S}P_{SM+MM} + s_{SM+MM}\bar{P}\right) \\ +\Delta_{SM+MM}\left[\left\langle\left(I_{S\,SSj}\right)_0 n_{SSj}\right\rangle_{SS} + \left(I_{S(SM+MM)j}\right)_0 n_{(SM+MM)j}\right] \\ +\Delta_{SM+MM}\left[\left\langle\rho_0 s_{SS}P_{SS}\right\rangle_{SS} + \left(\rho_0 s_{SM+MM}P_{SM+MM}\right)\right]\end{array}\right\}_{\bar{F}_S(x_i,t)=0}, \tag{5.115}$$
$$+\Delta_{SM+MM}\left[\left\langle \Delta_{S\,SS}(In)\right\rangle_{SS} + \Delta_{S\,SM+MM}(In)\right] = 0$$

$$\left\{\begin{array}{l}\bar{U}_j n_{(SM+MM)j} + u_{(SM+MM)j}\bar{n}_j \\ +\Delta_{SM+MM}\left[\left\langle u_{SSj}n_{SSj}\right\rangle_{SS} + u_{(SM+MM)j}n_{(SM+MM)j}\right]\end{array}\right\}_{\bar{F}_H(x_i,t)=0}, \tag{5.116}$$
$$+\Delta_{SM+MM}\left[\left\langle \Delta_{H\,SS}(un)\right\rangle_{SS} + \Delta_{H\,SM+MM}(un)\right] = -\frac{\partial H_{SM+MM}}{\partial t}$$

$$\left\{\begin{array}{l}\left(\bar{\pi}_{ij}\right)_0 n_{(SM+MM)j} + \left(\pi_{(SM+MM)ij}\right)_0 \bar{n}_j - P_{H(SM+MM)i} \\ +\Delta_{SM+MM}\left[\left\langle\left(\pi_{SSij}\right)_0 n_{SSj}\right\rangle_{SS} + \left(\pi_{(SM+MM)ij}\right)_0 n_{(SM+MM)j}\right]\end{array}\right\}_{\bar{F}_H(x_i,t)=0}, \tag{5.117}$$
$$+\Delta_{SM+MM}\left[\left\langle \Delta_{H\,SS}(\pi n)\right\rangle_{SS} + \Delta_{H\,SM+MM}(\pi n)\right] = 0$$

$$\left.\begin{Bmatrix}\left(\overline{q}_j\right)_0 n_{(SM+MM)j}+\left(q_{(SM+MM)j}\right)_0\overline{n}_j-Q_{H\,SM+MM}\\+\Delta_{SM+MM}\left[\left\langle\left(q_{SSj}\right)_0 n_{SSj}\right\rangle_{SS}+\left(q_{(SM+MM)j}\right)_0 n_{(SM+MM)j}\right]\end{Bmatrix}\right|_{\overline{F}_H(x_i,t)=0}, \tag{5.118}$$
$$\Delta_{SM+MM}\left[\left\langle\Delta_{H\,SS}(qn)\right\rangle_{SS}+\Delta_{H\,SM+MM}(qn)\right]=0$$

$$\left.\begin{Bmatrix}\left(\overline{I}_{Sj}\right)_0 n_{(SM+MM)j}+\left(I_{S(SM+MM)j}\right)_0\overline{n}_j\\+\Delta_{SM+MM}\left[\left\langle\left(I_{S\,SSj}\right)_0 n_{SSj}\right\rangle_{SS}+\left(I_{S(SM+MM)j}\right)_0 n_{(SM+MM)j}\right]\end{Bmatrix}\right|_{\overline{F}_H(x_i,t)=0}。 \tag{5.119}$$
$$+\Delta_{SM+MM}\left[\left\langle\Delta_{H\,SS}(In)\right\rangle_{SS}+\Delta_{H\,SM+MM}(In)\right]=0$$

5.2.3　重力波动和重力涡旋标准运动类控制方程组对

这样，我们可以按重力（波动+涡旋）垂直动量方程时间变化项的有和无、非线性项和其他线性项的对等劈分，分别得到重力波动和重力涡旋标准运动类的控制方程组对。

1. 重力波动标准运动类控制方程组

运动方程：

$$\frac{\partial u_{SMi}}{\partial x_i}=0, \tag{5.120}$$

$$\begin{aligned}&\frac{\partial u_{SMi}}{\partial t}+\overline{U}_j\frac{\partial u_{SMi}}{\partial x_j}+u_{SMj}\frac{\partial\overline{U}_i}{\partial x_j}+\frac{\partial}{\partial x_j}\Delta_{SM}\left(u_{(SM+MM)j}u_{(SM+MM)i}\right)-2\varepsilon_{ijk}u_{SMj}\Omega_k\\&=-\frac{1}{\rho_0}\frac{\partial p_{SM}}{\partial x_i}-g\frac{\rho_{SM}}{\rho_0}\delta_{i3}+\frac{\partial}{\partial x_j}\left(\nu_0\frac{\partial u_{SMi}}{\partial x_j}\right)+\frac{\partial}{\partial x_j}\Delta_{SM}\left(-\left\langle u_{SSj}u_{SSi}\right\rangle_{SS}\right)\end{aligned}, \tag{5.121}$$

$$\begin{aligned}&\frac{\partial T_{SM}}{\partial t}+\overline{U}_j\frac{\partial T_{SM}}{\partial x_j}+u_{SMj}\frac{\partial\overline{T}}{\partial x_j}+\frac{\partial}{\partial x_j}\Delta_{SM}\left[u_{(SM+MM)j}T_{SM+MM}\right]\\&-\Gamma_0\left\{\frac{\partial p_{SM}}{\partial t}+\overline{U}_j\frac{\partial p_{SM}}{\partial x_j}+u_{SMj}\frac{\partial\overline{p}}{\partial x_j}+\frac{\partial}{\partial x_j}\Delta_{SM}\left[u_{(SM+MM)j}p_{SM+MM}\right]\right\}\\&=\frac{\partial}{\partial x_j}\left(\frac{\kappa_0}{\rho_0 C_{p0}}\frac{\partial T_{SM}}{\partial x_j}\right)+\frac{\partial}{\partial x_j}\Delta_{SM}\left(-\left\langle u_{SSj}T_{SS}\right\rangle_{SS}\right)-\Gamma_0\frac{\partial}{\partial x_j}\Delta_{SM}\left(-\left\langle u_{SSj}p_{SS}\right\rangle_{SS}\right)\\&+Q_{TSM}\end{aligned}, \tag{5.122}$$

$$\begin{aligned}&\frac{\partial s_{SM}}{\partial t}+\bar{U}_j\frac{\partial s_{SM}}{\partial x_j}+u_{SMj}\frac{\partial \bar{S}}{\partial x_j}+\frac{\partial}{\partial x_j}\Delta_{SM}\left(u_{(SM+MM)j}s_{SM+MM}\right)\\&=\frac{\partial}{\partial x_j}\left(D_0\frac{\partial s_{SM}}{\partial x_j}\right)+\frac{\partial}{\partial x_j}\Delta_{SM}\left(-\left\langle u_{SSj}s_{SS}\right\rangle_{SS}\right)\end{aligned},\tag{5.123}$$

$$\rho_{SM}=\Delta_{SM}\left\langle\rho\left(\begin{array}{l}\bar{p}+p_{SM+MM}+p_{SS},\bar{T}+T_{SM+MM}+T_{SS},\\\bar{S}+s_{SM+MM}+s_{SS}\end{array}\right)\right\rangle_{SS};\tag{5.124}$$

边界条件：

$$\left.\begin{array}{l}\left\{\begin{array}{l}\bar{U}_jn_{SMj}+u_{SMj}\bar{n}_j-P_{SM}\\+\Delta_{SM}\left[\left\langle u_{SSj}n_{SSj}\right\rangle_{SS}+u_{(SM+MM)j}n_{(SM+MM)j}\right]\end{array}\right\}_{\bar{F}_S(x_i,t)=0}\\+\Delta_{SM}\left[\left\langle\Delta_{SSS}(un)\right\rangle_{SS}+\Delta_{SSM+MM}(un)\right]=\frac{\partial\zeta_{SM}}{\partial t}\end{array}\right.,\tag{5.125}$$

$$\left.\begin{array}{l}\left\{\begin{array}{l}\left(\bar{\pi}_{ij}\right)_0n_{SMj}+\left(\pi_{SMij}\right)_0\bar{n}_j-P_{SSMi}\\+\Delta_{SM}\left[\left\langle\left(\pi_{SSij}\right)_0n_{SSj}\right\rangle_{SS}+\left(\pi_{(SM+MM)ij}\right)_0n_{(SM+MM)j}\right]\end{array}\right\}_{\bar{F}_S(x_i,t)=0}\\+\Delta_{SM}\left[\left\langle\Delta_{SSS}(\pi n)\right\rangle_{SS}+\Delta_{SSM+MM}(\pi n)\right]=0\end{array}\right.,\tag{5.126}$$

$$\left.\begin{array}{l}\left\{\begin{array}{l}\left(\bar{q}_j\right)_0n_{SMj}+\left(q_{SMj}\right)_0\bar{n}_j+Q_{SSM}\\+\Delta_{SM}\left[\left\langle\left(q_{SSj}\right)_0n_{SSj}\right\rangle_{SS}+\left(q_{(SM+MM)j}\right)_0n_{(SM+MM)j}\right]\end{array}\right\}_{\bar{F}_S(x_i,t)=0}\\+\Delta_{SM}\left[\left\langle\Delta_{SSS}(qn)\right\rangle_{SS}+\Delta_{SSM+MM}(qn)\right]=0\end{array}\right.,\tag{5.127}$$

$$\left.\begin{array}{l}\left\{\begin{array}{l}\left(\bar{I}_{Sj}\right)_0n_{SMj}+\left(I_{SSMj}\right)_0\bar{n}_j+\rho_0\left(\bar{s}P_{SM}+s_{SM}\bar{P}\right)\\+\Delta_{SM}\left[\left\langle\left(I_{SSSj}\right)_0n_{SSj}\right\rangle_{SS}+\left(I_{S(SM+MM)j}\right)_0n_{(SM+MM)j}\right]\\+\rho_0\Delta_{SM}\left[\left\langle s_{SS}P_{SS}\right\rangle_{SS}+\left(s_{SM+MM}P_{SM+MM}\right)\right]\end{array}\right\}_{\bar{F}_S(x_i,t)=0}\\+\Delta_{SM}\left[\left\langle\Delta_{SSS}(In)\right\rangle_{SS}+\Delta_{SSM+MM}(In)\right]=0\end{array}\right.,\tag{5.128}$$

$$\left.\begin{array}{l}\left\{\begin{array}{l}\bar{U}_jn_{SMj}+u_{SMj}\bar{n}_j\\+\Delta_{SM}\left[\left\langle u_{SSj}n_{SSj}\right\rangle_{SS}+u_{(SM+MM)j}n_{(SM+MM)j}\right]\end{array}\right\}_{\bar{F}_H(x_i,t)=0}\\+\Delta_{SM}\left[\left\langle\Delta_{HSS}(un)\right\rangle_{SS}+\Delta_{HSM+MM}(un)\right]=-\frac{\partial H_{SM}}{\partial t}\end{array}\right.,\tag{5.129}$$

$$\left.\begin{cases}\left(\overline{\pi}_{ij}\right)_0 n_{SMj}+\left(\pi_{SMij}\right)_0\overline{n}_j-P_{HSMi}\\+\Delta_{SM}\left[\left\langle\left(\pi_{SSij}\right)_0 n_{SSj}\right\rangle_{SS}+\left(\pi_{(SM+MM)ij}\right)_0 n_{(SM+MM)j}\right]\end{cases}\right\}_{\overline{F}_H(x_i,t)=0},\quad(5.130)$$
$$+\Delta_{SM}\left[\left\langle\Delta_{HSS}(\pi n)\right\rangle_{SS}+\Delta_{HSM+MM}(\pi n)\right]=0$$

$$\left.\begin{cases}\left(\overline{q}_j\right)_0 n_{SMj}+\left(q_{SMj}\right)_0\overline{n}_j-Q_{HSM}\\+\Delta_{SM}\left[\left\langle\left(q_{SSj}\right)_0 n_{SSj}\right\rangle_{SS}+\left(q_{(SM+MM)j}\right)_0 n_{(SM+MM)j}\right]\end{cases}\right\}_{\overline{F}_H(x_i,t)=0},\quad(5.131)$$
$$+\Delta_{SM}\left[\left\langle\Delta_{HSS}(qn)\right\rangle_{SS}+\Delta_{HSM+MM}(qn)\right]=0$$

$$\left.\begin{cases}\left(\overline{I}_{Sj}\right)_0 n_{SMj}+\left(I_{SSMj}\right)_0\overline{n}_j\\+\Delta_{SM}\left[\left\langle\left(I_{SSSj}\right)_0 n_{SSj}\right\rangle_{SS}+\left(I_{S(SM+MM)j}\right)_0 n_{(SM+MM)j}\right]\end{cases}\right\}_{\overline{F}_H(x_i,t)=0}\quad(5.132)$$
$$+\Delta_{SM}\left[\left\langle\Delta_{HSS}(In)\right\rangle_{SS}+\Delta_{HSM+MM}(In)\right]=0$$

2. 重力涡旋标准运动类控制方程组

运动方程：

$$\frac{\partial u_{MMi}}{\partial x_i}=0,\quad(5.133)$$

$$(1-\delta_{i3})\frac{\partial u_{MMi}}{\partial t}+\overline{U}_j\frac{\partial u_{MMi}}{\partial x_j}+u_{MMj}\frac{\partial\overline{U}_i}{\partial x_j}+\frac{\partial}{\partial x_j}\Delta_{MM}\left(u_{(SM+MM)j}u_{(SM+MM)i}\right)$$
$$-2\varepsilon_{ijk}u_{MMj}\Omega_k=-\frac{1}{\rho_0}\frac{\partial p_{MM}}{\partial x_i}-g\frac{\rho_{MM}}{\rho_0}\delta_{i3}+\frac{\partial}{\partial x_j}\left(\nu_0\frac{\partial u_{MMi}}{\partial x_j}\right),\quad(5.134)$$
$$+\frac{\partial}{\partial x_j}\Delta_{MM}\left(-\left\langle u_{SSj}u_{SSi}\right\rangle_{SS}\right)$$

$$\frac{\partial T_{MM}}{\partial t}+\overline{U}_j\frac{\partial T_{MM}}{\partial x_j}+u_{MMj}\frac{\partial\overline{T}}{\partial x_j}+\frac{\partial}{\partial x_j}\Delta_{MM}\left(u_{(SM+MM)j}T_{SM+MM}\right)-\Gamma_0\left[\frac{\partial p_{MM}}{\partial t}\right.$$
$$\left.+\overline{U}_j\frac{\partial p_{MM}}{\partial x_j}+u_{MMj}\frac{\partial\overline{p}}{\partial x_j}+\frac{\partial}{\partial x_j}\Delta_{MM}\left(u_{(SM+MM)j}p_{SM+MM}\right)\right]=\frac{\partial}{\partial x_j}\left(\frac{\kappa_0}{\rho_0C_{p0}}\frac{\partial T_{MM}}{\partial x_j}\right),\quad(5.135)$$
$$+\frac{\partial}{\partial x_j}\Delta_{MM}\left(-\left\langle u_{SSj}T_{SS}\right\rangle_{SS}\right)-\Gamma_0\frac{\partial}{\partial x_j}\Delta_{MM}\left(-\left\langle u_{SSj}p_{SS}\right\rangle_{SS}\right)+Q_{TMM}$$

$$\begin{aligned}&\frac{\partial s_{MM}}{\partial t}+\bar{U}_j\frac{\partial s_{MM}}{\partial x_j}+u_{MMj}\frac{\partial \bar{S}}{\partial x_j}+\frac{\partial}{\partial x_j}\Delta_{MM}\left(u_{(SM+MM)j}s_{SM+MM}\right)\\&=\frac{\partial}{\partial x_j}\left(D_0\frac{\partial s_{MM}}{\partial x_j}\right)+\frac{\partial}{\partial x_j}\Delta_{MM}\left(-\left\langle u_{SSj}s_{SS}\right\rangle_{SS}\right)\end{aligned}, \tag{5.136}$$

$$\rho_{MM}=\Delta_{MM}\left\langle\rho\left(\begin{matrix}\bar{p}+p_{SM+MM}+p_{SS},\bar{T}+T_{SM+MM}+T_{SS},\\\bar{S}+s_{SM+MM}+s_{SS}\end{matrix}\right)\right\rangle_{SS}; \tag{5.137}$$

边界条件：

$$\begin{aligned}&\left\{\begin{matrix}\bar{U}_jn_{MMj}+u_{MMj}\bar{n}_j-P_{MM}\\+\Delta_{MM}\left[\left\langle u_{SSj}n_{SSj}\right\rangle_{SS}+u_{(SM+MM)j}n_{(SM+MM)j}\right]\end{matrix}\right\}_{\bar{F}_S(x_i,t)=0}\\&+\Delta_{MM}\left[\left\langle\Delta_{SSS}(un)\right\rangle_{SS}+\Delta_{SSM+MM}(un)\right]=\frac{\partial\zeta_{MM}}{\partial t}\end{aligned}, \tag{5.138}$$

$$\begin{aligned}&\left\{\begin{matrix}\left(\bar{\pi}_{ij}\right)_0n_{MMj}+\left(\pi_{MMij}\right)_0\bar{n}_j-P_{SMMi}\\+\Delta_{MM}\left[\left\langle\left(\pi_{SSij}\right)_0n_{SSj}\right\rangle_{SS}+\left(\pi_{(SM+MM)ij}\right)_0n_{(SM+MM)j}\right]\end{matrix}\right\}_{\bar{F}_S(x_i,t)=0}\\&+\Delta_{MM}\left[\left\langle\Delta_{SSS}(\pi n)\right\rangle_{SS}+\Delta_{SSM+MM}(\pi n)\right]=0\end{aligned}, \tag{5.139}$$

$$\begin{aligned}&\left\{\begin{matrix}\left(\bar{q}_j\right)_0n_{MMj}+\left(q_{MMj}\right)_0\bar{n}_j+Q_{SMM}\\+\Delta_{MM}\left[\left\langle\left(q_{SSj}\right)_0n_{SSj}\right\rangle_{SS}+\left(q_{(SM+MM)j}\right)_0n_{(SM+MM)j}\right]\end{matrix}\right\}_{\bar{F}_S(x_i,t)=0}\\&+\Delta_{MM}\left[\left\langle\Delta_{SSS}(qn)\right\rangle_{SS}+\Delta_{SSM+MM}(qn)\right]=0\end{aligned}, \tag{5.140}$$

$$\begin{aligned}&\left\{\begin{matrix}\left(\bar{I}_{Sj}\right)_0n_{MMj}+\left(I_{SMMj}\right)_0\bar{n}_j+\rho_0\bar{S}P_{MM}+\rho_0s_{MM}\bar{P}\\+\Delta_{MM}\left[\left\langle\left(I_{SSSj}\right)_0n_{SSj}\right\rangle_{SS}+\left(I_{S(SM+MM)j}\right)_0n_{(SM+MM)j}\right]\\+\Delta_{MM}\left[\rho_0\left\langle s_{SS}P_{SS}\right\rangle_{SS}+\rho_0s_{SM+MM}P_{SM+MM}\right]\end{matrix}\right\}_{\bar{F}_S(x_i,t)=0}\\&+\Delta_{MM}\left[\left\langle\Delta_{SSS}(In)\right\rangle_{SS}+\Delta_{SSM+MM}(In)\right]=0\end{aligned}, \tag{5.141}$$

$$\begin{aligned}&\left\{\begin{matrix}\bar{U}_jn_{MMj}+u_{MMj}\bar{n}_j\\+\Delta_{MM}\left[\left\langle u_{SSj}n_{SSj}\right\rangle_{SS}+u_{(SM+MM)j}n_{(SM+MM)j}\right]\end{matrix}\right\}_{\bar{F}_H(x_i,t)=0}\\&+\Delta_{MM}\left[\left\langle\Delta_{HSS}(un)\right\rangle_{SS}+\Delta_{HSM+MM}(un)\right]=-\frac{\partial H_{MM}}{\partial t}\end{aligned}, \tag{5.142}$$

$$\left.\begin{cases}\left(\bar{\pi}_{ij}\right)_0 n_{MMj}+\left(\pi_{MMij}\right)_0 \bar{n}_j-P_{HMMi}\\+\Delta_{MM}\left[\left\langle\left(\pi_{SSij}\right)_0 n_{SSj}\right\rangle_{SS}+\left(\pi_{(SM+MM)ij}\right)_0 n_{(SM+MM)j}\right]\end{cases}\right\}_{\bar{F}_H(x_i,t)=0}, \tag{5.143}$$
$$+\Delta_{MM}\left[\left\langle\Delta_{HSS}(\pi n)\right\rangle_{SS}+\Delta_{HSM+MM}(\pi n)\right]=0$$

$$\left.\begin{cases}\left(\bar{q}_j\right)_0 n_{MMj}+\left(q_{MMj}\right)_0 \bar{n}_j-Q_{HMM}\\+\Delta_{MM}\left[\left\langle\left(q_{SSj}\right)_0 n_{SSj}\right\rangle_{SS}+\left(q_{(SM+MM)j}\right)_0 n_{(SM+MM)j}\right]\end{cases}\right\}_{\bar{F}_H(x_i,t)=0}, \tag{5.144}$$
$$+\Delta_{MM}\left[\left\langle\Delta_{HSS}(qn)\right\rangle_{SS}+\Delta_{HSM+MM}(qn)\right]=0$$

$$\left.\begin{cases}\left(\bar{I}_{Sj}\right)_0 n_{MMj}+\left(I_{SMMj}\right)_0 \bar{n}_j\\+\Delta_{MM}\left[\left\langle\left(I_{SSSj}\right)_0 n_{SSj}\right\rangle_{SS}+\left(I_{S(SM+MM)j}\right)_0 n_{(SM+MM)j}\right]\end{cases}\right\}_{\bar{F}_H(x_i,t)=0}。 \tag{5.145}$$
$$+\Delta_{MM}\left[\left\langle\Delta_{HSS}(In)\right\rangle_{SS}+\Delta_{HSM+MM}(In)\right]=0$$

5.3 简约变量系$\{u_i,p,\rho\}$中的海洋动力系统控制方程组完备集

简约变量系$\{u_i,p,\rho\}$是在低压缩比情况下，特别是针对湍流、重力波动和重力涡旋等较小尺度运动，经常采用的这种简约变量系。这时，Boussinesq 近似的运动方程和边界条件可分别写成如下形式。

运动方程：

$$\frac{\partial u_j}{\partial x_j}=0, \tag{5.146}$$

$$\frac{\partial u_i}{\partial t}+u_j\frac{\partial u_i}{\partial x_j}-2\varepsilon_{ijk}u_j\Omega_k=-\frac{1}{\rho_0}\frac{\partial p}{\partial x_i}-g\frac{\rho}{\rho_0}\delta_{i3}-\frac{\partial\Phi_T}{\partial x_\alpha}\delta_{\alpha i}+\frac{\partial}{\partial x_j}\left(\nu_{10}\frac{\partial u_i}{\partial x_j}\right), \tag{5.147}$$

$$\frac{\partial\rho}{\partial t}+u_j\frac{\partial\rho}{\partial x_j}-\rho_0\kappa_{\eta0}\left(\frac{\partial p}{\partial t}+u_j\frac{\partial p}{\partial x_j}\right)=\frac{\partial}{\partial x_j}\left(K_0\frac{\partial\rho}{\partial x_j}\right)+Q_\rho; \tag{5.148}$$

边界条件：

$$\left\{u_j n_j-P\right\}_{F_S(x_i,t)=0}=\frac{\partial\zeta}{\partial t}, \tag{5.149}$$

$$\left\{\left(\pi_{ij}\right)_0 n_j-P_{Si}\right\}_{F_S(x_i,t)=0}=0, \tag{5.150}$$

$$\left\{\left(I_{\rho j}\right)_0 n_j + Q_{\rho S}\right\}_{F_S(x_i,t)=0} = 0\,, \tag{5.151}$$

$$\left\{u_j n_j\right\}_{F_H(x_i,t)=0} = -\frac{\partial H}{\partial t}\,, \tag{5.152}$$

$$\left\{\left(\pi_{ij}\right)_0 n_j - P_{Hi}\right\}_{F_H(x_i,t)=0} = 0\,, \tag{5.153}$$

$$\left\{\left(I_{\rho j}\right)_0 n_j - Q_{\rho H}\right\}_{F_H(x_i,t)=0} = 0\,。 \tag{5.154}$$

这里，$-\Phi_T$ 表示引潮力势，$Q_\rho \equiv -\frac{\alpha_0}{C_{p0}}\left\{\left[\frac{1}{2}\left(\sigma_{ij}\right)_0 e_{ij} - \left(I_{Sj}\right)_0 \frac{\partial}{\partial x_j}\left(\frac{\partial \chi_m}{\partial s}\right)\right] + Q\right\}$ 表示动力学–热学–化学转换的密度源和当量热源；$\left(\pi_{ij}\right)_0 = -p\delta_{ij} + \left(\sigma_{ij}\right)_0$ 和 $\left(I_{\rho j}\right)_0 \equiv -\left\{\left(\frac{\alpha}{C_p}\right)_0 q_j - \left[\left(\frac{\partial \rho}{\partial s}\right)_{p,T0}\right] I_{Sj}\right\} = -\rho_0 K_0 \frac{\partial \rho}{\partial x_j}$ 表示动量和密度通量，其中 $\left(\sigma_{ij}\right)_0 = \rho_0 \nu_{10} e_{ij}$，$e_{ij} = \left(\frac{\partial u_i}{\partial x_j} + \frac{\partial u_j}{\partial x_i}\right)$，其中 K_0 是分子密度扩散系数；P 表示海面淡水通量密度当量，P_{Si}，P_{Hi}，$Q_{\rho S}$，$Q_{\rho H}$ 分别表示海面和海底的动量和热量通量，后两者分别可写成 $\left\{Q_{\rho S} \equiv -\frac{\alpha}{C_p} Q_S\right\}_{F_S(x_i,t)=0}$ 和 $\left\{Q_{\rho H} \equiv -\frac{\alpha}{C_p} Q_H\right\}_{F_H(x_i,t)=0}$。

同样，做湍流和重力（波动+涡旋）集合上定义的 Reynolds 平均，经过类似的分解–合成演算，我们可以得到简约变量系 $\{u_i, p, \rho\}$ 的海洋动力系统控制方程组完备集。

5.3.1 湍流大运动类控制方程组和湍流剩余类运动控制方程组

将湍流和湍流剩余类运动的分解式（5. 19）代入简约的 Boussinesq 近似海洋运动控制方程，则我们有后者的分解式。

运动方程：

$$\frac{\partial \tilde{U}_j}{\partial x_j} + \frac{\partial u_{SSj}}{\partial x_j} = 0\,, \tag{5.155}$$

$$\begin{aligned}&\frac{\partial\tilde{U}_i}{\partial t}+\tilde{U}_j\frac{\partial\tilde{U}_i}{\partial x_j}-2\varepsilon_{ijk}\tilde{U}_j\Omega_k+\frac{\partial u_{SSi}}{\partial t}+\tilde{U}_j\frac{\partial u_{SSi}}{\partial x_j}+u_{SSj}\frac{\partial\tilde{U}_i}{\partial x_j}+\frac{\partial}{\partial x_j}\Delta_{SS}\\&\left(u_{SSj}u_{SSi}\right)-2\varepsilon_{ijk}u_{SSj}\Omega_k=-\frac{1}{\rho_0}\frac{\partial\tilde{p}}{\partial x_i}-g\frac{\tilde{\rho}}{\rho_0}\delta_{i3}-\frac{\partial\Phi_T}{\partial x_\alpha}\delta_{\alpha i}+\frac{\partial}{\partial x_j}\left(\nu_{10}\frac{\partial\tilde{U}_i}{\partial x_j}\right),\\&+\frac{\partial}{\partial x_j}\left(-\left\langle u_{SSj}u_{SSi}\right\rangle_{SS}\right)-\frac{1}{\rho_0}\frac{\partial p_{SS}}{\partial x_i}-g\frac{\rho_{SS}}{\rho_0}\delta_{i3}+\frac{\partial}{\partial x_j}\left(\nu_{10}\frac{\partial u_{SSi}}{\partial x_j}\right)\end{aligned}\tag{5.156}$$

$$\begin{aligned}&\frac{\partial\tilde{\rho}}{\partial t}+\tilde{U}_j\frac{\partial\tilde{\rho}}{\partial x_j}-\rho_0\kappa_{\eta0}\left(\frac{\partial\tilde{p}}{\partial t}+\tilde{U}_j\frac{\partial\tilde{p}}{\partial x_j}\right)+\frac{\partial\rho_{SS}}{\partial t}+\tilde{U}_j\frac{\partial\rho_{SS}}{\partial x_j}+u_{SSj}\frac{\partial\tilde{\rho}}{\partial x_j}+\frac{\partial}{\partial x_j}\Delta_{SS}\left(u_{SSj}\rho_{SS}\right)\\&-\rho_0\kappa_{\eta0}\left[\frac{\partial p_{SS}}{\partial t}+\tilde{U}_j\frac{\partial p_{SS}}{\partial x_j}+u_{SSj}\frac{\partial\tilde{p}}{\partial x_j}+\frac{\partial}{\partial x_j}\Delta_{MM}\left(u_{SSj}p_{SS}\right)\right]=\frac{\partial}{\partial x_j}\left(K_0\frac{\partial\tilde{\rho}}{\partial x_j}\right),\\&+\frac{\partial}{\partial x_j}\left(-\left\langle u_{SSj}\rho_{SS}\right\rangle_{SS}\right)-\rho_0\kappa_{\eta0}\frac{\partial}{\partial x_j}\left(-\left\langle u_{SSj}p_{SS}\right\rangle_{SS}\right)+\tilde{Q}_\rho+\frac{\partial}{\partial x_j}\left(K_0\frac{\partial\rho_{SS}}{\partial x_j}\right)+Q_{SS\rho}\end{aligned}\tag{5.157}$$

边界条件：

$$\begin{aligned}&\left\{\begin{aligned}&\tilde{U}_j\tilde{n}_j-\tilde{P}+\tilde{U}_j n_{SSj}+u_{SSj}\tilde{n}_j-P_{SS}\\&+\left\langle u_{SSj}n_{SSj}\right\rangle_{SS}+\Delta_{SS}\left(u_{SSj}n_{SSj}\right)\end{aligned}\right\}_{\tilde{F}_S(x_i,t)=0},\\&+\left\langle\Delta_{SSS}(un)\right\rangle_{SS}+\Delta_{SS}\left[\Delta_{SSS}(un)\right]=\frac{\partial\tilde{\zeta}}{\partial t}+\frac{\partial\zeta_{SS}}{\partial t}\end{aligned}\tag{5.158}$$

$$\begin{aligned}&\left\{\begin{aligned}&\left(\tilde{\pi}_{ij}\right)_0\tilde{n}_j-\tilde{P}_{Si}+\left(\tilde{\pi}_{ij}\right)_0 n_{SSj}+\left(\pi_{SSij}\right)_0\tilde{n}_j-P_{SSSi}\\&+\left\langle\left(\pi_{SSij}\right)_0 n_{SSj}\right\rangle_{SS}+\Delta_{SS}\left[\left(\pi_{SSij}\right)_0 n_{SSj}\right]\end{aligned}\right\}_{\tilde{F}_S(x_i,t)=0},\\&+\left\langle\Delta_{SSS}(\pi n)\right\rangle_{SS}+\Delta_{SS}\left[\Delta_{SSS}(\pi n)\right]=0\end{aligned}\tag{5.159}$$

$$\begin{aligned}&\left\{\begin{aligned}&\left(\tilde{I}_{\rho j}\right)_0\tilde{n}_j+\tilde{Q}_{\rho S}+\left(\tilde{I}_{\rho j}\right)_0 n_{SSj}+\left(I_{\rho SSj}\right)_0\tilde{n}_j+Q_{\rho SSS}\\&+\left\langle\left(I_{\rho SSj}\right)_0 n_{SSj}\right\rangle_{SS}+\Delta_{SS}\left[\left(I_{\rho SSj}\right)_0 n_{SSj}\right]\end{aligned}\right\}_{\tilde{F}_S(x_i,t)=0},\\&+\left\langle\Delta_{SSS}(In)\right\rangle_{SS}+\Delta_{SS}\left[\Delta_{SSS}(In)\right]=0\end{aligned}\tag{5.160}$$

$$\begin{aligned}&\left\{\begin{aligned}&\tilde{U}_j\tilde{n}_j+\tilde{U}_j n_{SSj}+u_{SSj}\tilde{n}_j\\&+\left\langle u_{SSj}n_{SSj}\right\rangle_{SS}+\Delta_{SS}\left(u_{SSj}n_{SSj}\right)\end{aligned}\right\}_{\tilde{F}_H(x_i,t)=0},\\&+\left\langle\Delta_{HSS}(un)\right\rangle_{SS}+\Delta_{SS}\left[\Delta_{HSS}(un)\right]=-\frac{\partial\tilde{H}}{\partial t}-\frac{\partial H_{SS}}{\partial t}\end{aligned}\tag{5.161}$$

$$\begin{aligned}&\left\{\begin{aligned}&\left(\tilde{\pi}_{ij}\right)_0\tilde{n}_j-\tilde{P}_{Hi}+\left(\tilde{\pi}_{ij}\right)_0 n_{SSj}+\left(\pi_{SSij}\right)_0\tilde{n}_j-P_{HSSi}\\&+\left\langle\left(\pi_{SSij}\right)_0 n_{SSj}\right\rangle_{SS}+\Delta_{SS}\left[\left(\pi_{SSij}\right)_0 n_{SSj}\right]\end{aligned}\right\}_{\tilde{F}_H(x_i,t)=0},\\&+\left\langle\Delta_{HSS}(\pi n)\right\rangle_{SS}+\Delta_{SS}\left[\Delta_{HSS}(\pi n)\right]=0\end{aligned}\tag{5.162}$$

$$\left\{\begin{array}{l}\left(\tilde{I}_{\rho j}\right)_0\tilde{n}_j-\tilde{Q}_{\rho H}+\left(\tilde{I}_{\rho j}\right)_0 n_{SSj}+\left(I_{\rho SSj}\right)_0\tilde{n}_j-Q_{\rho H\,SS}\\ +\left\langle\left(I_{\rho SSj}\right)_0 n_{SSj}\right\rangle_{SS}+\Delta_{SS}\left[\left(I_{\rho SSj}\right)_0 n_{SSj}\right]\end{array}\right\}_{\tilde{F}_H(x_i,t)=0}, \tag{5.163}$$
$$+\left\langle\Delta_{H\,SS}(In)\right\rangle_{SS}+\Delta_{SS}\left[\Delta_{H\,SS}(In)\right]=0$$

其中全海洋运动到湍流剩余类运动的海面和海底边界替代附加项可写成

$$\Delta_{S\,SS}(un)=\left\{\begin{array}{l}\tilde{U}_j\tilde{n}_j-\tilde{P}+\left\langle u_{SSj}n_{SSj}\right\rangle_{SS}+\tilde{U}_j n_{SSj}\\ +u_{SSj}\tilde{n}_j-P_{SS}+\Delta_{SS}\left(u_{SSj}n_{SSj}\right)\end{array}\right\}_{\tilde{F}_S(x_i,t)=0}^{F_S(x_i,t)=0}, \tag{5.164}$$

$$\Delta_{S\,SS}(\pi n)=\left\{\begin{array}{l}\left(\tilde{\pi}_{ij}\right)_0\tilde{n}_j-\tilde{P}_{Si}+\left\langle\left(\pi_{SS\,ij}\right)_0 n_{SSj}\right\rangle_{SS}+\left(\tilde{\pi}_{ij}\right)_0 n_{SSj}\\ +\left(\pi_{SS\,ij}\right)_0\tilde{n}_j-P_{S\,SS\,i}+\Delta_{SS}\left[\left(\pi_{SS\,ij}\right)_0 n_{SSj}\right]\end{array}\right\}_{\tilde{F}_S(x_i,t)=0}^{F_S(x_i,t)=0}, \tag{5.165}$$

$$\Delta_{S\,SS}(In)=\left\{\begin{array}{l}\left(\tilde{I}_{\rho j}\right)_0\tilde{n}_j+\tilde{Q}_{\rho S}+\left\langle\left(I_{\rho SSj}\right)_0 n_{SSj}\right\rangle_{SS}+\left(\tilde{I}_{\rho j}\right)_0 n_{SSj}\\ +\left(I_{\rho SSj}\right)_0\tilde{n}_j+Q_{\rho S\,SS}+\Delta_{SS}\left[\left(I_{\rho SSj}\right)_0 n_{SSj}\right]\end{array}\right\}_{\tilde{F}_S(x_i,t)=0}^{F_S(x_i,t)=0}, \tag{5.166}$$

$$\Delta_{H\,SS}(un)=\left\{\begin{array}{l}\tilde{U}_j\tilde{n}_j+\left\langle u_{SSj}n_{SSj}\right\rangle_{SS}+\tilde{U}_j n_{SSj}\\ +u_{SSj}\tilde{n}_j+\Delta_{SS}\left(u_{SSj}n_{SSj}\right)\end{array}\right\}_{\tilde{F}_H(x_i,t)=0}^{F_H(x_i,t)=0}, \tag{5.167}$$

$$\Delta_{H\,SS}(\pi n)=\left\{\begin{array}{l}\left(\tilde{\pi}_{ij}\right)_0\tilde{n}_j-\tilde{P}_{Hi}+\left\langle\left(\pi_{SS\,ij}\right)_0 n_{SSj}\right\rangle_{SS}+\left(\tilde{\pi}_{ij}\right)_0 n_{SSj}\\ +\left(\pi_{SS\,ij}\right)_0\tilde{n}_j-P_{H\,SS\,i}+\Delta_{SS}\left[\left(\pi_{SS\,ij}\right)_0 n_{SSj}\right]\end{array}\right\}_{\tilde{F}_H(x_i,t)=0}^{F_H(x_i,t)=0}, \tag{5.168}$$

$$\Delta_{H\,SS}(In)=\left\{\begin{array}{l}\left(\tilde{I}_{\rho j}\right)_0\tilde{n}_j-\tilde{Q}_{\rho H}+\left\langle\left(I_{\rho SSj}\right)_0 n_{SSj}\right\rangle_{SS}+\left(\tilde{I}_{\rho j}\right)_0 n_{SSj}\\ +\left(I_{\rho SSj}\right)_0\tilde{n}_j-Q_{\rho H\,SS}+\Delta_{SS}\left[\left(I_{\rho SSj}\right)_0 n_{SSj}\right]\end{array}\right\}_{\tilde{F}_H(x_i,t)=0}^{F_H(x_i,t)=0}。 \tag{5.169}$$

将湍流集合上定义的 Reynolds 平均作用于所得的分解–合成表示式，则我们有如下湍流大运动类控制方程组及其剩余类运动控制方程组。

1. 湍流剩余类运动控制方程组

运动方程：

$$\frac{\partial\tilde{U}_j}{\partial x_j}=0, \tag{5.170}$$

$$\frac{\partial \tilde{U}_i}{\partial t}+\tilde{U}_j\frac{\partial \tilde{U}_i}{\partial x_j}-2\varepsilon_{ijk}\tilde{U}_j\Omega_k=-\frac{1}{\rho_0}\frac{\partial \tilde{p}}{\partial x_i}-g\frac{\tilde{\rho}}{\rho_0}\delta_{i3}-\frac{\partial \Phi_T}{\partial x_\alpha}\delta_{\alpha i}+\frac{\partial}{\partial x_j}\left(\nu_{10}\frac{\partial \tilde{U}_i}{\partial x_j}\right)+\frac{\partial}{\partial x_j}\left(-\left\langle u_{SSj}u_{SSi}\right\rangle_{SS}\right), \tag{5.171}$$

$$\frac{\partial \tilde{\rho}}{\partial t}+\tilde{U}_j\frac{\partial \tilde{\rho}}{\partial x_j}-\rho_0\kappa_{\eta 0}\left(\frac{\partial \tilde{p}}{\partial t}+\tilde{U}_j\frac{\partial \tilde{p}}{\partial x_j}\right)=\frac{\partial}{\partial x_j}\left(K_0\frac{\partial \tilde{\rho}}{\partial x_j}\right)+\frac{\partial}{\partial x_j}\left(-\left\langle u_{SSj}\rho_{SS}\right\rangle_{SS}\right)-\rho_0\kappa_{\eta 0}\frac{\partial}{\partial x_j}\left(-\left\langle u_{SSj}p_{SS}\right\rangle_{SS}\right)+\tilde{Q}_\rho, \tag{5.172}$$

边界条件：

$$\left\{\begin{array}{l}\tilde{U}_j\tilde{n}_j-\tilde{P}\\ +\left\langle u_{SSi}n_{SSj}\right\rangle_{SS}\end{array}\right\}_{\tilde{F}_S(x_i,t)=0}+\left\langle \Delta_{SSS}(un)\right\rangle_{SS}=\frac{\partial \xi}{\partial t}, \tag{5.173}$$

$$\left\{\begin{array}{l}\left(\tilde{\pi}_{ij}\right)_0\tilde{n}_j-\tilde{P}_{Si}\\ +\left\langle\left(\pi_{SSij}\right)_0 n_{SSj}\right\rangle_{SS}\end{array}\right\}_{\tilde{F}_S(x_i,t)=0}+\left\langle \Delta_{SSS}(\pi n)\right\rangle_{SS}=0, \tag{5.174}$$

$$\left\{\begin{array}{l}\left(\tilde{I}_{\rho j}\right)_0\tilde{n}_j+\tilde{Q}_{\rho S}\\ +\left\langle\left(I_{\rho SSj}\right)_0 n_{SSj}\right\rangle_{SS}\end{array}\right\}_{\tilde{F}_S(x_i,t)=0}+\left\langle \Delta_{SSS}(In)\right\rangle_{SS}=0, \tag{5.175}$$

$$\left\{\begin{array}{l}\tilde{U}_j\tilde{n}_j\\ +\left\langle u_{SSj}n_{SSj}\right\rangle_{SS}\end{array}\right\}_{\tilde{F}_H(x_i,t)=0}+\left\langle \Delta_{HSS}(un)\right\rangle_{SS}=-\frac{\partial \tilde{H}}{\partial t}, \tag{5.176}$$

$$\left\{\begin{array}{l}\left(\tilde{\pi}_{ij}\right)_0\tilde{n}_j-\tilde{P}_{Hi}\\ +\left\langle\left(\pi_{SSij}\right)_0 n_{SSj}\right\rangle_{SS}\end{array}\right\}_{\tilde{F}_H(x_i,t)=0}+\left\langle \Delta_{HSS}(\pi n)\right\rangle_{SS}=0, \tag{5.177}$$

$$\left\{\begin{array}{l}\left(\tilde{I}_{\rho j}\right)_0\tilde{n}_j-\tilde{Q}_{\rho H}\\ +\left\langle\left(I_{\rho SSj}\right)_0 n_{SSj}\right\rangle_{SS}\end{array}\right\}_{\tilde{F}_H(x_i,t)=0}+\left\langle \Delta_{HSS}(In)\right\rangle_{SS}=0。 \tag{5.178}$$

再由分解的海洋运动控制方程组减去湍流剩余类运动控制方程组，则我们有如下湍流大运动类控制方程组。

2. 非线性力湍流大运动类控制方程组

运动方程：

$$\frac{\partial u_{SSj}}{\partial x_j}=0\,, \tag{5.179}$$

$$\begin{aligned}&\frac{\partial u_{SSi}}{\partial t}+\tilde{U}_j\frac{\partial u_{SSi}}{\partial x_j}+u_{SSj}\frac{\partial \tilde{U}_i}{\partial x_j}+\frac{\partial}{\partial x_j}\Delta_{SS}\left(u_{SSj}u_{SSi}\right)-2\varepsilon_{ijk}u_{SSj}\Omega_k\\&=-\frac{1}{\rho_0}\frac{\partial p_{SS}}{\partial x_i}-g\frac{\rho_{SS}}{\rho_0}\delta_{i3}+\frac{\partial}{\partial x_j}\left(\nu_{10}\frac{\partial u_{SSi}}{\partial x_j}\right)\end{aligned}\,, \tag{5.180}$$

$$\begin{aligned}&\frac{\partial \rho_{SS}}{\partial t}+\tilde{U}_j\frac{\partial \rho_{SS}}{\partial x_j}+u_{SSj}\frac{\partial \tilde{\rho}}{\partial x_j}+\frac{\partial}{\partial x_j}\Delta_{SS}\left(u_{SSj}\rho_{SS}\right)-\rho_0\kappa_{\eta 0}\left[\frac{\partial p_{SS}}{\partial t}\right.\\&\left.+\tilde{U}_j\frac{\partial p_{SS}}{\partial x_j}+u_{SSj}\frac{\partial \tilde{p}}{\partial x_j}+\frac{\partial}{\partial x_j}\Delta_{SS}\left(u_{SSj}p_{SS}\right)\right]=\frac{\partial}{\partial x_j}\left(K_0\frac{\partial \rho_{SS}}{\partial x_j}\right)+Q_{SS\rho}\end{aligned}\,; \tag{5.181}$$

边界条件：

$$\left\{\begin{matrix}\tilde{U}_j n_{SSj}+u_{SSj}\tilde{n}_j-P_{SS}\\+\Delta_{SS}\left(u_{SSj}n_{SSj}\right)\end{matrix}\right\}_{\tilde{F}_S(x_i,t)=0}+\Delta_{SS}\left[\Delta_{SSS}(un)\right]=\frac{\partial \zeta_{SS}}{\partial t}\,, \tag{5.182}$$

$$\left\{\begin{matrix}\left(\tilde{\pi}_{ij}\right)_0 n_{SSj}+\left(\pi_{SSij}\right)_0\tilde{n}_j-P_{SSSi}\\+\Delta_{SS}\left[\left(\pi_{SSij}\right)_0 n_{SSj}\right]\end{matrix}\right\}_{\tilde{F}_S(x_i,t)=0}+\Delta_{SS}\left[\Delta_{SSS}(\pi n)\right]=0\,, \tag{5.183}$$

$$\left\{\begin{matrix}\left(\tilde{I}_{\rho j}\right)_0 n_{SSj}+\left(I_{\rho SSj}\right)_0\tilde{n}_j+Q_{\rho SSS}\\+\Delta_{SS}\left[\left(I_{\rho SSj}\right)_0 n_{SSj}\right]\end{matrix}\right\}_{\tilde{F}_S(x_i,t)=0}+\Delta_{SS}\left[\Delta_{SSS}(In)\right]=0\,, \tag{5.184}$$

$$\left\{\begin{matrix}\tilde{U}_j n_{SSj}+u_{SSj}\tilde{n}_j\\+\Delta_{SS}\left(u_{SSj}n_{SSj}\right)\end{matrix}\right\}_{\tilde{F}_H(x_i,t)=0}+\Delta_{SS}\left[\Delta_{HSS}(un)\right]=-\frac{\partial H_{SS}}{\partial t}\,, \tag{5.185}$$

$$\left\{\begin{matrix}\left(\tilde{\pi}_{ij}\right)_0 n_{SSj}+\left(\pi_{SSij}\right)_0\tilde{n}_j-P_{HSSi}\\+\Delta_{SS}\left[\left(\pi_{SSij}\right)_0 n_{SSj}\right]\end{matrix}\right\}_{\tilde{F}_H(x_i,t)=0}+\Delta_{SS}\left[\Delta_{HSS}(\pi n)\right]=0\,, \tag{5.186}$$

$$\left\{\begin{matrix}\left(\tilde{I}_{\rho j}\right)_0 n_{SSj}+\left(I_{\rho SSj}\right)_0\tilde{n}_j-Q_{\rho HSS}\\+\Delta_{SS}\left[\left(I_{\rho SSj}\right)_0 n_{SSj}\right]\end{matrix}\right\}_{\tilde{F}_H(x_i,t)=0}+\Delta_{SS}\left[\Delta_{HSS}(In)\right]=0\,。 \tag{5.187}$$

5.3.2　重力（波动+涡旋）和环流大运动类控制方程组

将重力（波动+涡旋）的分解式（5.21）代入湍流剩余类运动控制方程组，则我们有它的分解式。

运动方程：

$$\frac{\partial \bar{U}_j}{\partial x_j}+\frac{\partial u_{(SM+MM)j}}{\partial x_j}=0\text{，}\tag{5.188}$$

$$\begin{aligned}&\frac{\partial \bar{U}_i}{\partial t}+\bar{U}_j\frac{\partial \bar{U}_i}{\partial x_j}-2\varepsilon_{ijk}\bar{U}_j\Omega_k+\frac{\partial u_{(SM+MM)i}}{\partial t}+\bar{U}_j\frac{\partial u_{(SM+MM)i}}{\partial x_j}+u_{(SM+MM)j}\frac{\partial \bar{U}_i}{\partial x_j}+\frac{\partial}{\partial x_j}\Delta_{SM+MM}\\&\left(u_{(SM+MM)j}u_{(SM+MM)i}\right)-2\varepsilon_{ijk}u_{(SM+MM)j}\Omega_k=-\frac{1}{\rho_0}\frac{\partial \bar{p}}{\partial x_i}-g\frac{\bar{\rho}}{\rho_0}\delta_{i3}-\frac{\partial \Phi_T}{\partial x_\alpha}\delta_{\alpha i}-\frac{1}{\rho_0}\frac{\partial p_{SM+MM}}{\partial x_i}\\&-g\frac{\rho_{SM+MM}}{\rho_0}\delta_{i3}+\frac{\partial}{\partial x_j}\left(\nu_{10}\frac{\partial \bar{U}_i}{\partial x_j}\right)+\frac{\partial}{\partial x_j}\left\langle-\left\langle u_{SSj}u_{SSi}\right\rangle_{SS}-u_{(SM+MM)j}u_{(SM+MM)i}\right\rangle_{SM+MM}\\&+\frac{\partial}{\partial x_j}\left(\nu_{10}\frac{\partial u_{(SM+MM)i}}{\partial x_j}\right)+\frac{\partial}{\partial x_j}\Delta_{SM+MM}\left(-\left\langle u_{SSj}u_{SSi}\right\rangle_{SS}\right)\end{aligned}\text{，}\tag{5.189}$$

$$\begin{aligned}&\frac{\partial \bar{\rho}}{\partial t}+\bar{U}_j\frac{\partial \bar{\rho}}{\partial x_j}-\rho_0\kappa_{\eta 0}\left(\frac{\partial \bar{p}}{\partial t}+\bar{U}_j\frac{\partial \bar{p}}{\partial x_j}\right)+\frac{\partial \rho_{SM+MM}}{\partial t}+\bar{U}_j\frac{\partial \rho_{SM+MM}}{\partial x_j}+u_{(SM+MM)j}\frac{\partial \bar{\rho}}{\partial x_j}+\frac{\partial}{\partial x_j}\Delta_{SM+MM}\\&\left(u_{(SM+MM)j}\rho_{SM+MM}\right)-\rho_0\kappa_{\eta 0}\left[\frac{\partial p_{SM+MM}}{\partial t}+\bar{U}_j\frac{\partial p_{SM+MM}}{\partial x_j}+u_{(SM+MM)j}\frac{\partial \bar{p}}{\partial x_j}+\frac{\partial}{\partial x_j}\Delta_{SM+MM}\left(u_{(SM+MM)j}\right.\right.\\&\left.\left.p_{SM+MM}\right)\right]=\frac{\partial}{\partial x_j}\left(K_0\frac{\partial \bar{\rho}}{\partial x_j}\right)+\frac{\partial}{\partial x_j}\left\langle-\left\langle u_{SSj}\rho_{SS}\right\rangle_{SS}-u_{(SM+MM)j}\rho_{SM+MM}\right\rangle_{SM+MM}-\rho_0\kappa_{\eta 0}\frac{\partial}{\partial x_j}\\&\left\langle-\left\langle u_{SSj}p_{SS}\right\rangle_{SS}-u_{(SM+MM)j}p_{SM+MM}\right\rangle_{SM+MM}+\frac{\partial}{\partial x_j}\left(K_0\frac{\partial \rho_{SM+MM}}{\partial x_j}\right)+\frac{\partial}{\partial x_j}\Delta_{SM+MM}\left(-\left\langle u_{SSj}\rho_{SS}\right\rangle_{SS}\right)\\&-\rho_0\kappa_{\eta 0}\frac{\partial}{\partial x_j}\Delta_{SM+MM}\left(-\left\langle u_{SSj}p_{SS}\right\rangle_{SS}\right)+\bar{Q}_\rho+Q_{\rho SM+MM}\end{aligned}\text{；}\tag{5.190}$$

边界条件：

$$\begin{aligned}&\left\{\begin{aligned}&\bar{U}_j\bar{n}_j-\bar{P}+\left\langle\left\langle u_{SSj}n_{SSj}\right\rangle_{SS}+u_{(SM+MM)j}n_{(SM+MM)j}\right\rangle_{SM+MM}\\&+\bar{U}_jn_{(SM+MM)j}+u_{(SM+MM)j}\bar{n}_j-P_{SM+MM}\\&+\Delta_{SM+MM}\left[\left\langle u_{SSj}n_{SSj}\right\rangle_{SS}+u_{(SM+MM)j}n_{(SM+MM)j}\right]\end{aligned}\right\}_{\bar{F}_S(x_i,t)=0}\text{，}\\&+\left\langle\left\langle \Delta_{S\,SS}(un)\right\rangle_{SS}+\Delta_{S\,SM+MM}(un)\right\rangle_{SM+MM}\\&+\Delta_{SM+MM}\left[\left\langle \Delta_{S\,SS}(un)\right\rangle_{SS}+\Delta_{S\,SM+MM}(un)\right]=\frac{\partial \bar{\zeta}}{\partial t}+\frac{\partial \zeta_{SM+MM}}{\partial t}\end{aligned}\tag{5.191}$$

$$\left\{\begin{array}{l}\left(\bar{\pi}_{ij}\right)_0\bar{n}_j-\bar{P}_{Si}\\+\left(\bar{\pi}_{ij}\right)_0 n_{(SM+MM)j}+\left(\pi_{(SM+MM)ij}\right)_0\bar{n}_j-P_{S(SM+MM)i}\\+\left\langle\left\langle\left(\pi_{SSij}\right)_0 n_{SSj}\right\rangle_{SS}+\left(\pi_{(SM+MM)ij}\right)_0 n_{(SM+MM)j}\right\rangle_{SM+MM}\\+\Delta_{SM+MM}\left[\left\langle\left(\pi_{SSij}\right)_0 n_{SSj}\right\rangle_{SS}+\left(\pi_{(SM+MM)ij}\right)_0 n_{(SM+MM)j}\right]\end{array}\right\}_{\bar{F}_S(x_i,t)=0}, \tag{5.192}$$
$$+\left\langle\left\langle\Delta_{S\,SS}(\pi n)\right\rangle_{SS}+\Delta_{S\,SM+MM}(\pi n)\right\rangle_{SM+MM}$$
$$+\Delta_{SM+MM}\left[\left\langle\Delta_{S\,SS}(\pi n)\right\rangle_{SS}+\Delta_{S\,SM+MM}(\pi n)\right]=0$$

$$\left\{\begin{array}{l}\left(\bar{I}_{\rho j}\right)_0\bar{n}_j+\bar{Q}_{\rho S}+\left(\bar{I}_{\rho j}\right)_0 n_{(SM+MM)j}+\left(I_{\rho(SM+MM)j}\right)_0\bar{n}_j+Q_{\rho S\,SM+MM}\\+\left\langle\left\langle\left(I_{\rho SSj}\right)_0 n_{SSj}\right\rangle_{SS}+\left(I_{\rho(SM+MM)j}\right)_0 n_{(SM+MM)j}\right\rangle_{SM+MM}\\+\Delta_{SM+MM}\left[\left\langle\left(I_{\rho SSj}\right)_0 n_{SSj}\right\rangle_{SS}+\left(I_{\rho(SM+MM)j}\right)_0 n_{(SM+MM)j}\right]\end{array}\right\}_{\bar{F}_S(x_i,t)=0}, \tag{5.193}$$
$$+\left\langle\left\langle\Delta_{S\,SS}(In)\right\rangle_{SS}+\Delta_{S\,SM+MM}(In)\right\rangle_{SM+MM}$$
$$+\Delta_{SM+MM}\left[\left\langle\Delta_{S\,SS}(In)\right\rangle_{SS}+\Delta_{S\,SM+MM}(In)\right]=0$$

$$\left\{\begin{array}{l}\bar{U}_j\bar{n}_j+\bar{U}_j n_{(SM+MM)j}+u_{(SM+MM)j}\bar{n}_j\\+\left\langle\left\langle u_{SSj}n_{SSj}\right\rangle_{SS}+u_{(SM+MM)j}n_{(SM+MM)j}\right\rangle_{SM+MM}\\+\Delta_{SM+MM}\left[\left\langle u_{SSj}n_{SSj}\right\rangle_{SS}+u_{(SM+MM)j}n_{(SM+MM)j}\right]\end{array}\right\}_{\bar{F}_H(x_i,t)=0}, \tag{5.194}$$
$$+\left\langle\left\langle\Delta_{H\,SS}(un)\right\rangle_{SS}+\Delta_{H\,SM+MM}(un)\right\rangle_{SM+MM}$$
$$+\Delta_{SM+MM}\left[\left\langle\Delta_{H\,SS}(un)\right\rangle_{SS}+\Delta_{H\,SM+MM}(un)\right]=-\frac{\partial\bar{H}}{\partial t}-\frac{\partial H_{SM+MM}}{\partial t}$$

$$\left\{\begin{array}{l}\left(\bar{\pi}_{ij}\right)_0\bar{n}_j-\bar{P}_{Hi}+\left(\bar{\pi}_{ij}\right)_0 n_{(SM+MM)j}+\left(\pi_{(SM+MM)ij}\right)_0\bar{n}_j-P_{H(SM+MM)i}\\+\left\langle\left\langle\left(\pi_{SSij}\right)_0 n_{SSj}\right\rangle_{SS}+\left(\pi_{(SM+MM)ij}\right)_0 n_{(SM+MM)j}\right\rangle_{SM+MM}\\+\Delta_{SM+MM}\left[\left\langle\left(\pi_{SSij}\right)_0 n_{SSj}\right\rangle_{SS}+\left(\pi_{(SM+MM)ij}\right)_0 n_{(SM+MM)j}\right]\end{array}\right\}_{\bar{F}_H(x_i,t)=0}, \tag{5.195}$$
$$+\left\langle\left\langle\Delta_{H\,SS}(\pi n)\right\rangle_{SS}+\Delta_{H\,SM+MM}(\pi n)\right\rangle_{SM+MM}$$
$$+\Delta_{SM+MM}\left[\left\langle\Delta_{H\,SS}(\pi n)\right\rangle_{SS}+\Delta_{H\,SM+MM}(\pi n)\right]=0$$

$$\left.\begin{cases}\left(\bar{I}_{\rho j}\right)_0\bar{n}_j-\bar{Q}_{\rho H}+\left(\bar{I}_{\rho j}\right)_0 n_{(SM+MM)j}+\left(I_{\rho(SM+MM)j}\right)_0\bar{n}_j-Q_{\rho H\,SM+MM}\\+\left\langle\left\langle\left(I_{\rho SSj}\right)_0 n_{SSj}\right\rangle_{SS}+\left(I_{\rho(SM+MM)j}\right)_0 n_{(SM+MM)j}\right\rangle_{SM+MM}\\+\Delta_{SM+MM}\left[\left\langle\left(I_{\rho SSj}\right)_0 n_{SSj}\right\rangle_{SS}+\left(I_{\rho(SM+MM)j}\right)_0 n_{(SM+MM)j}\right]\end{cases}\right\}_{\bar{F}_H(x_i,t)=0} \qquad (5.196)$$

$$+\left\langle\left\langle\Delta_{H\,SS}(In)\right\rangle_{SS}+\Delta_{H\,SM+MM}(In)\right\rangle_{SM+MM}$$

$$+\Delta_{SM+MM}\left[\left\langle\Delta_{H\,SS}(In)\right\rangle_{SS}+\Delta_{H\,SM+MM}(In)\right]=0$$

其中从湍流剩余类运动到环流的海面和海底边界替代附加项可写成

$$\Delta_{S\,SM+MM}(un)=\left.\begin{cases}\bar{U}_j\bar{n}_j-\bar{P}+\bar{U}_j n_{(SM+MM)j}+u_{(SM+MM)j}\bar{n}_j-P_{SM+MM}\\+\left\langle\left\langle u_{SSj}n_{SSj}\right\rangle_{SS}+u_{(SM+MM)j}n_{(SM+MM)j}\right\rangle_{SM+MM}\\+\Delta_{SM+MM}\left[\left\langle u_{SSj}n_{SSj}\right\rangle_{SS}+u_{(SM+MM)j}n_{(SM+MM)j}\right]\end{cases}\right\}_{\bar{F}_S(x_i,t)=0}^{\bar{F}_S(x_i,t)=0}, \qquad (5.197)$$

$$\Delta_{S\,SM+MM}(\pi n)=\left.\begin{cases}\left(\bar{\pi}_{ij}\right)_0\bar{n}_j-\bar{P}_{Si}+\left(\bar{\pi}_{ij}\right)_0 n_{(SM+MM)j}+\left(\pi_{(SM+MM)ij}\right)_0\bar{n}_j-P_{S(SM+MM)i}\\+\left\langle\left\langle\left(\pi_{SSij}\right)_0 n_{SSj}\right\rangle_{SS}+\left(\pi_{(SM+MM)ij}\right)_0 n_{(SM+MM)j}\right\rangle_{SM+MM}\\+\Delta_{SM+MM}\left[\left\langle\left(\pi_{SSij}\right)_0 n_{SSj}\right\rangle_{SS}+\left(\pi_{(SM+MM)ij}\right)_0 n_{(SM+MM)j}\right]\end{cases}\right\}_{\bar{F}_S(x_i,t)=0}^{\bar{F}_S(x_i,t)=0}, \qquad (5.198)$$

$$\Delta_{S\,SM+MM}(In)=\left.\begin{cases}\left(\bar{I}_{\rho j}\right)_0\bar{n}_j+\bar{Q}_{\rho S}+\left(\bar{I}_{\rho j}\right)_0 n_{(SM+MM)j}+\left(I_{\rho(SM+MM)j}\right)_0\bar{n}_j+Q_{\rho S\,SM+MM}\\+\left\langle\left\langle\left(I_{\rho SSj}\right)_0 n_{SSj}\right\rangle_{SS}+\left(I_{\rho(SM+MM)j}\right)_0 n_{(SM+MM)j}\right\rangle_{SM+MM}\\+\Delta_{SM+MM}\left[\left\langle\left(I_{\rho SSj}\right)_0 n_{SSj}\right\rangle_{SS}+\left(I_{\rho(SM+MM)j}\right)_0 n_{(SM+MM)j}\right]\end{cases}\right\}_{\bar{F}_S(x_i,t)=0}^{\bar{F}_S(x_i,t)=0},$$

(5.199)

$$\Delta_{H\,SM+MM}(un)=\left.\begin{cases}\bar{U}_j\bar{n}_j+\bar{U}_j n_{(SM+MM)j}+u_{(SM+MM)j}\bar{n}_j\\+\left\langle\left\langle u_{SSj}n_{SSj}\right\rangle_{SS}+u_{(SM+MM)j}n_{(SM+MM)j}\right\rangle_{SM+MM}\\+\Delta_{SM+MM}\left[\left\langle u_{SSj}n_{SSj}\right\rangle_{SS}+u_{(SM+MM)j}n_{(SM+MM)j}\right]\end{cases}\right\}_{\bar{F}_H(x_i,t)=0}^{\bar{F}_H(x_i,t)=0}, \qquad (5.200)$$

$$\Delta_{H\,SM+MM}(\pi n)=\left\{\begin{array}{l}\left(\bar{\pi}_{ij}\right)_0\bar{n}_j-\bar{P}_{Hi}+\left(\bar{\pi}_{ij}\right)_0 n_{(SM+MM)j}+\left(\pi_{(SM+MM)ij}\right)_0\bar{n}_j-P_{H(SM+MM)i}\\+\left\langle\left\langle\left(\pi_{SSij}\right)_0 n_{SSj}\right\rangle_{SS}+\left(\pi_{(SM+MM)ij}\right)_0 n_{(SM+MM)j}\right\rangle_{SM+MM}\\+\Delta_{SM+MM}\left[\left\langle\left(\pi_{SSij}\right)_0 n_{SSj}\right\rangle_{SS}+\left(\pi_{(SM+MM)ij}\right)_0 n_{(SM+MM)j}\right]\end{array}\right\}_{\bar{F}_H(x_i,t)=0}^{\bar{F}_H(x_i,t)=0}, \tag{5.201}$$

$$\Delta_{H\,SM+MM}(In)=\left\{\begin{array}{l}\left(\bar{I}_{\rho j}\right)_0\bar{n}_j-\bar{Q}_{\rho H}+\left(\bar{I}_{\rho j}\right)_0 n_{(SM+MM)j}+\left(I_{\rho(SM+MM)j}\right)_0\bar{n}_j-Q_{\rho H\,SM+MM}\\+\left\langle\left\langle\left(I_{\rho SSj}\right)_0 n_{SSj}\right\rangle_{SS}+\left(I_{\rho(SM+MM)j}\right)_0 n_{(SM+MM)j}\right\rangle_{SM+MM}\\+\Delta_{SM+MM}\left[\left\langle\left(I_{\rho SSj}\right)_0 n_{SSj}\right\rangle_{SS}+\left(I_{\rho(SM+MM)j}\right)_0 n_{(SM+MM)j}\right]\end{array}\right\}_{\bar{F}_H(x_i,t)=0}^{\bar{F}_H(x_i,t)=0}。 \tag{5.202}$$

将重力（波动+涡旋）集合上定义的Reynolds平均作用于湍流剩余类运动控制方程组的分解-合成表示式，则我们有环流大运动类控制方程组。

1. 地转力环流大运动类控制方程组

运动方程：

$$\frac{\partial\bar{U}_j}{\partial x_j}=0\,, \tag{5.203}$$

$$\begin{aligned}&\frac{\partial\bar{U}_i}{\partial t}+\bar{U}_j\frac{\partial\bar{U}_i}{\partial x_j}-2\varepsilon_{ijk}\bar{U}_j\Omega_k=-\frac{1}{\rho_0}\frac{\partial\bar{p}}{\partial x_i}-g\frac{\bar{\rho}}{\rho_0}\delta_{i3}-\frac{\partial\Phi_T}{\partial x_\alpha}\delta_{\alpha i}\\&+\frac{\partial}{\partial x_j}\left(\nu_{10}\frac{\partial\bar{U}_i}{\partial x_j}\right)+\frac{\partial}{\partial x_j}\left\langle-\left\langle u_{SSj}u_{SSi}\right\rangle_{SS}-u_{(SM+MM)j}u_{(SM+MM)i}\right\rangle_{SM+MM}\end{aligned}, \tag{5.204}$$

$$\begin{aligned}&\frac{\partial\bar{\rho}}{\partial t}+\bar{U}_j\frac{\partial\bar{\rho}}{\partial x_j}-\rho_0\kappa_{\eta0}\left(\frac{\partial\bar{p}}{\partial t}+\bar{U}_j\frac{\partial\bar{p}}{\partial x_j}\right)=\frac{\partial}{\partial x_j}\left(K_0\frac{\partial\bar{\rho}}{\partial x_j}\right)\\&+\frac{\partial}{\partial x_j}\left\langle-\left\langle u_{SSj}\rho_{SS}\right\rangle_{SS}-u_{(SM+MM)j}\rho_{SM+MM}\right\rangle_{SM+MM}\\&-\rho_0\kappa_{\eta0}\frac{\partial}{\partial x_j}\left\langle-\left\langle u_{SSj}p_{SS}\right\rangle_{SS}-u_{(SM+MM)j}p_{SM+MM}\right\rangle_{SM+MM}+\bar{Q}_\rho\end{aligned}; \tag{5.205}$$

边界条件：

$$\left\{\begin{aligned}&\bar{U}_j\bar{n}_j-\bar{P}\\&+\left\langle\left\langle u_{SSj}n_{SSj}\right\rangle_{SS}+u_{(SM+MM)j}n_{(SM+MM)j}\right\rangle_{SM+MM}\end{aligned}\right\}_{\bar{F}_S(x_i,t)=0},\quad(5.206)$$
$$+\left\langle\left\langle\Delta_{S\,SS}(un)\right\rangle_{SS}+\Delta_{S\,SM+MM}(un)\right\rangle_{SM+MM}=\frac{\partial\bar{\zeta}}{\partial t}$$

$$\left\{\begin{aligned}&\left(\bar{\pi}_{ij}\right)_0\bar{n}_j-\bar{P}_{Si}\\&+\left\langle\left\langle\left(\pi_{SSij}\right)_0n_{SSj}\right\rangle_{SS}+\left(\pi_{(SM+MM)ij}\right)_0n_{(SM+MM)j}\right\rangle_{SM+MM}\end{aligned}\right\}_{\bar{F}_S(x_i,t)=0},\quad(5.207)$$
$$+\left\langle\left\langle\Delta_{S\,SS}(\pi n)\right\rangle_{SS}+\Delta_{S\,SM+MM}(\pi n)\right\rangle_{SM+MM}=0$$

$$\left\{\begin{aligned}&\left(\bar{I}_{\rho j}\right)_0\bar{n}_j+\bar{Q}_{\rho S}+\\&\left\langle\left\langle\left(I_{\rho SSj}\right)_0n_{SSj}\right\rangle_{SS}+\left(I_{\rho(SM+MM)j}\right)_0n_{(SM+MM)j}\right\rangle_{SM+MM}\end{aligned}\right\}_{\bar{F}_S(x_i,t)=0},\quad(5.208)$$
$$+\left\langle\left\langle\Delta_{S\,SS}(In)\right\rangle_{SS}+\Delta_{S\,SM+MM}(In)\right\rangle_{SM+MM}=0$$

$$\left\{\begin{aligned}&\bar{U}_j\bar{n}_j\\&+\left\langle\left\langle u_{SSj}n_{SSj}\right\rangle_{SS}+u_{(SM+MM)j}n_{(SM+MM)j}\right\rangle_{SM+MM}\end{aligned}\right\}_{\bar{F}_H(x_i,t)=0},\quad(5.209)$$
$$+\left\langle\left\langle\Delta_{H\,SS}(un)\right\rangle_{SS}+\Delta_{H\,SM+MM}(un)\right\rangle_{SM+MM}=-\frac{\partial\bar{H}}{\partial t}$$

$$\left\{\begin{aligned}&\left(\bar{\pi}_{ij}\right)_0\bar{n}_j-\bar{P}_{Hi}\\&+\left\langle\left\langle\left(\pi_{SSij}\right)_0n_{SSj}\right\rangle_{SS}+\left(\pi_{(SM+MM)ij}\right)_0n_{(SM+MM)j}\right\rangle_{SM+MM}\end{aligned}\right\}_{\bar{F}_H(x_i,t)=0},\quad(5.210)$$
$$+\left\langle\left\langle\Delta_{H\,SS}(\pi n)\right\rangle_{SS}+\Delta_{H\,SM+MM}(\pi n)\right\rangle_{SM+MM}=0$$

$$\left\{\begin{aligned}&\left(\bar{I}_{\rho j}\right)_0\bar{n}_j-\bar{Q}_{\rho H}\\&+\left\langle\left\langle\left(I_{\rho SSj}\right)_0n_{SSj}\right\rangle_{SS}+\left(I_{\rho(SM+MM)j}\right)_0n_{(SM+MM)j}\right\rangle_{SM+MM}\end{aligned}\right\}_{\bar{F}_H(x_i,t)=0}。\quad(5.211)$$
$$+\left\langle\left\langle\Delta_{H\,SS}(In)\right\rangle_{SS}+\Delta_{H\,SM+MM}(In)\right\rangle_{SM+MM}=0$$

由湍流剩余类运动控制方程组分解合成表示式减去所得的环流大运动类控制方程组，则我们有重力（波动+涡流）大运动类控制方程组。

2. 重力（波动+涡旋）大运动类控制方程组

运动方程：

$$\frac{\partial u_{(SM+MM)j}}{\partial x_j}=0\,, \tag{5.212}$$

$$\frac{\partial u_{(SM+MM)i}}{\partial t}+\bar{U}_j\frac{\partial u_{(SM+MM)i}}{\partial x_j}+u_{(SM+MM)j}\frac{\partial \bar{U}_i}{\partial x_j}+\frac{\partial}{\partial x_j}\Delta_{SM+MM}$$
$$\left(u_{(SM+MM)j}u_{(SM+MM)i}\right)-2\varepsilon_{ijk}u_{(SM+MM)j}\Omega_k=-\frac{1}{\rho_0}\frac{\partial p_{SM+MM}}{\partial x_i} \quad , \tag{5.213}$$
$$-g\frac{\rho_{SM+MM}}{\rho_0}\delta_{i3}+\frac{\partial}{\partial x_j}\left(\nu_{10}\frac{\partial u_{(SM+MM)i}}{\partial x_j}\right)+\frac{\partial}{\partial x_j}\left(-\Delta_{SM+MM}\left\langle u_{SSj}u_{SSi}\right\rangle_{SS}\right)$$

$$\frac{\partial \rho_{SM+MM}}{\partial t}+\bar{U}_j\frac{\partial \rho_{SM+MM}}{\partial x_j}+u_{(SM+MM)j}\frac{\partial \bar{\rho}}{\partial x_j}+\frac{\partial}{\partial x_j}\Delta_{SM+MM}\left(u_{(SM+MM)j}\rho_{SM+MM}\right)$$
$$-\rho_0\kappa_{\eta 0}\left[\frac{\partial p_{SM+MM}}{\partial t}+\bar{U}_j\frac{\partial p_{SM+MM}}{\partial x_j}+u_{(SM+MM)j}\frac{\partial \bar{p}}{\partial x_j}+\frac{\partial}{\partial x_j}\Delta_{SM+MM}\right.$$
$$\left.\left(u_{(SM+MM)j}p_{SM+MM}\right)\right]=\frac{\partial}{\partial x_j}\left(K_0\frac{\partial \rho_{SM+MM}}{\partial x_j}\right)+\frac{\partial}{\partial x_j}\Delta_{SM+MM}\left(-\left\langle u_{SSj}\rho_{SS}\right\rangle_{SS}\right) \quad ; \tag{5.214}$$
$$-\rho_0\kappa_{\eta 0}\frac{\partial}{\partial x_j}\Delta_{SM+MM}\left(-\left\langle u_{SSj}p_{SS}\right\rangle_{SS}\right)+Q_{\rho SM+MM}$$

边界条件：

$$\left.\begin{Bmatrix}\bar{U}_j n_{(SM+MM)j}+u_{(SM+MM)j}\bar{n}_j-P_{SM+MM}\\ +\Delta_{SM+MM}\left[\left\langle u_{SSj}n_{SSj}\right\rangle_{SS}+u_{(SM+MM)j}n_{(SM+MM)j}\right]\end{Bmatrix}\right|_{\bar{F}_S(x_i,t)=0}, \tag{5.215}$$
$$+\Delta_{SM+MM}\left[\left\langle \Delta_{SSS}(un)\right\rangle_{SS}+\Delta_{SSM+MM}(un)\right]=\frac{\partial \zeta_{SM+MM}}{\partial t}$$

$$\left.\begin{Bmatrix}\left(\bar{\pi}_{ij}\right)_0 n_{(SM+MM)j}+\left(\pi_{(SM+MM)ij}\right)_0\bar{n}_j-P_{S(SM+MM)i}\\ +\Delta_{SM+MM}\left[\left\langle\left(\pi_{SSij}\right)_0 n_{SSj}\right\rangle_{SS}+\left(\pi_{(SM+MM)ij}\right)_0 n_{(SM+MM)j}\right]\end{Bmatrix}\right|_{\bar{F}_S(x_i,t)=0}, \tag{5.216}$$
$$+\Delta_{SM+MM}\left[\left\langle \Delta_{SSS}(\pi n)\right\rangle_{SS}+\Delta_{SSM+MM}(\pi n)\right]=0$$

$$\left.\begin{Bmatrix}\left(\bar{I}_{\rho j}\right)_0 n_{(SM+MM)j}+\left(I_{\rho(SM+MM)j}\right)_0\bar{n}_j+Q_{\rho SSM+MM}\\ +\Delta_{SM+MM}\left[\left\langle\left(I_{\rho SSj}\right)_0 n_{SSj}\right\rangle_{SS}+\left(I_{\rho(SM+MM)j}\right)_0 n_{(SM+MM)j}\right]\end{Bmatrix}\right|_{\bar{F}_S(x_i,t)=0}, \tag{5.217}$$
$$+\Delta_{SM+MM}\left[\left\langle \Delta_{SSS}(In)\right\rangle_{SS}+\Delta_{SSM+MM}(In)\right]=0$$

$$\left.\begin{Bmatrix}\bar{U}_j n_{(SM+MM)j}+u_{(SM+MM)j}\bar{n}_j\\ +\Delta_{SM+MM}\left[\left\langle u_{SSj}n_{SSj}\right\rangle_{SS}+u_{(SM+MM)j}n_{(SM+MM)j}\right]\end{Bmatrix}\right|_{\bar{F}_H(x_i,t)=0} \quad , \tag{5.218}$$
$$+\Delta_{SM+MM}\left[\left\langle \Delta_{HSS}(un)\right\rangle_{SS}+\Delta_{HSM+MM}(un)\right]=-\frac{\partial H_{SM+MM}}{\partial t}$$

$$\left\{\begin{array}{l}\left(\overline{\pi}_{ij}\right)_0 n_{(SM+MM)j}+\left(\pi_{(SM+MM)ij}\right)_0 \overline{n}_j-P_{H(SM+MM)i}\\+\Delta_{SM+MM}\left[\left\langle\left(\pi_{SSij}\right)_0 n_{SSj}\right\rangle_{SS}+\left(\pi_{(SM+MM)ij}\right)_0 n_{(SM+MM)j}\right]\\+\Delta_{SM+MM}\left[\left\langle\Delta_{H\,SS}\left(\pi n\right)\right\rangle_{SS}+\Delta_{H\,SM+MM}\left(\pi n\right)\right]=0\end{array}\right\}_{\overline{F}_H(x_i,t)=0}, \tag{5.219}$$

$$\left\{\begin{array}{l}\left(\overline{I}_{\rho j}\right)_0 n_{(SM+MM)j}+\left(I_{\rho(SM+MM)j}\right)_0 \overline{n}_j-Q_{\rho H\,SM+MM}\\+\Delta_{SM+MM}\left[\left\langle\left(I_{\rho SSj}\right)_0 n_{SSj}\right\rangle_{SS}+\left(I_{\rho(SM+MM)j}\right)_0 n_{(SM+MM)j}\right]\\+\Delta_{SM+MM}\left[\left\langle\Delta_{H\,SS}\left(In\right)\right\rangle_{SS}+\Delta_{H\,SM+MM}\left(In\right)\right]=0\end{array}\right\}_{\overline{F}_H(x_i,t)=0}。 \tag{5.220}$$

5.3.3　重力波动和重力涡旋标准运动类控制方程组对

这样，我们可以按其重力（波动+涡旋）垂直动量平衡方程时间变化项的有无和对等劈分其他项的原则，分别得到重力波动标准运动类控制方程组和重力涡旋标准运动类控制方程组。

1. 重力波动标准运动类控制方程组

运动方程：

$$\frac{\partial u_{SMj}}{\partial x_j}=0, \tag{5.221}$$

$$\begin{array}{l}\dfrac{\partial u_{SMi}}{\partial t}+\overline{U}_j\dfrac{\partial u_{SMi}}{\partial x_j}+u_{SMj}\dfrac{\partial \overline{U}_i}{\partial x_j}+\dfrac{\partial}{\partial x_j}\Delta_{SM}\left[\left(u_{SMj}+u_{MMj}\right)\left(u_{SMi}+u_{MMi}\right)\right]-2\varepsilon_{ijk}u_{SMj}\Omega_k\\=-\dfrac{1}{\rho_0}\dfrac{\partial p_{SM}}{\partial x_i}-g\dfrac{\rho_{SM}}{\rho_0}\delta_{i3}+\dfrac{\partial}{\partial x_j}\left(\nu_{10}\dfrac{\partial u_{SMi}}{\partial x_j}\right)+\dfrac{\partial}{\partial x_j}\Delta_{SM}\left(-\left\langle u_{SSj}u_{SSi}\right\rangle_{SS}\right)\end{array}, \tag{5.222}$$

$$\begin{array}{l}\dfrac{\partial \rho_{SM}}{\partial t}+\overline{U}_j\dfrac{\partial \rho_{SM}}{\partial x_j}+u_{SMj}\dfrac{\partial \overline{\rho}}{\partial x_j}+\dfrac{\partial}{\partial x_j}\Delta_{SM}\left[\left(u_{SMj}+u_{MMj}\right)\left(\rho_{SM}+\rho_{MM}\right)\right]\\-\rho_0\kappa_{\eta 0}\left\{\dfrac{\partial p_{SM}}{\partial t}+\overline{U}_j\dfrac{\partial p_{SM}}{\partial x_j}+u_{SMj}\dfrac{\partial \overline{p}}{\partial x_j}+\dfrac{\partial}{\partial x_j}\Delta_{SM}\left[\left(u_{SMj}+u_{MMj}\right)\left(p_{SM}+p_{MM}\right)\right]\right\}\\=\dfrac{\partial}{\partial x_j}\left(K_0\dfrac{\partial \rho_{SM}}{\partial x_j}\right)+\dfrac{\partial}{\partial x_j}\Delta_{SM}\left(-\left\langle u_{SSj}\rho_{SS}\right\rangle_{SS}\right)-\rho_0\kappa_{\eta 0}\dfrac{\partial}{\partial x_j}\Delta_{SM}\left(-\left\langle u_{SSj}p_{SS}\right\rangle_{SS}\right)+Q_{\rho SM}\end{array}; \tag{5.223}$$

边界条件：

$$\left\{\begin{array}{l}\bar{U}_j n_{SMj} + u_{SMj}\bar{n}_j - P_{SM} \\ +\Delta_{SM}\left[\left\langle u_{SSj} n_{SSj}\right\rangle_{SS} + u_{(SM+MM)j} n_{(SM+MM)j}\right] \\ +\Delta_{SM}\left[\left\langle \Delta_{S\,SS}(un)\right\rangle_{SS} + \Delta_{S\,SM+MM}(un)\right] = \dfrac{\partial \zeta_{SM}}{\partial t}\end{array}\right\}_{\bar{F}_S(x_i,t)=0}, \tag{5.224}$$

$$\left\{\begin{array}{l}\left(\bar{\pi}_{ij}\right)_0 n_{SMj} + \left(\pi_{SM\,ij}\right)_0 \bar{n}_j - P_{S\,SM\,i} \\ +\Delta_{SM}\left[\left\langle \left(\pi_{SS\,ij}\right)_0 n_{SSj}\right\rangle_{SS} + \left(\pi_{(SM+MM)ij}\right)_0 n_{(SM+MM)j}\right] \\ +\Delta_{SM}\left[\left\langle \Delta_{S\,SS}(\pi n)\right\rangle_{SS} + \Delta_{S\,SM+MM}(\pi n)\right] = 0\end{array}\right\}_{\bar{F}_S(x_i,t)=0}, \tag{5.225}$$

$$\left\{\begin{array}{l}\left(\bar{I}_{\rho j}\right)_0 n_{SMj} + \left(I_{\rho SMj}\right)_0 \bar{n}_j + Q_{\rho S\,SM} \\ +\Delta_{SM}\left[\left\langle \left(I_{\rho SSj}\right)_0 n_{SSj}\right\rangle_{SS} + \left(I_{\rho(SM+MM)j}\right)_0 n_{(SM+MM)j}\right] \\ +\Delta_{SM}\left[\left\langle \Delta_{S\,SS}(In)\right\rangle_{SS} + \Delta_{S\,SM+MM}(In)\right] = 0\end{array}\right\}_{\bar{F}_S(x_i,t)=0}, \tag{5.226}$$

$$\left\{\begin{array}{l}\bar{U}_j n_{SMj} + u_{SMj}\bar{n}_j \\ +\Delta_{SM}\left[\left\langle u_{SSj} n_{SSj}\right\rangle_{SS} + u_{(SM+MM)j} n_{(SM+MM)j}\right] \\ +\Delta_{SM}\left[\left\langle \Delta_{H\,SS}(un)\right\rangle_{SS} + \Delta_{H\,SM+MM}(un)\right] = -\dfrac{\partial H_{SM}}{\partial t}\end{array}\right\}_{\bar{F}_H(x_i,t)=0}, \tag{5.227}$$

$$\left\{\begin{array}{l}\left(\bar{\pi}_{ij}\right)_0 n_{SMj} + \left(\pi_{SM\,ij}\right)_0 \bar{n}_j - P_{H\,SM\,i} \\ +\Delta_{SM}\left[\left\langle \left(\pi_{SS\,ij}\right)_0 n_{SSj}\right\rangle_{SS} + \left(\pi_{(SM+MM)ij}\right)_0 n_{(SM+MM)j}\right] \\ +\Delta_{SM}\left[\left\langle \Delta_{H\,SS}(\pi n)\right\rangle_{SS} + \Delta_{H\,SM+MM}(\pi n)\right] = 0\end{array}\right\}_{\bar{F}_H(x_i,t)=0}, \tag{5.228}$$

$$\left\{\begin{array}{l}\left(\bar{I}_{\rho j}\right)_0 n_{SMj} + \left(I_{\rho SMj}\right)_0 \bar{n}_j - Q_{\rho H\,SM} \\ +\Delta_{SM}\left[\left\langle \left(I_{\rho SSj}\right)_0 n_{SSj}\right\rangle_{SS} + \left(I_{\rho(SM+MM)j}\right)_0 n_{(SM+MM)j}\right] \\ +\Delta_{SM}\left[\left\langle \Delta_{H\,SS}(In)\right\rangle_{SS} + \Delta_{H\,SM+MM}(In)\right] = 0\end{array}\right\}_{\bar{F}_H(x_i,t)=0}。 \tag{5.229}$$

2. 重力涡旋标准运动类控制方程组

运动方程：

$$\frac{\partial u_{MMj}}{\partial x_j} = 0, \tag{5.230}$$

$$\begin{array}{l}(1-\delta_{i3})\dfrac{\partial u_{MMi}}{\partial t} + \bar{U}_j\dfrac{\partial u_{MMi}}{\partial x_j} + u_{MMj}\dfrac{\partial \bar{U}_i}{\partial x_j} + \dfrac{\partial}{\partial x_j}\Delta_{MM}\left(u_{(SM+MM)j}u_{(SM+MM)i}\right) \\ -2\varepsilon_{ijk}u_{MMj}\Omega_k = -\dfrac{1}{\rho_0}\dfrac{\partial p_{MM}}{\partial x_i} - g\dfrac{\rho_{MM}}{\rho_0}\delta_{i3} + \dfrac{\partial}{\partial x_j}\left(\nu_{10}\dfrac{\partial u_{MMi}}{\partial x_j}\right) \\ +\dfrac{\partial}{\partial x_j}\Delta_{MM}\left(-\left\langle u_{SSj}u_{SSi}\right\rangle_{SS}\right)\end{array}, \tag{5.231}$$

$$
\begin{aligned}
&\frac{\partial \rho_{MM}}{\partial t}+\bar{U}_j\frac{\partial \rho_{MM}}{\partial x_j}+u_{MMj}\frac{\partial \bar{\rho}}{\partial x_j}+\frac{\partial}{\partial x_j}\Delta_{MM}\left(u_{(SM+MM)j}\rho_{SM+MM}\right)\\
&-\rho_0\kappa_{\eta 0}\left[\frac{\partial p_{MM}}{\partial t}+\bar{U}_j\frac{\partial p_{MM}}{\partial x_j}+u_{MMj}\frac{\partial \bar{p}}{\partial x_j}+\frac{\partial}{\partial x_j}\Delta_{MM}\left(u_{(SM+MM)j}p_{SM+MM}\right)\right] \qquad ; \qquad (5.232)\\
&=\frac{\partial}{\partial x_j}\left(K_0\frac{\partial \rho_{MM}}{\partial x_j}\right)+\frac{\partial}{\partial x_j}\Delta_{MM}\left(-\left\langle u_{SSj}\rho_{SS}\right\rangle_{SS}\right)-\rho_0\kappa_{\eta 0}\frac{\partial}{\partial x_j}\Delta_{MM}\left(-\left\langle u_{SSj}p_{SS}\right\rangle_{SS}\right)+Q_{\rho MM}
\end{aligned}
$$

边界条件：

$$
\begin{aligned}
&\left\{\begin{aligned}&\bar{U}_j n_{MMj}+u_{MMj}\bar{n}_j-P_{MM}\\&+\Delta_{MM}\left[\left\langle u_{SSj}n_{SSj}\right\rangle_{SS}+u_{(SM+MM)j}n_{(SM+MM)j}\right]\end{aligned}\right\}_{\bar{F}_S(x_i,t)=0}, \qquad (5.233)\\
&+\Delta_{MM}\left[\left\langle \Delta_{S\,SS}(un)\right\rangle_{SS}+\Delta_{S\,SM+MM}(un)\right]=\frac{\partial \zeta_{MM}}{\partial t}
\end{aligned}
$$

$$
\begin{aligned}
&\left\{\begin{aligned}&\left(\bar{\pi}_{ij}\right)_0 n_{MMj}+\left(\pi_{MM\,ij}\right)_0\bar{n}_j-P_{S\,MM\,i}\\&+\Delta_{MM}\left[\left\langle\left(\pi_{SS\,ij}\right)_0 n_{SSj}\right\rangle_{SS}+\left(\pi_{(SM+MM)ij}\right)_0 n_{(SM+MM)j}\right]\end{aligned}\right\}_{\bar{F}_S(x_i,t)=0}, \qquad (5.234)\\
&+\Delta_{MM}\left[\left\langle \Delta_{S\,SS}(\pi n)\right\rangle_{SS}+\Delta_{S\,SM+MM}(\pi n)\right]=0
\end{aligned}
$$

$$
\begin{aligned}
&\left\{\begin{aligned}&\left(\bar{I}_{\rho j}\right)_0 n_{MMj}+\left(I_{\rho\,MMj}\right)_0\bar{n}_j+Q_{\rho S\,MM}\\&+\Delta_{MM}\left[\left\langle\left(I_{\rho SSj}\right)_0 n_{SSj}\right\rangle_{SS}+\left(I_{\rho(SM+MM)j}\right)_0 n_{(SM+MM)j}\right]\end{aligned}\right\}_{\bar{F}_S(x_i,t)=0}, \qquad (5.235)\\
&+\Delta_{MM}\left[\left\langle \Delta_{S\,SS}(In)\right\rangle_{SS}+\Delta_{S\,SM+MM}(In)\right]=0
\end{aligned}
$$

$$
\begin{aligned}
&\left\{\begin{aligned}&\bar{U}_j n_{MMj}+u_{MMj}\bar{n}_j\\&+\Delta_{MM}\left[\left\langle u_{SSj}n_{SSj}\right\rangle_{SS}+u_{(SM+MM)j}n_{(SM+MM)j}\right]\end{aligned}\right\}_{\bar{F}_H(x_i,t)=0}, \qquad (5.236)\\
&+\Delta_{MM}\left[\left\langle \Delta_{H\,SS}(un)\right\rangle_{SS}+\Delta_{H\,SM+MM}(un)\right]=-\frac{\partial H_{MM}}{\partial t}
\end{aligned}
$$

$$
\begin{aligned}
&\left\{\begin{aligned}&\left(\bar{\pi}_{ij}\right)_0 n_{MMj}+\left(\pi_{MM\,ij}\right)_0\bar{n}_j-P_{H\,MM\,i}\\&+\Delta_{MM}\left[\left\langle\left(\pi_{SS\,ij}\right)_0 n_{SSj}\right\rangle_{SS}+\left(\pi_{(SM+MM)ij}\right)_0 n_{(SM+MM)j}\right]\end{aligned}\right\}_{\bar{F}_H(x_i,t)=0}, \qquad (5.237)\\
&+\Delta_{MM}\left[\left\langle \Delta_{H\,SS}(\pi n)\right\rangle_{SS}+\Delta_{H\,SM+MM}(\pi n)\right]=0
\end{aligned}
$$

$$
\begin{aligned}
&\left\{\begin{aligned}&\left(\bar{I}_{\rho j}\right)_0 n_{MMj}+\left(I_{\rho\,MMj}\right)_0\bar{n}_j-Q_{\rho H\,MM}\\&+\Delta_{MM}\left[\left\langle\left(I_{\rho SSj}\right)_0 n_{SSj}\right\rangle_{SS}+\left(I_{\rho(SM+MM)j}\right)_0 n_{(SM+MM)j}\right]\end{aligned}\right\}_{\bar{F}_H(x_i,t)=0}。 \qquad (5.238)\\
&+\Delta_{MM}\left[\left\langle \Delta_{H\,SS}(In)\right\rangle_{SS}+\Delta_{H\,SM+MM}(In)\right]=0
\end{aligned}
$$

5.4　讨论和结论

所导出的海洋动力系统控制方程组集主要包括三种运动类相互作用项，它们分别是：较小尺度前类运动对本类运动的输运通量偏差剩余混合项，本类运动的自身非线性偏差剩余相互作用项和较大尺度后类运动对本类运动的平流输运和剪切–梯度生成项。它们可以数学物理地写成如下形式。

5.4.1　较大尺度前类对本类的平流输运和剪切–梯度生成项

1. 湍流剩余类运动对湍流的平流输运和剪切–梯度生成项

在湍流大运动类控制方程组（5.60）—（5.72）中，湍流剩余类运动对湍流的平流输运和剪切–梯度生成项可具体写成

$$\tilde{U}_j\frac{\partial u_{SSi}}{\partial x_j}+u_{SSj}\frac{\partial \tilde{U}_i}{\partial x_j},$$

$$\tilde{U}_j\frac{\partial T_{SS}}{\partial x_j}+u_{SSj}\frac{\partial \tilde{T}}{\partial x_j}-\Gamma_0\left(\tilde{U}_j\frac{\partial p_{SS}}{\partial x_j}+u_{SSj}\frac{\partial \tilde{p}}{\partial x_j}\right),\quad \tilde{U}_j\frac{\partial s_{SS}}{\partial x_j}+u_{SSj}\frac{\partial \tilde{S}}{\partial x_j}。\tag{5.239}$$

2. 环流对重力波动的平流输运项和剪切–梯度生成项

在重力波动标准运动类控制方程组（5.120）—（5.132）中，环流对重力波动的平流输运和剪切–梯度生成项可具体写成

$$\bar{U}_j\frac{\partial u_{SMi}}{\partial x_j}+u_{SMj}\frac{\partial \bar{U}_i}{\partial x_j},$$

$$\bar{U}_j\frac{\partial T_{SM}}{\partial x_j}+u_{SMj}\frac{\partial \bar{T}}{\partial x_j}-\Gamma_0\left(\bar{U}_j\frac{\partial p_{SM}}{\partial x_j}+u_{SMj}\frac{\partial \bar{p}}{\partial x_j}\right),\quad \bar{U}_j\frac{\partial s_{SM}}{\partial x_j}+u_{SMj}\frac{\partial \bar{S}}{\partial x_j}。\tag{5.240}$$

其实在重力波动标准运动类控制方程组中还有

$$\frac{\partial}{\partial x_j}\Delta_{SM}\left(u_{(SM+MM)j}u_{(SM+MM)i}\right),$$

$$\frac{\partial}{\partial x_j}\Delta_{SM}\left[u_{(SM+MM)j}T_{SM+MM}\right],\quad \frac{\partial}{\partial x_j}\Delta_{SM}\left(u_{(SM+MM)j}s_{SM+MM}\right),\tag{5.241}$$

它们表示的重力涡旋与重力波动的平流输运和剪切生成项。

3. 环流对重力涡旋的平流输运和剪切–梯度生成项

在重力涡旋控制方程组（5.133）—（5.145）中，平流输运和剪切–梯度生成项可具体写成

$$\bar{U}_j\frac{\partial u_{MMi}}{\partial x_j}+u_{MMj}\frac{\partial\bar{U}_i}{\partial x_j},$$

$$\bar{U}_j\frac{\partial T_{MM}}{\partial x_j}+u_{MMj}\frac{\partial\bar{T}}{\partial x_j}-\Gamma_0\left(\bar{U}_j\frac{\partial p_{MM}}{\partial x_j}+u_{MMj}\frac{\partial\bar{p}}{\partial x_j}\right),\quad \bar{U}_j\frac{\partial s_{MM}}{\partial x_j}+u_{MMj}\frac{\partial\bar{S}}{\partial x_j}\text{。}\tag{5.242}$$

其实在重力涡旋控制方程组中还有

$$\frac{\partial}{\partial x_j}\Delta_{MM}\left(u_{(SM+MM)j}u_{(SM+MM)i}\right),$$

$$\frac{\partial}{\partial x_j}\Delta_{MM}\left(u_{(SM+MM)j}T_{SM+MM}\right),\quad \frac{\partial}{\partial x_j}\Delta_{MM}\left(u_{(SM+MM)j}s_{SM+MM}\right)\tag{5.243}$$

表示的重力波动与重力涡旋的平流输运和剪切生成项。

5.4.2　本类运动自身的非线性偏差剩余相互作用项

1. 湍流自身的非线性偏差剩余相互作用项

在湍流大运动类控制方程组（5.60）—（5.72）中，自身非线性偏差剩余相互作用项被具体写成

$$\frac{\partial}{\partial x_j}\Delta_{SS}\left(u_{SSj}u_{SSi}\right),$$

$$\frac{\partial}{\partial x_j}\Delta_{SS}\left(u_{SSj}T_{SS}\right)-\Gamma_0\left[\frac{\partial}{\partial x_j}\Delta_{SS}\left(u_{SSj}p_{SS}\right)\right],\quad \frac{\partial}{\partial x_j}\Delta_{SS}\left(u_{SSj}s_{SS}\right)\text{。}\tag{5.244}$$

2. 重力波动自身的非线性偏差剩余相互作用项

在重力波动标准运动类控制方程组（5.120）—（5.132）中，自身非线性偏差剩余相互作用项被具体写成

$$
\begin{gathered}
\frac{\partial}{\partial x_j}\Delta_{SM}\left[\left(u_{SMj}+u_{MMj}\right)\left(u_{SMi}+u_{MMi}\right)\right],\\
\frac{\partial}{\partial x_j}\Delta_{SM}\left[\left(u_{SMj}+u_{MMj}\right)\left(T_{SM}+T_{MM}\right)\right]-\Gamma_0\frac{\partial}{\partial x_j}\Delta_{SM}\left[\left(u_{SMj}+u_{MMj}\right)\left(p_{SM}+p_{MM}\right)\right],\\
\frac{\partial}{\partial x_j}\Delta_{SM}\left[\left(u_{SMj}+u_{MMj}\right)\left(s_{SM}+s_{MM}\right)\right],
\end{gathered}
\tag{5.245}
$$

当然在做解析研究时，应当注意除去重力涡旋与重力波动的相互作用项。

3. 重力涡旋自身的非线性偏差剩余相互作用项

在重力涡旋标准运动类控制方程组（5.133）—（5.145）中，自身非线性偏差剩余相互作用项可具体写成

$$
\begin{gathered}
\frac{\partial}{\partial x_j}\Delta_{MM}\left[\left(u_{SMj}+u_{MMj}\right)\left(u_{SMi}+u_{MMi}\right)\right],\\
\frac{\partial}{\partial x_j}\Delta_{MM}\left[\left(u_{SMj}+u_{MMj}\right)\left(T_{SM}+T_{MM}\right)\right]-\Gamma_0\frac{\partial}{\partial x_j}\Delta_{MM}\left[\left(u_{SMj}+u_{MMj}\right)\left(p_{SM}+p_{MM}\right)\right],\\
\frac{\partial}{\partial x_j}\Delta_{MM}\left[\left(u_{SMj}+u_{MMj}\right)\left(s_{SM}+s_{MM}\right)\right]。
\end{gathered}
\tag{5.246}
$$

当然在做解析研究时，应当注意除去重力波动与重力涡旋的相互作用项。

4. 环流自身的非线性剩余相互作用项

在环流大运动类控制方程组（5.94）—（5.106）中，自身非线性剩余相互作用项可具体写成

$$
\frac{\partial}{\partial x_j}\left(\bar{U}_j\bar{U}_i\right),\quad \frac{\partial}{\partial x_j}\left(\bar{U}_j\bar{T}\right)-\Gamma_0\frac{\partial}{\partial x_j}\left(\bar{U}_j\bar{p}\right),\quad \frac{\partial}{\partial x_j}\left(\bar{U}_j\bar{S}\right)。\tag{5.247}
$$

5.4.3　较小尺度前类运动对本类运动的输运通量偏差剩余混合项

1. 湍流对重力波动的输运通量偏差剩余混合项

在重力波动控制方程组（5.120）—（5.132）中，湍流对重力波动的输运通量偏差剩余混合项可具体写成

$$\frac{\partial}{\partial x_j}\Delta_{SM}\left(-\left\langle u_{SSj}u_{SSi}\right\rangle_{SS}\right),$$

$$\frac{\partial}{\partial x_j}\Delta_{SM}\left(-\left\langle u_{SSj}T_{SS}\right\rangle_{SS}\right)-\Gamma_0\frac{\partial}{\partial x_j}\Delta_{SM}\left(-\left\langle u_{SSj}p_{SS}\right\rangle_{SS}\right),\quad \frac{\partial}{\partial x_j}\Delta_{SM}\left(-\left\langle u_{SSj}s_{SS}\right\rangle_{SS}\right)。\tag{5.248}$$

2. 湍流对重力涡旋的输运通量偏差剩余混合项

在重力涡旋标准运动类控制方程组（5.133）—（5.145）中，湍流对重力涡旋的输运通量偏差剩余混合项可具体写成

$$\frac{\partial}{\partial x_j}\Delta_{MM}\left(-\left\langle u_{SSj}u_{SSi}\right\rangle_{SS}\right),$$

$$\frac{\partial}{\partial x_j}\Delta_{MM}\left(-\left\langle u_{SSj}T_{SS}\right\rangle_{SS}\right)-\Gamma_0\frac{\partial}{\partial x_j}\Delta_{MM}\left(-\left\langle u_{SSj}p_{SS}\right\rangle_{SS}\right),\quad \frac{\partial}{\partial x_j}\Delta_{MM}\left(-\left\langle u_{SSj}s_{SS}\right\rangle_{SS}\right)。\tag{5.249}$$

3. 湍流、重力波动和重力涡旋对环流的搅拌混合项

在环流大运动类控制方程组（5.94）—（5.106）中，湍流、重力波动和重力涡旋对环流的输运通量剩余混合项可具体写成

$$\frac{\partial}{\partial x_j}\begin{Bmatrix}-\left\langle\left\langle u_{SSj}u_{SSi}\right\rangle_{SS}\right\rangle_{SM}-\left\langle\left\langle u_{SSj}u_{SSi}\right\rangle_{SS}\right\rangle_{MM}\\ -\left\langle\left(u_{SMj}+u_{MMj}\right)\left(u_{SMi}+u_{MMi}\right)\right\rangle_{SM}\\ -\left\langle\left(u_{SMj}+u_{MMj}\right)\left(u_{SMi}+u_{MMi}\right)\right\rangle_{MM}\end{Bmatrix},$$

$$\frac{\partial}{\partial x_j}\begin{Bmatrix}-\left\langle\left\langle u_{SSj}T_{SS}\right\rangle_{SS}\right\rangle_{SM}-\left\langle\left\langle u_{SSj}T_{SS}\right\rangle_{SS}\right\rangle_{MM}\\ -\left\langle\left(u_{SMj}+u_{MMj}\right)\left(T_{SM}+T_{MM}\right)\right\rangle_{SM}\\ -\left\langle\left(u_{SMj}+u_{MMj}\right)\left(T_{SM}+T_{MM}\right)\right\rangle_{MM}\end{Bmatrix}-\Gamma_0\frac{\partial}{\partial x_j}\begin{Bmatrix}-\left\langle\left\langle u_{SSj}p_{SS}\right\rangle_{SS}\right\rangle_{SM}-\left\langle\left\langle u_{SSj}p_{SS}\right\rangle_{SS}\right\rangle_{MM}\\ -\left\langle\left(u_{SMj}+u_{MMj}\right)\left(p_{SM}+p_{MM}\right)\right\rangle_{SM}\\ -\left\langle\left(u_{SMj}+u_{MMj}\right)\left(p_{SM}+p_{MM}\right)\right\rangle_{MM}\end{Bmatrix},$$

$$\frac{\partial}{\partial x_j}\left\{\begin{array}{l}-\left\langle\left\langle u_{SSj}s_{SS}\right\rangle_{SS}\right\rangle_{SM}-\left\langle\left\langle u_{SSj}s_{SS}\right\rangle_{SS}\right\rangle_{MM}\\-\left\langle\left(u_{SMj}+u_{MMj}\right)\left(s_{SM}+s_{MM}\right)\right\rangle_{SM}\\-\left\langle\left(u_{SMj}+u_{MMj}\right)\left(s_{SM}+s_{MM}\right)\right\rangle_{MM}\end{array}\right\}。\tag{5.250}$$

含有这三类相互作用项的海洋运动控制方程组集是完全崭新的，是现代物理海洋学研究的精密科学表述基础。

5.4.4 海洋动力系统相互作用项的表示运算

在所归纳的三类相互作用项中，所涉及的运算主要包括变量及其微分的两项积和变量二项积的集合平均。给出前一部分不会有任何困难，而后一部分运算主要是湍流集合上的平均以及重力波动和重力涡旋集合上的平均。这两类运动集合上平均的估计实际上我们都以描述量的上确界估计为目标。

所谓上确界估计主要涉及湍流以及重力波动和重力涡旋基本运动形态属性的应用，它们分别是

1. **非线性力湍流的基本运动形态**：湍流是实际流体运动，当 Reynolds 数超过其大阈值，在大非线性力作用下迅速发展起来的以紊乱性为主要特征的一类次小尺度运动。它的基本运动形态是三维性、各向同性和饱和平衡的。这样，我们可以采用各向同性湍流的所有研究结果和方便使用饱和平衡概念所得的上确界估计，其中最为特殊的是结构均衡形式表示概念的引入。

2. **重力波动的基本运动形态**：重力波动，主要包括海面层的海浪和密度跃层的内波。它们是受重力控制和处于动态平衡的一类小和次中尺度运动。它的基本运动形态是时间平稳性和水平均匀性，这样，我们可以采用时间平稳或水平均匀随机过程的所有研究结果和方便使用饱和平衡概念

所得的上确界估计。

3. 重力涡旋的基本运动形态：重力涡旋是先前并未发现和确定的一类运动，它是按与重力波动对应的办法定义的，是受重力控制和处于静态平衡的一类尺度大于重力波动的运动。它的基本运动形态仍可以认为也是时间平稳和水平均匀的。它的主要部分可能是尺度较小的亚中尺度涡旋，也可能是在“度级分辨率”年代引入次网格效益对应的运动主体。

参考文献

许国志，顾基发，车宏安. 2000. 系统科学. 上海：上海科技教育出版社.

Wunsch C，Ferrari R. 2004. Vertical mixing，energy，and the general circulation of the oceans. Annu. Rev. Fluid Mech.，36：281-314.

Kamenkovich V. 1977. Fundamentals of Ocean Dynamics. Amsterdan：Elsevier Science，1-78.

Reynolds O. 1883. An experimental investigation of thc circumstances which determine whether the motion of water shall be direct or sinuous，and of the law of resistance in parallel channels. Phil. Trans. R. Soc. Land.，174，935-982.

Kinsman B. 1984. Wind Waves：Their Generation and Propagation on the Ocean Surface. New York：Dover Publications，Inc.

锲而不舍，金石可镂。　　攻坚克难，好好做学问。

第三篇

海洋动力系统运动类相互作用解析研究实例

第一子篇

湍流动力学和湍流混合动力学的解析初步

第六章

湍流输运通量剩余混合的数学物理描述基础——湍流二阶矩和基本特征量控制方程组的结构均衡闭合

湍流，在其他类运动控制方程组中是仅以输运通量剩余项形式出现的海洋动力系统大运动类，它是最重要的海洋混合运动主体。本章的主要研究目标是，在湍流最新研究成果和动力系统湍流控制方程组基础上系统归纳给出结构均衡形式表示的二阶矩闭合假定，推演出二阶矩和基本特征量的闭合控制方程组，建立湍流输运通量研究的数学物理描述基础。鉴于简约动能耗散率方程现有过苛要求的右端项闭合做法和简约动能方程的理论闭合结果并不能得到饱和平衡的基本特征量非零解，使我们不得不转而求助于实验归纳的技术路线。在本文中，我们还是给出现有闭合做法的直接陈述，供学习者使用。

6.1 海洋动力系统的湍流二阶矩和基本特征量控制方程组

6.1.1 海洋动力系统湍流大运动类控制方程组的导出

当我还在读“系统科学”本本的时候，就被告知并不存在规范的子系统划分原则，并被推荐，从“时间-空间结构和表象结构分析”和“框架结构和运行结构分析”两个方面，具体得到可行的子系统划分办法。当时困惑我的是这种粗糙不确定研究状态和学科发展对精准分类需求的巨大矛盾，不可想象没有准确学科分类的学科发展，更不要说还要给出运动类相互作用的精密表示了。

实际上，海洋运动的作用力是很简单的，它们是连续介质形态下的分子力、万有引力和热学化学力，其中分子力可以用具有分子粘性-传导-扩散属性的“实际流体”来刻画，万有引力在地球坐标系中可以被投射为重力、地转力和引潮力三部分，热学化学力主要表现为物理辐射、化学反应和生物链等。事实上，正是这些又简单又确定的作用力，在它们对运动的控制与否和控制力平衡的或动或静状态两个层面，决定着千变万化海洋运动的分类本质基础。这样，我们似乎找到了，称得上“海洋运动控制机制两层次的运动类划分原则”。

以下我们将按照海洋运动作用力的非线性力、重力和包括地转力、引潮力和热学化学力的三组分，依次按作用力的“控制与否”和控制力平衡的“或动态或静态”两个层次，将海洋运动划分为“运动类无叠置和海洋运动全覆盖”的四运动类海洋动力系统。在以下的具体划分过程中我们还给出各运动类基本运动形态的主要特征，以示提出划分原则与以往海洋运动认知的一致性，它们是一种另类的运动类高度概括。

1）**非线性力湍流大运动类：**按分子力作用实际流体运动从层流转变

为紊流的原本实验，在 Reynolds 数超过大阈值时运动会因大的非线性力作用而变得特别不稳定，其中湍流部分会突然发生和迅速成长，形成一类以紊乱性为主要特征的次小尺度运动，平均部分也同时调整发展为既有分子力作用又有湍流混合作用的其他类运动。在非线性力作用下，包括其他类运动的湍流生成和湍流自身的非线性相互作用形成前者到后者的能量级串，使湍流得以迅速成长为具有三维性、各向同性和饱和平衡性的**基本运动形态**。湍流研究的最新成果更指出，处于深度饱和平衡的湍流基本运动状态更是结构均衡形式表示的认识基础。

2）**重力波动标准运动类：**它是受重力控制和处于动态平衡的一类小和次中尺度运动，它主要包括海面层的海浪和密度跃层的内波。重力波动标准运动类是大气-海洋之间能量转移的运动主体，在这个能量转移过程中它会迅速发展成为，时间平稳、水平均匀和充分成长、饱和平衡的**基本运动形态**。

3）**重力涡旋标准运动类：**它是按“无叠置和全覆盖原则”规定的一类受重力控制和控制力处于静态平衡的标准运动类。在运动类规定以后，我们发现近年来现场测量发现尺度远小于其 Rossby 半径的亚中尺度涡旋，实际上应归为这一类亚中尺度运动；另外，作为“黑潮分支”和“多核结构”运动本质的垂直和水平旋转指向重力涡旋，也因观测现象与重力涡旋理论的契合而也应归为这一运动类。反而是通常所谓的“中尺度涡旋”运动，则因是受地转力控制的，而从中尺度运动的范畴中剔除而归为环流大运动类。我们也把时间平稳、水平均匀和充分成长、饱和平衡作为这种运动的**基本运动形态**。

4）**环流大运动类：**在四运动类划分的海洋动力系统框架下，环流大运动类是除湍流大运动类和重力（波动+涡旋）大运动类以外所有剩余运动的总和，它主要是受地转力控制的，也包括受引潮力和热学化学力控制的所有中尺度和大尺度海洋运动。对于这样勾画的环流大运动类范畴，我们需注意在系统科学概念中还有一条，那就是，没有相同定义的事物不具有可比性的告诫。这种复杂综合的环流大运动定义也是符合系统科学“并不存在规范的子系统划分原则”的告诫的。

要得到与海洋运动系统原始 Navier-Stokes 控制方程组一致的海洋动力系统运动类控制方程组集，实际上我们还需要给出与控制机制两层次运动类划分相洽的，运动类描述量可加性分解-合成演算样式。在四运动类海洋动力系统的构建中这种具有可加性含义的演算样式也与控制机制的两个层次相对应，主要包括

1）将在湍流大运动类和重力（波动和涡旋）大运动类样本集合上定义的 Reynolds 平均运算$\langle\ \rangle_{AB}$和以偏差组合算子

$$\Delta_{AB}X = X - \langle X \rangle_{AB} \tag{6.1}$$

形式定义的分解-合成演算样式依次作用于海洋运动原始控制方程组和剩余类运动控制方程组，我们可以得到湍流、重力（波动+涡旋）和环流大运动类控制方程组完备集。

2）按重力（波动+涡旋）大运动类控制方程组控制力平衡方程时间变化项的有无

$$\left.\begin{array}{l}\left[\text{时间变化项“有无劈分”；空间变化项“对等劈分”}\right]_{\text{控制力平衡方程}}\\ \left[\text{时间变化项和空间变化项均“对等劈分”}\right]_{\text{非控制力平衡方程}}\end{array}\right\} \tag{6.2}$$

所规定的分解-合成演算样式，我们可以得到具有控制力平衡状态差异的重力波动和涡旋标准运动类控制方程组对。

这样，要导得湍流大运动类控制方程组我们尚需给出两个要素，它们分别是

1. 湍流大运动类样本集合上定义的 Reynolds 平均运算

$$\langle x\rangle_{M_1} \equiv \int_{M_1} x\left\{\sum_{i=1}^{4} M_i\right\} P\{M_1\} \mathrm{d}M_1 \equiv \langle x\rangle_{SS}, \tag{6.3}$$

其中

$$x\left\{\sum_{i=1}^{4} M_i\right\} = x_{M_1} + \tilde{y}\left\{\sum_{i=2}^{4} M_i\right\} = x_{SS} + \langle x\rangle_{SS} = x_{SS} + \tilde{y}\left\{\sum_{i=2}^{4} M_i\right\}, \quad \langle x_{SS}\rangle_{SS} = 0, \tag{6.4}$$

其中M_1、M_2、M_3和M_4分别表示湍流、重力波动、重力涡旋和环流类运动集合，$x\left\{\sum_{i=1}^{4} M_i\right\}$和$\tilde{y}\left\{\sum_{i=2}^{4} M_i\right\}$分别表示在全运动类和湍流剩余运动类集合上定义的运动描述量，$P\{M_1\}$是湍流大运动类样本集合上的密度分布函数，$\langle x\rangle_{SS}$表示全运动描述量x在湍流运动类样本集合上的 Reynolds 平均。作为分解-合成演算样式重要组成部分的表示式（6.4）标示它是与运动类集合可加性$\sum_{i=1}^{4} M_i$相洽的运动描述量$x\left\{\sum_{i=1}^{4} M_i\right\}$可加性$x\left\{\sum_{i=1}^{4} M_i\right\} = x_{M_1} + \tilde{y}\left\{\sum_{i=2}^{4} M_i\right\}$。

2. 湍流大运动类控制方程组的海洋流体力学原始 Navier-Stokes 控制方程组的一致性分解-合成演算

为了简便起见，在本书的解析应用部分中我们以 Boussinesq 近似的 Navier-Stokes 控制方程组作为研究的出发控制方程组。

运动方程：

$$\frac{\partial u_j}{\partial x_j} = 0, \tag{6.5}$$

$$\frac{\partial u_i}{\partial t} + u_j \frac{\partial u_i}{\partial x_j} - 2\varepsilon_{ijk} u_j \Omega_k = -\frac{1}{\rho_0}\frac{\partial p}{\partial x_i} - g\frac{\rho}{\rho_0}\delta_{i3} - \frac{\partial \Phi_2}{\partial x_\alpha}\delta_\alpha + \frac{1}{\rho_0}\frac{\partial (\sigma_{ij})_0}{\partial x_j}, \tag{6.6}$$

$$\frac{\partial T}{\partial t} + u_j \frac{\partial T}{\partial x_j} - \Gamma_0\left(\frac{\partial p}{\partial t} + u_j\frac{\partial p}{\partial x_j}\right) = -\frac{1}{\rho_0 C_{p0}}\frac{\partial (q_j)_0}{\partial x_j} + \frac{Q_{10}}{\rho_0 C_{p0}} + \frac{Q_0}{\rho_0 C_{p0}}, \tag{6.7}$$

$$\frac{\partial s}{\partial t}+u_j\frac{\partial s}{\partial x_j}=-\frac{1}{\rho_0}\frac{\partial\left(I_{Sj}\right)_0}{\partial x_j}\text{ ,}\tag{6.8}$$

$$\rho=\left(\frac{\partial\zeta_m}{\partial p}\right)_{T,s}^{-1}=\rho\left(p,T,s\right)\text{。}\tag{6.9}$$

$$\left(\pi_{ij}\right)_0=-p\delta_{ij}+\left(\sigma_{ij}\right)_0\text{ ,}\quad\left(\sigma_{ij}\right)_0=\rho_0\nu_{10}e_{ij}\text{ ,}\quad e_{ij}=\left(\frac{\partial u_i}{\partial x_j}+\frac{\partial u_j}{\partial x_i}\right)\text{ ,}\tag{6.10}$$

$$\left(q_j\right)_0=-\kappa_0\frac{\partial T}{\partial x_j}\text{ ,}\tag{6.11}$$

$$\left(I_{Sj}\right)_0=-\rho_0 D_0\frac{\partial s}{\partial x_j}\text{ 。}\tag{6.12}$$

边界条件

$$\left\{u_j n_j-P\right\}_{F_S(x_i,t)=0}=\frac{\partial\zeta}{\partial t}\text{ ,}\tag{6.13}$$

$$\left\{\left(\pi_{ij}\right)_0 n_j-P_{Ai}\right\}_{F_S(x_i,t)=0}=0\text{ ,}\tag{6.14}$$

$$\left\{\left(q_j\right)_0 n_j+Q_A\right\}_{F_S(x_i,t)=0}=0\text{ ,}\tag{6.15}$$

$$\left\{\left(I_{Sj}\right)_0 n_j+\rho_0 sP\right\}_{F_S(x_i,t)=0}=0\text{ ;}\tag{6.16}$$

$$\left\{u_j n_j\right\}_{F_H(x_i,t)=0}=-\frac{\partial H}{\partial t}\text{ ,}\tag{6.17}$$

$$\left\{\left(\pi_{ij}\right)_0 n_j-P_{Hi}\right\}_{F_H(x_i,t)=0}=0\text{ ,}\tag{6.18}$$

$$\left\{\left(q_j\right)_0 n_j-Q_H\right\}_{F_H(x_i,t)=0}=0\text{ ,}\tag{6.19}$$

$$\left\{\left(I_{Sj}\right)_0 n_j\right\}_{F_H(x_i,t)=0}=0\text{ 。}\tag{6.20}$$

按湍流大运动类样本集合上定义的 Reynolds 平均运算规定的分解-合成演算样式，我们可以从出发控制方程组得到湍流大运动类控制方程组。忽略后者温度-压力方程的压力部分，我们有

运动方程：

$$\frac{\partial u_{SSi}}{\partial x_i}=0\text{ ,}\tag{6.21}$$

$$\begin{aligned}&\frac{\partial u_{SSi}}{\partial t}+\tilde{U}_j\frac{\partial u_{SSi}}{\partial x_j}+u_{SSj}\frac{\partial \tilde{U}_i}{\partial x_j}+\frac{\partial}{\partial x_j}\Delta_{SS}\left(u_{SSj}u_{SSi}\right)-2\varepsilon_{ijk}u_{SSj}\Omega_k\\&=-\frac{1}{\rho_0}\frac{\partial p_{SS}}{\partial x_i}-g\frac{\rho_{SS}}{\rho_0}\delta_{i3}+\frac{\partial}{\partial x_j}\left(\nu_0\frac{\partial u_{SSi}}{\partial x_j}\right)\end{aligned}, \tag{6.22}$$

$$\frac{\partial \theta_{SS}}{\partial t}+\tilde{U}_j\frac{\partial \theta_{SS}}{\partial x_j}+u_{SSj}\frac{\partial \tilde{T}}{\partial x_j}+\frac{\partial}{\partial x_j}\Delta_{SS}\left(u_{SSj}\theta_{SS}\right)=\frac{\partial}{\partial x_j}\left(\frac{\kappa_0}{\rho_0C_{p0}}\frac{\partial \theta_{SS}}{\partial x_j}\right)+Q_{TSS}\ , \tag{6.23}$$

$$\frac{\partial s_{SS}}{\partial t}+\tilde{U}_j\frac{\partial s_{SS}}{\partial x_j}+u_{SSj}\frac{\partial \tilde{S}}{\partial x_j}+\frac{\partial}{\partial x_j}\Delta_{SS}\left(u_{SSj}s_{SS}\right)=\frac{\partial}{\partial x_j}\left(D_0\frac{\partial s_{SS}}{\partial x_j}\right), \tag{6.24}$$

$$\rho_{SS}=\Delta_{SS}\rho\left(\tilde{S}+s_{SS},\tilde{T}+\theta_{SS},\tilde{P}+p_{SS}\right); \tag{6.25}$$

边界条件：

$$\left\{\begin{aligned}&\tilde{U}_jn_{SSj}+u_{SSj}\tilde{N}_j-P_{SS}\\&+\Delta_{SS}\left(u_{SSj}n_{SSj}\right)\end{aligned}\right\}_{\tilde{F}_S(x_i,t)=0}+\Delta_{SS}\left[\Delta_{SSS}(un)\right]=\frac{\partial \zeta_{SS}}{\partial t}, \tag{6.26}$$

$$\left\{\begin{aligned}&\left(\tilde{\Pi}_{ij}\right)_0n_{SSj}+\left(\pi_{SSij}\right)_0\tilde{N}_j-P_{ASSi}\\&+\Delta_{SS}\left[\left(\pi_{SSij}\right)_0n_{SSj}\right]\end{aligned}\right\}_{\tilde{F}_S(x_i,t)=0}+\Delta_{SS}\left[\Delta_{SSS}(\pi n)\right]=0, \tag{6.27}$$

$$\left\{\begin{aligned}&\left(\tilde{Q}_j\right)_0n_{SSj}+\left(q_{SSj}\right)_0\tilde{N}_j+Q_{SSA}\\&+\Delta_{SS}\left[\left(q_{SSj}\right)_0n_{SSj}\right]\end{aligned}\right\}_{\tilde{F}_S(x_i,t)=0}+\Delta_{SS}\left[\Delta_{SSS}(qn)\right]=0, \tag{6.28}$$

$$\left\{\begin{aligned}&\left(\tilde{I}_{Sj}\right)_0n_{SSj}+\left(I_{SSSj}\right)_0\tilde{n}_j+\rho_0\left(\tilde{S}P_{SS}+s_{SS}\tilde{P}\right)\\&+\Delta_{SS}\left[\left(I_{SSSj}\right)_0n_{SSj}\right]+\rho_0\Delta_{SS}\left(s_{SS}P_{SS}\right)\end{aligned}\right\}_{\tilde{F}_S(x_i,t)=0}+\Delta_{SS}\left[\Delta_{SSS}(In)\right]=0, \tag{6.29}$$

$$\left\{\begin{aligned}&\tilde{U}_jn_{SSj}+u_{SSj}\tilde{N}_j\\&+\Delta_{SS}\left(u_{SSj}n_{SSj}\right)\end{aligned}\right\}_{\tilde{F}_H(x_i,t)=0}+\Delta_{SS}\left[\Delta_{HSS}(un)\right]=\frac{\partial H_{SS}}{\partial t}, \tag{6.30}$$

$$\left\{\begin{aligned}&\left(\tilde{\Pi}_{ij}\right)_0n_{SSj}+\left(\pi_{SSij}\right)_0\tilde{N}_j-P_{HSSi}\\&+\Delta_{SS}\left[\left(\pi_{SSij}\right)_0n_{SSj}\right]\end{aligned}\right\}_{\tilde{F}_H(x_i,t)=0}+\Delta_{SS}\left[\Delta_{HSS}(\pi n)\right]=0, \tag{6.31}$$

$$\left\{\begin{aligned}&\left(\tilde{Q}_j\right)_0n_{SSj}+\left(q_{SSj}\right)_0\tilde{N}_j-Q_{HSS}\\&+\Delta_{SS}\left[\left(q_{SSj}\right)_0n_{SSj}\right]\end{aligned}\right\}_{\tilde{F}_H(x_i,t)=0}+\Delta_{SS}\left[\Delta_{HSS}(qn)\right]=0, \tag{6.32}$$

$$\left\{\begin{aligned}&\left(\tilde{I}_{Sj}\right)_0n_{SSj}+\left(I_{SSSj}\right)_0\tilde{N}_j\\&+\Delta_{SS}\left[\left(I_{SSSj}\right)_0n_{SSj}\right]\end{aligned}\right\}_{\tilde{F}_H(x_i,t)=0}+\Delta_{SS}\left[\Delta_{HSS}(In)\right]=0。 \tag{6.33}$$

这里，P_{SS}表示海面纯水输出，P_{ASSi}表示海面应力，Q_{ASS}表示海面热输入，n_{SSj}表示海面法向量；Q_{TSS}表示机械化学能转换和热学能的温度当量源函数

$$Q_{TSS} \equiv \frac{Q_{SS}}{\rho_0 C_{p0}} + \frac{1}{\rho_0 C_{p0}}\left[\frac{1}{2}\sigma_{ij}e_{ij} - I_{Sj}\frac{\partial}{\partial x_j}\left(\frac{\partial \chi_m}{\partial s}\right)\right]_{SS}。\tag{6.34}$$

这组运动方程表明，湍流的局域变化，除受自身非线性力偏差剩余作用以外，还受湍流剩余类运动的平流输运和速度剪切-温盐梯度生成作用，定义实际流体的分子力是湍流所受仅有的粘性传导扩散作用。

鉴于在其他运动类控制方程组中，湍流总是以输运通量剩余量的形式对它们起着搅拌混合的作用，所以，湍流二阶矩和基本特征量控制方程组闭合的结构均衡表示形式以及它们的解析或数值求解，以及湍流搅拌混合系数的解析估计就成为湍流动力学研究的主要课题。

6.1.2 湍流二阶矩控制方程组的导出

为简单起见，以下仅以符号〈〉简记湍流大运动类样本集合上的 Reynolds 平均运算。这样，由湍流控制方程组（6.21）-（6.33）所导得的湍流二阶矩控制方程组可整理写成

运动方程：

$$\begin{aligned}&\frac{\partial\langle u_i u_j\rangle}{\partial t} + \tilde{U}_k\frac{\partial\langle u_i u_j\rangle}{\partial x_k} + \left(\varepsilon_{jlm}2\Omega_l\langle u_i u_m\rangle + \varepsilon_{ilm}2\Omega_l\langle u_j u_m\rangle\right) = -\left(\langle u_i u_k\rangle\frac{\partial \tilde{U}_j}{\partial x_k}\right.\\&\left.+\langle u_j u_k\rangle\frac{\partial \tilde{U}_i}{\partial x_k}\right) + \frac{\partial}{\partial x_k}\left[-\langle u_i u_j u_k\rangle - \left(\delta_{jk}\left\langle u_i\frac{p}{\rho_0}\right\rangle + \delta_{ik}\left\langle u_j\frac{p}{\rho_0}\right\rangle\right) + \nu_0\frac{\partial\langle u_i u_j\rangle}{\partial x_k}\right]\\&-2\nu_0\left\langle\frac{\partial u_i}{\partial x_k}\frac{\partial u_j}{\partial x_k}\right\rangle + \left\langle\left(\frac{\partial u_i}{\partial x_j} + \frac{\partial u_j}{\partial x_i}\right)\frac{p}{\rho_0}\right\rangle - \left(g\delta_{j3}\left\langle u_i\frac{\rho}{\rho_0}\right\rangle + g\delta_{i3}\left\langle u_j\frac{\rho}{\rho_0}\right\rangle\right)\end{aligned}，\tag{6.35}$$

$$\begin{aligned}&\frac{\partial\langle u_i\theta\rangle}{\partial t} + \tilde{U}_k\frac{\partial\langle u_i\theta\rangle}{\partial x_k} + 2\varepsilon_{ilm}\Omega_l\langle u_m\theta\rangle = -\left(\langle u_k\theta\rangle\frac{\partial\tilde{U}_i}{\partial x_k} + \langle u_i u_k\rangle\frac{\partial\tilde{T}}{\partial x_k}\right)\\&+\frac{\partial}{\partial x_k}\left[-\langle u_i u_k\theta\rangle - \delta_{ik}\left\langle\theta\frac{p}{\rho_0}\right\rangle - \left(\nu_0\left\langle u_i\frac{\partial\theta}{\partial x_k}\right\rangle + \kappa_0\left\langle\frac{\partial u_i}{\partial x_k}\theta\right\rangle\right)\right.\\&\left.+(\nu_0+\kappa_0)\frac{\partial\langle u_i\theta\rangle}{\partial x_k}\right] - (\nu_0+\kappa_0)\left\langle\frac{\partial u_i}{\partial x_k}\frac{\partial\theta}{\partial x_k}\right\rangle + \left\langle\frac{\partial\theta}{\partial x_i}\frac{p}{\rho_0}\right\rangle - g\delta_{i3}\left\langle\theta\frac{\rho}{\rho_0}\right\rangle + \langle u_i Q_\theta\rangle\end{aligned}，\tag{6.36}$$

$$
\begin{aligned}
&\frac{\partial\langle u_i s\rangle}{\partial t}+\tilde{U}_k\frac{\partial\langle u_i s\rangle}{\partial x_k}+2\varepsilon_{ilm}\Omega_l\langle u_m s\rangle=-\left(\langle u_i u_k\rangle\frac{\partial\tilde{S}}{\partial x_k}+\langle u_k s\rangle\frac{\partial\tilde{U}_i}{\partial x_k}\right)\\
&+\frac{\partial}{\partial x_k}\left[-\langle u_i u_k s\rangle-\delta_{ik}\left\langle s\frac{p}{\rho_0}\right\rangle-\left(\nu_0\left\langle u_i\frac{\partial s}{\partial x_k}\right\rangle+D_0\left\langle\frac{\partial u_i}{\partial x_k}s\right\rangle\right)\right.\\
&\left.+(\nu_0+D_0)\frac{\partial\langle u_i s\rangle}{\partial x_k}\right]-(\nu_0+D_0)\left\langle\frac{\partial u_i}{\partial x_k}\frac{\partial s}{\partial x_k}\right\rangle+\left\langle\frac{\partial s}{\partial x_i}\frac{p}{\rho_0}\right\rangle-g\delta_{i3}\left\langle s\frac{\rho}{\rho_0}\right\rangle
\end{aligned}
\quad ,\qquad (6.37)
$$

$$
\begin{aligned}
&\frac{\partial\langle\theta s\rangle}{\partial t}+\tilde{U}_k\frac{\partial\langle\theta s\rangle}{\partial x_k}=-\left(\langle u_k s\rangle\frac{\partial\tilde{T}}{\partial x_k}+\langle u_k\theta\rangle\frac{\partial\tilde{S}}{\partial x_k}\right)+\frac{\partial}{\partial x_k}\left[-\langle u_k\theta s\rangle-\left(\kappa_0\left\langle\theta\frac{\partial s}{\partial x_k}\right\rangle\right.\right.\\
&\left.\left.+D_0\left\langle s\frac{\partial\theta}{\partial x_k}\right\rangle\right)+(\kappa_0+D_0)\frac{\partial\langle\theta s\rangle}{\partial x_k}\right]-(\kappa_0+D_0)\left\langle\frac{\partial\theta}{\partial x_k}\frac{\partial s}{\partial x_k}\right\rangle+\langle sQ_\theta\rangle
\end{aligned}
\quad ,\qquad (6.38)
$$

$$
\frac{\partial\langle\theta^2\rangle}{\partial t}+\tilde{U}_k\frac{\partial\langle\theta^2\rangle}{\partial x_k}=-2\langle u_k\theta\rangle\frac{\partial\tilde{T}}{\partial x_k}+\frac{\partial}{\partial x_k}\left\{-\langle u_k\theta^2\rangle+\kappa_0\frac{\partial\langle\theta^2\rangle}{\partial x_k}\right\}-2\kappa_0\left\langle\left(\frac{\partial\theta}{\partial x_k}\right)^2\right\rangle+2\langle\theta Q_\theta\rangle\ ,
$$

(6.39)

$$
\frac{\partial\langle s^2\rangle}{\partial t}+\tilde{U}_k\frac{\partial\langle s^2\rangle}{\partial x_k}=-2\langle u_k s\rangle\frac{\partial\tilde{S}}{\partial x_k}+\frac{\partial}{\partial x_k}\left\{-\langle u_k s^2\rangle+D_0\frac{\partial\langle s^2\rangle}{\partial x_k}\right\}-2D_0\left\langle\left(\frac{\partial s}{\partial x_k}\right)^2\right\rangle ,\qquad (6.40)
$$

边界条件：

$$
\left\{\begin{aligned}&\tilde{U}_j\langle\zeta_{SS}n_{SSj}\rangle+\langle\zeta_{SS}u_{SSj}\rangle\tilde{n}_j\\&+\langle\zeta_{SS}u_{SSj}n_{SSj}\rangle-\langle\zeta_{SS}P_{SS}\rangle\end{aligned}\right\}_{\tilde{F}_S(x_i,t)=0}+\langle\zeta_{SS}\Delta_{SSS}(un)\rangle=\frac{\partial}{\partial t}\left\langle\frac{1}{2}\zeta_{SS}^2\right\rangle ,\qquad (6.41)
$$

$$
\left\{\begin{aligned}&(\tilde{\Pi}_{ij})_0\langle u_{SSi}n_{SSj}\rangle+\langle u_{SSi}(\pi_{SSij})_0\rangle\tilde{n}_j\\&+\langle u_{SSi}(\pi_{SSij})_0 n_{SSj}\rangle-\langle u_{SSi}P_{ASSi}\rangle\end{aligned}\right\}_{\tilde{F}_S(x_i,t)=0}+\langle u_{SSi}\Delta_{SSS}(\pi n)\rangle=0\ ,\qquad (6.42)
$$

$$
\left\{\begin{aligned}&(\tilde{Q}_j)_0\langle\theta_{SS}n_{SSj}\rangle+\langle\theta_{SS}(q_{SSj})_0\rangle\tilde{n}_j\\&+\langle\theta_{SS}(q_{SSj})_0 n_{SSj}\rangle+\langle\theta_{SS}Q_{SSA}\rangle\end{aligned}\right\}_{\tilde{F}_S(x_i,t)=0}+\langle\theta_{SS}\Delta_{SSS}(qn)\rangle=0\ ,\qquad (6.43)
$$

$$
\left\{\begin{aligned}&(\tilde{I}_{Sj})_0\langle s_{SS}n_{SSj}\rangle+\langle s_{SS}(I_{SSSj})_0\rangle\tilde{n}_j\\&+\rho_0\left(\tilde{S}\langle s_{SS}P_{SS}\rangle+\langle s_{SS}^2\rangle\tilde{P}\right)\\&+\langle s_{SS}(I_{SSSj})_0 n_{SSj}\rangle+\rho_0\langle s_{SS}s_{SS}P_{SS}\rangle\end{aligned}\right\}_{\tilde{F}_S(x_i,t)=0}+\langle s_{SS}\Delta_{SSS}(In)\rangle=0\ ,\qquad (6.44)
$$

$$\left\{\begin{array}{l}\tilde{U}_j\left\langle H_{SS}n_{SSj}\right\rangle+\left\langle H_{SS}u_{SSj}\right\rangle\tilde{n}_j\\+\left\langle H_{SS}u_{SSj}n_{SSj}\right\rangle\end{array}\right\}_{\tilde{F}_H(x_i,t)=0}+\left\langle H_{SS}\Delta_{HSS}(un)\right\rangle=-\frac{\partial}{\partial t}\left\langle\frac{1}{2}H_{SS}^2\right\rangle，\quad(6.45)$$

$$\left\{\begin{array}{l}\left(\tilde{\Pi}_{ij}\right)_0\left\langle u_{SSi}n_{SSj}\right\rangle+\left\langle u_{SSi}\left(\pi_{SSij}\right)_0\right\rangle\tilde{n}_j\\+\left\langle u_{SSi}\left(\pi_{SSij}\right)_0n_{SSj}\right\rangle-\left\langle u_{SSi}P_{HSSi}\right\rangle\end{array}\right\}_{\tilde{F}_H(x_i,t)=0}+\left\langle u_{SSi}\Delta_{HSS}(\pi n)\right\rangle=0\,，\quad(6.46)$$

$$\left\{\begin{array}{l}\left(\tilde{Q}_j\right)_0\left\langle\theta_{SS}n_{SSj}\right\rangle+\left\langle\theta_{SS}\left(q_{SSj}\right)_0\right\rangle\tilde{n}_j\\+\left\langle\theta_{SS}\left(q_{SSj}\right)_0n_{SSj}\right\rangle-\left\langle\theta_{SS}Q_{HSS}\right\rangle\end{array}\right\}_{\tilde{F}_H(x_i,t)=0}+\left\langle\theta_{SS}\Delta_{HSS}(qn)\right\rangle=0\,，\quad(6.47)$$

$$\left\{\begin{array}{l}\left(\tilde{I}_{Sj}\right)_0\left\langle s_{SS}n_{SSj}\right\rangle+\left\langle s_{SS}\left(I_{SSSj}\right)_0\right\rangle\tilde{n}_j\\+\left\langle s_{SS}\left(I_{SSSj}\right)_0n_{SSj}\right\rangle\end{array}\right\}_{\tilde{F}_H(x_i,t)=0}+\left\langle s_{SS}\Delta_{HSS}(In)\right\rangle=0\,。\quad(6.48)$$

虽然，15 个二阶矩方程对 15 个二阶矩是封闭的，12 个海面和海底边界条件对 12 个二阶矩输运通量也是确定的。但是，由于在方程中有三阶矩、变形–压力和梯度–压力项出现，在边界条件中有三阶矩和边界替代附加项的出现，这里的封闭和确定实际上只是形式的。所导出的湍流二阶矩控制方程组还需要作高阶矩项的闭合处理。

6.2 湍流二阶矩控制方程组闭合的结构均衡表示形式

6.2.1 结构均衡形式表示的湍流高阶矩项二阶矩闭合假定

所谓湍流高阶矩的二阶矩闭合假定指的是，按所遵守物理规律提出的高阶矩二阶矩闭合处理办法。所谓结构均衡形式表示指的是，湍流基本运动状态下按结构均衡形式表示要求测量归纳的输运通量比例系数有量纲参变量和无量纲系数确定做法。这种高阶矩项的结构均衡二阶矩闭合形式表示可以列为如下五条。

1）高阶矩项可用二阶矩 $\left\langle u_iu_j\right\rangle$、$\left\langle u_i\theta\right\rangle$、$\left\langle u_is\right\rangle$、$\left\langle\theta s\right\rangle$、$\left\langle\theta^2\right\rangle$、$\left\langle s^2\right\rangle$，特征量

$k=\frac{1}{2}\langle u_iu_i\rangle$（动能）、$\varepsilon=\nu_0\left\langle\frac{\partial u_i}{\partial x_l}\frac{\partial u_i}{\partial x_l}\right\rangle$（动能耗散率）或 $q=\langle u_iu_i\rangle^{\frac{1}{2}}$（速度模）、$l_D$（混合长度）以及湍流剩余类运动参变量$\tilde{U}_i$、$\tilde{T}$、$\tilde{S}$、$\tilde{P}$、$\tilde{\rho}$和流体属性量$\nu_0$（运动粘性系数）、$\alpha_0$（密度温度系数）、$\beta_0$（密度盐度系数）组合表示。

2）高阶矩项闭合结果应与原始项有相同的物理属性，闭合模拟结果不应出现物理上不可能的量值和现象。高阶矩项闭合结果应与原始项有相同的数学属性，如对称性、不变性、置换性、迹等于零等。

3）高阶矩项闭合结果应与原始项有相同的量纲，可以按物理模型和量纲分析给出它们的闭合表示。例如，按湍流输运通量的 Fourier 律模型，我们可以将其表示成剩余类运动梯度的比例形式，其中比例系数包括有量纲参变量和无量纲系数两个因子。在以下几条中我们可以按量纲分析式给出它们确定的结构均衡表示形式。

4）湍流的基本物理模型是它的大、小涡旋结构。两种涡旋的基本量纲量和特征尺度可以在结构均衡形式下分别被归纳确定为 1）大涡旋特征尺度，以特征量k和ε作为基本量纲量，大涡旋特征尺度可以归纳确定为结构均衡形式表示$[x_E]=\frac{(2k)^{\frac{3}{2}}}{(2\pi)^{\frac{3}{2}}\varepsilon}$，$[t_E]=\frac{2k}{(2\pi)^{\frac{3}{2}}\varepsilon}$和$[u_E]=(2k)^{\frac{1}{2}}$；2）小涡旋特征尺度，以特征量$\varepsilon$和物理量$\nu_0$作为基本量纲量，小涡旋特征尺度可以归纳确定为结构均衡形式表示$[\eta_\varepsilon]=\left(\frac{\nu_0^3}{\varepsilon}\right)^{\frac{1}{4}}$，$[t_\varepsilon]=\left(\frac{\nu_0}{\varepsilon}\right)^{\frac{1}{2}}$和$[u_\varepsilon]=(\nu_0\varepsilon)^{\frac{1}{4}}$。

采用更有直观意义的大涡旋基本量纲量，混合长度l_D和速度模q，其特征尺度可归纳确定为结构均衡形式表示$[x_E]=l_D$，$[t_E]=\frac{l_D}{q}$和$[u_E]=q$。这样，混合长度的确定表示式可写成 $l_D=\dfrac{(2k)^{\frac{3}{2}}}{(2\pi)^{\frac{3}{2}}\varepsilon}$。

5）作为湍流的基本物理模型，其大、小涡旋被认为满足两种结构关联属性，1）动能结构不变性，即有大、小涡旋的动能梯度不变关系 $\dfrac{\partial u_{\varepsilon i}^2}{\partial x_{\varepsilon j}}=\dfrac{\partial u_{Ei}^2}{\partial x_{Ej}}$ 或 $u_{\varepsilon i}\dfrac{\partial u_{\varepsilon i}}{\partial x_{\varepsilon j}}=\dfrac{\partial k}{\partial x_{Ej}}$；2）速度结构相似性，即有大、小涡旋的速度比例关系 $u_\varepsilon=c_u(R_E)^n u_E$，其中比例系数有两个因子，它们是参变量 $(R_E)^n$ 和无量纲系数 c_u，其中大涡旋 Reynolds 数 $\left(R_E=\dfrac{u_E l_D}{\nu}\right)$ 有待定的方次 n。

6.2.2　结构均衡形式表示的湍流二阶矩控制方程组闭合处理

按所提出的结构均衡形式表示，本书对所导出的二阶矩方程组作各高阶矩项的闭合处理。

1. 湍流速度−速度二阶矩闭合方程

速度−速度二阶矩方程（6.35）的闭合处理主要包括

1）输运通量剩余项 $\dfrac{\partial}{\partial x_k}\left[-\langle u_iu_ju_k\rangle-\left(\delta_{jk}\left\langle u_i\dfrac{p}{\rho_0}\right\rangle+\delta_{ik}\left\langle u_j\dfrac{p}{\rho_0}\right\rangle\right)+\nu_0\dfrac{\partial\langle u_iu_j\rangle}{\partial x_k}\right]$ 的闭合

湍流输运是一种大涡旋行为。按所引入的闭合假定第一、二和三条，速度−速度输运通量剩余项可写成

$$\begin{aligned}&\frac{\partial}{\partial x_k}\left[-\langle u_iu_ju_k\rangle-\left(\delta_{jk}\left\langle u_i\frac{p}{\rho_0}\right\rangle+\delta_{ik}\left\langle u_j\frac{p}{\rho_0}\right\rangle\right)+\nu_0\frac{\partial\langle u_iu_j\rangle}{\partial x_k}\right]\\&\approx\frac{\partial}{\partial x_k}\left[C_{VD}F_D\left(\frac{\partial\langle u_iu_j\rangle}{\partial x_k}+\frac{\partial\langle u_ku_i\rangle}{\partial x_j}+\frac{\partial\langle u_ju_k\rangle}{\partial x_i}\right)\right]\end{aligned},\qquad(6.49)$$

其中量纲式为$\left[\frac{L^2}{T}\right]$的参变量$F_D$和无量纲系数$C_{VD}$分别归纳确定为

$$F_D = l_D q = \frac{(2k)^2}{(2\pi)^{\frac{3}{2}}\varepsilon} \quad 和 \quad C_{VD} = \frac{1}{(2\pi)^{1/2}} 。 \tag{6.50}$$

2）分子耗散项$-2\nu_0\left\langle \frac{\partial u_i}{\partial x_k}\frac{\partial u_j}{\partial x_k}\right\rangle$的闭合

分子耗散是一种小涡旋行为。在各向同性情况下，分子耗散项可以写成

$$-\left(\varepsilon_{ij}\right)_{Isotropy} \equiv \left(-2\nu_0\left\langle \frac{\partial u_i}{\partial x_k}\frac{\partial u_j}{\partial x_k}\right\rangle\right)_{Isotropy} = -\frac{2}{3}\varepsilon\delta_{ij} 。 \tag{6.51}$$

比拟这个结果，按闭合假定的第一条，近各向同性的分子耗散项可写成

$$-\left(\varepsilon_{ij}\right)_{Near\text{-}isotropy} \equiv \left(-2\nu_0\left\langle \frac{\partial u_i}{\partial x_k}\frac{\partial u_j}{\partial x_k}\right\rangle\right)_{Near\text{-}isotropy} = -\frac{\varepsilon}{k}\left\langle u_i u_j\right\rangle 。 \tag{6.52}$$

为了构成变形−压力项$\left\langle\left(\frac{\partial u_i}{\partial x_j}+\frac{\partial u_j}{\partial x_i}\right)\frac{p}{\rho_0}\right\rangle$，我们首先需要得到压力的表示式。为此，对湍流动量方程（6.22）做散度运算，考虑到剩余类运动和湍流速度都是散度近似为零的，这样，有压力满足的 Poisson 方程

$$\frac{\partial^2}{\partial x_i^2}\left(\frac{p}{\rho_0}\right) \approx -\left\{\frac{\partial^2\left(u_l u_k - \left\langle u_l u_k\right\rangle\right)}{\partial x_k \partial x_l} + 2\frac{\partial u_l}{\partial x_k}\frac{\partial \tilde{U}_k}{\partial x_l} + \left[\varepsilon_{klm} 2\Omega_l \frac{\partial u_m}{\partial x_k} + g\delta_{k3}\frac{\partial}{\partial x_k}\left(\frac{\rho}{\rho_0}\right)\right]\right\} 。 \tag{6.53}$$

如果所关注的空间点与边界，自由海面和固体海底的距离较大于 Poisson 方程基本解的影响半径，这样，方程的解可写成右端项在无限空间中的基本解右端项加权积分形式

$$\left(\frac{p}{\rho_0}\right) = \frac{1}{4\pi}\iiint_{V^*}\left\{\frac{\partial^2\left(u_l^* u_k^* - \left\langle u_l^* u_k^*\right\rangle\right)}{\partial x_l^* \partial x_k^*} + 2\left(\frac{\partial \tilde{U}_k}{\partial x_l}\right)^* \frac{\partial u_l^*}{\partial x_k^*} + \left[\varepsilon_{klm} 2\Omega_l \frac{\partial u_m^*}{\partial x_k^*} + g\delta_{k3}\frac{\partial}{\partial x_k^*}\left(\frac{\rho}{\rho_0}\right)^*\right]\right\}\frac{1}{r^*}dV^* 。 \tag{6.54}$$

这里$\{x_1^*,x_2^*,x_3^*\}$是以$\{x_1,x_2,x_3\}$为原点的坐标系。无上标“$*$”的描述量表示坐标系$\{x_1,x_2,x_3\}$上的值，有上标“$*$”的描述量表示坐标系$\{x_1^*,x_2^*,x_3^*\}$上的值。进一步，取变形$\left(\frac{\partial u_i}{\partial x_j}+\frac{\partial u_j}{\partial x_i}\right)$和压力$\frac{p}{\rho_0}$乘积在湍流样本集合上的平均，则得变形–压力项的三项和形式

$$\Phi_{ij}\equiv\left\langle\left(\frac{\partial u_i}{\partial x_j}+\frac{\partial u_j}{\partial x_i}\right)\frac{p}{\rho_0}\right\rangle=\Phi_{ij,1}+\Phi_{ij,2}+\Delta_{ij,3}\text{，}\tag{6.55}$$

其中

$$\Phi_{ij,1}=\frac{1}{4\pi}\iiint_{V^*}\left\langle\frac{\partial^2 u_k^* u_l^*}{\partial x_k^*\partial x_l^*}\left(\frac{\partial u_i}{\partial x_j}+\frac{\partial u_j}{\partial x_i}\right)\right\rangle\frac{1}{r^*}dV^*\text{，}\quad\Phi_{ij,2}=\frac{1}{2\pi}\iiint_{V^*}\left(\frac{\partial\tilde{U}_k}{\partial x_l}\right)^*\left\langle\frac{\partial u_l^*}{\partial x_k^*}\left(\frac{\partial u_i}{\partial x_j}+\frac{\partial u_j}{\partial x_i}\right)\right\rangle\frac{1}{r^*}dV^*\text{，}$$

$$\Delta_{ij,3}=\frac{1}{4\pi}\iiint_{V^*}\left\langle\left[\varepsilon_{klm}2\Omega_l\frac{\partial u_m^*}{\partial x_k^*}+g\delta_{k3}\frac{\partial}{\partial x_k^*}\left(\frac{\rho}{\rho_0}\right)^*\right]\left(\frac{\partial u_i}{\partial x_j}+\frac{\partial u_j}{\partial x_i}\right)\right\rangle\frac{1}{r^*}dV^*\text{。}\tag{6.56}$$

3）第一变形–压力项$\Phi_{ij,1}$和第三变形–压力项$\Delta_{ij,3}$的闭合

考虑到第一和第三变形–压力项仅与湍流量有关，而第二变形–压力项则含有一个湍流剩余类运动因子，可先在剩余类运动速度空间变化为零的情况下，讨论第一和第三变形–压力项的闭合处理。这时，变形–压力项退化为

$$\left\langle\left(\frac{\partial u_i}{\partial x_j}+\frac{\partial u_j}{\partial x_i}\right)\frac{p}{\rho_0}\right\rangle_{\tilde{U}_n=0}=\Phi_{ij,1}+\Delta_{ij,3}\text{，}\tag{6.57}$$

且速度–速度二阶矩方程退化为

$$\frac{\partial\langle u_iu_j\rangle}{\partial t}=-\varepsilon_{ij}+\Phi_{ij,1}+\begin{bmatrix}\Delta_{ij,3}-\left(\varepsilon_{jlm}2\bar{\Omega}_l\langle u_iu_m\rangle+\varepsilon_{ilm}2\bar{\Omega}_l\langle u_ju_m\rangle\right)\\-\left(g\delta_{j3}\left\langle u_i\frac{\rho}{\rho_0}\right\rangle+g\delta_{i3}\left\langle u_j\frac{\rho}{\rho_0}\right\rangle\right)\end{bmatrix}\text{。}\tag{6.58}$$

（1）$\Delta_{ij,3}$ 闭合形式的导出

可以证明，对于无限空间中的任意内点$\{x_1,x_2,x_3\}$，有积分关系

$$\frac{1}{4\pi}\iiint_{V^*\approx\infty}\left\langle F_k\frac{\partial G^*}{\partial x_k^*}\left(\frac{\partial H_i}{\partial x_j}\right)\right\rangle\frac{1}{r^*}dV^*=F_j\langle GH_i\rangle, \tag{6.59}$$

其中F_k为任意常数向量，G和H_i为任意广义的标量函数和向量函数。实际上，对远离边界的任意点$\{x_1,x_2,x_3\}$，这个关系式也近似成立。由表示式（6.56）的第三式和积分关系式（6.59），在远离边界的内点上，$\Delta_{ij,3}$可写成

$$\Delta_{ij,3}\approx\left(\varepsilon_{jlm}2\Omega_l\langle u_m u_i\rangle+\varepsilon_{ilm}2\Omega_l\langle u_m u_j\rangle\right)+\left(g\delta_{j3}\left\langle\frac{\rho}{\rho_0}u_i\right\rangle+g\delta_{i3}\left\langle\frac{\rho}{\rho_0}u_j\right\rangle\right)。\tag{6.60}$$

（2）$\Phi_{ij,1}$ 闭合形式的导出

将所导得的$\Delta_{ij,3}$表示式代入退化的速度-速度二阶矩方程（6.58），有

$$\frac{\partial\langle u_i u_j\rangle}{\partial t}\approx-\varepsilon_{ij}+\Phi_{ij,1}。\tag{6.61}$$

引入湍流的非各向同性量度量

$$a_{ij}\equiv\frac{(\varepsilon_{ij})_N-(\varepsilon_{ij})_I}{\varepsilon}=\frac{1}{k}\left(\langle u_i u_j\rangle-\frac{2}{3}k\,\delta_{ij}\right), \tag{6.62}$$

则有

$$\langle u_i u_j\rangle=k\left(a_{ij}+\frac{2}{3}\delta_{ij}\right)。\tag{6.63}$$

这样，将这个表示式代入退化方程（6.61），考虑到动能耗散率的定义式$\frac{\partial k}{\partial t}\equiv-\varepsilon$，则可得非各向同性量度量$a_{ij}$所满足的方程

$$\frac{\partial a_{ij}}{\partial t} \approx \frac{1}{k}\left[\left(\Phi_{ij,1}+\varepsilon a_{ij}\right)-\left(\varepsilon_{ij}-\frac{2}{3}\varepsilon\delta_{ij}\right)\right]。\tag{6.64}$$

由于这个方程右端方括号内的第二个圆括号是迹为零的，因此，$\Phi_{ij,1}$和a_{ij}一样也应是迹为零的。符合这些要求的最简单形式是$\Phi_{ij,1}$和εa_{ij}之间的线性关系，这样，考虑a_{ij}的定义式（6.62），第一变形–压力项$\Phi_{ij,1}$的闭合形式可以写成

$$\Phi_{ij,1}=-\left(C_{1VP}\right)\varepsilon a_{ij}=-\left(C_{1VP}\right)\frac{\varepsilon}{k}\left[\left\langle u_{3i}u_{3j}\right\rangle-\frac{2}{3}k\delta_{ij}\right]。\tag{6.65}$$

其中$\left(C_{1VP}\right)$为引入的第一变形–压力项无量纲系数。

4）第二变形–压力项$\Phi_{ij,2}$的闭合

同样，考虑到湍流剩余类运动的空间尺度远大于 Poisson 方程基本解的影响半径，对湍流剩余类运动因子做中值处理，第二变形–压力项可以写成两个因子乘积的形式

$$\begin{aligned}\Phi_{ij,2}&=\frac{1}{2\pi}\iiint_{V^*}\left(\frac{\partial \tilde{U}_k}{\partial x_l}\right)^*\left\langle\frac{\partial u_l^*}{\partial x_k^*}\left(\frac{\partial u_i}{\partial x_j}+\frac{\partial u_j}{\partial x_i}\right)\right\rangle\frac{1}{r^*}dV^*\\&\approx\frac{1}{2\pi}\left(\frac{\partial \tilde{U}_k}{\partial x_l}\right)_M\iiint_{V^*}\left(\left\langle\frac{\partial u_i}{\partial x_j}\frac{\partial u_l^*}{\partial x_k^*}\right\rangle+\left\langle\frac{\partial u_j}{\partial x_i}\frac{\partial u_l^*}{\partial x_k^*}\right\rangle\right)\frac{1}{r^*}dV^*\end{aligned}。\tag{6.66}$$

考虑第二变形–压力项的数学属性和高阶矩项闭合假定的第一和第三条，仅与湍流速度有关的后一因子可写成速度二阶矩的线性形式，它按下标k，l与湍流剩余类运动速度梯度$\left(\frac{\partial \tilde{U}_k}{\partial x_l}\right)_M$对称，而自身按下标$i$，$j$也是对称的。满足这种属性要求的第二变形–压力项可写成如下通式形式

$$\Phi_{ij,2}=\left(\frac{\partial \tilde{U}_k}{\partial x_l}\right)_M\left(\alpha_{lk,ij}+\alpha_{lk,ji}\right),\tag{6.67}$$

其中

$$\alpha_{lk,ij}=A_2\langle u_l u_i\rangle\delta_{kj}+B_2\begin{pmatrix}\langle u_l u_k\rangle\delta_{ij}+\langle u_l u_j\rangle\delta_{ik}\\+\langle u_i u_j\rangle\delta_{lk}+\langle u_i u_k\rangle\delta_{lj}\end{pmatrix}+C_2\langle u_k u_j\rangle\delta_{li}+\begin{bmatrix}E_2\delta_{il}\delta_{kj}\\+F_2\left(\delta_{lj}\delta_{ik}+\delta_{lk}\delta_{ij}\right)\end{bmatrix}k\text{。}\tag{6.68}$$

这里$k=\frac{1}{2}\langle u_i u_i\rangle$为湍流动能，$A_2$、$B_2$、$C_2$、$E_2$、$F_2$为五个待定常数。实际上这些待定常数不是独立的，以下将按所导出的两个运动学条件，给出它们所满足的四个关系式。

（1）第一运动学条件，$\alpha_{lk,ii}=0$

由于第二变形–压力项$\Phi_{ij,2}$的迹等于零$\Phi_{ii,2}=0$，这样，由表示式（6.67）可得

$$\Phi_{ii,2}=2\left(\frac{\partial U_k}{\partial x_l}\right)_M\alpha_{lk,ii}=0\quad\text{或}\quad\alpha_{lk,ii}=0\text{。}\tag{6.69}$$

这就是所谓的第一运动学条件。将表示式（6.68）代入第一运动学条件，则可得

$$\alpha_{lk,ii}=\left(A_2+5B_2+C_2\right)\langle u_k u_l\rangle+\left(2B_2+E_2+4F_2\right)k\delta_{lk}=0\text{。}\tag{6.70}$$

这样，有待定常数满足的两个代数方程

$$A_2+5B_2+C_2=0,\tag{6.71}$$

$$2B_2+E_2+4F_2=0\text{。}\tag{6.72}$$

（2）第二运动学条件，$\alpha_{lk,ik}=2\langle u_i u_l\rangle$

比较（6.66）和（6.67）式，则有$\left(\alpha_{lk,ij}+\alpha_{lk,ji}\right)=\frac{1}{2\pi}\iiint_{V^*}\left(\left\langle\frac{\partial u_i}{\partial x_j}\frac{\partial u_l^*}{\partial x_k^*}\right\rangle+\left\langle\frac{\partial u_j}{\partial x_i}\frac{\partial u_l^*}{\partial x_k^*}\right\rangle\right)\frac{1}{r^*}dV^*$，

从而有

$$\alpha_{lk,ij}=\frac{1}{2\pi}\iiint_{V^*}\left\langle\frac{\partial u_i}{\partial x_j}\frac{\partial u_l^*}{\partial x_k^*}\right\rangle\frac{1}{r^*}dV^*\text{。}\tag{6.73}$$

将这个结果乘以 δ_{jk}，再按积分关系（6. 59），有

$$\delta_{jk}\alpha_{lk,ij}=\alpha_{lk,ik}=\frac{1}{2\pi}\iiint_{V^*}\left\langle\delta_{jk}\frac{\partial u_i}{\partial x_j}\frac{\partial u_l^*}{\partial x_k^*}\right\rangle\frac{1}{r^*}dV^*=2\langle u_iu_l\rangle\quad\text{或}\quad\alpha_{lk,ik}=2\langle u_iu_l\rangle\text{。}\tag{6.74}$$

这就是所谓的第二运动学条件。将表示式（6. 68）代入第二运动学条件，则有

$$(3A_2+4B_2)\langle u_lu_i\rangle+(2C_2+3E_2+2F_2)k\delta_{li}=2\langle u_lu_i\rangle\text{。}\tag{6.75}$$

从而，有待定常数满足的另外两个代数方程

$$3A_2+4B_2=2,\tag{6.76}$$

$$2C_2+3E_2+2F_2=0,\tag{6.77}$$

最后，解代数方程（6. 71）、（6. 72）和（6. 76）、（6. 77），可得用待定常数 C_2 表示的系数关系

$$A_2=\frac{4C_2+10}{11},\quad B_2=-\frac{3C_2+2}{11},\quad E_2=-\frac{50C_2+4}{55},\quad F_2=\frac{20C_2+6}{55}\text{。}\tag{6.78}$$

将这个结果代入表示式（6. 67），则可得第二变形–压力项的闭合形式

$$\Phi_{ij,2}=-\left(\frac{C_2+8}{11}\right)\left(P_{ij}-\frac{1}{3}\delta_{ij}P_{kk}\right)-\left(\frac{30C_2-2}{55}\right)k\left(\frac{\partial\tilde{U}_i}{\partial x_j}+\frac{\partial\tilde{U}_j}{\partial x_i}\right)-\left(\frac{8C_2-2}{11}\right)\left(D_{ij}-\frac{1}{3}\delta_{ij}D_{kk}\right),\tag{6.79}$$

其中

$$P_{ij}\equiv-\left(\langle u_iu_k\rangle\frac{\partial\tilde{U}_j}{\partial x_k}+\langle u_ju_k\rangle\frac{\partial\tilde{U}_i}{\partial x_k}\right),\quad D_{ij}\equiv-\left(\langle u_iu_k\rangle\frac{\partial\tilde{U}_k}{\partial x_j}+\langle u_ju_k\rangle\frac{\partial\tilde{U}_k}{\partial x_i}\right)\text{。}\tag{6.80}$$

由于闭合的第二变形–压力项(6. 79),其第一项形式上具有生成项的意义，常取它作为第二变形–压力项的近似表示

$$\Phi_{ij,2}\approx-\left(C_{2VP}\right)\left(P_{ij}-\frac{1}{3}\delta_{ij}P_{kk}\right),\tag{6.81}$$

其中$\left(C_{2VP}\right)$称为无量纲第二变形-压力系数。这样，将所导得的表示式（6.65）、（6.81）和（6.60）代入表示式（6.55），则可得变形-压力项实用闭合表示

$$\begin{aligned}\Phi_{ij}=&-\left(C_{1VP}\right)\frac{\varepsilon}{k}\left(\left\langle u_{3i}u_{3j}\right\rangle-\frac{2}{3}k\delta_{ij}\right)-\left(C_{2VP}\right)\left(P_{ij}-\frac{1}{3}\delta_{ij}P_{kk}\right)\\&+\left[\left(\varepsilon_{jlm}2\bar{\Omega}_{l}\left\langle u_{m}u_{i}\right\rangle+\varepsilon_{ilm}2\bar{\Omega}_{l}\left\langle u_{m}u_{j}\right\rangle\right)+\left(g\delta_{j3}\left\langle\frac{\rho}{\rho_{0}}u_{i}\right\rangle+g\delta_{i3}\left\langle\frac{\rho}{\rho_{0}}u_{j}\right\rangle\right)\right]。\end{aligned}\tag{6.82}$$

最后，将表示式（6.49）、（6.52）、（6.82）代入方程（6.35），则得闭合的速度-速度二阶矩方程

$$\begin{aligned}\frac{\partial\left\langle u_{i}u_{j}\right\rangle}{\partial t}+\tilde{U}_{k}\frac{\partial\left\langle u_{i}u_{j}\right\rangle}{\partial x_{k}}=&-\left(\left\langle u_{i}u_{k}\right\rangle\frac{\partial\tilde{U}_{j}}{\partial x_{k}}+\left\langle u_{j}u_{k}\right\rangle\frac{\partial\tilde{U}_{i}}{\partial x_{k}}\right)+\frac{\partial}{\partial x_{k}}\left[C_{VD}F_{D}\left(\frac{\partial\left\langle u_{i}u_{j}\right\rangle}{\partial x_{k}}\right.\right.\\&\left.\left.+\frac{\partial\left\langle u_{k}u_{i}\right\rangle}{\partial x_{j}}+\frac{\partial\left\langle u_{j}u_{k}\right\rangle}{\partial x_{i}}\right)\right]-\frac{\varepsilon}{k}\left\langle u_{i}u_{j}\right\rangle-\left(C_{1VP}\right)\frac{\varepsilon}{k}\left(\left\langle u_{i}u_{j}\right\rangle-\frac{2}{3}k\delta_{ij}\right)-\left(C_{2VP}\right)\left(P_{ij}-\frac{1}{3}\delta_{ij}P_{kk}\right)^{\circ}\end{aligned}\tag{6.83}$$

在目前结构均衡形式的闭合假定表示中，仍没有充分的测量依据给出无量纲系数$\left(C_{1VP}\right)$和$\left(C_{2VP}\right)$的归纳确定形式表示。

尽管所得的结果是如此的漂亮，但计算点被要求远离边界的要求被经常被提到，它的结果对我们最关注的近海面和近海底层总是显得格格不入。这里我们以学习的目的，坚持在二阶矩闭合范畴内做好运算技巧的练习。

2. 湍流速度-温度和速度-盐度二阶矩闭合方程

速度-温度和速度-盐度二阶矩方程（6.36）和（6.37）的闭合处理主要包括如下

1）输运通量剩余项 $\left\{\begin{array}{l}\dfrac{\partial}{\partial x_k}\left[-\langle u_iu_k\theta\rangle-\delta_{ik}\left\langle\theta\dfrac{p}{\rho_0}\right\rangle-\left(\nu_0\left\langle u_i\dfrac{\partial\theta}{\partial x_k}\right\rangle+\kappa_0\left\langle\dfrac{\partial u_i}{\partial x_k}\theta\right\rangle\right)+(\nu_0+\kappa_0)\dfrac{\partial\langle u_i\theta\rangle}{\partial x_k}\right]\\ \dfrac{\partial}{\partial x_k}\left[-\langle u_iu_ks\rangle-\delta_{ik}\left\langle s\dfrac{p}{\rho_0}\right\rangle-\left(\nu_0\left\langle u_i\dfrac{\partial s}{\partial x_k}\right\rangle+D_0\left\langle\dfrac{\partial u_i}{\partial x_k}s\right\rangle\right)+(\nu_0+D_0)\dfrac{\partial\langle u_is\rangle}{\partial x_k}\right]\end{array}\right\}$ 闭合

湍流输运是一种大涡旋行为。按所引入的闭合假定第一和第三条，速度-温度和速度-盐度输运通量剩余项的闭合形式可写成

$$\left\{\begin{array}{l}\dfrac{\partial}{\partial x_k}\left[-\langle u_iu_k\theta\rangle-\delta_{ik}\left\langle\theta\dfrac{p}{\rho_0}\right\rangle-\left(\nu_0\left\langle u_i\dfrac{\partial\theta}{\partial x_k}\right\rangle+\kappa_0\left\langle\dfrac{\partial u_i}{\partial x_k}\theta\right\rangle\right)+(\nu_0+\kappa_0)\dfrac{\partial\langle u_i\theta\rangle}{\partial x_k}\right]=\dfrac{\partial}{\partial x_k}\left[C_{TD}F_D\left(\dfrac{\partial\langle u_i\theta\rangle}{\partial x_k}+\dfrac{\partial\langle u_k\theta\rangle}{\partial x_i}\right)\right]\\ \dfrac{\partial}{\partial x_k}\left[-\langle u_iu_ks\rangle-\delta_{ik}\left\langle s\dfrac{p}{\rho_0}\right\rangle-\left(\nu_0\left\langle u_i\dfrac{\partial s}{\partial x_k}\right\rangle+D_0\left\langle\dfrac{\partial u_i}{\partial x_k}s\right\rangle\right)+(\nu_0+D_0)\dfrac{\partial\langle u_is\rangle}{\partial x_k}\right]=\dfrac{\partial}{\partial x_k}\left[C_{SD}F_D\left(\dfrac{\partial\langle u_is\rangle}{\partial x_k}+\dfrac{\partial\langle u_ks\rangle}{\partial x_i}\right)\right]\end{array}\right.,\tag{6.84}$$

这里，量纲为 $\left[\dfrac{L^2}{T}\right]$ 的参变量 F_D 和无量纲系数 C_{TD}、C_{SD}，可分别归纳确定为

$$F_D=l_Dq=\frac{(2k)^2}{(2\pi)^{\frac{3}{2}}\varepsilon}\quad 和\quad C_{TD}=C_{SD}=\frac{1}{(2\pi)^{\frac{1}{2}}\sigma}。\tag{6.85}$$

按 Kolmogorov-Prandtl 关系，上式中湍流 Prandtl 数 σ 和所引入的梯度 Richardson 数 R_g 分别写成

$$\sigma\equiv\frac{\sigma_0}{(1-2R_g)},\quad R_g\equiv\frac{\tilde{N}^2}{\tilde{S}^2}=\left(-\frac{g}{\rho_0}\frac{\partial\tilde{\rho}}{\partial x_3}\right)\bigg/\left(\frac{\partial\tilde{U}}{\partial x_3}\right)^2,\quad \sigma_0=\frac{1}{2}。\tag{6.86}$$

2）分子耗散项 $\left\{\begin{array}{l}-(\nu_0+\kappa_0)\left\langle\dfrac{\partial u_i}{\partial x_k}\dfrac{\partial\theta}{\partial x_k}\right\rangle\\ -(\nu_0+D_0)\left\langle\dfrac{\partial u_i}{\partial x_k}\dfrac{\partial s}{\partial x_k}\right\rangle\end{array}\right\}$ 闭合

分子耗散是一种小涡旋行为，它可以被认为是近各向同性的。这样，按改变坐标指向不变性 $\left\{\begin{array}{l}-(\nu_0+\kappa_0)\left\langle\dfrac{\partial u_i}{\partial x_k}\dfrac{\partial\theta}{\partial x_k}\right\rangle=-(\nu_0+\kappa_0)\left\langle\dfrac{\partial -u_i}{\partial -x_k}\dfrac{\partial\theta}{\partial -x_k}\right\rangle\\ -(\nu_0+D_0)\left\langle\dfrac{\partial u_i}{\partial x_k}\dfrac{\partial s}{\partial x_k}\right\rangle=-(\nu_0+D_0)\left\langle\dfrac{\partial -u_i}{\partial -x_k}\dfrac{\partial s}{\partial -x_k}\right\rangle\end{array}\right\}$，容易证明分子耗散项实际上是近似等于零的

$$\begin{Bmatrix} -(\nu_0+\kappa_0)\left\langle \dfrac{\partial u_i}{\partial x_k}\dfrac{\partial \theta}{\partial x_k}\right\rangle \\ -(\nu_0+D_0)\left\langle \dfrac{\partial u_i}{\partial x_k}\dfrac{\partial s}{\partial x_k}\right\rangle \end{Bmatrix}\approx 0\text{。} \tag{6.87}$$

3）梯度-压力项$\begin{Bmatrix} +\left\langle \dfrac{\partial \theta}{\partial x_i}\dfrac{p}{\rho_0}\right\rangle \\ +\left\langle \dfrac{\partial s}{\partial x_i}\dfrac{p}{\rho_0}\right\rangle \end{Bmatrix}$闭合

将湍流压力的估计式（6.54）代入梯度-压力项，可以得到

$$\Phi_{\left\{\begin{smallmatrix}\theta\\ s\end{smallmatrix}\right\}i}\equiv\left\langle \frac{\partial}{\partial x_i}\begin{Bmatrix}\theta\\ s\end{Bmatrix}\frac{p}{\rho_0}\right\rangle=\Phi_{\left\{\begin{smallmatrix}\theta\\ s\end{smallmatrix}\right\}i,1}+\Phi_{\left\{\begin{smallmatrix}\theta\\ s\end{smallmatrix}\right\}i,2}+\Delta_{\left\{\begin{smallmatrix}\theta\\ s\end{smallmatrix}\right\}i,3}\,, \tag{6.88}$$

其中

$$\Phi_{\left\{\begin{smallmatrix}\theta\\ s\end{smallmatrix}\right\}i,1}\equiv\frac{1}{4\pi}\iiint_{V^*}\left\langle \frac{\partial^2\left(u_l^*u_k^*\right)}{\partial x_k^*\partial x_l^*}\frac{\partial}{\partial x_i}\begin{Bmatrix}\theta\\ s\end{Bmatrix}\right\rangle\frac{1}{r^*}dV^*\,,$$

$$\Phi_{\left\{\begin{smallmatrix}\theta\\ s\end{smallmatrix}\right\}i,2}\equiv\frac{1}{2\pi}\iiint_{V^*}\left(\frac{\partial \tilde{U}_k}{\partial x_l}\right)^*\left\langle \frac{\partial u_l^*}{\partial x_k^*}\frac{\partial}{\partial x_i}\begin{Bmatrix}\theta\\ s\end{Bmatrix}\right\rangle\frac{1}{r^*}dV^*\,,$$

$$\Delta_{\left\{\begin{smallmatrix}\theta\\ s\end{smallmatrix}\right\}i,3}\equiv\frac{1}{4\pi}\iiint_{V^*}\begin{bmatrix} \varepsilon_{klm}2\Omega_l\left\langle \dfrac{\partial u_m^*}{\partial x_k^*}\dfrac{\partial}{\partial x_i}\begin{Bmatrix}\theta\\ s\end{Bmatrix}\right\rangle \\ +g\delta_{k3}\left\langle \dfrac{\partial}{\partial x_k^*}\left(\dfrac{\rho}{\rho_0}\right)^*\dfrac{\partial}{\partial x_i}\begin{Bmatrix}\theta\\ s\end{Bmatrix}\right\rangle \end{bmatrix}\frac{1}{r^*}dV^*\text{。} \tag{6.89}$$

这样，我们可以分别给出它们的闭合处理

（1）第一梯度-压力项的闭合

梯度-压力项表示式（6.88）的第一项仅是湍流量的函数，描述的是一种大涡旋行为。按闭合假定的第一和第三条，它可表示为温度-速度和盐度-速度二阶矩$\left\langle u_i\begin{Bmatrix}\theta\\ s\end{Bmatrix}\right\rangle$的线性形式，即有

$$\Phi_{\left\{\begin{smallmatrix}\theta\\ s\end{smallmatrix}\right\}i,1}\equiv\frac{1}{4\pi}\iiint_{V^*}\left\langle \frac{\partial^2\left(u_l^*u_k^*\right)}{\partial x_k^*\partial x_l^*}\frac{\partial}{\partial x_i}\begin{Bmatrix}\theta\\ s\end{Bmatrix}\right\rangle\frac{1}{r^*}dV^*=-\begin{Bmatrix}C_{TP}\\ C_{SP}\end{Bmatrix}F_d\left\langle u_i\begin{Bmatrix}\theta\\ s\end{Bmatrix}\right\rangle\text{。} \tag{6.90}$$

这里，F_d 是量纲为 $\left[\frac{1}{T}\right]$ 的参变量，C_{TP} 和 C_{SP} 是两个第一梯度-压力无量纲系数。按闭合假定的第三和第四条，前者可写成

$$F_d = \frac{q}{l_D} = \frac{(2\pi)^{\frac{3}{2}}\varepsilon}{(2k)}, \tag{6.91}$$

后者，因乏于压力测量而不能有可靠的分析归纳确定，仍是两个待定的无量纲系数 (C_{TP}) 和 (C_{SP})。

（2）第二梯度-压力项的闭合

先对第二梯度-压力项中的湍流剩余类运动做中值处理，再参照积分关系式（6.59），对于远离边界的任意内点有第二梯度-压力项的闭合形式

$$\begin{aligned}\Phi_{\left\{\begin{smallmatrix}\theta\\ s\end{smallmatrix}\right\}i,2} &\approx \frac{1}{2\pi}\iiint_{V^*}\left(\frac{\partial \tilde{U}_k}{\partial x_l}\right)_M\left\langle\frac{\partial u_l^*}{\partial x_k^*}\frac{\partial}{\partial x_i}\begin{Bmatrix}\theta\\ s\end{Bmatrix}\right\rangle\frac{1}{r^*}dV^* \\ &= 2\left(\frac{\partial \tilde{U}_k}{\partial x_l}\right)_M\frac{1}{4\pi}\iiint_{V^*}\left\langle\frac{\partial u_l^*}{\partial x_k^*}\frac{\partial}{\partial x_i}\begin{Bmatrix}\theta\\ s\end{Bmatrix}\right\rangle\frac{1}{r^*}dV^* \approx 2\left(\frac{\partial \tilde{U}_i}{\partial x_l}\right)_M\left\langle u_l\begin{Bmatrix}\theta\\ s\end{Bmatrix}\right\rangle\end{aligned}。 \tag{6.92}$$

（3）第三梯度-压力项的闭合

同样，考虑积分关系（6.59），有第三梯度-压力项的闭合形式

$$\begin{aligned}\Delta_{\left\{\begin{smallmatrix}\theta\\ s\end{smallmatrix}\right\}i,3} &\equiv \frac{1}{4\pi}\iiint_{V^*}\left[\varepsilon_{klm}2\Omega_l\left\langle\frac{\partial u_m^*}{\partial x_k^*}\frac{\partial}{\partial x_i}\begin{Bmatrix}\theta\\ s\end{Bmatrix}\right\rangle + g\delta_{k3}\left\langle\frac{\partial}{\partial x_k^*}\left(\frac{\rho}{\rho_0}\right)^*\frac{\partial}{\partial x_i}\begin{Bmatrix}\theta\\ s\end{Bmatrix}\right\rangle\right]\frac{1}{r^*}dV^* \\ &\approx g\delta_{i3}\left\langle\frac{\rho}{\rho_0}\begin{Bmatrix}\theta\\ s\end{Bmatrix}\right\rangle + \varepsilon_{ilm}2\Omega_l\left\langle u_m\begin{Bmatrix}\theta\\ s\end{Bmatrix}\right\rangle\end{aligned}。 \tag{6.93}$$

将闭合估计式（6.90）、（6.92）和（6.93）代入式（6.88），则得温度-速度和盐度-速度二阶矩方程的梯度-压力项闭合形式

$$\left\langle\frac{\partial}{\partial x_i}\begin{Bmatrix}\theta\\ s\end{Bmatrix}\frac{p}{\rho_0}\right\rangle = -\begin{Bmatrix}(C_{TP})\\ (C_{SP})\end{Bmatrix}F_d\left\langle u_i\begin{Bmatrix}\theta\\ s\end{Bmatrix}\right\rangle + 2\left(\frac{\partial \tilde{U}_i}{\partial x_l}\right)_M\left\langle u_l\begin{Bmatrix}\theta\\ s\end{Bmatrix}\right\rangle + \left(\varepsilon_{ilm}2\Omega_l\left\langle u_m\begin{Bmatrix}\theta\\ s\end{Bmatrix}\right\rangle + g\delta_{i3}\left\langle\frac{\rho}{\rho_0}\begin{Bmatrix}\theta\\ s\end{Bmatrix}\right\rangle\right)。 \tag{6.94}$$

最后，将闭合形式（6.84）、（6.87）和（6.94）代入方程（6.36）和（6.37），则得速度-温度和速度-盐度二阶矩闭合方程

$$\begin{aligned}&\frac{\partial\langle u_i\theta\rangle}{\partial t}+\tilde{U}_k\frac{\partial\langle u_i\theta\rangle}{\partial x_k}=\left(-\langle u_k\theta\rangle\frac{\partial\tilde{U}_i}{\partial x_k}-\langle u_iu_k\rangle\frac{\partial\tilde{T}}{\partial x_k}\right)\\&+\frac{\partial}{\partial x_k}\left[C_{TD}F_D\left(\frac{\partial\langle u_i\theta\rangle}{\partial x_k}+\frac{\partial\langle u_k\theta\rangle}{\partial x_i}\right)\right]-(C_{TP})F_d\langle u_i\theta\rangle+2\left(\frac{\partial\tilde{U}_i}{\partial x_l}\right)^*\langle u_l\theta\rangle+\langle u_iQ_\theta\rangle\end{aligned}，\quad(6.95)$$

$$\begin{aligned}&\frac{\partial\langle u_is\rangle}{\partial t}+\tilde{U}_k\frac{\partial\langle u_is\rangle}{\partial x_k}=\left(-\langle u_ks\rangle\frac{\partial\tilde{U}_i}{\partial x_k}-\langle u_iu_k\rangle\frac{\partial\tilde{S}}{\partial x_k}\right)\\&+\frac{\partial}{\partial x_k}\left[C_{SD}F_D\left(\frac{\partial\langle u_is\rangle}{\partial x_k}+\frac{\partial\langle u_ks\rangle}{\partial x_i}\right)\right]-(C_{SP})F_d\langle u_is\rangle+2\left(\frac{\partial\tilde{U}_i}{\partial x_l}\right)^*\langle u_ls\rangle\end{aligned}。\quad(6.96)$$

统观所导出的三个二阶矩闭合方程（6.83）、（6.95）和（6.96），它们的重力和地转力有关项都消失。这表明，次小尺度近各向同性湍流的二阶矩行为，实际上与重力和地转力无关。鉴于压力实测是归纳确定无量纲系数(C_{1VP})，(C_{2VP})和(C_{TP})，(C_{SP})的测量依据，但是至今我们仍乏于在湍流尺度上的压力现场测量能力。

3. 湍流温度、盐度二阶矩闭合方程

温度、盐度二阶矩方程（6.38）-（6.40）的闭合主要包括

1）输运剩余项$\left\{\begin{array}{l}\dfrac{\partial}{\partial x_k}\left[-\langle u_k\theta s\rangle-\left(\kappa_0\left\langle\theta\dfrac{\partial s}{\partial x_k}\right\rangle+D_0\left\langle s\dfrac{\partial\theta}{\partial x_k}\right\rangle\right)+(\kappa_0+D_0)\dfrac{\partial\langle\theta s\rangle}{\partial x_k}\right]\\\dfrac{\partial}{\partial x_k}\left[-\langle u_k\theta^2\rangle+\kappa_0\dfrac{\partial\langle\theta^2\rangle}{\partial x_k}\right]\\\dfrac{\partial}{\partial x_k}\left[-\langle u_ks^2\rangle+D_0\dfrac{\partial\langle s^2\rangle}{\partial x_k}\right]\end{array}\right\}$的闭合

温度-盐度积和温度、盐度平方的输运是一种大涡旋行为。按所引入的闭合假定第一和第三条，输运剩余项的闭合形式可写成

$$\left\{\begin{aligned}&\frac{\partial}{\partial x_k}\left[-\langle u_k\theta s\rangle-\left(\kappa_0\left\langle\theta\frac{\partial s}{\partial x_k}\right\rangle+D_0\left\langle s\frac{\partial\theta}{\partial x_k}\right\rangle\right)+(\kappa_0+D_0)\frac{\partial\langle\theta s\rangle}{\partial x_k}\right]=\frac{\partial}{\partial x_k}\left(C_{TS}F_D\frac{\partial\langle\theta s\rangle}{\partial x_k}\right)\\&\frac{\partial}{\partial x_k}\left[-\langle u_k\theta^2\rangle+\kappa_0\frac{\partial\langle\theta^2\rangle}{\partial x_k}\right]=\frac{\partial}{\partial x_k}\left(C_{TT}F_D\frac{\partial\langle\theta^2\rangle}{\partial x_k}\right)\\&\frac{\partial}{\partial x_k}\left[-\langle u_k s^2\rangle+D_0\frac{\partial\langle s^2\rangle}{\partial x_k}\right]=\frac{\partial}{\partial x_k}\left(C_{SS}F_D\frac{\partial\langle s^2\rangle}{\partial x_k}\right)\end{aligned}\right\},\tag{6.97}$$

其中量纲为$\left[\frac{L^2}{T}\right]$的参变量$F_D$和无量纲系数$C_{TS}$、$C_{TT}$、$C_{SS}$可分别归纳确定为

$$F_D=l_Dq=\frac{(2k)^2}{(2\pi)^{\frac{3}{2}}\varepsilon}\quad 和\quad C_{TS}=C_{TT}=C_{SS}=\frac{1}{(2\pi)^{\frac{1}{2}}\sigma}。\tag{6.98}$$

2）分子耗散项$\left\{\begin{aligned}&-(\kappa_0+D_0)\left\langle\frac{\partial\theta}{\partial x_k}\frac{\partial s}{\partial x_k}\right\rangle\\&-2\kappa_0\left\langle\left(\frac{\partial\theta}{\partial x_k}\right)^2\right\rangle\\&-2D_0\left\langle\left(\frac{\partial s}{\partial x_k}\right)^2\right\rangle\end{aligned}\right\}$的闭合

分子耗散是一种小涡旋行为。参照先前的处理结果（6.52），按所引入的闭合假定第一条，分子耗散项也可以写成高确定的闭合形式

$$\left\{\begin{aligned}&-(\kappa_0+D_0)\left\langle\frac{\partial\theta}{\partial x_k}\frac{\partial s}{\partial x_k}\right\rangle=-\frac{\varepsilon}{k}\langle\theta s\rangle\\&-2\kappa_0\left\langle\left(\frac{\partial\theta}{\partial x_k}\right)^2\right\rangle=-\frac{\varepsilon}{k}\langle\theta^2\rangle\\&-2D_0\left\langle\left(\frac{\partial s}{\partial x_k}\right)^2\right\rangle=-\frac{\varepsilon}{k}\langle s^2\rangle\end{aligned}\right\}。\tag{6.99}$$

将表示式（6.97）和（6.99）代入方程（6.36）-（6.38），则可得所要求的温度、盐度二阶矩闭合方程

$$\begin{aligned}&\frac{\partial\langle\theta s\rangle}{\partial t}+\tilde{U}_k\frac{\partial\langle\theta s\rangle}{\partial x_k}=-\left(\langle u_k s\rangle\frac{\partial\tilde{T}}{\partial x_k}+\langle u_k\theta\rangle\frac{\partial\tilde{S}}{\partial x_k}\right)\\&+\frac{\partial}{\partial x_k}\left(C_{TS}F_D\frac{\partial\langle\theta s\rangle}{\partial x_k}\right)-\frac{\varepsilon}{k}\langle\theta s\rangle+\langle sQ_\theta\rangle\end{aligned},\tag{6.100}$$

$$\frac{\partial\langle\theta^2\rangle}{\partial t}+\tilde{U}_k\frac{\partial\langle\theta^2\rangle}{\partial x_k}=-2\langle u_k\theta\rangle\frac{\partial\tilde{T}}{\partial x_k}+\frac{\partial}{\partial x_k}\left(C_{TT}F_D\frac{\partial\langle\theta^2\rangle}{\partial x_k}\right)-\frac{\varepsilon}{k}\langle\theta^2\rangle+2\langle\theta Q_\theta\rangle,\tag{6.101}$$

$$\frac{\partial\langle s^2\rangle}{\partial t}+\tilde{U}_k\frac{\partial\langle s^2\rangle}{\partial x_k}=-2\langle u_k s\rangle\frac{\partial\tilde{S}}{\partial x_k}+\frac{\partial}{\partial x_k}\left(C_{SS}F_D\frac{\partial\langle s^2\rangle}{\partial x_k}\right)-\frac{\varepsilon}{k}\langle s^2\rangle。\tag{6.102}$$

这样，本节完成了对所有湍流二阶矩方程的结构均衡表示形式的闭合处理。在这种闭合处理下这些方程的形式变得几乎完全确定，仅有的不确定待定系数是来自变形–压力项的(C_{1VP})、(C_{2VP})和梯度–压力项的(C_{TP})、(C_{SP})。另外，我们仍需强调，以上闭合结果并不适合影响半径范围内的海面层。

4. 湍流二阶矩边界条件的闭合处理

湍流二阶矩方程的边界条件是表示式（6.41）–（6.48）所描述海面和海底的淡水、动量、热量和盐量输运关系。其中高阶矩项主要来自关系式的三阶矩项和边界替代附加项。可以按具体情况，给出这些边界条件确定的实用形式。

6.3　闭合湍流基本特征量控制方程组的结构均衡形式表示

在结构均衡表示形式下闭合过程所引入的基本特征量k和ε还需要进一步确定。这样，导出它们的原始控制方程和实现这些方程的结构均衡形式闭合表示就成为本节研究的主要内容。

6.3.1　简约湍流动能方程的导出和它的结构均衡闭合表示

对湍流速度-速度二阶矩方程（6.35）做 $j=i$ 整理，按定义式 $k=\left\langle\frac{1}{2}u_i^2\right\rangle$ 我们可以得到原始的湍流动能方程

$$\begin{aligned}&\frac{\partial k}{\partial t}+\tilde{U}_k\frac{\partial k}{\partial x_k}+\varepsilon_{ilm}2\Omega_l\langle u_iu_m\rangle=-\langle u_iu_k\rangle\frac{\partial\tilde{U}_i}{\partial x_k}+\frac{\partial}{\partial x_k}\left[-\left\langle\frac{1}{2}u_iu_iu_k\right\rangle\right.\\&\left.-\delta_{ik}\left\langle u_i\frac{p}{\rho_0}\right\rangle+\nu_0\frac{\partial k}{\partial x_k}\right]-\nu_0\left\langle\left(\frac{\partial u_i}{\partial x_k}\right)^2\right\rangle+\left\langle\frac{\partial u_i}{\partial x_i}\frac{p}{\rho_0}\right\rangle-g\delta_{i3}\left\langle u_i\frac{\rho}{\rho_0}\right\rangle\end{aligned}。\quad(6.103)$$

考虑到张量运算规则，左端第三项应为 $\varepsilon_{ilm}2\Omega_l\langle u_iu_m\rangle=0$；按闭合假定第三和第四条，右端第二项可写成 $\frac{\partial}{\partial x_k}\left[-\left\langle\frac{1}{2}u_iu_iu_k\right\rangle-\delta_{ik}\left\langle u_i\frac{p}{\rho_0}\right\rangle+\nu_0\frac{\partial k}{\partial x_k}\right]=\frac{\partial}{\partial x_k}\left(C_{VD}F_D\frac{\partial k}{\partial x_k}\right)$；按耗散率定义式，第三项可记成 $\nu_0\left\langle\frac{\partial u_i}{\partial x_k}\frac{\partial u_i}{\partial x_k}\right\rangle=\varepsilon$；按无辐散近似，第四项消失为 $\left\langle\left(\frac{\partial u_i}{\partial x_i}\right)\frac{p}{\rho_0}\right\rangle=0$，我们有在二阶矩空间中闭合的简约湍流动能方程

$$\frac{\partial k}{\partial t}+\tilde{U}_k\frac{\partial k}{\partial x_k}=\frac{\partial}{\partial x_k}\left[\frac{(2k)^2}{(2\pi)^2\varepsilon}\frac{\partial k}{\partial x_k}\right]+\left[\left(-\langle u_iu_k\rangle\frac{\partial\tilde{U}_i}{\partial x_k}-g\delta_{i3}\left\langle u_i\frac{\rho}{\rho_0}\right\rangle\right)-\varepsilon\right]。\quad(6.104)$$

这个方程的右端项第一项是动能输运通量剩余项，考虑到它是一种大涡旋行为，按表示式（6.50），其中量纲式为 $\left[\frac{L^2}{T}\right]$ 的参变量 F_D 和无量纲的系数 C_{VD} 分别归纳确定为 $F_D=l_Dq=\frac{(2k)^2}{(2\pi)^{\frac{3}{2}}\varepsilon}$ 和 $C_{VD}=\frac{1}{(2\pi)^{\frac{1}{2}}}$；第二、三项分别是密度修正的剩余类运动速度剪切生成项和分子耗散率项。

6.3.2　简约湍流动能耗散率方程的导出和它的现有闭合处理做法

按湍流动能耗散率的定义式 $\varepsilon=\nu_0\left\langle\frac{\partial u_i}{\partial x_l}\frac{\partial u_i}{\partial x_l}\right\rangle$，对动量方程（6.22）的第 i

分量做导数 $\frac{\partial}{\partial x_j}$ 后乘以 $2\nu_0\frac{\partial u_i}{\partial x_j}$，对这个结果做湍流样本集合上的 Reynolds 平均运算，则可得到原始的动能耗散率方程

$$\begin{aligned}&\frac{\partial \varepsilon}{\partial t}+\tilde{U}_k\frac{\partial \varepsilon}{\partial x_k}+\varepsilon_{ilm}2\bar{\Omega}_l\left\langle \varepsilon_{im}\right\rangle=-2\nu_0\left(\left\langle \frac{\partial u_k}{\partial x_j}\frac{\partial u_k}{\partial x_i}\right\rangle+\left\langle \frac{\partial u_i}{\partial x_k}\frac{\partial u_j}{\partial x_k}\right\rangle\right)\frac{\partial \tilde{U}_i}{\partial x_j}-2\nu_0\left\langle u_k\frac{\partial u_i}{\partial x_j}\right\rangle\frac{\partial^2 \tilde{U}_i}{\partial x_j\partial x_k}\\&-2\nu_0\left\langle \frac{\partial u_i}{\partial x_j}\frac{\partial u_k}{\partial x_j}\frac{\partial u_i}{\partial x_k}\right\rangle+\frac{\partial}{\partial x_k}\left[-\left\langle \nu_0\left(\frac{\partial u_i}{\partial x_j}\right)^2 u_k\right\rangle-2\nu_0\left\langle \frac{\partial u_k}{\partial x_j}\frac{\partial}{\partial x_j}\left(\frac{p}{\rho_0}\right)\right\rangle+\nu_0\frac{\partial \varepsilon}{\partial x_k}\right]\\&-2\nu_0^2\left\langle \left(\frac{\partial^2 u_i}{\partial x_j\partial x_k}\right)^2\right\rangle-g\delta_{i3}2\nu_0\left\langle \frac{\partial u_i}{\partial x_j}\frac{\partial}{\partial x_j}\left(\frac{\rho}{\rho_0}\right)\right\rangle\end{aligned}\quad。$$

（6.105）

这个方程的左端三项分别是湍流动能耗散率时间变化项、湍流剩余类运动的平流输运项和动能耗散率地转项，右端第一、二和三项分别是剩余类运动的一阶、二阶速度剪切产生项和涡动变形产生项，第四项是湍流耗散率输运通量剩余项，第五项是二阶分子耗散项，第六项是重力变形–梯度项。

1. 湍流动能耗散率方程诸项的量级估计

由于湍流动能耗散率方程（6.105）中的诸项，有的是大涡旋行为，有的是小涡旋行为，这样在做量级比较时，首先需要有大、小涡旋描述量之间的尺度关系。按闭合假定第五条的大、小涡旋速度相似性关系，我们有

$$u_\varepsilon=C_E\left(R_E\right)^n u_E=C_E\left(\frac{(2k)^{\frac{4n+1}{2}}}{(2\pi)^{\frac{3n}{2}}\nu^n\varepsilon^n}\right)=C_E\frac{(2k)^{\frac{4n+1}{2}}}{(2\pi)^{\frac{3n}{2}}\nu^n\varepsilon^n}\text{。}\qquad(6.106)$$

将这个关系式代入动能结构不变性关系 $u_{\varepsilon i}\frac{\partial u_{\varepsilon i}}{\partial x_{\varepsilon j}}=\frac{\partial k}{\partial x_{Ej}}$，考虑到大、小涡旋尺度量度 $[x_E]=\frac{(2k)^{\frac{3}{2}}}{(2\pi)^{\frac{3}{2}}\varepsilon}$ 和 $[\eta_\varepsilon]=\left(\frac{\nu_0^3}{\varepsilon}\right)^{\frac{1}{4}}$ 我们有运动描述量关系式

$$\frac{C_E^{\ 2}}{(2\pi)^{\frac{6n+3}{2}}}\left[\left(\frac{2k}{\nu\,\varepsilon}\right)\right]^{\frac{8n+3}{2}}=\frac{1}{2}\text{。} \tag{6.107}$$

考虑到这个关系式的物理普适性，我们可以演算得

$$n=-\frac{3}{8}\quad 和\quad C_E=\left[\frac{1}{2}(2\pi)^{\frac{3}{8}}\right]^{\frac{1}{2}}\text{。} \tag{6.108}$$

将这个结果代入大、小涡旋尺度关系，则有如表 6.1 所列的湍流动能耗散率方程的各项量级估计。

表 6.1 湍流动能耗散率方程的各项量级估计

项名	对流	产生Ⅰ	产生Ⅱ	变形产生
量级	$\frac{\tilde{U}\varepsilon}{l_E}$	$\frac{\tilde{U}\varepsilon}{l_E}$	$\nu\frac{\tilde{U}}{l_E^2}\left(\frac{\varepsilon}{\nu}\right)^{1/2}k^{1/2}R_E^{-1/2}$	$\varepsilon\left(\frac{\varepsilon}{\nu}\right)^{1/2}$
标准	1	$1\approx 0$	$R_E^{-1}\approx 0$	$\frac{k^{1/2}}{\tilde{U}}R_E^{1/2}$

2. 第一、二产生项的实际量级表示

虽然按表 6.1 的第一产生项与对流项有相同的量级，但是，在湍流尺度远小于剩余类运动时，按各向同性湍流统计理论结果

$$\nu_0\left\langle\frac{\partial u_i}{\partial x_k}\frac{\partial u_j}{\partial x_l}\right\rangle=\frac{\varepsilon}{30}\left(4\delta_{kl}\delta_{ij}-\delta_{ik}\delta_{jl}-\delta_{il}\delta_{jk}\right), \tag{6.109}$$

可导得

$$\nu_0\left(\left\langle\frac{\partial u_k}{\partial x_i}\frac{\partial u_k}{\partial x_j}\right\rangle-\left\langle\frac{\partial u_i}{\partial x_k}\frac{\partial u_j}{\partial x_l}\right\rangle\right)\frac{\partial\tilde{U}_i}{\partial x_j}=-\frac{4}{3}\varepsilon\frac{\partial\tilde{U}_i}{\partial x_j}\delta_{ij}=0\text{。} \tag{6.110}$$

这个结果表明，对于各向同性湍流第一产生项实际上是等于零的。

由表 6.1 还可以看到，第二产生项具有 $(\mathrm{Re}_E)^{-1}$ 的量级，这样，在湍流的大涡旋 Reynolds 数很大时，相对于对流项第二产生项也是可以被忽略的。

3. 输运通量剩余项$\frac{\partial}{\partial x_k}\left\{-\left\langle \nu_0\left(\frac{\partial u_i}{\partial x_j}\right)^2 u_k\right\rangle - 2\nu_0\left\langle \frac{\partial u_k}{\partial x_j}\frac{\partial}{\partial x_j}\left(\frac{p}{\rho_0}\right)\right\rangle + \nu_0\frac{\partial \varepsilon}{\partial x_k}\right\}$的闭合

按结构均衡形式表示的闭合假定第一和第三条，大涡旋输运通量剩余项可写成

$$\frac{\partial}{\partial x_k}\left\{-\left\langle \nu_0\left(\frac{\partial u_i}{\partial x_j}\right)^2 u_k\right\rangle - 2\nu_0\left\langle \frac{\partial u_k}{\partial x_j}\frac{\partial}{\partial x_j}\left(\frac{p}{\rho_0}\right)\right\rangle + \nu_0\frac{\partial \varepsilon}{\partial x_k}\right\} \approx \frac{\partial}{\partial x_k}\left(C_{ED}F_D\frac{\partial \varepsilon}{\partial x_k}\right), \tag{6.111}$$

其中量纲式为$\left[\frac{L^2}{T}\right]$的参变量$F_D$和无量纲系数$C_{ED}$可分别写成

$$F_D = \frac{(2k)^2}{(2\pi)^{\frac{3}{2}}\varepsilon} \quad 和 \quad C_{ED} = \frac{1}{(2\pi)^{\frac{1}{2}}}。\tag{6.112}$$

4. 地转项$\varepsilon_{ilm}2\bar{\Omega}_l\langle\varepsilon_{im}\rangle$和重力项$g\delta_{i3}2\nu_0\left\langle \frac{\partial u_i}{\partial x_j}\frac{\partial}{\partial x_j}\left(\frac{\rho}{\rho_0}\right)\right\rangle$的消失

所导出的湍流动能耗散率方程的左端第三项和右端第六项分别是地转项和重力项。它们分别因张量符号ε_{ilm}和$\langle\varepsilon_{im}\rangle$的反对称和对称属性以及各向同性的改变坐标指向不变性$\left\langle \frac{\partial u_i}{\partial x_j}\frac{\partial}{\partial x_j}\left(\frac{\rho}{\rho_0}\right)\right\rangle = -\left\langle \frac{\partial u_i}{\partial x_j}\frac{\partial}{\partial x_j}\left(\frac{\rho}{\rho_0}\right)\right\rangle$，从而有

$$\varepsilon_{ilm}\langle\varepsilon_{im}\rangle = 0 \tag{6.113}$$

和

$$\left\langle \frac{\partial u_i}{\partial x_j}\frac{\partial}{\partial x_j}\left(\frac{\rho}{\rho_0}\right)\right\rangle = 0\ 。\tag{6.114}$$

这样，经过以上四条运算处理，简约的湍流动能耗散率方程可写成

$$\frac{\partial \varepsilon}{\partial t} + \tilde{U}_k\frac{\partial \varepsilon}{\partial x_k} = \frac{\partial}{\partial x_k}\left\{\frac{(2k)^2}{(2\pi)^2\varepsilon}\frac{\partial \varepsilon}{\partial x_k}\right\} + \left[-2\nu_0\left\langle \frac{\partial u_i}{\partial x_j}\frac{\partial u_k}{\partial x_j}\frac{\partial u_i}{\partial x_k}\right\rangle - 2\nu_0^2\left\langle\left(\frac{\partial^2 u_i}{\partial x_j\partial x_k}\right)^2\right\rangle\right]。\tag{6.115}$$

它的右端项实际上仅包括湍流变形产生项$-2\nu_0\left\langle\frac{\partial u_i}{\partial x_j}\frac{\partial u_k}{\partial x_j}\frac{\partial u_i}{\partial x_k}\right\rangle$和分子二阶耗散率项$-2\nu_0^2\left\langle\left(\frac{\partial^2 u_i}{\partial x_j\partial x_k}\right)^2\right\rangle$。到此，所导出的简约动能耗散率方程实际上是精确的。

5. 湍流变形产生项和分子二阶耗散率项的现有闭合处理

简约湍流耗散率方程右端的湍流变形产生项和分子二阶耗散项现行闭合做法是要求它们与简约动能方程右端的剪切生成项和分子一阶耗散率分别成比例。这种过苛的做法实际上是使得基本特征量方程失去求解饱和平衡结果能力的主要原因。尽管如此，我们还是把它们放在这里以示问题出在哪里。它们是

$$-2\nu_0\left\langle\frac{\partial u_i}{\partial x_j}\frac{\partial u_k}{\partial x_j}\frac{\partial u_i}{\partial x_k}\right\rangle=C_{Eg}F_g\left(-\langle u_iu_k\rangle\frac{\partial\tilde{U}_i}{\partial x_k}-g\delta_{i3}\left\langle u_i\frac{\rho}{\rho_0}\right\rangle\right),\tag{6.116}$$

和

$$-2\nu_0^2\left\langle\left(\frac{\partial^2 u_i}{\partial x_j\partial x_k}\right)^2\right\rangle=-C_{Ed}F_d\varepsilon,\tag{6.117}$$

其中量纲式为$\left[\frac{1}{T}\right]$的参变量F_g、F_d和无量纲系数C_{Eg}、C_{Ed}还高确定性地写成

$$F_g=F_d=\frac{1}{[t_E]}=\frac{(2\pi)^{\frac{3}{2}}\varepsilon}{(2k)}\quad 和\quad C_{Eg}=\frac{3}{(2\pi)^{\frac{3}{2}}},\quad C_{Ed}=\frac{4}{(2\pi)^{\frac{3}{2}}}。\tag{6.118}$$

最后，现行的湍流动能耗散率方程闭合形式被写成

$$\frac{\partial\varepsilon}{\partial t}+\tilde{U}_k\frac{\partial\varepsilon}{\partial x_k}=\frac{\partial}{\partial x_k}\left\{\frac{(2k)^2}{(2\pi)^2\varepsilon}\frac{\partial\varepsilon}{\partial x_k}\right\}+F_d\left\{C_{Eg}\left(-\langle u_iu_k\rangle\frac{\partial\tilde{U}_i}{\partial x_k}-g\delta_{i3}\left\langle u_i\frac{\rho}{\rho_0}\right\rangle\right)-C_{Ed}\varepsilon\right\}。\tag{6.119}$$

在本系列工作的第二章中，我们在海面层中按湍流动力学方法得到与Prandtl 混合模型一致的海浪生湍流混合系数解析结果，其中用到与Gregg1989年工作一致的湍流耗散率密度修正速度剪切模四次方律实验分

析结果。这样，我们实际上已经把这个四次方律提高到了“半经验半理论”的层次上。这样，进一步在本系列工作的第三章中，我们就可以在海面层海浪和密度跃层内波统一意义上，给出湍流动能耗散率的密度垂直修正速度剪切模四次方律实验关系，结合动能闭合方程饱和平衡的基本特征量理论关系开展湍流基本输运通量及其混合系数的上确界估计，从而得到“半经验半理论”层次确定的湍流基本特征量控制方程组。

6.3.3　湍流基本特征量方程组的海面边界条件

除湍流基本特征量方程组所显示的剩余类运动密度垂直修正速度剪切生成和湍流耗散机制以外，特征量的变化还受到海面通量过程的影响。这里所讲的海面通量过程包括破碎和非破碎海浪决定的两种。

1. 海浪破碎能量损耗决定的海面湍流动能输入

海浪破碎能量损耗决定的海面湍流动能输入可以写成

$$\left\langle C_{VD}F_D\frac{\partial k}{\partial x_3}\right\rangle_{\text{SEA-WAVES, SEA-SURFACE}}^{\text{BREAKING}}=\varphi E_{BT}\,, \tag{6.120}$$

其中是破碎海浪统计理论所导得的总能量损耗率 E_{BT}，在破碎过程中被转变为湍流动能的实际上只是很少的 φ 部分。大部分破碎能量将因作用于波峰附近，以相似空间分布形式重新回到海浪运动中去。转化为湍流动能的小部分，实际上就是海浪破碎耗散源函数所包含的那部分。这个份数可以确定为

$$\varphi=\frac{\iint\limits_{\vec{K}}S_{\text{BREAK-DISSIPATION}}\left(\vec{k}\right)d\vec{k}}{E_{BT}}\text{。} \tag{6.121}$$

关系式（6.120）给出的是一个关于湍流动能的第二类海面边界条件。

2. 海浪破碎卷入深度量度的海面湍流混合长度

按闭合原理的第四条，海面湍流混合长度可以写成

$$l_D = \frac{(2k)^{\frac{3}{2}}}{(2\pi)^{\frac{3}{2}}\varepsilon}\text{。} \tag{6.122}$$

这样，以破碎海浪统计理论导得的卷入深度作为海面湍流混合长度的量度量，对表示式（6.121）作海浪样本集合上的 Reynolds 平均，则有

$$\langle l_D \rangle = \left\langle \frac{(2k)^{\frac{3}{2}}}{(2\pi)^{\frac{3}{2}}\varepsilon} \right\rangle_{\text{SEA-WAVES, SEA-SURFACE}}^{\text{BREAK}} = h_{en}\text{。} \tag{6.123}$$

关系式（6.123）的后一个等式表明，理论-实测确定的卷入深度可以以基本特征量组合的形式给出第一类海面边界条件。

3. 非破碎海浪决定的海面湍流动能输入

至于非破碎海浪决定的情况下，湍流被认为是一种由连续介质诱导的次小尺度运动，这样，我们有

$$\left\langle C_{VD} F_D \frac{\partial k}{\partial x_3} \right\rangle_{\text{SEA-WAVES, SEA-SURFACE}}^{\text{NON-BREAKING}} = \phi_N\text{，} \tag{6.124}$$

其中 ϕ_N 表示的是，与海浪水质点运动相关联的次小尺度海面过程决定的对海洋湍流的动能输入。它是一个关于特征量 k 的第二类海面边界条件。

4. 非破碎海浪决定的海面湍流混合长度

取海面水质点运动范围的一半，即海浪的平均振幅作为海面湍流大涡旋尺度的量度。这样，有非破碎海浪决定的海面湍流混合长度为

$$
\begin{aligned}
\langle l_D \rangle &= \left\langle \frac{(2k)^{\frac{3}{2}}}{(2\pi)^{\frac{3}{2}}\varepsilon} \right\rangle_{\text{SEA-WAVES}}^{\text{NON-BREAKING}} \\
&= \langle A \rangle_{\text{SEA-WAVES}} = \left\langle \iint_{k_1,k_2} \Phi_{\text{SEA-WAVES}}(k_1,k_2)\, dk_1 dk_2 \right\rangle_{\text{SEA-SURFACE}}^{\frac{1}{2}}
\end{aligned}
\quad , \qquad (6.125)
$$

其中是海浪平均振幅是海面起伏波数谱确定的。表示式（6.125）也是一个关于特征量的第一类海面边界条件。

6.4 结论和讨论

基于系统科学和物理海洋学相结合所提出的海洋动力系统理论，本章在以下三个方面完善了对湍流混合输运通量研究的认识基础。

1）所提出的海洋动力系统研究架构主要包括：

（1）按运动控制机制的作用力控制与否和控制力平衡或动或静状态两个层次决定的运动类划分原则。它们是“运动类互不叠置和海洋运动全覆盖”的可加性运动类。

（2）与这个划分原则相洽的分解-合成演算样式，包括 Reynolds 平均及其偏差运算决定的大运动类分解-合成演算样式以及以控制力平衡方程时间变化项有和无以及其余项对等劈分决定的标准运动类对分解-合成演算样式自然也是大运动类和标准运动类对运动类描述量可加性的。

（3）按与海洋运动系统原始 Navier-Stokes 控制方程组保持一致性原则，由运动类相洽的分解-合成演算样式依次得到的大运动类和标准运动类控制方程组自然是运动类描述量可加性的，这个运动类控制方程组集还可以被证明是完备的。

所得到的湍流、重力波动、重力涡旋和环流四运动类可加性控制方程组完备集可以按其前类运动输运通量剩余混合项、本类运动的自身非线性相互作用项以及后类运动平流输运项和速度剪切温盐梯度生成项描述运动类的相互作用，形成完整的四运动类海洋动力系统。它适合于本书所提出的解析研究。

2）湍流，在剩余三类运动控制方程组中，总是以输运通量剩余项的形式出现，它是对剩余三类运动起着混合作用，是海洋混合的主要行为主体。这样，闭合的湍流二阶矩控制方程组和基本特征量控制方程组以及它们的动力学应用，就成为海洋混合研究的主要数学物理描述基础。在这方面本章所提供的进展包括

（1）本章在总结海洋湍流研究最新成果的基础上，提出了五条结构均衡形式表示的具有确定性意义的二阶矩闭合做法。这里所谓确定性，主要表现为按湍流大、小涡旋模型提出的基本尺度量和输运通量 Fourier 律有量纲参变量和无量纲常数确定性的“测量归纳”做法。

（2）所提出的五条确定性闭合做法，可以构成完整的湍流二阶矩和基本特征量控制方程的闭合体系，它们是湍流混合输运通量剩余量的数学物理描述基础。这些结果的理论和实践应用，实际上受到“离边界距离大于运动影响半径”的限制。

（3）现行湍流基本特征量方程组表明，湍流动能方程是严格理论导出的，其右端项是完全确定的；而动能耗散率方程则不同，变形产生项和二阶分子耗散项并不为测量所熟悉，比例于动能方程速度剪切生成项和一阶分子耗散率项的闭合做法太过苛刻。建立独立的基本特征量方程组是当下

湍流研究必须解决的重要理论和实验课题。

（4）按海洋动力系统控制方程组集，湍流主要是由剩余类运动的速度剪切项和温盐梯度生成项而发展成长的，对重力波动、重力涡旋和环流起着重要的搅拌混合作用。这样不难理解，Wunsch 所给出的海洋混合主体，（海浪+湍流）混合模块，其物理本质实际上应当是这里所提出的“重力波动生湍流对环流的混合”，它在海面层中就是“海浪生湍流对环流混合”。

在以下的两章中，我们将依次从海面层到“海面层+密度跃层”统一地开展湍流耗散率控制方程组的闭合研究，试图提出湍流耗散率方程右端项的闭合处理办法，得到一对推荐的实用湍流基本特征量控制方程组。

参考文献

是勋刚. 1994. 湍流. 天津：天津大学出版社，84-101.

Yuan Y，ct al. 2012. Establishment of the ocean dynamic system with four sub-systems and the derivation of their governing equation set. Journal of Hydrodynamics，24（2）：153.

Yuan Y L. 2017. Mathematical physics description basis of turbulence second order moment and basic characteristics with high determinacy. Oceanologia et Limnologia Sinicva，48（5）：895-911.

Wunsch C，Ferrari R. 2004. Vertical mixing，energy，and the general circulation of the oceans. Annual Review of Fluid Mechanics，36（1）：281-314.

Baumert H Z，Simpson J H，Sündermann J. 2005. Marine Turbulence：Theories，Observations，and Models. Cambridge：Cambridge University Press，27-29.

Yuan Y L，et al. 1999. The development of a coastal circulation numerical model：1. Wave-induced mixing and wave-current interaction. Journal of Hydrodynamics，Series A，14（4B）：1-8.

Yuan Y L，et. al. 2009. The Statistical theory of breaking entrainment depth and surface whitecap coverage of real sea waves. Journal of Physical Oceanography，39（1）：143-161.

第七章

海浪生湍流基本输运通量及其对环流混合系数的改进 Prandtl 混合模型规范化陈述

本章首先在海面层给出海浪生湍流基本输运通量和对环流混合系数的改进 Prandtl 混合模型规范化陈述。随后开展它们的动力学解译研究，主要包括以下三点：(1) 按湍流闭合研究的最新成果，给出湍流输运通量和对环流混合系数的结构均衡形式表示；(2) 在饱和平衡意义下由湍流运动方程推演的简约动能闭合方程给出湍流基本特征量理论关系，其中引入的单一参变量是湍流剩余类密度垂直修正的速度剪切模；(3) 采用单一参变量对湍流动能耗散率测量做拟合分析，归纳确定具有饱和平衡的意义的基本特征量实验关系。求解所得到的基本特征量理论关系和实验关系，以大涡旋空间尺度作为混合长度的量度，我们可以解得湍流动能和动能耗散率以及混合长度的上确界解析估计。按动力学推演的湍流输运通量和对环流混合系数几乎与按改进 Prandtl 混合模型得到的结果完全一致，本文所设定的动力学解译目标得以完全实现。以得到的实验关系作为动能耗散率方程右端项的闭合依据，我们可以给出一组海面层的实用基本特征量闭合方程组。

7.1　问题的提法

Wunsch 在他 2004 年的文章中，逆参数化潮流提出从全海洋运动能量平衡和运动类相互作用角度，研究其他运动类对大洋总环流的混合作用。在截自他文图 5 左上角的本文图 7.1 中，他对这种混合作用做了相当独到的刻画，认为海浪是大气和海洋之间最重要的能量转移运动主体，指出在对环流混合的三大模块中，与海浪相联系的湍流模块起着最重要的垂直混合作用。其实在更早的时间里，在解析研究黄海冷水团环流上均匀层形成机制的时候，我们就提出“海面层海浪生湍流对环流混合”的认知和一种改进的 Prandtl 混合模型。在 1999 年为了推动海洋数值模式的发展我们更在波谱层次上给出海浪生湍流输运通量和对环流混合系数的解析表示。这个海浪生湍流混合系数的提出突破了参数化的障碍，把海浪数值模式数学物理地与半经验半理论湍流混合模式和环流数值模式耦合起来，形成一个崭新的耦合数值模拟格局，在海洋多运动类耦合数值模式和地球系统数值模式的发展中取得了令人瞩目的效果。尽管这样我们仍不能忘记，这个

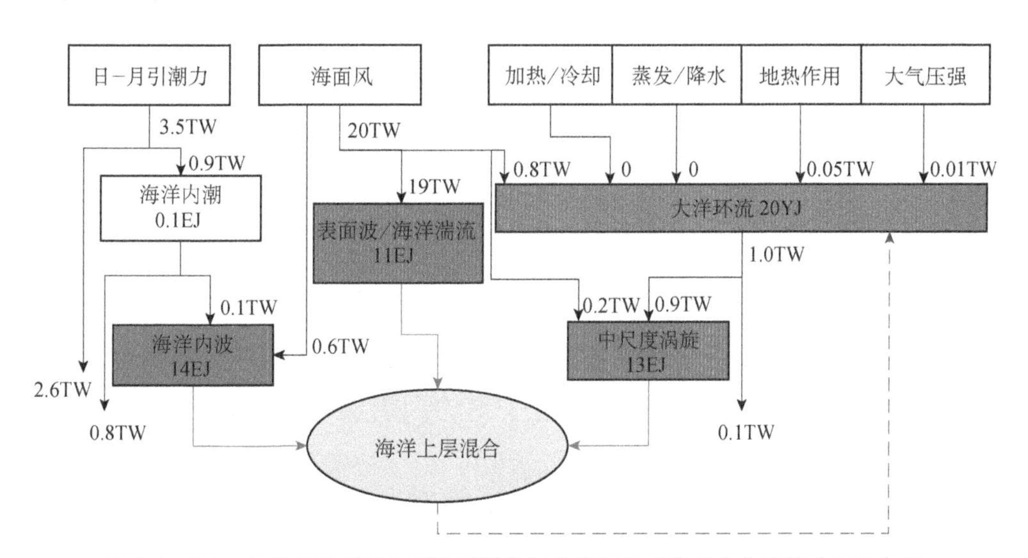

图 7.1　Wunsch 关于四运动类划分和其他运动类对总环流混合作用的论述示意图

改进的 Prandtl 混合模型及其半经验半理论结果毕竟是需要动力学解译的，这就是本章的主要研究目标。

这里，让我们以列出的形式给出需要的海洋动力系统描述前提。

1. 环流运动方程组和湍流对环流混合项表示

按所给出的海洋动力系统运动类控制方程组的分解-合成演算样式，环流大运动类运动方程可以写成

$$\frac{\partial \bar{U}_i}{\partial x_i}=0, \tag{7.1}$$

$$\begin{aligned}&\frac{\partial \bar{U}_i}{\partial t}+\bar{U}_j\frac{\partial \bar{U}_i}{\partial x_j}-2\varepsilon_{ijk}\bar{U}_j\Omega_k=-\frac{1}{\rho_0}\frac{\partial \bar{p}}{\partial x_i}-g\frac{\bar{\rho}}{\rho_0}\delta_{i3}-\frac{\partial \Phi_2}{\partial x_\alpha}\delta_{\alpha i}\\&+\frac{\partial}{\partial x_j}\left(\nu_0\frac{\partial \bar{U}_i}{\partial x_j}\right)+\frac{\partial}{\partial x_j}\left\langle-\left\langle u_{SSj}u_{SSi}\right\rangle_{SS}-u_{(SM+MM)j}u_{(SM+MM)i}\right\rangle_{SM+MM}\end{aligned}, \tag{7.2}$$

$$\begin{aligned}&\frac{\partial \bar{T}}{\partial t}+\bar{U}_j\frac{\partial \bar{T}}{\partial x_j}-\Gamma_0\left(\frac{\partial \bar{p}}{\partial t}+\bar{U}_j\frac{\partial \bar{p}}{\partial x_j}\right)=\frac{\partial}{\partial x_j}\left(\frac{\kappa_0}{\rho_0 C_{p0}}\frac{\partial \bar{T}}{\partial x_j}\right)\\&+\frac{\partial}{\partial x_j}\left\langle-\left\langle u_{SSj}T_{SS}\right\rangle_{SS}-u_{(SM+MM)j}T_{SM+MM}\right\rangle_{SM+MM}-\Gamma_0\frac{\partial}{\partial x_j}\left\langle-\left\langle u_{SSj}p_{SS}\right\rangle_{SS}\right.,\\&\left.-u_{(SM+MM)j}p_{SM+MM}\right\rangle_{SM+MM}+\left\langle\left\langle Q_T\right\rangle_{SS}\right\rangle_{SM+MM}\end{aligned} \tag{7.3}$$

$$\frac{\partial \bar{S}}{\partial t}+\bar{U}_j\frac{\partial \bar{S}}{\partial x_j}=\frac{\partial}{\partial x_j}\left(D_0\frac{\partial \bar{S}}{\partial x_j}\right)+\frac{\partial}{\partial x_j}\left\langle-\left\langle u_{SSj}s_{SS}\right\rangle_{SS}-u_{(SM+MM)j}s_{SM+MM}\right\rangle_{SM+MM}, \tag{7.4}$$

$$\bar{\rho}=\left\langle\left\langle\rho\left(\begin{matrix}\bar{p}+p_{SM+MM}+p_{SS},\bar{T}+T_{SM+MM}+T_{SS},\\ \bar{S}+s_{SM+MM}+s_{SS}\end{matrix}\right)\right\rangle_{SS}\right\rangle_{SM+MM}。 \tag{7.5}$$

它们表示，湍流对环流混合项实际上是湍流基本输运通量

$$\left(-\left\langle u_{SSj}u_{SSi}\right\rangle_{SS}\right),\quad \left(-\left\langle u_{SSj}T_{SS}\right\rangle_{SS}\right),\quad \left(-\left\langle u_{SSj}s_{SS}\right\rangle_{SS}\right) \tag{7.6}$$

在重力（波动+涡旋）类样本集合上平均的剩余量

$$\begin{gathered}\frac{\partial}{\partial x_j}\left\langle-\left\langle u_{SSj}u_{SSi}\right\rangle_{SS}\right\rangle_{SM+MM},\\ \frac{\partial}{\partial x_j}\left\langle-\left\langle u_{SSj}T_{SS}\right\rangle_{SS}\right\rangle_{SM+MM},\quad \frac{\partial}{\partial x_j}\left\langle-\left\langle u_{SSj}s_{SS}\right\rangle_{SS}\right\rangle_{SM+MM}。\end{gathered} \tag{7.7}$$

这里，$\{\bar{U}_i,\bar{T},\bar{S},\bar{p},\bar{\rho}\}$ 表示环流运动描述量，包括速度、温度、盐度、压力和密度；$\{u_{SSi},T_{SS},s_{SS},p_{SS},\rho_{SS}\}$ 和 $\{u_{(SM+MM)i},T_{SM+MM},s_{SM+MM},p_{SM+MM},\rho_{SM+MM}\}$ 按下标“$_{SS}$”和“$_{SM+MM}$”分别表示湍流和重力（波动+涡旋）的运动描述量；$\langle\ \rangle_{SS}$ 和 $\langle\ \rangle_{SM+MM}$ 分别标示在湍流和重力（波动+涡旋）样本集合上定义的 Reynolds 平均运算。

在开展动力解译研究之前，让我们简要地给出改进 Prandtl 混合模型推演海面层海浪生湍流基本输运通量和对环流混合系数的规范化陈述。

2. 改进 Prandtl 模型“海浪生湍流对环流混合系数”的规范化陈述

首先，让我们在海面任意点 O 附近构建湍流剩余运动类局域坐标系 $\{O;x_1,x_2,x_3\}$（见图 7.2）。它的 x_1 坐标轴水平地指向剩余运动类的速度方向，x_3 坐标轴垂直指向上，x_2 坐标轴与它们构成右手正交坐标系，是另一水平指向坐标轴。这样，我们有剩余运动类的局域表示

$$\tilde{U}_1 \approx \tilde{U}_1(x_3),\quad \tilde{U}_2 \approx \tilde{U}_3 \approx 0\ 。\qquad (7.8)$$

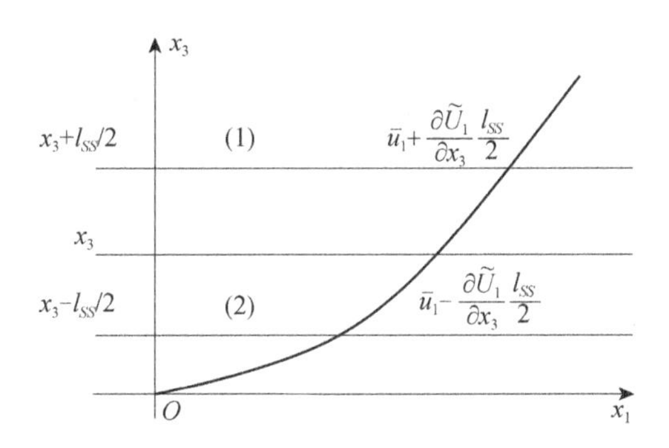

图 7.2　半经验半理论的 Prandtl 混合模型示意图

在湍流运动中，引进与分子自由程相当的混合长度量 l_{SS}，流体微团在这个距离内不和其他微团相碰，保持自己的物理属性，例如动量不变性。流体微团只有在移动了距离 l_{SS} 之后，才与那里的微团掺混，从而改变自己

的物理属性。在流体中平行于坐标面 $x_3 = x_3$，取两个相隔 l_{SS} 的流体界面：$x_3 = x_3 + \frac{l_{SS}}{2}$ 和 $x_3 = x_3 - \frac{l_{SS}}{2}$。它们所构成的流体薄层，由于其厚度不超过一个混合长度，可以认为在这个厚度为 l_{SS} 的薄层内，湍流速度 $\{u_{SS1}, u_{SS3}\}$ 是不变的。这样，在上、下流体界面上流动速度及其输运通量可分别写成

$$\left[\left(\tilde{U}_1 + \frac{d\tilde{U}_1}{dx_3}\frac{l_{SS}}{2} + u_{SS1}\right),\ u_{SS3}\right],\quad \left[\left(\tilde{U}_1 - \frac{d\tilde{U}_1}{dx_3}\frac{l_{SS}}{2} + u_{SS1}\right),\ u_{SS3}\right], \tag{7.9}$$

和

$$\left[-\left\langle\left(\tilde{U}_1 + \frac{d\tilde{U}_1}{dx_3}\frac{l_{SS}}{2} + u_{SS1}\right)u_{SS3}\right\rangle_{SS}\right],\quad \left[-\left\langle\left(\tilde{U}_1 - \frac{d\tilde{U}_1}{dx_3}\frac{l_{SS}}{2} + u_{SS1}\right)u_{SS3}\right\rangle_{SS}\right]。 \tag{7.10}$$

前者是样本的运动描述量，后者是集合平均的输运通量。由于坐标面 $x_3 = x_3$ 上的湍流应力，即基本速度输运通量 $\langle \tau_{SS13}\rangle_{SS} = \left(-\langle u_{SS1}u_{SS3}\rangle_{SS}\right)$，应等于作用于流体薄层上、下界面的流动速度输运通量和

$$\begin{aligned}&\langle \tau_{SS13}\rangle_{SS} \equiv \left(-\langle u_{SS1}u_{SS3}\rangle_{SS}\right)\\ &= -\left[-\left\langle\left(\tilde{U}_1 + \frac{d\tilde{U}_1}{dx_3}\frac{l_{SS}}{2} + u_{SS1}\right)u_{SS3}\right\rangle_{SS}\right]_{\text{on upper layer}} + \left[-\left\langle\left(\tilde{U}_1 - \frac{d\tilde{U}_1}{dx_3}\frac{l_{SS}}{2} + u_{SS1}\right)u_{SS3}\right\rangle_{SS}\right]_{\text{on lower layer}}。\end{aligned} \tag{7.11}$$

这样，我们可以演算得

$$\langle \tau_{SS13}\rangle_{SS} \equiv \left(-\langle u_{SS1}u_{SS3}\rangle_{SS}\right) = \langle l_{SS}u_{SS3}\rangle_{SS}\frac{d\tilde{U}_1}{dx_3}。 \tag{7.12}$$

通常所谓 Prandtl 混合模型讲的是“流动生湍流对流动的混合”，所谓改进的 Prandtl 混合模型则定格在“海浪生湍流对环流的混合”上，其中海浪是流动的一部分。按后者我们有

$$\langle \tau_{SS13}\rangle_{SS} \equiv \left(-\langle u_{SS1}u_{SS3}\rangle_{SS}\right) \approx l_{DSS}\left\langle |u_{SSk}|\right\rangle_{SS}\frac{d\bar{U}_1}{dx_3}, \tag{7.12}$$

其中 l_{DSS} 表示湍流样本集合平均的湍流混合长度，$\langle |u_{SSk}|\rangle_{SS}$ 表示湍流样本集

合平均的湍流速度模。用所引入的单一参变量，海浪密度垂直修正的速度剪切模$\left[\left|\frac{\partial u_{SWk}}{\partial x_l}\right|^2+\frac{g}{\sigma}\frac{\partial}{\partial x_3}\left(\frac{\rho_{SW}}{\rho_0}\right)\right]^{\frac{1}{2}}$乘以平均混合长度来量度这个平均的湍流速度模，则我们有

$$\left\langle\left|u_{SSk}\right|\right\rangle_{SS}=\left[\left|\frac{\partial u_{SWk}}{\partial x_l}\right|^2+\frac{g}{\sigma}\frac{\partial}{\partial x_3}\left(\frac{\rho_{SW}}{\rho_0}\right)\right]^{\frac{1}{2}} l_{DSS}, \tag{7.13}$$

其中下标“$_{SW}$”标示海面层海浪的运动描述量。这样，湍流的基本输运通量可写成

$$\left(-\left\langle u_{SSi}u_{SSj}\right\rangle_{SS}\right)\approx\left\{\left[\left|\frac{\partial u_{SWk}}{\partial x_l}\right|^2+\frac{g}{\sigma}\frac{\partial}{\partial x_3}\left(\frac{\rho_{SW}}{\rho_0}\right)\right]^{\frac{1}{2}} l_{DSS}^2\right\}\frac{d\bar{U}_i}{dx_j}, \tag{7.14}$$

$$\begin{pmatrix}-\left\langle T_{SS}u_{SSj}\right\rangle_{SS}\\ -\left\langle s_{SS}u_{SSj}\right\rangle_{SS}\end{pmatrix}\approx\left\{\frac{1}{\sigma}\left[\left|\frac{\partial u_{SWk}}{\partial x_l}\right|^2+\frac{g}{\sigma}\frac{\partial}{\partial x_3}\left(\frac{\rho_{SW}}{\rho_0}\right)\right]^{\frac{1}{2}} l_{DSS}^2\right\}\begin{pmatrix}\frac{\partial\bar{T}}{\partial x_j}\\ \frac{d\bar{S}}{dx_j}\end{pmatrix}。 \tag{7.15}$$

由于海浪样本集合平均运算的单一参变量为

$$\left\langle\left[\left|\frac{\partial u_{SWk}}{\partial x_l}\right|^2+\frac{g}{\sigma}\frac{\partial}{\partial x_3}\left(\frac{\rho_{SW}}{\rho_0}\right)\right]^{\frac{1}{2}}\right\rangle_{SW}\approx\left[\left\langle\left|\frac{\partial u_{SWk}}{\partial x_l}\right|\right\rangle_{SW}^2+\frac{g}{\sigma_0}\frac{\partial}{\partial x_3}\left\langle\frac{\rho_{SW}}{\rho_0}\right\rangle_{SW}\right]^{\frac{1}{2}}=\left\langle\left|\frac{\partial u_{SWk}}{\partial x_l}\right|\right\rangle_{SW}, \tag{7.16}$$

按环流动量方程（7.2），湍流对环流混合项可写成

$$\frac{\partial}{\partial x_j}\left\langle-\left\langle u_{SSj}u_{SSi}\right\rangle_{SS}\right\rangle_{SM+MM}=\frac{\partial}{\partial x_j}\left\{\left\langle\left|\frac{\partial u_{SWk}}{\partial x_l}\right|\right\rangle_{SW}\left\langle l_{DSS}^2\right\rangle_{SW}\frac{d\bar{U}_i}{dx_j}\right\}, \tag{7.17}$$

$$\frac{\partial}{\partial x_j}\left\langle\begin{matrix}-\left\langle u_{SSj}T_{SS}\right\rangle_{SS}\\ -\left\langle u_{SSj}s_{SS}\right\rangle_{SS}\end{matrix}\right\rangle_{SM+MM}=\frac{\partial}{\partial x_j}\left\{\frac{1}{\langle\sigma\rangle_{SW}}\left\langle\left|\frac{\partial u_{SWk}}{\partial x_l}\right|\right\rangle_{SW}\left\langle l_{DSS}^2\right\rangle_{SW}\begin{pmatrix}\frac{\partial\bar{T}}{\partial x_j}\\ \frac{d\bar{S}}{dx_j}\end{pmatrix}\right\}。 \tag{7.18}$$

这样，改进的 Prandtl 混合模型的海浪生湍流对环流混合系数就可以写

成

$$B_{CUV}^{\text{Prandtl}}=\left\langle\left|\frac{\partial u_{SWk}}{\partial x_l}\right|\right\rangle_{SW}\left\langle l_{DSS}^2\right\rangle_{SW},\tag{7.19}$$

$$B_{CTV}^{\text{Prandtl}}=B_{CSV}^{\text{Prandtl}}\approx\frac{1}{\sigma_0}\left\langle\left|\frac{\partial u_{SWk}}{\partial x_l}\right|\right\rangle_{SW}\left\langle l_{DSS}^2\right\rangle_{SW}。\tag{7.20}$$

这里所给出的基本输运通量和海浪生湍流对环流混合系数表示，将在以下章节中得到湍流混合动力学的解析解译。

7.2　湍流基本特征量闭合方程组及其饱和平衡意义的理论-实验关系

按湍流闭合研究的最新成果，考虑湍流基本运动形态的深度三维性、各向同性和饱和平衡性，欧洲的一些科学家提出称之为结构均衡形式表示的做法。按此，海面层海浪生湍流的基本输运通量可以写成“一般表示”的“结构均衡形式”（structural-equilibrium form）

$$\left(-\left\langle u_{SSj}u_{SSi}\right\rangle_{SS}\right)\approx C_{VD}F_D\frac{\partial\tilde{U}_i}{\partial x_j}=\frac{k^2}{\pi^2\varepsilon}\frac{\partial\tilde{U}_i}{\partial x_j},\tag{7.21}$$

$$\begin{pmatrix}-\left\langle u_{SSj}T_{SS}\right\rangle_{SS}\\-\left\langle u_{SSj}s_{SS}\right\rangle_{SS}\end{pmatrix}\approx\frac{1}{\sigma}C_{VD}F_D\begin{pmatrix}\dfrac{\partial\tilde{T}}{\partial x_j}\\\dfrac{\partial\tilde{S}}{\partial x_j}\end{pmatrix}=\frac{1}{\sigma}\frac{k^2}{\pi^2\varepsilon}\begin{pmatrix}\dfrac{\partial\tilde{T}}{\partial x_j}\\\dfrac{\partial\tilde{S}}{\partial x_j}\end{pmatrix}。\tag{7.22}$$

考虑到输运过程是一种大涡旋行为，所引入的有量纲参变量 F_D 和无量纲系数 C_{VD} 可以按结构均衡形式归纳确定为

$$F_D=\frac{(2\pi)^{\frac{1}{2}}k^2}{\pi^2\varepsilon},\quad C_{VD}=\frac{1}{(2\pi)^{\frac{1}{2}}},\tag{7.23}$$

其中引入的 Prandtl 系数 σ 在中性情况下等于 $\frac{1}{2}$。对这些基本输运通量表

示做算子运算 $\frac{\partial}{\partial x_j}\langle\ \rangle_{SM+MM}$，则环流运动方程中的湍流混合项可以写成

$$\begin{aligned}\frac{\partial}{\partial x_j}\left\langle-\left\langle u_{SSj}u_{SSi}\right\rangle_{SS}\right\rangle_{SM+MM}&=\frac{\partial}{\partial x_j}\left\langle\frac{k^2}{\pi^2\varepsilon}\frac{\partial\tilde{U}_i}{\partial x_j}\right\rangle_{SM+MM}\\&=\frac{\partial}{\partial x_j}\left[\left\langle\frac{k^2}{\pi^2\varepsilon}\right\rangle_{SM+MM}\frac{\partial\bar{U}_i}{\partial x_j}+\left\langle\frac{k^2}{\pi^2\varepsilon}\frac{\partial u_{(SM+MM)i}}{\partial x_j}\right\rangle_{SM+MM}\right]\end{aligned},\tag{7.24}$$

和

$$\begin{aligned}\frac{\partial}{\partial x_j}\left\langle\begin{matrix}-\left\langle u_{SSj}T_{SS}\right\rangle_{SS}\\-\left\langle u_{SSj}s_{SS}\right\rangle_{SS}\end{matrix}\right\rangle_{SM+MM}&=\frac{\partial}{\partial x_j}\left\langle\frac{1}{\sigma}\frac{k^2}{\pi^2\varepsilon}\begin{pmatrix}\frac{\partial\tilde{T}}{\partial x_j}\\\frac{\partial\tilde{S}}{\partial x_j}\end{pmatrix}\right\rangle_{SM+MM}\\&=\frac{\partial}{\partial x_j}\begin{pmatrix}\left\langle\frac{1}{\sigma}\frac{k^2}{\pi^2\varepsilon}\right\rangle_{SM+MM}\frac{\partial\bar{T}}{\partial x_j}+\left\langle\frac{1}{\sigma}\frac{k^2}{\pi^2\varepsilon}\frac{\partial T_{SM+MM}}{\partial x_j}\right\rangle_{SM+MM}\\\left\langle\frac{1}{\sigma}\frac{k^2}{\pi^2\varepsilon}\right\rangle_{SM+MM}\frac{\partial\bar{S}}{\partial x_j}+\left\langle\frac{1}{\sigma}\frac{k^2}{\pi^2\varepsilon}\frac{\partial s_{SM+MM}}{\partial x_j}\right\rangle_{SM+MM}\end{pmatrix}\end{aligned}。\tag{7.25}$$

从而对环流混合系数可写成

$$B_{CUV}^{\text{dynamic}}=\left\langle\frac{k^2}{\pi^2\varepsilon}\right\rangle_{SM+MM},\tag{7.26}$$

$$B_{CTV}^{\text{dynamic}}=B_{CSV}^{\text{dynamic}}=\left\langle\frac{1}{\sigma}\frac{k^2}{\pi^2\varepsilon}\right\rangle_{SM+MM}。\tag{7.27}$$

这样，海面层湍流对环流混合问题完全归结为海浪生湍流基本特征量的确定。

7.2.1　简约湍流动能闭合方程和基本特征量理论关系

1. 湍流动能闭合方程的导出

由湍流运动方程

$$\frac{\partial u_{SSi}}{\partial x_i}=0,\tag{7.28}$$

$$\begin{aligned}&\frac{\partial u_{SSi}}{\partial t}+\tilde{U}_j\frac{\partial u_{SSi}}{\partial x_j}+u_{SSj}\frac{\partial\tilde{U}_i}{\partial x_j}+\frac{\partial}{\partial x_i}\Delta_{SS}\left(u_{SSj}u_{SSi}\right)-2\varepsilon_{ijk}u_{SSj}\Omega_k\\&=-\frac{1}{\rho_0}\frac{\partial p_{SS}}{\partial x_i}-g\frac{\rho_{SS}}{\rho_0}\delta_{i3}+\frac{\partial}{\partial x_j}\left(\nu_0\frac{\partial u_{SSi}}{\partial x_j}\right)\end{aligned},\tag{7.29}$$

$$\frac{\partial \theta_{SS}}{\partial t}+\tilde{U}_j\frac{\partial \theta_{SS}}{\partial x_j}+u_{SSj}\frac{\partial \tilde{T}}{\partial x_j}+\frac{\partial}{\partial x_j}\Delta_{SS}\left(u_{SSj}\theta_{SS}\right)=\frac{\partial}{\partial x_j}\left(\frac{\kappa_0}{\rho_0 C_{p0}}\frac{\partial \theta_{SS}}{\partial x_j}\right)+Q_{TSS}, \tag{7.30}$$

$$\frac{\partial s_{SS}}{\partial t}+\tilde{U}_j\frac{\partial s_{SS}}{\partial x_j}+u_{SSj}\frac{\partial \tilde{S}}{\partial x_j}+\frac{\partial}{\partial x_j}\Delta_{SS}\left(u_{SSj}s_{SS}\right)=\frac{\partial}{\partial x_j}\left(D_0\frac{\partial s_{SS}}{\partial x_j}\right), \tag{7.31}$$

$$\rho_{SS}=\Delta_{SS}\rho\left(\tilde{S}+s_{SS},\tilde{T}+\theta_{SS},\tilde{p}+p_{SS}\right)。 \tag{7.32}$$

我们容易得到速度-速度二阶矩方程

$$\begin{aligned}&\frac{\partial\left\langle u_{SSi}u_{SSj}\right\rangle_{SS}}{\partial t}+\tilde{U}_k\frac{\partial\left\langle u_{SSi}u_{SSj}\right\rangle_{SS}}{\partial x_k}+\left(\varepsilon_{jlm}2\Omega_l\left\langle u_{SSi}u_{SSm}\right\rangle_{SS}+\varepsilon_{ilm}2\Omega_l\left\langle u_{SSj}u_{SSm}\right\rangle_{SS}\right)=-\left(\left\langle u_{SSi}u_{SSk}\right\rangle_{SS}\frac{\partial \tilde{U}_j}{\partial x_k}\right.\\&\left.+\left\langle u_{SSj}u_{SSk}\right\rangle_{SS}\frac{\partial \tilde{U}_i}{\partial x_k}\right)+\frac{\partial}{\partial x_k}\left[-\left\langle u_{SSi}u_{SSj}u_{SSk}\right\rangle_{SS}-\left(\delta_{jk}\left\langle u_{SSi}\frac{p_{SS}}{\rho_0}\right\rangle_{SS}+\delta_{ik}\left\langle u_{SSj}\frac{p_{SS}}{\rho_0}\right\rangle_{SS}\right)+\nu_0\frac{\partial\left\langle u_{SSi}u_{SSj}\right\rangle_{SS}}{\partial x_k}\right]。\\&-2\nu_0\left\langle\frac{\partial u_{SSi}}{\partial x_k}\frac{\partial u_{SSj}}{\partial x_k}\right\rangle_{SS}+\left\langle\left(\frac{\partial u_{SSi}}{\partial x_j}+\frac{\partial u_{SSj}}{\partial x_i}\right)\frac{p_{SS}}{\rho_0}\right\rangle_{SS}-\left(g\delta_{j3}\left\langle u_{SSi}\frac{\rho_{SS}}{\rho_0}\right\rangle_{SS}+g\delta_{i3}\left\langle u_{SSj}\frac{\rho_{SS}}{\rho_0}\right\rangle_{SS}\right)\end{aligned} \tag{7.33}$$

令方程（7.33）的下标i等于j，考虑到湍流速度的无辐散近似，则我们有

$$\begin{aligned}&\frac{\partial k}{\partial t}+\tilde{U}_k\frac{\partial k}{\partial x_k}+\varepsilon_{ilm}2\Omega_l\left\langle u_{SSi}u_{SSm}\right\rangle_{SS}=-\left\langle u_{SSi}u_{SSk}\right\rangle_{SS}\frac{\partial \tilde{U}_i}{\partial x_k}\\&+\frac{\partial}{\partial x_k}\left[-\left\langle\frac{1}{2}u_{SSi}^2u_{SSk}\right\rangle_{SS}-\delta_{ik}\left\langle u_{SSi}\frac{p_{SS}}{\rho_0}\right\rangle_{SS}+\nu_0\frac{\partial k}{\partial x_k}\right]-\varepsilon-g\delta_{i3}\left\langle u_{SSi}\frac{\rho_{SS}}{\rho_0}\right\rangle_{SS}\end{aligned}, \tag{7.34}$$

考虑到对下标i和m的反对称和对称关系，方程（7.34）左端第三项

$$\varepsilon_{ilm}\left\langle u_{SSi}u_{SSm}\right\rangle_{SS}=0 \tag{7.35}$$

消失；按输运通量闭合的结构均衡形式表示，方程（7.34）右端第二项可写成

$$\frac{\partial}{\partial x_k}\left(-\left\langle\frac{1}{2}u_{SSi}^2u_{SSk}\right\rangle_{SS}-\delta_{ik}\left\langle u_{SSi}\frac{p_{SS}}{\rho_0}\right\rangle_{SS}+\nu_0\frac{\partial k}{\partial x_k}\right)=\frac{\partial}{\partial x_k}\left(\frac{k^2}{\pi^2\varepsilon}\frac{\partial k}{\partial x_k}\right), \tag{7.36}$$

则我们得到简约湍流动能方程

$$\frac{\partial k}{\partial t}+\tilde{U}_k\frac{\partial k}{\partial x_k}=\frac{\partial}{\partial x_k}\left(\frac{k^2}{\pi^2\varepsilon}\frac{\partial k}{\partial x_k}\right)+\left\{-\left\langle u_{SSi}u_{SSk}\right\rangle_{SS}\frac{\partial \tilde{U}_i}{\partial x_k}-g\delta_{i3}\left\langle u_{SSi}\frac{\rho_{SS}}{\rho_0}\right\rangle_{SS}-\varepsilon\right\}。 \tag{7.37}$$

对右端项花括号内的两个输运通量分量再做一次结构均衡形式的Fourier

律归纳确定，即有

$$-\langle u_{SSi}u_{SSk}\rangle_{SS} \approx \frac{k^2}{\pi^2\varepsilon}\frac{\partial \tilde{U}_i}{\partial x_k} \quad 和 \quad -\left\langle u_{SSi}\frac{\rho_{SS}}{\rho_0}\right\rangle_{SS} \approx \frac{1}{\sigma}\frac{k^2}{\pi^2\varepsilon}\frac{\partial}{\partial x_i}\left(\frac{\tilde{\rho}}{\rho_0}\right), \tag{7.38}$$

则我们有简约的湍流动能闭合方程

$$\frac{\partial k}{\partial t} + \tilde{U}_k\frac{\partial k}{\partial x_k} = \frac{\partial}{\partial x_k}\left(\frac{k^2}{\pi^2\varepsilon}\frac{\partial k}{\partial x_k}\right) + \left\{\frac{k^2}{\pi^2\varepsilon}\left[\left|\frac{\partial \tilde{U}_i}{\partial x_k}\right|^2 + \frac{g}{\sigma}\frac{\partial}{\partial x_3}\left(\frac{\tilde{\rho}}{\rho_0}\right)\right] - \varepsilon\right\}。 \tag{7.39}$$

2. 饱和平衡意义下的基本特征量理论关系

在饱和平衡意义下诸如湍流基本特征量一类的统计量被认为是不随时间-空间变化的，这样，湍流动能闭合方程右端花括号内的两项和等于零表示的**湍流基本特征量理论关系**可以写成

$$\frac{\bar{k}^2}{\pi^2\bar{\varepsilon}}\left[\left|\frac{\partial \tilde{U}_i}{\partial x_k}\right|^2 + \frac{g}{\sigma}\frac{\partial}{\partial x_3}\left(\frac{\tilde{\rho}}{\rho_0}\right)\right] - \bar{\varepsilon} = 0 \quad 或 \quad \bar{\varepsilon} \approx \frac{1}{\pi}\left[\left|\frac{\partial \tilde{U}_i}{\partial x_k}\right|^2 + \frac{g}{\sigma}\frac{\partial}{\partial x_3}\left(\frac{\tilde{\rho}}{\rho_0}\right)\right]^{\frac{1}{2}}\bar{k}, \tag{7.40}$$

其中上横号“¯”表示饱和平衡意义下的基本特征量。值得注意的是，这里我们引入了一个描述湍流基本特征量关系的单一参变量，它是湍流剩余类运动密度垂直修正的速度剪切模。鉴于在海面层中湍流剩余类运动以海浪具有更大的量值和更小的空间尺度，单一参变量可近似为

$$\left[\left|\frac{\partial \tilde{U}_i}{\partial x_k}\right|^2 + \frac{g}{\sigma}\frac{\partial}{\partial x_3}\left(\frac{\tilde{\rho}}{\rho_0}\right)\right]^{\frac{1}{2}} \approx \left[\left|\frac{\partial u_{SWi}}{\partial x_k}\right|^2 + \frac{g}{\sigma}\frac{\partial}{\partial x_3}\left(\frac{\rho_{SW}}{\rho_0}\right)\right]^{\frac{1}{2}}。 \tag{7.41}$$

这个结果与 Wunsch 关于对环流混合第一模块的描述是一致的，它实际上指出海浪生湍流是海面层混合的行为主体，海浪和湍流共同构成大气-海洋的主要能量通道。在以后的研究中我们常按（7.41）式对研究结果做或推广或集中。

7.2.2 湍流动能耗散率测量分析及其单一参变量四次方拟合结果

1. 简约湍流动能耗散率方程的现有闭合办法

按定义式 $\varepsilon \equiv \nu_0 \left\langle \frac{\partial u_{SSi}}{\partial x_k} \frac{\partial u_{SSi}}{\partial x_k} \right\rangle_{SS}$ ，我们可以由湍流运动方程推演出原始的动能耗散率方程

$$\frac{\partial \varepsilon}{\partial t} + \tilde{U}_k \frac{\partial \varepsilon}{\partial x_k} + \varepsilon_{ilm} 2\bar{\Omega}_l \langle \varepsilon_{im} \rangle_{SS} = -2\nu_0 \left(\left\langle \frac{\partial u_{SSk}}{\partial x_j} \frac{\partial u_{SSk}}{\partial x_i} \right\rangle_{SS} + \left\langle \frac{\partial u_{SSi}}{\partial x_k} \frac{\partial u_{SSj}}{\partial x_k} \right\rangle_{SS} \right) \frac{\partial \tilde{U}_i}{\partial x_j} - 2\nu_0 \left\langle u_{SSk} \frac{\partial u_{SSi}}{\partial x_j} \right\rangle_{SS}$$

$$\frac{\partial^2 \tilde{U}_i}{\partial x_j \partial x_k} - 2\nu_0 \left\langle \frac{\partial u_{SSi}}{\partial x_j} \frac{\partial u_{SSk}}{\partial x_j} \frac{\partial u_{SSi}}{\partial x_k} \right\rangle_{SS} + \frac{\partial}{\partial x_k} \left[-\left\langle u_{SSk} \nu_0 \left(\frac{\partial u_{SSi}}{\partial x_j} \right)^2 \right\rangle_{SS} - 2\nu_0 \left\langle \frac{\partial u_{SSk}}{\partial x_j} \frac{\partial}{\partial x_j} \left(\frac{p_{SS}}{\rho_0} \right) \right\rangle_{SS} + \nu_0 \frac{\partial \varepsilon}{\partial x_k} \right] 。$$

$$-2\nu_0^2 \left\langle \left(\frac{\partial^2 u_{SSi}}{\partial x_j \partial x_k} \right)^2 \right\rangle_{SS} - g\delta_{i3} 2\nu_0 \left\langle \frac{\partial u_{SSi}}{\partial x_j} \frac{\partial}{\partial x_j} \left(\frac{\rho_{SS}}{\rho_0} \right) \right\rangle_{SS}$$

（7.42）

由于 $\varepsilon_{lm} \equiv \nu_0 \left\langle \frac{\partial u_{SSl}}{\partial x_k} \frac{\partial u_{SSm}}{\partial x_k} \right\rangle_{SS}$ ，按张量符号的反对称和对称运算规则，有

$$\varepsilon_{ilm} \langle \varepsilon_{im} \rangle_{SS} = 0 , \tag{7.43}$$

原始方程（7.42）的左端第三项消失；由各向同性湍流统计理论结果

$$\nu_0 \left\langle \frac{\partial u_i}{\partial x_k} \frac{\partial u_j}{\partial x_l} \right\rangle_{SS} = \frac{\varepsilon}{30} \left(4\delta_{kl}\delta_{ij} - \delta_{ik}\delta_{jl} - \delta_{il}\delta_{jk} \right) , \tag{7.44}$$

方程（7.42）右端的第一剪切生成项演算结果等于零

$$2\nu_0 \left(-\left\langle \frac{\partial u_k}{\partial x_j} \frac{\partial u_k}{\partial x_i} \right\rangle_{SS} - \left\langle \frac{\partial u_i}{\partial x_k} \frac{\partial u_j}{\partial x_k} \right\rangle_{SS} \right) \frac{\partial \tilde{U}_i}{\partial x_j} = -\frac{4}{3} \varepsilon \frac{\partial \tilde{U}_i}{\partial x_j} \delta_{ij} = 0 ; \tag{7.45}$$

由于湍流大涡旋 Reynolds 数是一个相当大的量，方程（7.42）右端的第二剪切生成项被认为是可以忽略的；按结构均衡形式的输运通量闭合表示，方程（7.42）右端第四项可写成

$$\frac{\partial}{\partial x_k} \left[-\left\langle \nu_0 \left(\frac{\partial u_i}{\partial x_j} \right)^2 u_k \right\rangle_{SS} - 2\nu_0 \left\langle \frac{\partial u_k}{\partial x_j} \frac{\partial}{\partial x_j} \left(\frac{p}{\rho_0} \right) \right\rangle_{SS} + \nu_0 \frac{\partial \varepsilon}{\partial x_k} \right] = \frac{\partial}{\partial x_k} \left(\frac{k^2}{\pi^2 \varepsilon} \frac{\partial \varepsilon}{\partial x_k} \right) ; \tag{7.46}$$

因各向同性的改变坐标指向反向关系

$$\left\langle \frac{\partial u_i}{\partial x_j}\frac{\partial}{\partial x_j}\left(\frac{\rho}{\rho_0}\right)\right\rangle_{SS}=-\left\langle \frac{\partial u_i}{\partial x_j}\frac{\partial}{\partial x_j}\left(\frac{\rho}{\rho_0}\right)\right\rangle_{SS}, \tag{7.47}$$

方程（7.42）右端最后一项实际为零。这样，湍流动能耗散率方程可简约地写成

$$\frac{\partial \varepsilon}{\partial t}+\tilde{U}_k\frac{\partial \varepsilon}{\partial x_k}=\frac{\partial}{\partial x_k}\left(\frac{k^2}{\pi^2\varepsilon}\frac{\partial \varepsilon}{\partial x_k}\right)+2\nu_0\left\langle -\frac{\partial u_{SSi}}{\partial x_j}\frac{\partial u_{SSk}}{\partial x_j}\frac{\partial u_{SSi}}{\partial x_k}\right\rangle_{SS}-2\nu_0^2\left\langle\left(\frac{\partial^2 u_{SSi}}{\partial x_j\partial x_k}\right)^2\right\rangle_{SS}。 \tag{7.48}$$

这个简约湍流动能耗散率方程其右端后两项具有清晰的物理意义，它们分别是湍流变形生成项和二阶分子耗散项。到此，这个简约方程仍是完全正确的。

虽然这两项的现行闭合做法是过苛刻的，我们仍愿意把它原本地展示在这里供下一步工作参考。令其中变形生成项 $2\nu_0\left\langle -\frac{\partial u_{SSi}}{\partial x_j}\frac{\partial u_{SSk}}{\partial x_j}\frac{\partial u_{SSi}}{\partial x_k}\right\rangle_{SS}$ 和二阶分子耗散项 $-2\nu_0^2\left\langle\left(\frac{\partial^2 u_{SSi}}{\partial x_j\partial x_k}\right)^2\right\rangle_{SS}$ 各自比例于动能方程的密度垂直修正速度剪切生成项 $\frac{k^2}{\pi^2\varepsilon}\left[\left|\frac{\partial \tilde{U}_i}{\partial x_k}\right|^2+\frac{g}{\sigma}\frac{\partial}{\partial x_3}\left(\frac{\tilde{\rho}}{\rho_0}\right)\right]$ 和一阶分子耗散项 $-\varepsilon$，即有

$$2\nu_0\left\langle -\frac{\partial u_i}{\partial x_j}\frac{\partial u_k}{\partial x_j}\frac{\partial u_i}{\partial x_k}\right\rangle_{SS}-2\nu_0^2\left\langle\left(\frac{\partial^2 u_i}{\partial x_j\partial x_k}\right)^2\right\rangle_{SS}=F_E\left\{C_{EG}\frac{k^2}{\pi^2\varepsilon}\left[\left|\frac{\partial \tilde{U}_i}{\partial x_k}\right|^2+\frac{g}{\sigma}\frac{\partial}{\partial x_3}\left(\frac{\tilde{\rho}}{\rho_0}\right)\right]-C_{ED}\varepsilon\right\}, \tag{7.49}$$

其中量纲式为 $\left[\frac{1}{T}\right]$ 的有量纲参变量 F_E 及无量纲系数 C_{EG} 和 C_{ED} 可按结构均衡形式表示规则归纳确定为

$$F_E=\frac{(2\pi)^{\frac{3}{2}}\varepsilon}{(2k)},\quad C_{EG}=\frac{3}{(2\pi)^{\frac{3}{2}}},\quad C_{ED}=\frac{4}{(2\pi)^{\frac{3}{2}}}。 \tag{7.50}$$

这样，现行的动能耗散率闭合方程可写成

$$\frac{\partial \varepsilon}{\partial t}+\tilde{U}_k\frac{\partial \varepsilon}{\partial x_k}=\frac{\partial}{\partial x_k}\left(\frac{k^2}{\pi^2\varepsilon}\frac{\partial \varepsilon}{\partial x_k}\right)+\left\{\frac{3k}{4\pi^2}\left[\left|\frac{\partial \tilde{U}_i}{\partial x_k}\right|^2+\frac{g}{\sigma}\frac{\partial}{\partial x_3}\left(\frac{\tilde{\rho}}{\rho_0}\right)\right]-\frac{\varepsilon^2}{k}\right\}。\quad (7.51)$$

鉴于在饱和平衡意义下按这个方程所得到的另一个基本特征量“理论关系”，不足以与先前的理论关系一起得到非平凡的基本特征量，我们不得不舍弃这个现行的闭合做法，转向湍流动能耗散率的测量分析研究。

2. 单一参变量幂函数的湍流动能耗散率数据拟合结果

好在自 20 世纪后半叶以来，Siddon 和 Osborn、Cox 等人发明了湍流动能耗散率的现场测量技术，并开展了大量海面层湍流混合测量研究。图 7.3 是所搜集到的海面层湍流混合数据的 10 种情况，其中情况 1～7 是 Anis 测得的，情况 8 是 Wüst 测得的，情况 9～10 是 Osborn 测得的。这组数据主要包括测量的湍流动能耗散率和按我们在第十章给出的“典型-简单”海浪表示的密度垂直修正速度剪切模，其中垂直坐标是水深，水平坐标是海面值归一化的单一参变量。其中蓝点表示按海面值归一化的实测动能耗散率数据，红线表示按同步海浪观测计算“典型-简单”海浪密度垂直修正的速度剪切模的归一化数据。

同样，考虑到在海面层中海浪有较其他湍流剩余运动类更大的速度和密度量值和更小的变化空间尺度，这样，我们可以引入归一化的单一参变量幂函数

$$\frac{\overline{\varepsilon}_{SW}}{\overline{\varepsilon}_{SW\,x_3=DMAX}}=\left\{\frac{\left[\left|\frac{\partial u_{SWi}}{\partial x_k}\right|^2+\frac{g}{\sigma}\frac{\partial}{\partial x_3}\left(\frac{\rho_{SW}}{\rho_0}\right)\right]^{\frac{1}{2}}}{\left[\left|\frac{\partial u_{SWi}}{\partial x_k}\right|^2+\frac{g}{\sigma}\frac{\partial}{\partial x_3}\left(\frac{\rho_{SW}}{\rho_0}\right)\right]^{\frac{1}{2}}_{x_3=DMAX}}\right\}^{\mathrm{index}\,\overline{\varepsilon}_{SW}}$$

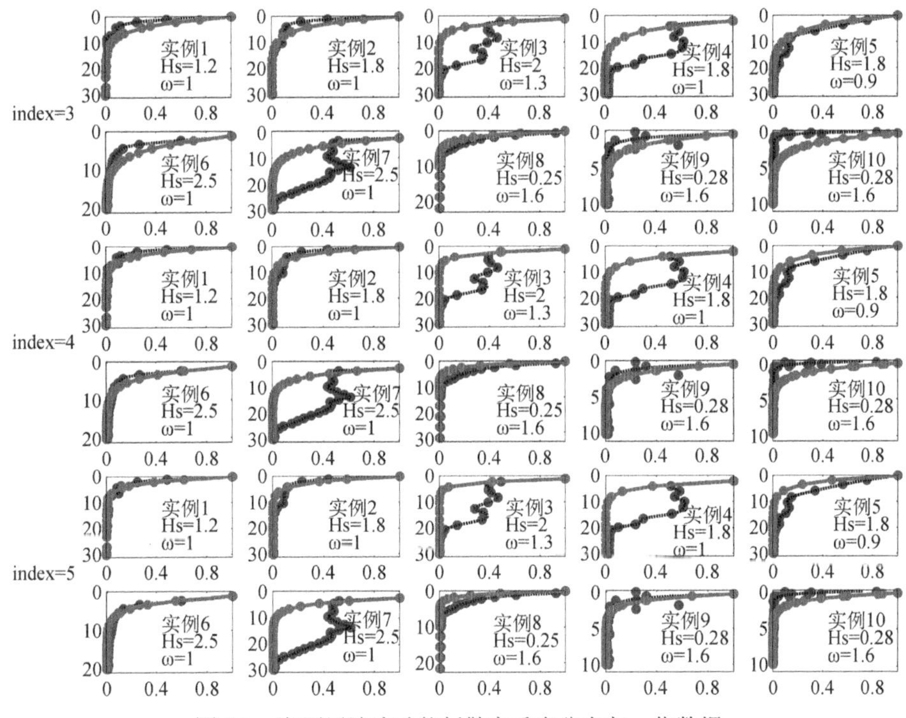

图 7.3　海面层湍流动能耗散率垂直分布归一化数据

或

$$\frac{\overline{\varepsilon}_{SW}}{\overline{\varepsilon}_{SW\,x_3=DMAX}}=\left\{\frac{\left[\left|\frac{\partial u_{SWi}}{\partial x_k}\right|^2+\frac{g}{\sigma}\frac{\partial}{\partial x_3}\left(\frac{\rho_{SW}}{\rho_0}\right)\right]}{\left[\left|\frac{\partial u_{SWi}}{\partial x_k}\right|^2+\frac{g}{\sigma}\frac{\partial}{\partial x_3}\left(\frac{\rho_{SW}}{\rho_0}\right)\right]_{x_3=DMAX}}\right\}^{\frac{1}{2}\text{index}\,\overline{\varepsilon}_{SW}}\text{。}\tag{7.53}$$

按系数 $\overline{\varepsilon}_{SW\,x_3=DMAX}$ 和指数 $\text{index}\,\overline{\varepsilon}_{SW}$ 逼近海面层的湍流动能耗散率测量数据。数据拟合结果的幂函数指数可以归纳确定为

$$\text{index}\,\overline{\varepsilon}_{SW}=4\text{。}\tag{7.54}$$

最后，我们就有饱和平衡意义下的**海浪生湍流基本特征量实验关系**

$$\overline{\varepsilon}_{SW}=\overline{\varepsilon}_{SW\,x_3=DMAX}\left\{\frac{\left[\left|\frac{\partial u_{SWi}}{\partial x_k}\right|^2+\frac{g}{\sigma}\frac{\partial}{\partial x_3}\left(\frac{\rho_{SW}}{\rho_0}\right)\right]}{\left[\left|\frac{\partial u_{SWi}}{\partial x_k}\right|^2+\frac{g}{\sigma}\frac{\partial}{\partial x_3}\left(\frac{\rho_{SW}}{\rho_0}\right)\right]_{x_3=DMAX}}\right\}^{2}\text{。}\tag{7.55}$$

这个结果，给出与Gregg在1989年研究结果几乎一样的湍流动能耗散率对海浪密度垂直修正的速度剪切模四次方律，只是它与海洋层化和水深变化的依赖关系是隐式含在海浪密度和速度的表示式中。具体计算过程和结果可查看第十章有关段落。

7.2.3　湍流基本特征量和混合长度的理论-实验关系解析估计

在饱和平衡意义下求解湍流基本特征量的理论和实验关系，则我们有

$$\bar{k}_{SW}=\varepsilon_{SW\,x_3=DMAX}\pi\left\{\frac{\left[\left|\dfrac{\partial u_{SWi}}{\partial x_k}\right|^2+\dfrac{g}{\sigma}\dfrac{\partial}{\partial x_3}\left(\dfrac{\rho_{SW}}{\rho_0}\right)\right]}{\left[\left|\dfrac{\partial u_{SWi}}{\partial x_k}\right|^2+\dfrac{g}{\sigma}\dfrac{\partial}{\partial x_3}\left(\dfrac{\rho_{SW}}{\rho_0}\right)\right]_{x_3=DMAX}}\right\}^{\frac{3}{2}}\left[\left|\frac{\partial u_{SWi}}{\partial x_k}\right|^2+\frac{g}{\sigma}\frac{\partial}{\partial x_3}\left(\frac{\rho_{SW}}{\rho_0}\right)\right]_{x_3=DMAX}^{-\frac{1}{2}},\tag{7.56}$$

和

$$\bar{\varepsilon}_{SW}=\bar{\varepsilon}_{SW\,x_3=DMAX}\left\{\frac{\left[\left|\dfrac{\partial u_{SWi}}{\partial x_k}\right|^2+\dfrac{g}{\sigma}\dfrac{\partial}{\partial x_3}\left(\dfrac{\rho_{SW}}{\rho_0}\right)\right]}{\left[\left|\dfrac{\partial u_{SWi}}{\partial x_k}\right|^2+\dfrac{g}{\sigma}\dfrac{\partial}{\partial x_3}\left(\dfrac{\rho_{SW}}{\rho_0}\right)\right]_{x_3=DMAX}}\right\}^{2}。\tag{7.57}$$

它们是以归一化动能耗散率为待定系数的湍流基本特征量表示式。

采用湍流大-小涡旋模型的大涡旋空间尺度作为混合长度的量度，则它的平方表示为

$$\bar{l}_{SWD}^2=\left[\frac{\left(2\bar{k}_{SW}\right)^{\frac{3}{2}}}{\left(2\pi\right)^{\frac{3}{2}}\bar{\varepsilon}_{SW}}\right]^2$$

从而

$$\overline{l}_{SWD}^{2}=\overline{\varepsilon}_{SWx_3=DMAX}\left\{\frac{\left[\left|\frac{\partial u_{SWi}}{\partial x_k}\right|^2+\frac{g}{\sigma}\frac{\partial}{\partial x_3}\left(\frac{\rho_{SW}}{\rho_0}\right)\right]}{\left[\left|\frac{\partial u_{SWi}}{\partial x_k}\right|^2+\frac{g}{\sigma}\frac{\partial}{\partial x_3}\left(\frac{\rho_{SW}}{\rho_0}\right)\right]_{x_3=DMAX}}\right\}^{\frac{1}{2}}\left[\left|\frac{\partial u_{SWi}}{\partial x_k}\right|^2+\frac{g}{\sigma}\frac{\partial}{\partial x_3}\left(\frac{\rho_{SW}}{\rho_0}\right)\right]_{x_3=DMAX}^{-\frac{3}{2}}。\tag{7.58}$$

这样，我们可以得到待定系数和混合长度平方海面值的关系

$$\overline{l}_{SWD\,x_3=DMAX}^{2}=\overline{\varepsilon}_{SWx_3=DMAX}\left[\left|\frac{\partial u_{SWi}}{\partial x_k}\right|^2+\frac{g}{\sigma}\frac{\partial}{\partial x_3}\left(\frac{\rho_{SW}}{\rho_0}\right)\right]_{x_3=DMAX}^{-\frac{3}{2}}$$

或

$$\overline{\varepsilon}_{SWx_3=DMAX}=\left[\left|\frac{\partial u_{SWi}}{\partial x_k}\right|^2+\frac{g}{\sigma}\frac{\partial}{\partial x_3}\left(\frac{\rho_{SW}}{\rho_0}\right)\right]_{x_3=DMAX}^{\frac{3}{2}}\overline{l}_{SWD\,x_3=DMAX}^{2}。\tag{7.59}$$

将这个关系式代入，则我们有基本特征量和混合长度平方的解析表示

$$\overline{k}_{SW}=\pi\left\{\frac{\left[\left|\frac{\partial u_{SWi}}{\partial x_k}\right|^2+\frac{g}{\sigma}\frac{\partial}{\partial x_3}\left(\frac{\rho_{SW}}{\rho_0}\right)\right]}{\left[\left|\frac{\partial u_{SWi}}{\partial x_k}\right|^2+\frac{g}{\sigma}\frac{\partial}{\partial x_3}\left(\frac{\rho_{SW}}{\rho_0}\right)\right]_{x_3=DMAX}}\right\}^{\frac{3}{2}}\left[\left|\frac{\partial u_{SWi}}{\partial x_k}\right|^2+\frac{g}{\sigma}\frac{\partial}{\partial x_3}\left(\frac{\rho_{SW}}{\rho_0}\right)\right]_{x_3=DMAX}\overline{l}_{SWD\,x_3=DMAX}^{2}，\tag{7.60}$$

$$\overline{\varepsilon}_{SW}=\left\{\frac{\left[\left|\frac{\partial u_{SWi}}{\partial x_k}\right|^2+\frac{g}{\sigma}\frac{\partial}{\partial x_3}\left(\frac{\rho_{SW}}{\rho_0}\right)\right]}{\left[\left|\frac{\partial u_{SWi}}{\partial x_k}\right|^2+\frac{g}{\sigma}\frac{\partial}{\partial x_3}\left(\frac{\rho_{SW}}{\rho_0}\right)\right]_{x_3=DMAX}}\right\}^{2}\left[\left|\frac{\partial u_{SWi}}{\partial x_k}\right|^2+\frac{g}{\sigma}\frac{\partial}{\partial x_3}\left(\frac{\rho_{SW}}{\rho_0}\right)\right]_{x_3=DMAX}^{\frac{3}{2}}\overline{l}_{SWD\,x_3=DMAX}^{2}，\tag{7.61}$$

和

$$\overline{l}_{SWD}^{2}=\left\{\frac{\left[\left|\frac{\partial u_{SWi}}{\partial x_k}\right|^2+\frac{g}{\sigma}\frac{\partial}{\partial x_3}\left(\frac{\rho_{SW}}{\rho_0}\right)\right]}{\left[\left|\frac{\partial u_{SWi}}{\partial x_k}\right|^2+\frac{g}{\sigma}\frac{\partial}{\partial x_3}\left(\frac{\rho_{SW}}{\rho_0}\right)\right]_{x_3=DMAX}}\right\}^{\frac{1}{2}}\overline{l}_{SWD\,x_3=DMAX}^{2}。\tag{7.62}$$

这里所导出的海浪生湍流基本特征量解析表示就是我们要给出的湍流动

力学初步。

7.3 海浪生湍流基本输运通量的饱和平衡估计和对环流混合系数的上确界估计

将所导出的海浪生湍流基本特征量表示代入（7.21）和（7.22）式，则我们有基本输运通量的饱和平衡估计

$$\overline{\left(-\left\langle u_{SSj}u_{SSi}\right\rangle_{SS}\right)}=\left\{\frac{\left[\left|\frac{\partial u_{SWi}}{\partial x_k}\right|^2+\frac{g}{\sigma}\frac{\partial}{\partial x_3}\left(\frac{\rho_{SW}}{\rho_0}\right)\right]}{\left[\left|\frac{\partial u_{SWi}}{\partial x_k}\right|^2+\frac{g}{\sigma}\frac{\partial}{\partial x_3}\left(\frac{\rho_{SW}}{\rho_0}\right)\right]_{x_3=DMAX}}\right\}\left[\left|\frac{\partial u_{SWi}}{\partial x_k}\right|^2+\frac{g}{\sigma}\frac{\partial}{\partial x_3}\left(\frac{\rho_{SW}}{\rho_0}\right)\right]_{x_3=DMAX}^{\frac{1}{2}}\overline{l}_{SWD\,x_3=DMAX}^2\frac{\partial\tilde{U}_i}{\partial x_j},\tag{7.63}$$

$$\left\{\begin{matrix}\overline{\left(-\left\langle u_{SSj}s_{SS}\right\rangle_{SS}\right)}\\ \overline{\left(-\left\langle u_{SSj}T_{SS}\right\rangle_{SS}\right)}\end{matrix}\right\}=\frac{1}{\sigma}\left\{\frac{\left[\left|\frac{\partial u_{SWi}}{\partial x_k}\right|^2+\frac{g}{\sigma}\frac{\partial}{\partial x_3}\left(\frac{\rho_{SW}}{\rho_0}\right)\right]}{\left[\left|\frac{\partial u_{SWi}}{\partial x_k}\right|^2+\frac{g}{\sigma}\frac{\partial}{\partial x_3}\left(\frac{\rho_{SW}}{\rho_0}\right)\right]_{x_3=DMAX}}\right\}\left[\left|\frac{\partial u_{SWi}}{\partial x_k}\right|^2+\frac{g}{\sigma}\frac{\partial}{\partial x_3}\left(\frac{\rho_{SW}}{\rho_0}\right)\right]_{x_3=DMAX}^{\frac{1}{2}}\overline{l}_{SWD\,x_3=DMAX}^2\left(\begin{matrix}\frac{\partial\tilde{T}}{\partial x_j}\\ \frac{\partial\tilde{S}}{\partial x_j}\end{matrix}\right)。\tag{7.64}$$

同时，考虑到在海浪样本集合上的平均关系

$$\left\langle\left[\left|\frac{\partial u_{SWi}}{\partial x_k}\right|^2+\frac{g}{\sigma}\frac{\partial}{\partial x_3}\left(\frac{\rho_{SW}}{\rho_0}\right)\right]\right\rangle_{SW}\approx\left[\left\langle\left|\frac{\partial u_{SWi}}{\partial x_k}\right|\right\rangle_{SW}^2+\frac{g}{\langle\sigma\rangle_{SW}}\frac{\partial}{\partial x_3}\left\langle\frac{\rho_{SW}}{\rho_0}\right\rangle_{SW}\right]=\left\langle\left|\frac{\partial u_{SWi}}{\partial x_k}\right|\right\rangle_{SW}^2,\tag{7.65}$$

由（7.25）和（7.65）式，我们有海浪生湍流对环流混合系数的上确界估计

$$\overline{B}_{CUV}^{\text{dynamic}}=\left\langle\left|\frac{\partial u_{SWi}}{\partial x_k}\right|\right\rangle_{SW}^2\left\langle\left|\frac{\partial u_{SWi}}{\partial x_k}\right|\right\rangle_{SW\,x_3=DMAX}^{-1}\left\langle\overline{l}_{SWD}^2\right\rangle_{SW\,x_3=DMAX},\tag{7.66}$$

$$\overline{B}_{CTV}^{\text{dynamic}}=\overline{B}_{CSV}^{\text{dynamic}}=\frac{1}{\langle\sigma\rangle_{SM}}\left\langle\left|\frac{\partial u_{SWi}}{\partial x_k}\right|\right\rangle_{SW}^{2}\left\langle\left|\frac{\partial u_{SWi}}{\partial x_k}\right|\right\rangle_{SW\,x_3=DMAX}^{-1}\left\langle\overline{l}_{SWD}^{2}\right\rangle_{SWx_3=DMAX}\text{。}\quad(7.67)$$

7.4 讨论和结论

7.4.1 Prandtl 混合模型海浪生湍流基本输运通量和对环流混合系数表示的动力学解译

我们的湍流混合动力学和对环流混合系数的研究结果，实际上是在饱和平衡意义下得到的，它们可以进一步写成如下形式。

1. 海浪生湍流基本特征量和混合长度平方的饱和平衡估计

将混合长度的海面值表示

$$\overline{l}_{SWD\,x_3=DMAX}^{2}=\left\{\frac{\left[\left|\frac{\partial u_{SWi}}{\partial x_k}\right|^{2}+\frac{g}{\sigma}\frac{\partial}{\partial x_3}\left(\frac{\rho_{SW}}{\rho_0}\right)\right]}{\left[\left|\frac{\partial u_{SWi}}{\partial x_k}\right|^{2}+\frac{g}{\sigma}\frac{\partial}{\partial x_3}\left(\frac{\rho_{SW}}{\rho_0}\right)\right]_{x_3=DMAX}}\right\}^{-\frac{1}{2}}\overline{l}_{SWD}^{2}\text{，}\quad(7.68)$$

代入所得到的基本特征量饱和平衡估计，则我们有

$$\overline{k}_{SW}=\pi\left[\left|\frac{\partial u_{SWi}}{\partial x_k}\right|^{2}+\frac{g}{\sigma}\frac{\partial}{\partial x_3}\left(\frac{\rho_{SW}}{\rho_0}\right)\right]\overline{l}_{SWD}^{2}\text{，}\quad(7.69)$$

$$\overline{\varepsilon}_{SW}=\left[\left|\frac{\partial u_{SWi}}{\partial x_k}\right|^{2}+\frac{g}{\sigma}\frac{\partial}{\partial x_3}\left(\frac{\rho_{SW}}{\rho_0}\right)\right]^{\frac{3}{2}}\overline{l}_{SWD}^{2}\text{。}\quad(7.70)$$

2. 海浪生湍流基本输运通量和对环流混合系数上确界估计

1）湍流基本输运通量的饱和平衡估计

考虑到混合长度的海面值表示，则湍流基本输运通量饱和平衡估计可

写成

$$\left(\overline{-\langle u_{SSj}u_{SSi}\rangle_{SS}}\right)=\left\{\left[\left|\frac{\partial u_{SWi}}{\partial x_k}\right|^2+\frac{g}{\sigma}\frac{\partial}{\partial x_3}\left(\frac{\rho_{SW}}{\rho_0}\right)\right]^{\frac{1}{2}}\bar{l}_{SWD}^2\right\}\frac{\partial \tilde{U}_i}{\partial x_j}, \qquad (7.71)$$

和

$$\left(\frac{\overline{-\langle u_{SSj}T_{SS}\rangle_{SS}}}{\overline{-\langle u_{SSj}s_{SS}\rangle_{SS}}}\right)=\left\{\frac{1}{\sigma}\left[\left|\frac{\partial u_{SWi}}{\partial x_k}\right|^2+\frac{g}{\sigma}\frac{\partial}{\partial x_3}\left(\frac{\rho_{SW}}{\rho_0}\right)\right]^{\frac{1}{2}}\bar{l}_{SWD}^2\right\}\left(\begin{array}{c}\dfrac{\partial \tilde{T}}{\partial x_j}\\ \dfrac{\partial \tilde{S}}{\partial x_j}\end{array}\right)。 \qquad (7.72)$$

对比表示式（7.14）、（7.15）和表示式（7.71）、（7.72），我们清楚看到，按湍流混合动力学所导出的输运通量表示式实际上与按改进的 Prandtl 混合模型结果完全一致。它们都表示为单一参变量$\left[\left|\frac{\partial u_{SWi}}{\partial x_k}\right|^2+\frac{g}{\sigma}\frac{\partial}{\partial x_3}\left(\frac{\rho_{SW}}{\rho_0}\right)\right]^{\frac{1}{2}}$与平均混合长度平方$\bar{l}_{SWD}^2$乘积的形式。湍流混合动力学研究结果还告诉我们，改进 Prandtl 混合模型是与饱和平衡意义下的动力学结果是完全一致的。两种不同技术路线得到同样的解析结果表明，后者可以作为前者的动力学解译。

2）湍流对环流混合项和湍流混合系数上确界估计

考虑所导出的混合长度海面值表示，则饱和平衡意义的湍流对环流混合项可写成

$$\frac{\partial}{\partial x_j}\left\langle\overline{-\langle u_{SSj}u_{SSi}\rangle_{SS}}\right\rangle_{SW}=\frac{\partial}{\partial x_j}\left\{\bar{B}_{CUV}^{\text{dynamoc}}\frac{\partial \overline{U_i}}{\partial x_j}\right\}, \qquad (7.73)$$

和

$$\frac{\partial}{\partial x_j}\left\langle\frac{\left(\overline{-\langle u_{SSj}T_{SS}\rangle_{SS}}\right)}{\left(\overline{-\langle u_{SSj}s_{SS}\rangle_{SS}}\right)}\right\rangle_{SW}=\frac{\partial}{\partial x_j}\left\{\begin{array}{c}\bar{B}_{CTV}^{\text{dynamic}}\dfrac{\partial \bar{T}}{\partial x_j}\\ \bar{B}_{CSV}^{\text{dynamic}}\dfrac{\partial \bar{s}}{\partial x_j}\end{array}\right\}, \qquad (7.74)$$

其中对环流混合系数的上确界估计可写成

$$\overline{B}_{CUV}^{\text{dynamoc}}=\left\langle\left|\frac{\partial u_{SWi}}{\partial x_k}\right|\right\rangle_{SW}\left\langle\overline{l}_{SWD}^{2}\right\rangle_{SW}, \tag{7.75}$$

和

$$\overline{B}_{CTV}^{\text{dynamic}}=\overline{B}_{CSV}^{\text{dynamic}}\approx\left\langle\frac{1}{\sigma}\left|\frac{\partial u_{SWi}}{\partial x_k}\right|\right\rangle_{SW}\left\langle\overline{l}_{SWD}^{2}\right\rangle_{SW}。 \tag{7.76}$$

对比表示式（7.19）、（7.20）和表达式（7.75）、（7.76），我们再一次证明，按湍流混合动力学所导出的湍流对环流混合系数与按改进 Prandtl 混合模型所给出的结果是完全一致的。换言之，我们实际上开拓了一条与改进 Prandtl 模型截然不同的湍流混合动力学研究路线。这一研究事实同时表明，其中引入的单一参变量四次方实验关系，实际上是具有“半经验半理论意义的”。

7.4.2 推荐的海浪生湍流基本特征量闭合方程组

1. 推荐的海浪生湍流动能闭合方程

按导出的简约湍流动能闭合方程

$$\frac{\partial k}{\partial t}+\tilde{U}_k\frac{\partial k}{\partial x_k}=\frac{\partial}{\partial x_k}\left(\frac{k^2}{\pi^2\varepsilon}\frac{\partial k}{\partial x_k}\right)+\left\{\frac{k^2}{\pi^2\varepsilon}\left[\left|\frac{\partial\tilde{U}_i}{\partial x_k}\right|^2+\frac{g}{\sigma}\frac{\partial}{\partial x_3}\left(\frac{\tilde{\rho}}{\rho_0}\right)\right]-\varepsilon\right\}, \tag{7.77}$$

我们有它在海面层中的海浪生湍流表示形式是

$$\frac{\partial k}{\partial t}+\tilde{U}_k\frac{\partial k}{\partial x_k}=\frac{\partial}{\partial x_k}\left(\frac{k^2}{\pi^2\varepsilon}\frac{\partial k}{\partial x_k}\right)+\left\{\frac{k^2}{\pi^2\varepsilon}\left[\left|\frac{\partial u_{SWi}}{\partial x_k}\right|^2+\frac{g}{\sigma}\frac{\partial}{\partial x_3}\left(\frac{\rho_{SW}}{\rho_0}\right)\right]-\varepsilon\right\}。 \tag{7.78}$$

2. 推荐的海浪生湍流动能耗散率闭合方程

从所导得的简约动能耗散率方程

$$\frac{\partial \varepsilon}{\partial t}+\tilde{U}_k\frac{\partial \varepsilon}{\partial x_k}=\frac{\partial}{\partial x_k}\left(\frac{k^2}{\pi^2\varepsilon}\frac{\partial \varepsilon}{\partial x_k}\right)+\left\{2\nu_0\left\langle-\frac{\partial u_{SSi}}{\partial x_j}\frac{\partial u_{SSk}}{\partial x_j}\frac{\partial u_{SSi}}{\partial x_k}\right\rangle_{SS}-2\nu_0^2\left\langle\left(\frac{\partial^2 u_{SSi}}{\partial x_j\partial x_k}\right)^2\right\rangle_{SS}\right\}$$

（7.79）

出发，考虑到测量拟合归纳确定的基本特征量实验关系

$$\bar{\varepsilon}_{SW}=\left[\left|\frac{\partial u_{SWi}}{\partial x_k}\right|^2+\frac{g}{\sigma}\frac{\partial}{\partial x_3}\left(\frac{\rho_{SW}}{\rho_0}\right)\right]^{\frac{3}{2}}\bar{l}_{SWD}^2 \text{ 或 } \left[\left|\frac{\partial u_{SWi}}{\partial x_k}\right|^2+\frac{g}{\sigma}\frac{\partial}{\partial x_3}\left(\frac{\rho_{SW}}{\rho_0}\right)\right]^{\frac{3}{2}}\bar{l}_{SWD}^2-\bar{\varepsilon}_{SW}=0\text{，}\quad(7.80)$$

实际上是与动能耗散率相关联的另一个高阶输入–耗散测量关系。以它作为简约动能耗散率方程右端后两项，湍流变形生成项和二阶耗散项的组合闭合依据，则我们有第二个基本特征量闭合方程

$$\frac{\partial \varepsilon}{\partial t}+\tilde{U}_k\frac{\partial \varepsilon}{\partial x_k}=\frac{\partial}{\partial x_k}\left(\frac{k^2}{\pi^2\varepsilon}\frac{\partial \varepsilon}{\partial x_k}\right)+F_E C_{ED}\left\{\left[\left|\frac{\partial u_{SWi}}{\partial x_k}\right|^2+\frac{g}{\sigma}\frac{\partial}{\partial x_3}\left(\frac{\rho_{SW}}{\rho_0}\right)\right]^{\frac{3}{2}}l_D^2-\varepsilon\right\}\text{，}\quad(7.81)$$

其中量纲式为$\left[\frac{1}{T}\right]$的有量纲参变量 F_E 和无量纲系数 C_{ED} 可以按先前的做法归纳确定为结构均衡形式

$$F_E=\frac{(2\pi)^{\frac{3}{2}}\varepsilon}{2(2k)} \quad \text{和} \quad C_{ED}=\frac{4}{(2\pi)^{\frac{3}{2}}}\text{。}\quad(7.82)$$

这样，我们有在海面层推导的湍流动能闭合方程

$$\frac{\partial k}{\partial t}+\tilde{U}_k\frac{\partial k}{\partial x_k}=\frac{\partial}{\partial x_k}\left(\frac{k^2}{\pi^2\varepsilon}\frac{\partial k}{\partial x_k}\right)+\left\{\frac{k^2}{\pi^2\varepsilon}\left[\left|\frac{\partial u_{SWi}}{\partial x_k}\right|^2+\frac{g}{\sigma}\frac{\partial}{\partial x_3}\left(\frac{\rho_{SW}}{\rho_0}\right)\right]-\varepsilon\right\}\text{，}\quad(7.83)$$

和推荐的动能耗散率闭合方程

$$\frac{\partial \varepsilon}{\partial t}+\tilde{U}_k\frac{\partial \varepsilon}{\partial x_k}=\frac{\partial}{\partial x_k}\left(\frac{k^2}{\pi^2\varepsilon}\frac{\partial \varepsilon}{\partial x_k}\right)+\frac{\varepsilon}{k}\left\{\left[\left|\frac{\partial u_{SWi}}{\partial x_k}\right|^2+\frac{g}{\sigma}\frac{\partial}{\partial x_3}\left(\frac{\rho_{SW}}{\rho_0}\right)\right]^{\frac{3}{2}}l_D^2-\varepsilon\right\}\text{。}\quad(7.84)$$

参考文献

Reynolds O. 1883. An experimental investigation of the circumstances which determine whether the motion of water shall be direct or sinuous，and of the law of resistance in parallel channels. Phil. Trans. R. Soc. Land.，174：935-982.

袁业立. 1979. 黄海冷水团环流，1.冷水团中心部分的热结构和环流特征. 海洋与湖沼，10（3）：187-199.

Yuan Y L，et al. 1999. The development of a coastal circulation numerical model：1. Wave-induced mixing and wave-current interaction. Journal of Hydrodynamics，Series A，14（4B）：1-8.

Yuan Y，et al. 2012. Establishment of the ocean dynamic system with four sub-systems and the derivation of their governing equation set. Journal of Hydrodynamics，24（2）：153.

Baumert H Z，Simpson J H，Sündermann J. 2005. Marine Turbulence：Theories，Observations and Models：Results of the CARTUM Project. Cambridge：Cambridge University Press，27-29.

Osborn T R. 1980. Estimates of the local rate of vertical diffusion from dissipation measurements. Journal of Physical Oceanography，10（1）：83-89.

Siddon T E. 1965. A turbulence probe utilizing aerodynamic lift：Utias Technical Note No.88. Toronto：University of Toronto.

Osborn T R，Cox C S. 1972. Oceanic fine structure. Geophysical Fluid Dynamics，239，5366：321-345.

Anis A，Moum J N. 1995. Surface wave turbulence interactions. scaling ε（z）near the sea surface. Journal of Physical Oceanography，25（9）：2025-2045.

Wüest A，Piepke G，Senden D C V. 2000. Turbulent kinetic energy balance as a tool for estimating vertical diffusivity in wind-forced stratified waters. Limnology & Oceanography，45（6）：1388-1400.

Gregg M C. 1989. Scaling turbulent dissipation in the thermocline. Journal of Geophysical Research，94（C7）：9686-9698.

第八章

湍流基本输运通量结构均衡形式表示和湍流对剩余类运动混合项及其混合系数的解析和数值确定

在第六、七章研究基础上，本章将提出一条基于湍流控制方程组演绎，部分辅以实测归纳分析的湍流混合动力学研究路线，主要包括：（1）以给出湍流基本输运通量和剩余运动类湍流混合系数的结构均衡形式表示为“湍流混合动力学”的解析和数值研究目标；（2）所引入的单一参变量，湍流剩余类运动密度垂直修正的速度剪切模不但在给出湍流动能闭合方程和饱和平衡意义基本特征量理论关系中起到重要作用，更在海面层海浪和密度跃层内波生湍流动能耗散率测量归纳分析中起到统一拟合和归纳确定的关键作用，从而得到具有“半经验半理论”意义的基本特征量实验关系；（3）以得到基本特征量理论关系的湍流动能闭合方程和以实验关系为依据的湍流动能耗散率闭合方程构成我们所推荐的基本特征量闭合方程组。它们统一了改进 Prandtl 混合模型的所有研究成果，构成了湍流混合动力学的初步研究范畴。这一组推荐的基本特征量闭合控制方程，本身就是海洋动力系统数值模式体系湍流部分的动力学描述框架。

8.1　问题的提法

湍流是难以表象描述和动力刻画的一类运动。在受分子力作用的实用流体运动从层流转变到紊流的原本实验中，当 Reynolds 数超过大阈值时流动会变得特别不稳定，突然发生的湍流部分会迅速成长为以紊乱性为主要特征的一类次小尺度运动。这时，运动的平均部分也同时调整发展为既有分子力作用又有湍流搅拌混合的其他较大尺度运动类。海洋运动的 Reynolds 数大阈值实际上可达数千或万级水平，表明运动的非线性力项要比分子力作用项大得多，较大尺度运动的能量会通过非线性相互作用迅速转移给湍流，使其深度发展成为具有三维性、各向同性和饱和平衡属性的湍流基本运动形态。

在所构建的四运动类海洋动力系统中，湍流，作为海洋运动分解-合成的最前运动类，对重力（波动+涡旋）和环流起着重要的搅拌混合作用。搅拌混合在湍流剩余类运动动力学研究和海洋数值模式体系发展中都是很有科学需求的研究领域。在本章中我们将选择“湍流对重力（波动+涡旋）和环流的搅拌混合”作为主要研究目标。其他“重力（波动+涡旋）对环流的搅拌混合”将另文论及。

8.1.1　对湍流的分子力作用和湍流剩余运动类的剪切-梯度生成作用

在海洋动力系统框架下，我们有在湍流大运动类样本集合上定义的 Reynolds 平均运算

$$\langle x\rangle_{M_1} \equiv \int_{M_1} x\left\{\sum_{i=1}^{4} M_i\right\} P\{M_1\}\mathrm{d}M_1 \equiv \langle x\rangle_{SS}, \tag{8.1}$$

其中 $x\left\{\sum_{i=1}^{4} M_i\right\}$ 表示全类运动描述量，它可以分解-合成为集合平均为零的湍

流运动描述量 x_{SS} 和剩余类运动描述量 $\tilde{y}\left\{\sum_{i=2}^{4}M_i\right\}$ 的相加和

$$x\left\{\sum_{i=1}^{4}M_i\right\}=x_{SS}+\langle x\rangle_{SS}=x_{SS}+\tilde{y}\left\{\sum_{i=2}^{4}M_i\right\},\quad \langle x_{SS}\rangle_{SS}=0\text{。}\tag{8.2}$$

将湍流大运动类样本集合上定义的 Reynolds 平均运算作用于 Boussinesq 近似的海洋运动方程组，经过不太复杂的偏差算子推演整理，我们可以得到湍流的运动方程组为

$$\frac{\partial u_{SSi}}{\partial x_i}=0,\tag{8.3}$$

$$\begin{aligned}&\frac{\partial u_{SSi}}{\partial t}+\tilde{U}_j\frac{\partial u_{SSi}}{\partial x_j}+u_{SSj}\frac{\partial \tilde{U}_i}{\partial x_j}+\frac{\partial}{\partial x_j}\Delta_{SS}\left(u_{SSj}u_{SSi}\right)-2\varepsilon_{ijk}u_{SSj}\Omega_k\\&=-\frac{1}{\rho_0}\frac{\partial p_{SS}}{\partial x_i}-g\frac{\rho_{SS}}{\rho_0}\delta_{i3}+\frac{\partial}{\partial x_j}\left(\nu_0\frac{\partial u_{SSi}}{\partial x_j}\right)\end{aligned},\tag{8.4}$$

$$\frac{\partial \theta_{SS}}{\partial t}+\tilde{U}_j\frac{\partial \theta_{SS}}{\partial x_j}+u_{SSj}\frac{\partial \tilde{T}}{\partial x_j}+\frac{\partial}{\partial x_j}\Delta_{SS}\left(u_{SSj}\theta_{SS}\right)=\frac{\partial}{\partial x_j}\left(\frac{\kappa_0}{\rho_0C_{p0}}\frac{\partial \theta_{SS}}{\partial x_j}\right)+Q_{TSS},\tag{8.5}$$

$$\frac{\partial s_{SS}}{\partial t}+\tilde{U}_j\frac{\partial s_{SS}}{\partial x_j}+u_{SSj}\frac{\partial \tilde{S}}{\partial x_j}+\frac{\partial}{\partial x_j}\Delta_{SS}\left(u_{SSj}s_{SS}\right)=\frac{\partial}{\partial x_j}\left(D_0\frac{\partial s_{SS}}{\partial x_j}\right),\tag{8.6}$$

$$\rho_{SS}=\Delta_{SS}\rho\left(\tilde{p}+p_{SS},\tilde{T}+T_{SS},\tilde{S}+s_{SS}\right),\tag{8.7}$$

其中 $\{u_{SSi},\theta_{SS},s_{SS},p_{SS},\rho_{SS}\}$ 和 $\{\tilde{U}_i,\tilde{T},\tilde{S},\tilde{p},\tilde{\rho}\}$ 分别是湍流及其剩余类运动描述量，包括速度、温度、盐度、压力和密度等；$\Delta_{SS}X\equiv X-\langle X\rangle_{SS}$ 表示运动描述量 X 在湍流大运动类样本集合上的偏差运算。

这组运动方程表明，对湍流起混合作用的只有表现为粘性传导扩散作用的分子力项

$$\frac{\partial}{\partial x_j}\left(\nu_0\frac{\partial u_{SSi}}{\partial x_j}\right),\quad \frac{\partial}{\partial x_j}\left(\frac{\kappa_0}{\rho_0C_{p0}}\frac{\partial \theta_{SS}}{\partial x_j}\right),\quad \frac{\partial}{\partial x_j}\left(D_0\frac{\partial s_{SS}}{\partial x_j}\right)\text{。}\tag{8.8}$$

对湍流起生成作用的有剩余运动类的速度剪切项和温-盐梯度项，它们是后类运动对本类运动的级串生成项

$$u_{SSj}\frac{\partial \tilde{U}_i}{\partial x_j},\quad u_{SSj}\frac{\partial \tilde{T}}{\partial x_j},\quad u_{SSj}\frac{\partial \tilde{S}}{\partial x_j}\text{。}\tag{8.9}$$

这种作为非线性相互作用重要部分的生成项使湍流得以呈指数成长，是流动紊乱性生成发展的主要物理依据。

8.1.2　湍流对剩余运动类的混合项及其混合系数的结构均衡形式表示

1. 湍流基本输运通量及其对重力（波动+涡旋）和环流搅拌混合项的结构均衡形式表示

在四运动类海洋动力系统框架下，湍流剩余类运动主要包括重力（波动+涡旋）和环流两大运动类。这样，我们可以按运动类划分控制机制原则的作用力控制层次，在重力（波动+涡旋）大运动类样本集合上定义 Reynolds 平均运算

$$\begin{aligned}\langle \tilde{y} \rangle_{M_2+M_3} &\equiv \int_{M_2} \tilde{y}\left\{\sum_{i=2}^{4} M_i\right\} P\{M_2+M_3\} d(M_2+M_3) \\ &\equiv \left\langle \langle x \rangle_{SS} \right\rangle_{SM+MM} = \langle \tilde{y} \rangle_{SM+MM} = \bar{z}\end{aligned}, \tag{8.10}$$

和

$$\begin{aligned}\tilde{y}\left\{\sum_{i=2}^{4} M_i\right\} &= x_{SM+MM} + \left\langle \langle x \rangle_{SS} \right\rangle_{SM+MM} \\ &= x_{SM+MM} + \bar{z}\{M_4\}\end{aligned}, \quad \langle x_{SM+MM} \rangle_{SM+MM} = 0 \text{。} \tag{8.11}$$

从而按剩余类运动偏差运算 $\Delta_{SM+MM}Y \equiv Y - \langle Y \rangle_{SM+MM}$ 构建重力（波动+涡旋）和环流大运动类运动方程组的分解-合成演算样式，这里，湍流剩余类运动描述量 $\tilde{y}\left\{\sum_{i=2}^{4} M_i\right\}$ 可以分解-合成为集合平均为零的重力（波动+涡旋）运动描述量 x_{SM+MM} 和环流运动描述量 $\bar{z}\{M_4\}$ 的相加和。这样，我们有重力（波动+涡旋）运动方程组和环流运动方程组

1）重力（波动+涡旋）运动方程组

$$\frac{\partial u_{(SM+MM)i}}{\partial x_i}=0\text{，}\tag{8.12}$$

$$\begin{aligned}&\frac{\partial u_{(SM+MM)i}}{\partial t}+\bar{U}_j\frac{\partial u_{(SM+MM)i}}{\partial x_j}+u_{(SM+MM)j}\frac{\partial \bar{U}_i}{\partial x_j}+\frac{\partial}{\partial x_j}\Delta_{SM+MM}\left[u_{(SM+MM)j}u_{(SM+MM)i}\right]\\&-2\varepsilon_{ijk}u_{(SM+MM)j}\Omega_k=-\frac{1}{\rho_0}\frac{\partial p_{SM+MM}}{\partial x_i}-g\frac{\rho_{SM+MM}}{\rho_0}\delta_{i3}+\frac{\partial}{\partial x_j}\left(\nu_0\frac{\partial u_{(SM+MM)i}}{\partial x_j}\right)\\&+\frac{\partial}{\partial x_j}\left(-\Delta_{SM+MM}\left\langle u_{SS\,j}u_{SS\,i}\right\rangle_{SS}\right)\end{aligned}\text{，}\tag{8.13}$$

$$\begin{aligned}&\frac{\partial T_{SM+MM}}{\partial t}+\bar{U}_j\frac{\partial T_{SM+MM}}{\partial x_j}+u_{(SM+MM)j}\frac{\partial \bar{T}}{\partial x_j}+\frac{\partial}{\partial x_j}\Delta_{SM+MM}\left[u_{(SM+MM)j}T_{SM+MM}\right]\\&=\frac{\partial}{\partial x_j}\left(\frac{\kappa_0}{\rho_0 C_{p0}}\frac{\partial T_{SM+MM}}{\partial x_j}\right)+\frac{\partial}{\partial x_j}\left(-\Delta_{SM+MM}\left\langle u_{SS\,j}T_{SS}\right\rangle_{SS}\right)+Q_{T\,SM+MM}\end{aligned}\text{，}\tag{8.14}$$

$$\begin{aligned}&\frac{\partial s_{SM+MM}}{\partial t}+\bar{U}_j\frac{\partial s_{SM+MM}}{\partial x_j}+u_{(SM+MM)j}\frac{\partial \bar{S}}{\partial x_j}+\frac{\partial}{\partial x_j}\Delta_{SM+MM}\left[u_{(SM+MM)j}s_{SM+MM}\right]\\&=\frac{\partial}{\partial x_j}\left(D_0\frac{\partial s_{SM+MM}}{\partial x_j}\right)+\frac{\partial}{\partial x_j}\left(-\Delta_{SM+MM}\left\langle u_{SS\,j}s_{SS}\right\rangle_{SS}\right)\end{aligned}\text{，}\tag{8.15}$$

$$\rho_{SM+MM}=\Delta_{SM+MM}\left\langle\rho\left(\begin{aligned}&\bar{p}+p_{SM+MM}+p_{SS},\bar{T}+T_{SM+MM}+T_{SS},\\&\bar{S}+s_{SM+MM}+s_{SS}\end{aligned}\right)\right\rangle_{SS}\text{。}\tag{8.16}$$

2）环流运动方程组

$$\frac{\partial \bar{U}_i}{\partial x_i}=0\text{，}\tag{8.17}$$

$$\begin{aligned}&\frac{\partial \bar{U}_i}{\partial t}+\bar{U}_j\frac{\partial \bar{U}_i}{\partial x_j}-2\varepsilon_{ijk}\bar{U}_j\Omega_k=-\frac{1}{\rho_0}\frac{\partial \bar{p}}{\partial x_i}-g\frac{\bar{\rho}}{\rho_0}\delta_{i3}\\&+\frac{\partial}{\partial x_j}\left(\nu_0\frac{\partial \bar{U}_i}{\partial x_j}\right)+\frac{\partial}{\partial x_j}\left\langle-\left\langle u_{SS\,j}u_{SS\,i}\right\rangle_{SS}-u_{(SM+MM)j}u_{(SM+MM)i}\right\rangle_{SM+MM}\end{aligned}\text{，}\tag{8.18}$$

$$\begin{aligned}&\frac{\partial \bar{T}}{\partial t}+\bar{U}_j\frac{\partial \bar{T}}{\partial x_j}-\Gamma_0\left(\frac{\partial \bar{p}}{\partial t}+\bar{U}_j\frac{\partial \bar{p}}{\partial x_j}\right)=\frac{\partial}{\partial x_j}\left(\frac{\kappa_0}{\rho_0 C_{p0}}\frac{\partial \bar{T}}{\partial x_j}\right)+\frac{\partial}{\partial x_j}\left\langle-\left\langle u_{SS\,j}T_{SS}\right\rangle_{SS}-u_{(SM+MM)j}T_{SM+MM}\right\rangle_{SM+MM}\\&-\Gamma_0\frac{\partial}{\partial x_j}\left\langle-\left\langle u_{SS\,j}p_{SS}\right\rangle_{SS}-u_{(SM+MM)j}p_{SM+MM}\right\rangle_{SM+MM}+\left\langle\left\langle Q_T\right\rangle_{SS}\right\rangle_{SM+MM}\end{aligned}\text{，}\tag{8.19}$$

$$\frac{\partial \bar{S}}{\partial t}+\bar{U}_j\frac{\partial \bar{S}}{\partial x_j}=\frac{\partial}{\partial x_j}\left(D_0\frac{\partial \bar{S}}{\partial x_j}\right)+\frac{\partial}{\partial x_j}\left\langle -\left\langle u_{SSj}s_{SS}\right\rangle_{SS}-u_{(SM+MM)j}s_{SM+MM}\right\rangle_{SM+MM}, \tag{8.20}$$

$$\bar{\rho}=\left\langle\left\langle\rho\begin{pmatrix}\bar{T}+T_{SM+MM}+T_{SS},\bar{S}+s_{SM+MM}+s_{SS},\\ \bar{p}+p_{SM+MM}+p_{SS}\end{pmatrix}\right\rangle_{SS}\right\rangle_{SM+MM}; \tag{8.21}$$

这里，$\left\{u_{(SM+MM)i},\theta_{SM+MM},s_{SM+MM},p_{SM+MM},\rho_{SM+MM}\right\}$和$\left\{\bar{U}_i,\bar{T},\bar{S},\bar{p},\bar{\rho}\right\}$分别表示重力（波动+涡旋）和环流的运动描述量，包括速度、温度、盐度、压力和密度等；$\Delta_{SM+MM}Y\equiv Y-\langle Y\rangle_{SM+MM}$表示运动描述量$Y$在重力（波动+涡旋）大运动类样本集合上的偏差运算。

在这两组运动方程中湍流搅拌混合项，可以分别写成

$$\frac{\partial}{\partial x_j}\left\{\Delta_{SM+MM}\left(-\left\langle u_{SSj}u_{SSi}\right\rangle_{SS}\right)\right\},\quad \frac{\partial}{\partial x_j}\left\{\Delta_{SM+MM}\begin{pmatrix}-\left\langle u_{SSj}\theta_{SS}\right\rangle_{SS}\\ -\left\langle u_{SSj}s_{SS}\right\rangle_{SS}\end{pmatrix}\right\}, \tag{8.22}$$

和

$$\frac{\partial}{\partial x_j}\left\{\left\langle -\left\langle u_{SSj}u_{SSi}\right\rangle_{SS}\right\rangle_{SM+MM}\right\},\quad \frac{\partial}{\partial x_j}\left\{\begin{matrix}\left\langle\ \left\langle u_{SSj}\theta_{SS}\right\rangle_{SS}\right\rangle_{SM+MM}\\ \left\langle -\left\langle u_{SSj}s_{SS}\right\rangle_{SS}\right\rangle_{SM+MM}\end{matrix}\right\}。 \tag{8.23}$$

除偏差、平均和剩余运算以外，混合项的核心部分应当是

$$\left(-\left\langle u_{SSj}u_{SSi}\right\rangle_{SS}\right),\quad \left(-\left\langle u_{SSj}\theta_{SS}\right\rangle_{SS}\right),\quad \left(-\left\langle u_{SSj}s_{SS}\right\rangle_{SS}\right), \tag{8.24}$$

它们是典型的输运通量形式，被称为湍流的基本输运通量。

2. 湍流基本输运通量 Fourier 律的结构均衡形式表示

按 Fourier 表示律，基本输运通量可以写成

$$\left(-\left\langle u_{SSj}u_{SSi}\right\rangle_{SS}\right)=F_D C_{VD}\frac{\partial \tilde{U}_i}{\partial x_j},\quad \left\{\begin{matrix}\left(-\left\langle u_{SSj}\theta_{SS}\right\rangle_{SS}\right)\\ \left(-\left\langle u_{SSj}s_{SS}\right\rangle_{SS}\right)\end{matrix}\right\}=\left\{\begin{matrix}F_D C_{TD}\dfrac{\partial \tilde{T}}{\partial x_j}\\ F_D C_{SD}\dfrac{\partial \tilde{S}}{\partial x_j}\end{matrix}\right\}, \tag{8.25}$$

其中比例系数被分为两个因子，它们是有量纲因子 F_D 和无量纲系数 C_{VD}、C_{TD} 和 C_{SD}。

欧洲的一些科学家，在他们的最新研究成果中指出，湍流是时间-空间尺度都远小于其剩余类运动的，以致它能得到深度的发展，达到一种叫做结构均衡的统计状态。事实上我们已经指出，湍流有三维性、各向同性和饱和平衡性的基本运动形态，结构均衡形式就是这种深度发展基本运动形态的统计表示样式，特别是输运通量 Fourier 表示律的有量纲参变量和无量纲系数可以按以下做法加以归纳确定。

1）按湍流的大-小涡旋物理模型，取湍流基本特征量，动能 k 和动能耗散率 ε 作为大涡旋的基本量纲量，则它的结构均衡时间-空间尺度可归纳确定为

$$[x_E]=\frac{(2k)^{\frac{3}{2}}}{(2\pi)^{\frac{3}{2}}\varepsilon},\quad [t_E]=\frac{(2k)}{(2\pi)^{\frac{3}{2}}\varepsilon}\quad 和\quad [u_E]=\frac{[x_E]}{[t_E]}=(2k)^{\frac{1}{2}}。\tag{8.26}$$

取动能耗散率 ε 和分子粘性系数 ν_0 作为小涡旋的基本量纲量，则它的结构均衡时间-空间尺度可归纳确定为

$$[\eta_\varepsilon]=\left(\frac{\nu_0^3}{\varepsilon}\right)^{\frac{1}{4}},\quad [t_\varepsilon]=\left(\frac{\nu_0}{\varepsilon}\right)^{\frac{1}{2}}\quad 和\quad [u_\varepsilon]=\frac{[\eta_\varepsilon]}{[t_\varepsilon]}=(\nu_0\varepsilon)^{\frac{1}{4}}。\tag{8.27}$$

这里，取大涡旋空间尺度作为混合长度的量度，它可以写成

$$l_D\equiv[x_E]=\frac{(2k)^{\frac{3}{2}}}{(2\pi)^{\frac{3}{2}}\varepsilon}。\tag{8.28}$$

2）按统计量的或大涡旋或小涡旋行为属性，Fourier 表示律的有量纲参变量 F_D 和无量纲系数 C_{VD} 可采用相应结构均衡形式表示。对于大涡旋行为的输运通量，其 Fourier 表示律可写成

$$\left(-\left\langle u_{SS\,j}u_{SS\,i}\right\rangle_{SS}\right)=C_{VD}F_D\frac{\partial\tilde{U}_i}{\partial x_j}，\quad \begin{Bmatrix}\left(-\left\langle u_{SS\,j}\theta_{SS}\right\rangle_{SS}\right)\\ \left(-\left\langle u_{SS\,j}s_{SS}\right\rangle_{SS}\right)\end{Bmatrix}=\begin{Bmatrix}\dfrac{1}{\sigma}C_{VD}F_D\dfrac{\partial\tilde{T}}{\partial x_j},\\ \dfrac{1}{\sigma}C_{VD}F_D\dfrac{\partial\tilde{S}}{\partial x_j}\end{Bmatrix}。\quad (8.29)$$

这意味着，有量纲参变量F_D和无量纲量系数C_{VD}的结构均衡形式表示可归纳确定为

$$F_D=\frac{(2k)^2}{(2\pi)^{\frac{3}{2}}\varepsilon}，\quad C_{VD}=\frac{1}{(2\pi)^{\frac{1}{2}}}，\quad C_{TD}=C_{SD}=\frac{1}{\sigma}C_{VD}，\quad (8.30)$$

其中前者是按参变量的量纲式由时间-空间尺度度量的结构均衡形式直接给出的表示，后者是按素数，如 1、2、3，素指数，如$\frac{1}{2}$、$\frac{3}{2}$，以及素参数，如π、σ等，由实验测量归纳确定的。这样，基本输运通量可以写成

$$\left(-\left\langle u_{SS\,j}u_{SS\,i}\right\rangle_{SS}\right)=\frac{k^2}{\pi^2\varepsilon}\frac{\partial\tilde{U}_i}{\partial x_j}\quad 和\quad \begin{Bmatrix}\left(-\left\langle u_{SS\,j}\theta_{SS}\right\rangle_{SS}\right)\\ \left(-\left\langle u_{SS\,j}s_{SS}\right\rangle_{SS}\right)\end{Bmatrix}=\begin{pmatrix}\dfrac{1}{\sigma}\dfrac{k^2}{\pi^2\varepsilon}\dfrac{\partial\tilde{T}}{\partial x_j}\\ \dfrac{1}{\sigma}\dfrac{k^2}{\pi^2\varepsilon}\dfrac{\partial\tilde{S}}{\partial x_j}\end{pmatrix}。\quad (8.31)$$

再按重力（波动+涡旋）大运动类样本集合上偏差算子的运算含义，我们可以演算得重力（波动+涡旋）和环流的混合项分别写成

$$\begin{aligned}&\frac{\partial}{\partial x_j}\left\{\Delta_{SM+MM}\left(-\left\langle u_{SS\,j}u_{SS\,i}\right\rangle_{SS}\right)\right\}=\frac{\partial}{\partial x_j}\left\{\Delta_{SM+MM}\left(\frac{k^2}{\pi^2\varepsilon}\frac{\partial\tilde{U}_i}{\partial x_j}\right)\right\}\\ &=\frac{\partial}{\partial x_j}\left\{\left(\frac{k^2}{\pi^2\varepsilon}\right)_{SM+MM}\frac{\partial u_{(SM+MM)i}}{\partial x_j}\right\}\end{aligned}，\quad (8.32)$$

$$\begin{aligned}&\frac{\partial}{\partial x_j}\left\{\Delta_{SM+MM}\begin{pmatrix}-\left\langle u_{SS\,j}\theta_{SS}\right\rangle_{SS}\\ -\left\langle u_{SS\,j}s_{SS}\right\rangle_{SS}\end{pmatrix}\right\}=\frac{\partial}{\partial x_j}\left\{\Delta_{SM+MM}\begin{pmatrix}\dfrac{1}{\sigma}\dfrac{k^2}{\pi^2\varepsilon}\dfrac{\partial\tilde{T}}{\partial x_j}\\ \dfrac{1}{\sigma}\dfrac{k^2}{\pi^2\varepsilon}\dfrac{\partial\tilde{S}}{\partial x_j}\end{pmatrix}\right\}\\ &=\frac{\partial}{\partial x_j}\left\{\left(\frac{1}{\sigma}\frac{k^2}{\pi^2\varepsilon}\right)_{SM+MM}\begin{pmatrix}\dfrac{\partial T_{SM+MM}}{\partial x_j}\\ \dfrac{\partial s_{SM+MM}}{\partial x_j}\end{pmatrix}\right\}\end{aligned}，\quad (8.33)$$

和

$$\frac{\partial}{\partial x_j}\left\{\left\langle -\left\langle u_{SS\,j}u_{SS\,i}\right\rangle_{SS}\right\rangle_{SM+MM}\right\}=\frac{\partial}{\partial x_j}\left\{\left\langle \frac{k^2}{\pi^2\varepsilon}\frac{\partial\tilde{U}_i}{\partial x_j}\right\rangle_{SM+MM}\right\}$$
$$=\frac{\partial}{\partial x_j}\left\{\left\langle\frac{k^2}{\pi^2\varepsilon}\right\rangle_{(SM+MM)}\frac{\partial\bar{U}_i}{\partial x_j}+\left\langle\frac{k^2}{\pi^2\varepsilon}\frac{\partial u_{(SM+MM)i}}{\partial x_j}\right\rangle_{(SM+MM)}\right\}, \tag{8.34}$$

$$\frac{\partial}{\partial x_j}\begin{Bmatrix}\left\langle -\left\langle u_{SS\,j}\theta_{SS}\right\rangle_{SS}\right\rangle_{SM+MM}\\ \left\langle -\left\langle u_{SS\,j}s_{SS}\right\rangle_{SS}\right\rangle_{SM+MM}\end{Bmatrix}=\frac{\partial}{\partial x_j}\begin{Bmatrix}\left\langle\frac{1}{\sigma}\frac{k^2}{\pi^2\varepsilon}\frac{\partial\tilde{T}}{\partial x_j}\right\rangle_{SM+MM}\\ \left\langle\frac{1}{\sigma}\frac{k^2}{\pi^2\varepsilon}\frac{\partial\tilde{S}}{\partial x_j}\right\rangle_{SM+MM}\end{Bmatrix}$$
$$=\frac{\partial}{\partial x_j}\begin{Bmatrix}\left\langle\frac{1}{\sigma}\frac{k^2}{\pi^2\varepsilon}\right\rangle_{SM+MM}\frac{\partial\bar{T}}{\partial x_j}+\left\langle\frac{1}{\sigma}\frac{k^2}{\pi^2\varepsilon}\frac{\partial T_{SM+MM}}{\partial x_j}\right\rangle_{SM+MM}\\ \left\langle\frac{1}{\sigma}\frac{k^2}{\pi^2\varepsilon}\right\rangle_{SM+MM}\frac{\partial\bar{S}}{\partial x_j}+\left\langle\frac{1}{\sigma}\frac{k^2}{\pi^2\varepsilon}\frac{\partial s_{SM+MM}}{\partial x_j}\right\rangle_{SM+MM}\end{Bmatrix}。 \tag{8.35}$$

从而有湍流对重力（波动+涡旋）和环流搅拌混合系数的基本特征量组合表示

$$B_{WEV}^{\text{dynamic}}=\left(\frac{k^2}{\pi^2\varepsilon}\right)_{SM+MM}，\quad B_{WET}^{\text{dynamic}}=B_{WES}^{\text{dynamic}}=\left(\frac{1}{\sigma}\frac{k^2}{\pi^2\varepsilon}\right)_{SM+MM}， \tag{8.36}$$

和

$$B_{CUV}^{\text{dynamic}}=\left\langle\frac{k^2}{\pi^2\varepsilon}\right\rangle_{SM+MM}，\quad B_{CUT}^{\text{dynamic}}=B_{CUS}^{\text{dynamic}}=\left\langle\frac{1}{\sigma}\frac{k^2}{\pi^2\varepsilon}\right\rangle_{SM+MM}。 \tag{8.37}$$

到此，包括湍流基本输运通量、湍流对重力（波动+涡旋）和环流混合项以及它们混合系数的结构均衡形式表示皆可悉数给出。这样，问题归结为或在饱和平衡意义下给出和求解基本特征量理论–实验关系，从而得到湍流动能和动能耗散率的上确界估计；或在一般意义下导出基本特征量闭合方程组的结构均衡形式表示，从而得到湍流动能和动能耗散率的数值求解。这样，我们可以按（8.36）和（8.37）式得到混合系数，按（8.32）-（8.35）式得到混合项。

8.2　湍流基本特征量闭合方程组及其饱和平衡意义理论和实验关系

以下我们将从湍流运动方程组出发，按基本输运通量的结构均衡形式表示得到湍流动能闭合方程，从而得到饱和平衡意义的基本特征量理论关系。进一步，采用理论关系所引入的单一参变量，湍流剩余类运动密度垂直修正的速度剪切模，分别拟合海面层海浪和密度跃层内波生湍流耗散率测量数据，得到统一的湍流动能耗散率单一参变量四次方律实验关系。这样，我们就可以得到以这个实验关系为依据的简约湍流耗散率闭合方程。

到此，我们就可以用求解饱和平衡意义基本特征量理论关系和实验关系的办法，给出剩余类运动方程混合项及其混合系数的上确界估计。更进一步，依据所导得的湍流动能和动能耗散率闭合方程组，我们实际上已经建立了以湍流基本特征量和对剩余类运动混合系数为计算目标的湍流数值模式。前者实际上是改进 Prandtl 混合模型的**动力学推广和统一**，后者则是**海洋动力系统数值模式体系的湍流混合模式**部分。

8.2.1　湍流动能闭合方程和基本特征量理论关系

1. 湍流动能闭合方程的导出

由湍流动量方程组我们容易导得它的速度−速度二阶矩方程

$$
\begin{aligned}
&\frac{\partial\left\langle u_{SSi}u_{SSj}\right\rangle_{SS}}{\partial t}+\tilde{U}_k\frac{\partial\left\langle u_{SSi}u_{SSj}\right\rangle_{SS}}{\partial x_k}+\left(\varepsilon_{jlm}2\Omega_l\left\langle u_{SSi}u_{SSm}\right\rangle_{SS}+\varepsilon_{ilm}2\Omega_l\left\langle u_{SSj}u_{SSm}\right\rangle_{SS}\right)=\left(-\left\langle u_{SSi}u_{SSk}\right\rangle_{SS}\frac{\partial\tilde{U}_j}{\partial x_k}\right.\\
&\left.-\left\langle u_{SSj}u_{SSk}\right\rangle_{SS}\frac{\partial\tilde{U}_i}{\partial x_k}\right)+\frac{\partial}{\partial x_k}\left[-\left\langle u_{SSi}u_{SSj}u_{SSk}\right\rangle_{SS}-\left(\delta_{jk}\left\langle u_{SSi}\frac{p_{SS}}{\rho_0}\right\rangle_{SS}+\delta_{ik}\left\langle u_{SSj}\frac{p_{SS}}{\rho_0}\right\rangle_{SS}\right)+\nu_0\frac{\partial\left\langle u_{SSi}u_{SSj}\right\rangle_{SS}}{\partial x_k}\right],\\
&+2\nu_0\left\langle\frac{\partial u_{SSi}}{\partial x_k}\frac{\partial u_{SSj}}{\partial x_k}\right\rangle_{SS}+\left\langle\left(\frac{\partial u_{SSi}}{\partial x_j}+\frac{\partial u_{SSj}}{\partial x_i}\right)\frac{p_{SS}}{\rho_0}\right\rangle_{SS}-\left(g\delta_{j3}\left\langle u_{SSi}\frac{\rho_{SS}}{\rho_0}\right\rangle_{SS}+g\delta_{i3}\left\langle u_{SSj}\frac{\rho_{SS}}{\rho_0}\right\rangle_{SS}\right)
\end{aligned}
\tag{8.38}
$$

令其中 $i=j$，则我们有

$$\frac{\partial k}{\partial t}+\tilde{U}_k\frac{\partial k}{\partial x_k}+\varepsilon_{jlm}2\Omega_l\left\langle u_{SSj}u_{SSm}\right\rangle_{SS}=-\left\langle u_{SSj}u_{SSk}\right\rangle_{SS}\frac{\partial\tilde{U}_j}{\partial x_k}+\frac{\partial}{\partial x_k}\left[-\left\langle\frac{1}{2}\left(u_{SSj}\right)^2u_{SSk}\right\rangle_{SS}-\delta_{jk}\left\langle u_{SSj}\frac{p_{SS}}{\rho_0}\right\rangle_{SS}+\nu_0\frac{\partial k}{\partial x_k}\right]-\nu_0\left\langle\frac{\partial u_{SSj}}{\partial x_k}\frac{\partial u_{SSj}}{\partial x_k}\right\rangle_{SS}+\left\langle\frac{\partial u_{SSj}}{\partial x_j}\frac{p_{SS}}{\rho_0}\right\rangle_{SS}-g\delta_{j3}\left\langle u_{SSj}\frac{\rho_{SS}}{\rho_0}\right\rangle_{SS}\text{。}\tag{8.39}$$

考虑到反对称和对称张量的运算关系，有方程（8.39）左端第四项消失

$$\varepsilon_{ilm}\left\langle u_{SSi}u_{SSm}\right\rangle_{SS}=0\text{；}\tag{8.40}$$

考虑输运通量的结构均衡形式表示，方程右端第二项的结构均衡形式闭合表示可写成

$$\frac{\partial}{\partial x_k}\left[-\left\langle\frac{1}{2}u_{SSi}^2u_k\right\rangle-\delta_{ik}\left\langle u_i\frac{p}{\rho_0}\right\rangle+\nu_0\frac{\partial k}{\partial x_k}\right]=\frac{\partial}{\partial x_k}\left(\frac{k^2}{\pi^2\varepsilon}\frac{\partial k}{\partial x_k}\right),\tag{8.41}$$

这样，我们就有简约的湍流动能方程

$$\frac{\partial k}{\partial t}+\tilde{U}_k\frac{\partial k}{\partial x_k}=\frac{\partial}{\partial x_k}\left(\frac{k^2}{\pi^2\varepsilon}\frac{\partial k}{\partial x_k}\right)+\left\{\left(-\left\langle u_{SSi}u_{SSk}\right\rangle_{SS}\frac{\partial\tilde{U}_i}{\partial x_k}-g\delta_{i3}\left\langle u_{SSi}\frac{\rho_{SS}}{\rho_0}\right\rangle_{SS}\right)-\varepsilon\right\}\text{。}\tag{8.42}$$

方程（8.42）的右端项，实际上与 Osborn 的 1980 年给出的结果完全一样。再应用一次输运通量的结构均衡形式表示

$$\left(-\left\langle u_{SSi}u_{SSk}\right\rangle_{SS}\right)=\frac{k^2}{\pi^2\varepsilon}\frac{\partial\tilde{U}_i}{\partial x_k},\quad g\delta_{i3}\left(-\left\langle u_{SSi}\frac{\rho_{SS}}{\rho_0}\right\rangle_{SS}\right)=\frac{k^2}{\pi^2\varepsilon}\frac{g}{\sigma}\frac{\partial}{\partial x_3}\left(\frac{\tilde{\rho}}{\rho_0}\right),\tag{8.43}$$

则我们有对基本特征量封闭的湍流动能闭合方程

$$\frac{\partial k}{\partial t}+\tilde{U}_k\frac{\partial k}{\partial x_k}=\frac{\partial}{\partial x_k}\left(\frac{k^2}{\pi^2\varepsilon}\frac{\partial k}{\partial x_k}\right)+\left\{\frac{k^2}{\pi^2\varepsilon}\left[\left|\frac{\partial\tilde{U}_i}{\partial x_k}\right|^2+\frac{g}{\sigma}\frac{\partial}{\partial x_3}\left(\frac{\tilde{\rho}}{\rho_0}\right)\right]-\varepsilon\right\}\text{。}\tag{8.44}$$

在下一节中我们将进一步阐述所引入的单一参变量：湍流剩余类运动密度垂直修正的速度剪切模 $\left[\left|\frac{\partial\tilde{U}_i}{\partial x_k}\right|^2+\frac{g}{\sigma}\frac{\partial}{\partial x_3}\left(\frac{\tilde{\rho}}{\rho_0}\right)\right]^{\frac{1}{2}}$ 在测量数据拟合分析和归纳确定中的重要意义。

2. 饱和平衡意义下的湍流基本特征量理论关系

由于饱和平衡意义的湍流统计量是不随时间-空间变化的，按导出的湍流动能闭合方程我们可以得到同样意义下的基本特征量理论关系

$$\frac{\overline{k}^2}{\pi^2\overline{\varepsilon}}\left[\left|\frac{\partial\tilde{U}_i}{\partial x_k}\right|^2+\frac{g}{\sigma}\frac{\partial}{\partial x_3}\left(\frac{\tilde{\rho}}{\rho_0}\right)\right]-\overline{\varepsilon}=0 \quad 或 \quad \overline{\varepsilon}=\frac{1}{\pi}\left[\left|\frac{\partial\tilde{U}_i}{\partial x_k}\right|^2+\frac{g}{\sigma}\frac{\partial}{\partial x_3}\left(\frac{\tilde{\rho}}{\rho_0}\right)\right]^{\frac{1}{2}}\overline{k}。\tag{8.45}$$

这里，我们以上横符号“¯”标示饱和平衡意义的基本特征量。在这个基本特征量理论关系中，我们引入了一个十分重要的具有理论统一意义的单一参变量

$$\left[\left|\frac{\partial\tilde{U}_i}{\partial x_k}\right|^2+\frac{g}{\sigma}\frac{\partial}{\partial x_3}\left(\frac{\tilde{\rho}}{\rho_0}\right)\right]^{\frac{1}{2}}。\tag{8.46}$$

它是湍流剩余类运动密度垂直修正的速度剪切模。它对海面层海浪生和密度跃层内波生湍流耗散率的垂直分布同样具有数据分析拟合归纳的表示能力，是一个具有理论-实验意义的统一单一参变量。

要想用求解方程的办法得到包括湍流动能和动能耗散率的两个基本特征量，我们仍需推演出动能耗散率的闭合方程。 在下一节中我们将开展一些必要的测量分析和拟合归纳研究，以得到闭合动能耗散率方程的实验依据。

8.2.2　湍流动能耗散率测量数据的拟合分析和基本特征量实验关系

1. 简约的湍流动能耗散率方程

按湍流动能耗散率定义式 $\varepsilon=\nu_0\left\langle\left(\frac{\partial u_{SSi}}{\partial x_k}\right)^2\right\rangle_{SS}$，我们可以由湍流动量方程导出原始动能耗散率方程

$$\frac{\partial\varepsilon}{\partial t}+\tilde{U}_k\frac{\partial\varepsilon}{\partial x_k}+\varepsilon_{ilm}2\bar{\Omega}_l\langle\varepsilon_{im}\rangle_{SS}=-2\nu_0\left(\left\langle\frac{\partial u_{SSk}}{\partial x_j}\frac{\partial u_{SSk}}{\partial x_i}\right\rangle_{SS}+\left\langle\frac{\partial u_{SSi}}{\partial x_k}\frac{\partial u_{SSj}}{\partial x_k}\right\rangle_{SS}\right)\frac{\partial\tilde{U}_i}{\partial x_j}-2\nu_0\left\langle u_{SSk}\frac{\partial u_{SSi}}{\partial x_j}\right\rangle_{SS}$$

$$\frac{\partial^2\tilde{U}_i}{\partial x_j\partial x_k}-2\nu_0\left\langle\frac{\partial u_{SSi}}{\partial x_j}\frac{\partial u_{SSk}}{\partial x_j}\frac{\partial u_{SSi}}{\partial x_k}\right\rangle_{SS}+\frac{\partial}{\partial x_k}\left[-\left\langle\nu_0\left(\frac{\partial u_{SSi}}{\partial x_j}\right)^2u_{SSk}\right\rangle_{SS}-2\nu_0\left\langle\frac{\partial u_{SSk}}{\partial x_j}\frac{\partial}{\partial x_j}\left(\frac{p_{SS}}{\rho_0}\right)\right\rangle_{SS}+\nu_0\frac{\partial\varepsilon}{\partial x_k}\right]。$$

$$-2\nu_0^2\left\langle\left(\frac{\partial^2u_{SSi}}{\partial x_j\partial x_k}\right)^2\right\rangle_{SS}-g\delta_{i3}2\nu_0\left\langle\frac{\partial u_{SSi}}{\partial x_j}\frac{\partial}{\partial x_j}\left(\frac{\rho_{SS}}{\rho_0}\right)\right\rangle_{SS}$$

（8.47）

按定义式 $\varepsilon_{lm}\equiv\nu_0\left\langle\frac{\partial u_{SSl}}{\partial x_k}\frac{\partial u_{SSm}}{\partial x_k}\right\rangle_{SS}$，我们有反对称和对称张量运算关系

$$\varepsilon_{ilm}\langle\varepsilon_{im}\rangle_{SS}=0,\tag{8.48}$$

从而导出方程的左端第三项消失；由各向同性湍流统计理论结果

$$\nu_0\left\langle\frac{\partial u_i}{\partial x_k}\frac{\partial u_j}{\partial x_l}\right\rangle_{SS}=\frac{\varepsilon}{30}\left(4\delta_{kl}\delta_{ij}-\delta_{ik}\delta_{jl}-\delta_{il}\delta_{jk}\right),\tag{8.49}$$

从而有

$$2\nu_0\left(-\left\langle\frac{\partial u_k}{\partial x_j}\frac{\partial u_k}{\partial x_i}\right\rangle_{SS}-\left\langle\frac{\partial u_i}{\partial x_k}\frac{\partial u_j}{\partial x_k}\right\rangle_{SS}\right)\frac{\partial\tilde{U}_i}{\partial x_j}=-\frac{4}{3}\varepsilon\frac{\partial\tilde{U}_i}{\partial x_j}\delta_{ij}=0,\tag{8.50}$$

导出方程右端第一剪切生成项消失；由于湍流大涡旋 Reynolds 数是一个相当大的量，导出方程右端第二剪切生成项被认为是可忽略的；由输运通量的结构均衡形式表示，导出方程右端第四项可以写成

$$\frac{\partial}{\partial x_k}\left[-\left\langle\nu_0\left(\frac{\partial u_i}{\partial x_j}\right)^2u_k\right\rangle_{SS}-2\nu_0\left\langle\frac{\partial u_k}{\partial x_j}\frac{\partial}{\partial x_j}\left(\frac{p}{\rho_0}\right)\right\rangle_{SS}+\nu_0\frac{\partial\varepsilon}{\partial x_k}\right]\approx\frac{\partial}{\partial x_k}\left(\frac{k^2}{\pi^2\varepsilon}\frac{\partial\varepsilon}{\partial x_k}\right);\tag{8.51}$$

由于各向同性的改变坐标指向不变性，我们有

$$\left\langle\frac{\partial u_i}{\partial x_j}\frac{\partial}{\partial x_j}\left(\frac{\rho}{\rho_0}\right)\right\rangle_{SS}=-\left\langle\frac{\partial u_i}{\partial x_j}\frac{\partial}{\partial x_j}\left(\frac{\rho}{\rho_0}\right)\right\rangle_{SS},\tag{8.52}$$

从而导出方程右端最后一项为零。这样，原始湍流动能耗散率方程可简约

写成

$$\frac{\partial\varepsilon}{\partial t}+\tilde{U}_k\frac{\partial\varepsilon}{\partial x_k}=\frac{\partial}{\partial x_k}\left(\frac{k^2}{\pi^2\varepsilon}\frac{\partial\varepsilon}{\partial x_k}\right)+\left[-2\nu_0\left\langle\frac{\partial u_{SSi}}{\partial x_j}\frac{\partial u_{SSk}}{\partial x_j}\frac{\partial u_{SSi}}{\partial x_k}\right\rangle_{SS}-2\nu_0^2\left\langle\left(\frac{\partial^2 u_{SSi}}{\partial x_j\partial x_k}\right)^2\right\rangle_{SS}\right]。\tag{8.53}$$

这个简约湍流动能耗散率方程的右端最后两项分别是变形生成项 $-2\nu_0\left\langle\frac{\partial u_{SSi}}{\partial x_j}\frac{\partial u_{SSk}}{\partial x_j}\frac{\partial u_{SSi}}{\partial x_k}\right\rangle_{SS}$ 和分子二阶耗散项 $-2\nu_0^2\left\langle\left(\frac{\partial^2 u_{SSi}}{\partial x_j\partial x_k}\right)^2\right\rangle_{SS}$。它们的现行闭合做法过分地要求它们各自比例于动能方程的右端两项，即湍流剩余类运动密度垂直修正的速度剪切生成项 $\frac{k^2}{\pi^2\varepsilon}\left[\left|\frac{\partial\tilde{U}_i}{\partial x_k}\right|^2+\frac{g}{\sigma}\frac{\partial}{\partial x_3}\left(\frac{\tilde{\rho}}{\rho_0}\right)\right]$ 和分子一阶耗散项 $-\varepsilon$。尽管按此做法人们也做了一个确定表示式的归纳确定

$$2\nu_0\left\langle-\frac{\partial u_i}{\partial x_j}\frac{\partial u_k}{\partial x_j}\frac{\partial u_i}{\partial x_k}\right\rangle_{SS}-2\nu_0^2\left\langle\left(\frac{\partial^2 u_i}{\partial x_j\partial x_k}\right)^2\right\rangle_{SS}=F_E\left\{C_{EG}\frac{k^2}{\pi^2\varepsilon}\left[\left|\frac{\partial\tilde{U}_i}{\partial x_k}\right|^2+\frac{g}{\sigma}\frac{\partial}{\partial x_3}\left(\frac{\tilde{\rho}}{\rho_0}\right)\right]-C_{ED}\varepsilon\right\},\tag{8.54}$$

其中量纲式为 $\left[\frac{1}{T}\right]$ 的有量纲参变量 F_E 及无量纲系数 C_{EG} 和 C_{ED} 被归纳确定为

$$F_E=\frac{(2\pi)^{\frac{3}{2}}\varepsilon}{2k}\quad 和\quad C_{EG}=\frac{3}{(2\pi)^{\frac{3}{2}}},\quad C_{ED}=\frac{4}{(2\pi)^{\frac{3}{2}}}。\tag{8.55}$$

现行的闭合动能耗散率方程就写成

$$\frac{\partial\varepsilon}{\partial t}+\tilde{U}_k\frac{\partial\varepsilon}{\partial x_k}=\frac{\partial}{\partial x_k}\left(\frac{k^2}{\pi^2\varepsilon}\frac{\partial\varepsilon}{\partial x_k}\right)+\frac{\varepsilon}{k}\left\{\frac{3}{4}\frac{k^2}{\pi^2\varepsilon}\left[\left|\frac{\partial\tilde{U}_i}{\partial x_k}\right|^2+\frac{g}{\sigma}\frac{\partial}{\partial x_3}\left(\frac{\tilde{\rho}}{\rho_0}\right)\right]-\varepsilon\right\}。\tag{8.56}$$

鉴于在饱和平衡意义下按这个方程所得到的基本特征量理论关系不足以与先前按湍流动能闭合方程给出的理论关系一起解出非平凡的基本特征量。我们不得不舍弃这个现行闭合办法，转向开展湍流动能耗散率的测量分析研究。

2. 湍流动能耗散率实测数据的单一参变量幂函数拟合归纳分析

好在自 20 世纪后半叶以来，人们发明了湍流动能耗散率的现场测量技术，并开展了大量海面层湍流混合测量研究。图 8.1 是所搜集到的海面层湍流混合数据的 10 种情况，其中情况 1～7 是 Anis 测得的，情况 8 是 Wüst 测得的，情况 9 和 10 是 Osborn 测得的。这组数据主要包括测量的湍流动能耗散率和按“典型-简单”海浪计算的密度垂直修正速度剪切模

$$\left[\left|\frac{\partial u_{SWi}}{\partial x_k}\right|^2+\frac{g}{\sigma}\frac{\partial}{\partial x_3}\left(\frac{\rho_{SW}}{\rho_0}\right)\right]^{\frac{1}{2}}。\qquad (8.57)$$

这 10 组海浪生湍流混合数据拟合结果被海面值归一化后示于图 8.1 中。

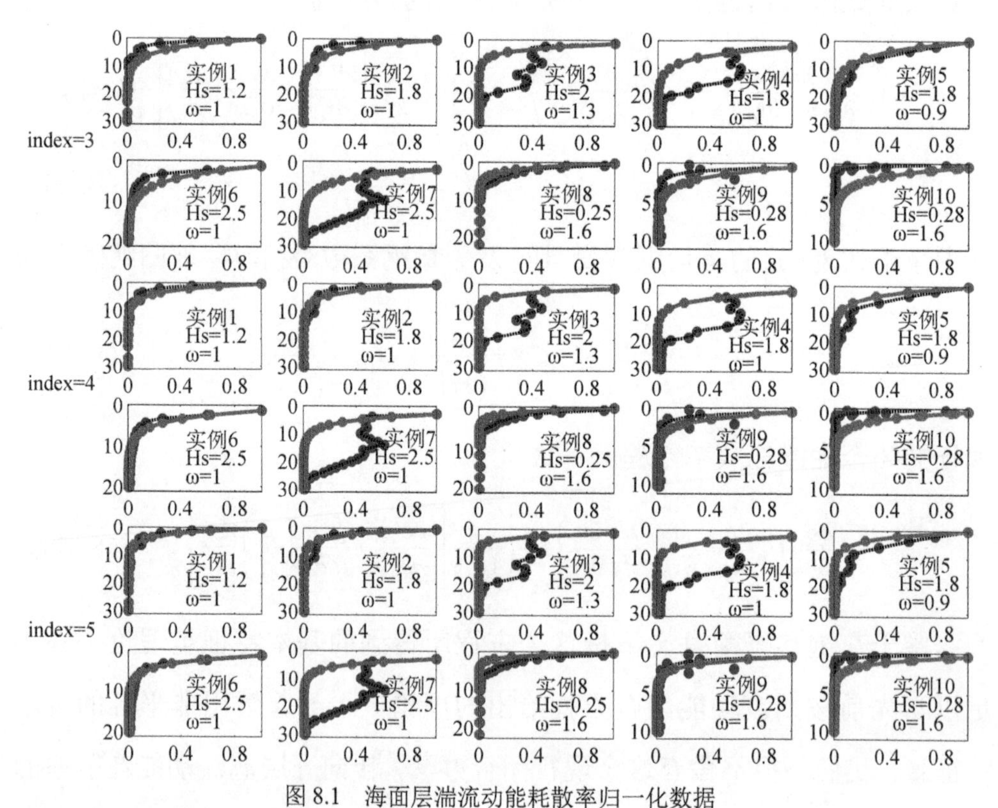

图 8.1 海面层湍流动能耗散率归一化数据

（其中蓝点表示实测值按海面值归一化的数据，红线表示按同步海浪观测计算的“典型-简单”海浪速度剪切模归一化数据）

图 8.2 所列的是收集到的密度跃层湍流混合资料的 10 种情况，它们属于 ROSE 项目的测量成果。所谓 ROSE 项目是在 2010—2015 年间在国家海洋局国际合作研究计划支持下，由第一海洋研究所组织实施的三次南海周边国家合作海洋调查。这里所展示的密度跃层湍流混合资料，包括测量的湍流动能耗散率和海水密度垂直分布以及按“典型-简单”内波计算的密度垂直修正速度剪切模：

$$\left[\left|\frac{\partial u_{IWi}}{\partial x_k}\right|^2+\frac{g}{\sigma_0}\frac{\partial}{\partial x_3}\left(\frac{\rho_{IW}}{\rho_0}\right)\right]^{\frac{1}{2}}。\tag{8.58}$$

这 10 组内波生湍流混合数据均以密度跃层值的归一化形式列于图 8.2 中。

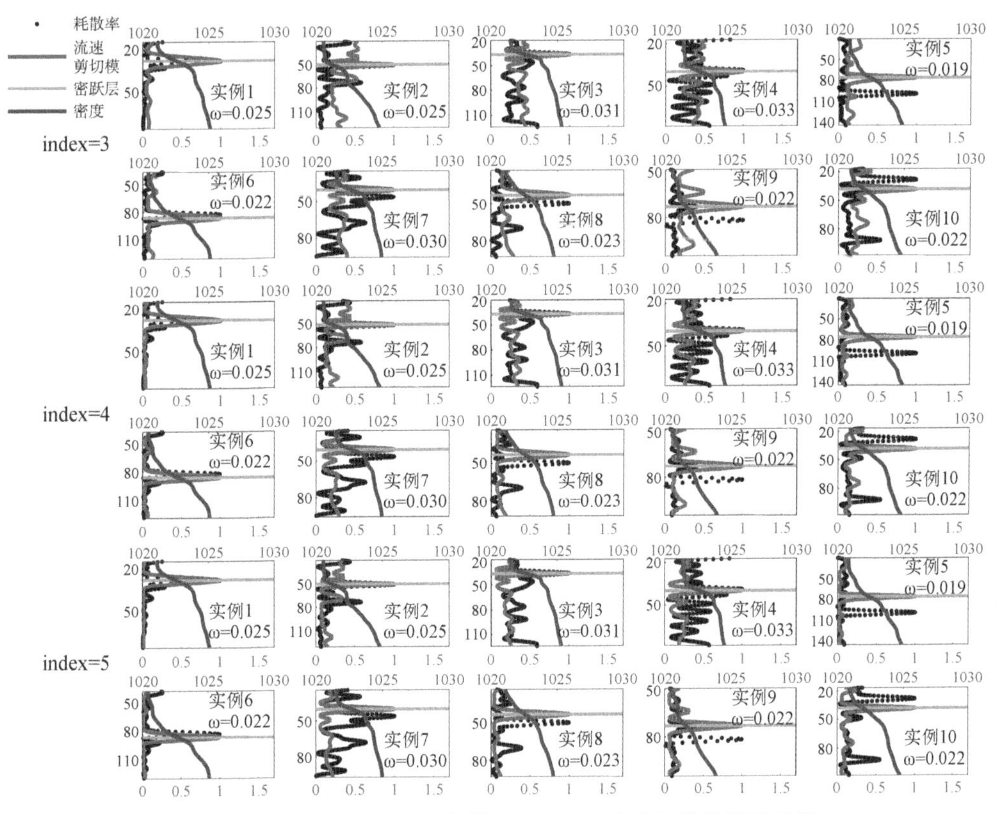

图 8.2　密度跃层湍流动能耗散率和内波速度剪切模数据示意图
（其中黑点表示实测数据，蓝线表示实测密度垂直分布，红线表示按实测频率和密度跃层以及“典型-简单”内波计算的速度剪切模）

统一审视图 8.1 和图 8.2 所包含的 10 种海浪混合数据和 10 种内波混合数据我们惊讶地发现，现场测量湍流动能耗散率和“典型–简单”海浪和内波计算的密度垂直修正速度剪切模之间存在着高度一致的归一化幂函数关系：

$$\frac{\bar{\varepsilon}_{SM}}{\bar{\varepsilon}_{SM\,x_3=D_{MAX}}}=\left\{\frac{\left[\left|\frac{\partial u_{SM\,i}}{\partial x_k}\right|^2+\frac{g}{\sigma}\frac{\partial}{\partial x_3}\left(\frac{\rho_{SM}}{\rho_0}\right)\right]^{\frac{1}{2}}}{\left[\left|\frac{\partial u_{SM\,i}}{\partial x_k}\right|^2+\frac{g}{\sigma}\frac{\partial}{\partial x_3}\left(\frac{\rho_{SM}}{\rho_0}\right)\right]^{\frac{1}{2}}_{x_3=D_{MAX}}}\right\}^{\mathrm{Index}\,\bar{\varepsilon}_{SM}}。\tag{8.59}$$

这里 $\frac{\bar{\varepsilon}_{SM}}{\bar{\varepsilon}_{SM\,x_3=D_{MAX}}}$ 或是海面（$x_3=D_{MAX}=0$）归一化的海浪生湍流动能耗散率，或是密度跃层（$x_3=D_{MAX}=D$）归一化的内波生湍流动能耗散率观测测量值；

$\frac{\left[\left|\frac{\partial u_{SM\,i}}{\partial x_k}\right|^2+\frac{g}{\sigma}\frac{\partial}{\partial x_3}\left(\frac{\rho_{SM}}{\rho_0}\right)\right]^{\frac{1}{2}}}{\left[\left|\frac{\partial u_{SM\,i}}{\partial x_k}\right|^2+\frac{g}{\sigma}\frac{\partial}{\partial x_3}\left(\frac{\rho_{SM}}{\rho_0}\right)\right]^{\frac{1}{2}}_{x_3=D_{MAX}}}$ 或是海面归一化的“典型–简单”海浪计算密度垂直修正速度剪切模，或是密度跃层归一化的“典型–简单”内波计算密度垂直修正速度剪切模。两者拟合的结果表明，幂函数指数可以一致地归纳确定为

$$\mathrm{Index}\,\bar{\varepsilon}_{SM}=4\ 。\tag{8.60}$$

这样，我们就有饱和平衡意义下的重力波动生湍流统一的基本特征量实验关系

$$\frac{\bar{\varepsilon}_{SM}}{\bar{\varepsilon}_{SM\,x_3=D_{MAX}}}=\left\{\frac{\left[\left|\frac{\partial u_{SM\,i}}{\partial x_k}\right|^2+\frac{g}{\sigma}\frac{\partial}{\partial x_3}\left(\frac{\rho_{SM}}{\rho_0}\right)\right]}{\left[\left|\frac{\partial u_{SM\,i}}{\partial x_k}\right|^2+\frac{g}{\sigma}\frac{\partial}{\partial x_3}\left(\frac{\rho_{SM}}{\rho_0}\right)\right]_{x_3=D_{MAX}}}\right\}^{2}。\tag{8.61}$$

这个湍流耗散率测量数据的拟合实验关系描述的是重力波动，包括海面层海浪和密度跃层内波对湍流混合的统一生成作用，我们有理由认为对于形态截然不同的海浪和内波运动统一表述的这个结果，实际上对于整个湍流剩余运动类也是正确的，即我们应该有

$$\frac{\bar{\varepsilon}}{\bar{\varepsilon}_{x_3=D_{MAX}}}=\left\{\frac{\left[\left|\frac{\partial \tilde{U}_i}{\partial x_k}\right|^2+\frac{g}{\sigma}\frac{\partial}{\partial x_3}\left(\frac{\tilde{\rho}}{\rho_0}\right)\right]}{\left[\left|\frac{\partial \tilde{U}_i}{\partial x_k}\right|^2+\frac{g}{\sigma}\frac{\partial}{\partial x_3}\left(\frac{\tilde{\rho}}{\rho_0}\right)\right]_{x_3=D_{MAX}}}\right\}^2 。\tag{8.62}$$

这个结果，实际上也概括了 1989 年 Gregg 的内波分析结果。只是我们发现，对于海浪和内波都适用的统一单一参变量拟合式（8.59），其幂函数指数会在海面层和密度跃层中都一致地归纳确定为 4，这一点显示 Gregg 关于四次方工作的惊人洞察力。在这里我们将他的分析结果统一归纳推广到整个重力波动范畴，包括海面层海浪和密度跃层内波，更统一归纳推广到整个湍流剩余运动类。这种统一归纳推广实际上也与从湍流动能方程直接引入湍流剩余运动类单一参变量保持了完整的一致性。在这里我们还认为，其他因素，如密度层结合地形变化对基本特征量的影响，应当隐式地通过剩余运动类的单一参变量变化来实现的。

8.2.3　饱和平衡意义下的湍流基本特征量和混合长度解析表示

按所导得的基本特征量理论关系（8.45）和实验关系（8.62），我们可以解得湍流基本特征量为

$$\bar{k}=\bar{\varepsilon}_{x_3=D_{MAX}}\pi\left\{\frac{\left[\left|\frac{\partial \tilde{U}_i}{\partial x_k}\right|^2+\frac{g}{\sigma}\frac{\partial}{\partial x_3}\left(\frac{\tilde{\rho}}{\rho_0}\right)\right]}{\left[\left|\frac{\partial \tilde{U}_i}{\partial x_k}\right|^2+\frac{g}{\sigma}\frac{\partial}{\partial x_3}\left(\frac{\tilde{\rho}}{\rho_0}\right)\right]_{x_3=D_{MAX}}}\right\}^{\frac{3}{2}}\left[\left|\frac{\partial \tilde{U}_i}{\partial x_k}\right|^2+\frac{g}{\sigma}\frac{\partial}{\partial x_3}\left(\frac{\tilde{\rho}}{\rho_0}\right)\right]_{x_3=D_{MAX}}^{-\frac{1}{2}},\tag{8.63}$$

和

$$\bar{\varepsilon}=\bar{\varepsilon}_{x_3=D_{MAX}}\left\{\frac{\left[\left|\frac{\partial\tilde{U}_i}{\partial x_k}\right|^2+\frac{g}{\sigma}\frac{\partial}{\partial x_3}\left(\frac{\tilde{\rho}}{\rho_0}\right)\right]}{\left[\left|\frac{\partial\tilde{U}_i}{\partial x_k}\right|^2+\frac{g}{\sigma}\frac{\partial}{\partial x_3}\left(\frac{\tilde{\rho}}{\rho_0}\right)\right]_{x_3=D_{MAX}}}\right\}^2。\tag{8.64}$$

以湍流大涡旋空间尺度作为混合长度的量度，将所解得的基本特征量代入，则我们有混合长度的平方表示

$$\bar{l}_D^2=\bar{\varepsilon}_{x_3=DMAX}\left\{\frac{\left[\left|\frac{\partial\tilde{U}_i}{\partial x_k}\right|^2+\frac{g}{\sigma}\frac{\partial}{\partial x_3}\left(\frac{\tilde{\rho}}{\rho_0}\right)\right]}{\left[\left|\frac{\partial\tilde{U}_i}{\partial x_k}\right|^2+\frac{g}{\sigma}\frac{\partial}{\partial x_3}\left(\frac{\tilde{\rho}}{\rho_0}\right)\right]_{x_3=DMAX}}\right\}^{\frac{1}{2}}\left[\left|\frac{\partial\tilde{U}_i}{\partial x_k}\right|^2+\frac{g}{\sigma}\frac{\partial}{\partial x_3}\left(\frac{\tilde{\rho}}{\rho_0}\right)\right]_{x_3=DMAX}^{-\frac{3}{2}}。\tag{8.65}$$

这样，我们可以得到待定系数，海面层或密度跃层湍流耗散率$\bar{\varepsilon}_{x_3=DMAX}$与混合长度平方$\bar{l}^2_{Dx_3=DMAX}$关系可写成

$$\bar{l}^2_{Dx_3=D_{MAX}}=\bar{\varepsilon}_{x_3=D_{MAX}}\left[\left|\frac{\partial\tilde{U}_i}{\partial x_k}\right|^2+\frac{g}{\sigma}\frac{\partial}{\partial x_3}\left(\frac{\tilde{\rho}}{\rho_0}\right)\right]_{x_3=D_{MAX}}^{-\frac{3}{2}}\quad\text{或}\quad\bar{\varepsilon}_{x_3=D_{MAX}}=\left[\left|\frac{\partial\tilde{U}_i}{\partial x_k}\right|^2+\frac{g}{\sigma}\frac{\partial}{\partial x_3}\left(\frac{\tilde{\rho}}{\rho_0}\right)\right]_{x_3=D_{MAX}}^{\frac{3}{2}}\bar{l}^2_{Dx_3=D_{MAX}}。\tag{8.66}$$

将这个确定了的待定系数代入基本特征量和混合长度平方的表示式，则我们有它们的理论-实验解析表示

$$\bar{k}=\pi\left\{\frac{\left[\left|\frac{\partial\tilde{U}_i}{\partial x_k}\right|^2+\frac{g}{\sigma}\frac{\partial}{\partial x_3}\left(\frac{\tilde{\rho}}{\rho_0}\right)\right]}{\left[\left|\frac{\partial\tilde{U}_i}{\partial x_k}\right|^2+\frac{g}{\sigma}\frac{\partial}{\partial x_3}\left(\frac{\tilde{\rho}}{\rho_0}\right)\right]_{x_3=D_{MAX}}}\right\}^{\frac{3}{2}}\left[\left|\frac{\partial\tilde{U}_i}{\partial x_k}\right|^2+\frac{g}{\sigma}\frac{\partial}{\partial x_3}\left(\frac{\tilde{\rho}}{\rho_0}\right)\right]_{x_3=D_{MAX}}\bar{l}^2_{Dx_3=D_{MAX}},\tag{8.67}$$

$$\bar{\varepsilon}=\left\{\frac{\left[\left|\frac{\partial \tilde{U}_i}{\partial x_k}\right|^2+\frac{g}{\sigma}\frac{\partial}{\partial x_3}\left(\frac{\tilde{\rho}}{\rho_0}\right)\right]}{\left[\left|\frac{\partial \tilde{U}_i}{\partial x_k}\right|^2+\frac{g}{\sigma}\frac{\partial}{\partial x_3}\left(\frac{\tilde{\rho}}{\rho_0}\right)\right]_{x_3=D_{MAX}}}\right\}^2\left[\left|\frac{\partial \tilde{U}_i}{\partial x_k}\right|^2+\frac{g}{\sigma}\frac{\partial}{\partial x_3}\left(\frac{\tilde{\rho}}{\rho_0}\right)\right]^{\frac{3}{2}}_{x_3=D_{MAX}}\bar{l}^2_{D\,x_3=D_{MAX}}, \tag{8.68}$$

和

$$\bar{l}^2_D=\left\{\frac{\left[\left|\frac{\partial \tilde{U}_i}{\partial x_k}\right|^2+\frac{g}{\sigma}\frac{\partial}{\partial x_3}\left(\frac{\tilde{\rho}}{\rho_0}\right)\right]}{\left[\left|\frac{\partial \tilde{U}_i}{\partial x_k}\right|^2+\frac{g}{\sigma}\frac{\partial}{\partial x_3}\left(\frac{\tilde{\rho}}{\rho_0}\right)\right]_{x_3=D_{MAX}}}\right\}^{\frac{1}{2}}\bar{l}^2_{D\,x_3=D_{MAX}}。 \tag{8.69}$$

8.2.4　一个推荐的湍流动能耗散率闭合方程

所得到的基本特征量实验关系，实际上应当是一个动能耗散率闭合方程的饱和平衡关系

$$\left\{\frac{\left[\left|\frac{\partial \tilde{U}_i}{\partial x_k}\right|^2+\frac{g}{\sigma}\frac{\partial}{\partial x_3}\left(\frac{\tilde{\rho}}{\rho_0}\right)\right]}{\left[\left|\frac{\partial \tilde{U}_i}{\partial x_k}\right|^2+\frac{g}{\sigma}\frac{\partial}{\partial x_3}\left(\frac{\tilde{\rho}}{\rho_0}\right)\right]_{x_3=D_{MAX}}}\right\}^2\left[\left|\frac{\partial \tilde{U}_i}{\partial x_k}\right|^2+\frac{g}{\sigma}\frac{\partial}{\partial x_3}\left(\frac{\tilde{\rho}}{\rho_0}\right)\right]^{\frac{3}{2}}_{x_3=D_{MAX}}\bar{l}^2_{D\,x_3=D_{MAX}}-\bar{\varepsilon}=0。 \tag{8.70}$$

采用这个关系式作为简约动能耗散率方程右端变形产生项和分子二阶耗散项组合的闭合测量依据，则我们有

$$\begin{aligned}&\left[2\nu_0\left\langle-\frac{\partial u_{SSi}}{\partial x_j}\frac{\partial u_{SSk}}{\partial x_j}\frac{\partial u_{SSi}}{\partial x_k}\right\rangle_{SS}-2\nu_0^2\left\langle\left(\frac{\partial^2 u_{SSi}}{\partial x_j\partial x_k}\right)^2\right\rangle_{SS}\right]\\&=F_E C_{ED}\left\{\frac{\left[\left|\frac{\partial \tilde{U}_i}{\partial x_k}\right|^2+\frac{g}{\sigma}\frac{\partial}{\partial x_3}\left(\frac{\tilde{\rho}}{\rho_0}\right)\right]^2}{\left[\left|\frac{\partial \tilde{U}_i}{\partial x_k}\right|^2+\frac{g}{\sigma}\frac{\partial}{\partial x_3}\left(\frac{\tilde{\rho}}{\rho_0}\right)\right]^2_{x_3=D_{MAX}}}\left[\left|\frac{\partial \tilde{U}_i}{\partial x_k}\right|^2+\frac{g}{\sigma}\frac{\partial}{\partial x_3}\left(\frac{\tilde{\rho}}{\rho_0}\right)\right]^{\frac{3}{2}}_{x_3=D_{MAX}}\bar{l}^2_{D\,x_3=D_{MAX}}-\varepsilon\right\},\end{aligned} \tag{8.71}$$

其中量纲式为$\left[\frac{1}{T}\right]$的有量纲参变量F_E和无量纲系数C_{ED}可以参考先前的归

纳确定做法给出为

$$F_E = \frac{(2\pi)^{\frac{3}{2}}\varepsilon}{(2k)} \quad 和 \quad C_{ED} = \frac{4}{(2\pi)^{\frac{3}{2}}}。 \tag{8.72}$$

这样，所推荐的湍流动能耗散率闭合方程可以写成

$$\frac{\partial \varepsilon}{\partial t} + \tilde{U}_k \frac{\partial \varepsilon}{\partial x_k} = \frac{\partial}{\partial x_k}\left(\frac{k^2}{\pi^2 \varepsilon}\frac{\partial \varepsilon}{\partial x_k}\right) + \frac{\varepsilon}{k}\left\{\frac{\left[\left|\frac{\partial \tilde{U}_i}{\partial x_k}\right|^2 + \frac{g}{\sigma}\frac{\partial}{\partial x_3}\left(\frac{\tilde{\rho}}{\rho_0}\right)\right]^2}{\left[\left|\frac{\partial \tilde{U}_i}{\partial x_k}\right|^2 + \frac{g}{\sigma}\frac{\partial}{\partial x_3}\left(\frac{\tilde{\rho}}{\rho_0}\right)\right]^2_{x_3 = D_{MAX}}}\left[\left|\frac{\partial \tilde{U}_i}{\partial x_k}\right|^2 + \frac{g}{\sigma}\frac{\partial}{\partial x_3}\left(\frac{\tilde{\rho}}{\rho_0}\right)\right]^{\frac{3}{2}}_{x_3 = D'_{MAX}} \overline{l}^2_{D x_3 = D_{MAX}} - \varepsilon\right\}。 \tag{8.73}$$

当然，（8.73）这个方程在饱和平衡意义下的基本特征量理论关系，就是所拟合归纳的实验关系，它是独立于按湍流动能方程右端项所给出的基本特征量理论关系。

8.3 湍流剩余类运动的湍流混合项及其混合系数上确界估计

8.3.1 饱和平衡意义下的湍流基本输运通量解析估计

将导出的湍流基本特征量动力学表示代入（8.31），则我们有饱和平衡意义的湍流基本输运通量解析估计

$$\overline{\left(-\left\langle u_{SSj} u_{SSi}\right\rangle_{SS}\right)} = \left\{\frac{\left[\left|\frac{\partial \tilde{U}_i}{\partial x_k}\right|^2 + \frac{g}{\sigma}\frac{\partial}{\partial x_3}\left(\frac{\tilde{\rho}}{\rho_0}\right)\right]}{\left[\left|\frac{\partial \tilde{U}_i}{\partial x_k}\right|^2 + \frac{g}{\sigma}\frac{\partial}{\partial x_3}\left(\frac{\tilde{\rho}}{\rho_0}\right)\right]_{x_3 = D_{MAX}}}\right\}\left[\left|\frac{\partial \tilde{U}_i}{\partial x_k}\right|^2 + \frac{g}{\sigma}\frac{\partial}{\partial x_3}\left(\frac{\tilde{\rho}}{\rho_0}\right)\right]^{\frac{1}{2}}_{x_3 = D_{MAX}} \overline{l}^2_{D x_3 = D_{MAX}} \frac{\partial \tilde{U}_i}{\partial x_j}, \tag{8.74}$$

$$\overline{\begin{pmatrix} -\langle u_{SS\,j}\theta_{SS}\rangle_{SS} \\ -\langle u_{SS\,j}s_{SS}\rangle_{SS} \end{pmatrix}} = \frac{1}{\sigma}\left\{\frac{\left[\left|\frac{\partial \tilde{U}_i}{\partial x_k}\right|^2 + \frac{g}{\sigma}\frac{\partial}{\partial x_3}\left(\frac{\tilde{\rho}}{\rho_0}\right)\right]}{\left[\left|\frac{\partial \tilde{U}_i}{\partial x_k}\right|^2 + \frac{g}{\sigma}\frac{\partial}{\partial x_3}\left(\frac{\tilde{\rho}}{\rho_0}\right)\right]_{x_3=D_{MAX}}}\right\}\left[\left|\frac{\partial \tilde{U}_i}{\partial x_k}\right|^2 + \frac{g}{\sigma}\frac{\partial}{\partial x_3}\left(\frac{\tilde{\rho}}{\rho_0}\right)\right]_{x_3=D_{MAX}}^{\frac{1}{2}} \overline{l}^2_{D\,x_3=D_{MAX}} \begin{pmatrix} \frac{\partial \tilde{T}}{\partial x_j} \\ \frac{\partial \tilde{S}}{\partial x_j} \end{pmatrix}。 \tag{8.75}$$

8.3.2　湍流剩余类运动的湍流混合项及其混合系数上确界估计

将饱和平衡意义下导出的湍流基本输运通量动力学表示代入（8.32）-（8.35），则我们有对剩余类运动湍流混合项的解析估计：

对重力（波动+涡旋）类运动的湍流混合项：

$$\frac{\partial}{\partial x_j}\left\{\Delta_{SM+MM}\left(\overline{-\langle u_{SS\,j}u_{SS\,i}\rangle_{SS}}\right)\right\} = \frac{\partial}{\partial x_j}\left\{\left(\overline{\frac{k^2}{\pi^2\varepsilon}}\right)_{SM+MM}\frac{\partial u_{(SM+MM)i}}{\partial x_j}\right\},$$

$$\frac{\partial}{\partial x_j}\left\{\Delta_{SM+MM}\begin{pmatrix} \overline{-\langle u_{SS\,j}\theta_{SS}\rangle_{SS}} \\ \overline{-\langle u_{SS\,j}s_{SS}\rangle_{SS}} \end{pmatrix}\right\} = \frac{\partial}{\partial x_j}\left\{\left(\overline{\frac{1}{\sigma}\frac{k^2}{\pi^2\varepsilon}}\right)_{SM+MM}\begin{pmatrix} \frac{\partial T_{SM+MM}}{\partial x_j} \\ \frac{\partial s_{SM+MM}}{\partial x_j} \end{pmatrix}\right\}, \tag{8.76}$$

对环流类运动的湍流混合项：

$$\frac{\partial}{\partial x_j}\left\{\left\langle\overline{-\langle u_{SS\,j}u_{SS\,i}\rangle_{SS}}\right\rangle_{SM+MM}\right\} = \frac{\partial}{\partial x_j}\left\{\left\langle\overline{\frac{k^2}{\pi^2\varepsilon}}\right\rangle_{(SM+MM)}\frac{\partial \overline{U}_i}{\partial x_j} + \left\langle\left(\overline{\frac{k^2}{\pi^2\varepsilon}}\right)\frac{\partial u_{(SM+MM)i}}{\partial x_j}\right\rangle_{(SM+MM)}\right\},$$

$$\frac{\partial}{\partial x_j}\begin{Bmatrix} \left\langle\overline{-\langle u_{SS\,j}\theta_{SS}\rangle_{SS}}\right\rangle_{SM+MM} \\ \left\langle\overline{-\langle u_{SS\,j}s_{SS}\rangle_{SS}}\right\rangle_{SM+MM} \end{Bmatrix} = \frac{\partial}{\partial x_j}\begin{Bmatrix} \left\langle\overline{\frac{1}{\sigma}\frac{k^2}{\pi^2\varepsilon}}\right\rangle_{SM+MM}\frac{\partial \overline{T}}{\partial x_j} + \left\langle\left(\overline{\frac{1}{\sigma}\frac{k^2}{\pi^2\varepsilon}}\right)\frac{\partial T_{SM+MM}}{\partial x_j}\right\rangle_{SM+MM} \\ \left\langle\overline{\frac{1}{\sigma}\frac{k^2}{\pi^2\varepsilon}}\right\rangle_{SM+MM}\frac{\partial \overline{S}}{\partial x_j} + \left\langle\left(\overline{\frac{1}{\sigma}\frac{k^2}{\pi^2\varepsilon}}\right)\frac{\partial s_{SM+MM}}{\partial x_j}\right\rangle_{SM+MM} \end{Bmatrix}。 \tag{8.77}$$

其中湍流混合系数上确界估计可以按（8.36）和（8.37）分别为

$$\overline{B}_{WED}^{\text{Dynamic}}=\left(\overline{\frac{k^2}{\pi^2\varepsilon}}\right)_{SM+MM}=\left\{\frac{\left[\left|\frac{\partial\tilde{U}_i}{\partial x_k}\right|^2+\frac{g}{\sigma}\frac{\partial}{\partial x_3}\left(\frac{\tilde{\rho}}{\rho_0}\right)\right]}{\left[\left|\frac{\partial\tilde{U}_i}{\partial x_k}\right|^2+\frac{g}{\sigma}\frac{\partial}{\partial x_3}\left(\frac{\tilde{\rho}}{\rho_0}\right)\right]_{x_3=D_{MAX}}}\left[\left|\frac{\partial\tilde{U}_i}{\partial x_k}\right|^2+\frac{g}{\sigma}\frac{\partial}{\partial x_3}\left(\frac{\tilde{\rho}}{\rho_0}\right)\right]_{x_3=D_{MAX}}^{\frac{1}{2}}\overline{l}_{D\,x_3=D_{MAX}}^2\right\}_{SM+MM},$$

$$\begin{pmatrix}\overline{B}_{WET}^{\text{Dynamic}}\\ \overline{B}_{WES}^{\text{Dynamic}}\end{pmatrix}=\left(\overline{\frac{1}{\sigma}\frac{k^2}{\pi^2\varepsilon}}\right)_{SM+MM}=\frac{1}{\sigma}\left\{\frac{\left[\left|\frac{\partial\tilde{U}_i}{\partial x_k}\right|^2+\frac{g}{\sigma}\frac{\partial}{\partial x_3}\left(\frac{\tilde{\rho}}{\rho_0}\right)\right]}{\left[\left|\frac{\partial\tilde{U}_i}{\partial x_k}\right|^2+\frac{g}{\sigma}\frac{\partial}{\partial x_3}\left(\frac{\tilde{\rho}}{\rho_0}\right)\right]_{x_3=D_{MAX}}}\left[\left|\frac{\partial\tilde{U}_i}{\partial x_k}\right|^2+\frac{g}{\sigma}\frac{\partial}{\partial x_3}\left(\frac{\tilde{\rho}}{\rho_0}\right)\right]_{x_3=D_{MAX}}^{\frac{1}{2}}\overline{l}_{D\,x_3=D_{MAX}}^2\right\}_{SM+MM}$$

（8.78）

和

$$\overline{B}_{CUD}^{\text{Dynamic}}=\left\langle\overline{\frac{k^2}{\pi^2\varepsilon}}\right\rangle_{(SM+MM)}=\left\langle\frac{\left[\left|\frac{\partial\tilde{U}_i}{\partial x_k}\right|^2+\frac{g}{\sigma}\frac{\partial}{\partial x_3}\left(\frac{\tilde{\rho}}{\rho_0}\right)\right]}{\left[\left|\frac{\partial\tilde{U}_i}{\partial x_k}\right|^2+\frac{g}{\sigma}\frac{\partial}{\partial x_3}\left(\frac{\tilde{\rho}}{\rho_0}\right)\right]_{x_3=D_{MAX}}}\left[\left|\frac{\partial\tilde{U}_i}{\partial x_k}\right|^2+\frac{g}{\sigma}\frac{\partial}{\partial x_3}\left(\frac{\tilde{\rho}}{\rho_0}\right)\right]_{x_3=D_{MAX}}^{\frac{1}{2}}\overline{l}_{D\,x_3=D_{MAX}}^2\right\rangle_{(SM+MM)},$$

$$\begin{pmatrix}\overline{B}_{CUT}^{\text{Dynamic}}\\ \overline{B}_{CUS}^{\text{Dynamic}}\end{pmatrix}=\left\langle\overline{\frac{1}{\sigma}\frac{k^2}{\pi^2\varepsilon}}\right\rangle_{SM+MM}=\left\langle\frac{\left[\left|\frac{\partial\tilde{U}_i}{\partial x_k}\right|^2+\frac{g}{\sigma}\frac{\partial}{\partial x_3}\left(\frac{\tilde{\rho}}{\rho_0}\right)\right]}{\sigma\left[\left|\frac{\partial\tilde{U}_i}{\partial x_k}\right|^2+\frac{g}{\sigma}\frac{\partial}{\partial x_3}\left(\frac{\tilde{\rho}}{\rho_0}\right)\right]_{x_3=D_{MAX}}}\left[\left|\frac{\partial\tilde{U}_i}{\partial x_k}\right|^2+\frac{g}{\sigma}\frac{\partial}{\partial x_3}\left(\frac{\tilde{\rho}}{\rho_0}\right)\right]_{x_3=D_{MAX}}^{\frac{1}{2}}\overline{l}_{D\,x_3=D_{MAX}}^2\right\rangle_{SM+MM},$$

（8.79）

8.4 讨论和结论：湍流统计动力学和混合动力学初步

这里，我们仅以湍流统计动力学和混合动力学初步来归拢本项研究的成果。

8.4.1 湍流统计动力学初步

本章所得到的湍流统计动力学初步结果，主要包括在饱和平衡意义的基本特征量和混合长度解析表示以及一组推荐的基本特征量闭合方程。

1. 饱和平衡意义下湍流基本特征量和混合长度的解析表示

考虑到归一化的混合长度平方理论-实验表示(8.69)，我们有它的或海面层或密度跃层表示

$$\bar{l}^2_{D x_3=D_{MAX}}=\left\{\frac{\left[\left|\frac{\partial\tilde{U}_i}{\partial x_k}\right|^2+\frac{g}{\sigma}\frac{\partial}{\partial x_3}\left(\frac{\tilde{\rho}}{\rho_0}\right)\right]}{\left[\left|\frac{\partial\tilde{U}_i}{\partial x_k}\right|^2+\frac{g}{\sigma}\frac{\partial}{\partial x_3}\left(\frac{\tilde{\rho}}{\rho_0}\right)\right]_{x_3=D_{MAX}}}\right\}^{-\frac{1}{2}}\bar{l}^2_D, \tag{8.80}$$

从而湍流基本特征量可写成

$$\bar{k}=\pi\left[\left|\frac{\partial\tilde{U}_i}{\partial x_k}\right|^2+\frac{g}{\sigma}\frac{\partial}{\partial x_3}\left(\frac{\tilde{\rho}}{\rho_0}\right)\right]\bar{l}^2_D, \tag{8.81}$$

$$\bar{\varepsilon}=\left[\left|\frac{\partial\tilde{U}_i}{\partial x_k}\right|^2+\frac{g}{\sigma}\frac{\partial}{\partial x_3}\left(\frac{\tilde{\rho}}{\rho_0}\right)\right]^{\frac{3}{2}}\bar{l}^2_D。 \tag{8.82}$$

混合长度平方可写成

$$\bar{l}^2_D=\left\{\frac{\left[\left|\frac{\partial\tilde{U}_i}{\partial x_k}\right|^2+\frac{g}{\sigma}\frac{\partial}{\partial x_3}\left(\frac{\tilde{\rho}}{\rho_0}\right)\right]}{\left[\left|\frac{\partial\tilde{U}_i}{\partial x_k}\right|^2+\frac{g}{\sigma}\frac{\partial}{\partial x_3}\left(\frac{\tilde{\rho}}{\rho_0}\right)\right]_{x_3=D_{MAX}}}\right\}^{\frac{1}{2}}\bar{l}^2_{D x_3=D_{MAX}}。 \tag{8.83}$$

2. 一组推荐的湍流基本特征量闭合方程

将以上所导出的基本特征量和混合长度平方饱和平衡估计代入简约基本特征量方程（8.44）和（8.73），我们有

1）推荐的湍流动能闭合方程

$$\frac{\partial k}{\partial t}+\tilde{U}_k\frac{\partial k}{\partial x_k}=\frac{\partial}{\partial x_k}\left(\frac{k^2}{\pi^2\varepsilon}\frac{\partial k}{\partial x_k}\right)+\left\{\frac{k^2}{\pi^2\varepsilon}\left[\left|\frac{\partial\tilde{U}_i}{\partial x_k}\right|^2+\frac{g}{\sigma}\frac{\partial}{\partial x_3}\left(\frac{\tilde{\rho}}{\rho_0}\right)\right]-\varepsilon\right\}, \tag{8.84}$$

2）推荐的湍流动能耗散率闭合方程

$$\frac{\partial\varepsilon}{\partial t}+\tilde{U}_k\frac{\partial\varepsilon}{\partial x_k}=\frac{\partial}{\partial x_k}\left(\frac{k^2}{\pi^2\varepsilon}\frac{\partial\varepsilon}{\partial x_k}\right)+\frac{\varepsilon}{k}\left\{\left[\left|\frac{\partial\tilde{U}_i}{\partial x_k}\right|^2+\frac{g}{\sigma}\frac{\partial}{\partial x_3}\left(\frac{\tilde{\rho}}{\rho_0}\right)\right]^{\frac{3}{2}}\overline{l}_D^2-\varepsilon\right\}。 \tag{8.85}$$

所导出的湍流基本特征量和混合长度平方饱和平衡解析表示以及所推荐的湍流基本特征量闭合方程可以作为湍流实验研究的分析目标和计算湍流基本特征量的数值模式架构，它们是湍流动力学研究初步。

8.4.2　湍流混合动力学初步

在海洋动力系统中海洋运动的非线性项被分为三部分：后类运动的速度剪切和温盐梯度生成项、本类运动的自身非线性相互作用项和前类运动的输运通量剩余搅拌混合项。其中搅拌混合项实际上又有两种项，它们是（1）湍流对重力（波动+涡旋）和环流的搅拌混合项和（2）重力（波动+涡旋）对环流的搅拌混合项。本文开展湍流搅拌混合的动力学研究，其主要成果有

1. 湍流对重力（波动+涡旋）和环流的搅拌混合项及其混合系数的结构均衡形式表示

本文的分析研究表明，湍流对重力（波动+涡旋）和环流的搅拌混合项及其混合系数可以表示如下

1）剩余类运动的湍流混合项及其混合系数的结构均衡形式表示

在重力（波动+涡旋）和环流的运动方程中，湍流搅拌混合项可以写成结构均衡形式表示，它们分别是

（1）重力（波动+涡旋）的湍流搅拌混合项

$$\frac{\partial}{\partial x_j}\left\{\Delta_{SM+MM}\left(-\left\langle u_{SS\,j}u_{SS\,i}\right\rangle_{SS}\right)\right\}=\frac{\partial}{\partial x_j}\left\{B_{WEV}^{\text{Dynamic}}\frac{\partial u_{(SM+MM)i}}{\partial x_j}\right\},\tag{8.86}$$

$$\frac{\partial}{\partial x_j}\left\{\Delta_{SM+MM}\begin{pmatrix}-\left\langle u_{SS\,j}\theta_{SS}\right\rangle_{SS}\\-\left\langle u_{SS\,j}S_{SS}\right\rangle_{SS}\end{pmatrix}\right\}=\frac{\partial}{\partial x_j}\begin{Bmatrix}B_{WET}^{\text{Dynamic}}\dfrac{\partial T_{SM+MM}}{\partial x_j}\\B_{WES}^{\text{Dynamic}}\dfrac{\partial s_{SM+MM}}{\partial x_j}\end{Bmatrix},\tag{8.87}$$

其中湍流混合系数可写成

$$B_{WEV}^{\text{Dynamic}}=\left(\frac{k^2}{\pi^2\varepsilon}\right)_{SM+MM},\quad B_{WET}^{\text{Dynamic}}=B_{WES}^{\text{Dynamic}}=\left(\frac{1}{\sigma}\frac{k^2}{\pi^2\varepsilon}\right)_{SM+MM},\tag{8.88}$$

（2）环流的湍流搅拌混合项

$$\frac{\partial}{\partial x_j}\left\langle-\left\langle u_{SS\,j}u_{SS\,i}\right\rangle_{SS}\right\rangle_{SM+MM}=\frac{\partial}{\partial x_j}\left[B_{CUV}^{\text{Dynamic}}\frac{\partial\bar{U}_i}{\partial x_j}+\left\langle\frac{k^2}{\pi^2\varepsilon}\frac{\partial u_{SM+MM}}{\partial x_j}\right\rangle_{SM+MM}\right],\tag{8.89}$$

$$\frac{\partial}{\partial x_j}\begin{Bmatrix}\left\langle-\left\langle u_{SS\,j}\theta_{SS}\right\rangle_{SS}\right\rangle_{SM+MM}\\\left\langle-\left\langle u_{SS\,j}s_{SS}\right\rangle_{SS}\right\rangle_{SM+MM}\end{Bmatrix}=\frac{\partial}{\partial x_j}\begin{Bmatrix}\left[B_{CTV}^{\text{Dynamic}}\dfrac{\partial\bar{T}}{\partial x_j}+\left\langle\dfrac{1}{\sigma}\dfrac{k^2}{\pi^2\varepsilon}\dfrac{\partial T_{SM+MM}}{\partial x_j}\right\rangle_{SM+MM}\right]\\\left[B_{CSV}^{\text{Dynamic}}\dfrac{\partial\bar{S}}{\partial x_j}+\left\langle\dfrac{1}{\sigma}\dfrac{k^2}{\pi^2\varepsilon}\dfrac{\partial s_{SM+MM}}{\partial x_j}\right\rangle_{SM+MM}\right]\end{Bmatrix},\tag{8.90}$$

其中湍流混合系数可写成

$$B_{CUV}^{\text{Dynamic}}=\left\langle\frac{k^2}{\pi^2\varepsilon}\right\rangle_{SM+MM},\quad B_{CUT}^{\text{Dynamic}}=B_{CUS}^{\text{Dynamic}}=\left\langle\frac{1}{\sigma}\frac{k^2}{\pi^2\varepsilon}\right\rangle_{SM+MM}。\tag{8.91}$$

这样，问题完全归结为确定湍流基本特征量，从而按“上确界估计”和“数值模拟表示”给出搅拌混合项及其混合系数的结构均衡形式表示。所谓“上确界估计”就是按基本特征量表示式（8.81）、（8.82）给出湍流

搅拌混合系数表示式（8.88）、（8.91）的做法。所谓“数值模拟表示”就是通过数值求解推荐的基本特征量闭合方程组数值地确定基本特征量和湍流搅拌混合系数的做法。

2. 湍流对剩余类运动混合项及其搅拌混合系数“上确界估计”

将饱和平衡意义下导得的基本特征量解析表示代入，则我们得到湍流对剩余类运动混合项及其搅拌混合系数上确界估计，它们是

1）湍流对重力（波动+涡旋）搅拌混合项的解析表示

$$\frac{\partial}{\partial x_j}\left\{\Delta_{SM+MM}\left(-\left\langle u_{SS\,j}u_{SS\,i}\right\rangle_{SS}\right)\right\}=\frac{\partial}{\partial x_j}\left\{\bar{B}_{WEV}^{\text{Dynamic}}\frac{\partial u_{(SM+MM)i}}{\partial x_j}\right\},\tag{8.92}$$

$$\frac{\partial}{\partial x_j}\left\{\overline{\begin{matrix}\Delta_{SM+MM}\left(-\left\langle u_{SS\,j}\theta_{SS}\right\rangle_{SS}\right)\\ \Delta_{SM+MM}\left(-\left\langle u_{SS\,j}s_{SS}\right\rangle_{SS}\right)\end{matrix}}\right\}=\frac{\partial}{\partial x_j}\left\{\begin{matrix}\bar{B}_{WET}^{\text{Dynamic}}\dfrac{\partial\theta_{SM+MM}}{\partial x_j}\\ \bar{B}_{WES}^{\text{Dynamic}}\dfrac{\partial s_{SM+MM}}{\partial x_j}\end{matrix}\right\}。\tag{8.93}$$

将导出的湍流基本特征量饱和平衡表示代入，我们有重力（波动+涡旋）的湍流混合系数上确界估计

$$\bar{B}_{WEV}^{\text{Dynamic}}=\left(\frac{\bar{k}^2}{\pi^2\bar{\varepsilon}}\right)_{SM+MM}=\left\{\left[\left|\frac{\partial\tilde{U}_i}{\partial x_k}\right|^2+\frac{g}{\sigma}\frac{\partial}{\partial x_3}\left(\frac{\tilde{\rho}}{\rho_0}\right)\right]^{\frac{1}{2}}\bar{l}_D^2\right\}_{SM+MM},\tag{8.94}$$

$$\begin{pmatrix}\bar{B}_{WET}^{\text{Dynamic}}\\ \bar{B}_{WES}^{\text{Dynamic}}\end{pmatrix}=\left(\frac{1}{\sigma}\frac{\bar{k}^2}{\pi^2\bar{\varepsilon}}\right)_{SM+MM}=\left\{\frac{1}{\sigma}\left[\left|\frac{\partial\tilde{U}_i}{\partial x_k}\right|^2+\frac{g}{\sigma}\frac{\partial}{\partial x_3}\left(\frac{\tilde{\rho}}{\rho_0}\right)\right]^{\frac{1}{2}}\bar{l}_D^2\right\}_{SM+MM}。\tag{8.95}$$

2）湍流对环流搅拌混合项的解析表示

$$\frac{\partial}{\partial x_j}\left\{\overline{\left\langle-\left\langle u_{SS\,j}u_{SS\,i}\right\rangle_{SS}\right\rangle_{SM+MM}}\right\}=\frac{\partial}{\partial x_j}\left\{\bar{B}_{CUV}^{\text{Dynamic}}\frac{\partial\bar{U}_i}{\partial x_j}+\left\langle\frac{\bar{k}^2}{\pi^2\bar{\varepsilon}}\frac{\partial u_{SM+MM}}{\partial x_j}\right\rangle_{SM+MM}\right\},\tag{8.96}$$

$$\frac{\partial}{\partial x_j}\left\{\begin{array}{l}\overline{\left\langle -\left\langle u_{SS_j}\theta_{SS}\right\rangle_{SS}\right\rangle_{SM+MM}} \\ \overline{\left\langle -\left\langle u_{SS_j}s_{SS}\right\rangle_{SS}\right\rangle_{SM+MM}}\end{array}\right\}=\frac{\partial}{\partial x_j}\left\{\begin{array}{l}\overline{B}_{CTV}^{\text{Dynamic}}\dfrac{\partial \overline{T}}{\partial x_j}+\left\langle\dfrac{1}{\sigma}\dfrac{\overline{k}^2}{\pi^2\overline{\varepsilon}}\dfrac{\partial T_{SM+MM}}{\partial x_j}\right\rangle_{SM+MM} \\ \overline{B}_{CSV}^{\text{Dynamic}}\dfrac{\partial \overline{S}}{\partial x_j}+\left\langle\dfrac{1}{\sigma}\dfrac{\overline{k}^2}{\pi^2\overline{\varepsilon}}\dfrac{\partial s_{SM+MM}}{\partial x_j}\right\rangle_{SM+MM}\end{array}\right\}。\tag{8.97}$$

将导出的湍流基本特征量饱和平衡表示代入，我们有环流的湍流混合系数上确界估计：

$$\overline{B}_{CUV}^{\text{Dynamic}}=\left\langle\frac{\overline{k}^2}{\pi^2\overline{\varepsilon}}\right\rangle_{SM+MM}=\left[\left\langle\left|\frac{\partial \tilde{U}_i}{\partial x_k}\right|\right\rangle_{SM+MM}^2+\frac{g}{\langle\sigma\rangle}\frac{\partial}{\partial x_3}\left\langle\frac{\tilde{\rho}}{\rho_0}\right\rangle_{SM+MM}\right]^{\frac{1}{2}}\left\langle\overline{l}_D^2\right\rangle_{SM+MM}，\tag{8.98}$$

$$\begin{pmatrix}\overline{B}_{CTV}^{\text{Dynamic}} \\ \overline{B}_{CSV}^{\text{Dynamic}}\end{pmatrix}-\left\langle\frac{1}{\sigma}\frac{\overline{k}^2}{\pi^2\overline{\varepsilon}}\right\rangle_{SM+MM}=\frac{1}{\langle\sigma\rangle_{SM+MM}}\left[\left\langle\left|\frac{\partial \tilde{U}_i}{\partial x_k}\right|\right\rangle_{SM+MM}^2+\frac{g}{\langle\sigma\rangle}\frac{\partial}{\partial x_3}\left\langle\frac{\tilde{\rho}}{\rho_0}\right\rangle_{SM+MM}\right]^{\frac{1}{2}}\left\langle\overline{l}_D^2\right\rangle_{SM+MM}。\tag{8.99}$$

湍流混合系数的上确界估计实际上也可以作为其数值模拟表示的一种有效替代。

这个结果实际上也是与改进的 Prandtl 混合模型结果完全一致的。在这里我们再次强调其中的关键技术，其一是，由简约湍流动能闭合方程在饱和平衡条件下所导出的湍流特征量理论关系和其中所包含单一参变量：湍流剩余运动密度垂直梯度修正的速度剪切模；其二是，由单一参变量拟合海面层海浪生和密度跃层内波生湍流耗散率数据所得的统一湍流基本特征量实验关系，它是湍流耗散率与单一参变量的四次方律。由于这两个关系式的导出和它们与改进 Prandtl 混合模型结果的完全一致，我们称这组理论-实验关系为湍流的“半经验半理论统一关系”。

3. 湍流对剩余类运动的搅拌混合项及其混合系数的“数值模拟表示”

湍流对剩余类运动搅拌混合项及其混合系数的“数值模拟表示”可一般陈述如下

1）湍流基本特征量闭合方程组

湍流基本特征量闭合方程组主要包括以下$k-\varepsilon$封闭方程组：

$$\frac{\partial k}{\partial t}+\tilde{U}_k\frac{\partial k}{\partial x_k}=\frac{\partial}{\partial x_k}\left(\frac{k^2}{\pi^2\varepsilon}\frac{\partial k}{\partial x_k}\right)+\left\{\frac{k^2}{\pi^2\varepsilon}\left[\left|\frac{\partial \tilde{U}_i}{\partial x_k}\right|^2+\frac{g}{\sigma}\frac{\partial}{\partial x_3}\left(\frac{\tilde{\rho}}{\rho_0}\right)\right]-\varepsilon\right\}, \tag{8.100}$$

和

$$\frac{\partial \varepsilon}{\partial t}+\tilde{U}_k\frac{\partial \varepsilon}{\partial x_k}=\frac{\partial}{\partial x_k}\left(\frac{k^2}{\pi^2\varepsilon}\frac{\partial \varepsilon}{\partial x_k}\right)+\frac{\varepsilon}{k}\left\{\left[\left|\frac{\partial \tilde{U}_i}{\partial x_k}\right|^2+\frac{g}{\sigma}\frac{\partial}{\partial x_3}\left(\frac{\tilde{\rho}}{\rho_0}\right)\right]^{\frac{3}{2}}\overline{l}_D^2-\varepsilon\right\}。 \tag{8.101}$$

2）湍流基本特征量确定的边界条件

湍流基本特征量的确定边界条件可以按海面层和密度跃层非破碎和破碎情况具体给出。在第六章中给出它们按第二类和第一类边界条件的做法可供参考。

3）基本特征量数值模式计算结果

我们可以按组合和组合平均形式

$$B_{WEV}^{\text{Dynamic}}=\left(\frac{k^2}{\pi^2\varepsilon}\right)_{SM+MM}, \quad B_{WET}^{\text{Dynamic}}=B_{WES}^{\text{Dynamic}}=\left(\frac{1}{\sigma}\frac{k^2}{\pi^2\varepsilon}\right)_{SM+MM}, \tag{8.102}$$

和

$$B_{CUV}^{\text{Dynamic}}=\left\langle\frac{k^2}{\pi^2\varepsilon}\right\rangle_{SM+MM}, \quad B_{CUT}^{\text{Dynamic}}=B_{CUS}^{\text{Dynamic}}=\left\langle\frac{1}{\sigma}\frac{k^2}{\pi^2\varepsilon}\right\rangle_{SM+MM}。 \tag{8.103}$$

分别给出重力（波动+涡旋）和环流大运动类控制方程组的湍流搅拌混合系数计算值。

参考文献

ROSE data set 2010—2015. The Data Center of the First Institute of Oceanography.

第二子篇

“一般海洋”简化重力波动“统一解析理论”及其应用实例

第九章

“一般海洋”简化的重力波动“统一解析理论”

在海洋动力系统框架下重力波动和重力涡旋被定义为一对受重力控制的标准运动类，只是控制力动态平衡的前者是小和次中尺度的波动，控制力静态平衡的后者是亚中尺度的涡旋。本章从环流局域自然坐标系中的湍流剩余类运动控制方程组和重力（波动+涡旋）大运动类样本集合上定义的 Reynolds 平均运算出发，导出重力（波动+涡旋）控制方程组。对这组控制方程所做的“一般海洋”可解析解简化主要包括忽略本运动类的非线性相互作用项，忽略分子力项和湍流搅拌混合项，保留环流速度剪切和密度梯度生成项。为演算方便起见，可解析解简化还采用地转项的 f 平面近似和环流的局域成层性近似。经过可解析解简化的这组控制方程按重力控制动态平衡的要求保留垂直动量方程的时间变化项。这样，在基本运动形态意义下我们得到重力波动的“统一解析解”。在全频率段上依次排列的是大于修正 Väisälä 频率的海浪，从修正 Väisäla 频率到修正惯性频率之间的内波以及小于修正惯性频率的惯性波。这种由统一控制方程组解出的海面层海浪和密度跃层内波的“典型-简单”表示对于诸如“单一参变量”计算和海洋波动统计模型建立有着重要的理论-实验分析意义。

9.1 问题的提出

在海洋动力系统框架下我们希望通过解析研究的途径，由重力波动控制方程组得到本类运动及其与其他运动类相互作用的解析描述。它起码要包括海面层海浪和密度跃层内波的“统一解析解”，起码应包括“一般海洋”意义下环流层结、流径弯曲、速度剪切和密度梯度以及大地形变化对重力波动的影响。它起码能提供其他研究相当普通的重力波动背景流场描述，例如对湍流研究很有意义的“单一参变量”计算。本章采用的重力波动控制方程组仅限于舍弃分子力作用和湍流搅拌混合作用。我们采用环流局域自然坐标系和达到完全适应水平的基本运动状态，使研究能在更大程度上得到解析技巧的支持。以下我们将逐步展开称得上“一般海洋”简化的重力波动“统一解析理论”工作。

9.2 环流局域自然坐标系的重力(波动+涡旋)和环流控制方程组

9.2.1 环流局域自然坐标系的湍流剩余类运动控制方程组和重力（波动+涡旋）样本集合上定义的 Reynolds 平均运算

在环流平均海面任意点O附近设定其局域自然坐标系$\{O;x_1,x_2,x_3\}$。取坐标轴x_2水平指向坐标原点的环流方向，坐标轴x_3垂直指向上，另一个水平坐标轴x_1与这两个坐标轴构成右手正交坐标系。以曲率半径$\bar{R}$标示坐标原点附近环流流径的水平弯曲。在水平坐标面$\{O;x_1,x_2\}$上它是从曲率中心O_1到坐标原点O的实数距离。当曲率半径$\bar{R}$与坐标轴x_1同向时取为正，反之取为负。图 9.1 是设定的环流局域自然坐标系示意图。

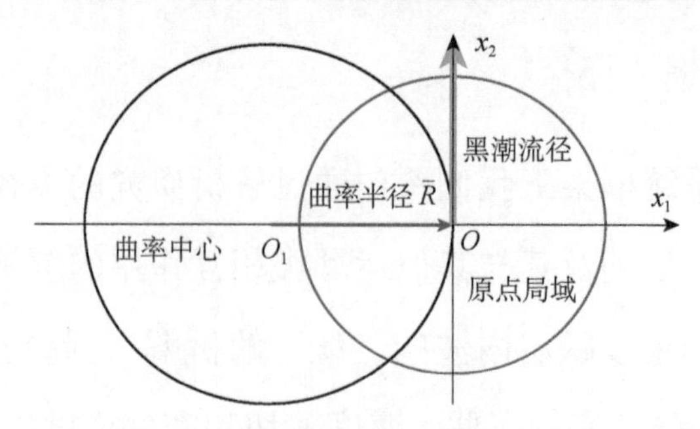

图 9.1　环流局域自然坐标系示意图

在环流局域自然坐标系中，简约变量系 $\{u_i, p, \rho; \zeta\}$ 的 Boussinesq 近似湍流剩余类运动控制方程组可以写成

运动方程：

$$\frac{\partial \tilde{U}_i}{\partial x_i} + \frac{\tilde{U}_1}{\bar{\bar{R}}} = 0 \,, \tag{9.1}$$

$$\begin{aligned}&\frac{\partial \tilde{U}_\alpha}{\partial t} + \tilde{U}_j \frac{\partial \tilde{U}_\alpha}{\partial x_j} + \left\{-\frac{\tilde{U}_2^2}{\bar{\bar{R}}}, \frac{\tilde{U}_1 \tilde{U}_2}{\bar{\bar{R}}}\right\} - 2\varepsilon_{\alpha jk} \tilde{U}_j \Omega_k = -\frac{1}{\rho_0} \frac{\partial \bar{p}}{\partial x_\alpha} \\ &+ \frac{\partial}{\partial x_j}\left(\nu_0 \frac{\partial \tilde{U}_\alpha}{\partial x_j}\right) + \frac{1}{\bar{\bar{R}}}\left(\nu_0 \frac{\partial \tilde{U}_\alpha}{\partial x_1}\right) + \frac{\partial}{\partial x_j}\left(-\left\langle u_{SSj} u_{SS\alpha}\right\rangle_{SS}\right) + \frac{1}{\bar{\bar{R}}}\left(-\left\langle u_{SS1} u_{SS\alpha}\right\rangle_{SS}\right)\end{aligned} \,, \tag{9.2}$$

$$\begin{aligned}&\frac{\partial \tilde{U}_3}{\partial t} + \tilde{U}_j \frac{\partial \tilde{U}_3}{\partial x_j} - 2\varepsilon_{3jk} \tilde{U}_j \Omega_k = -\frac{1}{\rho_0} \frac{\partial \tilde{p}}{\partial x_3} - g \frac{\tilde{\rho}}{\rho_0} \\ &+ \frac{\partial}{\partial x_j}\left(\nu_0 \frac{\partial \tilde{U}_3}{\partial x_j}\right) + \frac{1}{\bar{\bar{R}}}\left(\nu_0 \frac{\partial \tilde{U}_3}{\partial x_1}\right) + \frac{\partial}{\partial x_j}\left(-\left\langle u_{SSj} u_{SS3}\right\rangle_{SS}\right) + \frac{1}{\bar{\bar{R}}}\left(-\left\langle u_{SS1} u_{SS3}\right\rangle_{SS}\right)\end{aligned} \,, \tag{9.3}$$

$$\begin{aligned}&\frac{\partial \tilde{\rho}}{\partial t} + \tilde{U}_j \frac{\partial \tilde{\rho}}{\partial x_j} = \frac{\partial}{\partial x_j}\left(K_0 \frac{\partial \tilde{\rho}}{\partial x_j}\right) + \frac{1}{\bar{\bar{R}}}\left(K_0 \frac{\partial \tilde{\rho}}{\partial x_1}\right) \\ &+ \frac{\partial}{\partial x_j}\left(-\left\langle u_{SSj} \rho_{SS}\right\rangle_{SS}\right) + \frac{1}{\bar{\bar{R}}}\left(-\left\langle u_{SS1} \rho_{SS}\right\rangle_{SS}\right) + \tilde{Q}_\rho\end{aligned} \,, \tag{9.4}$$

边界条件：

$$\begin{aligned}&\left\{\tilde{U}_j \tilde{n}_j + \left\langle u_{SSj} n_{SSj}\right\rangle_{SS} - \tilde{P}\right\}_{\tilde{F}_S(x_i, t)=0} \\ &+ \left\langle \Delta_{SSS}(un)\right\rangle_{SS} = \frac{\partial \tilde{\zeta}}{\partial t}\end{aligned} \,, \tag{9.5}$$

$$\begin{aligned}&\left\{\left(\tilde{\pi}_{ij}\right)_0\tilde{n}_j+\left\langle\pi_{SSij}n_{SSj}\right\rangle_{SS}-\tilde{P}_{Si}\right\}_{\widetilde{F_S}(x_i,t)=0}\\&+\left\langle\Delta_{SSS}(\pi n)\right\rangle_{SS}=0\end{aligned}, \tag{9.6}$$

$$\begin{aligned}&\left\{\left(\tilde{I}_{\rho j}\right)_0\tilde{n}_j+\left\langle\left(I_{\rho SSj}\right)_0 n_{SSj}\right\rangle_{SS}+\tilde{Q}_{\rho S}\right\}_{\widetilde{F_S}(x_i,t)=0}\\&+\left\langle\Delta_{SSS}(In)\right\rangle_{SS}=0\end{aligned}, \tag{9.7}$$

$$\begin{aligned}&\left\{\tilde{U}_j\tilde{n}_j+\left\langle u_{SSj}n_{SSj}\right\rangle_{SS}\right\}_{\tilde{F}_H(x_i,t)=0}\\&+\left\langle\Delta_{HSS}(un)\right\rangle_{SS}=-\frac{\partial\tilde{H}}{\partial t}\end{aligned}, \tag{9.8}$$

$$\begin{aligned}&\left\{\left(\tilde{\pi}_{ij}\right)_0\tilde{n}_j+\left\langle\left(\pi_{SSij}\right)_0 n_{SSj}\right\rangle_{SS}-\tilde{P}_{Hi}\right\}_{\tilde{F}_H(x_i,t)=0}\\&+\left\langle\Delta_{HSS}(\pi n)\right\rangle_{SS}=0\end{aligned}, \tag{9.9}$$

$$\begin{aligned}&\left\{\left(\tilde{I}_{\rho j}\right)_0\tilde{n}_j+\left\langle\left(I_{\rho SSj}\right)_0 n_{SSj}\right\rangle_{SS}-\tilde{Q}_{\rho H}\right\}_{\tilde{F}_H(x_i,t)=0}\\&+\left\langle\Delta_{HSS}(In)\right\rangle_{SS}=0\end{aligned}, \tag{9.10}$$

其中“上波形号”标示湍流剩余类运动描述量，$\left\{\begin{matrix}\Delta_{SSS}(un),\Delta_{SSS}(\pi n),\Delta_{SSS}(In)\\\Delta_{HSS}(un),\Delta_{HSS}(\pi n),\Delta_{HSS}(In)\end{matrix}\right\}$的两行分别表示海面从 $F_S(x_i,t)=0$ 到 $\tilde{F}_S(x_i,t)=0$ 和海底从 $F_H(x_i,t)=0$ 到 $\tilde{F}_H(x_i,t)=0$ 的边界替代附加项，细节见（5.39）-（5.46）。

在重力（波动+涡旋）大运动类样本集合上定义的 Reynolds 平均运算可以写成

$$\begin{aligned}\langle\tilde{y}\rangle_{M_2+M_3}&\equiv\int\limits_{M_2+M_3}\tilde{y}\left\{\sum_{i=2}^{4}M_i\right\}P\{M_2+M_3\}d(M_2+M_3)\\&=\left\langle\langle x\rangle_{SS}\right\rangle_{(SM+MM)}=\overline{z}\{M_4\}\end{aligned}, \tag{9.11}$$

其中$\{M_1, M_2+M_3, M_4\}$依次表示海洋动力系统的湍流、重力（波动+涡旋）和环流大运动类。$x\left\{\sum\limits_{i=1}^{4}M_i\right\}$、$\tilde{y}\left\{\sum\limits_{i=2}^{4}M_i\right\}$和$\overline{z}\{M_4\}$分别表示定义在全运动类、湍流剩余类运动和环流运动类样本集合上的运动描述量，x 、 $\tilde{y}=\langle x\rangle_{SS}$ 和

$\bar{z}=\langle\tilde{y}\rangle_{SM+MM}$ 分别是它们的简记符号。这样，我们有运动描述量的分解式

$$\tilde{y}\left\{\sum_{i=2}^{4}M_i\right\}=x_{SM+MM}+\bar{z}\{M_4\}=x_{SM+MM}+\bar{z}\text{ ，}\quad\langle x_{SM+MM}\rangle_{SM+MM}=0\text{ ，}\tag{9.12}$$

其中 $x_{SS}=x-\langle x\rangle_{SS}$ 和 $x_{SM+MM}=\tilde{y}-\langle\tilde{y}\rangle_{SM+MM}$ 分别标记运动描述量的湍流分量和重力（波动+涡旋）分量。

9.2.2 环流局域自然坐标系的重力(波动+涡旋)和环流控制方程组

将分解式（9.12）代入运动方程（9.1）-（9.4）和边界条件（9.5）-（9.10），我们有湍流剩余类运动控制方程组的分解式

运动方程：

$$\frac{\partial\bar{U}_i}{\partial x_i}+\frac{\bar{U}_1}{\bar{\bar{R}}}+\frac{\partial u_{(SM+MM)i}}{\partial x_i}+\frac{u_{(SM+MM)1}}{\bar{\bar{R}}}=0\text{ ，}\tag{9.13}$$

$$\begin{aligned}
&\frac{\partial\bar{U}_\alpha}{\partial t}+\bar{U}_j\frac{\partial\bar{U}_\alpha}{\partial x_j}-2\varepsilon_{\alpha jk}\bar{U}_j\Omega_k+\left\{-\frac{\bar{U}_2^{\,2}}{\bar{\bar{R}}},\frac{\bar{U}_1\bar{U}_2}{\bar{\bar{R}}}\right\}+\frac{\partial u_{(SM+MM)\alpha}}{\partial t}+\bar{U}_j\frac{\partial u_{(SM+MM)\alpha}}{\partial x_j}+u_{(SM+MM)j}\frac{\partial\bar{U}_\alpha}{\partial x_j}\\
&+\frac{\partial}{\partial x_j}\Delta_{SM+MM}\left(u_{(SM+MM)j}u_{(SM+MM)\alpha}\right)+\frac{1}{\bar{\bar{R}}}\Delta_{SM+MM}\left(u_{(SM+MM)1}u_{(SM+MM)\alpha}\right)-2\varepsilon_{\alpha jk}u_{(SM+MM)j}\Omega_k\\
&+\left\{\begin{array}{l}-\dfrac{\left\langle u_{(SM+MM)2}^2\right\rangle_{SM+MM}}{\bar{\bar{R}}},\\ \dfrac{\left\langle u_{(SM+MM)1}u_{(SM+MM)2}\right\rangle_{SM+MM}}{\bar{\bar{R}}}\end{array}\right\}+\left\{\begin{array}{l}-\dfrac{2\bar{U}_2u_{(SM+MM)2}}{\bar{\bar{R}}},\\ \dfrac{\bar{U}_1u_{(SM+MM)2}+u_{(SM+MM)1}\bar{U}_2}{\bar{\bar{R}}}\end{array}\right\}+\left\{\begin{array}{l}-\dfrac{\Delta_{SM+MM}\left(u_{(SM+MM)2}^2\right)}{\bar{\bar{R}}},\\ \dfrac{\Delta_{SM+MM}\left(u_{(SM+MM)1}u_{(SM+MM)2}\right)}{\bar{\bar{R}}}\end{array}\right\}\text{ ，}\\
&=-\frac{1}{\rho_0}\frac{\partial\bar{p}}{\partial x_\alpha}-\frac{\partial\Phi_2}{\partial x_\alpha}+\frac{\partial}{\partial x_j}\left(\nu_0\frac{\partial\bar{U}_\alpha}{\partial x_j}\right)+\frac{1}{\bar{\bar{R}}}\left(\nu_0\frac{\partial\bar{U}_\alpha}{\partial x_1}\right)+\frac{\partial}{\partial x_j}\left\langle-\left\langle u_{SS\,j}u_{SS\,\alpha}\right\rangle_{SS}-u_{(SM+MM)j}u_{(SM+MM)\alpha}\right\rangle_{SM+MM}\\
&+\frac{1}{\bar{\bar{R}}}\left\langle-\left\langle u_{SS1}u_{SS\,\alpha}\right\rangle_{SS}-u_{(SM+MM)1}u_{(SM+MM)\alpha}\right\rangle_{SM+MM}-\frac{1}{\rho_0}\frac{\partial p_{SM+MM}}{\partial x_\alpha}+\frac{\partial}{\partial x_j}\left(\nu_0\frac{\partial u_{(SM+MM)\alpha}}{\partial x_j}\right)\\
&+\frac{1}{\bar{\bar{R}}}\left(\nu_0\frac{\partial u_{(SM+MM)\alpha}}{\partial x_1}\right)+\frac{\partial}{\partial x_j}\Delta_{SM+MM}\left(-\left\langle u_{SS\,j}u_{SS\,\alpha}\right\rangle_{SS}\right)+\frac{1}{\bar{\bar{R}}}\Delta_{SM+MM}\left(-\left\langle u_{SS1}u_{SS\,\alpha}\right\rangle_{SS}\right)
\end{aligned}$$

（9.14）

$$\frac{\partial\bar{U}_3}{\partial t}+\bar{U}_j\frac{\partial\bar{U}_3}{\partial x_j}-2\varepsilon_{3jk}\bar{U}_j\Omega_k+\frac{\partial u_{(SM+MM)3}}{\partial t}+\bar{U}_j\frac{\partial u_{(SM+MM)3}}{\partial x_j}+u_{(SM+MM)j}\frac{\partial\bar{U}_3}{\partial x_j}+\frac{\partial}{\partial x_j}\Delta_{SM+MM}$$
$$\left(u_{(SM+MM)j}u_{(SM+MM)3}\right)+\frac{1}{\bar{\bar{R}}}\Delta_{SM+MM}\left(u_{(SM+MM)1}u_{(SM+MM)3}\right)-2\varepsilon_{3jk}u_{(SM+MM)j}\Omega_k=-\frac{1}{\rho_0}\frac{\partial\bar{p}}{\partial x_3}-g\frac{\bar{\rho}}{\rho_0}$$
$$+\frac{\partial}{\partial x_j}\left(\nu_0\frac{\partial\bar{U}_3}{\partial x_j}\right)+\frac{1}{\bar{\bar{R}}}\left(\nu_0\frac{\partial\bar{U}_3}{\partial x_1}\right)+\frac{\partial}{\partial x_j}\left\langle-\left\langle u_{SSj}u_{SS3}\right\rangle_{SS}-u_{SMj}u_{SM3}\right\rangle_{SM+MM}+\frac{1}{\bar{\bar{R}}}\left\langle-\left\langle u_{SS1}u_{SS3}\right\rangle_{SS}\right.$$
$$\left.-u_{SM1}u_{SM3}\right\rangle_{SM+MM}-\frac{1}{\rho_0}\frac{\partial p_{SM+MM}}{\partial x_3}-g\frac{\rho_{SM+MM}}{\rho_0}+\frac{\partial}{\partial x_j}\Delta_{SM+MM}\left(-\left\langle u_{SSj}u_{SS3}\right\rangle_{SS}\right)+\frac{1}{\bar{\bar{R}}}\Delta_{SM+MM}$$
$$\left(-\left\langle u_{SS1}u_{SS3}\right\rangle_{SS}\right)+\frac{\partial}{\partial x_j}\left(\nu_0\frac{\partial u_{(SM+MM)3}}{\partial x_j}\right)+\frac{1}{\bar{\bar{R}}}\left(\nu_0\frac{\partial u_{(SM+MM)3}}{\partial x_1}\right),\qquad(9.15)$$

$$\frac{\partial\bar{\rho}}{\partial t}+\bar{U}_j\frac{\partial\bar{\rho}}{\partial x_j}+\frac{\partial\rho_{SM+MM}}{\partial t}+\bar{U}_j\frac{\partial\rho_{SM+MM}}{\partial x_j}+u_{(SM+MM)j}\frac{\partial\bar{\rho}}{\partial x_j}+\frac{\partial}{\partial x_j}\Delta_{SM+MM}\left(u_{(SM+MM)j}\rho_{SM+MM}\right)$$
$$+\frac{1}{\bar{\bar{R}}}\Delta_{SM+MM}\left(u_{(SM+MM)1}\rho_{SM+MM}\right)=\frac{\partial}{\partial x_j}\left(K_0\frac{\partial\bar{\rho}}{\partial x_j}\right)+\frac{1}{\bar{\bar{R}}}\left(K_0\frac{\partial\bar{\rho}}{\partial x_1}\right)+\frac{\partial}{\partial x_j}\left\langle-\left\langle u_{SSj}\rho_{SS}\right\rangle_{SS}\right.$$
$$\left.-u_{SMj}\rho_{SM}\right\rangle_{SM+MM}+\frac{1}{\bar{\bar{R}}}\left\langle-\left\langle u_{SS1}\rho_{SS}\right\rangle_{SS}-u_{SM1}\rho_{SM}\right\rangle_{SM+MM}+\bar{Q}_\rho+\frac{\partial}{\partial x_j}\left(K_0\frac{\partial\rho_{SM+MM}}{\partial x_j}\right)$$
$$+\frac{1}{\bar{\bar{R}}}\left(K_0\frac{\partial\rho_{SM+MM}}{\partial x_1}\right)+\frac{\partial}{\partial x_j}\Delta_{SM+MM}\left(-\left\langle u_{SSj}\rho_{SS}\right\rangle_{SS}\right)+\frac{1}{\bar{\bar{R}}}\Delta_{SM+MM}\left(-\left\langle u_{SS1}\rho_{SS}\right\rangle_{SS}\right)+Q_{\rho SM+MM},\qquad(9.16)$$

边界条件：

$$\left.\left\{\begin{aligned}&\bar{U}_j\bar{n}_j-\bar{P}+\bar{U}_jn_{(SM+MM)j}+u_{(SM+MM)j}\bar{n}_j-P_{SM+MM}\\&+\left[\left\langle\left\langle u_{SSj}n_{SSj}\right\rangle_{SS}\right\rangle_{SM+MM}+\left\langle u_{(SM+MM)j}n_{(SM+MM)j}\right\rangle_{SM+MM}\right]\\&+\Delta_{SM+MM}\left[\left\langle u_{SSj}n_{SSj}\right\rangle_{SS}+u_{(SM+MM)j}n_{(SM+MM)j}\right]\end{aligned}\right\}\right|_{\bar{F}_S(x_i,t)=0},\qquad(9.17)$$
$$+\left[\left\langle\left\langle\Delta_{SSS}(un)\right\rangle_{SS}\right\rangle_{SM+MM}+\left\langle\Delta_{SSM+MM}(un)\right\rangle_{SM+MM}\right]$$
$$+\Delta_{SM+MM}\left[\left\langle\Delta_{SSS}(un)\right\rangle_{SS}+\Delta_{S(SM+MM)}(un)\right]=\frac{\partial\bar{\zeta}}{\partial t}+\frac{\partial\zeta_{SM+MM}}{\partial t}$$

$$\left\{\begin{array}{l}\left(\bar{\pi}_{ij}\right)_0\bar{n}_j-\bar{P}_{Si}+\left(\bar{\pi}_{ij}\right)_0 n_{(SM+MM)j}+\left(\pi_{(SM+MM)ij}\right)_0\bar{n}_j-P_{S(SM+MM)i}\\+\left[\left\langle\left\langle\left(\pi_{SSij}\right)_0 n_{SSj}\right\rangle_{SS}\right\rangle_{SM+MM}+\left\langle\left(\pi_{(SM+MM)ij}\right)_0 n_{(SM+MM)j}\right\rangle_{SM+MM}\right]\\+\Delta_{SM+MM}\left[\left\langle\left(\pi_{SSij}\right)_0 n_{SSj}\right\rangle_{SS}+\left(\pi_{(SM+MM)ij}\right)_0 n_{(SM+MM)j}\right]\end{array}\right\}_{\bar{F}_S(x_i,t)=0},\tag{9.18}$$

$$+\left[\left\langle\left\langle\Delta_{S\,SS}(\pi n)\right\rangle_{SS}\right\rangle_{SM+MM}+\left\langle\Delta_{S\,SM+MM}(\pi n)\right\rangle_{SM+MM}\right]$$
$$+\Delta_{SM+MM}\left[\left\langle\Delta_{S\,SS}(\pi n)\right\rangle_{SS}+\Delta_{S\,SM+MM}(\pi n)\right]=0$$

$$\left\{\begin{array}{l}\left(\bar{I}_{\rho j}\right)_0\bar{n}_j+\bar{Q}_{\rho S}+\left(\bar{I}_{\rho j}\right)_0 n_{(SM+MM)j}+\left(I_{\rho(SM+MM)j}\right)_0\bar{n}_j+Q_{\rho S(SM+MM)}\\+\left[\left\langle\left\langle\left(I_{\rho SSj}\right)_0 n_{SSj}\right\rangle_{SS}\right\rangle_{SM+MM}+\left\langle\left(I_{\rho(SM+MM)j}\right)_0 n_{(SM+MM)j}\right\rangle_{SM+MM}\right]\\+\Delta_{SM+MM}\left[\left\langle\left(I_{\rho SSj}\right)_0 n_{SSj}\right\rangle_{SS}+\left(I_{\rho(SM+MM)j}\right)_0 n_{(SM+MM)j}\right]\end{array}\right\}_{\bar{F}_S(x_i,t)=0},\tag{9.19}$$

$$+\left[\left\langle\left\langle\Delta_{S\,SS}(In)\right\rangle_{SS}\right\rangle_{SM+MM}+\left\langle\Delta_{S\,SM+MM}(In)\right\rangle_{SM+MM}\right]$$
$$+\Delta_{SM+MM}\left[\left\langle\Delta_{S\,SS}(In)\right\rangle_{SS}+\Delta_{S\,SM+MM}(In)\right]=0$$

$$\left\{\begin{array}{l}\bar{U}_j\bar{n}_j+\bar{U}_j n_{(SM+MM)j}+u_{(SM+MM)j}\bar{n}_j\\+\left[\left\langle\left\langle u_{SSj}n_{SSj}\right\rangle_{SS}\right\rangle_{SM+MM}+\left\langle u_{(SM+MM)j}n_{(SM+MM)j}\right\rangle_{SM+MM}\right]\\+\Delta_{SM+MM}\left[\left\langle u_{SSj}n_{SSj}\right\rangle_{SS}+u_{(SM+MM)j}n_{(SM+MM)j}\right]\end{array}\right\}_{\bar{F}_H(x_i,t)=0},\tag{9.20}$$

$$+\left[\left\langle\left\langle\Delta_{H\,SS}(un)\right\rangle_{SS}\right\rangle_{SM+MM}+\left\langle\Delta_{H\,SM+MM}(un)\right\rangle_{SM+MM}\right]$$
$$+\Delta_{SM+MM}\left[\left\langle\Delta_{H\,SS}(un)\right\rangle_{SS}+\Delta_{H\,SM+MM}(un)\right]=-\frac{\partial\bar{H}}{\partial t}-\frac{\partial H_{SM+MM}}{\partial t}$$

$$\left\{\begin{array}{l}\left(\bar{\pi}_{ij}\right)_0\bar{n}_j-\bar{P}_{Hi}+\left(\bar{\pi}_{ij}\right)_0 n_{(SM+MM)j}+\left(\pi_{(SM+MM)ij}\right)_0\bar{n}_j-P_{H(SM+MM)i}\\+\left[\left\langle\left\langle\left(\pi_{SSij}\right)_0 n_{SSj}\right\rangle_{SS}\right\rangle_{SM+MM}+\left\langle\left(\pi_{(SM+MM)ij}\right)_0 n_{(SM+MM)j}\right\rangle_{SM+MM}\right]\\+\Delta_{SM+MM}\left[\left\langle\left(\pi_{SSij}\right)_0 n_{SSj}\right\rangle_{SS}+\left(\pi_{(SM+MM)ij}\right)_0 n_{(SM+MM)j}\right]\end{array}\right\}_{\bar{F}_H(x_i,t)=0},\tag{9.21}$$

$$+\left[\left\langle\left\langle\Delta_{H\,SS}(\pi n)\right\rangle_{SS}\right\rangle_{SM+MM}+\left\langle\Delta_{H\,SM+MM}(\pi n)\right\rangle_{SM+MM}\right]$$
$$+\Delta_{SM+MM}\left[\left\langle\Delta_{H\,SS}(\pi n)\right\rangle_{SS}+\Delta_{H\,SM+MM}(\pi n)\right]=0$$

$$\left\{\begin{array}{l}\left(\bar{I}_{\rho j}\right)_0\bar{n}_j-\bar{Q}_{\rho H}+\left(\bar{I}_{\rho j}\right)_0 n_{(SM+MM)j}+\left(I_{\rho(SM+MM)j}\right)_0\bar{n}_j-Q_{\rho H(SM+MM)}\\+\left[\left\langle\left\langle\left(I_{\rho SSj}\right)_0 n_{SSj}\right\rangle_{SS}\right\rangle_{SM+MM}+\left\langle\left(I_{\rho(SM+MM)j}\right)_0 n_{(SM+MM)j}\right\rangle_{SM+MM}\right]\\+\Delta_{SM+MM}\left[\left\langle\left(I_{\rho SSj}\right)_0 n_{SSj}\right\rangle_{SS}+\left(I_{\rho(SM+MM)j}\right)_0 n_{(SM+MM)j}\right]\end{array}\right\}_{\bar{F}_H(x_i,t)=0},\tag{9.22}$$

$$+\left[\left\langle\left\langle\Delta_{H\,SS}(In)\right\rangle_{SS}\right\rangle_{SM+MM}+\left\langle\Delta_{H\,SM+MM}(In)\right\rangle_{SM+MM}\right]$$
$$+\Delta_{SM+MM}\left[\left\langle\Delta_{H\,SS}(In)\right\rangle_{SS}+\Delta_{H\,SM+MM}(In)\right]=0$$

其中$\begin{Bmatrix}\Delta_{S\,SM+MM}(un),\Delta_{S\,SM+MM}(\pi n),\Delta_{S\,SM+MM}(In)\\ \Delta_{H\,SM+MM}(un),\Delta_{H\,SM+MM}(\pi n),\Delta_{H\,SM+MM}(In)\end{Bmatrix}$的上、下两行分别表示海面边界从$\tilde{F}_S(x_i,t)=0$到$\bar{F}_S(x_i,t)=0$和海底边界从$\tilde{F}_H(x_i,t)=0$到$\bar{F}_H(x_i,t)=0$的替代附加项。

将重力（波动+涡旋）大运动类样本集合上定义的 Reynolds 平均运算作用于这一组控制方程的分解式，则我们有环流局域自然坐标系中的环流控制方程组。

1. 环流局域自然坐标系中的环流控制方程组

运动方程：

$$\frac{\partial \bar{U}_i}{\partial x_i}+\frac{\bar{U}_1}{\bar{R}}=0\,, \tag{9.23}$$

$$\begin{aligned}&\frac{\partial \bar{U}_\alpha}{\partial t}+\bar{U}_j\frac{\partial \bar{U}_\alpha}{\partial x_j}+\left\{-\frac{\bar{U}_2^{\ 2}}{\bar{R}},\frac{\bar{U}_1\bar{U}_2}{\bar{R}}\right\}+\left\{-\frac{\left\langle u^2_{(SM+MM)2}\right\rangle_{SM+MM}}{\bar{R}},\right.\\&\left.\frac{\left\langle u_{(SM+MM)1}u_{(SM+MM)2}\right\rangle_{SM+MM}}{\bar{R}}\right\}-2\varepsilon_{\alpha jk}\bar{U}_j\Omega_k=-\frac{1}{\rho_0}\frac{\partial \bar{p}}{\partial x_\alpha}+\frac{\partial}{\partial x_j}\left(\nu_0\frac{\partial \bar{U}_\alpha}{\partial x_j}\right)\\&+\frac{1}{\bar{R}}\left(\nu_0\frac{\partial \bar{U}_\alpha}{\partial x_1}\right)+\frac{\partial}{\partial x_j}\left\langle-\left\langle u_{SS\,j}u_{SS\,\alpha}\right\rangle_{SS}-u_{(SM+MM)j}u_{(SM+MM)\alpha}\right\rangle_{SM+MM}\\&+\frac{1}{\bar{R}}\left\langle-\left\langle u_{SS1}u_{SS\,\alpha}\right\rangle_{SS}-u_{(SM+MM)1}u_{(SM+MM)\alpha}\right\rangle_{SM+MM}\end{aligned}\,, \tag{9.24}$$

$$\begin{aligned}&\frac{\partial \bar{U}_3}{\partial t}+\bar{U}_j\frac{\partial \bar{U}_3}{\partial x_j}-2\varepsilon_{3jk}\bar{U}_j\Omega_k=-\frac{1}{\rho_0}\frac{\partial \bar{p}}{\partial x_3}-g\frac{\bar{\rho}}{\rho_0}+\frac{\partial}{\partial x_j}\left(\nu_0\frac{\partial \bar{U}_3}{\partial x_j}\right)\\&+\frac{1}{\bar{R}}\left(\nu_0\frac{\partial \bar{U}_3}{\partial x_1}\right)+\frac{\partial}{\partial x_j}\left\langle-\left\langle u_{SS\,j}u_{SS3}\right\rangle_{SS}-u_{(SM+MM)j}u_{(SM+MM)3}\right\rangle_{SM+MM}\\&+\frac{1}{\bar{R}}\left\langle-\left\langle u_{SS1}u_{SS3}\right\rangle_{SS}-u_{(SM+MM)1}u_{(SM+MM)3}\right\rangle_{SM+MM}\end{aligned}\,, \tag{9.25}$$

$$\begin{aligned}&\frac{\partial \bar{\rho}}{\partial t}+\bar{U}_j\frac{\partial \bar{\rho}}{\partial x_j}=\frac{\partial}{\partial x_j}\left(K_0\frac{\partial \bar{\rho}}{\partial x_j}\right)+\frac{1}{\bar{R}}\left(K_0\frac{\partial \bar{\rho}}{\partial x_1}\right)+\frac{\partial}{\partial x_j}\left\langle-\left\langle u_{SSj}\rho_{SS}\right\rangle_{SS}\right.\\&\left.-u_{(SM+MM)j}\rho_{SM+MM}\right\rangle_{SM+MM}+\frac{1}{\bar{R}}\left\langle-\left\langle u_{SS1}\rho_{SS}\right\rangle_{SS}-u_{(SM+MM)1}\rho_{SM+MM}\right\rangle_{SM+MM}+\bar{Q}_\rho\end{aligned}\;; \tag{9.26}$$

边界条件：

$$\left\{\begin{array}{l}\bar{U}_j\bar{n}_j-\bar{P}+\left\langle\left\langle u_{SSj}n_{SSj}\right\rangle_{SS}\right.\\ \left.+u_{(SM+MM)j}n_{(SM+MM)j}\right\rangle_{SM+MM}\end{array}\right\}_{\bar{F}_S(x_i,t)=0}, \quad (9.27)$$
$$+\left\langle\left\langle\Delta_{S\,SS}(un)\right\rangle_{SS}+\Delta_{S\,SM+MM}(un)\right\rangle_{SM+MM}=\frac{\partial\bar{\zeta}}{\partial t}$$

$$\left\{\begin{array}{l}\left(\bar{\pi}_{ij}\right)_0\bar{n}_j-\bar{P}_{Si}+\left\langle\left\langle\left(\pi_{SSij}\right)_0 n_{SSj}\right\rangle_{SS}\right.\\ \left.+\left(\pi_{(SM+MM)ij}\right)_0 n_{(SM+MM)j}\right\rangle_{SM+MM}\end{array}\right\}_{\bar{F}_S(x_i,t)=0}, \quad (9.28)$$
$$+\left\langle\left\langle\Delta_{S\,SS}(\pi n)\right\rangle_{SS}+\Delta_{S\,SM+MM}(\pi n)\right\rangle_{SM+MM}=0$$

$$\left\{\begin{array}{l}\left(\bar{I}_{\rho j}\right)_0\bar{n}_j+\bar{Q}_{\rho S}+\left\langle\left\langle\left(I_{\rho SSj}\right)_0 n_{SSj}\right\rangle_{SS}\right.\\ \left.+\left(I_{\rho(SM+MM)j}\right)_0 n_{(SM+MM)j}\right\rangle_{SM+MM}\end{array}\right\}_{\bar{F}_S(x_i,t)=0}, \quad (9.29)$$
$$+\left\langle\left\langle\Delta_{S\,SS}(In)\right\rangle_{SS}+\Delta_{S\,SM+MM}(In)\right\rangle_{SM+MM}=0$$

$$\left\{\begin{array}{l}\bar{U}_j\bar{n}_j+\left\langle\left\langle u_{SSj}n_{SSj}\right\rangle_{SS}\right.\\ \left.+u_{(SM+MM)j}n_{(SM+MM)j}\right\rangle_{SM+MM}\end{array}\right\}_{\bar{F}_H(x_i,t)=0}, \quad (9.30)$$
$$+\left\langle\left\langle\Delta_{H\,SS}(un)\right\rangle_{SS}+\Delta_{H\,SM+MM}(un)\right\rangle_{SM+MM}=-\frac{\partial\bar{H}}{\partial t}$$

$$\left\{\begin{array}{l}\left(\bar{\pi}_{ij}\right)_0\bar{n}_j-\bar{P}_{Hi}+\left\langle\left\langle\left(\pi_{SSij}\right)_0 n_{SSj}\right\rangle_{SS}\right.\\ \left.+\left(\pi_{(SM+MM)ij}\right)_0 n_{(SM+MM)j}\right\rangle_{SM+MM}\end{array}\right\}_{\bar{F}_H(x_i,t)=0}, \quad (9.31)$$
$$+\left\langle\left\langle\Delta_{H\,SS}(\pi n)\right\rangle_{SS}+\Delta_{H\,SM+MM}(\pi n)\right\rangle_{SM+MM}=0$$

$$\left\{\begin{array}{l}\left(\bar{I}_{\rho j}\right)_0\bar{n}_j-\bar{Q}_{\rho H}+\left\langle\left\langle\left(I_{\rho SSj}\right)_0 n_{SSj}\right\rangle_{SS}\right.\\ \left.+\left(I_{\rho(SM+MM)j}\right)_0 n_{(SM+MM)j}\right\rangle_{SM+MM}\end{array}\right\}_{\bar{F}_H(x_i,t)=0}。 \quad (9.32)$$
$$+\left\langle\left\langle\Delta_{H\,SS}(In)\right\rangle_{SS}+\Delta_{H\,SM+MM}(In)\right\rangle_{SM+MM}=0$$

由分解的湍流剩余运动类控制方程组减去所得到的环流控制方程组，则我们有环流局域自然坐标系中的重力（波动+涡旋）控制方程组。

2. 环流局域自然坐标系中的重力（波动+涡旋）控制方程组

运动方程：

$$\frac{\partial u_{(SM+MM)i}}{\partial x_i}+\frac{u_{(SM+MM)1}}{\bar{R}}=0\ , \tag{9.33}$$

$$\begin{aligned}
&\frac{\partial u_{(SM+MM)\alpha}}{\partial t}+\bar{U}_j\frac{\partial u_{(SM+MM)\alpha}}{\partial x_j}+u_{(SM+MM)j}\frac{\partial \bar{U}_\alpha}{\partial x_j}+\frac{\partial}{\partial x_j}\Delta_{SM+MM}\left(u_{(SM+MM)j}u_{(SM+MM)\alpha}\right)\\
&+\frac{1}{\bar{R}}\Delta_{SM+MM}\left(u_{(SM+MM)1}u_{(SM+MM)\alpha}\right)+\left\{-\frac{2\bar{U}_2u_{(SM+MM)2}}{\bar{R}},\frac{\bar{U}_1u_{(SM+MM)2}+u_{(SM+MM)1}\bar{U}_2}{\bar{R}}\right\}\\
&+\left\{-\frac{\Delta_{SM+MM}\left(u^2_{(SM+MM)2}\right)}{\bar{R}},\frac{\Delta_{SM+MM}\left(u_{(SM+MM)1}u_{(SM+MM)2}\right)}{\bar{R}}\right\}-2\varepsilon_{\alpha jk}u_{(SM+MM)j}\Omega_k\\
&=-\frac{1}{\rho_0}\frac{\partial p_{SM+MM}}{\partial x_\alpha}+\frac{\partial}{\partial x_j}\left(\nu_0\frac{\partial u_{(SM+MM)\alpha}}{\partial x_j}\right)+\frac{1}{\bar{R}}\left(\nu_0\frac{\partial u_{(SM+MM)\alpha}}{\partial x_1}\right)\\
&+\frac{\partial}{\partial x_j}\left(-\Delta_{SM+MM}\left\langle u_{SSj}u_{SS\alpha}\right\rangle_{SS}\right)+\frac{1}{\bar{R}}\left(-\Delta_{SM+MM}\left\langle u_{SS1}u_{SS\alpha}\right\rangle_{SS}\right)
\end{aligned}\ , \tag{9.34}$$

$$\begin{aligned}
&\frac{\partial u_{(SM+MM)3}}{\partial t}+\bar{U}_j\frac{\partial u_{(SM+MM)3}}{\partial x_j}+u_{(SM+MM)j}\frac{\partial \bar{U}_3}{\partial x_j}+\frac{\partial}{\partial x_j}\Delta_{SM+MM}\left(u_{(SM+MM)j}u_{(SM+MM)3}\right)\\
&+\frac{1}{\bar{R}}\Delta_{SM+MM}\left(u_{(SM+MM)1}u_{(SM+MM)3}\right)-2\varepsilon_{3jk}u_{(SM+MM)j}\Omega_k\\
&=-\frac{1}{\rho_0}\frac{\partial p_{SM+MM}}{\partial x_3}-g\frac{\rho_{SM+MM}}{\rho_0}+\frac{\partial}{\partial x_j}\left(\nu_0\frac{\partial u_{(SM+MM)3}}{\partial x_j}\right)+\frac{1}{\bar{R}}\left(\nu_0\frac{\partial u_{(SM+MM)3}}{\partial x_1}\right)\\
&+\frac{\partial}{\partial x_j}\Delta_{SM+MM}\left(-\left\langle u_{SSj}u_{SS3}\right\rangle_{SS}\right)+\frac{1}{\bar{R}}\Delta_{SM+MM}\left(-\left\langle u_{SS1}u_{SS3}\right\rangle_{SS}\right)
\end{aligned}\ , \tag{9.35}$$

$$\begin{aligned}
&\frac{\partial \rho_{SM+MM}}{\partial t}+\bar{U}_j\frac{\partial \rho_{SM+MM}}{\partial x_j}+u_{(SM+MM)j}\frac{\partial \bar{\rho}}{\partial x_j}+\frac{\partial}{\partial x_j}\Delta_{SM+MM}\left(u_{(SM+MM)j}\rho_{SM+MM}\right)\\
&+\frac{1}{\bar{R}}\Delta_{SM+MM}\left(u_{(SM+MM)1}\rho_{SM+MM}\right)=\frac{\partial}{\partial x_j}\left(K_0\frac{\partial \rho_{SM+MM}}{\partial x_j}\right)+\frac{1}{\bar{R}}\left(K_0\frac{\partial \rho_{SM+MM}}{\partial x_1}\right)\\
&+\frac{\partial}{\partial x_j}\left(-\Delta_{SM+MM}\left\langle u_{SSj}\rho_{SS}\right\rangle_{SS}\right)+\frac{1}{\bar{R}}\left(-\Delta_{SM+MM}\left\langle u_{SS1}\rho_{SS}\right\rangle_{SS}\right)+Q_{\rho SM+MM}
\end{aligned}\ , \tag{9.36}$$

边界条件：

$$\begin{aligned}
&\left.\left\{\begin{aligned}&\bar{U}_jn_{(SM+MM)j}+u_{(SM+MM)j}\bar{n}_j-P_{SM+MM}\\&+\Delta_{SM+MM}\left[\left\langle u_{SSj}n_{SSj}\right\rangle_{SS}+u_{(SM+MM)j}n_{(SM+MM)j}\right]\end{aligned}\right\}\right|_{\bar{F}_S(x_i,t)=0}\ ,\\
&+\Delta_{SM+MM}\left[\left\langle \Delta_{SSS}(un)\right\rangle_{SS}+\Delta_{SSM+MM}(un)\right]=\frac{\partial \zeta_{SM+MM}}{\partial t}
\end{aligned} \tag{9.37}$$

$$\left.\begin{cases}\left(\overline{\pi}_{ij}\right)_0 n_{(SM+MM)j}+\left(\pi_{(SM+MM)ij}\right)_0 \overline{n}_j-P_{S(SM+MM)i}\\ +\Delta_{SM+MM}\left[\left\langle\left(\pi_{SSij}\right)_0 n_{SSj}\right\rangle_{SS}+\left(\pi_{(SM+MM)ij}\right)_0 n_{(SM+MM)j}\right]\end{cases}\right\}_{\overline{F}_S(x_i,t)=0},\tag{9.38}$$
$$+\Delta_{SM+MM}\left[\left\langle\Delta_{S\,SS}(\pi n)\right\rangle_{SS}+\Delta_{S\,SM+MM}(\pi n)\right]=0$$

$$\left.\begin{cases}\left(\overline{I}_{\rho j}\right)_0 n_{(SM+MM)j}+\left(I_{\rho(SM+MM)j}\right)_0 \overline{n}_j+Q_{\rho S\,SM+MM}\\ +\Delta_{SM+MM}\left[\left\langle\left(I_{\rho SSj}\right)_0 n_{SSj}\right\rangle_{SS}+\left(I_{\rho(SM+MM)j}\right)_0 n_{(SM+MM)j}\right]\end{cases}\right\}_{\overline{F}_S(x_i,t)=0},\tag{9.39}$$
$$+\Delta_{SM+MM}\left[\left\langle\Delta_{S\,SS}(In)\right\rangle_{SS}+\Delta_{S\,SM+MM}(In)\right]=0$$

$$\left.\begin{cases}\overline{U}_j n_{(SM+MM)j}+u_{(SM+MM)j}\overline{n}_j\\ +\Delta_{SM+MM}\left[\left\langle u_{SSj}n_{SSj}\right\rangle_{SS}+u_{(SM+MM)j}n_{(SM+MM)j}\right]\end{cases}\right\}_{\overline{F}_H(x_i,t)=0},\tag{9.40}$$
$$+\Delta_{SM+MM}\left[\left\langle\Delta_{H\,SS}(un)\right\rangle_{SS}+\Delta_{H\,SM+MM}(un)\right]=-\frac{\partial H_{SM+MM}}{\partial t}$$

$$\left.\begin{cases}\left(\overline{\pi}_{ij}\right)_0 n_{(SM+MM)j}+\left(\pi_{(SM+MM)ij}\right)_0 \overline{n}_j-P_{H(SM+MM)i}\\ +\Delta_{SM+MM}\left[\left\langle\left(\pi_{SSij}\right)_0 n_{SSj}\right\rangle_{SS}+\left(\pi_{(SM+MM)ij}\right)_0 n_{(SM+MM)j}\right]\end{cases}\right\}_{\overline{F}_H(x_i,t)=0},\tag{9.41}$$
$$+\Delta_{SM+MM}\left[\left\langle\Delta_{H\,SS}(\pi n)\right\rangle_{SS}+\Delta_{H\,SM+MM}(\pi n)\right]=0$$

$$\left.\begin{cases}\left(\overline{I}_{\rho j}\right)_0 n_{(SM+MM)j}+\left(I_{\rho(SM+MM)j}\right)_0 \overline{n}_j-Q_{\rho H\,SM+MM}\\ +\Delta_{SM+MM}\left[\left\langle\left(I_{\rho SSj}\right)_0 n_{SSj}\right\rangle_{SS}+\left(I_{\rho(SM+MM)j}\right)_0 n_{(SM+MM)j}\right]\end{cases}\right\}_{\overline{F}_H(x_i,t)=0}。\tag{9.42}$$
$$+\Delta_{SM+MM}\left[\left\langle\Delta_{H\,SS}(In)\right\rangle_{SS}+\Delta_{H\,SM+MM}(In)\right]=0$$

这样，本节的问题就归结为从导出的重力（波动+涡旋）控制方程组出发，经过运动类划分的控制力平衡判据和相当普通的“一般海洋”简化，得到可解析解的重力波动简约控制方程组，从而可以开展包括海浪、内波和惯性波的重力波动“统一解析理论”研究。

9.3 “一般海洋”简化的重力波动“统一解析理论”

9.3.1 “一般海洋”可解析解简化的重力波动控制方程组

1. 重力波动控制方程组的“一般海洋”可解析解简化

所谓“一般海洋”可解析解简化是一种海洋动力系统的向下级串简化模型。它主要包括

1）对于重力（波动+涡旋）控制方程组的非线性相互作用三项表示，忽略前类运动，分子运动和湍流的搅拌混合项，忽略本类运动的自身非线性相互作用项，仅保留后类运动，环流的速度剪切和密度梯度生成项。

2）为推演方便起见，采用地转力项的 f 平面近似

$$\left\{-2\varepsilon_{1jk}u_{SMj}\Omega_k, -2\varepsilon_{2jk}u_{SMj}\Omega_k, -2\varepsilon_{3jk}u_{SMj}\Omega_k\right\} \approx \left\{-fu_{SM2}, fu_{SM1}, 0\right\}, \tag{9.43}$$

和环流运动的成层性近似：

$$\left\{\bar{U}_1, \bar{U}_2, \bar{U}_3, \bar{\rho}\right\} \approx \left\{0, \bar{U}_2(x_1, x_3), 0, \bar{\rho}(x_1, x_3)\right\}。 \tag{9.44}$$

由此可见，“一般海洋”是一种相当普遍的重力（波动+涡旋）控制方程组的可解析解简化。它实际上以相当完整的形式保留了从后类运动到前类和本类运动的级串式相互作用。

2. 简化重力波动控制方程组的物理空间整理

将所提出的“一般海洋”可解析解简化条件作用于重力（波动+涡旋）大运动类控制方程组，再将波动和涡旋标准运动类区隔的平衡状态判据作用于这个简化结果，则我们可以得到简约的重力波动标准类运动方程和边界条件可解析解形式。

运动方程：

$$\frac{\partial u_{SM1}}{\partial x_1}+\frac{\partial u_{SM2}}{\partial x_2}+\frac{\partial u_{SM3}}{\partial x_3}+\frac{1}{\bar{R}}u_{SM1}=0\,, \tag{9.45}$$

$$\frac{\partial u_{SM1}}{\partial t}+\bar{U}_2\frac{\partial u_{SM1}}{\partial x_2}-\left(f+2\frac{\bar{U}_2}{\bar{R}}\right)u_{SM2}=-\frac{\partial}{\partial x_1}\left(\frac{p_{SM}}{\rho_0}\right), \tag{9.46}$$

$$\frac{\partial u_{SM2}}{\partial t}+\bar{U}_2\frac{\partial u_{SM2}}{\partial x_2}+\left(\frac{\partial \bar{U}_2}{\partial x_1}+f+\frac{\bar{U}_2}{\bar{R}}\right)u_{SM1}+\frac{\partial \bar{U}_2}{\partial x_3}u_{SM3}=-\frac{\partial}{\partial x_2}\left(\frac{p_{SM}}{\rho_0}\right), \tag{9.47}$$

$$\frac{\partial u_{SM3}}{\partial t}+\bar{U}_2\frac{\partial u_{SM3}}{\partial x_2}=-\frac{\partial}{\partial x_3}\left(\frac{p_{SM}}{\rho_0}\right)-g\frac{\rho_{SM}}{\rho_0}\,, \tag{9.48}$$

$$\frac{\partial \rho_{SM}}{\partial t}+\bar{U}_2\frac{\partial \rho_{SM}}{\partial x_2}+\frac{\partial \bar{\rho}}{\partial x_1}u_{SM1}+\frac{\partial \bar{\rho}}{\partial x_3}u_{SM3}=Q_{\rho SM}\,; \tag{9.49}$$

边界条件：

$$\left\{-\frac{\partial \zeta_{SM}}{\partial t}-\bar{U}_2\frac{\partial \zeta_{SM}}{\partial x_2}+u_{SM3}-P_{SM}\approx 0\right\}_{\bar{F}_S(x_i,t)=0}, \tag{9.50}$$

$$\left\{\frac{p_{SM}}{\rho_0}\approx\frac{p_{SMA}}{\rho_0}+g\frac{\bar{\rho}}{\rho_0}\zeta_{SM}\right\}_{\bar{F}_S(x_i,t)=0}, \tag{9.51}$$

$$\left\{\frac{\partial H_{SM}}{\partial t}+\bar{U}_2\frac{\partial H_{SM}}{\partial x_2}+u_{SM1}\frac{\partial \bar{H}}{\partial x_1}+u_{SM3}\approx 0\right\}_{\bar{F}_H(x_i,t)=0}。 \tag{9.52}$$

考虑海面压强$\left(\frac{p_{SMA}}{\rho_0}\right)$和大地形海底作用$\frac{\partial \bar{H}}{\partial x_1}=O(1)$，忽略水体的加热作用$Q_{\rho SM}$和海面淡水当输出作用$P_{SM}$；引进局域环流流速$\bar{U}_2$和流径曲率$\bar{\gamma}=\frac{1}{\bar{R}}$以及流速-曲率影响的Coriolis系数$F=f+2\frac{\bar{U}_2}{\bar{R}}$、速度水平梯度$\frac{\partial \hat{U}_2}{\partial x_1}=\frac{\partial \bar{U}_2}{\partial x_1}-\frac{\bar{U}_2}{\bar{R}}$和流速垂直梯度$\frac{\partial \bar{U}_2}{\partial x_3}$。最后，经过随环流坐标变换$\{x_1=x_1,x_2=x_2-\bar{U}_2t,x_3=x_3;t=t\}$，我们有简约的重力波动控制方程组

运动方程：

$$\frac{\partial u_{SM1}}{\partial x_1}+\frac{\partial u_{SM2}}{\partial x_2}+\frac{\partial u_{SM3}}{\partial x_3}+\frac{1}{\bar{R}}u_{SM1}=0\,, \tag{9.53}$$

$$\frac{\partial u_{SM1}}{\partial t}-Fu_{SM2}=-\frac{\partial}{\partial x_1}\left(\frac{p_{SM}}{\rho_0}\right), \tag{9.54}$$

$$\frac{\partial u_{SM2}}{\partial t}+\left(F+\frac{\partial \hat{U}_2}{\partial x_1}\right)u_{SM1}+\frac{\partial \bar{U}_2}{\partial x_3}u_{SM3}=-\frac{\partial}{\partial x_2}\left(\frac{p_{SM}}{\rho_0}\right), \tag{9.55}$$

$$\frac{\partial u_{SM3}}{\partial t}=-\frac{\partial}{\partial x_3}\left(\frac{p_{SM}}{\rho_0}\right)-g\frac{\rho_{SM}}{\rho_0}, \tag{9.56}$$

$$\frac{\partial}{\partial t}\left(\frac{\rho_{SM}}{\rho_0}\right)+\frac{\partial}{\partial x_1}\left(\frac{\bar{\rho}}{\rho_0}\right)u_{SM1}+\frac{\partial}{\partial x_3}\left(\frac{\bar{\rho}}{\rho_0}\right)u_{SM3}=0\ ; \tag{9.57}$$

边界条件：

$$\left\{u_{SM3}=\frac{\partial \zeta_{SM}}{\partial t}\right\}_{\bar{F}_S(x_i,t)=0}, \tag{9.58}$$

$$\left\{\frac{p_{SM}}{\rho_0}=\frac{p_{SM\,A}}{\rho_0}+g\frac{\bar{\rho}}{\rho_0}\zeta_{SM}\right\}_{\bar{F}_S(x_i,t)=0}, \tag{9.59}$$

$$\left\{u_{SM3}=-\frac{\partial \bar{H}}{\partial x_1}u_{SM1}\right\}_{\bar{F}_H(x_i,t)=0}。 \tag{9.60}$$

在以后的演算中我们将省略标示重力波动的下标“$_{SM}$”，用小写符号标示重力波动运动描述量。

9.3.2 “一般海洋”简化重力波动控制方程组的“统一解析解”

1. “一般海洋”简化的重力波动控制方程组相空间整理

在广义函数意义下，考虑处于基本运动形态的重力波动，其简约控制方程组的 Fourier 积分形式解析解可写成

$$u_\beta=\iint_{\vec{k}}\eta\mu_\beta(x_3)\exp\{\mathrm{i}(k_\alpha x_\alpha-\omega t)\}dk_1dk_2\ ,\quad u_3=\iint_{\vec{k}}\eta\mu_3(x_3)\exp\{\mathrm{i}(k_\alpha x_\alpha-\omega t)\}dk_1dk_2\ ,$$

$$\left(\frac{p}{\rho_0}\right)=\iint_{\vec{k}}\eta\phi(x_3)\exp\{\mathrm{i}(k_\alpha x_\alpha-\omega t)\}dk_1dk_2\ ,\quad \left(\frac{\rho}{\rho_0}\right)=\iint_{\vec{k}}\eta\beta(x_3)\exp\{\mathrm{i}(k_\alpha x_\alpha-\omega t)\}dk_1dk_2\ ,$$

$$h=\iint_{\vec{k}}\eta\exp\{\mathrm{i}(k_\alpha x_\alpha-\omega_0 t)\}dk_1dk_2\ , \tag{9.61}$$

其中 η 是海面起伏 h 的 Fourier 函数，$\{\mu_\beta,\mu_3,\phi,\beta\}$ 分别是 $\left\{u_\beta,u_3,\frac{p}{\rho_0},\frac{\rho}{\rho_0}\right\}$ 的 Fourier 核函数，$\{k_\beta,k_3,\omega\}$ 分别是水平和垂直波数以及复频率。在对简约

重力波动运动方程组（9.53）-（9.57）和边界条件（9.58）-（9.60）做 Fourier 变换时，考虑到环流和重力波动分属不同运动类和简约重力波动控制方程组的线性属性，相空间中的控制方程组可整理为

$$(\overline{\gamma}+\mathrm{i}k_1)\mu_1+\mathrm{i}k_2\mu_2=-\frac{\partial\mu_3}{\partial x_3}, \tag{9.62}$$

$$-\mathrm{i}\omega\mu_1-F\mu_2=-\mathrm{i}k_1\phi, \tag{9.63}$$

$$\left(F+\frac{\partial\widehat{U}_2}{\partial x_1}\right)\mu_1-\mathrm{i}\omega\mu_2=-\frac{\partial\overline{U}_2}{\partial x_3}\mu_3-\mathrm{i}k_2\phi, \tag{9.64}$$

$$g\beta=\mathrm{i}\omega\mu_3-\frac{\partial\phi}{\partial x_3}, \tag{9.65}$$

$$\mathrm{i}\omega\beta+\frac{1}{g}\overline{M}^2\mu_1+\frac{1}{g}\overline{N}^2\mu_3=0; \tag{9.66}$$

$$(\mu_3)_{x_3=0}=-\mathrm{i}\omega_0, \tag{9.67}$$

$$(\phi)_{x_3=0}=\phi_A+g\left(\frac{\overline{\rho}}{\rho_0}\right)_{x_3=0}, \tag{9.68}$$

$$(\mu_3)_{x_3=-\overline{H}}=-\left(\frac{\partial\overline{H}}{\partial x_1}\mu_1\right)_{x_3=-\overline{H}}, \tag{9.69}$$

其中水平和垂直 Väisälä 频率平方可分别写成

$$\overline{M}^2\equiv-g\frac{\partial}{\partial x_1}\left(\frac{\overline{\rho}}{\rho_0}\right),\quad \overline{N}^2\equiv-g\frac{\partial}{\partial x_3}\left(\frac{\overline{\rho}}{\rho_0}\right)。 \tag{9.70}$$

更要强调的是，$\left|\frac{\partial\overline{H}}{\partial x_1}\right|$ 可以是量级为 1 的大地形。处于基本运动形态的重力波动，其完全适应的海面压力可写成以下 Fourier 积分表示形式

$$\left(\frac{p_A}{\rho_0}\right)=\iint_{\vec{k}}\eta\phi_A\exp\{\mathrm{i}(k_\alpha x_\alpha-\omega t)\}dk_1dk_2。 \tag{9.71}$$

这样，解代数方程（9.63）和（9.64），我们有

$$\mu_1=\frac{F}{\Omega^2}\frac{\partial\overline{U}_2}{\partial x_3}\mu_3+\frac{\omega k_1}{\Omega^2}I_1\phi, \tag{9.72}$$

$$\mu_2=-\mathrm{i}\frac{\omega}{\Omega^2}\frac{\partial\overline{U}_2}{\partial x_3}\mu_3+\frac{\omega k_2}{\Omega^2}I_2\phi, \tag{9.73}$$

其中

$$\Omega^2 \equiv \omega^2 - F\left(F + \frac{\partial \hat{U}_2}{\partial x_1}\right), \quad I_1 \equiv 1 + \mathrm{i}\frac{F}{\omega}\frac{k_2}{k_1}, \quad I_2 \equiv 1 - \mathrm{i}\frac{1}{\omega}\left(F + \frac{\partial \hat{U}_2}{\partial x_1}\right)\frac{k_1}{k_2}。 \tag{9.74}$$

这里和以后所引入的单位函数$I_i \mid i = 1,2,3,4$，其整理方式都按$\omega >> \left\{F, \frac{\partial \hat{U}_2}{\partial x_1}\right\}$和$\bar{\gamma} << 1$条件给出，它们都有近似式$I_i \approx 1$所带来的展开处理方便。这时，所有与$\frac{\partial \hat{U}_2}{\partial x_1}$有关的影响都隐含在$\Omega$、$I_2$和以后的$I_4$表示式中。

将结果（9.72）和（9.73）代入方程（9.62）、（9.65）和（9.66），经过一些不太复杂的整理，我们有

$$\frac{\partial \bar{U}_2}{\partial x_3}\omega k_2 I_3 \mu_3 + \mathrm{i}\omega k^2 I_4 \phi + \Omega^2 \frac{\partial \mu_3}{\partial x_3} = 0, \tag{9.75}$$

$$\left(\omega^2 - \left(\bar{N}^2\right)'\right)\mu_3 - \frac{\bar{M}^2}{\Omega^2}\omega k_1 I_1 \phi + \mathrm{i}\omega \frac{\partial \phi}{\partial x_3} = 0, \tag{9.76}$$

$$\beta = \frac{\mathrm{i}}{g\omega}\left[\left(\bar{N}^2\right)'\mu_3 + \frac{\bar{M}^2}{\Omega^2}\omega k_1 I_1 \phi\right], \tag{9.77}$$

其中

$$I_3 \equiv 1 + \mathrm{i}\frac{F}{\omega}\frac{(k_1 - \mathrm{i}\bar{\gamma})}{k_2}, \quad I_4 \equiv 1 - \mathrm{i}\left[\frac{1}{\omega}\frac{\partial \bar{U}_2}{\partial x_1}\frac{k_1 k_2}{k^2} + \frac{\bar{\gamma}}{k}\left(\frac{k_1}{k} + \mathrm{i}\frac{F}{\omega}\frac{k_2}{k}\right)\right],$$

$$\left(N^2\right)' \equiv \bar{N}^2 + \bar{M}^2 \frac{F}{\Omega^2}\frac{\partial \bar{U}_2}{\partial x_3}。 \tag{9.78}$$

将表示式（9.72）代入大地形海底边界条件（9.69），这样，按其结果

$$(\mu_3)_{x_3=-\bar{H}} + \left(\frac{\omega k_1}{\Omega^2}I_1\right)_{x_3=-\bar{H}}\frac{\partial \bar{H}}{\partial x_1}\left[1 + \left(\frac{F}{\Omega^2}\frac{\partial \bar{U}_2}{\partial x_3}\right)_{x_3=-\bar{H}}\frac{\partial \bar{H}}{\partial x_1}\right]^{-1}(\phi)_{x_3=-\bar{H}} = 0, \tag{9.79}$$

我们可以构造变量变换

$$\bar{\mu}_3 = \mu_3 + \delta_{-H}\phi, \quad \phi = \phi, \tag{9.80}$$

使其满足标准形式的海底边界条件

$$(\bar{\mu}_3)_{x_3=-\bar{H}} = 0, \tag{9.81}$$

其中

$$\delta_{-\bar{H}} \equiv \left(\frac{\omega k_1}{\Omega^2} I_1\right)_{x_3=-\bar{H}} \frac{\partial \bar{H}}{\partial x_1}\left[1+\left(\frac{F}{\Omega^2}\frac{\partial \bar{U}_2}{\partial x_3}\right)_{x_3=-\bar{H}}\frac{\partial \bar{H}}{\partial x_1}\right]^{-1}。\tag{9.82}$$

整理以上运动方程和边界条件的推演结果，我们有变量组$\{\mu_\beta, \bar{\mu}_3, \phi, \beta\}$的控制方程组，它们包括

1）双变量（$\bar{\mu}_3$，ϕ）的一阶方程组

$$k\left[\frac{\omega}{\Omega^2}\frac{\partial \bar{U}_2}{\partial x_3}\frac{k_2}{k}I_3 - \mathrm{i}\frac{1}{\Omega^2}\left(\omega^2-\left(\bar{N}^2\right)'\right)\bar{\delta}_{-\bar{H}}\right]\bar{\mu}_3 + \mathrm{i}\frac{\omega k^2}{\Omega^2}(I_4)'\phi + \frac{\partial \bar{\mu}_3}{\partial x_3} = 0,\tag{9.83}$$

和

$$\left(\omega^2-\left(\bar{N}^2\right)'\right)\bar{\mu}_3 - \omega k\left[\frac{\bar{M}^2}{\Omega^2}\frac{k_1}{k}I_1 + \frac{1}{\Omega^2}\left(\omega^2-\left(\bar{N}^2\right)'\right)\bar{\delta}_{-\bar{H}}\right]\phi + \mathrm{i}\omega\frac{\partial \phi}{\partial x_3} = 0,\tag{9.84}$$

其中

$$(I_4)' \equiv I_4 + \left(\frac{\bar{M}^2}{\Omega^2}\frac{k_1}{k}I_1 + \mathrm{i}\frac{\omega}{\Omega^2}\frac{\partial \bar{U}_2}{\partial x_3}\frac{k_2}{k}I_3\right)\bar{\delta}_{-\bar{H}} + \frac{1}{\Omega^2}\left(\omega^2-\left(\bar{N}^2\right)'\right)\bar{\delta}_{-\bar{H}}^2,\quad \bar{\delta}_{-\bar{H}} \equiv \frac{\Omega^2\delta_{-\bar{H}}}{\omega k}。\tag{9.85}$$

2）双变量（$\bar{\mu}_3$，ϕ）的边界条件

$$(\bar{\mu}_3)_{x_3=0} = -\mathrm{i}\bar{\varpi}_0,\tag{9.86}$$

$$(\phi)_{x_3=0} = \bar{\phi}_A,\tag{9.87}$$

$$(\bar{\mu}_3)_{x_3=-\bar{H}} = 0,\tag{9.88}$$

其中

$$\bar{\varpi}_0 \equiv \omega_0 + \mathrm{i}\bar{\phi}_A\delta_{-\bar{H}},\quad \bar{\phi}_A \equiv \phi_A + g\left(\frac{\bar{\rho}}{\rho_0}\right)_{x_3=0};\tag{9.89}$$

3）三变量（μ_β，β）的双变量（$\bar{\mu}_3$，ϕ）表示关系

$$\mu_1 = \frac{F}{\Omega^2}\frac{\partial \bar{U}_2}{\partial x_3}\bar{\mu}_3 + \frac{\omega k}{\Omega^2}\left(\frac{k_1}{k}I_1 - \frac{F}{\Omega^2}\frac{\partial \bar{U}_2}{\partial x_3}\bar{\delta}_{-\bar{H}}\right)\phi,\tag{9.90}$$

$$\mu_2 = -\mathrm{i}\frac{\omega}{\Omega^2}\frac{\partial \bar{U}_2}{\partial x_3}\bar{\mu}_3 + \frac{\omega k}{\Omega^2}\left(\frac{k_2}{k}I_2 + \mathrm{i}\frac{\omega}{\Omega^2}\frac{\partial \bar{U}_2}{\partial x_3}\bar{\delta}_{-\bar{H}}\right)\phi, \tag{9.91}$$

$$\beta = \mathrm{i}\frac{1}{g\omega}\left\{\left(\bar{N}^2\right)'\bar{\mu}_3 + \frac{\omega k}{\Omega^2}\left[\bar{M}^2\frac{k_1}{k}I_1 - \left(\bar{N}^2\right)'\bar{\delta}_{-\bar{H}}\right]\phi\right\}。 \tag{9.92}$$

这样，问题首先归结为在边界条件（9.86）-（9.88）下求解运动方程（9.83）和（9.84），然后将得到的双变量解（$\bar{\mu}_3$，ϕ）代入表示关系式（9.90）-（9.92），得到另外的三变量解（μ_β，β）。

2. 基于垂直结构的重力波动运动分类

1）垂直波数和相位的解析表示

双变量（$\bar{\mu}_3$，ϕ）以表示为振幅-相位的一般函数形式

$$\bar{\mu}_3 = A(\varepsilon_3 x_3)\exp\{\mathrm{i}X_3(x_3)\}, \quad \phi = B(\varepsilon_3 x_3)\exp\{\mathrm{i}X_3(x_3)\}, \tag{9.93}$$

这里$A(\varepsilon_3 x_3)$和$B(\varepsilon_3 x_3)$表示双变量（μ_3，ϕ）各自的形式振幅，$X_3(x_3)$表示共同的形式垂直相位。参数ε_3是一个无量纲小量，表示所引入的形式振幅是缓慢变化的。由于相位函数$X_3(x_3)$可以是复数的，实际振幅可以写成为$\begin{Bmatrix} A(\varepsilon_3 x_3) \\ B(\varepsilon_3 x_3) \end{Bmatrix}\exp\{-\mathrm{Im}[X_3(x_3)]\}$，它实际上并不一定是缓慢变化的。将表示式（9.93）代入方程（9.83）和（9.84），我们有关于振幅的两个方程

$$\left\{\mathrm{i}k\left[\omega\frac{\partial \bar{U}_2}{\partial x_3}\frac{k_2}{k}I_3 - \mathrm{i}\left(\omega^2 - \left(\bar{N}^2\right)'\right)\bar{\delta}_{-\bar{H}}\right] - \Omega^2\frac{\partial X_3(x_3)}{\partial x_3}\right\}A - \omega k^2\left(I_4\right)'B = 0, \tag{9.94}$$

和

$$\Omega^2\left(\omega^2 - \left(\bar{N}^2\right)'\right)A - \omega\left\{k\left[\bar{M}^2\frac{k_1}{k}I_1 + \left(\omega^2 - \left(\bar{N}^2\right)'\right)\bar{\delta}_{-\bar{H}}\right] + \Omega^2\frac{\partial X_3(x_3)}{\partial x_3}\right\}B = 0, \tag{9.95}$$

在振幅函数有非平凡解的情况下，我们可以由系数矩阵行列式等于零，得

到垂直波数 $k_3 \equiv \dfrac{\partial X_3(x_3)}{\partial x_3}$ 或垂直相位 $X_3(x_3)$ 满足的特征方程

$$\begin{vmatrix} \left\{ \mathrm{i}k\left[\omega \dfrac{\partial \bar{U}_2}{\partial x_3}\dfrac{k_2}{k}I_3 - \mathrm{i}\left(\omega^2 - \left(\bar{N}^2\right)'\right)\bar{\delta}_{-\bar{H}} \right] - \Omega^2 \dfrac{\partial X_3(x_3)}{\partial x_3} \right\} & -k^2\left(I_4\right)' \\ \Omega^2\left(\omega^2 - \left(\bar{N}^2\right)'\right) & -\left\{ k\left[\bar{M}^2 \dfrac{k_1}{k}I_1 + \left(\omega^2 - \left(\bar{N}^2\right)'\right)\bar{\delta}_{-\bar{H}} \right] + \Omega^2 \dfrac{\partial X_3(x_3)}{\partial x_3} \right\} \end{vmatrix} = 0,$$

或

$$\left[\Omega^2 \frac{\partial X_3(x_3)}{\partial x_3}\right]^2 + k\left(\bar{M}^2 \frac{k_1}{k}I_1 - \mathrm{i}\omega \frac{\partial \bar{U}_2}{\partial x_3}\frac{k_2}{k}I_3\right)\left[\Omega^2 \frac{\partial X_3(x_3)}{\partial x_3}\right]$$
$$-\mathrm{i}k^2\left[\bar{M}^2\omega \frac{\partial \bar{U}_2}{\partial x_3}\frac{k_1}{k}\frac{k_2}{k}I_1I_3 + \mathrm{i}\Omega^2\left(\omega^2 - \left(\bar{N}^2\right)'\right)I_4\right] = 0$$

或

$$a\left[\Omega^2 \frac{\partial X_3(x_3)}{\partial x_3}\right]^2 + b\left[\Omega^2 \frac{\partial X_3(x_3)}{\partial x_3}\right] + c = 0, \tag{9.96}$$

其中

$$a \equiv 1,\quad b \equiv k\left(\bar{M}^2 \frac{k_1}{k}I_1 - \mathrm{i}\omega \frac{\partial \bar{U}_2}{\partial x_3}\frac{k_2}{k}I_3\right),$$
$$c \equiv k^2\left[\Omega^2\left(\omega^2 - \left(\bar{N}^2\right)'\right)I_4 - \mathrm{i}\bar{M}^2\omega \frac{\partial \bar{U}_2}{\partial x_3}\frac{k_1}{k}\frac{k_2}{k}I_1I_3\right]。 \tag{9.97}$$

值得注意的是，这三个系数实际上都与地形因子 $\bar{\delta}_{-H}$ 无关。

求解方程（9.96），我们有垂直波数和相位的表示式

$$K_3 \equiv \frac{\partial X_3(x_3)}{\partial x_3} = K_{31}(x_3) \pm K_{32}(x_3),$$
$$X_3(x_3) = X_3(0) + X_{31}(x_3) \pm X_{32}(x_3), \tag{9.98}$$

其中

$$K_{31}(x_3) \equiv -\frac{1}{2}\left(\frac{\bar{M}^2}{\Omega^2}\frac{k_1}{k}I_1 - \mathrm{i}\frac{\omega}{\Omega^2}\frac{\partial \bar{U}_2}{\partial x_3}\frac{k_2}{k}I_3\right)k,$$
$$K_{32}(x_3) \equiv \left[\frac{1}{\Omega^2}\left[\left(\bar{N}^2\right)^* - \omega^2\right]I_4\right]^{\frac{1}{2}}k, \tag{9.99}$$

$X_3(0)$ 是垂直相位的海面值，

$$X_{31}(x_3) \equiv -\frac{1}{2}\int_0^{x_3}\left(\frac{\bar{M}^2}{\Omega^2}\frac{k_1}{k}I_1 - \mathrm{i}\frac{\omega}{\Omega^2}\frac{\partial \bar{U}_2}{\partial x_3}\frac{k_2}{k}I_3\right)k\,dx_3 ,$$

$$X_{32}(x_3) = \int_0^{x_3}\left\{\frac{1}{\Omega^2}\left[\left(\bar{N}^2\right)^* - \omega^2\right]I_4\right\}^{\frac{1}{2}} k\,dx_3 , \tag{9.100}$$

其中

$$\left(\bar{N}^2\right)^* \equiv \left(\bar{N}^2\right)' + \frac{\Omega^2}{4I_4}\left(\frac{\bar{M}^2}{\Omega^2}\frac{k_1}{k}I_1 + \mathrm{i}\frac{\omega}{\Omega^2}\frac{\partial \bar{U}_2}{\partial x_3}\frac{k_2}{k}I_3\right)^2 。 \tag{9.101}$$

2）基于垂直波数（和相位）的重力波动分类

将表示式（9.74）的第一式代入垂直波数（9.99）的第二部分

$$K_{32} \equiv \left\{\frac{\left[\left(\bar{N}^2\right)^* - \omega^2\right]}{\left[\omega^2 - F\left(F + \dfrac{\partial \hat{U}_2}{\partial x_1}\right)\right]}I_4\right\}^{\frac{1}{2}} k , \tag{9.102}$$

我们发现，重力波动在以下三个频率段中

$$\left[\mathrm{Re}\{\omega\}\right]_{\text{Sea waves}} > \mathrm{Re}\left\{\left[\left(\bar{N}^2\right)^*\right]^{\frac{1}{2}}\right\} > \left[\mathrm{Re}\{\omega\}\right]_{\text{Internal waves}} > \left[F\left(F + \frac{\partial \hat{U}_2}{\partial x_1}\right)\right]^{\frac{1}{2}} > \left[\mathrm{Re}\{\omega\}\right]_{\text{Inertial waves}} , \tag{9.103}$$

表现出完全不同的传播属性和运动形态。运动依次被定义为海浪、内波和惯性波。在这三个频率段中三类重力波动的垂直波数和相位可分别写成

（1）海浪的垂直波数和相位

在频率段 $\left[\mathrm{Re}(\omega)\right]_{\text{Sea wave}} > \mathrm{Re}\left[\left(\bar{N}^2\right)^*\right]^{\frac{1}{2}} > \left[F\left(F + \frac{\partial \bar{U}_2}{\partial x_1}\right)\right]^{\frac{1}{2}}$ 中，海浪的垂直波数和相位可以被写成

$$[K_3]_{SW} = [K_{31}]_{SW} \pm [K_{32}]_{SW} ,$$

$$\left[X_3(x_3)\right]_{SW} = \left[X_3(0)\right]_{SW} + \left[X_{31}(x_3)\right]_{SW} \pm \left[X_{32}(x_3)\right]_{SW} , \tag{9.104}$$

其中

$$[K_{31}]_{SW} \equiv -\frac{1}{2}\left(\frac{\bar{M}^2}{\Omega^2}\frac{k_1}{k}I_1 - \mathrm{i}\frac{\omega}{\Omega^2}\frac{\partial \hat{U}_2}{\partial x_3}\frac{k_2}{k}I_3\right)k,$$

$$[K_{32}]_{SW} \equiv \mathrm{i}\left\{\frac{1}{\Omega^2}\left[\omega^2 - \left(\bar{N}^2\right)^*\right]I_4\right\}^{\frac{1}{2}}k, \tag{9.105}$$

$\left[X_3(0)\right]_{SW}$ 是垂直相位的海面值，

$$\left[X_{31}(x_3)\right]_{SW} = -\frac{1}{2}\int_0^{x_3}\left(\frac{\bar{M}^2}{\Omega^2}\frac{k_1}{k}I_1 - \mathrm{i}\frac{\omega}{\Omega^2}\frac{\partial \bar{U}_2}{\partial x_3}\frac{k_2}{k}I_3\right)kdx_3,$$

$$\left[X_{32}(x_3)\right]_{SW} = \mathrm{i}\int_0^{x_3}\left\{\frac{1}{\Omega^2}\left[\omega^2 - \left(\bar{N}^2\right)^*\right]I_4\right\}^{\frac{1}{2}}kdx_3\text{。} \tag{9.106}$$

（2）内波的垂直波数和相位

在频率段 $\mathrm{Re}\left[\left(\bar{N}^2\right)^*\right]^{\frac{1}{2}} > \left[\mathrm{Re}(\omega)\right]_{\text{Internal wave}} > \left[F\left(F + \frac{\partial \hat{U}_2}{\partial x_1}\right)\right]^{\frac{1}{2}}$ 中，内波的垂直波数和相位

$$[K_3]_{IW} = [K_{31}]_{IW} \pm [K_{32}]_{IW},$$

$$\left[X_3(x_3)\right]_{IW} = \left[X_3(0)\right]_{IW} + \left[X_{31}(x_3)\right]_{IW} \pm \left[X_{32}(x_3)\right]_{IW}, \tag{9.107}$$

可以被具体写成

$$[K_{31}]_{IW} \equiv -\frac{1}{2}\left(\frac{\bar{M}^2}{\Omega^2}\frac{k_1}{k}I_1 - \mathrm{i}\frac{\omega}{\Omega^2}\frac{\partial \bar{U}_2}{\partial x_3}\frac{k_2}{k}I_3\right)k,$$

$$[K_{32}]_{IW} \equiv \left\{\frac{1}{\Omega^2}\left[\left(\bar{N}^2\right)^* - \omega^2\right]I_4\right\}^{\frac{1}{2}}k, \tag{9.108}$$

$\left[X_3(0)\right]_{IW}$ 是垂直相位的海面值，

$$\left[X_{31}(x_3)\right]_{IW} = -\frac{1}{2}\int_0^{x_3}\left(\frac{\bar{M}^2}{\Omega^2}\frac{k_1}{k}I_1 - \mathrm{i}\frac{\omega}{\Omega^2}\frac{\partial \bar{U}_2}{\partial x_3}\frac{k_2}{k}I_3\right)kdx_3,$$

$$\left[X_{32}(x_3)\right]_{IW}=\int_0^{x_3}\left\{\frac{1}{\Omega^2}\left[\left(\bar{N}^2\right)^*-\omega^2\right]I_4\right\}^{\frac{1}{2}}kdx_3\text{。}\tag{9.109}$$

3）惯性波的垂直波数和相位

在频率段 $\mathrm{Re}\left[\left(\bar{N}^2\right)^*\right]^{\frac{1}{2}}>\left[F\left(F+\frac{\partial\hat{U}_2}{\partial x_1}\right)\right]^{\frac{1}{2}}>\left[\mathrm{Re}(\omega)\right]_{\text{Inertial wave}}$ 中，惯性波的垂直波数和相位

$$\left[K_3\right]_{NW}=\left[K_{31}\right]_{NW}\pm\left[K_{32}\right]_{NW}\text{，}$$

$$\left[X_3(x_3)\right]_{NW}=\left[X_3(0)\right]_{NW}+\left[X_{31}(x_3)\right]_{NW}\pm\left[X_{32}(x_3)\right]_{NW}\text{，}\tag{9.110}$$

可以被具体写成

$$\left[K_{31}\right]_{NW}\equiv\frac{1}{2}\left(\frac{\bar{M}^2}{\bar{\Omega}^2}\frac{k_1}{k}I_1-\mathrm{i}\frac{\omega}{\bar{\Omega}^2}\frac{\partial\bar{U}_2}{\partial x_3}\frac{k_2}{k}I_3\right)k\text{，}$$

$$\left[K_{32}\right]_{NW}\equiv\mathrm{i}\left\{\frac{1}{\bar{\Omega}^2}\left[\left(\bar{N}^2\right)^*-\omega^2\right]I_4\right\}^{\frac{1}{2}}k\text{，}\tag{9.111}$$

$\left[X_3(0)\right]_{NW}$ 是垂直相位的海面值，

$$\left[X_{31}(x_3)\right]_{NW}=\frac{1}{2}\int_0^{x_3}\left(\frac{\bar{M}^2}{\bar{\Omega}^2}\frac{k_1}{k}I_1-\mathrm{i}\frac{\omega}{\bar{\Omega}^2}\frac{\partial\bar{U}_2}{\partial x_3}\frac{k_2}{k}I_3\right)kdx_3\text{，}$$

$$\left[X_{32}(x_3)\right]_{NW}=\mathrm{i}\int_0^{x_3}\left\{\frac{1}{\bar{\Omega}^2}\left[\left(\bar{N}^2\right)^*-\omega^2\right]I_4\right\}^{\frac{1}{2}}kdx_3\text{，}\tag{9.112}$$

其中

$$\bar{\Omega}^2\equiv\left[F\left(F+\frac{\partial\hat{U}_2}{\partial x_1}\right)-\omega^2\right]>0\text{。}\tag{9.113}$$

3. 重力波动的运动 Fourier 积分表示和复频率–波数关系三分量表示

1）重力波动的运动 Fourier 积分表示

将重力波动的垂直相位（9.98）代入表示式（9.93）的第一式

$$\bar{\mu}_3 = A_1 \exp\left\{\mathrm{i}\left[X_3(0) + X_{31}(x_3) + X_{32}(x_3)\right]\right\} + A_2 \exp\left\{\mathrm{i}\left[X_3(0) + X_{31}(x_3) - X_{32}(x_3)\right]\right\}, \tag{9.114}$$

应用海面和海底边界条件（9.86）和（9.88），则有

$$A_1 \exp\left\{\mathrm{i}X_3(0)\right\} + A_2 \exp\left\{\mathrm{i}X_3(0)\right\} = -\mathrm{i}\bar{\varpi}_0, \tag{9.115}$$

和

$$A_1 \exp\left\{\mathrm{i}\left[X_3(0) + X_{31}(-H) + X_{32}(-H)\right]\right\} + A_2 \exp\left\{\mathrm{i}\left[X_3(0) + X_{31}(-H) - X_{32}(-H)\right]\right\} = 0, \tag{9.116}$$

这样，我们可解得待定系数

$$A_1 = \mathrm{i}\bar{\varpi}_0 \frac{\exp\left\{-\mathrm{i}X_3(0)\right\}\exp\left\{-\mathrm{i}X_{32}(-\bar{H})\right\}}{\exp\left\{\mathrm{i}X_{32}(-\bar{H})\right\} - \exp\left\{-\mathrm{i}X_{32}(-\bar{H})\right\}},$$

$$A_2 = -\mathrm{i}\bar{\varpi}_0 \frac{\exp\left\{-\mathrm{i}X_3(0)\right\}\exp\left\{\mathrm{i}X_{32}(-\bar{H})\right\}}{\exp\left\{\mathrm{i}X_{32}(-\bar{H})\right\} - \exp\left\{-\mathrm{i}X_{32}(-\bar{H})\right\}}, \tag{9.117}$$

和变换核函数

$$\bar{\mu}_3 = \mathrm{i}\bar{\varpi}_0 \exp\left\{iX_{31}(x_3)\right\} \frac{\sin\left\{X_{32}(x_3) - X_{32}(-\bar{H})\right\}}{\sin\left\{X_{32}(-\bar{H})\right\}}。 \tag{9.118}$$

将表示式（9.118）代入方程（9.83），我们可得压力的变换核函数

$$\phi = -\left[\begin{matrix} \dfrac{\bar{\varpi}_0}{(I_4)'} \\ \exp\left\{\mathrm{i}X_{31}(x_3)\right\}\dfrac{\Omega^2}{\omega k} \end{matrix}\right] \left\{\begin{matrix} \mathrm{i}\left[\begin{matrix} \dfrac{K_{31}(x_3)}{k} - \mathrm{i}\dfrac{\omega}{\Omega^2}\dfrac{\partial \bar{U}_2}{\partial x_3}\dfrac{k_2}{k}I_3 \\ -\dfrac{1}{\Omega^2}\left(\omega^2 - \left(\bar{N}^2\right)'\right)\bar{\delta}_{-\bar{H}} \end{matrix}\right] \dfrac{\sin\left\{X_{32}(x_3) - X_{32}(-\bar{H})\right\}}{\sin\left\{X_{32}(-\bar{H})\right\}} \\ + \dfrac{K_{32}(x_3)}{k}\dfrac{\cos\left\{X_{32}(x_3) - X_{32}(-\bar{H})\right\}}{\sin\left\{X_{32}(-\bar{H})\right\}} \end{matrix}\right., \tag{9.119}$$

将所得的表示式（9.118）和（9.119）代入变换关系（9.80），则我们有垂直速度的变换核函数

$$\mu_3 = \mathrm{i}\left[\begin{matrix}\dfrac{\bar{\varpi}_0}{(I_4)'}\\ \exp\{\mathrm{i}X_{31}(x_3)\}\end{matrix}\right]\left\{\begin{matrix}\left[I_4+\left(\dfrac{K_{31}(x_3)}{k}+\dfrac{\bar{M}^2}{\Omega^2}\dfrac{k_1}{k}I_1\right)\bar{\delta}_{-\bar{H}}\right]\dfrac{\sin\left\{X_{32}(x_3)-X_{32}(-\bar{H})\right\}}{\sin\left\{X_{32}(-\bar{H})\right\}}\\ -\mathrm{i}\dfrac{K_{32}(x_3)}{k}\bar{\delta}_{-\bar{H}}\dfrac{\cos\left\{X_{32}(x_3)-X_{32}(-\bar{H})\right\}}{\sin\left\{X_{32}(-\bar{H})\right\}}\end{matrix}\right.。\quad(9.120)$$

进一步，将表示式（9.119）和（9.120）代入关系式（9.90）-（9.92），则我们得到两个水平速度和密度的变换核函数

$$\mu_1 = -\left[\begin{matrix}\dfrac{\bar{\varpi}_0}{(I_4)'}\\ \exp\{\mathrm{i}X_{31}(x_3)\}\end{matrix}\right]\left\{\begin{matrix}\mathrm{i}\left\{\begin{matrix}\left(\dfrac{K_{31}(x_3)}{k}\dfrac{k_1}{k}I_1-\dfrac{\omega}{\Omega^2}\dfrac{\partial\bar{U}_2}{\partial x_3}\left(\dfrac{F}{\omega}I_4+\mathrm{i}\dfrac{k_1k_2}{k^2}I_1I_3\right)\right)\\ -\left[\begin{matrix}\dfrac{F}{\Omega^2}\dfrac{\partial\bar{U}_2}{\partial x_3}\left(\dfrac{K_{31}(x_3)}{k}+\dfrac{\bar{M}^2}{\Omega^2}\dfrac{k_1}{k}I_1\right)\\ +\dfrac{1}{\Omega^2}\left(\omega^2-\left(\bar{N}^2\right)'\right)\dfrac{k_1}{k}I_1\end{matrix}\right]\bar{\delta}_{-\bar{H}}\end{matrix}\right\}\dfrac{\sin\left\{X_{32}(x_3)-X_{32}(-\bar{H})\right\}}{\sin\left\{X_{32}(-\bar{H})\right\}}\\ +\dfrac{K_{32}(x_3)}{k}\left(\dfrac{k_1}{k}I_1-\dfrac{F}{\Omega^2}\dfrac{\partial\bar{U}_2}{\partial x_3}\bar{\delta}_{-\bar{H}}\right)\dfrac{\cos\left\{X_{32}(x_3)-X_{32}(-\bar{H})\right\}}{\sin\left\{X_{32}(-\bar{H})\right\}}\end{matrix}\right.,$$

（9.121）

$$\mu_2 = -\left[\begin{matrix}\dfrac{\bar{\varpi}_0}{(I_4)'}\\ \exp\{\mathrm{i}X_{31}(x_3)\}\end{matrix}\right]\left\{\begin{matrix}\mathrm{i}\left\{\begin{matrix}\left(\dfrac{K_{31}(x_3)}{k}\dfrac{k_2}{k}I_2+\mathrm{i}\dfrac{\omega}{\Omega^2}\dfrac{\partial\bar{U}_2}{\partial x_3}\left[I_4-\left(\dfrac{k_2}{k}\right)^2I_2I_3\right]\right)\\ +\mathrm{i}\left[\begin{matrix}\dfrac{\omega}{\Omega^2}\dfrac{\partial\bar{U}_2}{\partial x_3}\left(\dfrac{K_{31}(x_3)}{k}+\dfrac{\bar{M}^2}{\Omega^2}\dfrac{k_1}{k}I_1\right)\\ +\mathrm{i}\dfrac{1}{\Omega^2}\left(\omega^2-\left(\bar{N}^2\right)'\right)\dfrac{k_2}{k}I_2\end{matrix}\right]\bar{\delta}_{-\bar{H}}\end{matrix}\right\}\dfrac{\sin\left\{X_{32}(x_3)-X_{32}(-\bar{H})\right\}}{\sin\left\{X_{32}(-\bar{H})\right\}}\\ +\dfrac{K_{32}(x_3)}{k}\left(\dfrac{k_2}{k}I_2+\mathrm{i}\dfrac{\omega}{\Omega^2}\dfrac{\partial\bar{U}_2}{\partial x_3}\bar{\delta}_{-\bar{H}}\right)\dfrac{\cos\left\{X_{32}(x_3)-X_{32}(-\bar{H})\right\}}{\sin\left\{X_{32}(-\bar{H})\right\}}\end{matrix}\right.,$$

（9.122）

$$\beta = -\left[\begin{matrix}\dfrac{\bar{\varpi}_0}{(I_4)'}\\ \exp\{\mathrm{i}X_{31}(x_3)\}\dfrac{1}{g\omega}\end{matrix}\right]\left\{\begin{matrix}\left[\begin{matrix}\left(\bar{N}^2\right)'I_4-\left(\dfrac{K_{31}(x_3)}{k}-\mathrm{i}\dfrac{\omega}{\Omega^2}\dfrac{\partial\bar{U}_2}{\partial x_3}\dfrac{k_2}{k}I_3\right)\bar{M}^2\dfrac{k_1}{k}I_1\\ +\left(\dfrac{K_{31}(x_3)}{k}\left(\bar{N}^2\right)'+\dfrac{\bar{M}^2}{\Omega^2}\omega^2\dfrac{k_1}{k}I_1\right)\bar{\delta}_{-\bar{H}}\end{matrix}\right]\dfrac{\sin\left\{X_{32}(x_3)-X_{32}(-\bar{H})\right\}}{\sin\left\{X_{32}(-\bar{H})\right\}}\\ +\mathrm{i}\dfrac{K_{32}(x_3)}{k}\left[\bar{M}^2\dfrac{k_1}{k}I_1-\left(\bar{N}^2\right)'\bar{\delta}_{-\bar{H}}\right]\dfrac{\cos\left\{X_{32}(x_3)-X_{32}(-\bar{H})\right\}}{\sin\left\{X_{32}(-\bar{H})\right\}}\end{matrix}\right.。$$

（9.123）

最后，将所得的变换核函数（9.121）、（9.122）、（9.120）、（9.119）和（9.123）分别代入 Fourier 表示式（9.61）的五个表示式，我们就得到用海面起伏表示的重力波动运动：$\left\{u_1,u_2,u_3,\left(\frac{p}{\rho_0}\right),\left(\frac{\rho}{\rho_0}\right)\right\}$的积分表示。

2）复频率-波数关系的三分量表示

至此，还有一个方程（9.84）和一个边界条件（9.87）在推演过程中没有被用过，我们可以利用它们导出具有三个分量的复频率-波数关系。

（1）海面复频率-波数关系

将所导得的压力变换核函数（9.121）代入边界条件（9.89），则可得

$$-\frac{\bar{\varpi}_0}{(I_4)'_0}\exp\{\mathrm{i}X_{31}(0)\}\frac{\Omega_0^2}{\omega_0 k}\left\{\begin{aligned}&\mathrm{i}\begin{bmatrix}\frac{K_{31}(0)}{k}-\mathrm{i}\frac{\omega_0}{\Omega_0^2}\left(\frac{\partial\bar{U}_2}{\partial x_3}\right)_0\frac{k_2}{k}I_{30}\\-\frac{1}{\Omega_0^2}\left(\omega_0^2-\left(\bar{N}^2\right)'_0\right)\bar{\delta}_{-\bar{H}0}\end{bmatrix}\frac{\sin\{X_{32}(0)-X_{32}(-\bar{H})\}}{\sin\{X_{32}(-\bar{H})\}}\\&+\frac{K_{32}(0)}{k}\frac{\cos\{X_{32}(0)-X_{32}(-\bar{H})\}}{\sin\{X_{32}(-\bar{H})\}}\end{aligned}\right\}=\bar{\phi}_A$$

或

$$-\frac{\bar{\varpi}_0}{(I_4)'_0}\frac{\Omega_0^2}{\omega_0 k}\left\{\frac{K_{32}(0)}{k}\frac{\cos\{X_{32}(-\bar{H})\}}{\sin\{X_{32}(-\bar{H})\}}-\mathrm{i}\begin{bmatrix}\frac{K_{31}(0)}{k}-\mathrm{i}\frac{\omega_0}{\Omega_0^2}\left(\frac{\partial\bar{U}_2}{\partial x_3}\right)_0\frac{k_2}{k}I_{30}\\-\frac{1}{\Omega_0^2}\left(\omega_0^2-\left(\bar{N}^2\right)'_0\right)\bar{\delta}_{-\bar{H}0}\end{bmatrix}\right\}=\bar{\phi}_A$$

或

$$\Omega_0^2\frac{K_{32}(0)}{k}=\left\{\begin{aligned}&\frac{\omega_0}{\bar{\varpi}_0}(I_4)'_0(-\bar{\phi}_A k)+\omega_0\left(\frac{\partial\bar{U}_2}{\partial x_3}\right)_0\frac{k_2}{k}I_{30}\\&+\mathrm{i}\left[\Omega_0^2\frac{K_{31}(0)}{k}-\left(\omega_0^2-\left(\bar{N}^2\right)'_0\right)\bar{\delta}_{-\bar{H}0}\right]\end{aligned}\right\}\frac{\sin\{X_{32}(-\bar{H})\}}{\cos\{X_{32}(-\bar{H})\}},\qquad(9.124)$$

其中下标号“$_0$”表示海面值。这就是所要求的复频率-波数关系的第一分量。

（2）复频率的垂直不变性

采用没有用到的方程（9.84），我们可以进一步证明复频率的垂直不变性。事实上，在此前的推演中我们已经暗示复频率的垂直不变性，这样，我们只要证明这种不变性对这个未用到的方程也是适用的就可以了。为此，我们将这个方程改写为

$$\left\{\left(\omega^2-\left(\bar{N}^2\right)'\right)\bar{\mu}_3-\omega k\left[\frac{\bar{M}^2}{\Omega^2}\frac{k_1}{k}I_1+\frac{1}{\Omega^2}\left(\omega^2-\left(\bar{N}^2\right)'\right)\bar{\delta}_{-\bar{H}}\right]\phi+\mathrm{i}\omega\frac{\partial(\phi)_\omega}{\partial x_3}\right\}+\mathrm{i}\omega\frac{\partial(\phi)_{x_3}}{\partial\omega}\frac{\partial\omega}{\partial x_3}=0,\tag{9.125}$$

按附录 9 的证明，这个方程带花括号的第一部分实际上是等于零的，即有

$$\left(\omega^2-\left(\bar{N}^2\right)'\right)\bar{\mu}_3-\omega k\left[\frac{\bar{M}^2}{\Omega^2}\frac{k_1}{k}I_1+\frac{1}{\Omega^2}\left(\omega^2-\left(\bar{N}^2\right)'\right)\delta_{-\bar{H}}\right]\phi+\mathrm{i}\omega\frac{\partial(\phi)_\omega}{\partial x_3}=0,\tag{9.126}$$

这样，我们就可以由剩余部分 $\mathrm{i}\omega\frac{\partial(\phi)_{x_3}}{\partial\omega}\frac{\partial\omega}{\partial x_3}=0$，得到复频率的垂直不变性

$$\frac{\partial\omega}{\partial x_3}=0。\tag{9.127}$$

它是复频率-波数关系的第二分量。

（3）垂直波数和相位的表示式

摒弃基于刚盖假定的模态分析做法，我们将采用导出的垂直波数和相位来描述运动的垂直结构。由表示式（9.98）-（9.100）它们可具体写成

$$K_3\equiv\frac{\partial X_3(x_3)}{\partial x_3}=K_{31}(x_3)\pm K_{32}(x_3),$$

$$X_3(x_3)=X_3(0)+X_{31}(x_3)\pm X_{32}(x_3),\tag{9.128}$$

其中

$$K_{31}(x_3)\equiv-\frac{1}{2}\left(\frac{\bar{M}^2}{\Omega^2}\frac{k_1}{k}I_1-\mathrm{i}\frac{\omega}{\Omega^2}\frac{\partial\bar{U}_2}{\partial x_3}\frac{k_2}{k}I_3\right)k,$$

$$K_{32}(x_3) \equiv \left\{ \frac{1}{\Omega^2} \left[\left(\bar{N}^2 \right)^* - \omega^2 \right] I_4 \right\}^{\frac{1}{2}} k \text{，} \tag{9.129}$$

$X_3(0)$是垂直相位的海面值，

$$X_{31}(x_3) \equiv -\frac{1}{2} \int_0^{x_3} \left(\frac{\bar{M}^2}{\Omega^2} \frac{k_1}{k} I_1 - i \frac{\omega}{\Omega^2} \frac{\partial \bar{U}_2}{\partial x_3} \frac{k_2}{k} I_3 \right) k dx_3 \text{，}$$

$$X_{32}(x_3) = \int_0^{x_3} \left\{ \frac{1}{\Omega^2} \left[\left(\bar{N}^2 \right)^* - \omega^2 \right] I_4 \right\}^{\frac{1}{2}} k dx_3 \text{。} \tag{9.130}$$

这就是所要求复频率-波数关系的第三分量。

在不同的频率段所导出重力波动的 Fourier 积分运动表示和三分量复频率-波数关系，将被用来具体地描述海浪、内波和惯性波。

9.4 讨论和结论:“一般海洋”简化的海浪、内波和惯性波“统一解析解”表示

作为重力波动，包括海浪、内波和惯性波的基本运动形态，它的“一般海洋”简化下的“统一解析解”表示，为了查找方便和技巧示范我们在本节中将不厌其烦地给出它们的运动 Fourier 积分表示形式及其三分量的复频率-波数关系。

9.4.1 “一般海洋”简化的海浪“统一解析解”表示

在频率范围

$$\left[\mathrm{Re}(\omega) \right]_{\text{Sea wave}} > \mathrm{Re}\left[\left(\bar{N}^2 \right)^* \right]^{\frac{1}{2}} > \left[F \left(F + \frac{\partial \hat{U}_2}{\partial x_1} \right) \right]^{\frac{1}{2}} \tag{9.131}$$

内，海浪的垂直波数和相位

$$\left[K_3(x_3)\right]_{SW}=\left[K_{31}(x_3)\right]_{SW}\pm\left[K_{32}(x_3)\right]_{SW},$$

$$\left[X_3(x_3)\right]_{SW}=\left[X_3(0)\right]_{SW}+\left[X_{31}(x_3)\right]_{SW}\pm\left[X_{32}(x_3)\right]_{SW},\tag{9.132}$$

可具体写成

$$\left[K_{31}(x_3)\right]_{SW}=-\frac{1}{2}\left(\frac{\bar{M}^2}{\Omega^2}\frac{k_1}{k}I_1-\mathrm{i}\frac{\omega}{\Omega^2}\frac{\partial\bar{U}_2}{\partial x_3}\frac{k_2}{k}I_3\right)k\equiv k_{31}(x_3),$$

$$\left[K_{32}(x_3)\right]_{SW}=\mathrm{i}\left\{\frac{1}{\Omega^2}\left[\omega^2-\left(\bar{N}^2\right)^*\right]I_4\right\}^{\frac{1}{2}}k\equiv \mathrm{i}k_{32}(x_3),\tag{9.133}$$

$$\left[X_{31}(x_3)\right]_{SW}=-\frac{1}{2}\int_0^{x_3}\left(\frac{\bar{M}^2}{\Omega^2}\frac{k_1}{k}I_1-\mathrm{i}\frac{\omega}{\Omega^2}\frac{\partial\bar{U}_2}{\partial x_3}\frac{k_2}{k}I_3\right)k\,dx_3\equiv\chi_{31}(x_3),$$

$$\left[X_{32}(x_3)\right]_{SW}=\mathrm{i}\int_0^{x_3}\left\{\frac{1}{\Omega^2}\left[\omega^2-\left(\bar{N}^2\right)^*\right]I_4\right\}^{\frac{1}{2}}k\,dx_3\equiv \mathrm{i}\chi_{32}(x_3),\tag{9.134}$$

其中

$$\Omega^2\equiv\left[\omega^2-F\left(F+\frac{\partial\hat{U}_2}{\partial x_1}\right)\right],\quad \bar{M}^2\equiv-g\frac{\partial}{\partial x_1}\left(\frac{\bar{\rho}}{\rho_0}\right),\quad \bar{N}^2\equiv-g\frac{\partial}{\partial x_3}\left(\frac{\bar{\rho}}{\rho_0}\right),$$

$$\left(\bar{N}^2\right)'\equiv\left(\bar{N}^2+F\frac{\bar{M}^2}{\Omega^2}\frac{\partial\bar{U}_2}{\partial x_3}\right),\quad \left(\bar{N}^2\right)^*\equiv\left\{\left(\bar{N}^2\right)'+\frac{\Omega^2}{4I_4}\left(\frac{\bar{M}^2}{\Omega^2}\frac{k_1}{k}I_1+\mathrm{i}\frac{\omega}{\Omega^2}\frac{\partial\bar{U}_2}{\partial x_3}\frac{k_2}{k}I_3\right)^2\right\},$$

$$\delta_{-\bar{H}}\equiv\left(\frac{\omega k_1}{\Omega^2}\frac{\partial\bar{H}}{\partial x_1}I_1\right)_{x_3=-\bar{H}}\left(1+\frac{F}{\Omega^2}\frac{\partial\bar{U}_2}{\partial x_3}\frac{\partial\bar{H}}{\partial x_1}\right)^{-1}_{x_3=-\bar{H}},\quad \bar{\delta}_{-\bar{H}}\equiv\left(\frac{\Omega^2\delta_{-\bar{H}}}{\omega k}\right),\tag{9.135}$$

$$I_1\equiv1+\mathrm{i}\frac{F}{\omega}\frac{k_2}{k_1},\quad I_2\equiv1-\mathrm{i}\frac{1}{\omega}\left(F+\frac{\partial\hat{U}_2}{\partial x_1}\right)\frac{k_1}{k_2},\quad I_3\equiv1+\mathrm{i}\frac{F}{\omega}\frac{(k_1-\mathrm{i}\bar{\gamma})}{k_2},$$

$$I_4\equiv1-\mathrm{i}\left[\frac{1}{\omega}\frac{\partial\hat{U}_2}{\partial x_1}\frac{k_1k_2}{k^2}+\frac{\bar{\gamma}}{k}\left(\frac{k_1}{k}+\mathrm{i}\frac{F}{\omega}\frac{k_2}{k}\right)\right],$$

$$\left(I_4\right)'\equiv\left[I_4+\left(\frac{\bar{M}^2}{\Omega^2}\frac{k_1}{k}I_1+\mathrm{i}\frac{\omega}{\Omega^2}\frac{\partial\bar{U}_2}{\partial x_3}\frac{k_2}{k}I_3\right)\bar{\delta}_{-\bar{H}}+\frac{1}{\Omega^2}\left(\omega^2-\left(\bar{N}^2\right)'\right)\bar{\delta}^2_{-\bar{H}}\right]。\tag{9.136}$$

这样，我们有如下表示形式。

1. 海浪的运动 Fourier 核函数解析表示

$$
\mu_{SW1}=-\frac{\bar{\varpi}_0}{(I_4)'}\exp\{\mathrm{i}\chi_{31}(x_3)\}\left\{\begin{array}{l}\mathrm{i}\left\{\begin{array}{l}\left[\dfrac{k_{31}(x_3)}{k}\dfrac{k_1}{k}I_1-\dfrac{\omega}{\Omega^2}\dfrac{\partial\bar{U}_2}{\partial x_3}\left(\dfrac{F}{\omega}I_4+\mathrm{i}\dfrac{k_1k_2}{k^2}I_1I_3\right)\right]\\-\left[\begin{array}{l}\dfrac{F}{\Omega^2}\dfrac{\partial\bar{U}_2}{\partial x_3}\left(\dfrac{k_{31}(x_3)}{k}+\dfrac{\bar{M}^2}{\Omega^2}\dfrac{k_1}{k}I_1\right)\\+\dfrac{1}{\Omega^2}\left(\omega^2-\left(\bar{N}^2\right)'\right)\dfrac{k_1}{k}I_1\end{array}\right]\bar{\delta}_{-\bar{H}}\end{array}\right\}\dfrac{\mathrm{sh}\{\chi_{32}(x_3)-\chi_{32}(-\bar{H})\}}{\mathrm{sh}\{\chi_{32}(-\bar{H})\}}\\+\dfrac{k_{32}(x_3)}{k}\left(\dfrac{k_1}{k}I_1-\dfrac{F}{\Omega^2}\dfrac{\partial\bar{U}_2}{\partial x_3}\bar{\delta}_{-\bar{H}}\right)\dfrac{\mathrm{ch}\{\chi_{32}(x_3)-\chi_{32}(-\bar{H})\}}{\mathrm{sh}\{\chi_{32}(-\bar{H})\}}\end{array}\right.,
\tag{9.137}
$$

$$
\mu_{SW2}=-\frac{\bar{\varpi}_0}{(I_4)'}\exp\{\mathrm{i}\chi_{31}(x_3)\}\left\{\begin{array}{l}\mathrm{i}\left\{\begin{array}{l}\left[\dfrac{k_{31}(x_3)}{k}\dfrac{k_2}{k}I_2+\mathrm{i}\dfrac{\omega}{\Omega^2}\dfrac{\partial\bar{U}_2}{\partial x_3}\left[I_4-\left(\dfrac{k_2}{k}\right)^2I_2I_3\right]\right]\\+\mathrm{i}\left[\begin{array}{l}\dfrac{\omega}{\Omega^2}\dfrac{\partial\bar{U}_2}{\partial x_3}\left(\dfrac{k_{31}(x_3)}{k}+\dfrac{\bar{M}^2}{\Omega^2}\dfrac{k_1}{k}I_1\right)\\+\mathrm{i}\dfrac{1}{\Omega^2}\left(\omega^2-\left(\bar{N}^2\right)'\right)\dfrac{k_2}{k}I_2\end{array}\right]\bar{\delta}_{-\bar{H}}\end{array}\right\}\dfrac{\mathrm{sh}\{\chi_{32}(x_3)-\chi_{32}(-\bar{H})\}}{\mathrm{sh}\{\chi_{32}(-\bar{H})\}}\\+\dfrac{k_{32}(x_3)}{k}\left(\dfrac{k_2}{k}I_2+\mathrm{i}\dfrac{\omega}{\Omega^2}\dfrac{\partial\bar{U}_2}{\partial x_3}\bar{\delta}_{-\bar{H}}\right)\dfrac{\mathrm{ch}\{\chi_{32}(x_3)-\chi_{32}(-\bar{H})\}}{\mathrm{sh}\{\chi_{32}(-\bar{H})\}}\end{array}\right.,
\tag{9.138}
$$

$$
\mu_{SW3}=\mathrm{i}\frac{\bar{\varpi}_0}{(I_4)'}\exp\{\mathrm{i}\chi_{31}(x_3)\}\left\{\begin{array}{l}\left[I_4+\left(\dfrac{k_{31}(x_3)}{k}+\dfrac{\bar{M}^2}{\Omega^2}\dfrac{k_1}{k}I_1\right)\bar{\delta}_{-\bar{H}}\right]\dfrac{\mathrm{sh}\{\chi_{32}(x_3)-\chi_{32}(-\bar{H})\}}{sh\{\chi_{32}(-\bar{H})\}}\\-\mathrm{i}\dfrac{k_{32}(x_3)}{k}\bar{\delta}_{-\bar{H}}\dfrac{\mathrm{ch}\{\chi_{32}(x_3)-\chi_{32}(-\bar{H})\}}{\mathrm{sh}\{\chi_{32}(-\bar{H})\}}\end{array}\right.,
\tag{9.139}
$$

$$
\phi_{SW}=-\mathrm{i}\frac{\bar{\varpi}_0}{(I_4)'}\exp\{\mathrm{i}\chi_{31}(x_3)\}\frac{\Omega^2}{\omega k}\left\{\begin{array}{l}\left[\begin{array}{l}\dfrac{k_{31}(x_3)}{k}-\mathrm{i}\dfrac{\omega}{\Omega^2}\dfrac{\partial\bar{U}_2}{\partial x_3}\dfrac{k_2}{k}I_3\\-\dfrac{1}{\Omega^2}\left(\omega^2-\left(\bar{N}^2\right)'\right)\bar{\delta}_{-\bar{H}}\end{array}\right]\dfrac{\mathrm{sh}\{\chi_{32}(x_3)-\chi_{32}(-\bar{H})\}}{\mathrm{sh}\{\chi_{32}(-\bar{H})\}}\\-\mathrm{i}\dfrac{k_{32}(x_3)}{k}\dfrac{\mathrm{ch}\{\chi_{32}(x_3)-\chi_{32}(-\bar{H})\}}{\mathrm{sh}\{\chi_{32}(-\bar{H})\}}\end{array}\right.,
\tag{9.140}
$$

$$\beta_{SW}=-\frac{\bar{\varpi}_0}{(I_4)'}\exp\{i\chi_{31}(x_3)\}\frac{1}{g\omega}\left\{\begin{aligned}&\left\{\begin{aligned}&\left[(\bar{N}^2)'I_4-\left[\frac{k_{31}(x_3)}{k}-i\frac{\omega}{\Omega^2}\frac{\partial\bar{U}_2}{\partial x_3}\frac{k_2}{k}I_3\right]\bar{M}^2\frac{k_1}{k}I_1\right.\\&\left.+\left[\frac{k_{31}(x_3)}{k}(\bar{N}^2)'+\frac{\bar{M}^2}{\Omega^2}\omega^2\frac{k_1}{k}I_1\right]\bar{\delta}_{-\bar{H}}\right]\end{aligned}\right\}\frac{\mathrm{sh}\{\chi_{32}(x_3)-\chi_{32}(-\bar{H})\}}{\mathrm{sh}\{\chi_{32}(-\bar{H})\}}\\&+i\frac{k_{32}(x_3)}{k}\left[\bar{M}^2\frac{k_1}{k}I_1-(\bar{N}^2)'\bar{\delta}_{-\bar{H}}\right]\frac{\mathrm{ch}\{X_{32}(x_3)-X_{32}(-\bar{H})\}}{\mathrm{sh}\{X_{32}(-\bar{H})\}}\end{aligned}\right\}。\tag{9.141}$$

2. 海浪复频率-波数关系的三分量表示

1）海面复频率-波数关系

将表示式（9.133）和（9.134）代入关系式（9.124），可得海浪的海面复频率-波数关系

$$\begin{aligned}&\left\{\left[\omega_0^2-F_0\left(F+\frac{\partial\hat{U}_2}{\partial x_1}\right)_0\right]\left(\omega_0^2-(\bar{N}^2)_0^*\right)(I_4)_0\right\}^{\frac{1}{2}}\\&=\pm\left\{\begin{aligned}&\frac{\omega_0}{\bar{\varpi}_0}(I_4)'_0(-\bar{\phi}_A k)+\frac{1}{2}\omega_0\left(\frac{\partial\bar{U}_2}{\partial x_3}\right)_0\frac{k_2}{k}(I_3)_0\\&-i\left[\frac{1}{2}(\bar{M}^2)_0\frac{k_1}{k}(I_1)_0+\left(\omega_0^2-(\bar{N}^2)'_0\right)\bar{\delta}_{-\bar{H}0}\right]\end{aligned}\right\}\frac{\mathrm{sh}\{\chi_{32}(-\bar{H})\}}{\mathrm{ch}\{\chi_{32}(-\bar{H})\}}。\end{aligned}\tag{9.142}$$

由于在海面复频率-波数关系中有二次方根运算出现，就有两选的正负符号需要处理，这时我们将应用"复频率的实部具有物理频率的意义，它是一个大于零的实数量"的符号确定原则。

2）复频率垂直不变性

$$\frac{\partial\omega}{\partial x_3}=0。\tag{9.143}$$

3）垂直波数和相位表示式

$$k_{31}(x_3)=-\frac{1}{2}\left(\frac{\bar{M}^2}{\Omega^2}\frac{k_1}{k}I_1-i\frac{\omega}{\Omega^2}\frac{\partial\bar{U}_2}{\partial x_3}\frac{k_2}{k}I_3\right)k，$$

$$k_{32}(x_3)=\left\{\frac{1}{\Omega^2}\left[\omega^2-\left(\bar{N}^2\right)^*\right]I_4\right\}^{\frac{1}{2}}k\text{，}\tag{9.144}$$

$$\chi_{31}(x_3)=-\frac{1}{2}\int_0^{x_3}\left(\frac{\bar{M}^2}{\Omega^2}\frac{k_1}{k}I_1-\mathrm{i}\frac{\omega}{\Omega^2}\frac{\partial\bar{U}_2}{\partial x_3}\frac{k_2}{k}I_3\right)kdx_3\text{，}$$

$$\chi_{32}(x_3)=\int_0^{x_3}\left\{\frac{1}{\Omega^2}\left[\omega^2-\left(\bar{N}^2\right)^*\right]I_4\right\}^{\frac{1}{2}}kdx_3\text{。}\tag{9.145}$$

9.4.2 “一般海洋”简化的内波“统一解析解”表示

在频率范围

$$\mathrm{Re}\left[\left(\bar{N}^2\right)^*\right]^{\frac{1}{2}}>\left[\mathrm{Re}(\omega)\right]_{\text{Internal wave}}>\left[F\left(F+\frac{\partial\hat{U}_2}{\partial x_1}\right)\right]^{\frac{1}{2}}\tag{9.146}$$

内，内波垂直波数和相位

$$\left[K_3(x_3)\right]_{IW}=\left[K_{31}(x_3)\right]_{IW}\pm\left[K_{32}(x_3)\right]_{IW}\text{，}$$

$$\left[X_3(x_3)\right]_{IW}=\left[X_3(0)\right]_{IW}+\left[X_{31}(x_3)\right]_{IW}\pm\left[X_{32}(x_3)\right]_{IW}\tag{9.147}$$

可具体写成

$$\left[K_{31}(x_3)\right]_{IW}\equiv-\frac{1}{2}\left(\frac{\bar{M}^2}{\Omega^2}\frac{k_1}{k}I_1-\mathrm{i}\frac{\omega}{\Omega^2}\frac{\partial\bar{U}_2}{\partial x_3}\frac{k_2}{k}I_3\right)k=K_{31}(x_3)\text{，}$$

$$\left[K_{32}(x_3)\right]_{IW}\equiv\left\{\frac{1}{\Omega^2}\left[\left(\bar{N}^2\right)^*-\omega^2\right]I_4\right\}^{\frac{1}{2}}k=K_{32}(x_3)\text{，}\tag{9.148}$$

$$\left[X_{31}(x_3)\right]_{IW}=-\int_0^{x_3}\frac{1}{2}\left(\frac{\bar{M}^2}{\Omega^2}\frac{k_1}{k}I_1-\mathrm{i}\frac{\omega}{\Omega^2}\frac{\partial\bar{U}_2}{\partial x_3}\frac{k_2}{k}I_3\right)kdx_3=X_{31}(x_3)\text{，}$$

$$\left[X_{32}(x_3)\right]_{IW}=\int_0^{x_3}\left\{\frac{1}{\Omega^2}\left[\left(\bar{N}^2\right)^*-\omega^2\right]I_4\right\}^{\frac{1}{2}}kdx_3=X_{32}(x_3)\text{。}\tag{9.149}$$

这样，我们有如下解析表示形式：

1. 内波运动的 Fourier 核函数解析表示

$$\mu_{IW1}=-\frac{\varpi_0}{(I_4)'}\exp\{\mathrm{i}X_{31}(x_3)\}\left\{\begin{array}{l}\mathrm{i}\left\{\begin{array}{l}\left(\frac{K_{31}(x_3)}{k}\frac{k_1}{k}I_1-\frac{\omega}{\Omega^2}\frac{\partial\bar{U}_2}{\partial x_3}\left(\frac{F}{\omega}I_4+\mathrm{i}\frac{k_1}{k}\frac{k_2}{k}I_1I_3\right)\right)\\-\left[\begin{array}{l}\frac{F}{\Omega^2}\frac{\partial\bar{U}_2}{\partial x_3}\left(\frac{K_{31}(x_3)}{k}+\frac{\bar{M}^2}{\Omega^2}\frac{k_1}{k}I_1\right)\\+\frac{1}{\Omega^2}\left(\omega^2-\left(\bar{N}^2\right)'\right)\frac{k_1}{k}I_1\end{array}\right]\bar{\delta}_{-\bar{H}}\end{array}\right\}\frac{\sin\{X_{32}(x_3)-X_{32}(-\bar{H})\}}{\sin\{X_{32}(-\bar{H})\}}\\+\frac{K_{32}(x_3)}{k}\left(\frac{k_1}{k}I_1-\frac{F}{\Omega^2}\frac{\partial\bar{U}_2}{\partial x_3}\bar{\delta}_{-\bar{H}}\right)\frac{\cos\{X_{32}(x_3)-X_{32}(-\bar{H})\}}{\sin\{X_{32}(-\bar{H})\}}\end{array}\right.,\tag{9.150}$$

$$\mu_{IW2}=-\frac{\varpi_0}{(I_4)'}\exp\{\mathrm{i}X_{31}(x_3)\}\left\{\begin{array}{l}\mathrm{i}\left\{\begin{array}{l}\left(\frac{K_{31}(x_3)}{k}\frac{k_2}{k}I_2+\mathrm{i}\frac{\omega}{\Omega^2}\frac{\partial\bar{U}_2}{\partial x_3}\left(I_4-\frac{k_2}{k}\frac{k_2}{k}I_2I_3\right)\right)\\+\mathrm{i}\left[\begin{array}{l}\frac{\omega}{\Omega^2}\frac{\partial\bar{U}_2}{\partial x_3}\left(\frac{K_{31}(x_3)}{k}+\frac{\bar{M}^2}{\Omega^2}\frac{k_1}{k}I_1\right)\\+\mathrm{i}\frac{1}{\Omega^2}\left(\omega^2-\left(\bar{N}^2\right)'\right)\frac{k_2}{k}I_2\end{array}\right]\bar{\delta}_{-\bar{H}}\end{array}\right\}\frac{\sin\{X_{32}(x_3)-X_{32}(-\bar{H})\}}{\sin\{X_{32}(-\bar{H})\}}\\+\frac{K_{32}(x_3)}{k}\left(\frac{k_2}{k}I_2+\mathrm{i}\frac{\omega}{\Omega^2}\frac{\partial\bar{U}_2}{\partial x_3}\bar{\delta}_{-\bar{H}}\right)\frac{\cos\{X_{32}(x_3)-X_{32}(-\bar{H})\}}{\sin\{X_{32}(-\bar{H})\}}\end{array}\right.,\tag{9.151}$$

$$\mu_{IW3}=\mathrm{i}\frac{\varpi_0}{(I_4)'}\exp\{\mathrm{i}X_{31}(x_3)\}\left\{\begin{array}{l}\left[I_4+\left(\frac{K_{31}(x_3)}{k}+\frac{\bar{M}^2}{\Omega^2}\frac{k_1}{k}I_1\right)\bar{\delta}_{-\bar{H}}\right]\frac{\sin\{X_{32}(x_3)-X_{32}(-\bar{H})\}}{\sin\{X_{32}(-\bar{H})\}}\\-\mathrm{i}\frac{K_{32}(x_3)}{k}\bar{\delta}_{-\bar{H}}\frac{\cos\{X_{32}(x_3)-X_{32}(-\bar{H})\}}{\sin\{X_{32}(-\bar{H})\}}\end{array}\right.,\tag{9.152}$$

$$\phi_{IW}=-\frac{\varpi_0}{(I_4)'}\exp\{\mathrm{i}X_{31}(x_3)\}\frac{\Omega^2}{\omega k}\left\{\begin{array}{l}\mathrm{i}\left[\begin{array}{l}\frac{K_{31}(x_3)}{k}-\mathrm{i}\frac{\omega}{\Omega^2}\frac{\partial\bar{U}_2}{\partial x_3}\frac{k_2}{k}I_3\\-\frac{1}{\Omega^2}\left(\omega^2-\left(\bar{N}^2\right)'\right)\bar{\delta}_{-\bar{H}}\end{array}\right]\frac{\sin\{X_{32}(x_3)-X_{32}(-\bar{H})\}}{\sin\{X_{32}(-\bar{H})\}}\\+\frac{K_{32}(x_3)}{k}\frac{\cos\{X_{32}(x_3)-X_{32}(-\bar{H})\}}{\sin\{X_{32}(-\bar{H})\}}\end{array}\right.,\tag{9.153}$$

$$\beta_{IW} = -\frac{\bar{\varpi}_0}{(I_4)'}\exp\{iX_{31}(x_3)\}\frac{1}{g\omega}\left\{\begin{array}{l}\left\{\begin{array}{l}(\bar{N}^2)' I_4 - \left[\frac{K_{31}(x_3)}{k} - i\frac{\omega}{\Omega^2}\frac{\partial \bar{U}_2}{\partial x_3}\frac{k_2}{k}I_3\right]\bar{M}^2\frac{k_1}{k}I_1 \\ + \left[\frac{K_{31}(x_3)}{k}(\bar{N}^2)' + \frac{\bar{M}^2}{\Omega^2}\omega^2\frac{k_1}{k}I_1\right]\bar{\delta}_{-\bar{H}}\end{array}\right\}\frac{\sin\{X_{32}(x_3) - X_{32}(-\bar{H})\}}{\sin\{X_{32}(-\bar{H})\}} \\ + i\frac{K_{32}(x_3)}{k}\left[\bar{M}^2\frac{k_1}{k}I_1 - (\bar{N}^2)'\bar{\delta}_{-\bar{H}}\right]\frac{\cos\{X_{32}(x_3) - X_{32}(-\bar{H})\}}{\sin\{X_{32}(-\bar{H})\}}\end{array}\right\}\text{。}$$

（9.154）

2. 内波复频率–波数关系的三分量表示

1）海面复频率–波数关系

将表示式（9.148）和（9.149）代入关系式（9.124），则可得它的海面复频率–波数关系

$$\left\{\left[\omega_0^2 - F_0\left(F + \frac{\partial \hat{U}_2}{\partial x_1}\right)_0\right]\left[(\bar{N}^2)_0^* - \omega_0^2\right](I_4)_0\right\}^{\frac{1}{2}} = \pm\left\{\begin{array}{l}\frac{\omega_0}{\bar{\varpi}_0}(I_4)_0'(-\bar{\phi}_A k) + \frac{1}{2}\omega_0\left(\frac{\partial \bar{U}_2}{\partial x_3}\right)_0\frac{k_2}{k}(I_3)_0 \\ -i\left[\frac{1}{2}\bar{M}_0^2\frac{k_1}{k}(I_1)_0 + \left(\omega_0^2 - (\bar{N}^2)_0'\right)\bar{\delta}_{-\bar{H}0}\right]\end{array}\right\}\frac{\sin\{X_{32}(-\bar{H})\}}{\cos\{X_{32}(-\bar{H})\}}\text{。} \quad (9.155)$$

同样，我们可以用“复频率的实部具有物理频率的意义，它是一个大于零的实数量”来确定所引入的符号。

2）复频率垂直不变性

$$\frac{\partial \omega}{\partial x_3} = 0\text{。} \quad (9.156)$$

3）垂直波数和相位表示式

$$K_{31} = -\frac{1}{2}\left(\frac{\bar{M}^2}{\Omega^2}\frac{k_1}{k}I_1 - i\frac{\omega}{\Omega^2}\frac{\partial \bar{U}_2}{\partial x_3}\frac{k_2}{k}I_3\right)k\text{，}$$

$$K_{32} = \left\{\frac{1}{\Omega^2}\left[(\bar{N}^2)^* - \omega^2\right]I_4\right\}^{\frac{1}{2}}k\text{，} \quad (9.157)$$

$$X_{31}(x_3) = -\int_0^{x_3} \frac{1}{2}\left(\frac{\bar{M}^2}{\Omega^2}\frac{k_1}{k}I_1 - \mathrm{i}\frac{\omega}{\Omega^2}\frac{\partial \bar{U}_2}{\partial x_3}\frac{k_2}{k}I_3\right)kdx_3 ,$$

$$X_{32}(x_3) = \int_0^{x_3}\left\{\frac{1}{\Omega^2}\left[\left(\bar{N}^2\right)^* - \omega^2\right]I_4\right\}^{\frac{1}{2}}kdx_3 。 \qquad (9.158)$$

9.4.3 “一般海洋”简化的惯性波“统一解析解”表示

在频率范围

$$\mathrm{Re}\left[\left(\bar{N}^2\right)^*\right]^{\frac{1}{2}} > \left[F\left(F + \frac{\partial \hat{U}_2}{\partial x_1}\right)\right]^{\frac{1}{2}} > \left[\mathrm{Re}(\omega)\right]_{\text{Inertial wave}} \qquad (9.159)$$

内，惯性波垂直波数和相位

$$\left[\mathrm{K}_3(x_3)\right]_{NW} = \left[\mathrm{K}_{31}(x_3)\right]_{NW} \pm \left[\mathrm{K}_{32}(x_3)\right]_{NW} ,$$

$$\left[\mathrm{X}_3(x_3)\right]_{NW} = \left[\mathrm{X}_3(0)\right]_{NW} + \left[\mathrm{X}_{31}(x_3)\right]_{NW} \pm \left[\mathrm{X}_{32}(x_3)\right]_{NW} \qquad (9.160)$$

可以具体写成

$$\left[\mathrm{K}_{31}(x_3)\right]_{NW} \equiv \frac{1}{2}\left(\frac{\bar{M}^2}{\bar{\Omega}^2}\frac{k_1}{k}I_1 - \mathrm{i}\frac{\omega}{\bar{\Omega}^2}\frac{\partial \bar{U}_2}{\partial x_3}\frac{k_2}{k}I_3\right)k = \mathrm{K}_{31}(x_3) ,$$

$$\left[\mathrm{K}_{32}(x_3)\right]_{NW} \equiv \mathrm{i}\left\{\frac{1}{\bar{\Omega}^2}\left[\left(\bar{N}^2\right)^* - \omega^2\right]I_4\right\}^{\frac{1}{2}}k = \mathrm{i}\mathrm{K}_{32}(x_3) , \qquad (9.161)$$

$$\left[\mathrm{X}_{31}(x_3)\right]_{NW} = \int_0^{x_3}\frac{1}{2}\left(\frac{\bar{M}^2}{\bar{\Omega}^2}\frac{k_1}{k}I_1 - \mathrm{i}\frac{\omega}{\bar{\Omega}^2}\frac{\partial \bar{U}_2}{\partial x_3}\frac{k_2}{k}I_3\right)kdx_3 = \mathrm{X}_{31}(x_3) ,$$

$$\left[\mathrm{X}_{32}(x_3)\right]_{NW} = \mathrm{i}\int_0^{x_3}\left\{\frac{1}{\bar{\Omega}^2}\left[\left(\bar{N}^2\right)^* - \omega^2\right]I_4\right\}^{\frac{1}{2}}kdx_3 = \mathrm{i}\mathrm{X}_{32}(x_3) , \qquad (9.162)$$

其中

$$\bar{\Omega}^2 \equiv \left[F\left(F + \frac{\partial \hat{U}_2}{\partial x_1}\right) - \omega^2\right] = -\Omega^2 , \quad \bar{\delta}_{-\bar{H}} \equiv \left(\frac{\Omega^2\delta_{-\bar{H}}}{\omega k}\right) = -\left(\frac{\bar{\Omega}^2\delta_{-\bar{H}}}{\omega k}\right) = -\bar{\bar{\delta}}_{-\bar{H}} 。 \qquad (9.163)$$

这样，我们有如下解析表示形式

1. 惯性波的运动 Fourier 核函数解析表示

$$\mu_{NW1}=-\frac{\bar{\varpi}_0}{(I_4)'}\exp\{\mathrm{iX}_{31}(x_3)\}\left\{\begin{array}{l}\mathrm{i}\left\{\begin{array}{l}\left[\dfrac{\mathrm{K}_{31}(x_3)}{k}\dfrac{k_1}{k}I_1+\dfrac{\omega}{\overline{\Omega}^2}\dfrac{\partial\bar{U}_2}{\partial x_3}\left(\dfrac{F}{\omega}I_4+\mathrm{i}\dfrac{k_1k_2}{k^2}I_1I_3\right)\right]\\ -\left[\begin{array}{l}\dfrac{F}{\overline{\Omega}^2}\dfrac{\partial\bar{U}_2}{\partial x_3}\left(\dfrac{\mathrm{K}_{31}(x_3)}{k}-\dfrac{\bar{M}^2}{\overline{\Omega}^2}\dfrac{k_1}{k}I_1\right)\\ +\dfrac{1}{\overline{\Omega}^2}\left(\omega^2-\left(\bar{N}^2\right)'\right)\dfrac{k_1}{k}I_1\end{array}\right]\bar{\bar{\delta}}_{-\bar{H}}\end{array}\right\}\dfrac{\mathrm{sh}\left\{\mathrm{X}_{32}(x_3)-\mathrm{X}_{32}(-\bar{H})\right\}}{\mathrm{sh}\left\{X_{32}(-\bar{H})\right\}}\\ +\dfrac{\mathrm{K}_{32}(x_3)}{k}\left(\dfrac{k_1}{k}I_1-\dfrac{F}{\overline{\Omega}^2}\dfrac{\partial\bar{U}_2}{\partial x_3}\bar{\bar{\delta}}_{-\bar{H}}\right)\dfrac{\mathrm{ch}\left\{\mathrm{X}_{32}(x_3)-\mathrm{X}_{32}(-\bar{H})\right\}}{\mathrm{sh}\left\{X_{32}(-\bar{H})\right\}}\end{array}\right.,$$

（9.164）

$$\mu_{NW2}=-\frac{\bar{\varpi}_0}{(I_4)'}\exp\{i\mathrm{X}_{31}(x_3)\}\left\{\begin{array}{l}\mathrm{i}\left\{\begin{array}{l}\left[\dfrac{\mathrm{K}_{31}(x_3)}{k}\dfrac{k_2}{k}I_2-\mathrm{i}\dfrac{\omega}{\overline{\Omega}^2}\dfrac{\partial\bar{U}_2}{\partial x_3}\left[I_4-\left(\dfrac{k_2}{k}\right)^2I_2I_3\right]\right]\\ +\mathrm{i}\left[\begin{array}{l}\dfrac{\omega}{\overline{\Omega}^2}\dfrac{\partial\bar{U}_2}{\partial x_3}\left(\dfrac{\mathrm{K}_{31}(x_3)}{k}-\dfrac{\bar{M}^2}{\overline{\Omega}^2}\dfrac{k_1}{k}I_1\right)\\ +\mathrm{i}\dfrac{1}{\overline{\Omega}^2}\left(\omega^2-\left(\bar{N}^2\right)'\right)\dfrac{k_2}{k}I_2\end{array}\right]\bar{\bar{\delta}}_{-\bar{H}}\end{array}\right\}\dfrac{\mathrm{sh}\left\{\mathrm{X}_{32}(x_3)-\mathrm{X}_{32}(-\bar{H})\right\}}{\mathrm{sh}\left\{\mathrm{X}_{32}(-\bar{H})\right\}}\\ +\dfrac{\mathrm{K}_{32}(x_3)}{k}\left(\dfrac{k_2}{k}I_2+\mathrm{i}\dfrac{\omega}{\overline{\Omega}^2}\dfrac{\partial\bar{U}_2}{\partial x_3}\bar{\bar{\delta}}_{-\bar{H}}\right)\dfrac{\mathrm{ch}\left\{\mathrm{X}_{32}(x_3)-\mathrm{X}_{32}(-\bar{H})\right\}}{\mathrm{sh}\left\{\mathrm{X}_{32}(-\bar{H})\right\}}\end{array}\right.,$$

（9.165）

$$\mu_{NW3}=\mathrm{i}\frac{\bar{\varpi}_0}{(I_4)'}\exp\{\mathrm{iX}_{31}(x_3)\}\left\{\begin{array}{l}\left[I_4-\left(\dfrac{\mathrm{K}_{31}(x_3)}{k}-\dfrac{\bar{M}^2}{\overline{\Omega}^2}\dfrac{k_1}{k}I_1\right)\bar{\bar{\delta}}_{-\bar{H}}\right]\dfrac{\mathrm{sh}\left\{\mathrm{X}_{32}(x_3)-\mathrm{X}_{32}(-\bar{H})\right\}}{\mathrm{sh}\left\{\mathrm{X}_{32}(-\bar{H})\right\}}\\ +\mathrm{i}\dfrac{\mathrm{K}_{32}(x_3)}{k}\bar{\bar{\delta}}_{-\bar{H}}\dfrac{\mathrm{ch}\left\{\mathrm{X}_{32}(x_3)-\mathrm{X}_{32}(-\bar{H})\right\}}{\mathrm{sh}\left\{\mathrm{X}_{32}(-\bar{H})\right\}}\end{array}\right.,$$

（9.166）

$$\phi_{NW}=\frac{\bar{\varpi}_0}{(I_4)'}\exp\{\mathrm{iX}_{31}(x_3)\}\frac{\overline{\Omega}^2}{\omega k}\left\{\begin{array}{l}\mathrm{i}\left[\begin{array}{l}\dfrac{\mathrm{K}_{31}(x_3)}{k}+\mathrm{i}\dfrac{\omega}{\overline{\Omega}^2}\dfrac{\partial\bar{U}_2}{\partial x_3}\dfrac{k_2}{k}I_3\\ -\dfrac{1}{\overline{\Omega}^2}\left(\omega^2-\left(\bar{N}^2\right)'\right)\bar{\bar{\delta}}_{-\bar{H}}\end{array}\right]\dfrac{\mathrm{sh}\left\{\mathrm{X}_{32}(x_3)-\mathrm{X}_{32}(-\bar{H})\right\}}{\mathrm{sh}\left\{\mathrm{X}_{32}(-\bar{H})\right\}}\\ +\dfrac{\mathrm{K}_{32}(x_3)}{k}\dfrac{\mathrm{ch}\left\{\mathrm{X}_{32}(x_3)-\mathrm{X}_{32}(-\bar{H})\right\}}{\mathrm{sh}\left\{\mathrm{X}_{32}(-\bar{H})\right\}}\end{array}\right.,$$

（9.167）

$$\beta_{NW}=-\frac{\bar{\varpi}_0}{(I_4)'}\exp\{\mathrm{i}X_{31}(x_3)\}\frac{1}{g\omega}\left\{\begin{aligned}&\left[\begin{aligned}&(\bar{N}^2)'I_4-\left(\frac{K_{31}(x_3)}{k}+\mathrm{i}\frac{\omega}{\bar{\Omega}^2}\frac{\partial\bar{U}_2}{\partial x_3}\frac{k_2}{k}I_3\right)\bar{M}^2\frac{k_1}{k}I_1\\&-\left(\frac{K_{31}(x_3)}{k}(\bar{N}^2)'-\frac{\bar{M}^2}{\bar{\Omega}^2}\omega^2\frac{k_1}{k}I_1\right)\bar{\bar{\delta}}_{-\bar{H}}\end{aligned}\right]\frac{\mathrm{sh}\{X_{32}(x_3)-X_{32}(-\bar{H})\}}{\mathrm{sh}\{X_{32}(-\bar{H})\}}\\&+\mathrm{i}\frac{K_{32}(x_3)}{k}\left[\bar{M}^2\frac{k_1}{k}I_1+(\bar{N}^2)'\bar{\bar{\delta}}_{-\bar{H}}\right]\frac{\mathrm{ch}\{X_{32}(x_3)-X_{32}(-\bar{H})\}}{\mathrm{sh}\,X\{X_{32}(-\bar{H})\}}\end{aligned}\right.。\tag{9.168}$$

2. 惯性波的复频率–波数关系三分量表示

将表示式（9.161）和（9.162）代入关系式（9.124），则可得惯性波的海面复频率–波数关系。

1）海面复频率–波数关系

$$\left\{\left[F_0\left(F+\frac{\partial\hat{U}_2}{\partial x_1}\right)_0-\omega_0^2\right]\left[(\bar{N}^2)_0^*-\omega_0^2\right](I_4)_0\right\}^{\frac{1}{2}}=\pm\left\{\begin{aligned}&\frac{\omega_0}{\bar{\varpi}_0}(I_4)'_0(-\bar{\phi}_A k)+\frac{1}{2}\omega_0\left(\frac{\partial\bar{U}_2}{\partial x_3}\right)_0\frac{k_2}{k}(I_3)_0\\&-\mathrm{i}\left[\frac{1}{2}(\bar{M}^2)_0\frac{k_1}{k}(I_1)_0+\left((\bar{N}^2)'_0-\omega_0^2\right)\bar{\bar{\delta}}_{-\bar{H}0}\right]\end{aligned}\right\}\frac{\mathrm{sh}\{X_{32}(-\bar{H})\}}{\mathrm{ch}\{X_{32}(-\bar{H})\}}。\tag{9.169}$$

由于在海面复频率–波数关系中有二次方根运算出现，因此，有两选的正负符号要处理，这时我们将应用“复频率的实部具有物理频率的意义，它是一个大于零的实数量”的符号确定原则。

2）复频率垂直不变性

$$\frac{\partial\omega}{\partial x_3}=0,\tag{9.170}$$

3）垂直波数和相位表示式

$$K_{31}(x_3)=\frac{1}{2}\left(\frac{\bar{M}^2}{\bar{\Omega}^2}\frac{k_1}{k}I_1-\mathrm{i}\frac{\omega}{\bar{\Omega}^2}\frac{\partial\bar{U}_2}{\partial x_3}\frac{k_2}{k}I_3\right)k,$$

$$\mathrm{K}_{32}\left(x_3\right)=\left\{\frac{1}{\overline{\Omega}^2}\left[\left(\overline{N}^2\right)^{*}-\omega^2\right]I_4\right\}^{\frac{1}{2}}k\text{，}\tag{9.171}$$

$$\mathrm{X}_{31}\left(x_3\right)=\int_0^{x_3}\frac{1}{2}\left(\frac{\overline{M}^2}{\overline{\Omega}^2}\frac{k_1}{k}I_1-\mathrm{i}\frac{\omega}{\overline{\Omega}^2}\frac{\partial\overline{U}_2}{\partial x_3}\frac{k_2}{k}I_3\right)kdx_3\text{，}$$

$$\mathrm{X}_{32}\left(x_3\right)=\int_0^{x_3}\left\{\frac{1}{\overline{\Omega}^2}\left(\left(\overline{N}^2\right)^{*}-\omega^2\right)I_4\right\}^{\frac{1}{2}}kdx_3\text{。}\tag{9.172}$$

参 考 文 献

Lighthill M J. 1958. Introduction to Fourier Analysis and Generalized Functions. Cambridge：Cambridge University Press.

Yuan Y L，et al. 2012. Establishment of the ocean dynamic system with four sub-systems and the derivation of their governing equations set. Journal of Hydro dynamics，24（2）：153-168.

附录 9　复频率垂直不变性的证明

将结果（9.118）和（9.119）代入方程（9.125）左端的花括号部分，我们有

$$\begin{aligned}&\left\{\left(\omega^2-\left(\overline{N}^2\right)'\right)\overline{\mu}_3-\omega k\left[\frac{\overline{M}^2}{\Omega^2}\frac{k_1}{k}I_1+\frac{1}{\Omega^2}\left(\omega^2-\left(\overline{N}^2\right)'\right)\overline{\delta}_{-\overline{H}}\right]\phi+\mathrm{i}\omega\frac{\partial(\phi)_{\omega}}{\partial x_3}\right\}\\&=\frac{\overline{\varpi}_0}{\left(I_4\right)'}\exp\left\{iX_{31}\left(x_3\right)\right\}\left\{\begin{aligned}&\mathrm{i}\left\{\begin{aligned}&\left(\omega^2-\left(\overline{N}^2\right)'\right)\left(I_4\right)'+\Omega^2\frac{K_{32}}{k}\frac{K_{32}}{k}\\&+\Omega^2\left[\frac{K_{31}}{k}+\frac{\overline{M}^2}{\Omega^2}\frac{k_1}{k}I_1+\frac{1}{\Omega^2}\left(\omega^2-\left(\overline{N}^2\right)'\right)\overline{\delta}_{-\overline{H}}\right]\\&\left[\frac{K_{31}}{k}-\mathrm{i}\frac{\omega}{\Omega^2}\frac{\partial\overline{U}_2}{\partial x_3}\frac{k_2}{k}I_3-\frac{1}{\Omega^2}\left(\omega^2-\left(\overline{N}^2\right)'\right)\overline{\delta}_{-\overline{H}}\right]\end{aligned}\right\}\frac{\sin\left\{X_{32}\left(x_3\right)-X_{32}\left(-\overline{H}\right)\right\}}{\sin\left\{X_{32}\left(-\overline{H}\right)\right\}}\\&+2\Omega^2\frac{K_{32}}{k}\left[\frac{K_{31}}{k}+\frac{1}{2}\left(\frac{\overline{M}^2}{\Omega^2}\frac{k_1}{k}I_1-\mathrm{i}\frac{\omega}{\Omega^2}\frac{\partial\overline{U}_2}{\partial x_3}\frac{k_2}{k}I_3\right)\right]\frac{\cos\left\{X_{32}\left(x_3\right)-X_{32}\left(-\overline{H}\right)\right\}}{\sin\left\{X_{32}\left(-\overline{H}\right)\right\}}\end{aligned}\right\}\text{。}\end{aligned}\tag{F9.1}$$

再考虑所导得的$\left\{I_1, I_2, I_3, I_4, (I_4)'\right\}$、$\{K_{31}, K_{32}\}$和$\left(\bar{N}^2\right)'$表示式，我们不难证明，表示式（F9.1）右端花括号内的两项系数都为零，即有

$$\left\{\begin{aligned}&\left(\omega^2-\left(\bar{N}^2\right)'\right)(I_4)'+\Omega^2\frac{K_{32}}{k}\frac{K_{32}}{k}\\&+\Omega^2\left[\frac{K_{31}}{k}+\frac{\bar{M}^2}{\Omega^2}\frac{k_1}{k}I_1+\frac{1}{\Omega^2}\left(\omega^2-\left(\bar{N}^2\right)'\right)\bar{\delta}_{-\bar{H}}\right]\\&\left[\frac{K_{31}}{k}-\mathrm{i}\frac{\omega}{\Omega^2}\frac{\partial\bar{U}_2}{\partial x_3}\frac{k_2}{k}I_3-\frac{1}{\Omega^2}\left(\omega^2-\left(\bar{N}^2\right)'\right)\bar{\delta}_{-\bar{H}}\right]\end{aligned}\right\}=0, \tag{F9.2}$$

和

$$\left[\frac{K_{31}}{k}+\frac{1}{2}\left(\frac{\bar{M}^2}{\Omega^2}\frac{k_1}{k}I_1-\mathrm{i}\frac{\omega}{\Omega^2}\frac{\partial\bar{U}_2}{\partial x_3}\frac{k_2}{k}I_3\right)\right]=0。 \tag{F9.3}$$

这样，由证明了的等式（9.128），我们有

$$\mathrm{i}\omega\frac{\partial(\phi)_{x_3}}{\partial\omega}\frac{\partial\omega}{\partial x_3}=0, \tag{F9.4}$$

从而可推得复频率的垂直不变性

$$\frac{\partial\omega}{\partial x_3}=0。 \tag{F9.5}$$

第十章

“典型–简单”重力波动及其单一参变量：集合平均密度垂直修正速度剪切模的“统一解析表示”

基于“一般海洋”简化的重力波动“统一解析理论”，本章在“典型–简单”意义下给出包括海面层海浪和密度跃层内波的“统一解析解”表示。这些结果有利于规律性地了解不同运动形态下重力波动的基本运动学和动力学属性。鉴于剩余类运动单一参变量：密度垂直修正的速度剪切模在湍流混合动力学描述中的重要地位，本章将给出它在“典型–简单”意义的重力波动标准运动类样本集合平均“统一解析解”表示。

10.1 问题的提出

既然我们已经有了"一般海洋"简化下重力波动控制方程组的"统一解析解"，当然期望能在一种"典型-简单"意义下有重力波动移动和传播属性的简洁表述。另外，在海洋数值研究领域里，人们常常采用一种有效的技术路线：充分利用基本运动形态的解析技术给出运动规律性的动力学表示，从而充分利用一般形态的数值技术给出运动变化多样性和相互作用复杂性的数学物理描述。这时，"典型-简单"意义下重力波动"统一解析解"表示就显得更具有一般性和方便性。另外，考虑到重力波动单一参变量：集合平均密度垂直修正的速度剪切模在上层海洋湍流混合动力学中的重要地位，本章还不厌其烦地给出它的导出细节。

10.2 "典型-简单"重力波动的"统一解析解"表示

为了定性定量地给出重力波动两种运动形态的移动和传播属性，我们将在"一般海洋"简化的"统一解析理论"基础上，给出它们在"典型-简单"意义下的"统一解析解"表示。

10.2.1 "典型-简单"重力波动表示参变量的退化形式

所谓"典型-简单"重力波动指的是在层化、静止和等深海洋中，受重力控制和处于动态平衡的一类小和次中尺度运动。"一般海洋"重力波动"统一解析理论"的参变量表示式（9.74)、(9.78)、(9.82)、(9.85)、(9.89)、(9.101）和波数相位表示式（9.99)、(9.100)，在"典型-简单"意义下退化为

$$\Omega^2 \equiv \left(\omega^2 - f^2\right), \quad \bar{M}^2 = 0, \quad \bar{N}^2 \equiv -g\frac{\partial}{\partial x_3}\left(\frac{\bar{\rho}}{\rho_0}\right),$$

$$\left(\bar{N}^2\right)' = \bar{N}^2，\ \left(\bar{N}^2\right)^* = \bar{N}^2， \tag{10.1}$$

$$\delta_{-\bar{H}} = 0，\ \bar{\delta}_{-\bar{H}} = 0，\ \bar{\bar{\varpi}}_0 \approx \omega，\ \bar{\phi}_A \approx g\left(\frac{\bar{\rho}}{\rho_0}\right)_0 + \phi_A， \tag{10.2}$$

$$I_1 \approx 1，\ I_2 \approx 1，\ I_3 \approx 1，\ I_4 \approx 1，\ \left(I_4\right)' \approx 1， \tag{10.3}$$

和

$$K_{31}\left(x_3\right) = 0，\ K_{32}\left(x_3\right) \equiv \left\{\frac{\bar{N}^2 - \omega^2}{\omega^2 - f^2}\right\}^{\frac{1}{2}} k， \tag{10.4}$$

$$X_{31}\left(x_3\right) = 0，\ X_{32}\left(x_3\right) = -\int_{x_3}^{0} \left\{\frac{\bar{N}^2 - \omega^2}{\omega^2 - f^2}\right\}^{\frac{1}{2}} k dx_3 。 \tag{10.5}$$

实际上，这时的重力波动只包括三个参变量，其中在上列中出现的两个是区隔海浪和内波的 Väisälä 频率 $\bar{N}$ 和区隔内波和惯性波的惯性频率 f 。在上列中并不出现的其实就是水深 $-\bar{H}$ 。

10.2.2 “典型-简单”重力波动的“统一解析解”表示

在“典型”的三个频率范围

$$\left[\mathrm{Re}\{\omega\}\right]_{\text{Seawaves}} > \mathrm{Re}\{\bar{N}\} > \left[\mathrm{Re}\{\omega\}\right]_{\text{Internal waves}} > \mathrm{Re}\{f\} > \left[\mathrm{Re}\{\omega\}\right]_{\text{InertialwWaves}} \tag{10.6}$$

内，“简单”重力波动的“统一解析解”可写成如下形式。

1. “典型-简单”重力波动的运动 Fourier 积分“统一解析解”表示

将“典型-简单”意义下的参变量表示式（10.1）-（10.3）和波数相位表示式（10.4）、（10.5）代入“一般海洋”简化的重力波动“统一解析解”，则我们有如下表示形式。

1）“典型-简单”重力波动“统一解析解”的 Fourier 积分表示式

将“典型-简单”重力波动的运动 Fourier 核函数

$$\mu_{SM\alpha} = \omega\left(\frac{\bar{N}^2-\omega^2}{\omega^2-f^2}\right)^{\frac{1}{2}}\frac{k_\alpha}{k}\frac{\cos\left\{\int_{-\bar{H}}^{x_3}\left(\frac{\bar{N}^2-\omega^2}{\omega^2-f^2}\right)^{\frac{1}{2}}k\,dx_3\right\}}{\sin\left\{\int_{-\bar{H}}^{0}\left(\frac{\bar{N}^2-\omega^2}{\omega^2-f^2}\right)^{\frac{1}{2}}k\,dx_3\right\}}, \tag{10.7}$$

$$\mu_{SM3} = -\mathrm{i}\omega\frac{\sin\left\{\int_{-\bar{H}}^{x_3}\left(\frac{\bar{N}^2-\omega^2}{\omega^2-f^2}\right)^{\frac{1}{2}}k\,dx_3\right\}}{\sin\left\{\int_{-\bar{H}}^{0}\left(\frac{\bar{N}^2-\omega^2}{\omega^2-f^2}\right)^{\frac{1}{2}}k\,dx_3\right\}}, \tag{10.8}$$

$$\phi_{SM} = \frac{\left(\bar{N}^2-\omega^2\right)^{\frac{1}{2}}\left(\omega^2-f^2\right)^{\frac{1}{2}}}{k}\frac{\cos\left\{\int_{-\bar{H}}^{x_3}\left(\frac{\bar{N}^2-\omega^2}{\omega^2-f^2}\right)^{\frac{1}{2}}k\,dx_3\right\}}{\sin\left\{\int_{-\bar{H}}^{0}\left(\frac{\bar{N}^2-\omega^2}{\omega^2-f^2}\right)^{\frac{1}{2}}k\,dx_3\right\}}, \tag{10.9}$$

$$\beta = \frac{\bar{N}^2}{g}\frac{\sin\left\{\int_{-\bar{H}}^{x_3}\left(\frac{\bar{N}^2-\omega^2}{\omega^2-f^2}\right)^{\frac{1}{2}}k\,dx_3\right\}}{\sin\left\{\int_{-\bar{H}}^{0}\left(\frac{\bar{N}^2-\omega^2}{\omega^2-f^2}\right)^{\frac{1}{2}}k\,dx_3\right\}}。 \tag{10.10}$$

将这些结果代入积分式（9.61）的前五个，则我们有“典型-简单”重力波动的运动 Fourier 积分“统一解析解”表示式

$$u_{SM\alpha} = \iint_{\vec{k}}\eta_{SM}\left(\frac{\bar{N}^2-\omega^2}{\omega^2-f^2}\right)^{\frac{1}{2}}\omega\frac{k_\alpha}{k}\frac{\cos\left\{\int_{-\bar{H}}^{x_3}\left(\frac{\bar{N}^2-\omega^2}{\omega^2-f^2}\right)^{\frac{1}{2}}k\,dx_3\right\}}{\sin\left\{\int_{-\bar{H}}^{0}\left(\frac{\bar{N}^2-\omega^2}{\omega^2-f^2}\right)^{\frac{1}{2}}k\,dx_3\right\}}\exp\left\{\mathrm{i}\left(k_\beta x_\beta-\omega t\right)\right\}dk_1dk_2\,,\quad \alpha=1,2\,, \tag{10.11}$$

$$u_{SM3}=-\mathrm{i}\iint_{\vec{k}}\eta_{SM}\omega\frac{\sin\left\{\int_{-\bar{H}}^{x_3}\left(\frac{\bar{N}^2-\omega^2}{\omega^2-f^2}\right)^{\frac{1}{2}}k\,dx_3\right\}}{\sin\left\{\int_{-\bar{H}}^{0}\left(\frac{\bar{N}^2-\omega^2}{\omega^2-f^2}\right)^{\frac{1}{2}}k\,dx_3\right\}}\exp\left\{\mathrm{i}\left(k_\beta x_\beta-\omega t\right)\right\}dk_1dk_2\text{ ,}\qquad(10.12)$$

$$\frac{p_{SM}}{\rho_0}=\iint_{\vec{k}}\eta_{SM}\frac{\left(\omega^2-f^2\right)^{\frac{1}{2}}\left(\bar{N}^2-\omega^2\right)^{\frac{1}{2}}}{k}\frac{\cos\left\{\int_{-\bar{H}}^{x_3}\left(\frac{\bar{N}^2-\omega^2}{\omega^2-f^2}\right)^{\frac{1}{2}}k\,dx_3\right\}}{\sin\left\{\int_{-\bar{H}}^{0}\left(\frac{\bar{N}^2-\omega^2}{\omega^2-f^2}\right)^{\frac{1}{2}}k\,dx_3\right\}}\exp\left\{\mathrm{i}\left(k_\beta x_\beta-\omega t\right)\right\}dk_1dk_2\text{ ,}$$

(10.13)

$$\frac{\rho_{SM}}{\rho_0}=\frac{\bar{N}^2}{g}\iint_{\vec{k}}\eta_{SM}\frac{\sin\left\{\int_{-\bar{H}}^{x_3}\left(\frac{\bar{N}^2-\omega^2}{\omega^2-f^2}\right)^{\frac{1}{2}}k\,dx_3\right\}}{\sin\left\{\int_{-\bar{H}}^{0}\left(\frac{\bar{N}^2-\omega^2}{\omega^2-f^2}\right)^{\frac{1}{2}}k\,dx_3\right\}}\exp\left\{\mathrm{i}\left(k_\beta x_\beta-\omega t\right)\right\}dk_1dk_2\text{ 。}\qquad(10.14)$$

2）“典型-简单”重力波动的复频率-波数关系三分量“统一解析解”表示式

这个“典型-简单”意义下的复频率-波数关系三分量主要包括

（1）海面复频率-波数关系

$$\left(\omega^2-f^2\right)^{\frac{1}{2}}\left(\bar{N}^2-\omega^2\right)^{\frac{1}{2}}=\left[g\left(\frac{\bar{\rho}}{\rho_0}\right)_0+\phi_A\right]k\frac{\sin\left\{\int_{-H}^{0}\left(\frac{\bar{N}^2-\omega^2}{\omega^2-f^2}\right)^{\frac{1}{2}}k\,dx_3\right\}}{\cos\left\{\int_{-H}^{0}\left(\frac{\bar{N}^2-\omega^2}{\omega^2-f^2}\right)^{\frac{1}{2}}k\,dx_3\right\}}\text{ ,}\qquad(10.15)$$

其中符号已用“复频率的实部是物理频率，它是一个大于零的实数量”原则确定。

（2）复频率垂直不变性

$$\frac{\partial \omega}{\partial x_3}=0 \text{。} \tag{10.16}$$

（3）垂直波数和相位解析表示

$$K_{SM31}(x_3)=0\text{，}\quad K_{SM32}(x_3)\equiv\left(\frac{\bar{N}^2-\omega^2}{\omega^2-f^2}\right)^{\frac{1}{2}}k\text{，} \tag{10.17}$$

$$X_{SM31}(x_3)=0\text{，}\quad X_{SM32}(x_3)=-\int_{x_3}^{0}\left(\frac{\bar{N}^2-\omega^2}{\omega^2-f^2}\right)^{\frac{1}{2}}kdx_3 \text{。} \tag{10.18}$$

10.3 “典型–简单”重力波动生湍流单一参变量，集合平均密度垂直修正速度剪切模的“统一解析解”表示

10.3.1 湍流剩余类运动单一参变量的动力学引入及其理论和实验意义

1. 湍流剩余类运动单一参变量的动力学引入

按速度–速度二阶矩方程（6.35），令其下标 $i=j$，则我们有湍流动能方程

$$\begin{aligned}&\frac{\partial k}{\partial t}+\tilde{U}_j\frac{\partial k}{\partial x_j}+\varepsilon_{ilm}2\Omega_l\langle u_iu_m\rangle=\frac{\partial}{\partial x_j}\left[-\left\langle\frac{1}{2}u_iu_iu_j\right\rangle-\left(\delta_{ij}\left\langle u_i\frac{p}{\rho_0}\right\rangle\right)+\nu_0\frac{\partial k}{\partial x_j}\right]\\&+\left(-\langle u_iu_j\rangle\right)\frac{\partial\tilde{U}_i}{\partial x_j}-\nu_0\left\langle\frac{\partial u_i}{\partial x_j}\frac{\partial u_i}{\partial x_j}\right\rangle+\left\langle\left(\frac{\partial u_i}{\partial x_i}\right)\frac{p}{\rho_0}\right\rangle-\left(g\delta_{i3}\left\langle u_i\frac{\rho}{\rho_0}\right\rangle\right)\end{aligned} \text{。} \tag{10.19}$$

按反对称和对称张量的运算规则，方程（10.19）左端第三项等于零；按 Boussinesq 近似，右端第四项等于零；再考虑到输运通量是一种大涡旋行为，方程中的输运通量剩余项可以写成结构均衡形式表示式

$$\frac{\partial}{\partial x_j}\left[-\left\langle\frac{1}{2}u_iu_iu_j\right\rangle-\delta_{ij}\left\langle u_i\frac{p}{\rho_0}\right\rangle+\nu_0\frac{\partial k}{\partial x_j}\right]\approx\frac{\partial}{\partial x_j}\left(\frac{k^2}{\pi^2\varepsilon}\frac{\partial k}{\partial x_j}\right)\text{；} \tag{10.20}$$

再按右端第三项的湍流动能耗散率定义式

$$\varepsilon \equiv \nu_0 \left\langle \frac{\partial u_i}{\partial x_k} \frac{\partial u_i}{\partial x_k} \right\rangle, \tag{10.21}$$

则我们有简约的湍流动能闭合方程

$$\frac{\partial k}{\partial t} + \tilde{U}_j \frac{\partial k}{\partial x_j} = \frac{\partial}{\partial x_j}\left(\frac{k^2}{\pi^2 \varepsilon}\frac{\partial k}{\partial x_j}\right) + \left[\left(-\langle u_i u_j \rangle\right)\frac{\partial \tilde{U}_i}{\partial x_j} + \left(-\left\langle u_i \frac{\rho}{\rho_0}\right\rangle\right) g\delta_{i3} - \varepsilon\right]。\tag{10.22}$$

最后，按输运通量的 Fourier 律给出速度通量和密度通量的结构均衡形式表示

$$\left(-\langle u_i u_j \rangle\right)\frac{\partial \tilde{U}_i}{\partial x_j} + \left(-\left\langle u_i \frac{\rho}{\rho_0}\right\rangle\right) g\delta_{i3} = \frac{k^2}{\pi^2 \varepsilon}\left[\left|\frac{\partial \tilde{U}_i}{\partial x_j}\right|^2 + \frac{g}{\sigma}\frac{\partial}{\partial x_3}\left(\frac{\tilde{\rho}}{\rho_0}\right)\right], \tag{10.23}$$

从而我们有简约的湍流动能闭合方程

$$\frac{\partial k}{\partial t} + \tilde{U}_j \frac{\partial k}{\partial x_j} = \frac{\partial}{\partial x_j}\left(\frac{k^2}{\pi^2 \varepsilon}\frac{\partial k}{\partial x_j}\right) + \frac{k^2}{\pi^2 \varepsilon}\left[\left|\frac{\partial \tilde{U}_i}{\partial x_j}\right|^2 + \frac{g}{\sigma}\frac{\partial}{\partial x_3}\left(\frac{\tilde{\rho}}{\rho_0}\right)\right] - \varepsilon。\tag{10.24}$$

按这个结果，所谓剩余运动类生湍流单一参变量$\left[\left|\frac{\partial \tilde{U}_i}{\partial x_j}\right|^2 + \frac{g}{\sigma}\frac{\partial}{\partial x_3}\left(\frac{\tilde{\rho}}{\rho_0}\right)\right]$是一个非常有理论依据的重要单一参变量。

2. 剩余运动类单一参变量的湍流动能耗散率“实验拟合分析能力”

1）海面层海浪和密度跃层内波生湍流耗散率测量数据及其“典型-简单”重力波动单一参变量实验拟合分析实例

在图 10.1 中，我们用蓝点线标示在海面层内测量的海浪生湍流耗散率数据，它们是西方若干知名研究者早期测定的，其中用红点线图示的是测量计算的海浪单一参变量拟合分析数据。在图 10.2 中，我们用黑点线标示在密度跃层内测量的湍流耗散率数据，它们是在国家海洋局南海周边

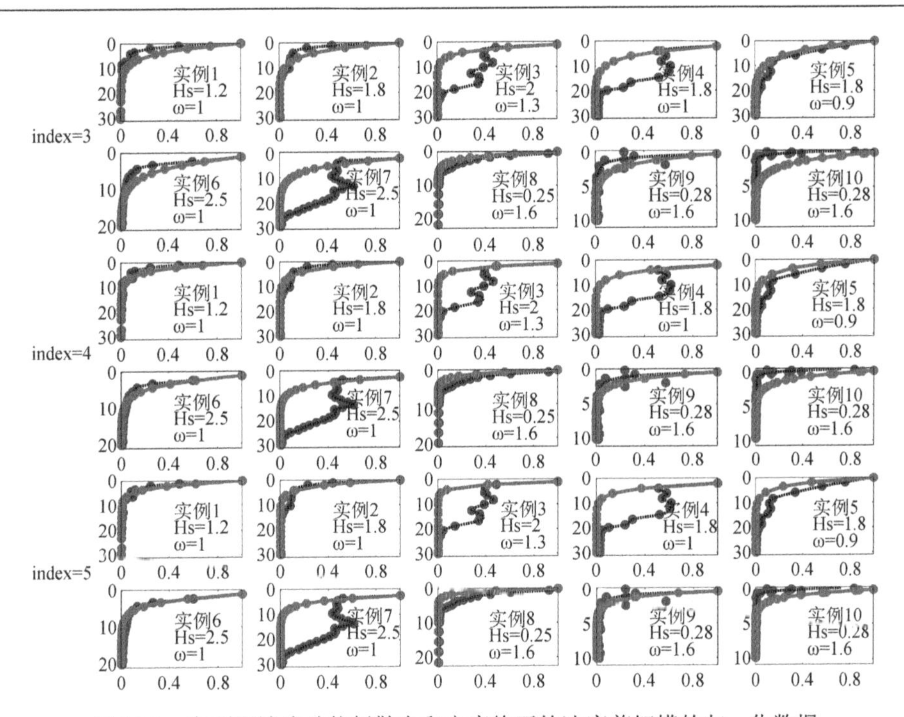

图 10.1 海面层湍流动能耗散率和密度修正的速度剪切模的归一化数据

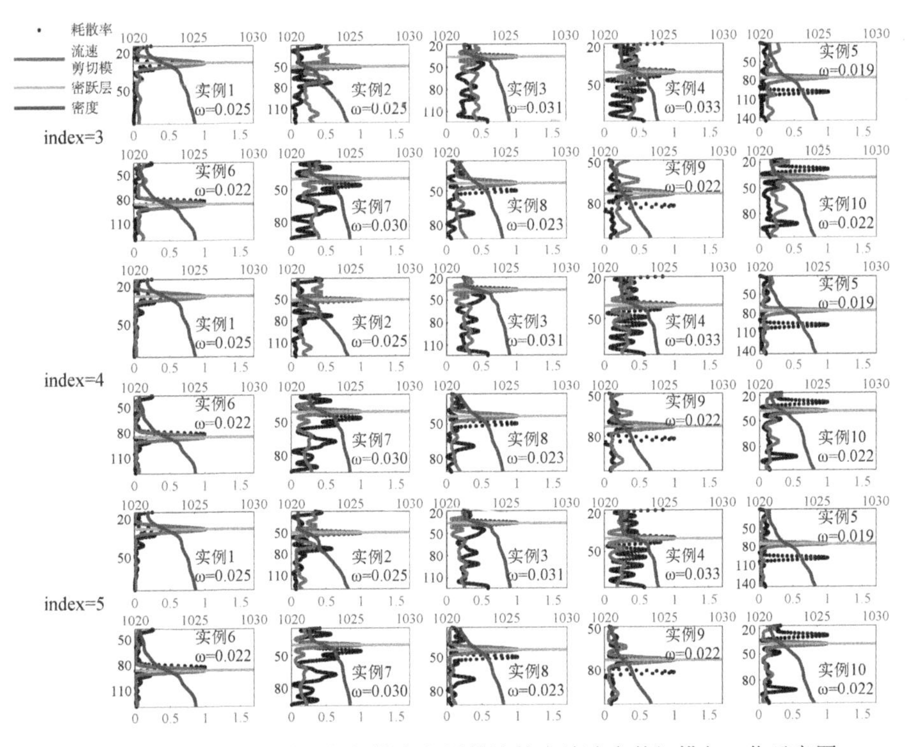

图 10.2 密度跃层湍流动能耗散率和测量计算内波速度剪切模归一化示意图

国家国际合作计划期间测得的。南海周边国家海洋调查合作计划由第一海洋研究所执行，为期 4 年。图中用红点线标示的是测量计算的内波单一参变量拟合分析数据，用蓝线图示的是测量计算的密度垂直分布。

2）基于测量的湍流动能耗散率数据和测量计算的重力波动单一参变量数据的“统一拟合”实验关系

以测量计算的“典型–简单”重力波动单一参变量幂函数归一化形式

$$\frac{\overline{\varepsilon}_{SM}}{\overline{\varepsilon}_{SM\,x_3=DMAX}}=\left\{\frac{\left[\left|\dfrac{\partial u_{SM\,i}}{\partial x_k}\right|^2+\dfrac{g}{\sigma}\dfrac{\partial}{\partial x_3}\left(\dfrac{\rho_{SM}}{\rho_0}\right)\right]^{\frac{1}{2}}}{\left[\left|\dfrac{\partial u_{SM\,i}}{\partial x_k}\right|^2+\dfrac{g}{\sigma}\dfrac{\partial}{\partial x_3}\left(\dfrac{\rho_{SM}}{\rho_0}\right)\right]^{\frac{1}{2}}_{x_3=DMAX}}\right\}^{\mathrm{Index}\,\overline{\varepsilon}_{SM}}, \tag{10.25}$$

“统一拟合”测量的湍流动能耗散率数据。这里 $x_3=DMAX$ 或表示海面层的海面或表示密度跃层的跃层位置，$\dfrac{\overline{\varepsilon}_{SM}}{\overline{\varepsilon}_{SM\,x_3=DMAX}}$ 和 $\left\{\dfrac{\left[\left|\dfrac{\partial u_{SM\,i}}{\partial x_k}\right|^2+\dfrac{g}{\sigma}\dfrac{\partial}{\partial x_3}\left(\dfrac{\rho_{SM}}{\rho_0}\right)\right]^{\frac{1}{2}}}{\left[\left|\dfrac{\partial u_{SM\,i}}{\partial x_k}\right|^2+\dfrac{g}{\sigma}\dfrac{\partial}{\partial x_3}\left(\dfrac{\rho_{SM}}{\rho_0}\right)\right]^{\frac{1}{2}}_{x_3=DMAX}}\right\}$ 分别表示湍流动能耗散率和归一化的单一参变量数据。拟合结果，不论是 10 组两组还是 20 组一组都表明，幂函数指数可以被一致地归纳确定为

$$\mathrm{Index}\,\overline{\varepsilon}_{SM}=4\,。 \tag{10.26}$$

这样，我们就有饱和平衡意义下的重力波动生湍流基本特征量实验关系

$$\frac{\overline{\varepsilon}_{SM}}{\overline{\varepsilon}_{SM\,x_3=DMAX}}=\left\{\frac{\left[\left|\dfrac{\partial u_{SM\,i}}{\partial x_k}\right|^2+\dfrac{g}{\sigma}\dfrac{\partial}{\partial x_3}\left(\dfrac{\rho_{SM}}{\rho_0}\right)\right]}{\left[\left|\dfrac{\partial u_{SM\,i}}{\partial x_k}\right|^2+\dfrac{g}{\sigma}\dfrac{\partial}{\partial x_3}\left(\dfrac{\rho_{SM}}{\rho_0}\right)\right]_{x_3=DMAX}}\right\}^{2}。 \tag{10.27}$$

实际上，这个结果与 1989 年 Gregg 的分析结果是高度一致的，两者不论是他的垂直梯度模和我们的单一参变量，其幂指数都被归纳确定为四次方，而且我们指出它们对于海面层的海浪和密度跃层的内波也是统一的。我们的拟合式通过湍流剩余类运动的单一参变量，把这个关系与海水层结、水深地貌和流场剪切隐含地相关着，而 Gregg 则只好用显式，分别拟合表示这些参数的影响。

3）“典型-简单”重力波动单一参变量是湍流统计学和混合动力学的重要描述参变量

（1）湍流统计动力学的动能、动能耗散率和混合长度解析表示

按表示式（8.81）-（8.83）我们有湍流统计动力学重要关系式

$$\bar{k}=\pi\left[\left|\frac{\partial\tilde{U}_i}{\partial x_j}\right|^2+\frac{g}{\sigma}\frac{\partial}{\partial x_3}\left(\frac{\tilde{\rho}}{\rho_0}\right)\right]\bar{l}_D^2,\quad \bar{\varepsilon}=\left[\left|\frac{\partial\tilde{U}_i}{\partial x_j}\right|^2+\frac{g}{\sigma}\frac{\partial}{\partial x_3}\left(\frac{\tilde{\rho}}{\rho_0}\right)\right]^{\frac{3}{2}}\bar{l}_D^2, \tag{10.28}$$

和

$$\bar{l}_D^2=\left\{\frac{\left[\left|\frac{\partial\bar{U}_i}{\partial x_j}\right|^2+\frac{g}{\sigma}\frac{\partial}{\partial x_3}\left(\frac{\bar{\rho}}{\rho_0}\right)\right]}{\left[\left|\frac{\partial\bar{U}_i}{\partial x_j}\right|^2+\frac{g}{\sigma}\frac{\partial}{\partial x_3}\left(\frac{\bar{\rho}}{\rho_0}\right)\right]_{x_3=DMAX}}\right\}^{\frac{1}{2}}\bar{l}_{D\,x_3=DMAX}^2。 \tag{10.29}$$

这里给出的是以湍流剩余运动类表示的更一般形式。

（2）湍流对重力波动、重力涡旋和环流混合系数的上确界估计

湍流混合动力学重要关系式主要包括它们的搅拌混合系数：

$$\bar{B}_{WUV}^{\text{Dynamic}}=\left\{\left[\left|\frac{\partial\tilde{U}_i}{\partial x_j}\right|^2+\frac{g}{\sigma}\frac{\partial}{\partial x_3}\left(\frac{\tilde{\rho}}{\rho_0}\right)\right]^{\frac{1}{2}}\bar{l}_D^2\right\}_{SM},$$

$$\begin{Bmatrix} \overline{B}_{WTV}^{\text{Dynamic}} \\ \overline{B}_{WSV}^{\text{Dynamic}} \end{Bmatrix} = \left\{ \frac{1}{\sigma} \left[\left| \frac{\partial \tilde{U}_i}{\partial x_j} \right|^2 + \frac{g}{\sigma} \frac{\partial}{\partial x_3} \left(\frac{\tilde{\rho}}{\rho_0} \right) \right]^{\frac{1}{2}} \overline{l}_D^2 \right\}_{SM}, \tag{10.30}$$

和

$$\overline{B}_{EUV}^{\text{Dynamic}} = \left\{ \left[\left| \frac{\partial \tilde{U}_i}{\partial x_j} \right|^2 + \frac{g}{\sigma} \frac{\partial}{\partial x_3} \left(\frac{\tilde{\rho}}{\rho_0} \right) \right]^{\frac{1}{2}} \overline{l}_D^2 \right\}_{MM},$$

$$\begin{Bmatrix} \overline{B}_{ETV}^{\text{Dynamic}} \\ \overline{B}_{ESV}^{\text{Dynamic}} \end{Bmatrix} = \left\{ \frac{1}{\sigma} \left[\left| \frac{\partial \tilde{U}_i}{\partial x_j} \right|^2 + \frac{g}{\sigma} \frac{\partial}{\partial x_3} \left(\frac{\tilde{\rho}}{\rho_0} \right) \right]^{\frac{1}{2}} \overline{l}_D^2 \right\}_{MM}, \tag{10.31}$$

和

$$\overline{B}_{CUV}^{\text{Dynamic}} = \left\langle \left[\left| \frac{\partial \tilde{U}_i}{\partial x_j} \right|^2 + \frac{g}{\sigma} \frac{\partial}{\partial x_3} \left(\frac{\tilde{\rho}}{\rho_0} \right) \right]^{\frac{1}{2}} \overline{l}_D^2 \right\rangle_{SM+MM},$$

$$\begin{Bmatrix} \overline{B}_{CTV}^{\text{Dynamic}} \\ \overline{B}_{CSV}^{\text{Dynamic}} \end{Bmatrix} = \left\langle \frac{1}{\sigma} \left[\left| \frac{\partial \tilde{U}_i}{\partial x_j} \right|^2 + \frac{g}{\sigma} \frac{\partial}{\partial x_3} \left(\frac{\tilde{\rho}}{\rho_0} \right) \right]^{\frac{1}{2}} \overline{l}_D^2 \right\rangle_{SM+MM}. \tag{10.32}$$

值得注意的是，这些结果居然与我们按 Prandtl 混合模型演算结果完全一致！

（3）推荐湍流基本特征量闭合方程组的重要参变量

按方程（8.98）和（8.99）我们有推荐的湍流基本特征量闭合方程组

$$\frac{\partial k}{\partial t} + \tilde{U}_j \frac{\partial k}{\partial x_j} = \frac{\partial}{\partial x_j} \left(\frac{k^2}{\pi^2 \varepsilon} \frac{\partial k}{\partial x_j} \right) + \left\{ \frac{k^2}{\pi^2 \varepsilon} \left[\left| \frac{\partial \tilde{U}_i}{\partial x_j} \right|^2 + \frac{g}{\sigma} \frac{\partial}{\partial x_3} \left(\frac{\tilde{\rho}}{\rho_0} \right) \right] - \varepsilon \right\}, \tag{10.33}$$

和

$$\frac{\partial \varepsilon}{\partial t}+\tilde{U}_j\frac{\partial \varepsilon}{\partial x_j}=\frac{\partial}{\partial x_j}\left(\frac{k^2}{\pi^2\varepsilon}\frac{\partial \varepsilon}{\partial x_j}\right)+\frac{\varepsilon}{k}\left\{\left[\left|\frac{\partial \tilde{U}_i}{\partial x_j}\right|^2+\frac{g}{\sigma}\frac{\partial}{\partial x_3}\left(\frac{\tilde{\rho}}{\rho_0}\right)\right]^{\frac{3}{2}}\overline{l}_D^2-\varepsilon\right\}。\qquad (10.34)$$

10.3.2 “典型-简单”重力波动的集合平均单一参变量“统一解析解”表示

集合平均的重力波动单一参变量是湍流对环流搅拌混合项的重要表示因子，其主要部分是速度剪切模，修正部分比例于归一化密度的垂直梯度。这里，我们先给出前者的计算

$$\left\langle\left|\frac{\partial u_{SMi}}{\partial x_j}\right|\right\rangle_{SM}\equiv\left\langle\left\{\left(\frac{\partial u_{SMi}}{\partial x_j}\right)\left(\frac{\partial u_{SMi}}{\partial x_j}\right)^*\right\}^{\frac{1}{2}}\right\rangle_{SM}=\left\{\left\langle\sum_{j=1}^{3}\sum_{i=1}^{3}\left(\frac{\partial u_{SMi}}{\partial x_j}\right)\left(\frac{\partial u_{SMi}}{\partial x_j}\right)^*\right\rangle_{SM}\right\}^{\frac{1}{2}}$$

$$=\left\{\begin{aligned}&\sum_{\beta=1}^{2}\left[\sum_{\alpha=1}^{2}\left\langle\left(\frac{\partial u_{SM\alpha}}{\partial x_\beta}\right)\left(\frac{\partial u_{SM\alpha}}{\partial x_\beta}\right)^*\right\rangle_{SM}\right]+\sum_{\beta=1}^{2}\left\langle\left(\frac{\partial u_{SM3}}{\partial x_\beta}\right)\left(\frac{\partial u_{SM3}}{\partial x_\beta}\right)^*\right\rangle_{SM}\\&+\sum_{\alpha=1}^{2}\left\langle\left(\frac{\partial u_{SM\alpha}}{\partial x_3}\right)\left(\frac{\partial u_{SM\alpha}}{\partial x_3}\right)^*\right\rangle_{SM}+\left\langle\left(\frac{\partial u_{SM3}}{\partial x_3}\right)\left(\frac{\partial u_{SM3}}{\partial x_3}\right)^*\right\rangle_{SM}\end{aligned}\right\}^{\frac{1}{2}}。\qquad (10.35)$$

按水平均匀重力波动海面起伏波数谱的 Fourier 变换关系式

$$\left\langle\eta_{SM}(k)\eta_{SM}^*(k_1)\right\rangle_{SM}=\Phi_{SM}(k)\delta(k-k_1),\qquad (10.36)$$

则重力波动速度剪切模平方的四个分量可分别演算为

$$\sum_{\beta=1}^{2}\left[\sum_{\alpha=1}^{2}\left\langle\left(\frac{\partial u_{SM\alpha}}{\partial x_\beta}\right)\left(\frac{\partial u_{SM\alpha}}{\partial x_\beta}\right)^*\right\rangle_{SM}\right]=\iint_{\vec{k}}\Phi_{SM}\left(\frac{\overline{N}^2-\omega^2}{\omega^2-f^2}\right)\omega^2k^2\frac{\cos^2\left\{\int_{-\overline{H}}^{x_3}\left(\frac{\overline{N}^2-\omega^2}{\omega^2-f^2}\right)^{\frac{1}{2}}k\,dx_3\right\}}{\sin^2\left\{\int_{-\overline{H}}^{0}\left(\frac{\overline{N}^2-\omega^2}{\omega^2-f^2}\right)^{\frac{1}{2}}k\,dx_3\right\}}dk_1dk_2,$$

(10.37)

$$\sum_{\alpha=1}^{2}\left\langle\left(\frac{\partial u_{SM\alpha}}{\partial x_3}\right)\left(\frac{\partial u_{SM\alpha}}{\partial x_3}\right)^*\right\rangle_{SM}=\iint_{\vec{k}}\Phi_{SM}\left(\frac{\bar{N}^2-\omega^2}{\omega^2-f^2}\right)^2\omega^2k^2\frac{\sin^2\left\{\int_{-\bar{H}}^{x_3}\left(\frac{\bar{N}^2-\omega^2}{\omega^2-f^2}\right)^{\frac{1}{2}}k\,dx_3\right\}}{\sin^2\left\{\int_{-\bar{H}}^{0}\left(\frac{\bar{N}^2-\omega^2}{\omega^2-f^2}\right)^{\frac{1}{2}}k\,dx_3\right\}}dk_1dk_2\ ,$$

（10.38）

$$\sum_{\beta=1}^{2}\left\langle\left(\frac{\partial u_{SM3}}{\partial x_\beta}\right)\left(\frac{\partial u_{SM3}}{\partial x_\beta}\right)^*\right\rangle_{SM}=\iint_{\vec{k}}\Phi_{SM}\omega^2k^2\frac{\sin^2\left\{\int_{-\bar{H}}^{x_3}\left(\frac{\bar{N}^2-\omega^2}{\omega^2-f^2}\right)^{\frac{1}{2}}k\,dx_3\right\}}{\sin^2\left\{\int_{-\bar{H}}^{0}\left(\frac{\bar{N}^2-\omega^2}{\omega^2-f^2}\right)^{\frac{1}{2}}k\,dx_3\right\}}dk_1dk_2\ ,$$

（10.39）

$$\left\langle\left(\frac{\partial u_{SM3}}{\partial x_3}\right)\left(\frac{\partial u_{SM3}}{\partial x_3}\right)^*\right\rangle_{SM}=\iint_{\vec{k}}\Phi_{SM}\left(\frac{\bar{N}^2-\omega^2}{\omega^2-f^2}\right)\omega^2k^2\frac{\cos^2\left\{\int_{-\bar{H}}^{x_3}\left(\frac{\bar{N}^2-\omega^2}{\omega^2-f^2}\right)^{\frac{1}{2}}k\,dx_3\right\}}{\sin^2\left\{\int_{-\bar{H}}^{0}\left(\frac{\bar{N}^2-\omega^2}{\omega^2-f^2}\right)^{\frac{1}{2}}k\,dx_3\right\}}dk_1dk_2\ 。$$

（10.40）

从而可得集合平均重力波动的速度剪切模平方为

$$\left\langle\left|\frac{\partial u_{SMi}}{\partial x_k}\right|\right\rangle_{SM}^2=\iint_{\vec{k}}\Phi_{SM}\omega^2k^2\frac{\left[\left(\frac{\bar{N}^2-\omega^2}{\omega^2-f^2}\right)-1\right]^2\sin^2\left\{\int_{-\bar{H}}^{x_3}\left(\frac{\bar{N}^2-\omega^2}{\omega^2-f^2}\right)^{\frac{1}{2}}k\,dx_3\right\}+2\left(\frac{\bar{N}^2-\omega^2}{\omega^2-f^2}\right)}{\sin^2\left\{\int_{-\bar{H}}^{0}\left(\frac{\bar{N}^2-\omega^2}{\omega^2-f^2}\right)^{\frac{1}{2}}k\,dx_3\right\}}dk_1dk_2\ 。$$

（10.41）

10.4　结论和讨论

作为本章的结论和讨论，我们在这里给出“典型–简单”重力波动，包括海面层海浪和密度跃层内波的解析表示以及“典型-简单”重力波动，包括海浪和内波单一参变量的解析表示。

10.4.1 “典型-简单”的重力波动“统一解析解”表示

按所给出的“典型-简单”重力波动“统一解析解”表示，我们可以分别写出海浪和内波在它们各自频率段内的 Fourier 积分表示。

1.“典型-简单”海浪的解析表示

在“典型”的海浪频率段

$$\left[\mathrm{Re}\{\omega\}\right]_{\text{Sea waves}} > \mathrm{Re}\{N\} > \mathrm{Re}\{f\} \tag{10.42}$$

上，将参变量的退化形式代入，则我们有如下解析表示形式。

1)“典型-简单”海浪的 Fourier 积分运动表示

$$u_{SW\alpha} = \iint_{\vec{k}} \eta_{SW} \left(\frac{\omega^2 - \bar{N}^2}{\omega^2 - f^2}\right)^{\frac{1}{2}} \omega \frac{k_\alpha}{k} \frac{\mathrm{ch}\left\{\int_{-\bar{H}}^{x_3} \left(\frac{\omega^2 - \bar{N}^2}{\omega^2 - f^2}\right)^{\frac{1}{2}} k\, dx_3\right\}}{\mathrm{sh}\left\{\int_{-\bar{H}}^{0} \left(\frac{\omega^2 - \bar{N}^2}{\omega^2 - f^2}\right)^{\frac{1}{2}} k\, dx_3\right\}} \exp\left\{\mathrm{i}\left(k_\beta x_\beta - \omega t\right)\right\} dk_1 dk_2 , \tag{10.43}$$

$$u_{SW3} = -\mathrm{i} \iint_{\vec{k}} \eta_{SW} \omega \frac{\mathrm{sh}\left\{\int_{-\bar{H}}^{x_3} \left(\frac{\omega^2 - \bar{N}^2}{\omega^2 - f^2}\right)^{\frac{1}{2}} k\, \mathrm{d}x_3\right\}}{\mathrm{sh}\left\{\int_{-\bar{H}}^{0} \left(\frac{\omega^2 - \bar{N}^2}{\omega^2 - f^2}\right)^{\frac{1}{2}} k\, \mathrm{d}x_3\right\}} \exp\left\{\mathrm{i}\left(k_\beta x_\beta - \omega t\right)\right\} \mathrm{d}k_1 \mathrm{d}k_2 , \tag{10.44}$$

$$\frac{p_{SW}}{\rho_0}=\iint\limits_{\vec{k}}\eta_{SW}\frac{\left(\omega^2-f^2\right)^{\frac{1}{2}}\left(\omega^2-\bar{N}^2\right)^{\frac{1}{2}}}{k}\frac{\mathrm{ch}\left\{\int\limits_{-\bar{H}}^{x_3}\left(\frac{\omega^2-\bar{N}^2}{\omega^2-f^2}\right)^{\frac{1}{2}}k\,dx_3\right\}}{\mathrm{sh}\left\{\int\limits_{-\bar{H}}^{0}\left(\frac{\omega^2-\bar{N}^2}{\omega^2-f^2}\right)^{\frac{1}{2}}k\,dx_3\right\}}\exp\left\{\mathrm{i}\left(k_\beta x_\beta-\omega t\right)\right\}dk_1dk_2\text{，}\tag{10.45}$$

$$\frac{\rho_{SW}}{\rho_0}=\frac{\bar{N}^2}{g}\iint\limits_{\vec{k}}\eta_{SW}\frac{\mathrm{sh}\left\{\int\limits_{-H}^{x_3}\left(\frac{\omega^2-\bar{N}^2}{\omega^2-f^2}\right)^{\frac{1}{2}}k\,dx_3\right\}}{\mathrm{sh}\left\{\int\limits_{-H}^{0}\left(\frac{\omega^2-\bar{N}^2}{\omega^2-f^2}\right)^{\frac{1}{2}}k\,dx_3\right\}}\exp\left\{\mathrm{i}\left(k_\beta x_\beta-\omega t\right)\right\}dk_1dk_2\text{。}\tag{10.46}$$

2）“典型–简单”海浪复频率–波数关系的三分量表示

（1）海面复频率–波数关系

$$\left[\left(\omega^2-f^2\right)\left(\omega^2-\bar{N}^2\right)\right]^{\frac{1}{2}}=\left[g\left(\frac{\bar{\rho}}{\rho_0}\right)_0+\phi_A\right]k\frac{\mathrm{sh}\left\{\int\limits_{-H}^{0}\left(\frac{\omega^2-\bar{N}^2}{\omega^2-f^2}\right)^{\frac{1}{2}}kdx_3\right\}}{\mathrm{ch}\left\{\int\limits_{-H}^{0}\left(\frac{\omega^2-\bar{N}^2}{\omega^2-f^2}\right)^{\frac{1}{2}}kdx_3\right\}}\text{，}\tag{10.47}$$

（2）复频率垂直不变性

$$\frac{\partial\omega}{\partial x_3}=0\text{，}\tag{10.48}$$

（3）垂直波数和相位解析表示

$$K_{SW31}\left(x_3\right)=0\text{，}\quad K_{SW32}\left(x_3\right)=\mathrm{i}\left(\frac{\omega^2-\bar{N}^2}{\omega^2-f^2}\right)^{\frac{1}{2}}k\text{，}\tag{10.49}$$

$$X_{SW31}\left(x_3\right)=0\text{，}\quad X_{SW32}\left(x_3\right)=-\mathrm{i}\int\limits_{x_3}^{0}\left(\frac{\omega^2-\bar{N}^2}{\omega^2-f^2}\right)^{\frac{1}{2}}kdx_3\text{。}\tag{10.50}$$

2.“典型-简单”内波的解析表示

在“典型”的内波频率段

$$\mathrm{Re}\{\bar{N}\}>\left[\mathrm{Re}\{\omega\}\right]_{\text{Internal Waves}}>\mathrm{Re}\{f\} \tag{10.51}$$

上，将参变量的退化形式代入，则我们有如下形式。

1）“典型-简单”内波运动的 Fourier 积分表示

$$u_{IW\alpha}=\iint_{\vec{k}}\eta_{IW}\left(\frac{\bar{N}^2-\omega^2}{\omega^2-f^2}\right)^{\frac{1}{2}}\omega\frac{k_\alpha}{k}\frac{\cos\left\{\int_{-\bar{H}}^{x_3}\left(\frac{\bar{N}^2-\omega^2}{\omega^2-f^2}\right)^{\frac{1}{2}}k\,dx_3\right\}}{\sin\left\{\int_{-\bar{H}}^{0}\left(\frac{\bar{N}^2-\omega^2}{\omega^2-f^2}\right)^{\frac{1}{2}}k\,dx_3\right\}}\exp\left\{\mathrm{i}\left(k_\beta x_\beta-\omega t\right)\right\}dk_1dk_2\ , \tag{10.52}$$

$$u_{IW3}=-\mathrm{i}\iint_{\vec{k}}\eta_{IW}\omega\frac{\sin\left\{\int_{-\bar{H}}^{x_3}\left(\frac{\bar{N}^2-\omega^2}{\omega^2-f^2}\right)^{\frac{1}{2}}k\,dx_3\right\}}{\sin\left\{\int_{-\bar{H}}^{0}\left(\frac{\bar{N}^2-\omega^2}{\omega^2-f^2}\right)^{\frac{1}{2}}k\,dx_3\right\}}\exp\left\{\mathrm{i}\left(k_\beta x_\beta-\omega t\right)\right\}dk_1dk_2\ , \tag{10.53}$$

$$\frac{p_{IW}}{\rho_0}=\iint_{\vec{k}}\eta_{IW}\frac{\left(\omega^2-f^2\right)^{\frac{1}{2}}\left(\bar{N}^2-\omega^2\right)^{\frac{1}{2}}}{k}\frac{\cos\left\{\int_{-\bar{H}}^{x_3}\left(\frac{\bar{N}^2-\omega^2}{\omega^2-f^2}\right)^{\frac{1}{2}}k\,dx_3\right\}}{\sin\left\{\int_{-\bar{H}}^{0}\left(\frac{\bar{N}^2-\omega^2}{\omega^2-f^2}\right)^{\frac{1}{2}}k\,dx_3\right\}}\exp\left\{\mathrm{i}\left(k_\beta x_\beta-\omega t\right)\right\}dk_1dk_2\ , \tag{10.54}$$

$$\frac{\rho_{IW}}{\rho_0}=\frac{\bar{N}^2}{g}\iint_{\vec{k}}\eta_{IW}\frac{\sin\left\{\int_{-\bar{H}}^{x_3}\left(\frac{\bar{N}^2-\omega^2}{\omega^2-f^2}\right)^{\frac{1}{2}}k\,dx_3\right\}}{\sin\left\{\int_{-\bar{H}}^{0}\left(\frac{\bar{N}^2-\omega^2}{\omega^2-f^2}\right)^{\frac{1}{2}}k\,dx_3\right\}}\exp\left\{\mathrm{i}\left(k_\beta x_\beta-\omega t\right)\right\}dk_1dk_2\ 。 \tag{10.55}$$

2）“典型-简单”内波复频率-波数关系的三分量表示

（1）海面复频率-波数关系

$$\left(\bar{N}^2-\omega^2\right)^{\frac{1}{2}}\left(\omega^2-f^2\right)^{\frac{1}{2}}=\left[g\left(\frac{\bar{\rho}}{\rho_0}\right)_0+\phi_A\right]k\frac{\sin\left\{\int_{-\bar{H}}^{0}\left(\frac{\bar{N}^2-\omega^2}{\omega^2-f^2}\right)^{\frac{1}{2}}kdx_3\right\}}{\cos\left\{\int_{-\bar{H}}^{0}\left(\frac{\bar{N}^2-\omega^2}{\omega^2-f^2}\right)^{\frac{1}{2}}kdx_3\right\}}\text{，}\tag{10.56}$$

（2）复频率垂直不变性

$$\frac{\partial\omega}{\partial x_3}=0\text{，}\tag{10.57}$$

（3）垂直波数和相位的解析表示：

$$K_{IW31}(x_3)=0\text{，}\quad K_{IW32}(x_3)\equiv\left(\frac{\bar{N}^2-\omega^2}{\omega^2-f^2}\right)^{\frac{1}{2}}k\text{，}\tag{10.58}$$

$$X_{IW31}(x_3)=0\text{，}\quad X_{IW32}(x_3)=-\int_{x_3}^{0}\left(\frac{\bar{N}^2-\omega^2}{\omega^2-f^2}\right)^{\frac{1}{2}}kdx_3\text{。}\tag{10.59}$$

10.4.2 “典型-简单”重力波动速度剪切模解析表示

1.“典型-简单”海浪的集合平均速度剪切模平方

按海浪类集合平均速度剪切模平方的定义式

$$\left\langle\left|\frac{\partial u_{SWi}}{\partial x_k}\right|\right\rangle_{SW}=\left\{\begin{aligned}&\sum_{\beta=1}^{2}\left[\sum_{\alpha=1}^{2}\left\langle\left(\frac{\partial u_{SW\alpha}}{\partial x_\beta}\right)\left(\frac{\partial u_{SW\alpha}}{\partial x_\beta}\right)^*\right\rangle_{SW}\right]+\sum_{\beta=1}^{2}\left\langle\left(\frac{\partial u_{SW3}}{\partial x_\beta}\right)\left(\frac{\partial u_{SW3}}{\partial x_\beta}\right)^*\right\rangle_{SW}\\&+\sum_{\alpha=1}^{2}\left\langle\left(\frac{\partial u_{SW\alpha}}{\partial x_3}\right)\left(\frac{\partial u_{SW\alpha}}{\partial x_3}\right)^*\right\rangle_{SW}+\left\langle\left(\frac{\partial u_{SW3}}{\partial x_3}\right)\left(\frac{\partial u_{SW3}}{\partial x_3}\right)^*\right\rangle_{SW}\end{aligned}\right\}^{\frac{1}{2}}\text{，}\tag{10.60}$$

则我们有海浪生湍流混合的单一参变量为

$$\left\langle\left|\frac{\partial u_{SWi}}{\partial x_k}\right|\right\rangle_{SM}^2=\iint_{\vec{k}}\Phi_{SW}\omega^2k^2\frac{\left\{\left[\left(\frac{\omega^2-\bar{N}^2}{\omega^2-f^2}\right)+1\right]^2\mathrm{sh}^2\left\{\int_{-\bar{H}}^{x_3}\left(\frac{\omega^2-\bar{N}^2}{\omega^2-f^2}\right)^{\frac{1}{2}}k\,dx_3\right\}-2\left(\frac{\omega^2-\bar{N}^2}{\omega^2-f^2}\right)\right\}}{\mathrm{sh}^2\left\{\int_{-\bar{H}}^{0}\left(\frac{\omega^2-\bar{N}^2}{\omega^2-f^2}\right)^{\frac{1}{2}}k\,dx_3\right\}}dk_1dk_2\,,$$

（10.61）

2.“典型-简单”内波的集合平均速度剪切模平方

按内波集合平均速度剪切模平方的定义式

$$\left\langle\left|\frac{\partial u_{IWi}}{\partial x_k}\right|\right\rangle_{IW}=\left\{\begin{array}{l}\sum_{\beta=1}^{2}\left[\sum_{\alpha=1}^{2}\left\langle\left(\frac{\partial u_{IW\alpha}}{\partial x_\beta}\right)\left(\frac{\partial u_{IW\alpha}}{\partial x_\beta}\right)^*\right\rangle_{IW}\right]+\sum_{\beta=1}^{2}\left\langle\left(\frac{\partial u_{IW3}}{\partial x_\beta}\right)\left(\frac{\partial u_{IW3}}{\partial x_\beta}\right)^*\right\rangle_{IW}\\+\sum_{\alpha=1}^{2}\left\langle\left(\frac{\partial u_{IW\alpha}}{\partial x_3}\right)\left(\frac{\partial u_{IW\alpha}}{\partial x_3}\right)^*\right\rangle_{IW}+\left\langle\left(\frac{\partial u_{IW3}}{\partial x_3}\right)\left(\frac{\partial u_{IW3}}{\partial x_3}\right)^*\right\rangle_{IW}\end{array}\right\}^{\frac{1}{2}}。\quad(10.62)$$

则我们有内波生湍流混合的单一参变量为

$$\left\langle\left|\frac{\partial u_{IWi}}{\partial x_k}\right|\right\rangle_{SM}^2=\iint_{\vec{k}}\Phi_{IW}\omega^2k^2\frac{\left[\left(\frac{\bar{N}^2-\omega^2}{\omega^2-f^2}\right)-1\right]^2\sin^2\left\{\int_{-\bar{H}}^{x_3}\left\{\frac{\bar{N}^2-\omega^2}{\omega^2-f^2}\right\}^{\frac{1}{2}}k\,dx_3\right\}+2\left\{\frac{\bar{N}^2-\omega^2}{\omega^2-f^2}\right\}}{\sin^2\left\{\int_{-\bar{H}}^{0}\left\{\frac{\bar{N}^2-\omega^2}{\omega^2-f^2}\right\}^{\frac{1}{2}}k\,dx_3\right\}}dk_1dk_2\,。$$

（10.63）

第三子篇

“一般海洋”简化的重力涡旋“统一解析理论”及其应用实例

第十一章

“一般海洋”简化的重力波动“统一解析理论”

在海洋动力系统框架下，重力涡旋是受重力控制和控制力处于静态平衡所决定的一种亚中尺度标准运动类。在本子篇中我们将通过“一般海洋”简化下重力涡旋控制方程组的解析解证实，这一组控制方程具有重力涡旋类运动规律及其与环流相互作用的精密科学描述能力。在本章中所谓“一般海洋”指的是一种很宽的可解析解简化，主要包括：(1) 舍去前类运动，分子运动和湍流对本类运动的混合作用项和本类运动，重力（波动+涡旋）的自身非线性相互作用项；仅保留后类运动，环流对本类运动的剪切-梯度生成作用项。后者是运动向下能量传递的主要动力学机制。(2) 采用环流局域自然坐标系和 Sigma 坐标变换的重力涡旋控制方程组，实际上仅是为了解析解演算和凸显流径弯曲-地形效应的方便做法。(3) 其他方便做法还有，采用通常的地转力 f 平面近似和环流局域成层性近似。在所推演的运动存在性条件被解析地分为两个因子，分别对应于垂直和水平旋转指向的两种重力涡旋运动形态。它们分别是在黑潮海域被发现的“黑潮分支”涡旋运动本质和 “多核结构”次级环流运动本质。

11.1 问题的提法

考虑到系统科学的概念、思想和知识体系以及重力涡旋作为四运动类海洋动力系统重要部分的认知，我们仍愿意与读者一起从问题的原始提法开始本章的研究。

11.1.1 海洋动力系统的运动类划分以及实用重力涡旋标准运动类控制方程组导出

在提出海洋动力系统研究框架时，我们采用运动类的控制机制划分原则，按作用力的控制与否和控制力平衡状态的或动或静两个层次，将海洋运动系统划分为非线性力、重力决定以及地转力等为主决定的三大运动类，再将重力决定的大运动类划分为分属波动和涡旋的一对标准类运动，组成我们的四运动类海洋动力系统结构划分。它们依次是

1）**湍流大运动类**，按分子力作用的实际流体从层流转变为紊流的原本实验，当 Reynolds 数超过大阈值后流体运动会变得特别不稳定，其中湍流部分会突然发生并迅速成长，形成以紊乱性为主要特征的一类次小尺度运动：湍流大运动类；其平均部分也同时会调制发展成既有分子力作用，又有湍流搅拌作用的其他较大尺度类运动。

在实际流体运动中，Reynolds 数的大阈值总是一个相当可观的万级量，它表示运动的非线性力要比分子力大得多，成为湍流大运动类的控制力。大量运动能量会通过非线性相互作用迅速从较大尺度运动转移到湍流大运动类，发展成具有显著三维性、各向同性和饱和平衡属性的**基本运动形态**。近年来海洋湍流研究的最新进展，突出表现为湍流统计量，特别是输运通量的结构均衡形式表示。

2）**重力波动标准运动类**，它是受重力控制和控制力处于动态平衡的一种小和次中尺度标准类运动，在上层海洋中它主要表现为海面层的海浪和密度跃层的内波。在大气压强强迫和速度剪切-密度梯度生成作用以及海洋速度剪切-密度梯度生成作用下，重力波动会得到迅速发展，充分成长为具有时间平稳、水平均匀和饱和平衡统计意义的**基本运动形态**。弱非线性的基本运动形态是开展重力波动标准运动类解析研究的方法论依据。

3）**重力涡旋标准运动类**，它是受重力控制和控制力处于静态平衡的一种亚中尺度标准运动类。由于重力涡旋暂时还是按“运动类互不叠置和海洋运动全覆盖”原则与重力波动成对规定的标准类运动。它可以是作为“黑潮分支”运动本质的一类垂直旋转指向亚中尺度涡旋，也可以是作为“多核结构”运动本质的一类水平旋转指向次生中尺度涡旋。当下仍炒得很热的所谓“亚中尺度涡旋”，因其空间尺度较小于 Rossby 半径而作为一种非地转运动被归为这一标准运动类；而早先发现的所谓“中尺度过程”，则因受地转力控制而应被归为环流大运动类。重力涡旋标准运动类也会得到充分发展，成长为具有时间平稳、水平均匀和饱和平衡意义的**基本运动形态**。弱非线性的基本运动形态是开展此类运动解析研究的方法论依据。

4）**地转力环流大运动类**，在四运动类海洋动力系统中它是其他剩余类运动的总和，主要包括受地转力控制的中、大尺度运动，也包括受引潮力和热学化学力控制的潮汐潮流和日变化等运动。通常所谓的“中尺度过程”，包括中尺度波动和涡旋，也因它们实际上是地转力控制的，而应被归为环流大运动类中。实际上，波动和涡旋总是成对出现的，它们是受相同作用力控制的，只是前者处于控制力的动态平衡下，而后者处于控制力的静态平衡下而已。这里所提出的四运动类划分很大程度上是为了适应本书所规定的研究范畴，在专门研究海洋动力系统数值模式体系的地方，我们可以在考虑运动类相互作用的同时将引潮力决定的潮汐潮流大运动类从以上综合决定的环流大运动类中分解-合成出来，余下地转力和热学-化学力控制的大运动类也更接近我们一般对环流一词理解。这种或四类或五类的海洋运动类划分实际上对应了系统科学子系统划分的不确定性原则理解。有相同定义的物理描述量有可比性，否则就没有可比性。

与以上四运动类划分相洽的首先是三大运动类的分解-合成演算样式。考虑到与环流相比湍流和重力（波动+涡旋）仍是尺度相当小的，是有一定随机属性的运动类，我们可以在这两大运动类样本集合上定义 Reynolds 平均运算。理论上可以认为这种运算是具有运动类样本各态历经确定性的。这样，将所定义的两种 Reynolds 平均运算依次作用于海洋流体力学原始 Navier-Stokes 控制方程组和湍流剩余类运动控制方程组，我们可以依次得到湍流、重力（波动+涡旋）和环流三大运动类描述量可加性的控制方程组完备集。其中重力（波动+涡旋）大运动类还可按其重力平衡动量方程时间变化项的有无和非线性项的对等劈分，得到被称为重力波动和重力涡旋标准运动类的控制方程组对。

所导得的非线性力湍流、重力（波动+涡旋）和地转力及剩余力环流控制方程组集将三大运动类相互作用统一地描述为（1）前类运动对本类运动的输运通量偏差剩余混合项，(2)本类运动自身的非线性相互作用项，(3) 后类运动对本类运动的速度剪切和温-盐梯度生成项。所导出三组相互作用项的精密科学描述和它们的运动类可加性表示，打破了认为相互作用描述过于复杂的认知禁锢。这些认知已经在非线性力湍流和重力波动的解析研究中得以体现，也必然为重力涡旋的研究带来极大的完备性推演方便。

11.1.2 地转及剩余力环流与重力涡旋相互作用观测和观测计算事实的动力学解译研究

“西部边界流径”、“黑潮分支”和“多核结构”是最重要的北太平洋西部边界流与泛中尺度涡旋相互作用测量现象。在没有严格的地转力中尺度涡旋和重力亚中尺度涡旋测量区分办法的情况下，我们常用泛中尺度涡旋一词来统称它们。“黑潮分支”是黑潮流径在巴士海峡、台湾近东北和九州西南三个负曲率转弯处观测到的指向陆架一侧的黑潮-陆架混合水舌。这种以混合水舌为表象的“黑潮分支”定义，其垂直旋转指向泛中尺度涡旋本质首先由原国家海洋局第一海洋研究所的科学家们现场测量指出。这种涡旋本质也可以从分支源区黑潮水嵌入陆架水的温度分布形态以及黑潮陆架混合水舌的节状结构直接看到（见图 1 的上两图），也可以从分支源区漂流浮标轨迹线的大角度分叉形状和这里存在的海面起伏统计偏差高值区间接看到。“多核结构”是黑潮在台湾远东北正曲率转弯处和济州岛以南负曲率转弯处之间的流径平直段上按 PN 断面温-盐-深精密测量计算的径向流速分布间接得到。它可以是两个、三个甚至四个的流速极值跨断面分布，被称为黑潮“多核结构”（见图 1 的下四图）。这种水平旋转指向的泛中尺度涡旋运动排列，其出现率可以高达 47%，是一种有相当可信度的测量计算现象。

按所揭示的黑潮与垂直和水平旋转指向泛中尺度涡旋相互作用本质：“黑潮分支”和“多核结构”，我们首先考虑以重力为控制力定义的重力（波动+涡旋）大运动类，并在这类运动样本集合上定义 Reynolds 平均运算，从而分解-合成在环流局域自然坐标系上 Sigma 坐标变换的湍流剩余类运动控制方程组，得到重力（波动+涡旋）控制方程组和地转力环流控制方程组。这样，再按第三动量方程时间导数项的非对称劈分和其他空间组合

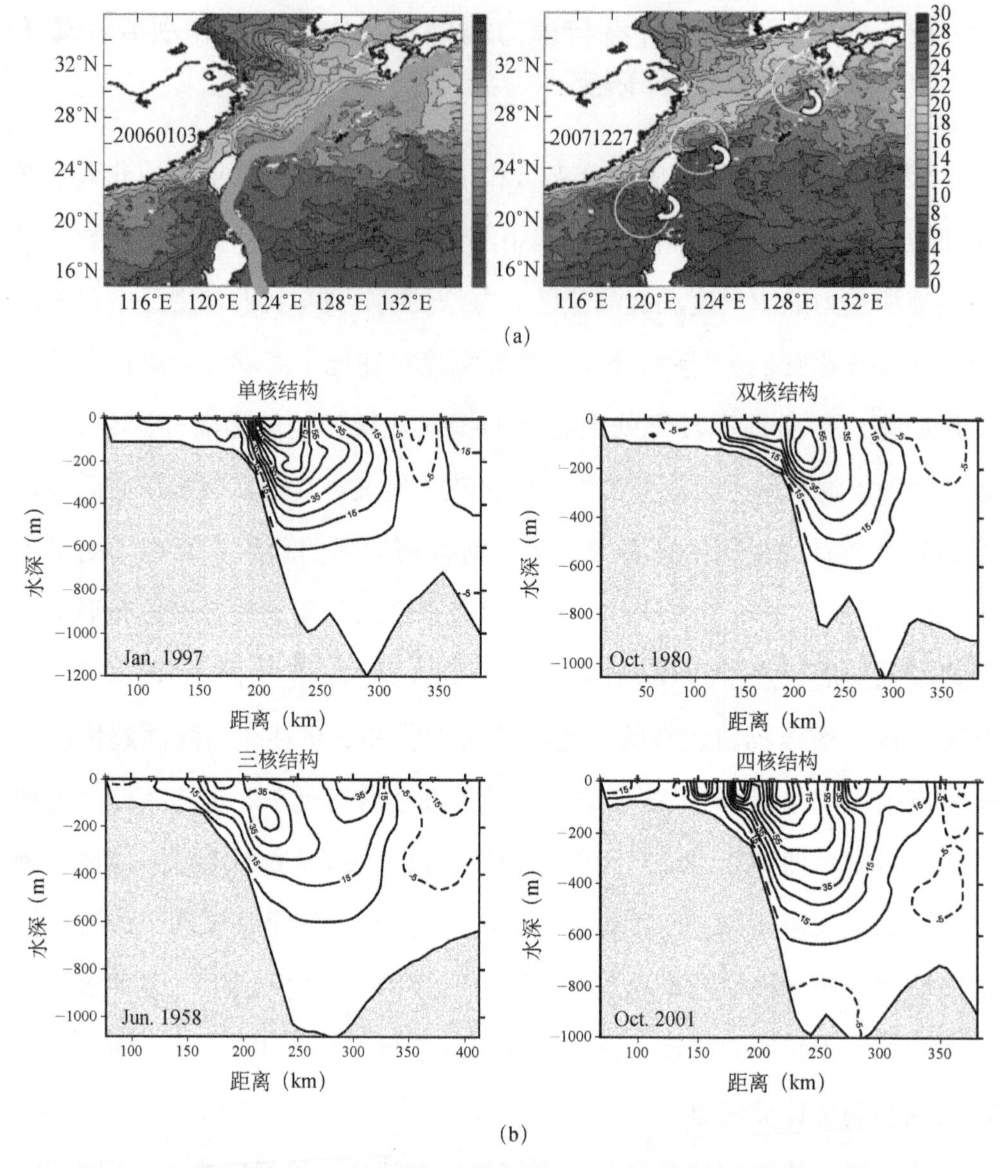

图 11.1 “黑潮分支”和“多核结构”示意图：（a）2006 0103 和 2007 1227 的海面温度分布；（b）PN 断面动力计算速度分布选图集

项的对称劈分，分别区隔出重力波动和重力涡旋标准运动类的控制方程组对（细节见附录 11）。

面对所导得的重力涡旋控制方程组，我们有两个问题需要回答。第一个问题是，所导得的重力涡旋控制方程组能同时解析地解出垂直和水平旋转指向的两种重力涡旋吗？如果这个问题可以被解析地给出肯定的回答，那么，第二个问题就是，这两类重力涡旋的解析表示能对“黑潮分支”和“多核结构”两种现象的诸多观测事实做无一缺失的动力学解译吗？事实上，第二个问题的正面回答也是可以被解析实现的。这就是本子篇第三章的研究结论。

在本子篇的三章中，我们将就问题的“一般海洋”可解析解简化和解析解导出，北太平洋“西部边界流径”、“黑潮分支”和“多核结构”的主要测量和测量计算现象分析以及所得“统一解析理论”对观测和观测计算事实的无一缺失动力学解译等三个方面开展动力学解析研究。本章就是它们的第一部分。

11.2 “一般海洋”简化的重力涡旋“统一解析理论”

虽然，在附录中已经导出环流局域自然坐标系和 Sigma 坐标变换的重力涡旋控制方程组，但是要通过解析解来论证它们能统一地给出垂直和水平旋转指向的两种重力涡旋，并能统一地给出北太平洋“西部边界流径”、“黑潮分支”和“多核结构”诸多观测和观测计算现象无一缺失的动力学解译，我们还需要给出控制方程组的尽可能宽的可解析解简化。

11.2.1 地转力环流局域自然坐标系 Sigma 坐标变换重力涡旋控制方程组的“一般海洋”可解析解简化

1. 重力涡旋控制方程组的“一般海洋”可解析解简化

和重力波动“统一解析理论”的推演类似，我们将首先给出重力涡旋控制方程组的“一般海洋”可解析解简化，它可以具体写成以下三条。

1）忽略前类运动，分子运动和湍流对重力涡旋的混合作用项，忽略重力（波动+涡旋）的自身非线性相互作用项；保留后类运动，环流对重力涡旋的速度剪切和密度梯度生成作用项。

2）采用环流局域自然坐标系和 Sigma 坐标变换。它们主要是图 2 所示的环流局域自然坐标系和以下公式所表示的 Sigma 坐标变换

$$x_1=x_1\,,\quad x_2=x_2\,,\quad \sigma=\frac{x_3-\tilde{\zeta}(x_1,x_2,t)}{\tilde{H}(x_1,x_2,t)+\tilde{\zeta}(x_1,x_2,t)}\,,\quad t=t\,。\tag{11.1}$$

所得到的重力涡旋控制方程组是附录 1 中的运动方程(F11.75)-(F11.78)和边界条件（F11.79）-（F11.84）。

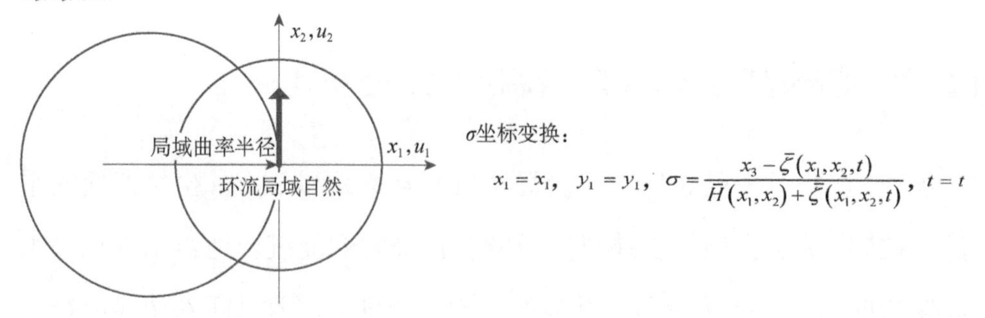

图 11.2　环流局域自然坐标系和（重力波动+涡旋）+环流控制方程组 Sigma 坐标变换

3）在所采用的重力涡旋控制方程组中，考虑地转力的 f 平面近似和环流的局域成层性近似，它们可以具体写成

（1）重力涡旋地转力的 f 平面近似

$$\left\{-2\varepsilon_{1jk}u_{MMj}\Omega_k,-2\varepsilon_{2jk}u_{MMj}\Omega_k,-2\varepsilon_{3jk}u_{MMj}\Omega_k\right\}=\left\{-fu_{MM2},\ fu_{MM1},0\right\},\tag{11.2}$$

（2）环流局域的运动一维和分布二维近似

$$\left\{\bar{U}_1,\bar{U}_2,\bar{U}_3,\bar{\varpi},\bar{\rho},\bar{H},\bar{\zeta}\right\}\approx\left\{0,\bar{U}_2(x_1,\sigma;t),0,0,\bar{\rho}(x_1,\sigma;t),\bar{H}(x_1;t),\bar{\zeta}(x_1;t)\right\}。\tag{11.3}$$

经过以上“一般海洋”可解析解简化的控制方程组可以接受环流局域

随运动坐标变换

$$x_{\text{Old2}} = x_{\text{New2}} - \bar{U}_2 t \text{ 。} \quad (11.4)$$

实际上，在所引入的三条可解析解简化中，只有第一条的前半段才是实质性的取舍，第二和第三条也只是为了演算方便才引用的实际海洋方便做法，所以我们才有“一般海洋”简化的说法。

2.“一般海洋”可解析解简化的重力涡旋控制方程组

将可解析解简化的第一条作用于按第二条所表示的重力涡旋控制方程组，我们有

1）第一和第二条简化的重力涡旋控制方程组

经过不太复杂的推演，我们有

运动方程：

$$\frac{\partial \hat{H}_{MM}}{\partial t} + \frac{\partial \hat{H}_{MM}\bar{U}_\beta}{\partial x_\beta} + \frac{\partial \hat{H}_{MM}\bar{\varpi}}{\partial \sigma} + \frac{\hat{H}_{MM}}{\bar{R}}\bar{U}_1 + \frac{\partial \hat{H} u_{MM\beta}}{\partial x_\beta} + \frac{\partial \hat{H}\varpi_{MM}}{\partial \sigma} + \frac{\hat{H}}{\bar{R}} u_{MM1} = 0 \text{，} \quad (11.5)$$

$$\begin{aligned} &\frac{\partial u_{MM1}}{\partial t} + \bar{U}_\beta \frac{\partial u_{MM1}}{\partial x_\beta} + \bar{\varpi}\frac{\partial u_{MM1}}{\partial \sigma} + u_{MM\beta}\frac{\partial \bar{U}_1}{\partial x_\beta} + \varpi_{MM}\frac{\partial \bar{U}_1}{\partial \sigma} - 2\frac{\bar{U}_2}{\bar{R}} u_{MM2} \\ &-2\varepsilon_{1jk} u_{MMj}\Omega_k = -\frac{1}{\rho_0}\frac{\partial p_{MM}}{\partial x_1} + \frac{1}{\rho_0 \hat{H}}\left[(1+\sigma)\frac{\partial \zeta_{MM}}{\partial x_1} + \sigma\frac{\partial H_{MM}}{\partial x_1}\right]\frac{\partial \bar{p}}{\partial \sigma} \text{，} \quad (11.6) \\ &+\frac{1}{\rho_0 \hat{H}}\left[(1+\sigma)\frac{\partial \bar{\zeta}}{\partial x_1} + \sigma\frac{\partial \bar{H}}{\partial x_1}\right]\frac{\partial p_{MM}}{\partial \sigma} \end{aligned}$$

$$\begin{aligned} &\frac{\partial u_{MM2}}{\partial t} + \bar{U}_\beta \frac{\partial u_{MM2}}{\partial x_\beta} + \bar{\varpi}\frac{\partial u_{MM2}}{\partial \sigma} + u_{MM\beta}\frac{\partial \bar{U}_2}{\partial x_\beta} + \varpi_{MM}\frac{\partial \bar{U}_2}{\partial \sigma} + \frac{\bar{U}_1}{\bar{R}} u_{MM2} + \frac{\bar{U}_2}{\bar{R}} u_{MM1} \\ &-2\varepsilon_{2jk} u_{MMj}\Omega_k = -\frac{1}{\rho_0}\frac{\partial p_{MM}}{\partial x_2} + \frac{1}{\rho_0 \hat{H}}\left[(1+\sigma)\frac{\partial \zeta_{MM}}{\partial x_2} + \sigma\frac{\partial H_{MM}}{\partial x_2}\right]\frac{\partial \bar{p}}{\partial \sigma} \text{，} \quad (11.7) \\ &+\frac{1}{\rho_0 \hat{H}}\left[(1+\sigma)\frac{\partial \bar{\zeta}}{\partial x_2} + \sigma\frac{\partial \bar{H}}{\partial x_2}\right]\frac{\partial p_{MM}}{\partial \sigma} \end{aligned}$$

$$\begin{aligned}&\bar{U}_\beta\frac{\partial u_{MM3}}{\partial x_\beta}+\bar{\varpi}\frac{\partial u_{MM3}}{\partial\sigma}+u_{MM\beta}\frac{\partial\bar{U}_3}{\partial x_\beta}+\varpi_{MM}\frac{\partial\bar{U}_3}{\partial\sigma}-2\varepsilon_{3jk}u_{MMj}\Omega_k\\&=\frac{1}{\rho_0\hat{H}}\frac{\partial\bar{p}}{\partial\sigma}\frac{\hat{H}_{MM}}{\hat{H}}-\frac{1}{\rho_0\hat{H}}\frac{\partial p_{MM}}{\partial\sigma}-\frac{\rho_{MM}}{\rho_0}g\end{aligned}, \quad (11.8)$$

$$\frac{\partial\rho_{MM}}{\partial t}+\bar{U}_\beta\frac{\partial\rho_{MM}}{\partial x_\beta}+\bar{\varpi}\frac{\partial\rho_{MM}}{\partial\sigma}+u_{MM\beta}\frac{\partial\bar{\rho}}{\partial x_\beta}+\varpi_{MM}\frac{\partial\bar{\rho}}{\partial\sigma}=0; \quad (11.9)$$

边界条件：

$$\left\{\hat{H}\varpi_{MM}+\left(H_{MM}+\zeta_{MM}\right)\bar{\varpi}\right\}_{\sigma=0}=0, \quad (11.10)$$

$$\left\{F_{SN\,MM\,i}-\bar{P}_{A\,MM\,i}\right\}_{\sigma=0}=0, \quad (11.11)$$

$$\left\{R_{SN\,MM}\right\}_{\sigma=0}=0, \quad (11.12)$$

$$\left\{\hat{H}\varpi_{MM}+\left(H_{MM}+\zeta_{MM}\right)\bar{\varpi}\right\}_{\sigma=-1}=0, \quad (11.13)$$

$$\left\{F_{HN\,MM\,i}-\bar{P}_{H\,MM\,i}\right\}_{\sigma=-1}=0, \quad (11.14)$$

$$\left\{R_{HN\,MM}\right\}_{\sigma=-1}=0。 \quad (11.15)$$

2）经过第三条简化的重力涡旋控制方程组

将可解析解简化的第三条作用于以上方程组，则我们有“一般海洋”简化的重力涡旋控制方程组

运动方程：

$$\frac{\partial H_{MM}}{\partial t}+\frac{\partial\hat{H}u_{MM1}}{\partial x_1}+\frac{\partial\hat{H}u_{MM2}}{\partial x_2}+\frac{\partial\hat{H}\varpi_{MM}}{\partial\sigma}+\frac{\hat{H}}{\bar{R}}u_{MM1}=0, \quad (11.16)$$

$$\begin{aligned}&\frac{\partial u_{MM1}}{\partial t}-2\frac{\bar{U}_2}{\bar{R}}u_{MM2}-fu_{MM2}=-\frac{1}{\rho_0}\frac{\partial p_{MM}}{\partial x_1}\\&+\frac{1}{\rho_0\hat{H}}\left[(1+\sigma)\frac{\partial\zeta_{MM}}{\partial x_1}+\sigma\frac{\partial H_{MM}}{\partial x_1}\right]\frac{\partial\bar{p}}{\partial\sigma}+\frac{1}{\rho_0\hat{H}}\left[(1+\sigma)\frac{\partial\bar{\zeta}}{\partial x_1}+\sigma\frac{\partial\bar{H}}{\partial x_1}\right]\frac{\partial p_{MM}}{\partial\sigma}\end{aligned}, \quad (11.17)$$

$$\begin{aligned}&\frac{\partial u_{MM2}}{\partial t}+\frac{\partial \bar{U}_2}{\partial x_1}u_{MM1}+\frac{\partial \bar{U}_2}{\partial \sigma}\varpi_{MM}+\frac{\bar{U}_2}{\bar{R}}u_{MM1}+fu_{MM1}\\&=-\frac{1}{\rho_0}\frac{\partial p_{MM}}{\partial x_2}+\frac{1}{\rho_0\hat{H}}\left[(1+\sigma)\frac{\partial \zeta_{MM}}{\partial x_2}+\sigma\frac{\partial H_{MM}}{\partial x_2}\right]\frac{\partial \bar{p}}{\partial \sigma}\end{aligned}, \tag{11.18}$$

$$0=\frac{1}{\rho_0\hat{H}}\frac{\partial \bar{p}}{\partial \sigma}\frac{(H_{MM}+\zeta_{MM})}{\hat{H}}-\frac{1}{\rho_0\hat{H}}\frac{\partial p_{MM}}{\partial \sigma}-\frac{\rho_{MM}}{\rho_0}g, \tag{11.19}$$

$$\frac{\partial \rho_{MM}}{\partial t}+u_{MM1}\frac{\partial \bar{\rho}}{\partial x_1}+\varpi_{MM}\frac{\partial \bar{\rho}}{\partial \sigma}=0; \tag{11.20}$$

边界条件：

$$\left\{\hat{H}\varpi_{MM}\right\}_{\sigma=0}=0, \tag{11.21}$$

$$\left\{F_{SN\,MM3}-\bar{P}_{A\,MM3}\right\}_{\sigma=0}=0, \tag{11.22}$$

$$\left\{R_{SN\,MM}\right\}_{\sigma=0}=0, \tag{11.23}$$

$$\left\{\hat{H}\varpi_{MM}\right\}_{\sigma=-1}=0, \tag{11.24}$$

$$\left\{F_{HN\,MM3}-\bar{P}_{H\,MM3}\right\}_{\sigma=-1}=0, \tag{11.25}$$

$$\left\{R_{HN\,MM}\right\}_{\sigma=-1}=0。 \tag{11.26}$$

3）“一般海洋”简化的重力涡旋控制方程组

考虑环流的静态重力平衡近似

$$0\approx-\frac{1}{\rho_0\hat{H}}\frac{\partial \bar{p}}{\partial \sigma}-\frac{\bar{\rho}}{\rho_0}g \quad 或 \quad \frac{1}{\rho_0\hat{H}}\frac{\partial \bar{p}}{\partial \sigma}\approx-\frac{\bar{\rho}}{\rho_0}g, \tag{11.27}$$

忽略重力涡旋运动方程中的次地形效应$\left\{\sigma\frac{\partial H_{MM}}{\partial x_1},\ \sigma\frac{\partial H_{MM}}{\partial x_2}\right\}$，则我们有“一般海洋”简化的重力涡旋控制方程组

运动方程：

$$\frac{\partial \zeta_{MM}}{\partial t}+\frac{\partial \hat{H}u_{MM1}}{\partial x_1}+\frac{\partial \hat{H}u_{MM2}}{\partial x_2}+\frac{\partial \hat{H}\varpi_{MM}}{\partial \sigma}+\frac{\hat{H}}{\bar{R}}u_{MM1}=0, \tag{11.28}$$

$$\frac{\partial u_{MM1}}{\partial t}-Fu_{MM2}=-\frac{\partial}{\partial x_1}\left(\frac{p_{MM}}{\rho_0}\right)-g(1+\sigma)\frac{\bar{\rho}}{\rho_0}\frac{\partial \zeta_{MM}}{\partial x_1}, \tag{11.29}$$

$$\frac{\partial u_{MM2}}{\partial t}+\left(F+\frac{\partial \hat{U}_2}{\partial x_1}\right)u_{MM1}+\frac{\partial \bar{U}_2}{\partial \sigma}\varpi_{MM}=-\frac{\partial}{\partial x_2}\left(\frac{p_{MM}}{\rho_0}\right)-g(1+\sigma)\frac{\bar{\rho}}{\rho_0}\frac{\partial \zeta_{MM}}{\partial x_2}, \tag{11.30}$$

$$0=-\frac{\partial}{\partial \sigma}\left(\frac{p_{MM}}{\rho_0}\right)-g\hat{H}\left(\frac{\rho_{MM}}{\rho_0}\right)-\left(\frac{\bar{\rho}}{\rho_0}\right)g\zeta_{MM}, \tag{11.31}$$

$$\frac{\partial \rho_{MM}}{\partial t}+u_{MM1}\frac{\partial \bar{\rho}}{\partial x_1}+\varpi_{MM}\frac{\partial \bar{\rho}}{\partial \sigma}=0; \tag{11.32}$$

边界条件：

$$\{\varpi_{MM}\}_{\sigma=0}=0, \tag{11.33}$$

$$\left\{\frac{p_{MM}}{\rho_0}-\frac{p_A}{\rho_0}\right\}_{\sigma=0}=0, \tag{11.34}$$

$$\{\varpi_{MM}\}_{\sigma=-1}=0, \tag{11.35}$$

$$\left\{\frac{\rho_{MM}}{\rho_0}-\frac{\rho_H}{\rho_0}\right\}_{\sigma=-1}=0。 \tag{11.36}$$

其中

$$F\equiv\left(f+2\frac{\bar{U}_2}{\bar{R}}\right),\quad \frac{\partial \hat{U}_2}{\partial x_1}\equiv\frac{\partial \bar{U}_2}{\partial x_1}-\frac{\bar{U}_2}{\bar{R}}。 \tag{11.37}$$

这里，$\{u_{MM1},u_{MM2},\varpi_{MM},p_{MM},\rho_{MM},\zeta_{MM}\}$表示重力涡旋的速度、压力、密度和海面起伏，$\hat{H}=\bar{H}+\bar{\zeta}$是环流局域水深，$\bar{R}$是环流局域流径曲率半径，$F\equiv\left(f+2\frac{\bar{U}_2}{\bar{R}}\right)$是修正的柯氏频率，$\left\{\frac{\partial \hat{U}_2}{\partial x_1}\equiv\frac{\partial \bar{U}_2}{\partial x_1}-\frac{\bar{U}_2}{\bar{R}}, \frac{\partial \bar{U}_2}{\partial \sigma}\right\}$是修正的环流局域速度剪切，$\frac{\bar{\rho}}{\rho_0}$是环流密度比，$\left\{\frac{\partial}{\partial x_1}\left(\frac{\bar{\rho}}{\rho_0}\right), \frac{\partial}{\partial \sigma}\left(\frac{\bar{\rho}}{\rho_0}\right)\right\}$是环流密度比梯度。

11.2.2 “一般海洋”简化重力涡旋控制方程组的解析解

在本节以后的推导中，为了简便起见我们将省略标示重力涡旋的下标

“$_{MM}$”。这样，我们有

1.“一般海洋”简化重力涡旋控制方程组的运算整理

1）物理空间里的运算整理

从σ到0积分静态重力平衡方程（11.31），应用边界条件（11.34），可得

$$0=-\int_{\sigma}^{0}\frac{\partial}{\partial\sigma}\left(\frac{p}{\rho_0}\right)d\sigma-g\hat{H}\int_{\sigma}^{0}\left(\frac{\rho}{\rho_0}\right)d\sigma-g\zeta\int_{\sigma}^{0}\left(\frac{\bar{\rho}}{\rho_0}\right)d\sigma,$$

或

$$\frac{p}{\rho_0}=\frac{p_A}{\rho_0}+g\hat{H}B+g\zeta A,\tag{11.38}$$

其中

$$A\equiv\int_{\sigma}^{0}\left(\frac{\bar{\rho}}{\rho_0}\right)d\sigma,\quad B\equiv\int_{\sigma}^{0}\left(\frac{\rho}{\rho_0}\right)d\sigma\ \text{从而}\ \frac{\partial A}{\partial\sigma}=-\frac{\bar{\rho}}{\rho_0},\quad\frac{\partial B}{\partial\sigma}=-\frac{\rho}{\rho_0}。\tag{11.39}$$

这里参变量A表示环流密度的积分效应，变量B表示重力涡旋密度的积分效应。

将表示式（11.38）和（11.39）代入方程（11.29）和（11.30），可得

$$\frac{\partial u_1}{\partial t}-Fu_2=-\frac{\partial}{\partial x_1}\left(\frac{p_A}{\rho_0}+g\hat{H}B+g\zeta A\right)-g(1+\sigma)\frac{\bar{\rho}}{\rho_0}\frac{\partial\zeta}{\partial x_1},$$

和

$$\frac{\partial u_2}{\partial t}+\left(F+\frac{\partial\hat{U}_2}{\partial x_1}\right)u_1+\frac{\partial\bar{U}_2}{\partial\sigma}\varpi=-\frac{\partial}{\partial x_2}\left(\frac{p_A}{\rho_0}+g\hat{H}B+g\zeta A\right)-g(1+\sigma)\frac{\bar{\rho}}{\rho_0}\frac{\partial\zeta}{\partial x_2},$$

或（因为$\frac{\partial A}{\partial\sigma}=-\frac{\bar{\rho}}{\rho_0}$）

$$\frac{\partial u_1}{\partial t}-Fu_2=-\frac{\partial}{\partial x_1}\left\{\frac{p_A}{\rho_0}+g\hat{H}B+g\left[A-(1+\sigma)\frac{\partial A}{\partial\sigma}\right]\zeta\right\},\tag{11.40}$$

和

$$\frac{\partial u_2}{\partial t}+\left(F+\frac{\partial\hat{U}_2}{\partial x_1}\right)u_1+\frac{\partial\bar{U}_2}{\partial\sigma}\varpi=-\frac{\partial}{\partial x_2}\left\{\frac{p_A}{\rho_0}+g\hat{H}B+g\left[A-(1+\sigma)\frac{\partial A}{\partial\sigma}\right]\zeta\right\}。\tag{11.41}$$

将表示式（11.39）代入方程（11.32）和边界条件（11.36），可得

$$g\frac{\partial}{\partial t}\left(\frac{\rho}{\rho_0}\right)+g\frac{\partial}{\partial x_1}\left(\frac{\bar{\rho}}{\rho_0}\right)u_1+g\frac{\partial}{\partial \sigma}\left(\frac{\bar{\rho}}{\rho_0}\right)\varpi=0\ ,$$

和

$$-\frac{\rho}{\rho_0}\bigg|_{\sigma=-1}=-\frac{\rho_H}{\rho_0}\ ,$$

或（因为$\frac{\partial B}{\partial \sigma}=-\frac{\rho}{\rho_0}$）

$$\frac{\partial}{\partial t}\left(\frac{\partial B}{\partial \sigma}\right)+\frac{1}{g}\omega_H^2 u_1+\frac{1}{g}\omega_V^2\varpi=0\ , \tag{11.42}$$

和

$$\frac{\partial B}{\partial \sigma}\bigg|_{\sigma=-1}=-\frac{\rho_H}{\rho_0}\ 。 \tag{11.43}$$

其中

$$\omega_H^2\equiv -g\frac{\partial}{\partial x_1}\left(\frac{\bar{\rho}}{\rho_0}\right)\quad 和\quad \frac{\omega_V^2}{\widehat{H}}\equiv -g\frac{\partial}{\widehat{H}\partial \sigma}\left(\frac{\bar{\rho}}{\rho_0}\right) \tag{11.44}$$

被称作环流 Väisälä 频率，表示环流密度的水平和垂直梯度效应。

这样，物理空间中“一般海洋”简化的重力涡旋控制方程组可以整理为运动方程（11.28）、（11.40）、（11.41）、（11.38）、（11.42）和边界条件（11.33）、（11.35）、（11.43），它们分别是

$$\frac{\partial \zeta}{\partial t}+\left(\frac{\partial \widehat{H}}{\partial x_1}u_1+\widehat{H}\frac{\partial u_1}{\partial x_1}\right)+\widehat{H}\frac{\partial u_2}{\partial x_2}+\widehat{H}\frac{\partial \varpi}{\partial \sigma}+\frac{\widehat{H}}{\bar{R}}u_1=0\ , \tag{11.28}$$

$$\frac{\partial u_1}{\partial t}-Fu_2=-g\left(\frac{\partial \widehat{H}}{\partial x_1}B+\widehat{H}\frac{\partial B}{\partial x_1}\right)-\frac{\partial}{\partial x_1}\left\{\frac{p_A}{\rho_0}+g\left[A-(1+\sigma)\frac{\partial A}{\partial \sigma}\right]\zeta\right\}, \tag{11.40}$$

$$\frac{\partial u_2}{\partial t}+\left(F+\frac{\partial \widehat{U}_2}{\partial x_1}\right)u_1+\frac{\partial \bar{U}_2}{\partial \sigma}\varpi=-g\widehat{H}\frac{\partial B}{\partial x_2}-\frac{\partial}{\partial x_2}\left\{\frac{p_A}{\rho_0}+g\left[A-(1+\sigma)\frac{\partial A}{\partial \sigma}\right]\zeta\right\}。 \tag{11.41}$$

$$\frac{p}{\rho_0}=\frac{p_A}{\rho_0}+g\widehat{H}B+g\zeta A\ , \tag{11.38}$$

$$\frac{\partial}{\partial t}\left(\frac{\partial B}{\partial \sigma}\right)+\frac{1}{g}\omega_H^2 u_1+\frac{1}{g}\omega_V^2\varpi=0\ ; \tag{11.42}$$

$$\varpi|_{\sigma=0}=0 \text{,} \tag{11.33}$$

$$\varpi|_{\sigma=-1}=0 \text{,} \tag{11.35}$$

$$\left.\frac{\partial B}{\partial\sigma}\right|_{\sigma=-1}=-\frac{\rho_H}{\rho_0} \text{。} \tag{11.43}$$

2）相空间里的运算整理

在广义函数空间中，作为局域时间平稳和水平均匀基本运动形态的重力涡旋控制方程组解析解可写成如下全适应 Fourier 积分形式

$$u_\beta=\iint_{\vec{k}}\eta\mu_\beta(\sigma)\exp\{\mathrm{i}(k_1x_1+k_2x_2-\omega t)\}dk_1dk_2 \text{，} \quad \beta=1,2$$

$$\varpi=\iint_{\vec{k}}\eta\nu(\sigma)\exp\{\mathrm{i}(k_1x_1+k_2x_2-\omega t)\}dk_1dk_2 \text{，} \quad B=\iint_{\vec{k}}\eta\phi(\sigma)\exp\{\mathrm{i}(k_1x_1+k_2x_2-\omega t)\}dk_1dk_2 \text{，}$$

$$\zeta=\iint_{\vec{k}}\eta\exp\{\mathrm{i}(k_1x_1+k_2x_2-\omega t)\}dk_1dk_2 \text{。} \tag{11.45}$$

其中 Fourier 函数的量纲分别为：$[\eta]=L^3$，$[\mu_\alpha]=\frac{1}{T}$，$[\nu]=\frac{1}{LT}$，$[\phi]=\frac{1}{L}$。由于环流是其特征尺度远大于重力涡旋的一类运动，在对运动方程（11.28）、（11.40）、（11.41）、（11.42）和边界条件（11.33）、（11.35）、（11.43）做 Fourier 变换时，所有与环流有关的系数均可做常数处理，这样，我们容易得到相空间中可解析解简化的重力涡旋控制方程组

$$\left(N_1+\frac{\hat{H}}{\bar{R}}\right)\mu_1+N_2\mu_2+\hat{H}\frac{\partial\nu}{\partial\sigma}=\mathrm{i}\omega \text{,} \tag{11.46}$$

$$\mathrm{i}\omega\mu_1+F\mu_2=gN_1\phi+gM_1 \text{,} \tag{11.47}$$

$$-\left(F+\frac{\partial\hat{U}_2}{\partial x_1}\right)\mu_1+\mathrm{i}\omega\mu_2=\frac{\partial\bar{U}_2}{\partial\sigma}\nu+gN_2\phi+gM_2 \text{,} \tag{11.48}$$

$$-\mathrm{i}\omega\left(\frac{\partial\phi}{\partial\sigma}\right)+\frac{1}{g}\omega_H^2\mu_1+\frac{1}{g}\omega_V^2\nu=0 \text{;} \tag{11.49}$$

$$\nu|_{\sigma=0}=0 \text{,} \tag{11.50}$$

$$\nu\big|_{\sigma=-1}=0\,,\tag{11.51}$$

$$\left.\frac{\partial\phi}{\partial\sigma}\right|_{\sigma=-1}=-\vartheta_H\,。\tag{11.52}$$

其中

$$N_1=\left(\mathrm{i}\widehat{H}k_1+\frac{\partial\widehat{H}}{\partial x_1}\right),\quad N_2=\mathrm{i}\widehat{H}k_2\,,\quad M_1=\mathrm{i}k_1\Phi_A\,,\quad M_2=\mathrm{i}k_2\Phi_A\,,$$

$$\Phi_A=\left\{\frac{\varphi_A}{g}+\left[A-(1+\sigma)\frac{\partial A}{\partial\sigma}\right]\right\}。\tag{11.53}$$

这里，考虑到在重力涡旋基本运动形态下，海底密度和海面压力的完全适应表示

$$\left.\frac{p_A}{\rho_0}\right|_{\sigma=0}=\iint_{\bar{k}}\eta\varphi_A\exp\left\{\mathrm{i}\left(k_1x_1+k_2x_2-\omega t\right)\right\}dk_1dk_2\,,$$

$$\left.\frac{\rho_H}{\rho_0}\right|_{\sigma=-1}=\iint_{\bar{k}}\eta\vartheta_H\exp\left\{\mathrm{i}\left(k_1x_1+k_2x_2-\omega t\right)\right\}dk_1dk_2\,。\tag{11.54}$$

由方程（11.47）和（11.48），我们可以解得

$$\mu_1=\frac{F}{\Omega^2}\frac{\partial\bar{U}_2}{\partial\sigma}\nu-\mathrm{i}g\frac{A_N}{\Omega^2}\phi-\mathrm{i}g\frac{A_M}{\Omega^2}\,,\tag{11.55}$$

$$\mu_2=-\mathrm{i}\frac{\omega}{\Omega^2}\frac{\partial\bar{U}_2}{\partial\sigma}\nu-g\frac{V_N}{\Omega^2}\phi-g\frac{V_M}{\Omega^2}\,,\tag{11.56}$$

其中

$$\Omega^2=\left[\omega^2-F\left(F+\frac{\partial\widehat{U}_2}{\partial x_1}\right)\right],\quad A_N=\left(\omega N_1+\mathrm{i}FN_2\right),\quad A_M=\left(\omega M_1+\mathrm{i}FM_2\right),$$

$$V_N=\left[\left(F+\frac{\partial\widehat{U}_2}{\partial x_1}\right)N_1+\mathrm{i}\omega N_2\right],\quad V_M=\left[\left(F+\frac{\partial\widehat{U}_2}{\partial x_1}\right)M_1+\mathrm{i}\omega M_2\right]。\tag{11.57}$$

最后，将表示式（11.55）、（11.56）代入方程（11.46）、（11.49），则我们有

$$\begin{aligned}&\widehat{H}\frac{\partial\nu}{\partial\sigma}+\frac{1}{\Omega^2}\left[F\left(N_1+\frac{\widehat{H}}{\overline{R}}\right)-\mathrm{i}\omega N_2\right]\frac{\partial\bar{U}_2}{\partial\sigma}\nu-\mathrm{i}\frac{g}{\Omega^2}\left[\left(N_1+\frac{\widehat{H}}{\overline{R}}\right)A_N-\mathrm{i}N_2V_N\right]\phi\\&=\mathrm{i}\left\{\omega+\frac{g}{\Omega^2}\left[\left(N_1+\frac{\widehat{H}}{\overline{R}}\right)A_M-\mathrm{i}N_2V_M\right]\right\}\end{aligned},\tag{11.58}$$

和

$$\omega\frac{\partial\phi}{\partial\sigma}+\mathrm{i}\frac{1}{g}\left(\frac{F}{\Omega^2}\frac{\partial\bar{U}_2}{\partial\sigma}\omega_H^2+\omega_V^2\right)\nu+\frac{A_N}{\Omega^2}\omega_H^2\phi=-\frac{A_M}{\Omega^2}\omega_H^2\text{。}\tag{11.59}$$

这样，经过可解析解简化的重力涡旋控制方程组可以扼要写成

$$\mu_1=\frac{F}{\Omega^2}\frac{\partial\bar{U}_2}{\partial\sigma}\nu-\mathrm{i}g\frac{A_N}{\Omega^2}\phi-\mathrm{i}g\frac{A_M}{\Omega^2},\tag{11.55}$$

$$\mu_2=-\mathrm{i}\frac{\omega}{\Omega^2}\frac{\partial\bar{U}_2}{\partial\sigma}\nu-g\frac{V_N}{\Omega^2}\phi-g\frac{V_M}{\Omega^2},\tag{11.56}$$

$$\begin{aligned}&\hat{H}\frac{\partial\nu}{\partial\sigma}+\frac{1}{\Omega^2}\left[F\left(N_1+\frac{\hat{H}}{\bar{R}}\right)-\mathrm{i}\omega N_2\right]\frac{\partial\bar{U}_2}{\partial\sigma}\nu-\mathrm{i}\frac{g}{\Omega^2}\left[\left(N_1+\frac{\hat{H}}{\bar{R}}\right)A_N-iN_2V_N\right]\phi\\&=\mathrm{i}\left\{\omega+\frac{g}{\Omega^2}\left[\left(N_1+\frac{\hat{H}}{\bar{R}}\right)A_M-\mathrm{i}N_2V_M\right]\right\}\end{aligned},\tag{11.58}$$

$$\omega\frac{\partial\phi}{\partial\sigma}+\mathrm{i}\frac{1}{g}\left(\frac{F}{\Omega^2}\frac{\partial\bar{U}_2}{\partial\sigma}\omega_H^2+\omega_V^2\right)\nu+\frac{A_N}{\Omega^2}\omega_H^2\phi=-\frac{A_M}{\Omega^2}\omega_H^2;\tag{11.59}$$

$$\nu\big|_{\sigma=0}=0,\tag{11.50}$$

$$\nu\big|_{\sigma=-1}=0,\tag{11.51}$$

$$\left.\frac{\partial\phi}{\partial\sigma}\right|_{\sigma=-1}=-\vartheta_H\text{。}\tag{11.52}$$

这里，方程的绿色编号是标示其出处的。

2.“实际海洋”的基本尺度估计和重力涡旋的垂直变化量级关系

即使这样，要在边界条件（11.50）-（11.52）下，解析地求解二元一阶常微分方程组（11.58）、（11.59）仍然是一件十分不容易的事。为了得到问题的解析解，我们可以按“实际海洋”的尺度估计，对这个二元一阶方程组做进一步的可解析解简化。这里，用符号“[ ]”标示内含项的量级，则我们有

1）西部边界流（主要指黑潮）的基本尺度估计

（1）流经东中国海冲绳海槽的黑潮是一股具有很大宽深比的流动，其特征宽度约为150km，特征深度约为1400m。黑潮水体一般认为可以占到水深的一半，约为700m。黑潮在沿大陆坡一侧流过时，其横断面可以分为左翼、主干和右翼三部分，黑潮两翼约各占特征宽度的20%，其余60%为主干。这样，我们可以给出黑潮的基本尺度估计为

$$[\delta x_1]=150\,\mathrm{km}\times 20\%=30\mathrm{km}\,,\quad [\delta\sigma]=0.5\,,\quad [H]=1400\mathrm{m}\,。\tag{11.60}$$

（2）黑潮流速在主干部分可达$1.5\dfrac{\mathrm{m}}{\mathrm{sec}}$，两翼部分的流速逐渐向外减小至与周围水体相衔接。在整个黑潮海域温度和盐度的变化都不超过 5℃和10‰，与此相应的密度变化约为9.7‰。基于这些认识，黑潮的速度和密度变化尺度约为

$$[\delta U_2]=1.5\frac{\mathrm{m}}{\mathrm{sec}}\,,\quad \left[\delta\left(\frac{\bar{\rho}}{\rho_0}\right)\right]=9.7\times10^{-3}\,,\quad [\delta A]\equiv\left[\int_\sigma^0\delta\left(\frac{\bar{\rho}}{\rho_0}\right)d\sigma\right]=9.7\times10^{-3}\,。\tag{11.61}$$

（3）在做量级估计时柯氏系数和重力加速度均取它们的简单估计值

$$[F]\approx[f]=10^{-4}\frac{1}{\mathrm{sec}}\,,\quad [g]=10\frac{\mathrm{m}}{\mathrm{sec}^2}\,。\tag{11.62}$$

2）重力涡旋运动描述量的垂直变化量级关系

方程（11.46）–（11.49）是重力涡旋在相空间中的出发方程，其中第一个和第四个方程决定着描述量$\{\nu,\phi\}$的垂直变化。我们可以取它们的垂直导数项和共同描述量μ_1项作为建立控制垂直变化关系的依据，即有垂直变化量关系

$$\left[\hat{H}\frac{\partial\nu}{\partial\sigma}\right]\sim\left[\left(N_1+\frac{\hat{H}}{\bar{R}}\right)\mu_1\right],\quad \left[\omega\left(\frac{\partial\phi}{\partial\sigma}\right)\right]\sim\left[\frac{1}{g}\omega_H^2\mu_1\right],$$

从而有相关运动描述量变化关系

$$[\partial v]\sim\left[\frac{1}{\hat{H}}\left(N_1+\frac{\hat{H}}{\bar{R}}\right)\mu_1\partial\sigma\right],\quad [\partial\phi]\sim\left[\frac{1}{g\omega}\omega_H^2\mu_1\partial\sigma\right]。\tag{11.63}$$

3. 重力涡旋控制方程组可解析解的“实际海洋”简化

为了使二元一阶常微分方程组（11.58）和（11.59）可解析解，一种简单情况是考虑以上量级及其变化关系，提出其中一个方程的一元化过程。为此，我们尝试做第二个方程的第二项与第三项的量级比较

$$TERM22\sim TERM23\ \Rightarrow\ \left[\frac{1}{g\omega}\left(\frac{F}{\Omega^2}\frac{\partial\bar{U}_2}{\partial\sigma}\omega_H^2+\omega_V^2\right)v\right]\sim\left[\frac{\omega_H^2}{\Omega^2}\frac{A_N}{\omega}\phi\right]。\tag{11.64}$$

为了简单起见，在做量级估计时我们暂不考虑与k_2有关的部分，这样，将基本量级关系（11.63）和参量表示式（11.53）、（11.54）、（11.57）代入比较式（11.64），则我们有演算结果

$$\begin{aligned}&TERM22\sim TERM23\Rightarrow\left[\frac{1}{g\omega}\left(\frac{F}{\Omega^2}\frac{\partial\bar{U}_2}{\partial\sigma}\omega_H^2+\omega_V^2\right)\frac{1}{\hat{H}}\left(N_1+\frac{\hat{H}}{\bar{R}}\right)\right]\sim\left[\frac{1}{\Omega^2}\frac{A_N}{g\omega^2}\omega_H^4\right]\\&\Rightarrow\left[\left(F\frac{\partial\bar{U}_2}{\partial\sigma}\omega_H^2+\Omega^2\omega_V^2\right)\left(\frac{\partial\hat{H}}{\partial x_1}+\mathrm{i}\hat{H}k_1+\frac{\hat{H}}{\bar{R}}\right)\right]\sim\left[\hat{H}\left(\frac{\partial\hat{H}}{\partial x_1}+\mathrm{i}\hat{H}k_1\right)\omega_H^4\right]\\&\Rightarrow\left\{\left[\left\{\begin{aligned}&F\frac{\partial\bar{U}_2}{\partial\sigma}\left[-g\frac{\partial}{\partial x_1}\left(\frac{\bar{\rho}}{\rho_0}\right)\right]\\&+\Omega^2\left[-g\frac{\partial}{\partial\sigma}\left(\frac{\bar{\rho}}{\rho_0}\right)\right]\end{aligned}\right\}\left(\frac{\partial\hat{H}}{\partial x_1}+\mathrm{i}\hat{H}k_1+\frac{\hat{H}}{\bar{R}}\right)\right]\sim\left[\hat{H}\left(\frac{\partial\hat{H}}{\partial x_1}+\mathrm{i}\hat{H}k_1\right)\left[-g\frac{\partial}{\partial x_1}\left(\frac{\bar{\rho}}{\rho_0}\right)\right]^2\right]\right\},\end{aligned}\tag{11.65}$$

消去相同的因子$\frac{1}{g\omega}$，以惯性频率附近较大尺度的重力涡旋为例：

$$\omega^2\sim O\left\{F\left(F+\frac{\partial\hat{U}_2}{\partial x_1}\right)\right\},\ 从而\ \left[\Omega^2\right]\sim 0,\tag{11.66}$$

抵消相差不大的因子$\left(\frac{\partial\hat{H}}{\partial x_1}+\mathrm{i}\hat{H}k_1+\frac{\hat{H}}{\bar{R}}\right)$与$\left(\frac{\partial\hat{H}}{\partial x_1}+\mathrm{i}\hat{H}k_1\right)$，则我们有简约的比较式

$$TERM22 \sim TERM23 \Rightarrow \left[F\frac{\partial \bar{U}_2}{\partial \sigma}\right] \sim \left[-g\hat{H}\frac{\partial}{\partial x_1}\left(\frac{\bar{\rho}}{\rho_0}\right)\right]。 \tag{11.67}$$
$$\Rightarrow \ 3\times 10^{-1} \sim 4.5 \ \Rightarrow \ 1 \sim 15$$

这表明方程（11.59）的第三项几乎要15倍大于其第二项，我们完全有理由忽略后者而保留前者。这样，关于变量ϕ的控制方程可以一元化为

$$\frac{\partial \phi}{\partial \sigma} + \frac{\omega_H^2}{\Omega^2}\frac{A_N}{\omega}\phi = -\frac{\omega_H^2}{\Omega^2}\frac{A_M}{\omega}, \tag{11.68}$$

$$\left(\frac{\partial \phi}{\partial \sigma}\right)_{\sigma=-1} = -\vartheta_H 。 \tag{11.69}$$

将这个一元化了的方程代入这个第二类海底边界条件，我们可以得到等价的第一类边界条件

$$(\phi)_{\sigma=-1} = -\left(\frac{A_M}{A_N}\right)_{\sigma=-1} + \left(\frac{\Omega^2\omega}{A_N\omega_H^2}\right)_{\sigma=-1}\vartheta_H 。 \tag{11.70}$$

在按方程（11.68）和边界条件（11.70）解得变量ϕ的情况下，确定变量ν的方程（11.58）和边界条件（11.50）、（11.51）可改写成一元化的形式

$$\hat{H}\frac{\partial \nu}{\partial \sigma} + \frac{1}{\Omega^2}\left[F\left(N_1 + \frac{\hat{H}}{\bar{R}}\right) - \mathrm{i}\omega N_2\right]\frac{\partial \bar{U}_2}{\partial \sigma}\nu = \mathrm{i}\left\{\omega + \frac{g}{\Omega^2}\left[\left(N_1 + \frac{\hat{H}}{\bar{R}}\right)A_M - \mathrm{i}N_2V_M\right]\right\}I(\sigma), \tag{11.71}$$

$$\nu\big|_{\sigma=0} = 0, \tag{11.72}$$

$$\nu\big|_{\sigma=-1} = 0, \tag{11.73}$$

其中

$$I(\sigma) = \left\{1 + \frac{\frac{g}{\Omega^2}\left[\left(N_1 + \frac{\hat{H}}{\bar{R}}\right)A_N - \mathrm{i}N_2V_N\right]\phi}{\omega + \frac{g}{\Omega^2}\left[\left(N_1 + \frac{\hat{H}}{\bar{R}}\right)A_M - \mathrm{i}N_2V_M\right]}\right\}。 \tag{11.74}$$

4. “一般海洋”简化的“实际海洋”重力涡旋控制方程组解析解

按变量ϕ的一元化控制方程（11.68）、（11.70）和变量ν的控制方程（11.71）、（11.73），我们可解得它们的解析解

$$\phi=\exp\left\{-\int_{-1}^{\sigma}\frac{\omega_H^2}{\Omega^2}\frac{A_N}{\omega}d\sigma\right\}\left[\int_{-1}^{\sigma}-\frac{\omega_H^2}{\Omega^2}\frac{A_M}{\omega}\exp\left\{\int_{-1}^{\sigma}\frac{\omega_H^2}{\Omega^2}\frac{A_N}{\omega}d\sigma'\right\}d\sigma-\left(\frac{A_M}{A_N}\right)_{\sigma=-1}+\left(\frac{\Omega^2\omega}{A_N\omega_H^2}\right)_{\sigma=-1}\vartheta_H\right],\tag{11.75}$$

和

$$\nu=\exp\left\{-\int_{-1}^{\sigma}\frac{1}{\hat{H}\Omega^2}\left[F\left(N_1+\frac{\hat{H}}{\bar{R}}\right)-\mathrm{i}\omega N_2\right]\frac{\partial\bar{U}_2}{\partial\sigma}d\sigma\right\}\frac{\mathrm{i}}{\hat{H}}$$
$$\int_{-1}^{\sigma}\left\{\omega+\frac{g}{\Omega^2}\left[\left(N_1+\frac{\hat{H}}{\bar{R}}\right)A_M-\mathrm{i}N_2V_M\right]\right\}I(\sigma)\exp\left\{\int_{-1}^{\sigma}\frac{1}{\hat{H}\Omega^2}\left[F\left(N_1+\frac{\hat{H}}{\bar{R}}\right)-\mathrm{i}\omega N_2\right]\frac{\partial\bar{U}_2}{\partial\sigma}d\sigma_1\right\}d\sigma\text{。}\tag{11.76}$$

关于变量μ_1和μ_2，我们可以将变量ϕ和ν的表示式代入关系式（11.55）和（11.56），从而得到它们的解析表示式

$$\mu_1=\left(\frac{F}{\Omega^2}\frac{\partial\bar{U}_2}{\partial\sigma}\nu-\mathrm{i}g\frac{A_N}{\Omega^2}\phi-\mathrm{i}g\frac{A_M}{\Omega^2}\right),\tag{11.77}$$

和

$$\mu_2=\left(-\mathrm{i}\frac{\omega}{\Omega^2}\frac{\partial\bar{U}_2}{\partial\sigma}\nu-g\frac{V_N}{\Omega^2}\phi-g\frac{V_M}{\Omega^2}\right)\text{。}\tag{11.78}$$

将所得的表示式（11.77）、（11.78）、（11.76）和（11.75）代入Fourier积分式（11.45）的前四式，则可得仅依赖于海面起伏η的或完全适应的重力涡旋基本运动形态解析解表示。

11.3 讨论和结论：按存在性限制条件确定的垂直和水平旋转指向重力涡旋解析表示

在所得到的解析解中，我们还需要有一个复频率和水平波数之间的关系式。这个关系式实际上可以通过尚需满足的边界条件（11.72）得到。

11.3.1 重力涡旋的存在性限制条件

所导出解析解还需要满足边界条件（11.72），这实际上就是所要求的复频率和水平波数之间的关联关系，我们称它为解的存在性限制条件。将变量ν的解析解（11.76）代入这个尚需满足的边界条件，我们就得到运动的存在性限制条件

$$\nu\big|_{\sigma=0}=\exp\left\{-\int_{-1}^{0}\frac{1}{\hat{H}\Omega^2}\left[F\left(N_1+\frac{\hat{H}}{\bar{R}}\right)-\mathrm{i}\omega N_2\right]\frac{\partial\bar{U}_2}{\partial\sigma}d\sigma\right\}\frac{\mathrm{i}}{\hat{H}}$$
$$\int_{-1}^{0}\left\{\omega+\frac{g}{\Omega^2}\left[\left(N_1+\frac{\hat{H}}{\bar{R}}\right)A_M-\mathrm{i}N_2V_M\right]\right\}I(\sigma)\exp\left\{\int_{-1}^{\sigma}\frac{1}{\hat{H}\Omega^2}\left[F\left(N_1+\frac{\hat{H}}{\bar{R}}\right)-\mathrm{i}\omega N_2\right]\frac{\partial\bar{U}_2}{\partial\sigma}d\sigma_1\right\}d\sigma=0。$$

（11.79）

或消去非零因子 $\exp\left\{-\int_{-1}^{0}\frac{1}{\hat{H}\Omega^2}\left[F\left(N_1+\frac{\hat{H}}{\bar{R}}\right)-i\omega N_2\right]\frac{\partial\bar{U}_2}{\partial\sigma}d\sigma\right\}\frac{\mathrm{i}}{\hat{H}}$ 的简约存在性限制条件

$$\int_{-1}^{0}\left\{\omega+\frac{g}{\Omega^2}\left[\left(N_1+\frac{\hat{H}}{\bar{R}}\right)A_M-\mathrm{i}N_2V_M\right]\right\}I(\sigma)\exp\left\{\int_{-1}^{\sigma}\left[F\left(N_1+\frac{\hat{H}}{\bar{R}}\right)-\mathrm{i}\omega N_2\right]\frac{1}{\Omega^2}\frac{\partial\bar{U}_2}{\hat{H}\partial\sigma}d\sigma_1\right\}d\sigma=0。$$

（11.80）

考虑到环流应具有更大的水平和垂直尺度和重力涡旋应具有复频率垂直不变性，与其相关的第一被积函数因子可以看作是垂直缓慢变化的。这样，经过中值处理的存在性限制条件可写成

$$\left.\begin{aligned}&\left\{\omega+\frac{g}{\Omega^2}\left[\left(N_1+\frac{\hat{H}}{\bar{R}}\right)A_M-\mathrm{i}N_2V_M\right]\right\}_{\bar{M}}\{I(\sigma)\}_{\bar{M}}\\&\int_{-1}^{0}\exp\left\{\left\{\frac{1}{\Omega^2}\left[F\left(N_1+\frac{\hat{H}}{\bar{R}}\right)-\mathrm{i}\omega N_2\right]\frac{\partial\bar{U}_2}{\hat{H}\partial\sigma}\right\}_{\bar{M}}(\sigma+1)\right\}d\sigma=0\end{aligned}\right.。\tag{11.81}$$

其中下标“$_{\bar{M}}$”标示环流相关参变量在上层海洋中的中值。这样，考虑到$\{I(\sigma)\}_{\bar{M}}$是一个非零因子，存在性限制条件（11.81）实际上应等价于剩余的两个因子分别为零的两个限制性条件

$$\left\{\omega+\frac{g}{\Omega^2}\left[\left(N_1+\frac{\hat{H}}{\bar{R}}\right)A_M-\mathrm{i}N_2V_M\right]\right\}_{\bar{M}}=0\tag{11.82}$$

和

$$\int_{-1}^{0}\exp\left\{\left\{\frac{1}{\Omega^2}\left[F\left(N_1+\frac{\hat{H}}{\bar{R}}\right)-\mathrm{i}\omega N_2\right]\frac{\partial\bar{U}_2}{\hat{H}\partial\sigma}\right\}_{\bar{M}}(\sigma+1)\right\}d\sigma=0\text{。}\tag{11.83}$$

这两个因子条件可分别导出两个复频率-水平波数关系，它们分别描述垂直和水平旋转指向两种重力涡旋的传播和成长规律。

11.3.2 第一存在性限制条件规定的垂直旋转指向重力涡旋

按第一存在性限制条件（11.82），我们有

$$\left\{\omega+\frac{g}{\Omega^2}\left[\left(N_1+\frac{\hat{H}}{\bar{R}}\right)A_M-\mathrm{i}N_2V_M\right]\right\}_{\bar{M}}=0\text{。}\tag{11.84}$$

考虑到参变量表示式（11.53）、（11.57），则我们有

$$\left\{\omega^3-\left\{F\left(F+\frac{\partial\hat{U}_2}{\partial x_1}\right)+gk_1\left[\hat{H}k_1-\mathrm{i}\left(\frac{\partial\hat{H}}{\partial x_1}+\frac{\hat{H}}{\bar{R}}\right)\right]\Phi_A\right\}\omega-gk_2\left[F\left(\frac{\partial\hat{H}}{\partial x_1}+\frac{\hat{H}}{\bar{R}}\right)+\omega\hat{H}k_2-\mathrm{i}\frac{\partial\hat{U}_2}{\partial x_1}\hat{H}k_1\right]\Phi_A=0\right\}_{\bar{M}}\text{。}\tag{11.85}$$

它是可解析表示的第一复频率-水平波数关系，它是复频率可以用卡尔丹

公式表示的三次代数方程。当$k_2=0$时，不计平凡解$\omega=0$，这个第一存在性限制条件可退化为

$$\left\{\omega^2-\left\{F\left(F+\frac{\partial\hat{U}_2}{\partial x_1}\right)+gk_1\left[\hat{H}k_1-\mathrm{i}\left(\frac{\partial\hat{H}}{\partial x_1}+\frac{\hat{H}}{\bar{\bar{R}}}\right)\right]\Phi_A\right\}=0\right\}_{\bar{M}}。\tag{11.86}$$

它是一个可解析表示的复频率二次方程。这个第一复频率-波数关系的决定参变量是$\left(\frac{\partial\hat{H}}{\partial x_1}+\frac{\hat{H}}{\bar{\bar{R}}}\right)$和$\frac{\partial\hat{U}_2}{\partial x_1}$，它们表示一种与地形变深效应和垂直旋转指向涡度效应有关的垂直旋转指向重力涡旋。

11.3.3 第二存在性限制条件规定的水平旋转指向重力涡旋

按第二存在性限制条件（11.83），我们有

$$\int_{-1}^{0}\exp\left\{\frac{1}{\Omega^2}\left[F\left(N_1+\frac{\hat{H}}{\bar{\bar{R}}}\right)-\mathrm{i}\omega N_2\right]\frac{\partial\bar{U}_2}{\hat{H}\partial\sigma}(\sigma+1)d\sigma\right\}_{\bar{M}}=0，$$

它可以解得为

$$\exp\left\{\frac{1}{\Omega^2}\left[F\left(N_1+\frac{\hat{H}}{\bar{\bar{R}}}\right)-\mathrm{i}\omega N_2\right]\frac{\partial\bar{U}_2}{\hat{H}\partial\sigma}\right\}_{\bar{M}}=1，$$

或

$$\left\{\frac{1}{\Omega^2}\left[F\left(N_1+\frac{\hat{H}}{\bar{\bar{R}}}\right)-\mathrm{i}\omega N_2\right]\frac{\partial\bar{U}_2}{\hat{H}\partial\sigma}=-2\mathrm{i}n\pi\right\}_{\bar{M}}，\quad n=0,\pm1,\pm2,\dots。\tag{11.87}$$

不计$n=0$的平凡情况，考虑到参变量表示式（11.53）、（11.57），则我们有

$$\left\{\omega^2-\mathrm{i}\frac{\omega}{2n\pi}\frac{\partial\bar{U}_2}{\hat{H}\partial\sigma}\hat{H}k_2-\left\{F\left(F+\frac{\partial\hat{U}_2}{\partial x_1}\right)-\left[\hat{H}k_1-\mathrm{i}\left(\frac{\partial\hat{H}}{\partial x_1}+\frac{\hat{H}}{\bar{\bar{R}}}\right)\right]\frac{F}{2n\pi}\frac{\partial\bar{U}_2}{\hat{H}\partial\sigma}\right\}=0\right\}_{\bar{M}}，$$

$$n=\pm1,\pm2,\dots。\tag{11.88}$$

它是可解析表示的第二复频率-水平波数关系，它是复频率的二次代数方程。当$k_2=0$时，这个第二存在性限制条件进一步简约化为

$$\left\{\omega^2-\left[F\left(F+\frac{\partial\bar{U}_2}{\partial x_1}\right)-\frac{F}{2n\pi}\frac{\partial\bar{U}_2}{\hat{H}\partial\sigma}\hat{H}k_1\right]-\mathrm{i}\left(\frac{\partial\hat{H}}{\partial x_1}+\frac{\hat{H}}{\bar{R}}\right)\frac{F}{2n\pi}\frac{\partial\bar{U}_2}{\hat{H}\partial\sigma}=0\right\}_{\bar{M}},$$

$$n=\pm1,\pm2,\dots。\tag{11.89}$$

第二复频率-水平波数关系的决定参变量是$\left(\frac{\partial\hat{H}}{\partial x_1}+\frac{\hat{H}}{\bar{R}}\right)$和$\frac{\partial\bar{U}_2}{\hat{H}\partial\sigma}$，它们分别是地形变深效应和水平旋转指向涡度效应，它们描述的是一种水平旋转指向重力涡旋。

以上所得到的运动 Fourier 积分表示和两类复频率-水平波数关系，就是我们所要求的由“一般海洋”简化重力涡旋控制方程组统一解析解得的垂直和水平旋转指向重力涡旋两种运动形态。

参考文献

Lighthill M J. 1958. Introduction to Fourier Analysis and Generalized Functions. Cambridge: Cambridge University Press.

附录 11 环流局域自然坐标系和 Sigma 坐标变换湍流剩余类运动控制方程组的重力（波动+涡旋）和环流分解-合成演算样式

F11.1 环流局域自然坐标系的湍流剩余类运动控制方程组和在湍流和重力（波动+涡旋）样本集合上定义的 Reynolds 平均运算

首先让我们给出研究的出发状态，它主要包括环流局域自然坐标系、湍流剩余类运动控制方程组以及在湍流和重力（波动+涡旋）集合上所定义的 Reynolds 平均运算。

1. 环流局域自然坐标系的湍流剩余类运动控制方程组

1）环流局域自然坐标系

在环流海面的任意点O附近，设置以它为原点的环流局域自然坐标系$\{O;x_1,x_2,x_3\}$。取坐标轴x_2水平指向坐标原点的环流方向，坐标轴x_3垂直指向上，另一个水平坐标轴x_1与这两个坐标轴构成右手正交坐标系。曲率半径$\bar{R}$标示在水平坐标面$\{O;x_1,x_2\}$上坐标原点处的环流水平弯曲，它是从坐标面$\{O;x_2,x_3\}$曲率中心O_1到坐标原点O的实数距离。当与坐标轴x_1同向时，曲率半径$\bar{R}$取为正，反之取为负。

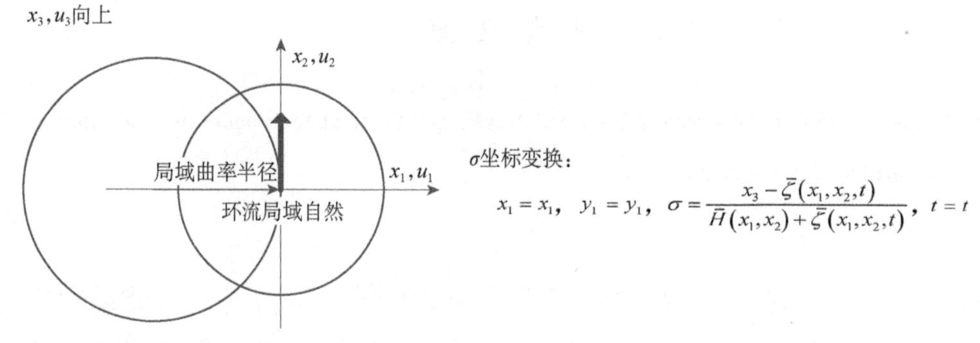

图 F11.1　环流局域自然坐标系和（重力波动+涡旋）+环流控制方程组 Sigma 坐标变换

2）环流局域自然坐标系中的湍流剩余类运动控制方程组

在环流局域自然坐标系中简约$\{u_i,p,\rho;\zeta\}$变量系 Boussinesq 近似的湍流剩余类运动，重力（波动+涡旋）和环流合成运动的控制方程组可以写成为

运动方程：

$$\frac{\partial\tilde{U}_i}{\partial x_i}+\frac{\tilde{U}_1}{\bar{R}}=0\,,\qquad\text{(F11. 1)}$$

$$\frac{\partial \tilde{U}_\alpha}{\partial t}+\tilde{U}_j\frac{\partial \tilde{U}_\alpha}{\partial x_j}+\left\{-\frac{\tilde{U}_2^2}{\bar{R}},\ \frac{\tilde{U}_1\tilde{U}_2}{\bar{R}}\right\}-2\varepsilon_{\alpha jk}\tilde{U}_j\Omega_k=-\frac{1}{\rho_0}\frac{\partial \tilde{p}}{\partial x_\alpha}+\mathrm{MIX}_0\left(\tilde{U}_\alpha\right), \quad \text{(F11.2)}$$

$$\frac{\partial \tilde{U}_3}{\partial t}+\tilde{U}_j\frac{\partial \tilde{U}_3}{\partial x_j}-2\varepsilon_{3jk}\tilde{U}_j\Omega_k=-\frac{1}{\rho_0}\frac{\partial \tilde{p}}{\partial x_3}-g\frac{\tilde{\rho}}{\rho_0}+\mathrm{MIX}_0\left(\tilde{U}_3\right), \quad \text{(F11.3)}$$

$$\frac{\partial \tilde{\rho}}{\partial t}+\tilde{U}_j\frac{\partial \tilde{\rho}}{\partial x_j}=\mathrm{MIX}_0\left(\tilde{\rho}\right)+\tilde{Q}_\rho ; \quad \text{(F11.4)}$$

边界条件:

$$\left\{\tilde{U}_j\tilde{n}_j-\tilde{P}+\mathrm{SF}_0\left(un\right)\right\}_{\tilde{F}_S(x_i,t)=0}+\mathrm{SFS}_0\left(un\right)=\frac{\partial \tilde{\zeta}}{\partial t}, \quad \text{(F11.5)}$$

$$\left\{\left(\tilde{\pi}_{ij}\right)_0\tilde{n}_j-\tilde{P}_{Si}+\mathrm{SF}_0\left(\pi n\right)\right\}_{\tilde{F}_S(x_i,t)=0}+\mathrm{SFS}_0\left(\pi n\right)=0, \quad \text{(F11.6)}$$

$$\left\{\left(\tilde{I}_{\rho j}\right)_0\tilde{n}_j+\tilde{Q}_{\rho S}+\mathrm{SF}_0\left(In_\rho\right)\right\}_{\tilde{F}_S(x_i,t)=0}+\mathrm{SFS}_0\left(In_\rho\right)=0; \quad \text{(F11.7)}$$

$$\left\{\tilde{U}_j\tilde{n}_j+\mathrm{SF}_0\left(un\right)\right\}_{\tilde{F}_H(x_i,t)=0}+\mathrm{SFH}_0\left(un\right)=-\frac{\partial \tilde{H}}{\partial t}, \quad \text{(F11.8)}$$

$$\left\{\left(\tilde{\pi}_{ij}\right)_0\tilde{n}_j-\tilde{P}_{Hi}+\mathrm{SF}_0\left(\pi n\right)\right\}_{\tilde{F}_H(x_i,t)=0}+\mathrm{SFH}_0\left(\pi n\right)=0, \quad \text{(F11.9)}$$

$$\left\{\left(\tilde{I}_{\rho j}\right)_0\tilde{n}_j-\tilde{Q}_{\rho H}+\mathrm{SF}_0\left(In_\rho\right)\right\}_{\tilde{F}_H(x_i,t)=0}+\mathrm{SFH}_0\left(In_\rho\right)=0, \quad \text{(F11.10)}$$

其中运动方程组混合项可分别具体写成

$$\mathrm{MIX}_0\left(\tilde{U}_\alpha\right)=\left[\begin{aligned}&\frac{\partial}{\partial x_j}\left(\nu_0\frac{\partial \tilde{U}_\alpha}{\partial x_j}\right)+\frac{1}{\bar{R}}\left(\nu_0\frac{\partial \tilde{U}_\alpha}{\partial x_1}+\Delta_\alpha\right)\\&+\frac{\partial}{\partial x_j}\left(-\left\langle u_{SSj}u_{SS\alpha}\right\rangle_{SS}\right)+\frac{1}{\bar{R}}\left(-\left\langle u_{SS1}u_{SS\alpha}\right\rangle_{SS}\right)\end{aligned}\right],$$

$$\mathrm{MIX}_0\left(\tilde{U}_3\right)\equiv\left[\begin{aligned}&\frac{\partial}{\partial x_j}\left(\nu_0\frac{\partial \tilde{U}_3}{\partial x_j}\right)+\frac{1}{\bar{R}}\left(\nu_0\frac{\partial \tilde{U}_3}{\partial x_1}\right)\\&+\frac{\partial}{\partial x_j}\left(-\left\langle u_{SSj}u_{SS3}\right\rangle_{SS}\right)+\frac{1}{\bar{R}}\left(-\left\langle u_{SS1}u_{SS3}\right\rangle_{SS}\right)\end{aligned}\right],$$

$$\mathrm{MIX}_0\left(\tilde{\rho}\right)\equiv\left[\begin{aligned}&\frac{\partial}{\partial x_j}\left(K_0\frac{\partial \tilde{\rho}}{\partial x_j}\right)+\frac{1}{\bar{R}}\left(K_0\frac{\partial \tilde{\rho}}{\partial x_1}\right)\\&+\frac{\partial}{\partial x_j}\left(-\left\langle u_{SSj}\rho_{SS}\right\rangle_{SS}\right)+\frac{1}{\bar{R}}\left(-\left\langle u_{SS1}\rho_{SS}\right\rangle_{SS}\right)\end{aligned}\right]; \quad \text{(F11.11)}$$

边界条件中的湍流通量可分别写成

$$\mathrm{SF}_0\left(un\right)\equiv\left\langle u_{SSj}n_{SSj}\right\rangle_{SS}, \quad \mathrm{SF}_0\left(\pi n\right)\equiv\left\langle \pi_{SSij}n_{SSj}\right\rangle_{SS},$$

$$\mathrm{SF}_0\left(In_\rho\right) \equiv \left\langle I_{\rho SS\,j} n_{SS\,j}\right\rangle_{SS};\tag{F11.12}$$

湍流海面和海底边界位置替代附加项可分别写成

$$\mathrm{SFS}_0(un) \equiv \left\langle \Delta_{S\,SS}(un)\right\rangle_{SS},\quad \mathrm{SFS}_0(\pi n) \equiv \left\langle \Delta_{S\,SS}(\pi n)\right\rangle_{SS},$$

$$\mathrm{SFS}_0\left(In_\rho\right) \equiv \left\langle \Delta_{S\,SS}\left(In_\rho\right)\right\rangle_{SS}\tag{F11.13}$$

和

$$\mathrm{SFH}_0(un) \equiv \left\langle \Delta_{H\,SS}(un)\right\rangle_{SS},\quad \mathrm{SFH}_0(\pi n) \equiv \left\langle \Delta_{H\,SS}(\pi n)\right\rangle_{SS},$$

$$\mathrm{SFH}_0\left(In_\rho\right) \equiv \left\langle \Delta_{H\,SS}\left(In_\rho\right)\right\rangle_{SS}。\tag{F11.14}$$

其中上波形号“ ~ ”标示湍流剩余类运动描述量，$\begin{Bmatrix}\Delta_{S\,SS}(un), \Delta_{S\,SS}(\pi n), \Delta_{S\,SS}(In)\\ \Delta_{H\,SS}(un), \Delta_{H\,SS}(\pi n), \Delta_{H\,SS}(In)\end{Bmatrix}$

两行分别表示海面从 $F_S(x_i,t)=0$ 到 $\tilde{F}_S(x_i,t)=0$ 和海底从 $F_H(x_i,t)=0$ 到 $\tilde{F}_H(x_i,t)=0$ 的边界替代附加项。

2. 非线性力湍流和重力（波动+涡旋）样本集合上定义的 Reynolds 平均运算

这里，我们先在控制力层次上给出非线性力湍流和重力（波动+涡旋）样本集合上定义的 Reynolds 平均运算，它们可以分别写成

$$\langle x\rangle_{M_1} \equiv \int_{M_1} x\left\{\sum_{i=1}^{4} M_i\right\} P\{M_1\} dM_1 = \langle x\rangle_{SS} = \tilde{y}\left\{\sum_{i=2}^{4} M_i\right\},\tag{F11.15}$$

和

$$\begin{aligned}\langle\tilde{y}\rangle_{M_2+M_3} &\equiv \int_{M_2+M_3} \tilde{y}\left\{\sum_{i=2}^{4} M_i\right\} P\{M_2+M_3\} d(M_2+M_3)\\ &= \left\langle\langle x\rangle_{SS}\right\rangle_{(SM+MM)} = \overline{z}\{M_4\}\end{aligned},\tag{F12.16}$$

其中 $\{M_i|\ i=1,2,\cdots,4\}$ 依次表示海洋动力系统的非线性力湍流、重力波动、重

力涡旋和地转力及其剩余力环流四类运动。$x\left\{\sum_{i=1}^{4}M_i\right\}$、$\tilde{y}\left\{\sum_{i=2}^{4}M_i\right\}$和$\overline{z}\{M_4\}$分别表示定义在全运动类、湍流剩余类运动和环流运动样本集合上的运动描述量，x、$\tilde{y}=\langle x\rangle_{SS}$和$\overline{z}=\langle\tilde{y}\rangle_{SM+MM}$分别是它们的简记符号。这样，我们有运动类描述量可加性的分解-合成演算样式

$$x\left\{\sum_{i=1}^{4}M_i\right\}=x_{SS}+\tilde{y}\left\{\sum_{i=2}^{4}M_i\right\}=x_{SS}+\langle x\rangle_{SS}\text{，}\quad\langle x_{SS}\rangle_{SS}=0 \qquad \text{(F11.17)}$$

和

$$\tilde{y}\left\{\sum_{i=2}^{4}M_i\right\}=x_{SM+MM}+\overline{z}\{M_4\}=x_{SM+MM}+\left\langle\langle x\rangle_{SS}\right\rangle_{SM+MM}\text{，}\quad\langle x_{SM+MM}\rangle_{SM+MM}=0 \qquad \text{(F11.18)}$$

其中x_{SS}和x_{SM+MM}分别标记描述量的湍流分量和重力（波动+涡旋）分量。

F11.2 地转力环流局域自然坐标系和 Sigma 坐标变换的重力波动、重力涡旋和环流控制方程组

1. 地转力环流局域自然坐标系和 Sigma 坐标变换的湍流剩余类运动控制方程组

首先让我们对环流局域自然坐标系湍流剩余类控制方程组做 Sigma 坐标变换

$$x_1=x_1\text{，}\quad x_2=x_2\text{，}\quad\sigma=\frac{x_3-\tilde{\zeta}(x_1,x_2,t)}{\tilde{H}(x_1,x_2,t)+\tilde{\zeta}(x_1,x_2,t)}\text{；}\quad t=t\text{，} \qquad \text{(F11.19)}$$

则可得 Sigma 坐标变换的湍流剩余类运动控制方程组

运动方程：

$$\frac{\partial(\tilde{H}+\tilde{\zeta})}{\partial t}+\frac{\partial(\tilde{H}+\tilde{\zeta})\tilde{U}_\beta}{\partial x_\beta}+\frac{\partial(\tilde{H}+\tilde{\zeta})\tilde{\varpi}}{\partial\sigma}+\frac{(\tilde{H}+\tilde{\zeta})}{\overline{R}}\tilde{U}_1=0\text{，} \qquad \text{(F11.20)}$$

$$\frac{\partial \tilde{U}_\alpha}{\partial t}+\tilde{U}_\beta\frac{\partial \tilde{U}_\alpha}{\partial x_\beta}+\varpi\frac{\partial \tilde{U}_\alpha}{\partial \sigma}+\left\{-\frac{\tilde{U}_2^2}{\bar{R}},\frac{\tilde{U}_1\tilde{U}_2}{\bar{R}}\right\}-2\varepsilon_{\alpha jk}\tilde{U}_j\Omega_k =-\frac{1}{\rho_0}\frac{\partial \tilde{p}}{\partial x_\alpha}+\frac{1}{\rho_0\tilde{H}}\left[(1+\sigma)\frac{\partial \tilde{\zeta}}{\partial x_\alpha}+\sigma\frac{\partial \tilde{H}}{\partial x_\alpha}\right]\frac{\partial \tilde{p}}{\partial \sigma}+\left[MIX_0\left(\tilde{U}_\alpha\right)\right]_\sigma, \tag{F11.21}$$

$$\frac{\partial \tilde{U}_3}{\partial t}+\tilde{U}_\beta\frac{\partial \tilde{U}_3}{\partial x_\beta}+\varpi\frac{\partial \tilde{U}_3}{\partial \sigma}-2\varepsilon_{3jk}\tilde{U}_j\Omega_k=-\frac{1}{\rho_0\left(\tilde{H}+\tilde{\zeta}\right)}\frac{\partial \tilde{p}}{\partial \sigma}-g\frac{\tilde{\rho}}{\rho_0}+\left[\mathrm{MIX}_0\left(\tilde{U}_3\right)\right]_\sigma, \tag{F11.22}$$

$$\frac{\partial \tilde{\rho}}{\partial t}+\tilde{U}_\beta\frac{\partial \tilde{\rho}}{\partial x_\beta}+\varpi\frac{\partial \tilde{\rho}}{\partial \sigma}=\left[\mathrm{MIX}_0(\tilde{\rho})\right]_\sigma+\left[\tilde{Q}_\rho\right]_\sigma, \tag{F11.23}$$

其中

$$\varpi\equiv\frac{1}{\left(\tilde{H}+\tilde{\zeta}\right)}\left[\tilde{U}_3-(1+\sigma)\left(\frac{\partial \tilde{\zeta}}{\partial t}+\frac{\partial \tilde{\zeta}}{\partial x_\beta}\tilde{U}_\beta\right)-\sigma\left(\frac{\partial \tilde{H}}{\partial t}+\frac{\partial \tilde{H}}{\partial x_\beta}\tilde{U}_\beta\right)\right], \tag{F11.24}$$

$$\tilde{U}_3=\left(\tilde{H}+\tilde{\zeta}\right)\varpi+(1+\sigma)\left(\frac{\partial \tilde{\zeta}}{\partial t}+\frac{\partial \tilde{\zeta}}{\partial x_\beta}\tilde{U}_\beta\right)+\sigma\left(\frac{\partial \tilde{H}}{\partial t}+\frac{\partial \tilde{H}}{\partial x_\beta}\tilde{U}_\beta\right)。 \tag{F11.25}$$

$\left[\mathrm{MIX}_0\left(\hat{U}_1\right)\right]_\sigma-\left[\mathrm{MIX}_0(\hat{\rho})\right]_\sigma$分别是混合项的 Sigma 坐标变换加以各自方程的 Sigma 坐标变换偏差项$\left[\varepsilon\left(\tilde{U}_1\right)\right]_\sigma-\left[\varepsilon(\tilde{\rho})\right]_\sigma$。

边界条件：

在海面$x_3-\tilde{\zeta}\left(x_\beta;t\right)=0$（$\sigma=0$）和海底$x_3+\tilde{H}\left(x_\beta;t\right)=0$（$\sigma=-1$）上，法向量可写成

$$\tilde{\mathbf{n}}_S\equiv\frac{1}{\Delta_{SN}}\left\{-\frac{\partial \tilde{\zeta}}{\partial x_\beta},1\right\},\quad \tilde{\mathbf{n}}_H\equiv\frac{1}{\Delta_{SN}}\left\{\frac{\partial \tilde{H}}{\partial x_\beta},1\right\}, \tag{F11.26}$$

其中

$$\Delta_{SN}=\left[1+\left(\frac{\partial \tilde{\zeta}}{\partial x_\beta}\right)^2\right]^{\frac{1}{2}}\approx 1,\quad \Delta_{HN}=\left[1+\left(\frac{\partial \tilde{H}}{\partial x_\beta}\right)^2\right]^{\frac{1}{2}}\approx 1, \tag{F11.27}$$

这样，湍流剩余类运动的边界条件可写成

$$\left\{\left(\tilde{H}+\tilde{\zeta}\right)\tilde{\varpi}+\left[\mathrm{SF}_0(un)\right]_\sigma\right\}_{\sigma=0}+\left[\mathrm{SFS}_0(un)\right]_\sigma=0, \tag{F11.28}$$

$$\left\{\tilde{F}_{SNi}-\tilde{P}_{Ai}+\left[\mathrm{SF}_0(\pi n)\right]_\sigma\right\}_{\sigma=0}+\left[\mathrm{SFS}_0(\pi n)\right]_\sigma=0, \tag{F11.29}$$

$$\left\{\tilde{R}_{SN}+\left[\mathrm{SF}_0\left(In_\rho\right)\right]_\sigma\right\}_{\sigma=0}+\left[\mathrm{SFS}_0\left(In_\rho\right)\right]_\sigma=0; \tag{F11.30}$$

$$\left\{\left(\tilde{H}+\tilde{\zeta}\right)\tilde{\varpi}+\left[\mathrm{SF}_0(un)\right]_\sigma\right\}_{\sigma=-1}+\left[\mathrm{SFH}_0(un)\right]_\sigma=0, \tag{F11.31}$$

$$\left\{\tilde{F}_{HNi}-\tilde{P}_{Hi}+\left[\mathrm{SF}_0(\pi n)\right]_\sigma\right\}_{\sigma=-1}+\left[\mathrm{SFH}_0(\pi n)\right]_\sigma=0, \tag{F11.32}$$

$$\left\{\tilde{R}_{HN}+\left[\mathrm{SF}_0\left(In_\rho\right)\right]_\sigma\right\}_{\sigma=-1}+\left[\mathrm{SFH}_0\left(In_\rho\right)\right]_\sigma=0。 \tag{F11.33}$$

这里$\left[\mathrm{SF}_0(un)\right]_\sigma-\left[\mathrm{SF}_0\left(In_\rho\right)\right]_\sigma$是$\mathrm{SF}_0(un)-\mathrm{SF}_0\left(In_\rho\right)$的 Sigma 坐标变换，$\left[\mathrm{SFS}_0(un)\right]_\sigma-\left[\mathrm{SFH}_0\left(In_\rho\right)\right]_\sigma$是$\mathrm{SFS}_0(un)-\mathrm{SFH}_0\left(In_\rho\right)$的 Sigma 坐标变换。

2. 环流局域自然坐标系 Sigma 坐标变换的重力(波动+涡旋)和环流控制方程组

将包括重力（波动+涡旋）和地转力环流的分解式（F11.18）作用于湍流剩余类运动控制方程组(F11.20)—(F11.25)和(F11.28)—(F11.33)，则我们有

运动方程：

$$\begin{aligned}&\frac{\partial\hat{H}}{\partial t}+\frac{\partial\hat{H}\bar{U}_\beta}{\partial x_\beta}+\frac{\partial\hat{H}\bar{\varpi}}{\partial\sigma}+\frac{\hat{H}}{\bar{R}}\bar{U}_1+\frac{\partial\hat{H}u_{(SM+MM)\beta}}{\partial x_\beta}+\frac{\partial\hat{H}\varpi_{SM+MM}}{\partial\sigma}+\frac{\hat{H}}{\bar{R}}u_{(SM+MM)1}\\&+\frac{\partial\hat{H}_{SM+MM}}{\partial t}+\frac{\partial\hat{H}_{SM+MM}\bar{U}_\beta}{\partial x_\beta}+\frac{\partial\hat{H}_{SM+MM}\bar{\varpi}}{\partial\sigma}+\frac{\hat{H}_{SM+MM}}{\bar{R}}\bar{U}_1+\frac{\partial\hat{H}_{SM+MM}u_{(SM+MM)\beta}}{\partial x_\beta},\\&+\frac{\partial\hat{H}_{SM+MM}\varpi_{SM+MM}}{\partial\sigma}+\frac{\hat{H}_{SM+MM}}{\bar{R}}u_{(SM+MM)1}=0\end{aligned} \tag{F11.34}$$

$$\begin{aligned}&\frac{\partial \bar{U}_{\alpha}}{\partial t}+\bar{U}_{\beta}\frac{\partial \bar{U}_{\alpha}}{\partial x_{\beta}}+\bar{\varpi}\frac{\partial \bar{U}_{\alpha}}{\partial \sigma}+\left\{-\frac{\bar{U}_2^2}{\bar{R}},\frac{\bar{U}_1\bar{U}_2}{\bar{R}}\right\}-2\varepsilon_{\alpha jk}\bar{U}_j\Omega_k+\frac{\partial u_{(SM+MM)\alpha}}{\partial t}+\bar{U}_{\beta}\frac{\partial u_{(SM+MM)\alpha}}{\partial x_{\beta}}\\&+\bar{\varpi}\frac{\partial u_{(SM+MM)\alpha}}{\partial \sigma}+u_{(SM+MM)\beta}\frac{\partial \bar{U}_{\alpha}}{\partial x_{\beta}}+\varpi_{SM+MM}\frac{\partial \bar{U}_{\alpha}}{\partial \sigma}+\left[u_{(SM+MM)\beta}\frac{\partial u_{(SM+MM)\alpha}}{\partial x_{\beta}}+\varpi_{SM+MM}\right.\\&\left.\frac{\partial u_{(SM+MM)\alpha}}{\partial \sigma}\right]-2\varepsilon_{\alpha jk}u_{(SM+MM)j}\Omega_k+\left\{-2\frac{\bar{U}_2u_{(SM+MM)2}}{\bar{R}},\frac{\bar{U}_1u_{(SM+MM)2}+u_{(SM+MM)1}\bar{U}_2}{\bar{R}}\right\}\\&+\left\{-\frac{u_{(SM+MM)2}^2}{\bar{R}},\frac{u_{(SM+MM)1}u_{(SM+MM)2}}{\bar{R}}\right\}\approx-\frac{1}{\rho_0}\frac{\partial \bar{p}}{\partial x_{\alpha}}+\frac{1}{\rho_0}\left[(1+\sigma)\frac{\partial \bar{\zeta}}{\partial x_{\alpha}}+\sigma\frac{\partial \bar{H}}{\partial x_{\alpha}}\right]\frac{\partial \bar{p}}{\hat{H}\partial \sigma}\\&-\frac{1}{\rho_0}\frac{\partial p_{SM+MM}}{\partial x_{\alpha}}+\frac{1}{\rho_0}\left[(1+\sigma)\frac{\partial \zeta_{SM+MM}}{\partial x_{\alpha}}+\sigma\frac{\partial H_{SM+MM}}{\partial x_{\alpha}}\right]\frac{\partial \bar{p}}{\hat{H}\partial \sigma}+\frac{1}{\rho_0}\left[(1+\sigma)\frac{\partial \bar{\zeta}}{\partial x_{\alpha}}+\sigma\frac{\partial \bar{H}}{\partial x_{\alpha}}\right]\\&\frac{\partial p_{SM+MM}}{\hat{H}\partial \sigma}+\frac{1}{\rho_0}\left[(1+\sigma)\frac{\partial \zeta_{SM+MM}}{\partial x_{\alpha}}+\sigma\frac{\partial H_{SM+MM}}{\partial x_{\alpha}}\right]\frac{\partial p_{SM+MM}}{\hat{H}\partial \sigma}+\left[\mathrm{MIX}_0\left(\tilde{U}_{\alpha}\right)\right]_{\sigma}\end{aligned}\text{，}\quad(\text{F11.34})$$

$$\begin{aligned}&\frac{\partial \bar{U}_3}{\partial t}+\bar{U}_{\beta}\frac{\partial \bar{U}_3}{\partial x_{\beta}}+\bar{\varpi}\frac{\partial \bar{U}_3}{\partial \sigma}-2\varepsilon_{3jk}\bar{U}_j\Omega_k+\frac{\partial u_{(SM+MM)3}}{\partial t}+\bar{U}_{\beta}\frac{\partial u_{(SM+MM)3}}{\partial x_{\beta}}+\bar{\varpi}\frac{\partial u_{(SM+MM)3}}{\partial \sigma}\\&+u_{(SM+MM)\beta}\frac{\partial \bar{U}_3}{\partial x_{\beta}}+\varpi_{SM+MM}\frac{\partial \bar{U}_3}{\partial \sigma}+u_{(SM+MM)\beta}\frac{\partial u_{(SM+MM)3}}{\partial x_{\beta}}+\varpi_{SM+MM}\frac{\partial u_{(SM+MM)3}}{\partial \sigma}\\&-2\varepsilon_{3jk}u_{(SM+MM)j}\Omega_k=-\frac{1}{\rho_0}\frac{\partial \bar{p}}{\hat{H}\partial \sigma}-\frac{\bar{\rho}}{\rho_0}g+\frac{1}{\rho_0}\frac{\partial \bar{p}}{\hat{H}\partial \sigma}\frac{\hat{H}_{SM+MM}}{\hat{H}}-\frac{1}{\rho_0}\frac{\partial p_{SM+MM}}{\hat{H}\partial \sigma}\\&-\frac{\rho_{SM+MM}}{\rho_0}g+\frac{1}{\rho_0}\frac{\partial p_{SM+MM}}{\hat{H}\partial \sigma}\frac{\hat{H}_{SM+MM}}{\hat{H}}+\left[\mathrm{MIX}_0\left(\tilde{U}_3\right)\right]_{\sigma}\end{aligned}\text{，}\quad(\text{F11.36})$$

$$\begin{aligned}&\frac{\partial \bar{\rho}}{\partial t}+\bar{U}_{\beta}\frac{\partial \bar{\rho}}{\partial x_{\beta}}+\bar{\varpi}\frac{\partial \bar{\rho}}{\partial \sigma}+\frac{\partial \rho_{SM+MM}}{\partial t}+\bar{U}_{\beta}\frac{\partial \rho_{SM+MM}}{\partial x_{\beta}}+\bar{\varpi}\frac{\partial \rho_{SM+MM}}{\partial \sigma}\\&+u_{(SM+MM)\beta}\frac{\partial \bar{\rho}}{\partial x_{\beta}}+\varpi_{SM+MM}\frac{\partial \bar{\rho}}{\partial \sigma}+u_{(SM+MM)\beta}\frac{\partial \rho_{SM+MM}}{\partial x_{\beta}}+\varpi_{SM+MM}\frac{\partial \rho_{SM+MM}}{\partial \sigma}\\&=\left[\mathrm{MIX}_0(\tilde{\rho})\right]_{\sigma}+\left[\tilde{Q}_{\rho}\right]_{\sigma}\end{aligned}\text{；}\quad(\text{F11.37})$$

其中

$$\hat{H}\equiv\left(\bar{H}+\bar{\zeta}\right)\text{，}\quad \hat{H}_{SM+MM}\equiv\left(H_{SM+MM}+\zeta_{SM+MM}\right)\text{。}\quad(\text{F11.38})$$

边界条件：

$$\left\{\begin{aligned}&\hat{H}\bar{\varpi}+\hat{H}_{SM+MM}\bar{\varpi}+\hat{H}\varpi_{SM+MM}\\&+\hat{H}_{SM+MM}\varpi_{SM+MM}+\left[\mathrm{SF}_0(un)\right]_{\sigma}\end{aligned}\right\}_{\sigma=0}+\left[\mathrm{SFS}_0(un)\right]_{\sigma}=0\text{，}\quad(\text{F11.39})$$

$$\left\{\begin{array}{l}\bar{F}_{SNi}-\bar{P}_{Ai}+F_{SN(SM+MM)i}\\-P_{A(SM+MM)i}+\left[\mathrm{SF}_0(\pi n)\right]_\sigma\end{array}\right\}_{\sigma=0}+\left[\mathrm{SFS}_0(\pi n)\right]_\sigma=0\,,\qquad\text{(F11.40)}$$

$$\left\{\begin{array}{l}\bar{R}_{SN}+R_{SN\,SM+MM}\\+\left[\mathrm{SF}_0\left(In_\rho\right)\right]_\sigma\end{array}\right\}_{\sigma=0}+\left[\mathrm{SFS}_0\left(In_\rho\right)\right]_\sigma=0\,,\qquad\text{(F11.41)}$$

$$\left\{\begin{array}{l}\hat{H}\bar{\varpi}+\hat{H}_{SM+MM}\bar{\varpi}+\hat{H}\varpi_{SM+MM}\\+\hat{H}_{SM+MM}\varpi_{SM+MM}+\left[\mathrm{SF}_0(un)\right]_\sigma\end{array}\right\}_{\sigma=-1}+\left[\mathrm{SFH}_0(un)\right]_\sigma=0\,,\qquad\text{(F11.42)}$$

$$\left\{\begin{array}{l}\bar{F}_{HNi}-\bar{P}_{Hi}+F_{HN(SM+MM)i}\\-P_{H(SM+MM)i}+\left[\mathrm{SF}_0(\pi n)\right]_\sigma\end{array}\right\}_{\sigma=-1}+\left[\mathrm{SFH}_0(\pi n)\right]_\sigma=0\,,\qquad\text{(F11.43)}$$

$$\left\{\begin{array}{l}\bar{R}_{HN}+R_{HN(SM+MM)}\\+\left[\mathrm{SF}_0\left(In_\rho\right)\right]_\sigma\end{array}\right\}_{\sigma=-1}+\left[\mathrm{SFH}_0\left(In_\rho\right)\right]_\sigma=0\,。\qquad\text{(F11.44)}$$

1）环流局域自然坐标系和 Sigma 坐标变换的地转力环流控制方程组

将重力（波动+涡旋）样本集合上定义的 Reynolds 平均运算作用于以上分解式，则我们有环流局域自然坐标系和 Sigma 坐标变换的地转力环流控制方程组

运动方程：

$$\begin{aligned}&\frac{\partial\hat{H}}{\partial t}+\frac{\partial\hat{H}\bar{U}_\beta}{\partial x_\beta}+\frac{\partial\hat{H}\bar{\varpi}}{\partial\sigma}+\frac{\hat{H}}{\bar{R}}\bar{U}_1+\left\langle\frac{\partial\hat{H}_{SM+MM}u_{(SM+MM)\beta}}{\partial x_\beta}\right.\\&\left.+\frac{\partial\hat{H}_{SM+MM}\varpi_{SM+MM}}{\partial\sigma}+\frac{\hat{H}_{SM+MM}}{\bar{R}}u_{(SM+MM)1}\right\rangle_{SM+MM}=0\end{aligned}\,,\qquad\text{(F11.45)}$$

$$\begin{aligned}&\frac{\partial\bar{U}_\alpha}{\partial t}+\bar{U}_\beta\frac{\partial\bar{U}_\alpha}{\partial x_\beta}+\bar{\varpi}\frac{\partial\bar{U}_\alpha}{\partial\sigma}-2\varepsilon_{\alpha jk}\bar{U}_j\Omega_k+\left\{-\frac{\bar{U}_2^2}{\bar{R}},\frac{\bar{U}_1\bar{U}_2}{\bar{R}}\right\}=-\frac{1}{\rho_0}\frac{\partial\bar{p}}{\partial x_\alpha}\\&+\frac{1}{\rho_0}\left[(1+\sigma)\frac{\partial\bar{\zeta}}{\partial x_\alpha}+\sigma\frac{\partial\bar{H}}{\partial x_\alpha}\right]\frac{\partial\bar{p}}{\hat{H}\partial\sigma}+\frac{1}{\rho_0}\left\langle\left[(1+\sigma)\frac{\partial\zeta_{SM+MM}}{\partial x_\alpha}+\sigma\frac{\partial H_{SM+MM}}{\partial x_\alpha}\right]\frac{\partial p_{SM+MM}}{\hat{H}\partial\sigma}\right\rangle_{SM+MM}\\&+\frac{\partial}{\partial x_\beta}\left[-\left\langle u_{(SM+MM)\beta}u_{(SM+MM)\alpha}\right\rangle_{SM+MM}\right]+\frac{\partial}{\partial\sigma}\left[-\left\langle\left\langle\varpi_{SM+MM}u_{(SM+MM)\alpha}\right\rangle_{SM+MM}\right.\right]\\&-\left\{-\frac{\left\langle u_{(SM+MM)2}^2\right\rangle_{SM+MM}}{\bar{R}},\frac{\left\langle u_{(SM+MM)1}u_{(SM+MM)2}\right\rangle_{SM+MM}}{\bar{R}}\right\}+\left\langle\left[\mathrm{MIX}_0\left(\tilde{U}_\alpha\right)\right]_\sigma\right\rangle_{SM+MM}\end{aligned}\,,$$

（F11.46）

$$\frac{\partial \bar{U}_3}{\partial t}+\bar{U}_\beta\frac{\partial \bar{U}_3}{\partial x_\beta}+\bar{\varpi}\frac{\partial \bar{U}_3}{\partial \sigma}-2\varepsilon_{3jk}\bar{U}_j\Omega_k=-\frac{1}{\rho_0}\frac{\partial \bar{p}}{\hat{H}\partial \sigma}-\frac{\bar{\rho}}{\rho_0}g+\frac{1}{\rho_0}\left\langle\frac{\partial p_{SM+MM}}{\hat{H}\partial \sigma}\frac{\hat{H}_{SM+MM}}{\hat{H}^2}\right\rangle_{SM+MM}+\frac{\partial}{\partial x_\beta}\left[-\left\langle u_{(SM+MM)\beta}u_{(SM+MM)3}\right\rangle_{SM+MM}\right]+\frac{\partial}{\partial \sigma}\left[-\left\langle \varpi_{SM+MM}u_{(SM+MM)3}\right\rangle_{SM+MM}\right]+\left\langle\left[\mathrm{MIX}_0\left(\tilde{U}_3\right)\right]_\sigma\right\rangle_{SM+MM}, \quad (\text{F11.47})$$

$$\frac{\partial \bar{\rho}}{\partial t}+\bar{U}_\beta\frac{\partial \bar{\rho}}{\partial x_\beta}+\bar{\varpi}\frac{\partial \bar{\rho}}{\partial \sigma}=\frac{\partial}{\partial x_\beta}\left[-\left\langle u_{(SM+MM)\beta}\rho_{SM+MM}\right\rangle_{SM+MM}\right]+\frac{\partial}{\partial \sigma}\left[-\left\langle \varpi_{SM+MM}\rho_{SM+MM}\right\rangle_{SM+MM}\right]+\left\langle\left[\tilde{Q}_\rho\right]_\sigma\right\rangle_{SM+MM}+\left\langle\left[\mathrm{MIX}_0\left(\tilde{\rho}\right)\right]_\sigma\right\rangle_{SM+MM}; \quad (\text{F11.48})$$

边界条件：

$$\left\{\begin{array}{l}\hat{H}\bar{\varpi}+\left\langle\hat{H}_{SM+MM}\varpi_{SM+MM}\right\rangle_{SM+MM}\\+\left\langle\left[\mathrm{SF}_0\left(un\right)\right]_\sigma\right\rangle_{SM+MM}\end{array}\right\}_{\sigma=0}+\left\langle\left[\mathrm{SFS}_0\left(un\right)\right]_\sigma\right\rangle_{SM+MM}=0, \quad (\text{F11.49})$$

$$\left\{\bar{F}_{SNi}-\bar{P}_{Ai}+\left\langle\left[\mathrm{SF}_0\left(\pi n\right)\right]_\sigma\right\rangle_{SM+MM}\right\}_{\sigma=0}+\left\langle\left[\mathrm{SFS}_0\left(\pi n\right)\right]_\sigma\right\rangle_{SM+MM}=0, \quad (\text{F11.50})$$

$$\left\{\bar{R}_{SN}+\left\langle\left[\mathrm{SF}_0\left(In_\rho\right)\right]_\sigma\right\rangle_{SM+MM}\right\}_{\sigma=0}+\left\langle\left[\mathrm{SFS}_0\left(In_\rho\right)\right]_\sigma\right\rangle_{SM+MM}=0, \quad (\text{F11.51})$$

$$\left\{\begin{array}{l}\hat{H}\bar{\varpi}+\left\langle\hat{H}_{SM+MM}\varpi_{SM+MM}\right\rangle_{SM+MM}\\+\left\langle\left[\mathrm{SF}_0\left(un\right)\right]_\sigma\right\rangle_{SM+MM}\end{array}\right\}_{\sigma=-1}+\left\langle\left[\mathrm{SFH}_0\left(un\right)\right]_\sigma\right\rangle_{SM+MM}=0, \quad (\text{F11.52})$$

$$\left\{\bar{F}_{HNi}-\bar{P}_{Hi}+\left\langle\left[\mathrm{SF}_0\left(\pi n\right)\right]_\sigma\right\rangle_{SM+MM}\right\}_{\sigma=-1}+\left\langle\left[\mathrm{SFH}_0\left(\pi n\right)\right]_\sigma\right\rangle_{SM+MM}=0, \quad (\text{F11.53})$$

$$\left\{\bar{R}_{HN}+\left\langle\left[\mathrm{SF}_0\left(In_\rho\right)\right]_\sigma\right\rangle_{SM+MM}\right\}_{\sigma=-1}+\left\langle\left[\mathrm{SFH}_0\left(In_\rho\right)\right]_\sigma\right\rangle_{SM+MM}=0。 \quad (\text{F11.54})$$

2）地转力环流局域自然坐标系和 Sigma 坐标变换的重力（波动+涡旋）控制方程组

湍流剩余类运动控制方程组分解-合成式减去环流控制方程组，则我们有环流局域自然坐标系和 Sigma 坐标变换的重力（波动+涡旋）控制方程组

运动方程：

$$
\begin{aligned}
&\frac{\partial \hat{H} u_{(SM+MM)\beta}}{\partial x_\beta}+\frac{\partial \hat{H} \varpi_{SM+MM}}{\partial \sigma}+\frac{\hat{H}}{\bar{R}} u_{(SM+MM)1}+\frac{\partial \hat{H}_{SM+MM}}{\partial t}+\frac{\partial \hat{H}_{SM+MM} \bar{U}_\beta}{\partial x_\beta}+\frac{\partial \hat{H}_{SM+MM} \bar{\varpi}}{\partial \sigma} \\
&+\frac{\hat{H}_{SM+MM}}{\bar{R}} \bar{U}_1+\Delta_{SM+MM}\left\{\frac{\partial \hat{H}_{SM+MM} u_{(SM+MM)\beta}}{\partial x_\beta}+\frac{\partial \hat{H}_{SM+MM} \varpi_{SM+MM}}{\partial \sigma}+\frac{\hat{H}_{SM+MM}}{\bar{R}} u_{(SM+MM)1}\right\}=0
\end{aligned}
\quad \text{，(F11.55)}
$$

$$
\begin{aligned}
&\frac{\partial u_{(SM+MM)\alpha}}{\partial t}+\bar{U}_\beta \frac{\partial u_{(SM+MM)\alpha}}{\partial x_\beta}+\bar{\varpi} \frac{\partial u_{(SM+MM)\alpha}}{\partial \sigma}+u_{(SM+MM)\beta} \frac{\partial \bar{U}_\alpha}{\partial x_\beta}+\varpi_{SM+MM} \frac{\partial \bar{U}_\alpha}{\partial \sigma}-2 \varepsilon_{\alpha j k} u_{(SM+MM)j} \Omega_k \\
&+\left\{-2 \frac{\bar{U}_2 u_{(SM+MM)2}}{\bar{R}}, \frac{\bar{U}_1 u_{(SM+MM)2}+u_{(SM+MM)1} \bar{U}_2}{\bar{R}}\right\}+\Delta_{SM+MM}\left\{u_{(SM+MM)\beta} \frac{\partial u_{(SM+MM)\alpha}}{\partial x_\beta}+\varpi_{SM+MM}\right. \\
&\left.\frac{\partial u_{(SM+MM)\alpha}}{\partial \sigma}\right\}+\Delta_{SM+MM}\left\{-\frac{u_{(SM+MM)2}^2}{\bar{R}}, \frac{u_{(SM+MM)1} u_{(SM+MM)2}}{\bar{R}}\right\}=-\frac{1}{\rho_0} \frac{\partial p_{SM+MM}}{\partial x_\alpha}+\frac{1}{\rho_0}\left[(1+\sigma) \frac{\partial \zeta_{SM+MM}}{\partial x_\alpha}\right. \\
&\left.+\sigma \frac{\partial H_{SM+MM}}{\partial x_\alpha}\right] \frac{\partial \bar{p}}{\hat{H} \partial \sigma}+\frac{1}{\rho_0}\left[(1+\sigma) \frac{\partial \bar{\zeta}}{\partial x_\alpha}+\sigma \frac{\partial \bar{H}}{\partial x_\alpha}\right] \frac{\partial p_{SM+MM}}{\hat{H} \partial \sigma}+\frac{1}{\rho_0} \Delta_{SM+MM}\left\{\left[(1+\sigma) \frac{\partial \zeta_{SM+MM}}{\partial x_\alpha}\right.\right. \\
&\left.\left.+\sigma \frac{\partial H_{SM+MM}}{\partial x_\alpha}\right] \frac{\partial p_{SM+MM}}{\hat{H} \partial \sigma}\right\}+\Delta_{SM+MM}\left\{\left[\operatorname{MIX}_0\left(\tilde{U}_\alpha\right)\right]_\sigma\right\}
\end{aligned}
\quad \text{，}
$$

（F11.56）

$$
\begin{aligned}
&\frac{\partial u_{(SM+MM)3}}{\partial t}+\bar{U}_\beta \frac{\partial u_{(SM+MM)3}}{\partial x_\beta}+\bar{\varpi} \frac{\partial u_{(SM+MM)3}}{\partial \sigma}+u_{(SM+MM)\beta} \frac{\partial \bar{U}_3}{\partial x_\beta}+\varpi_{SM+MM} \frac{\partial \bar{U}_3}{\partial \sigma} \\
&-2 \varepsilon_{3 j k} u_{(SM+MM)j} \Omega_k+\Delta_{SM+MM}\left\{u_{(SM+MM)\beta} \frac{\partial u_{(SM+MM)3}}{\partial x_\beta}+\varpi_{SM+MM} \frac{\partial u_{(SM+MM)3}}{\partial \sigma}\right\} \\
&=\frac{1}{\rho_0} \frac{\partial \bar{p}}{\hat{H} \partial \sigma} \frac{\hat{H}_{SM+MM}}{\hat{H}}-\frac{1}{\rho_0} \frac{\partial p_{SM+MM}}{\hat{H} \partial \sigma}-\frac{\rho_{SM+MM}}{\rho_0} g+\frac{1}{\rho_0} \Delta_{SM+MM}\left(\frac{\partial p_{SM+MM}}{\hat{H} \partial \sigma}\right. \\
&\left.\frac{\hat{H}_{SM+MM}}{\hat{H}}\right)+\Delta_{SM+MM}\left\{\left[\operatorname{MIX}_0\left(\tilde{U}_3\right)\right]_\sigma\right\}
\end{aligned}
\quad \text{，(F11.57)}
$$

$$
\begin{aligned}
&\frac{\partial \rho_{SM+MM}}{\partial t}+\bar{U}_\beta \frac{\partial \rho_{SM+MM}}{\partial x_\beta}+\bar{\varpi} \frac{\partial \rho_{SM+MM}}{\partial \sigma}+u_{(SM+MM)\beta} \frac{\partial \bar{\rho}}{\partial x_\beta} \\
&+\varpi_{SM+MM} \frac{\partial \bar{\rho}}{\partial \sigma}+\Delta_{SM+MM}\left\{u_{(SM+MM)\beta} \frac{\partial \rho_{SM+MM}}{\partial x_\beta}+\varpi_{SM+MM} \frac{\partial \rho_{SM+MM}}{\partial \sigma}\right\} \\
&=\Delta_{SM+MM}\left\{\left[\operatorname{MIX}_0(\tilde{\rho})\right]_\sigma\right\}+\Delta_{SM+MM}\left\{\left[\tilde{Q}_\rho\right]_\sigma\right\}
\end{aligned}
\quad \text{。(F11.58)}
$$

边界条件：

$$\begin{aligned}&\left\{\begin{matrix}\widehat{H}\varpi_{SM+MM}+\widehat{H}_{SM+MM}\overline{\varpi}\\+\Delta_{SM+MM}\left\{\widehat{H}_{SM+MM}\varpi_{SM+MM}+\left[\mathrm{SF}_0(un)\right]_\sigma\right\}\end{matrix}\right\}_{\sigma=0},\\&+\Delta_{SM+MM}\left\{\left[\mathrm{SFS}_0(un)\right]_\sigma\right\}=0\end{aligned}\tag{F11.59}$$

$$\begin{aligned}&\left\{F_{SN(SM+MM)i}-\overline{P}_{A(SM+MM)i}+\Delta_{SM+MM}\left\{\left[\mathrm{SF}_0(\pi n)\right]_\sigma\right\}\right\}_{\sigma=0},\\&+\Delta_{SM+MM}\left\{\left[\mathrm{SFS}_0(\pi n)\right]_\sigma\right\}=0\end{aligned}\tag{F11.60}$$

$$\begin{aligned}&\left\{R_{SN\,SM+MM}+\Delta_{SM+MM}\left\{\left[\mathrm{SF}_0(In_\rho)\right]_\sigma\right\}\right\}_{\sigma=0},\\&+\Delta_{SM+MM}\left\{\left[\mathrm{SFS}_0(In_\rho)\right]_\sigma\right\}=0\end{aligned}\tag{F11.61}$$

$$\begin{aligned}&\left\{\begin{matrix}\widehat{H}\varpi_{SM+MM}+\widehat{H}_{SM+MM}\overline{\varpi}\\+\Delta_{SM+MM}\left\{\widehat{H}_{SM+MM}\varpi_{SM+MM}+\left[\mathrm{SF}_0(un)\right]_\sigma\right\}\end{matrix}\right\}_{\sigma=-1},\\&+\Delta_{SM+MM}\left\{\left[\mathrm{SFH}_0(un)\right]_\sigma\right\}=0\end{aligned}\tag{F11.62}$$

$$\begin{aligned}&\left\{F_{HN(SM+MM)i}-\overline{P}_{H(SM+MM)i}+\Delta_{SM+MM}\left\{\left[\mathrm{SF}_0(\pi n)\right]_\sigma\right\}\right\}_{\sigma=-1},\\&+\Delta_{SM+MM}\left\{\left[\mathrm{SFH}_0(\pi n)\right]_\sigma\right\}=0\end{aligned}\tag{F11.63}$$

$$\begin{aligned}&\left\{R_{HN(SM+MM)}+\Delta_{SM+MM}\left\{\left[\mathrm{SF}_0(In_\rho)\right]_\sigma\right\}\right\}_{\sigma=-1}。\\&+\Delta_{SM+MM}\left\{\left[\mathrm{SFH}_0(In_\rho)\right]_\sigma\right\}=0\end{aligned}\tag{F11.64}$$

3. 地转力环流局域自然坐标系和 Sigma 坐标变换的重力波动和重力涡旋控制方程组

重力（波动+涡旋）控制方程组可按控制机制原则的第二层次，控制力的平衡状态，即控制力平衡方程时间变化项的有无劈分和其他项的对等劈分，得到重力波动和重力涡旋的控制方程组。

1）环流局域自然坐标系和 Sigma 坐标变换的重力波动控制方程组

运动方程：

$$\begin{aligned}&\frac{\partial \hat{H}_{SM}}{\partial t}+\frac{\partial \hat{H}_{SM}\bar{U}_\beta}{\partial x_\beta}+\frac{\partial \hat{H}_{SM}\bar{\varpi}}{\partial \sigma}+\frac{\hat{H}_{SM}}{\bar{R}}\bar{U}_1+\frac{\partial \hat{H}u_{SM\beta}}{\partial x_\beta}+\frac{\partial \hat{H}\varpi_{SM}}{\partial \sigma}+\frac{\hat{H}}{\bar{R}}u_{SM1}\\&+\Delta_{SM}\left\{\frac{\partial \hat{H}_{SM+MM}u_{(SM+MM)\beta}}{\partial x_\beta}+\frac{\partial \hat{H}_{SM+MM}\varpi_{SM+MM}}{\partial \sigma}+\frac{\hat{H}_{SM+MM}}{\bar{R}}u_{(SM+MM)1}\right\}=0\end{aligned}, \quad (F11.65)$$

$$\begin{aligned}&\frac{\partial u_{SM\alpha}}{\partial t}+\bar{U}_\beta\frac{\partial u_{SM\alpha}}{\partial x_\beta}+\bar{\varpi}\frac{\partial u_{SM\alpha}}{\partial \sigma}+u_{SM\beta}\frac{\partial \bar{U}_\alpha}{\partial x_\beta}+\varpi_{SM}\frac{\partial \bar{U}_\alpha}{\partial \sigma}+\Delta_{SM}\left(u_{(SM+MM)\beta}\frac{\partial u_{(SM+MM)\alpha}}{\partial x_\beta}+\varpi_{SM+MM}\right.\\&\left.\frac{\partial u_{(SM+MM)\alpha}}{\partial \sigma}\right)+\left\{-2\frac{\bar{U}_2u_{SM2}}{\bar{R}},\frac{\bar{U}_1u_{SM2}+u_{SM1}\bar{U}_2}{\bar{R}}\right\}+\Delta_{SM}\left\{-\frac{u^2_{(SM+MM)2}}{\bar{R}},\frac{u_{(SM+MM)1}u_{(SM+MM)2}}{\bar{R}}\right\}\\&-2\varepsilon_{\alpha jk}u_{SMj}\Omega_k=-\frac{1}{\rho_0}\frac{\partial p_{SM}}{\partial x_\alpha}+\frac{1}{\rho_0}\left[(1+\sigma)\frac{\partial \zeta_{SM}}{\partial x_\alpha}+\sigma\frac{\partial H_{SM}}{\partial x_\alpha}\right]\frac{\partial \bar{p}}{\hat{H}\partial \sigma}+\frac{1}{\rho_0}\left[(1+\sigma)\frac{\partial \bar{\zeta}}{\partial x_\alpha}+\sigma\frac{\partial \bar{H}}{\partial x_\alpha}\right]\frac{\partial p_{SM}}{\hat{H}\partial \sigma}\\&+\frac{1}{\rho_0}\Delta_{SM}\left\{\left[(1+\sigma)\frac{\partial \zeta_{SM+MM}}{\partial x_\alpha}+\sigma\frac{\partial H_{SM+MM}}{\partial x_\alpha}\right]\frac{\partial p_{SM+MM}}{\hat{H}\partial \sigma}\right\}+\Delta_{SM}\left\{\left[\mathrm{MIX}_0\left(\tilde{U}_\alpha\right)\right]_\sigma\right\}\end{aligned},$$

(F11.66)

$$\begin{aligned}&\frac{\partial u_{SM3}}{\partial t}+\bar{U}_\beta\frac{\partial u_{SM3}}{\partial x_\beta}+\bar{\varpi}\frac{\partial u_{SM3}}{\partial \sigma}+u_{SM\beta}\frac{\partial \bar{U}_3}{\partial x_\beta}+\varpi_{SM}\frac{\partial \bar{U}_3}{\partial \sigma}+\Delta_{SM}\left\{u_{(SM+MM)\beta}\frac{\partial u_{(SM+MM)3}}{\partial x_\beta}\right.\\&\left.+\varpi_{SM+MM}\frac{\partial u_{(SM+MM)3}}{\partial \sigma}\right\}-2\varepsilon_{3jk}u_{SMj}\Omega_k=\frac{1}{\rho_0}\frac{\partial \bar{p}}{\hat{H}\partial \sigma}\frac{\hat{H}_{SM}}{\hat{H}}-\frac{1}{\rho_0}\frac{\partial p_{SM}}{\hat{H}\partial \sigma}-\frac{\rho_{SM}}{\rho_0}g\\&+\frac{1}{\rho_0}\Delta_{SM}\left\{\frac{\partial p_{SM+MM}}{\hat{H}\partial \sigma}\frac{\hat{H}_{SM+MM}}{\hat{H}}\right\}+\Delta_{SM}\left\{\left[\mathrm{MIX}_0\left(\tilde{U}_3\right)\right]_\sigma\right\}\end{aligned}, \quad (F11.67)$$

$$\begin{aligned}&\frac{\partial \rho_{SM}}{\partial t}+\bar{U}_\beta\frac{\partial \rho_{SM}}{\partial x_\beta}+\bar{\varpi}\frac{\partial \rho_{SM}}{\partial \sigma}+u_{SM\beta}\frac{\partial \bar{\rho}}{\partial x_\beta}+\varpi_{SM}\frac{\partial \bar{\rho}}{\partial \sigma}+\Delta_{SM}\left\{u_{(SM+MM)\beta}\frac{\partial \rho_{SM+MM}}{\partial x_\beta}\right.\\&\left.+\varpi_{SM+MM}\frac{\partial \rho_{SM+MM}}{\partial \sigma}\right\}=\Delta_{SM}\left\{\left[\mathrm{MIX}_0(\tilde{\rho})\right]_\sigma\right\}+\Delta_{SM+MM}\left\{\left[\tilde{Q}_\rho\right]_\sigma\right\}\end{aligned}; \quad (F11.68)$$

边界条件：

$$\begin{aligned}&\left\{\begin{aligned}&\hat{H}\varpi_{SM}+\hat{H}_{SM}\bar{\varpi}\\&+\Delta_{SM}\left\{\hat{H}_{SM+MM}\varpi_{SM+MM}\right\}+\Delta_{SM}\left\{\left[\mathrm{SF}_0(un)\right]_\sigma\right\}\end{aligned}\right\}_{\sigma=0}\\&+\Delta_{SM}\left\{\left[\mathrm{SFS}_0(un)\right]_\sigma\right\}=0\end{aligned}, \quad (F11.69)$$

$$\begin{aligned}&\left\{F_{SN\,SMi}-\bar{P}_{ASMi}+\Delta_{SM}\left\{\left[\mathrm{SF}_0(\pi n)\right]_\sigma\right\}\right\}_{\sigma=0}\\&+\Delta_{SM}\left\{\left[\mathrm{SFS}_0(\pi n)\right]_\sigma\right\}=0\end{aligned}, \quad (F11.70)$$

$$\left\{R_{SN\,SM}+\Delta_{SM}\left\{\left[\mathrm{SF}_0\left(In_\rho\right)\right]_\sigma\right\}\right\}_{\sigma=0}+\Delta_{SM}\left\{\left[\mathrm{SFS}_0\left(In_\rho\right)\right]_\sigma\right\}=0, \quad (F11.71)$$

$$\left\{\begin{array}{l}\hat{H}\varpi_{SM}+\hat{H}_{SM}\bar{\varpi} \\ +\Delta_{SM}\left\{\hat{H}_{SM+MM}\varpi_{SM+MM}\right\}+\Delta_{SM}\left\{\left[\mathrm{SF}_0(un)\right]_\sigma\right\}\end{array}\right\}_{\sigma=-1}, \quad \text{(F11.72)}$$
$$+\Delta_{SM}\left\{\left[\mathrm{SFH}_0(un)\right]_\sigma\right\}=0$$

$$\left\{F_{HN\,SM\,i}-\bar{P}_{H\,SM\,i}+\Delta_{SM}\left\{\left[\mathrm{SF}_0(\pi n)\right]_\sigma\right\}\right\}_{\sigma=-1}, \quad \text{(F11.73)}$$
$$+\Delta_{SM}\left\{\left[\mathrm{SFH}_0(\pi n)\right]_\sigma\right\}=0$$

$$\left\{R_{HN\,SM}+\Delta_{SM}\left\{\left[\mathrm{SF}_0\left(In_\rho\right)\right]_\sigma\right\}\right\}_{\sigma=-1}。 \quad \text{(F11.74)}$$
$$+\Delta_{SM}\left\{\left[\mathrm{SFH}_0\left(In_\rho\right)\right]_\sigma\right\}=0$$

2）地转力环流局域自然坐标系和 Sigma 坐标变换的重力涡旋控制方程组

运动方程：

$$\frac{\partial\hat{H}_{MM}}{\partial t}+\frac{\partial\hat{H}_{MM}\bar{U}_\beta}{\partial x_\beta}+\frac{\partial\hat{H}_{MM}\bar{\varpi}}{\partial\sigma}+\frac{\hat{H}_{MM}}{\bar{R}}\bar{U}_1+\frac{\partial\hat{H}u_{MM\beta}}{\partial x_\beta}+\frac{\partial\hat{H}\varpi_{MM}}{\partial\sigma}+\frac{\hat{H}}{\bar{R}}u_{MM1}$$
$$+\Delta_{MM}\left\{\frac{\partial\hat{H}_{SM+MM}u_{(SM+MM)\beta}}{\partial x_\beta}+\frac{\partial\hat{H}_{SM+MM}\varpi_{SM+MM}}{\partial\sigma}+\frac{\hat{H}_{SM+MM}}{\bar{R}}u_{(SM+MM)1}\right\}=0, \quad \text{(F11.75)}$$

$$\frac{\partial u_{MM\alpha}}{\partial t}+\bar{U}_\beta\frac{\partial u_{MM\alpha}}{\partial x_\beta}+\bar{\varpi}\frac{\partial u_{MM\alpha}}{\partial\sigma}+u_{MM\beta}\frac{\partial\bar{U}_\alpha}{\partial x_\beta}+\varpi_{MM}\frac{\partial\bar{U}_\alpha}{\partial\sigma}+\Delta_{MM}\left\{u_{(SM+MM)\beta}\frac{\partial u_{(SM+MM)\alpha}}{\partial x_\beta}\right.$$
$$\left.+\varpi_{SM+MM}\frac{\partial u_{(SM+MM)\alpha}}{\partial\sigma}\right\}+\left\{-2\frac{\bar{U}_2u_{MM2}}{\bar{R}},\frac{\bar{U}_1u_{MM2}+u_{MM1}\bar{U}_2}{\bar{R}}\right\}+\left\{-\frac{u_{(SM+MM)2}^2}{\bar{R}},\frac{u_{(SM+MM)1}u_{(SM+MM)2}}{\bar{R}}\right\}$$
$$-2\varepsilon_{\alpha jk}u_{MMj}\Omega_k=-\frac{1}{\rho_0}\frac{\partial p_{MM}}{\partial x_\alpha}+\frac{1}{\rho_0}\left[(1+\sigma)\frac{\partial\zeta_{MM}}{\partial x_\alpha}+\sigma\frac{\partial H_{MM}}{\partial x_\alpha}\right]\frac{\partial\bar{p}}{\hat{H}\partial\sigma}+\frac{1}{\rho_0}\left[(1+\sigma)\frac{\partial\bar{\zeta}}{\partial x_\alpha}+\sigma\frac{\partial\bar{H}}{\partial x_\alpha}\right],$$
$$\frac{\partial p_{MM}}{\hat{H}\partial\sigma}+\frac{1}{\rho_0\hat{H}}\Delta_{MM}\left\{\left[(1+\sigma)\frac{\partial\zeta_{SM+MM}}{\partial x_\alpha}+\sigma\frac{\partial H_{SM+MM}}{\partial x_\alpha}\right]\frac{\partial p_{SM+MM}}{\partial\sigma}\right\}+\Delta_{MM}\left\{\left[\mathrm{MIX}_0\left(\tilde{U}_\alpha\right)\right]_\sigma\right\}$$

（F11.76）

$$\bar{U}_\beta\frac{\partial u_{MM3}}{\partial x_\beta}+\bar{\varpi}\frac{\partial u_{MM3}}{\partial\sigma}+u_{MM\beta}\frac{\partial\bar{U}_3}{\partial x_\beta}+\varpi_{MM}\frac{\partial\bar{U}_3}{\partial\sigma}+\Delta_{MM}\left\{u_{(SM+MM)\beta}\frac{\partial u_{(SM+MM)3}}{\partial x_\beta}\right.$$
$$\left.+\varpi_{SM+MM}\frac{\partial u_{(SM+MM)3}}{\partial\sigma}\right\}-2\varepsilon_{3jk}u_{MMj}\Omega_k=\frac{1}{\rho_0}\frac{\partial\bar{p}}{\hat{H}\partial\sigma}\frac{\hat{H}_{MM}}{\hat{H}}-\frac{1}{\rho_0}\frac{\partial p_{MM}}{\hat{H}\partial\sigma}-\frac{\rho_{MM}}{\rho_0}g, \quad \text{(F11.77)}$$
$$+\frac{1}{\rho_0}\Delta_{MM}\left\{\frac{\partial p_{SM+MM}}{\hat{H}\partial\sigma}\frac{\hat{H}_{SM+MM}}{\hat{H}}\right\}+\Delta_{MM}\left\{\left[MIX_0\left(\tilde{U}_3\right)\right]_\sigma\right\}$$

$$\left.\begin{aligned}&\frac{\partial\rho_{MM}}{\partial t}+\bar{U}_{\beta}\frac{\partial\rho_{MM}}{\partial x_{\beta}}+\bar{\varpi}\frac{\partial\rho_{MM}}{\partial\sigma}+u_{MM\beta}\frac{\partial\bar{\rho}}{\partial x_{\beta}}+\varpi_{MM}\frac{\partial\bar{\rho}}{\partial\sigma}+\Delta_{MM}\Big\{u_{(SM+MM)\beta}\\&\frac{\partial\rho_{SM+MM}}{\partial x_{\beta}}+\varpi_{SM+MM}\frac{\partial\rho_{SM+MM}}{\partial\sigma}\end{aligned}\right\}=\Delta_{MM}\left\{\left[\tilde{Q}_{\rho}\right]_{\sigma}\right\}+\Delta_{MM}\left\{\left[\mathrm{MIX}_{0}(\tilde{\rho})\right]_{\sigma}\right\}; \tag{F11.78}$$

边界条件：

$$\left.\begin{aligned}&\left\{\begin{aligned}&\hat{H}\varpi_{MM}+\hat{H}_{MM}\bar{\varpi}\\&+\Delta_{MM}\left\{\hat{H}_{SM+MM}\varpi_{SM+MM}+\left[\mathrm{SF}_{0}(un)\right]_{\sigma}\right\}\end{aligned}\right\}_{\sigma=0}\\&+\Delta_{MM}\left\{\left[\mathrm{SFS}_{0}(un)\right]_{\sigma}\right\}=0\end{aligned}\right., \tag{F11.79}$$

$$\left.\begin{aligned}&\left\{F_{SN\,MM\,i}-\bar{P}_{A\,MM\,i}+\Delta_{MM}\left\{\left[\mathrm{SF}_{0}(\pi n)\right]_{\sigma}\right\}\right\}_{\sigma=0}\\&+\Delta_{MM}\left\{\left[\mathrm{SFS}_{0}(\pi n)\right]_{\sigma}\right\}=0\end{aligned}\right., \tag{F11.80}$$

$$\left.\begin{aligned}&\left\{R_{SN\,MM}+\Delta_{MM}\left\{\left[\mathrm{SF}_{0}(In_{\rho})\right]_{\sigma}\right\}\right\}_{\sigma=0}\\&+\Delta_{MM}\left\{\left[\mathrm{SFS}_{0}(In_{\rho})\right]_{\sigma}\right\}=0\end{aligned}\right., \tag{F11.81}$$

$$\left.\begin{aligned}&\left\{\begin{aligned}&\hat{H}\varpi_{MM}+\hat{H}_{MM}\bar{\varpi}\\&+\Delta_{MM}\left\{\hat{H}_{SM+MM}\varpi_{SM+MM}+\left[\mathrm{SF}_{0}(un)\right]_{\sigma}\right\}\end{aligned}\right\}_{\sigma=-1}\\&+\Delta_{MM}\left\{\left[\mathrm{SFH}_{0}(un)\right]_{\sigma}\right\}=0\end{aligned}\right., \tag{F11.82}$$

$$\left.\begin{aligned}&\left\{F_{HN\,MM\,i}-\bar{P}_{H\,MM\,i}+\Delta_{MM}\left\{\left[\mathrm{SF}_{0}(\pi n)\right]_{\sigma}\right\}\right\}_{\sigma=-1}\\&+\Delta_{MM}\left\{\left[\mathrm{SFH}_{0}(\pi n)\right]_{\sigma}\right\}=0\end{aligned}\right., \tag{F11.83}$$

$$\left.\begin{aligned}&\left\{R_{HN\,MM}+\Delta_{MM}\left\{\left[\mathrm{SF}_{0}(In_{\rho})\right]_{\sigma}\right\}\right\}_{\sigma=-1}\\&+\Delta_{MM}\left\{\left[\mathrm{SFH}_{0}(In_{\rho})\right]_{\sigma}\right\}=0\end{aligned}\right.。 \tag{F11.84}$$

第十二章

北太平洋“西部边界流径”、“黑潮分支”和“多核结构”的高分辨和大覆盖海洋资料集观测事实

北太平洋西部边界流是最重要的临中国海域环流系统，近年发展起来的高分辨和大覆盖海洋资料集对该海域环流系统及其与泛中尺度涡旋相互作用现象的分析具有特殊的重要意义。这个环流系统主要包括流经临中国海断续海槽大陆坡一侧海域的黑潮和流经琉球岛链东南岛架和岛架坡海域的琉球海流；这里，在得以区隔重力涡旋和地转力涡旋的资料分析办法之前，我们统称它们的总和为泛中尺度涡旋。本文的分析研究主要包括两部分：一是，给出高分辨和大覆盖海洋资料集认定的两个区域海洋学基础观测事实，即多年平均“黑潮流径”的基础弯曲特征形态以及“黑潮分支”和“多核结构”的泛中尺度涡旋运动本质；二是，分析北太平洋西部边界流与泛中尺度涡旋相互作用的观测和观测计算特征现象。资料分析结果被列出为北太平洋“西部边界流径”、“黑潮分支”和“多核结构”三组，待在本子篇第三章中，采用第一章所给重力涡旋“统一解析理论”做无一缺失的动力学解译。

12.1　问题的提出

12.1.1　高分辨和大覆盖海洋观测资料集

半个世纪以来海洋观测技术发展有着长足的进步，出现了一批称得上高分辨和大覆盖的海洋观测资料集，大大提高了我们对诸如北太平洋“西部边界流径”、“黑潮分支”和“多核结构”等大尺度环流与泛中尺度涡旋相互作用现象的分析能力，引导了相互作用动力学解译研究的发展。本文所涉及到的这种海洋观测资料主要包括

1. 海面漂流浮标轨迹线遥测资料（ARGOS）

它是一种海面漂流浮标的卫星定位和水文遥测资料。总体上，它还算是测量高精度和海洋全覆盖的，其观测时间跨度应当从美国 GPS 定位系统正式运行开始。随着其他国家，如俄国、欧洲和中国全球定位系统的投入运行，海面漂流浮标已经成为一种重要的海洋动力学观测手段。

2. 高度计海面起伏遥感融合资料（Altimeter SSH）

高度计卫星运行轨道的间距一般可达度级，它沿轨道的测量间距则可至公里级。在天上同时运行的多颗卫星高度计资料可以被融合成每日一幅的四分之一度海面起伏分布图。这种融合资料原则上也是海面全覆盖的，其测量时间跨度也可以追溯到 1979 年美国第一颗海洋卫星升空。此后总有多颗高度计卫星在天空同时运行，使资料融合得以实现成为一份很好的海洋动力学参数测量数据。

3. 红外扫描仪海面温度遥感资料（Scanner SST）

每日 4 幅的红外扫描仪海面温度遥感资料被“客观”插补，整理成每

日一幅的全球海面温度分布图，它的温度测量精度可以达到次摄氏度级。按扫描足迹 1.1km 计，它是一种有很高空间分辨率的红外遥感资料。观测时间跨度也应当从 1979 年那颗著名的海洋卫星升空算起。此后，一直也有多台同类传感器在天上运行，在没有云覆盖影响的冬半年锋面海域，这份资料能充分发挥其高空间分辨率和温度测量精度的特长，是一类有很高应用价值的海洋遥感温度测量手段。

4. PN 断面高精度温-盐-深剖面仪船舶测量资料（PN 断面 CTD）

所谓 PN 和 IS 水文断面观测是日本水文气象厅执行的跨东海黑潮标准船舶测量任务。测量以海水温度、盐度和仪器所在深度为主要运动描述量，每季度一次的这种测量任务，观测时间跨度可以从上个世纪 30 年代准备侵华战争时开始，至今不断。值得注意的是，这项测量从 1971 年开始改用 CTD 剖面测量仪进行，实现对海水密度和断面流速测量计算的高精度温-盐-深原位测量。

作为高精度和大覆盖海洋资料集直接测量的重要组成部分，ARGO 漂流浮标水文剖面测量数据是不能不提及的。只是在本书研究范畴内我们尚没有涉及它们的资料分析应用而已。

12.1.2　高精度和大覆盖海洋观测资料集的基础观测事实认定以及观测和观测计算现象分析

从所采用的高分辨和大覆盖海洋资料集的分析能力看，大部分情况下我们的分析还仅限于西部边界流与地转力中尺度涡旋的相互作用现象。但是从问题的重要性看，我们特别愿意关注地转力大尺度环流与重力亚中尺度涡旋的相互作用现象。后者需要少部分资料才具有的现象分辨能力，它才是在海洋混合中起重要作用的运动主体现象。由于实际上还没有资料分析用的以上两类涡旋的实用区隔办法，我们不得不在本项分析中采用“泛中尺度涡旋”一词来统称重力亚中尺度涡旋和地转力中尺度涡旋的总和。

基于原国家海洋局第一海洋研究所早期关于“西部边界流径”、“黑潮分支”和“多核结构”涡旋运动本质的基础观测认知和近年来在“一般海洋”简化下提出的重力涡旋“统一解析理论”，我们有可能在解析研究基础上，给出北太平洋“西部边界流径”、“黑潮分支”和“多核结构”观测和观测计算现象的无一缺失动力学解译。实际上，这种动力学解译研究也是对引入系统科学概念、思想，建立现代物理海洋学的海洋动力系统研究框架最好的正确性检验。这样，作为动力学解译研究的准备，基于高分辨和大覆盖海洋观测资料对北太平洋“西部边界流径”、“黑潮分支”和“多核结构”做系统地再分析研究，就成为当前重要的区域海洋学研究任务。也是本文，重力涡旋“统一解析理论”应用子篇第二章的主要分析研究目标。

12.2　北太平洋“西部边界流径”基础观测事实的高精度和大覆盖海洋观测资料集认定

在北太平洋“西部边界流径”研究中，有两种基础观测事实是还需要我们做高精度和大覆盖海洋资料再分析认定的。它们是解析研究和动力学解译的主要出发依据，它们包括多年平均“黑潮流径”的基础弯曲特征形态以及“黑潮分支”和“多核结构”的北太平洋西部边界流与泛中尺度涡旋相互作用运动本质。

黑潮是西北太平洋海域最重要的大尺度海洋现象，是东亚，乃至世界海洋学家，包括 Stommel、Yoshida 和毛汉礼等共同关注的研究对象。黑潮作为北太平洋“西部边界流径”的主要部分，起源于菲律宾以东海域，在流向吕宋海峡的过程中逐渐汇聚发展成为一股经向强流。当它穿过巴林塘水域进入临中国海海域以后，实际上是沿着一条断续海槽的大陆坡一侧海域流动的。它主要包括跨巴士水道两条海山之间，台湾岛东岸和以东北向海山之间，以及越过花莲海山进入东中国海海域，沿着相当完整冲绳海槽大陆坡一侧海域流动直至流出图格拉海峡的临中国海北向黑潮强流段。流经这条断续海槽大陆坡一侧的黑潮与流过琉球岛链东南岛架和岛架坡海域的琉球海流一起，构成北太平洋环流的“西部边界流径”。

很长时间以来，我们一直缺乏对“黑潮流径”基础弯曲特征形态的客观描述认知，这大大限制了深入开展北太平洋“西部边界流径”、“黑潮分支”和“多核结构”观测事实分析的科学归纳能力，更不要说建立有严谨科学依据的重力涡旋“统一解析理论”和开展观测事实无一缺失的动力学解译研究了。

12.2.1　多年平均“黑潮流径”基础弯曲特征形态的 ARGOS 轨迹资料认定

审视几乎包括西北太平洋所有漂流浮标轨迹线的分布图（见图 12.1a），我们发现沿黑潮流域，在断续海槽的大陆坡一侧海域有一条界限十分清晰的轨迹线高密度带，我们可以用这条稳定的轨迹线高密度带作为勾画多年平均“黑潮流径”基础弯曲特征形态的客观依据。在图 12.1b 中我们用一条蓝色带子来标示多年平均“黑潮流径”。它有如下三项基础弯曲特征形态。

1）起源于菲律宾以东海域的黑潮，在流向吕宋海峡的过程中逐渐汇聚，形成沿断续海槽大陆坡一侧海域流动的，宽度约为150km 向下游略有展宽的一股稳定的经向强流。

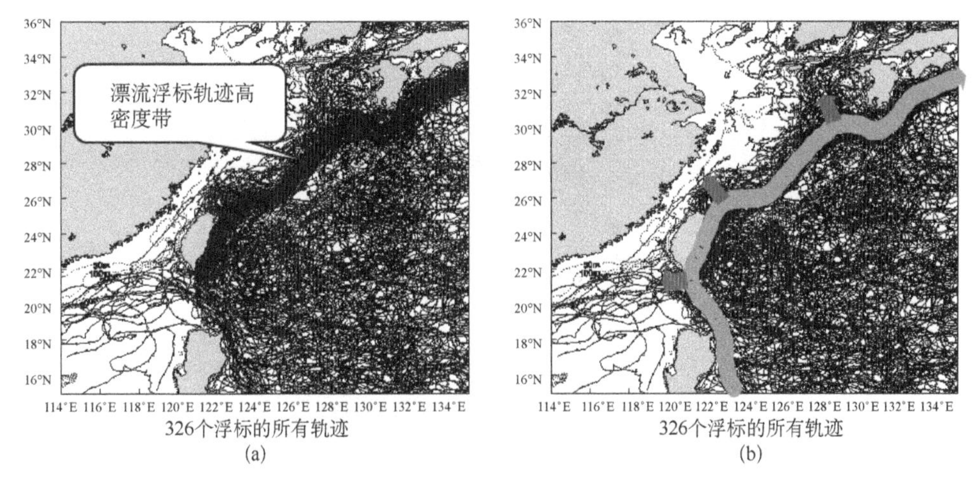

图 12.1　多年平均“黑潮流径”的 ARGOS 轨迹线分布资料直观认定图
（包括三个向大陆架一侧凸出的负曲率流径转弯处和东海黑潮流径的平直段）

2）从菲律宾以东海域到图格拉海峡的这股临中国海稳定流动，其流径有三个向大陆架一侧凸出的负曲率转弯处，它们分别处于吕宋海峡的巴士水道海域、冲绳海槽南端的台湾近东北海域和济州岛以南的九州西南海域。其实在这条流径上还有一个向大洋一侧凸出的正曲率转弯处，它处于冲绳海槽南端的台湾远东北海域。这样，在这个正曲率转弯处与相邻两个负曲率转弯处之间就会形成两个流径的平直流段。处于台湾东北海域的黑潮平直段其实很短，有 IS 断面跨于其上；处于东中国海中间海域的黑潮平直段很长，有代表性的 PN 断面跨于其中部海域。这种“黑潮流径”弯曲特征形态与断续流经的槽形地形变化有很高的大尺度关联度（见图 12.2），所生成的流径平直段也形态各异，IS 断面跨过的台湾东北平直段处于负曲率转弯处和正曲率转弯处之间的一小段流径上，PN 断面跨过的实际上是东海中部平直段的中部，处于正曲率转弯处和负曲率转弯处之间的整个平直段，它向下游延伸直到九州西南冲绳海槽地形向东偏南转弯前的地方。

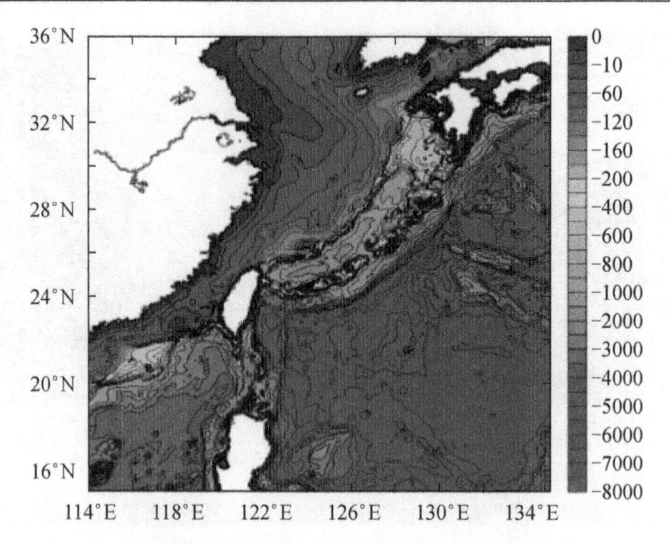

图 12.2 黑潮流经的断续海槽地形分布

（包括跨巴士海峡的两条海山，台湾岛岸和以东海山之间，以及越过花莲海山进入冲绳海槽的全部临中国海流段）

3)“黑潮流径”的三个负曲率转弯处“正好”就是黑潮和陆架水混合形成指向大陆架一侧“黑潮分支”暖水舌的地方；同样值得注意的是，东海中部的PN断面正是我们“经常”观测计算到“多核结构”现象的地方，从这里黑潮流径的平直段实际上还要向下游延伸，直到九州西南冲绳海槽地形向东偏南转弯前的地方。

12.2.2 “黑潮分支”和“多核结构”泛中尺度涡旋运动相互作用本质的海洋资料认定

与“黑潮流径”的负曲率转弯处直接相联系的是所谓“黑潮分支”现象。在过去的调查研究中，人们认为在巴士水道、台湾近东北和九州西南海域有三个指向大陆架一侧的黑潮-陆架混合水舌，并取它们作为黑潮存在三个分支的主要表象依据。但是关于这种“黑潮分支”现象的运动本质却有各异的说法，其中有更深刻含义的则是原国家海洋局第一海洋研究所所做的泛中尺度涡旋现场跟踪测量。这里，我们将根据公里分辨率的冬半年红外扫描仪海面温度资料，给出“黑潮分支”的西部边界流与泛中尺度涡旋相互作用的运动本质具象认定。图 12.3 第一幅图表示的是“黑潮分支”的黑潮-陆架混合水舌状表象。第二幅图就不一样了，它是我们精心挑选出来的，它可以在三个“黑潮分支”源区都能同时直接看到有较暖黑潮水涡旋状嵌入较冷陆架水的垂直旋转指向泛中尺度涡旋的直观影像。它们信服地显示“黑潮分支”具有西部边界流与垂直旋转指向泛中尺度涡旋相互作用的运动本质。

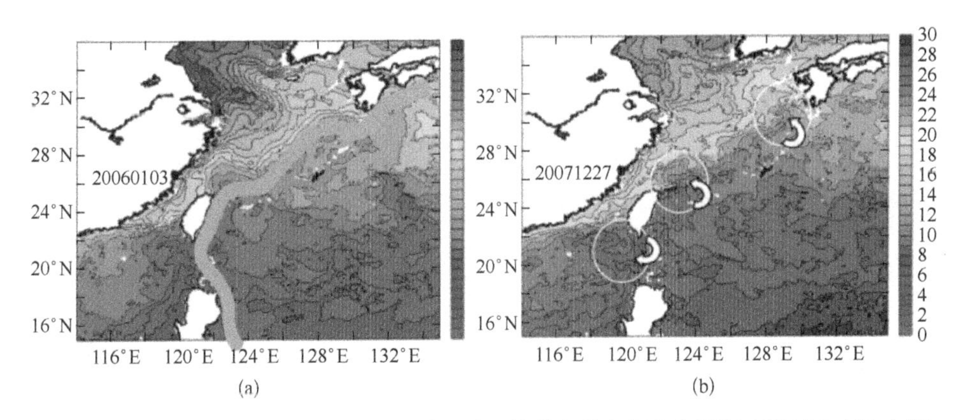

图 12.3 “黑潮分支”垂直旋转指向泛中尺度涡旋的红外扫描仪海面温度资料直观认定图

至今关于黑潮 PN 断面上“多核结构”的认知，实际上都是基于温-盐-深剖面仪高精度测量及其动力学计算而得到的。图 12.4 所引入的是早期不同中外研究者给出的“多核结构”断面流速分布计算结果。它们清晰地表明，“多核结构”是一种核间距一般在 50km 以下的径向流速多极值跨黑潮断面分布，它们实际上是一种水平旋转指向泛中尺度涡旋的发育过程，它们是黑潮与这种涡旋相互作用的一种表象。在 1971 年黑潮 PN 断面改用高精度温-盐-深剖面仪测量后的近 20 多年后，第一海洋研究所的科学家采用当时能收集到的，包括他们自己的约 90 余个测量样本，逐一做了径向流速的动力计算，开展了“多核结构”的大样本统计研究。分析结果表明，大于两核的“多核结构”，其出现率可以高达47%，是一种有大概率保证的水平旋转指向泛中尺度涡旋的测量计算事实。

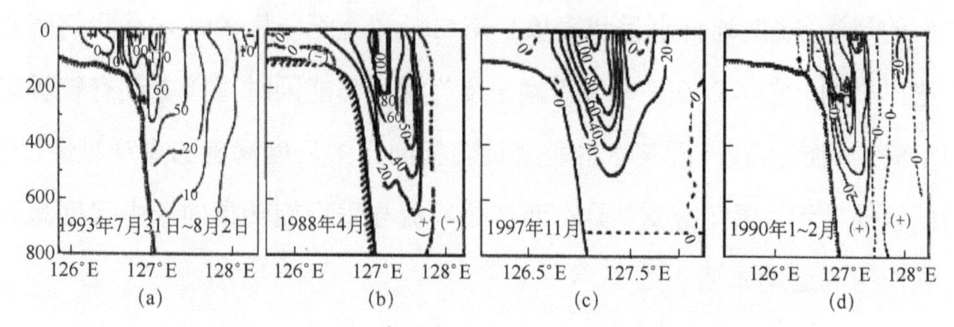

图 12.4　黑潮“多核结构”水平旋转指向泛中尺度涡旋的黑潮 PN 断面测量计算认定早期研究结果

综合以上分析研究，我们给出了多年平均“黑潮流径”基础弯曲特征形态的高分辨和大覆盖海洋资料认定以及“黑潮分支”和“多核结构”的黑潮与泛中尺度涡旋相互作用运动本质的观测和观测计算事实认定。

12.3　北太平洋“西部边界流径”、“黑潮分支”和“多核结构”的海洋资料分析研究

12.3.1　北太平洋“西部边界流径”的 Altimeter SSH 资料观测事实

图 12.5 是经过融合处理的一幅有$\frac{1}{2}$度分辨率的卫星高度计海面起伏数据分布图，其中蓝色条带是按相同比例勾画的多年平均“黑潮流径”。这幅分布图显示，所谓“泛中尺度涡旋”实际上是无处不在和无时不有的。值得注意的是，在高度计海面起伏融合资料中我们并不容易看出黑潮流径的样式，更不要说是流径弯曲以及“黑潮分支”、“多核结构”等规律性现象的表象了。为了揭示这份资料所包含的西部边界流与泛中尺度涡旋相互作用统计特征，我们可以做定义为

$$\Delta H\left(x_{\alpha}\right)=\sqrt{\frac{1}{N+1}\sum_{j=1}^{N}\left[H\left(x_{\alpha},t_{j}\right)-\bar{H}\left(x_{\alpha}\right)\right]^{2}},\quad \bar{H}\left(x_{\alpha}\right)=\frac{1}{N+1}\sum_{j=1}^{N}H\left(x_{\alpha},t_{j}\right) \tag{12.1}$$

的海面起伏统计偏差分布，它的平方实际上是泛中尺度涡旋的海面势能分布量度。图 12.6 所示的是按这个公式计算的北太平洋西部边界流海域海面起伏统计偏差分布。由这幅统计偏差分布图，我们可以清楚地看到：

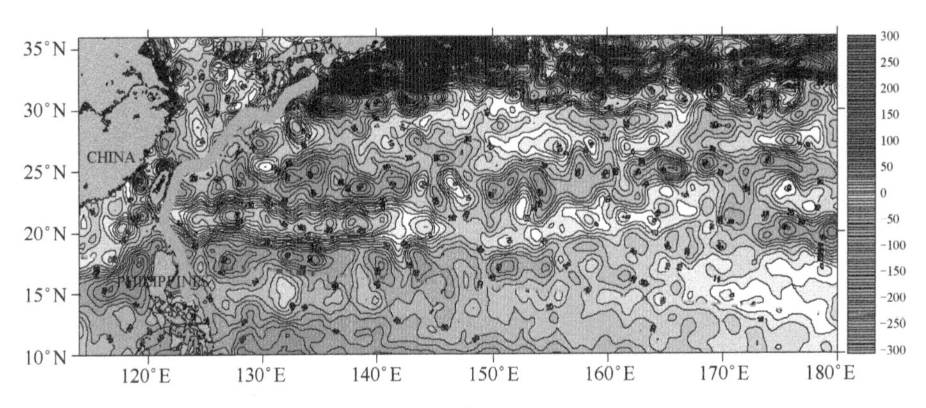

图 12.5　Altimeter SSH 资料的西北太平洋海域海面起伏分布示意图
（显示泛中尺度涡旋是无时不有和无处不在的）

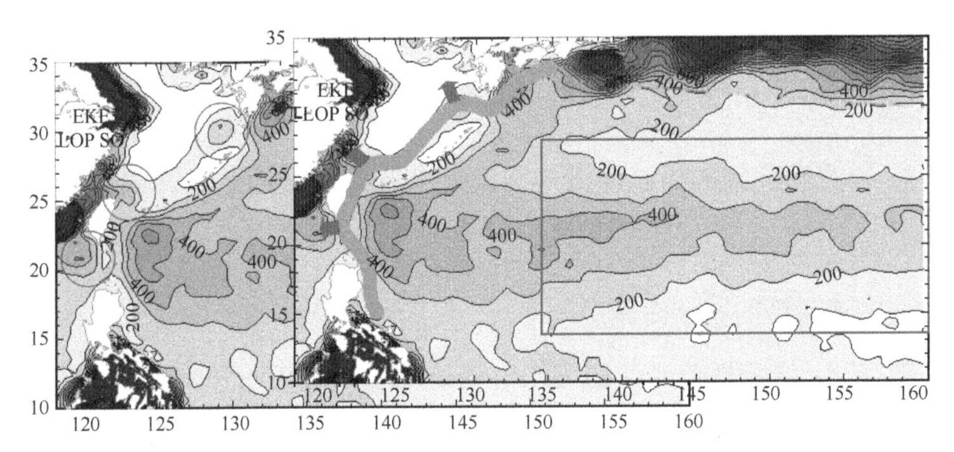

图 12.6　西北太平洋海域的海面起伏统计偏差分布图
（规律性地显示大洋深部、琉球海流和黑潮海域的主要分布特征）

1. 北太平洋深部海域有海面起伏统计偏差的东–西走向带状结构

北太平洋深部海域的海面起伏统计偏差有明显的经向不均匀性，它在北纬 22°N 附近有一条纬向高值带。它显示在这个纬度上在大洋深部有更多的东西向移动泛中尺度涡旋生成；在这条高值带的南北各有一条纬向低值带，分别处于北纬 13°N 和 27°N 附近，它们与在赤道海域和日本以南的黑潮延伸体海域的统计偏差高值带相毗邻。

2. 在琉球岛链东南宽阔的岛架和岛架坡海域有一条西南-东北走向的海面起伏统计偏差高值带

在包括黑潮和琉球海流的西部边界流海域情况则不一样，首先在琉球岛链东南宽阔的岛架和岛架坡海域，有一条与地形等深线走向一致的海面起伏统计偏差弱高值带。这条弱高值带显示，向西北移动的泛中尺度涡旋在进入地形东南-西北逐渐变浅的岛架坡和岛架海域时，会得到额外的地形相关发育，形成西南-东北走向的弱高值带。这条弱高值带的西南端在台湾以东海域，与外海 22°N 附近的高值带相叠置形成一个尺度较大的高值区；这条弱高值带的东北端在图格拉海峡以东海域与黑潮延伸体相叠置，形成另一个尺度较大的统计偏差高值区。

3. 在黑潮流经的断续海槽中间海域有一条海面起伏统计偏差低值带存在

在黑潮流经的断续海槽中间海域，我们发现有一条海面起伏统计偏差低值带存在。这条低值带从巴士水道两条南北向海山间开始，经过台湾岛东岸和以东海山间，跨过花莲海山进入东中国海的冲绳海槽海域，沿着海槽中间海域一直延伸到近图格拉海峡海域。这条海面起伏统计偏差低值带的发现，推广了早先在巴士水道海域有低值区存在的认知。这条低值带表明，向西移动发育的泛中尺度涡旋在高水平越过琉球岛链以后，将主要受“地形变深而衰减”作用，而在琉球岛链西北岛坡海域内变弱；随后，在海槽底平坦的中部海域，泛中尺度涡旋会达到和维持在一种较低的发育水平上；最后，处于低水平上的剩余重力涡旋将继续向西移动，在陆架坡海域得到更快地因“地形变浅而发育”作用而发育，在陆架坡边缘海域成长为以重力涡旋为主要成分的海面起伏统计偏差高值带。这一组向西移动的泛中尺度涡旋因“变深衰减-平坦维持-变浅发育”地形效应而组合起来，在断续海槽中部海域构成海面起伏的统计偏差低值带，这里，对于泛中尺度涡旋实际上是相当寂静的。

我们也将在本子篇第三章中给出以上“西部边界流径”观测事实无一缺失的动力学解译。

12.3.2 “黑潮分支”的高分辨和大覆盖海洋资料观测事实

“黑潮分支”是多种高分辨和大覆盖海洋资料综合观测到的一种西部边界流与泛中尺度涡旋相互作用显著现象。我们可以用“黑潮流径”基础弯曲形态的三个负曲率转弯处特征，将它们一一对应地联系起来。

1）海面漂流浮标轨迹线遥测资料认定的“黑潮流径”三个向大陆一侧凸出的负曲率转弯处可见于图 12.7，它们分别处于吕宋海峡的巴士水道海域，冲绳海槽南端的台湾近东北海域和该海槽济州岛以南的九州西南海域。

2）海面漂流浮标轨迹线定位遥测资料显示，在三个向大陆一侧凸出的负曲率转弯处，有更多的漂流浮标被另外较强的某较小尺度类运动，以大夹角的形式从“黑潮流径”中推出来，在大陆架附近海域做套状漂移。这些过程特征是与认定的垂直旋转指向泛中尺度涡旋在该海域的存在、发育和起漂移作用相关联的。

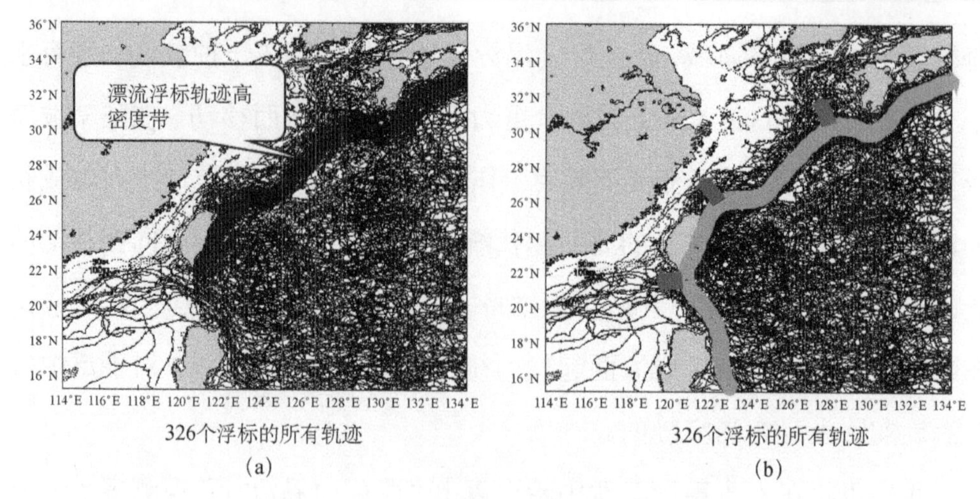

图 12.7　AGORS 资料的“黑潮分支”特征图

（在三个负曲率转弯处有更多的轨迹线以大夹角形式在陆架海域做套状移动）

3）图 12.8 所给出的红外扫描仪海面温度资料清晰认定，在三个向大陆一侧凸出的负曲率转弯处有泛中尺度涡旋携带黑潮水嵌入陆架水的影像具象。黑潮与重力涡旋相互作用是黑潮-陆架水混合水舌的形成动力学本质。

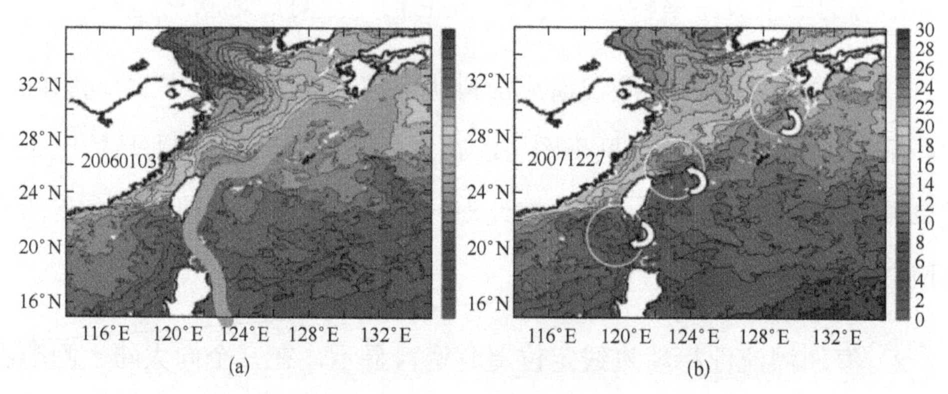

图 12.8　“黑潮分支”涡旋-水舌-支流示意图

（额外发育涡旋溢出、混合水舌和诱导密度是“黑潮分支”的三要素）

4）红外扫描仪海面温度资料显示，在三个向大陆一侧凸出的负曲率转弯处都有指向陆架的黑潮-陆架水混合水舌形成。它应当是额外发育的泛中尺度涡旋在这里缓慢溢出、滞留和堆积，并对这里的两种水做额外的混合搅拌形成节状黑潮-陆架水混合水舌的结果。

5）高度计海面起伏融合资料的统计偏差分布图 12.9 显示，在三个向大陆一侧凸出的负曲率转弯处的陆架水域，都有较小尺度统计偏差高值区存在。这一观测事实表明，在负曲率转弯处大陆坡海域得到额外发育的泛中尺度涡旋，会在这里缓慢地向陆架海域溢出，在那里滞留和堆积，起着加强局域水平搅拌混合的作用，它们是形成混合水舌的行为主体。

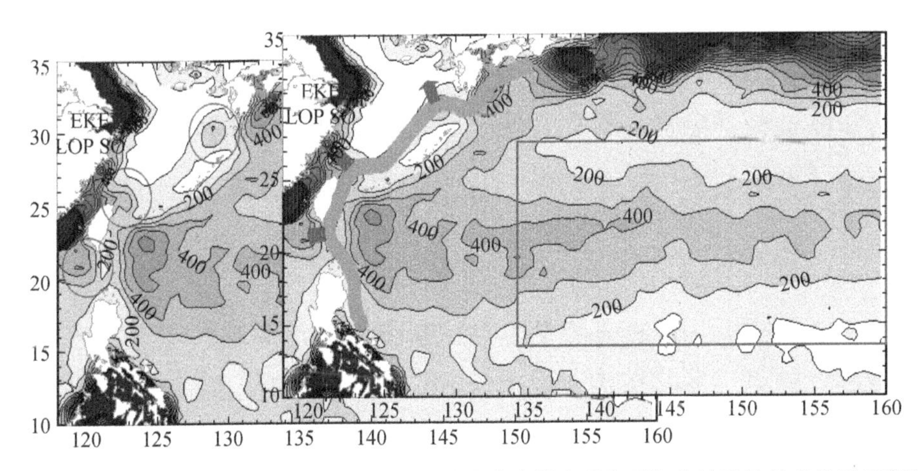

图 12.9　重力涡旋额外成长和堆积溢出的三个负曲率转弯处海面起伏统计偏差高值区示意图

在本子篇的第三章中，我们将给出以上五条一一对应的“黑潮分支”观测事实的无一缺失动力学解译。“黑潮分支”实际上包含着三种动力学要素，它们主要是（1）在“黑潮流径”负曲率转弯处有得到额外成长发育的重力涡旋会向陆架一侧附近海域缓慢溢出、滞留和堆积；（2）在这种额外发育泛中尺度涡旋的搅拌混合作用下，会在陆架附近海域形成指向大陆一侧的节状黑潮-陆架水混合水舌；（3）在这种尺度不大的混合水舌状密度场里，会诱导一种能驱动漂流浮标做套状移动的局域流动。

“黑潮分支”实际上就是在这里额外发育的重力涡旋串、这种涡旋水平搅拌生成的黑潮-陆架混合水舌，以及形成混合水舌密度场所诱导的局域套状流动这三种要素的总和。

12.3.3 黑潮PN断面的“多核结构”温-盐-深观测和观测计算事实

“多核结构”是在跨黑潮径向断面，例如跨东海黑潮平直段PN断面上的多极值有规律水平排列流速分布现象。至今关于“多核结构”的认知都是基于黑潮断面的高精度温-盐-深剖面测量及其动力计算得来的。这里值得关注的是第一海洋研究所同仁在本世纪初所做的工作，他们采用当时所能收集到的约90余组逐季PN断面高精度温-盐-深测量资料，开展了系统的地转流断面流速分布计算，并基于这些结果开展了黑潮“多核结构”的大样本统计分析研究。所给出的一些定性描述和定量测量很有动力学的含义，特此列出如下

1.“多核结构”现象一般发生在跨断续海槽水深增加的大陆坡海域，经常观测计算到“多核结构”现象的PN断面“正好”处于东中国海黑潮流径的平直段上。

审视图12.10所示的地转流动力计算大样本结果，我们可以提出两个很值得关注的一致性事实猜测。首先是，开展地转流测量计算的PN断面实际上“正好”处于东海“黑潮流径”远台湾东北正曲率转弯处与九州西南负曲率转弯处之间的平直段上。再则是，PN断面的所有“多核结构”观测计算结果，实际上都处于冲绳海槽最深点的大陆坡海域一侧，即“多核结构”总是发生在断续海槽的大陆坡海域。到这里我们应当说，在流径负曲率转弯处大陆坡海域发生的“黑潮分支”和在流经平直段大陆坡海域发生的“多核结构”，这两个一致性观测事实仍是一种重力涡旋的统一现象猜想，我们要问它们是规律性现象吗，能在“统一解析理论”中得到解析

的动力学证明吗。

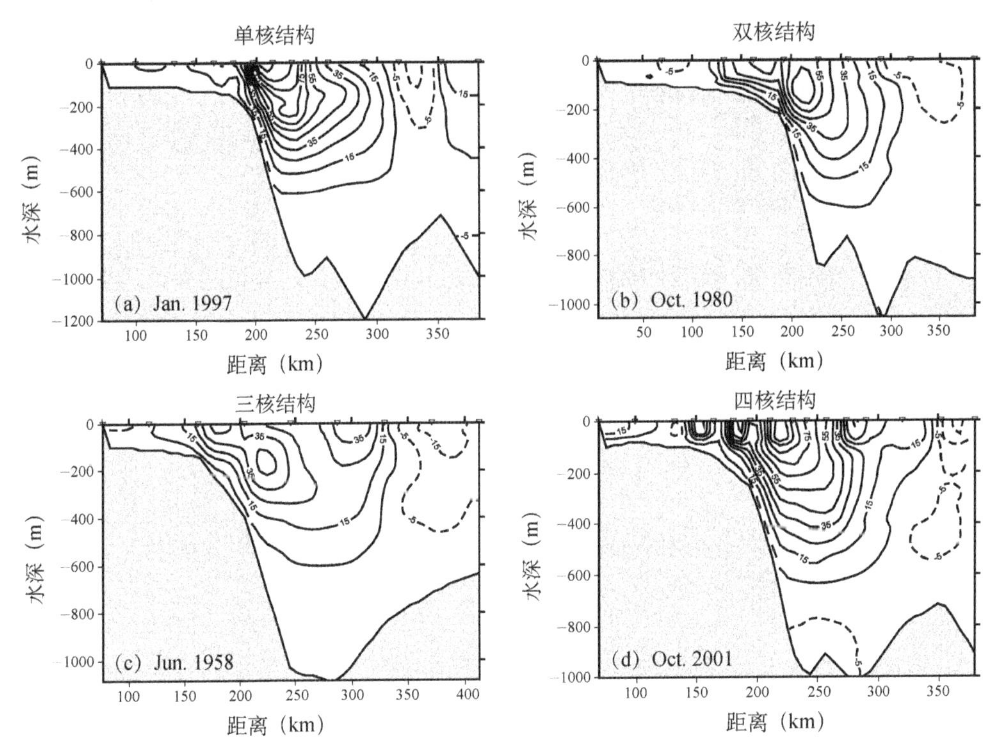

图 12.10　黑潮 PN 断面“多核结构”测量计算结果显示图
（其中包括单核、双核、三核以及四核的测量计算结果）

2.“多核结构”是一种大概率事件，它的高稳定出现率分布应当是与水平旋转指向重力涡旋形成有关的表象统计特征，它是其生成发展物理模型决定的出现率分布。

按观测计算的 90 余个大样本统计，“多核结构”的出现率可高达 47%，其中双核结构的出现率约为 31%，三核结构的可达 11%，四核的也有 5%。它表示“多核结构”是一种有规律分布的大概率现象特征，它稳定的出现率分布与“多核结构”扰动元产生于大陆坡上缘，在向大洋一侧移动并在大陆坡海域得到独立发育的物理模型密切相关。这种物理模型表述的大尺度环流与亚中尺度重力涡旋相互作用，一致性地支持“多核结构”大样本出现率稳定分布表象的形成。

3.“多核结构”的跨断面水平旋转指向泛中尺度涡旋的运动本质，决定了有大陆架一侧小，外海一侧大的核尺度分布态势。“统一解析理论”所提出的核间距典型、完整解析计算可以作为海洋动力系统数学物理描述能力的精密科学检验。

“多核结构”的核间距跨断面分布是不均匀的，呈大陆架一侧小，大洋一侧大的分布态势。在冲绳海槽实际地形条件下，“四核结构”是一种完整的独立生成典型情况，其核间距的分布可量得为，从陆架一侧的$O(27\text{km})$到大洋一侧的$O(42\text{km})$。

稳定的出现率分布和完整核间距典型分布都是所提出的独立生成发展物理模型所支持的一致性统计表象。它表明，在大陆坡上缘生成的水平旋转指向重力涡旋，会在向大洋一侧移动的同时在黑潮流径平直段的大陆坡海域独立得到额外发育成长，这种成长起来的泛中尺度涡旋的依次排列就是“多核结构”的独立形成机制。“四核结构”是在黑潮流径平直段大陆坡海域量得的典型完整涡旋列分布。在本子篇的第三章中我们将充分解析例说这一定量解析结果的海洋动力系统数学物理描述能力的精密科学检验。

4.“多核结构”是发生于大陆坡上缘的一种水平旋转指向重力涡旋排列，它在大陆坡海域中的移动、发育和成长过程应当得到“统一解析理论”严谨、系统的阐述。

“多核结构”的生成发展物理模型实际上应当由重力涡旋“统一解析理论”确定地给出。它应当包括（1）只有在大陆坡上缘生成并向大洋一侧移动的水平旋转指向重力涡旋型扰动才能在大陆坡海域得到成长。只有这种涡旋列才是存在的“多核结构”运动本质。(2) 这种重力涡旋在向大洋一侧移动和发育的过程中，处于初期的靠近大陆架一侧，运动形状尺度较小，移动速度也较慢；发展起来的处于靠大洋的一侧，运动形状尺度较大，移动速度也较快。(3) 处于生成发展早期尺度较小的重力涡旋自然出现率会大一些和更靠近大陆坡一些；能坚持到发育过程后期尺度较大的重力涡旋自然出现率会小一些和排列位置会靠大洋一些。

到此我们认识到，北太平洋“西部边界流径”、“黑潮分支”和“多核结构”分析现象都是高分辨和大覆盖海洋资料的综合观测结果，它们都是地转力环流与重力涡旋相互作用的显著现象。我们可以用“黑潮流径”基础弯曲特征形态的三个负曲率转弯处和一个正曲率转弯处以及它们之间平直段的分布状态，将它们一一对应地联系起来，我们当然可以用考虑了“黑潮流径”弯曲特征形态的地转力环流与重力涡旋相互作用的“统一解析理论”对全部这些现象做无一缺失的动力学解译。这种研究路线的完全实现不能不说是对海洋动力系统数学物理描述能力的定量水平检验。

12.4　讨论和总结：基础观测事实的资料认定和观测或观测计算现象的分类归纳

作为重要现象动力学解译研究的准备，在第一海洋研究所早期研究成果基础上，我们开展了北太平洋“西部边界流系”的高分辨和大覆盖海洋资料再分析研究，主要包括基础观测事实的资料认定和观测或观测计算现象的分类归纳。

12.4.1　北太平洋“西部边界流系”基础观测事实的海洋资料集认定

所作北太平洋“西部边界流系”基础观测事实海洋观测资料集认定主

要包括

1. 认定存在于黑潮流经断续海槽大陆坡海域的一条界限清晰的海面漂流浮标轨迹线高密度带作为多年平均“黑潮流径”基础弯曲特征形态。

以稳定的海面漂流浮标轨迹线高密度带作为勾画多年平均“黑潮流径”的测量认定依据，我们认定多年平均“黑潮流径”是一条有三个向大陆一侧凸出的负曲率转弯处，它们分别处于吕宋海峡的巴士水道海域、冲绳海槽南端台湾近东北海域以及冲绳海槽折向东偏南的九州西南海域；在后两个负曲率转弯处的起始端还有一个处于台湾远东北海域的正曲率转弯处，处于这个正曲率转弯处和相邻两个负曲率转弯处中间的是两个“黑潮流径”的平直段，其一是处于负曲率转弯处和正曲率转弯处间的台湾东北短平直段，有 IS 断面跨于其上；另一是处于正曲率转弯处和负曲率转弯处间的东中国海长平直段，有 PN 断面跨于其上中间部位，该平直段一直延伸到海槽地形转向东偏南的九州西南海域。

2.“黑潮分支”和“多核结构”是高精度和大覆盖海洋资料集认定的北太平洋西部边界流与垂直和水平旋转指向重力涡旋相互作用的两种重要亚中尺度海洋现象。

结合第一海洋研究所早期在济州岛以南海域所做的泛中尺度涡旋跟踪测量，我们进一步对有公里分辨率的红外扫描仪海面温度资料加以认定：“黑潮分支”是地转力环流和垂直旋转指向重力涡旋相互作用的重要海洋现象；同时对有公里级分辨率 PN 断面径向流速测量计算大样本资料加以认定：“多核结构”是地转力环流与水平旋转指向重力涡旋相互作用的重要海洋现象。

北太平洋“西部边界流系”高分辨和大覆盖海洋资料再分析的观测和

观测计算事实，被归纳为“西部边界流径”，“黑潮分支”和“多核结构”三组。

12.4.2　北太平洋“西部边界流径”，“黑潮分支”和“多核结构”的海洋资料观测和观测计算分析结果

北太平洋“西部边界流径”，“黑潮分支”和“多核结构”的高分辨和大覆盖海洋资料观测分析结果主要包括

1. 北太平洋“西部边界流径”的高分辨和大覆盖海洋资料观测事实

除海面漂流浮标轨迹线分布资料清晰地给出“黑潮流径”基础弯曲特征形态的定性定量认定以外，“西部边界流径”的观测事实主要来自高度计海面起伏融合资料的统计偏差分布。它们主要是

1）在北太平洋深远海域，有海面起伏统计偏差的东-西向带状结构，它主要包括北纬 22°N 附近的纬向高值带和分别处于北纬 13°N 和 27°N 附近的纬向低值带以及相毗邻的赤道高值带和日本以南纬向高值带。

2）从琉球岛链东南宽阔岛架和岛架坡海域流过的琉球海流，并没有显著的漂流浮标轨迹线高密度带与其相呼应，却有一条西南-东北走向的较宽海面起伏统计偏差高值带与这里的海底地形变化相关联。这条统计偏差弱高值带在台湾以东海域与大洋延伸过来的 22°N 高值带相叠置以及在日本以南海域与黑潮延伸体相叠置形成两个尺度较大的高值区。

3）沿黑潮流经的断续海槽中间海域，我们发现有一条海面起伏统计偏差的低值带存在，它可以从巴士水道两条南北走向海山间开始，经过台湾东岛岸和以东海山间，跨过花莲海山进入东中国海冲绳海槽海域，一直

沿一条槽状地形延伸到近图格拉海峡海域。它表明在黑潮流经的断续海槽有一条与地形效应相关的海面起伏统计偏差低值带，它是一条重力涡旋的地形寂静带。

2.“黑潮分支”的高分辨和大覆盖海洋资料观测事实

“黑潮分支”的主要观测事实可以按所认定的“黑潮流径”基础弯曲特征形态，给出五种观测现象的一一对应关系。它们是

1）海面漂流浮标轨迹线分布资料认定的多年平均“黑潮流径”有三个向大陆一侧凸出的负曲率转弯处。它们分别处于在吕宋海峡的巴士水道海域、冲绳海槽南端的台湾近东北海域和冲绳海槽地形向东折转的九州西南海域。此外，在台湾近东北海域和九州西南海域之间的台湾远东北海域，“黑潮流径”还有一个向大洋一侧凸出的正曲率转弯处。

2）海面漂流浮标轨迹线分布资料显示的是，在三个向大陆一侧凸出的负曲率转弯处，有更多的漂流浮标被另外的一种较小尺度类运动，以大夹角形式推出“黑潮流径”，在大陆架附近海域做套状漂移。反之，在正曲率转弯处向大洋凸出的一侧海域则截然不同，这里完全没有轨迹线的大夹角分离现象。

3）红外扫描仪海面温度资料认定，在“黑潮流径”三个向大陆一侧凸出的负曲率转弯处有泛中尺度涡旋，携带黑潮水嵌入陆架水的清晰影像。事实上，这也是黑潮与亚中尺度重力涡旋相互作用形成诸如混合水舌以及其诱导密度流等“黑潮分支”要素的机制关联表象。

4）红外扫描仪海面温度资料显示，在流径的三个向大陆一侧凸出的负曲率转弯处，都有额外发育的垂直旋转指向泛中尺度涡旋，在那里缓慢

溢出、滞留和堆积，从而形成黑潮-陆架水混合水舌和诱导密度适应套状流动。

5）高度计海面起伏融合资料显示，在流径的三个向大陆一侧凸出的负曲率转弯处的陆架附近水域，都有尺度较小的统计偏差高值区存在。这一遥感测量统计事实也表明，在这种转弯处有得到额外成长的泛中尺度涡旋作用存在，由于它们向转弯处陆架一侧海域缓慢溢出，并具有滞留和堆积的属性，这种缓慢溢出、滞留和堆积的泛中尺度涡旋在这里混合着带入的黑潮水和原地的陆架水，形成指向陆架一侧的黑潮-陆架混合水舌。

3. 黑潮“多核结构”的高精度温-盐-深剖面仪 PN 断面观测计算事实

统计分析的基础是 PN 断面上从 1971 年到 2000 年间所收集到的 90 余组高精度温-盐-深测量数据和依此所做的动力计算径向流速跨断面分布。主要观测计算事实包括

1）“多核结构”是一种在东中国海“黑潮流径”PN 断面上的观测计算事实。它们一般都发生在流经断续海槽的大陆架坡海域。

审视所有观测计算的跨 PN 断面径向流速分布图，我们发现所有“多核结构”现象均发生在流经断续海槽的大陆架坡海域。另外我们也注意到，在台湾近东北海域和九州西南海域之间的台湾远东北海域还存在一个“黑潮流径”向大洋一侧凸出的正曲率转弯处。PN 断面实际上处于这个正曲率转弯处和九州西南海域负曲率转弯处之间平直段的中间部位，它可以因为海槽地形的原因一直向北延伸到九州远西南海域。

“黑潮分支”和“多核结构”是分别发生在负曲率转弯处和平直段上的西部边界流与垂直和水平旋转指向重力涡旋相互作用现象。这是一项很

有趣的现象生成发展机制统一猜想。它们的理论证明无疑是其生成发展物理模型构建的重要理论基础。

2）大样本统计结果表示，“两核以上结构”的出现率可以高达47%，约一半的水平，其中双核结构的约占31%，三核的约占11%，四核的也有5%。它们一方面显示现象的真实性，另一方面也是其生成发展物理模型显示的统计规律性。

这里所显示的出现率分布应当与“多核结构”现象生成发展物理模型的随机属性相关联，它应当得到重力涡旋“统一解析理论”的正面动力学解译。

3）“多核结构”的核间距跨断面分布是不均匀的，呈大陆架一侧小，大洋一侧大的分布态势。**充分自由度“四核结构”可以定量地测量为O(27km)到O(42km)。**

“多核结构”的水平旋转指向重力涡旋列的形成，一方面与涡旋特征尺度和大陆坡海域地形尺度的匹配相关联，另一方面也与现象生成发展物理模型的随机属性相关联。“四核结构”是随机性不受限制的**充分自由度**发育情况，它的核间距有陆架一侧O(27km)和大洋一侧O(42km)的一致性测量结果应当得到“统一解析理论”的定性定量验证。正面动力学解译可以作为海洋动力系统数学物理描述能力的高水平论证。

所列北太平洋“西部边界流径”、“黑潮分支”和“多核结构”的观测和观测计算事实，将在本子篇第三章中得到无一缺失的动力学解译

参考文献

Stommel H.，Yoshida K. 1972. Kuroshio：Its Physical Aspects. Tokyo：University of Tokyo Press.

Mao H L. 1984. Studies on physical sciences of the oceans and seas in china，1979—1982.Chinese Journal of Oceanology and Limnology，2（2）：243-268.

Guo B H. 1991. Kuroshio warm filament and the source of the warm water of the Tsushima Current. Acta Oceanologica Sinica，10（3）：325-340.

孙湘平. 1993. 1989～1991 年黑潮的变异. 黑潮调查研究论文选（五）：52-68.

袁耀初. 1993. 东海黑潮的变异与琉球群岛以东海流. 黑潮调查研究论文选（五）：279-297.

胡筱敏，熊学军. 2008. 利用漂流浮标资料对黑潮及其邻近海域表层流场及其季节分布特征的分析研究. 海洋学报，30（6）：1-16.

陈红霞. 2006. 东海黑潮 PN 主断面上的“多核结构”. 中国科学通报，51（6）：738-746.

第十三章

北太平洋“西部边界流径”、“黑潮分支”和“多核结构”观测和观测计算事实的动力学解译

采用高分辨和大覆盖海洋资料集对北太平洋西部边界流系所做的区域海洋学再分析，其结果被归纳为包括黑潮流径弯曲特征形态和它与泛中尺度涡旋相互作用运动本质的两项基础事实认证以及包括“西部边界流径”、“黑潮分支”和“多核结构”的三组观测或观测计算事实的归纳揭示。本文，基于“一般海洋”简化重力涡旋“统一解析理论”的发展，对三组海洋资料分析事实开展了无一缺失的动力学解译研究。按“统一解析理论”的存在性限制条件，我们可以解析地给出重力涡旋的跨黑潮流径频率-波数关系和指数成长率、运动形状移动速度和成长指数等分析参变量以及它们随流径曲率和运动波数导数等分析指标的解析表示式。这些解析表示式的引入使动力学解译更能把握分析的定性定量水平，使研究显得更具有一致性和完备性。无一缺失的动力学解译研究进一步证实，互不叠置-全覆盖的控制机制运动类划分原则和相洽的运动类分解-合成演算样式以及所构建的可加性控制方程组完备集，能保证海洋动力系统学科门类的严谨建立和运动类相互作用精密描述的数学物理高水准。

13.1　问题的提出

上世纪后半叶和本世纪以来形成的，以精密遥感、遥测和器测为主体的高分辨和大覆盖海洋资料集，对于重新深入认识海洋现象具有重要意义。在重力涡旋解析应用子篇的第二章中，我们采用海面漂流浮标轨迹线定位遥测资料（ARGOS）、高度计海面起伏遥感融合资料（Altimeter SSH）、红外扫描仪海面温度分布遥感资料（Scanner SST）以及跨PN断面船载高精度温盐深剖面仪测量资料（PN CTD），对北太平洋西部边界流海域的大尺度环流与泛中尺度涡旋相互作用现象开展了观测和观测计算事实的再分析研究。在本文，重力涡旋子篇的第三章中，这些再分析观测和观测计算事实被归纳为北太平洋“西部边界流径”、“黑潮分支”和“多核结构”三组，结合子篇第一章给出的“一般海洋”简化重力涡旋“统一解析理论”，我们将开展无一缺失的动力学解译研究。

13.2　北太平洋“西部边界流径”海洋资料集观测事实的动力学解译研究

13.2.1　北太平洋“西部边界流径”的海洋资料集观测事实

北太平洋西部边界流系主要包括黑潮和琉球海流两部分。作为西部边界流系主要部分的黑潮形成于菲律宾以东海域，在流向吕宋海峡的过程中逐渐汇聚成有很大宽深比的一股北向强流。在吕宋海峡海域这股强流沿着两条南北走向海山间的局域海槽向北跨过巴士水道，向东北再向北流过台湾岛东岸和以东平行海山间的局域海槽岛坡一侧海域，在台湾以东海域的北部跨过东西走向的花莲海山进入东中国海。此后，这股流动得到进一步增强，沿东中国海大陆架和琉球岛链之间的冲绳海槽大陆坡一侧流动，在济州岛以南九州西南海域随着海槽地形转弯流向东偏南，最后，流过图格拉海峡进入日本以南海域。作为北太平洋西部边界流的另一部分，琉球海流起源于台湾以东海域，是一股沿冲绳岛链东南岛架和岛架坡分散流过的东北向弱势海流。

1. 多年平均“黑潮流径”的显著界限和基本弯曲形态特征认定

相对于北太平洋西部边界流系的区域海洋学描述，特别值得关注的是“黑潮流径”显著范围及其基础弯曲特征的认定和基本观测和观测计算事实的分析归纳。第一部分涉及的“黑潮流径”显著范围和基础弯曲特征主要来自于图 13.1 所示的覆盖北太平洋西部边界流海域的几乎全部海面漂流浮标轨迹线遥测资料的再分析，它包括

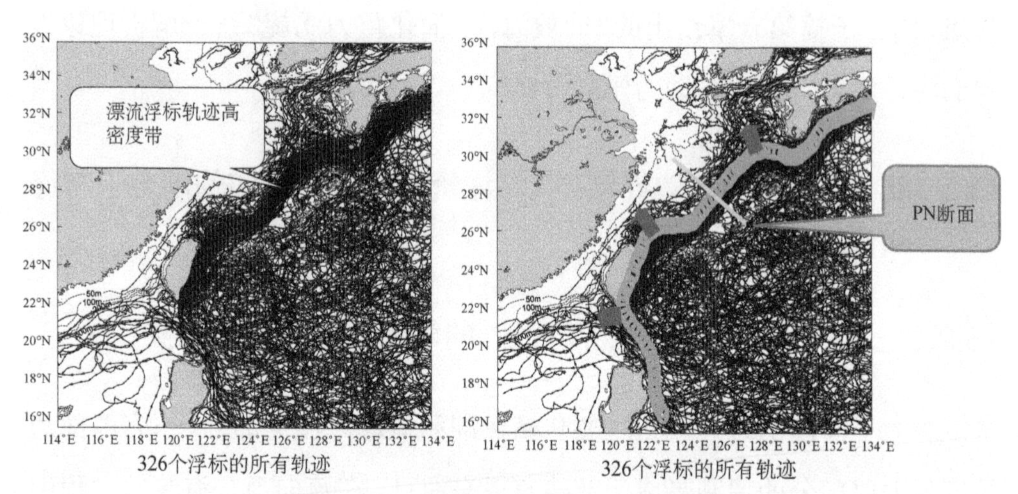

图 13.1　ARGOS 漂流浮标轨迹线分布示意图
（其中蓝色按轨迹线高密度带勾画的是“黑潮流径”，
红色箭头标示的是“黑潮分支”位置和方向）

1）多年平均“黑潮流径”显著范围和基础弯曲特征的海面漂流浮标轨迹线高密度带界限认定

按海面漂流浮标轨迹线分布高密度界限勾画的“黑潮流径”能相当一

致地勾画出约150km左右宽，向下游稍有扩展的清晰流动界限。它表明黑潮作为北太平洋西部边界流的主要部分，是一股具有明显流径弯曲特征形态的稳定强流。在图 13.1 中我们用蓝色区域勾画出这股显著流动。

2）以极值曲率和零曲率标示的多年平均“黑潮流径”基础弯曲特征形态

临中国海多年平均“黑潮流径”有三个向陆架一侧显著凸出的负曲率转弯处，它们分别处于吕宋海峡的巴士水道海域、冲绳海槽南端的台湾近东北海域和冲绳海槽折向东偏南的九州岛西南海域。另外，在台湾远东北海域“黑潮流径”还有一个向大洋一侧显著凸出的正曲率转弯处，这样，在它与台湾近东北和九州岛西南两个负曲率转弯处之间就有两个流径平直段形成，其间“正好”有 IS 和 PN 两个水文断面跨于它们之上。它们构成了临中国海黑潮流径的基础弯曲特征形态。

与漂流浮标轨迹线高密度差界限勾画的多年平均“黑潮流径”不同，在琉球岛链东南宽阔的岛架和岛架坡海域上有没有可供勾画琉球海流边缘的显著漂流浮标轨迹线密度差界限尚需进一步研究。

2. 西北太平洋“西部边界流径”更大海域的基本观测事实

第二部分广泛涉及分析的“西部边界流径”基本观测事实，主要依据图 13.2 所示覆盖北太平洋西部边界流更大海域的，高度计海面起伏融合遥感资料的多年平均统计偏差分布而给出的。它们包括

1）大洋深部海域多年平均海面起伏统计偏差的条带状纬向分布

按所绘制的多年平均海面起伏统计偏差图 13.2 与泛中尺度涡旋分布相应的海面起伏统计偏差在 22°N 附近有一条纬向高值带，在 13°N 和 27°N

附近有两条南北毗邻的低值带与更远的赤道和日本以南两条高值带遥相呼应。

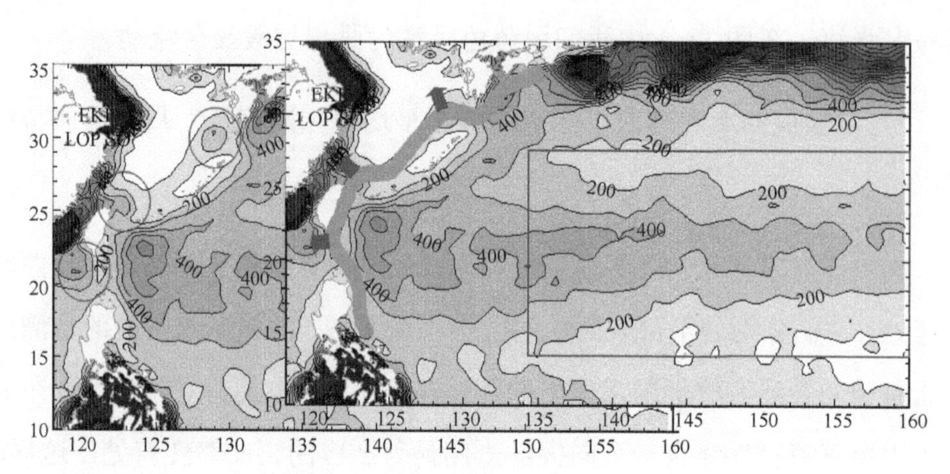

图 13.2　高度计海面起伏统计偏差分布和临中国海黑潮流径位置图
（特别显示沿黑潮流径断续海槽中部的低值带和三个负曲率转弯处陆架一侧的高值区）

2）在琉球岛链东南岛架和岛架坡的宽阔海域有一条西南-东北走向的，与岛链平行的宽阔海面起伏偏差弱高值带

这条弱高值带的西南和东北两端分别与外洋的 22°N 高值带和黑潮延伸体的高值带相叠置，各自形成尺度较大的统计偏差高值区。

3）在黑潮流经断续海槽的中间海域，有一条不太宽的海面起伏统计偏差低值带

这条被发现的低值带可以从巴士水道两条南北向海山之间水域开始，沿断续海槽一直延伸到近图格拉海峡海域。在图 13.2 中我们同样按比例给出“黑潮流径”的蓝色条带分布图，这条低值带实际上并不完全与其重叠，它更接近槽底缓慢变化的地形带。

这里，经过海面漂流浮标轨迹线分布资料认证的黑潮流径弯曲特征形态，将作为动力学解译的基础出发点；按高度计海面起伏融合资料经过再

分析的观测事实被归结为北太平洋“西部边界流径”的这三条特征，将在下节中得到重力涡旋“统一解析理论”的动力学解译。

13.2.2 “西部边界流径”观测事实的重力涡旋“统一解析理论”动力学解译研究

北太平洋西部边界流，包括沿断续海槽大陆坡海域分布的黑潮和沿琉球岛链东南岛架和岛架坡海域分布的琉球海流两部分。在本段文中，我们将采用重力涡旋解析应用子篇第一章的垂直旋转指向重力涡旋解析研究结果，对海面起伏高度计融合资料统计偏差分布的再分析观测事实，做无一缺失的动力学解译研究。

1. 垂直旋转指向重力涡旋的跨断面频率-波数关系和指数成长率表示式

对于跨“西部边界流径”的垂直旋转指向重力涡旋，$k_2=0$，所导出的第一类复频率-波数关系（11.86）退化为

$$\left\{\omega^2-\left\{F\left(F+\frac{\partial \widehat{U}_2}{\partial x_1}\right)+gk_1\left[\widehat{H}k_1-i\left(\frac{\partial \widehat{H}}{\partial x_1}+\frac{\widehat{H}}{\overline{R}}\right)\right]\Phi_A\right\}=0\right\}_{\overline{M}}，\tag{13.1}$$

从而我们有

$$\left\{\omega=\pm\left\{\left[gk_1\widehat{H}k_1\Phi_A+F\left(F+\frac{\partial \widehat{U}_2}{\partial x_1}\right)\right]-igk_1\left(\frac{\partial \widehat{H}}{\partial x_1}+\frac{\widehat{H}}{\overline{R}}\right)\Phi_A\right\}^{\frac{1}{2}}\right\}_{\overline{M}}。\tag{13.2}$$

考虑到在西北太平洋边界流海域中，实际上存在着三种不同的空间尺度，它们分别是，重力涡旋水平尺度$[L_1]=\dfrac{2\pi}{[k_1]}$、大陆坡水平宽度$[\partial x_1]$和黑潮流径曲率半径$[\overline{R}]$。由于实际上有量级关系$\left[\widehat{H}k_1\right]>\left[\dfrac{\partial \widehat{H}}{\partial x_1}\right]$和$\left[\dfrac{\partial \widehat{H}}{\partial x_1}\right]>\left[\dfrac{\widehat{H}}{\overline{R}}\right]$，我们有三种空间尺度的量级认知

$$\left[\bar{R}\right]>2\pi\left[\partial x_1\right]>\left[L_1\right]。\tag{13.3}$$

另外，考虑到

$$\left\{\left[gk_1\hat{H}k_1\Phi_A+F\left(F+\frac{\partial\hat{U}_2}{\partial x_1}\right)\right]>0\right\}_{\bar{M}}\tag{13.4}$$

和

$$\left\{\left|gk_1\hat{H}k_1\Phi_A+F\left(F+\frac{\partial\hat{U}_2}{\partial x_1}\right)\right|>\left|gk_1\frac{\partial\hat{H}}{\partial x_1}\Phi_A\right|\right\}_{\bar{M}},\tag{13.5}$$

我们容易得到复频率 $\omega=\omega_{V\mathrm{Disper}}+i\omega_{V\mathrm{Growth}}$ 的 Taylor 展开式首项近似

$$\left\{\omega_V=\omega_{V\mathrm{Disper}}+\mathrm{i}\omega_{V\mathrm{Growth}}=\pm\left\{\left[gk_1\hat{H}k_1\Phi_A+F\left(F+\frac{\partial\hat{U}_2}{\partial x_1}\right)\right]-\mathrm{i}gk_1\frac{\partial\hat{H}}{\partial x_1}\Phi_A\right\}^{\frac{1}{2}}\right\}_{\bar{M}},$$

或

$$\left\{\begin{array}{l}\omega_V=\omega_{V\mathrm{Disper}}+\mathrm{i}\omega_{V\mathrm{Growth}}\\ \approx\pm\left\{\left[gk_1\hat{H}k_1\Phi_A+F\left(F+\frac{\partial\hat{U}_2}{\partial x_1}\right)\right]^{\frac{1}{2}}+\mathrm{i}\dfrac{\frac{g}{2}\Phi_A\frac{\partial\hat{H}}{\hat{H}\partial x_1}\left(-\hat{H}k_1\right)}{\left[gk_1\hat{H}k_1\Phi_A+F\left(F+\frac{\partial\hat{U}_2}{\partial x_1}\right)\right]^{\frac{1}{2}}}\right\}\end{array}\right\}_{\bar{M}}\tag{13.6}$$

在条件（13.4）和（13.5）下，“考虑到复频率的实部有物理频率的意义，它应是一个大于零的实数量”，我们可确定公式前的符号为

$$\pm=+。\tag{13.7}$$

垂直旋转指向重力涡旋的频率-波数关系和指数成长率表示式可写成

1）垂直旋转指向重力涡旋的跨断面频率-波数关系

$$\left\{\omega_{V\mathrm{Disper}}=\left[gk_1\hat{H}k_1\Phi_A+F\left(F+\frac{\partial\hat{U}_2}{\partial x_1}\right)\right]^{\frac{1}{2}}\right\}_{\bar{M}}。\tag{13.8}$$

2）垂直旋转指向重力涡旋的跨断面指数成长率表示式

$$\left\{\omega_{V\text{Growth}}=\frac{\dfrac{g}{2}\dfrac{\partial\hat{H}}{\hat{H}\partial x_1}\left(-\hat{H}k_1\right)\Phi_A}{\left[gk_1\hat{H}k_1\Phi_A+F\left(F+\dfrac{\partial\hat{U}_2}{\partial x_1}\right)\right]^{\frac{1}{2}}}\right\}_{\bar{M}}。\tag{13.9}$$

2. 西部边界流海域海面起伏统计偏差条带结构的形成机制

我们将分两条给出这种偏差条带重力涡旋形成机制的动力学解译：

1）所导出频率-波数关系规定的黑潮和垂直旋转指向重力涡旋相互作用运动本质

按所导出的频率-波数关系

$$\left\{\omega_{V\text{Disper}}=\left[gk_1\hat{H}k_1\Phi_A+F\left(F+\frac{\partial\hat{U}_2}{\partial x_1}\right)\right]^{\frac{1}{2}}\right\}_{\bar{M}},\tag{13.8}$$

当重力涡旋尺度甚大时，由于$\left|\hat{H}k_1\right|<<1$，这个表示式以一个很小的偏差等于地转频率，$\omega_{\text{VDisper}}\sim f$；而当重力涡旋尺度甚小时，由于$\left|\hat{H}k_1\right|>>1$，这个表示式退化为受重力控制的形式，$\omega_{\text{VDisper}}\sim\left[(gk_1)\left(\hat{H}k_1\right)\Phi_A\right]^{\frac{1}{2}}$，前者称为地转力涡旋，后者称为重力涡旋。这样，所导出的频率-波数关系（13.8），实际上是对重力涡旋和地转力涡旋的总和，泛中尺度涡旋运动是一致有效的。在以后的研究中，我们无条件地采用重力涡旋一词，不再追求区别它们是重力涡旋的，还是地转力涡旋的，还是两者总和的泛中尺度涡旋了。

2）在琉球岛链东南岛架和岛架坡海域，西南-东北走向海面起伏统计偏差高值带的地形形成机制

按所导出的指数成长率表示式

$$\left\{\omega_{V\text{Growth}}=\frac{\dfrac{g}{2}\dfrac{\partial\hat{H}}{\hat{H}\partial x_1}\left(-\hat{H}k_1\right)\Phi_A}{\left[gk_1\hat{H}k_1\Phi_A+F\left(F+\dfrac{\partial\hat{U}_2}{\partial x_1}\right)\right]^{\frac{1}{2}}}\right\}_{\bar{M}}，\tag{13.9}$$

我们首先给出如图 13.3 所示的北太平洋西部边界流海域主要背景场。其中自西北向东南的海底地形由大陆架、大陆坡、海槽底、岛链西北岛坡和岛链东南岛架和岛架坡组成；密度自西北向东南跨水文断面呈单调微弱增长的态势。这样，在实际海洋情况下，由于在琉球岛链东南岛架和岛架坡海域有

$$\frac{\partial\hat{H}}{\partial x_1}>0\text{，}\quad\Phi_A=\left\{\frac{\varphi_A}{g}+\left[A-(1+\sigma)\frac{\partial A}{\partial\sigma}\right]\right\}>0\text{，}\tag{13.10}$$

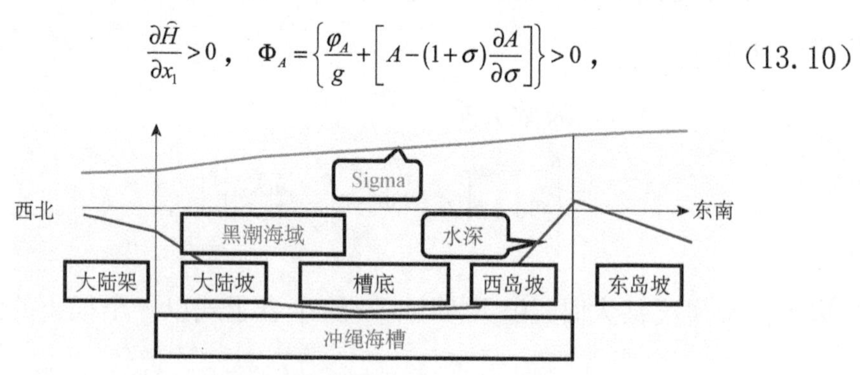

图 13.3　北太平洋西部边界流海域密度偏差和海底地形纬向分布示意图
（密度向外海略增，地形包括大陆架、海槽和东岛架）

这样，按指数成长率表示式（13.9），向西北跨断面移动的重力涡旋，由于

$$\left(-\hat{H}k_1\right)>0\text{，}\tag{13.11}$$

在进入琉球岛链东南岛架坡和岛架海域时，将按一个大于零的指数成长率成长（$\omega_{V\text{Growth}}>0$），从而形成一条由东南向西北逐渐增强的弱重力涡旋带。这就是沿琉球岛链东南岛架坡和岛架海域，有西南-东北走向海面起伏统计偏差弱高值带的地形形成机制。

3）沿黑潮流经的断续海槽，特别是冲绳海槽中间海域海面起伏统计偏差低值带的地形形成机制

按图 13.3 和图 13.4 所示的背景场，在冲绳海槽内琉球岛链东南岛坡海域，由于有

$$\frac{\partial \hat{H}}{\partial x_1}<0\ ,\quad \Phi_A=\left\{\frac{\varphi_A}{g}+\left[A-(1+\sigma)\frac{\partial A}{\partial \sigma}\right]\right\}>0\ , \tag{13.12}$$

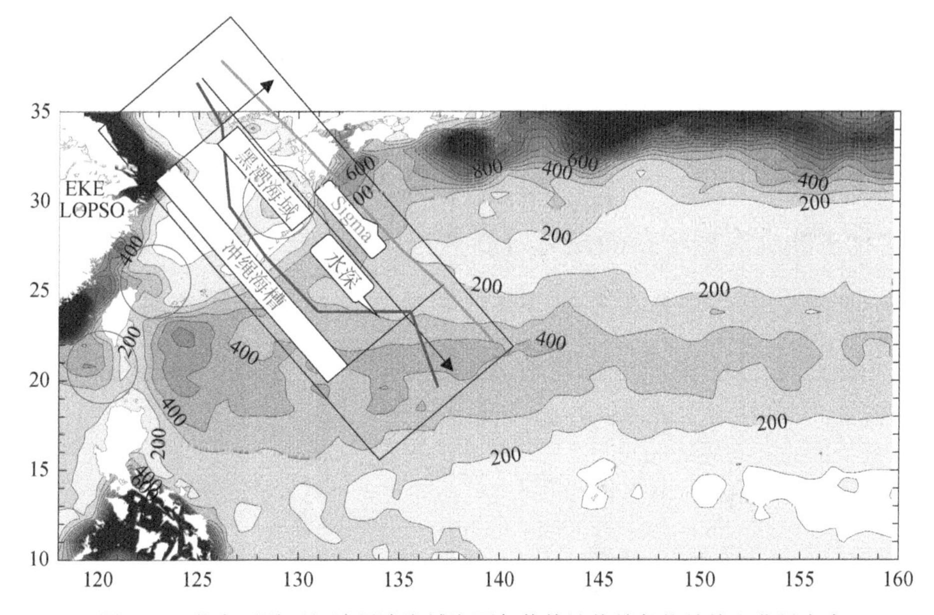

图 13.4　北太平洋西部边界流海域海面起伏统计偏差条状结构和背景密度地形匹配的形成机制示意图

这样，按指数成长率的解析表示式（13.8），越过岛链向西北移动的重力涡旋会因负值的指数成长率（$\omega_{V\mathrm{Growth}}<0$）而由强变弱，在琉球岛西北岛坡槽底东缘达到一种很低的重力涡旋水平。进一步，在槽底海域，由于水深变化不大

$$\frac{\partial \hat{H}}{\partial x_1}\sim\pm 0\ ,\quad \Phi_A=\left\{\frac{\varphi_A}{g}+\left[A-(1+\sigma)\frac{\partial A}{\partial \sigma}\right]\right\}>0\ , \tag{13.13}$$

剩余的重力涡旋会因指数成长率不大（$\omega_{V\mathrm{Growth}}\approx 0$）而维持在一种很弱的水

平上。再向西移动，剩余的重力涡旋会越过槽底的西边缘进入陡峭的大陆坡海域。在这里，由于

$$\frac{\partial \hat{H}}{\partial x_1}>0\ ,\quad \Phi_A=\left\{\frac{\varphi_A}{g}+\left[A-(1+\sigma)\frac{\partial A}{\partial \sigma}\right]\right\}>0\ , \tag{13.14}$$

这里很弱的重力涡旋会因较大的正值指数成长率 $\omega_{VGrowth}>0$ 而得到发育，迅速地由弱变强，直到大陆坡的上缘发展成相当强势的重力涡旋水平。这样，主要由于地形分布的原因，在断续海槽的中间海域会形成一条“两侧较强中间较弱”的重力涡旋槽形分布。重力涡旋的这种槽形“强-弱-强”分布就是沿断续海槽中部海域有海面起伏统计偏差低值带存在的主要地形形成动力学机制。

这种在断续海槽中部海域有较弱重力涡旋分布的分析结果，也是漂流浮标一旦进入黑潮主干就很难再有较强垂直旋转指向重力涡旋将它们推出，这也是形成可用漂流浮标轨迹线高密度带清晰界限勾画的“黑潮流径”动力学形成机制。这样，我们就有对“西部边界流径”观测事实所做无一缺失的动力学解译。

13.3 “黑潮分支”海洋资料集观测事实的动力学解译研究

13.3.1 “黑潮分支”的海洋资料集观测事实

在重力涡旋解析应用子篇的第二章中，结合关于“黑潮分支”运动本质认定，所做的高分辨和大覆盖海洋资料再分析表明，在巴士水道、台湾近东北和九州西南的“黑潮分支”海域，存在着四种观测现象的一一对应关系，它们包括

1．由图 13.1 可见，“黑潮分支”的三个发源区分别是“黑潮流径”在吕宋海峡的巴士水道、冲绳海槽南端的台湾近东北和济州岛以南的九

州西南三个负曲率转弯处和它们在大陆架一侧的邻近海域。

2. 在这三个负曲率转弯处的大陆架一侧邻近海域有更多的漂流浮标轨迹线显示，浮标会以大夹角方式在这里被推出黑潮主干，并在大陆架附近海域内做套状移动。部分浮标轨迹显示，它们甚至可以进一步做深度套状漂移，以致重新回到“黑潮流径”中来。这种浮标漂移行为的作用主体应当就是在负曲率转弯处得到额外发育成长，并以缓慢速度溢出的垂直旋转指向重力涡旋。缓慢溢出的这种涡旋会在黑潮流径大陆架一侧海域呈显著滞留和堆积。（见图 13.1）

3. 由图 13.2 还可以看到，在“黑潮流径”三个负曲率转弯处的大陆架一侧邻近海域，各有一个尺度不大的海面起伏统计偏差高值区。这三个高值区应当就是跨断面移动在负曲率转弯处得到额外成长和缓慢溢出的重力涡旋。它们在大陆架一侧海域滞留和堆积，形成海面起伏统计偏差的高势能区痕迹，它就是尺度不大海面起伏统计偏差高值区形成的重力涡旋机制本质论述。

4. 由图 13.5(a)更可见，在三个负曲率转弯处的大陆架一侧，各有一个伸向陆架海域的黑潮-陆架水混合水舌。图 13.5(b)给出的是经过精心挑选的一张红外扫描仪海面温度分布，在 2007 年 12 月 27 日能在三个“黑潮分支”源区海域，几乎同时直接看到重力涡旋携带黑潮水嵌入陆架水的影像具象。结合第一海洋研究所所作的泛中尺度涡旋现场跟踪实验，这些摸得着看得见的观测事实进一步表明，在三个负曲率转弯处得到额外成长和缓慢溢出的重力涡旋应当就是强化局域混合水平和形成指向大陆架一侧黑潮-陆架水混合水舌的混合行为主体。它们实际上是一些尺度远小于运动 Rossby 半径的亚中尺度涡旋。

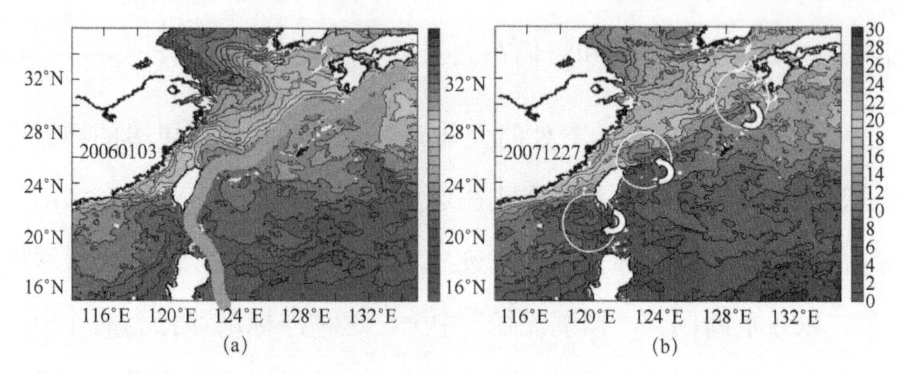

图 13.5　冬半年黑潮海域海面温度遥感资料图：（a）等温线显示的黑潮水舌入侵；（b）等温线显示的分支涡旋形成态势

这些看得见量得出的观测事实，结合我们早期在济州岛以南海域所做的涡旋跟踪测量实验，构成了我们对“黑潮分支”西部边界流与重力涡旋相互作用运动本质的综合资料认定；也使我们有理由用本子篇第一章所导出的第一运动存在性限制条件动力解译所列出的四种一一对应现象特征的主要原因。

13.3.2　“黑潮分支”观测事实的重力涡旋“统一解析理论”动力学解译研究

由于“黑潮分支”形成机制涉及垂直旋转指向重力涡旋形状的跨黑潮流径移动速度和运动成长指数以及它们的随黑潮流径曲率导数，我们先按定义给出这些解析指标的表示式。

1. 重力涡旋的跨黑潮断面运动形状移动速度和成长指数表示式以及它们的随黑潮流径曲率导数

1）垂直旋转指向重力涡旋的跨断面运动形状移动速度及其随黑潮流径曲率导数

按所导出的频率-波数关系（13.8），跨断面运动形状移动速度可以

写成

$$\left\{c_{V1}\equiv\frac{\omega_{V\text{Disper}}}{k_1}=\frac{1}{k_1}\left[gk_1\hat{H}k_1\Phi_A+F\left(F+\frac{\partial\hat{U}_2}{\partial x_1}\right)\right]^{\frac{1}{2}}\right\}_{\bar{M}} \tag{13.15}$$

或

$$\left\{|c_{V1}|=\left|\frac{\omega_{V\text{Disper}}}{k_1}\right|=\frac{1}{|k_1|}\left[gk_1\hat{H}k_1\Phi_A+F\left(F+\frac{\partial\hat{U}_2}{\partial x_1}\right)\right]^{\frac{1}{2}}\right\}_{\bar{M}}, \tag{13.16}$$

这样，重力涡旋运动形状移动速度随黑潮流径曲率导数可写成

$$\left\{\frac{\partial c_{V1}}{\partial\frac{1}{\bar{\bar{R}}}}=\frac{\partial}{\partial\frac{1}{\bar{\bar{R}}}}\left\{\frac{1}{k_1}\left[gk_1\hat{H}k_1\Phi_A+F\left(F+\frac{\partial\hat{U}_2}{\partial x_1}\right)\right]^{\frac{1}{2}}\right\}=\frac{1}{2k_1}\frac{\bar{U}_2\left(3f+2\frac{\partial\bar{U}_2}{\partial x_1}+4\frac{\bar{U}_2}{\bar{\bar{R}}}\right)}{\left[gk_1\hat{H}k_1\Phi_A+F\left(F+\frac{\partial\hat{U}_2}{\partial x_1}\right)\right]^{\frac{1}{2}}}\right\}_{\bar{M}} \tag{13.17}$$

或

$$\left\{\frac{\partial|c_{V1}|}{\partial\left|\frac{1}{\bar{\bar{R}}}\right|}=\frac{1}{2|k_1|}\frac{\bar{U}_2\left(3f+2\frac{\partial\bar{U}_2}{\partial x_1}+4\frac{\bar{U}_2}{\bar{\bar{R}}}\right)}{\left[gk_1\hat{H}k_1\Phi_A+F\left(F+\frac{\partial\hat{U}_2}{\partial x_1}\right)\right]^{\frac{1}{2}}}\operatorname{Sign}\left\{\frac{1}{\bar{\bar{R}}}\right\}\right\}_{\bar{M}}。 \tag{13.18}$$

2）垂直旋转指向重力涡旋跨断面成长指数及其随曲率导数表示式

我们用垂直旋转指向重力涡旋运动形状移动固定距离 L 的成长倍数来定义这个成长指数，简记为 (Ind_{VG})。考虑到移动固定距离的时间为 $T_{VL}=\frac{L}{|c_{V1}|}$，这样，成长指数表示式可写成

$$\left\{(\text{Ind}_{VG})\equiv\exp\{\omega_{V\text{Growth}}T_{VL}\}=\exp\left\{\frac{\omega_{V\text{Growth}}}{|c_{V1}|}L\right\}\right\}_{\bar{M}} \tag{13.19}$$

或

$$\left\{(\mathrm{Ind}_{VG})=\exp\left\{\frac{(-gk_1)|Lk_1|\dfrac{\partial\hat{H}}{\partial x_1}\Phi_A}{2\left[gk_1\hat{H}k_1\Phi_A+F\left(F+\dfrac{\partial\hat{U}_2}{\partial x_1}\right)\right]}\right\}\right\}_{\bar{M}} 。\tag{13.20}$$

这样，垂直旋转指向重力涡旋跨断面成长指数的随黑潮流径曲率导数表示式可推演为

$$\left\{\frac{\partial(\mathrm{Ind}_{VG})}{\partial\dfrac{1}{\bar{\bar{R}}}}\approx-(\mathrm{Ind}_{VG})\frac{\left(3f+2\dfrac{\partial\bar{U}_2}{\partial x_1}+4\dfrac{\bar{U}_2}{\bar{\bar{R}}}\right)\bar{U}_2(-gk_1)|Lk_1|\Phi_A}{2\left[gk_1\hat{H}k_1\Phi_A+F\left(F+\dfrac{\partial\hat{U}_2}{\partial x_1}\right)\right]^2}\frac{\partial\hat{H}}{\partial x_1}\right\}_{\bar{M}}，\tag{13.21}$$

或

$$\left\{\frac{\partial(\mathrm{Ind}_{VG})}{\partial\left|\dfrac{1}{\bar{\bar{R}}}\right|}\approx(\mathrm{Ind}_{VG})\left\{\frac{\left(3f+2\dfrac{\partial\bar{U}_2}{\partial x_1}+4\dfrac{\bar{U}_2}{\bar{\bar{R}}}\right)\bar{U}_2|gk_1||Lk_1|\Phi_A}{2\left[gk_1\hat{H}k_1\Phi_A+F\left(F+\dfrac{\partial\hat{U}_2}{\partial x_1}\right)\right]^2}\left|\frac{\partial\hat{H}}{\partial x_1}\right|\right\}\mathrm{Sign}\left\{\frac{\partial\hat{H}}{\partial x_1}\right\}\mathrm{Sign}\{-k_1\}\mathrm{Sign}\left\{-\frac{1}{\bar{\bar{R}}}\right\}\right\}_{\bar{M}} 。\tag{13.22}$$

这样，由于右端前两个因子总是大于零的，所以成长指数随黑潮流径曲率模导数的符号取决于后三个符号因子：水深变深、涡旋移动方向和曲率半径负方向。

2.“黑潮分支”观测事实的重力涡旋“统一解析理论”动力学解译

按所导出的跨断面运动形状移动速度和成长指数以及它们随黑潮流径曲率模导数的解析表示式，我们可以给出四个一一对应观测事实的动力学解译，逐一阐述“黑潮分支”形成机制的各个方面。

1）按照运动形状移动速度随黑潮流径曲率导数的解析表示式

$$\left\{\frac{\partial|c_{V1}|}{\partial\left|\frac{1}{\bar{R}}\right|}=\frac{1}{2|k_1|}\frac{\bar{U}_2\left(3f+2\frac{\partial\bar{U}_2}{\partial x_1}+4\frac{\bar{U}_2}{\bar{R}}\right)}{\left[gk_1\hat{H}k_1\Phi_A+F\left(F+\frac{\partial\hat{U}_2}{\partial x_1}\right)\right]^{\frac{1}{2}}}\mathrm{Sign}\left\{\frac{1}{\bar{R}}\right\}\right\}_{\bar{M}}\text{。}\tag{13.17}$$

在流径的负曲率转弯处，由于有 $\mathrm{Sign}\left\{-\frac{1}{\bar{R}}\right\}=+$，极大的曲率 $\left|\frac{1}{\bar{R}}\right|_{MAX}$ 将对应着极小的移动速度 $|c_{V1}|_{MIN}$。形成的垂直旋转指向重力涡旋将以最小的移动速度留在大陆坡海域 $\mathrm{Sign}\left\{\frac{\partial\hat{H}}{\partial x_1}\right\}>0$，从而得到更充分的成长。以极小移动速度从转弯处缓慢溢出的重力涡旋将在陆架一侧海域滞留堆积。 这就是在负曲率转弯处有较强垂直旋转指向重力涡旋的额外发育成长以及在这里有最慢移动速度而滞留堆积的动力学机制。也是由于这种极小移动速度重力涡旋的缓慢溢出，才有它们在陆架一侧附近海域滞留堆积的观测现象存在。

这就是，我们有在“黑潮流径”负曲率流径转弯处垂直旋转指向重力涡旋的极小跨断面移动速度，从而能在断面内有额外时间发育成长和在陆架一侧海域缓慢溢出和滞留堆积的运动形状移动速度机制。

2）按照成长指数随黑潮流径曲率模导数表示式

$$\left\{\frac{\partial(\mathrm{Ind}_{VG})}{\partial\left|\frac{1}{\bar{R}}\right|}\approx(\mathrm{Ind}_{VG})\left\{\frac{\left(3f+2\frac{\partial\bar{U}_2}{\partial x_1}+4\frac{\bar{U}_2}{\bar{R}}\right)\bar{U}_2|gk_1||Lk_1|}{2\left[gk_1\hat{H}k_1\Phi_A+F\left(F+\frac{\partial\hat{U}_2}{\partial x_1}\right)\right]^2}\left|\frac{\partial\hat{H}}{\partial x_1}\right|\Phi_A\right\}\mathrm{Sign}\left\{\frac{\partial\hat{H}}{\partial x_1}\right\}\mathrm{Sign}\{-k_1\}\mathrm{Sign}\left\{-\frac{1}{\bar{R}}\right\}\right\}_{\bar{M}}\text{。}\tag{13.22}$$

跨断面向西移动的垂直旋转指向重力涡旋，$\mathrm{Sign}\{-\hat{H}k_1\}=+$，在负曲率流径转

弯处，$\mathrm{Sign}\left\{-\frac{1}{R}\right\}=+$ 大陆坡海域内，$\mathrm{Sign}\left\{\frac{\partial \hat{H}}{\partial x_1}\right\}=+$，极大的曲率 $\left|\frac{1}{R}\right|_{Max}$ 将对应着极大的成长指数 $(\mathrm{Ind}_{VG})_{Max}$。这样，按照成长指数这个综合指标，我们可以联合考虑垂直旋转指向重力涡旋成长的时间和效率因素。结合第一条的论证我们可以得到从负曲率转弯处缓慢溢出的实际上是一种最强发育的重力涡旋，它以一种最小的形状移动速度在陆架一侧附近海域内滞留堆积。这就是“黑潮分支”形成发展机制的解析综合说明。

3）在“黑潮流径”的负曲率转弯处所形成的最发育垂直旋转重力涡旋是使漂流浮标从这里以一种大夹角形式被推出黑潮流径的有效行为主体。

由图 13.1 可以看到，在“黑潮流径”负曲率转弯处常有漂流浮标以大夹角形式脱离黑潮流径，并在大陆架一侧海域形成套状漂流浮标轨迹线。显然，在这里因得到额外发育而特别增强的垂直旋转指向重力涡旋会在负曲率转弯处缓慢溢出，在大陆架一侧海域滞留堆积，它们应当是这种现象的主要行为主体。它们是在三个负曲率流径转弯处将漂流浮标以大夹角形式推出黑潮主干，并形成右旋套状轨迹线的主要动力学相互作用机制。

4）“黑潮分支”实际上首先是额外发育的重力涡旋列的缓慢溢出和滞留堆积，再者是这种涡旋强水平混合形成的黑潮陆架水混合水舌，以及由这种水舌状密度分布所诱导适应流动的总和。

在“黑潮流径”的负曲率转弯处，垂直旋转指向重力涡旋因有极大的成长指数而成为得到额外发育的最强涡旋和以它极小的运动形状移动速度向大陆架一侧海域缓慢溢出和滞留堆积的。这种强涡旋，一方面携带大量黑潮水进入大陆架一侧海域，并在那里滞留堆积，另一方面又以额外发育强涡旋形式在滞留堆积海域增强那里的水平涡动混合水平。这实际上就是黑潮-陆架水混合水舌在这里形成的动力学机制。**所谓“黑潮分支”实际上就是这种额外发育的强重力涡旋的缓慢溢出和滞留堆积，因它们而形成的黑潮-陆架混合水以及由这种混合水舌所诱导的适应流动作用。**“黑潮分支”实际上是这三种因素的总和。首先是在额外增强发育垂直右旋转重力涡旋的作用下漂流浮标在负曲率转弯处以大夹角形式被推出黑潮主干，再则舌状的黑潮-陆架混合水诱导的适应流动会使浮标做左旋转的套状轨迹线移动。这种向右反转的套状流动甚至会使浮标重新套着再漂回黑潮主干。这就是在黑潮流径三个负曲率转弯处大陆一侧有复杂漂流浮标轨迹线形成的主要机制。

以上四点就是我们关于“黑潮分支”垂直旋转指向重力涡旋运动本质和“黑潮流径”弯曲形态对垂直旋转指向重力涡旋作用机制，以及在这些流动行为主体作用下形成漂流浮标套状轨迹线的完整展现机制。

13.4 黑潮“多核结构”海洋资料集观测计算事实的动力学解译研究

13.4.1 黑潮“多核结构”PN 断面高精度 CTD 剖面仪观测和观测计算事实

至今关于黑潮“多核结构”的认知还都是基于 CTD 剖面仪的高精度测量和断面流速动力计算结果而形成的。所谓黑潮“多核结构”指的是径向流速跨断面的多极值有规律水平离岸排列现象。早期的研究以发现和验证这种现象的存在为目的。图 13.6 是早先中外海洋学家所做的工作。这里值得注意的还是第一海洋研究所的研究人员在本世纪初所做的工作，见图 13.7。他们采用当时所能收集到的约 90 组高精度 CTD 剖面仪 PN 断面逐季测量资料，开展了系统的跨断面径向流速分布计算结果的动力学和统计学分析研究，给出了一些很有定性描述和定量刻画意义的分析结果。审视图13.7，也包括部分图13.6所示的高精度CTD剖面仪测量计算PN断面流速分布，我们发现如下重要海洋现象特征。

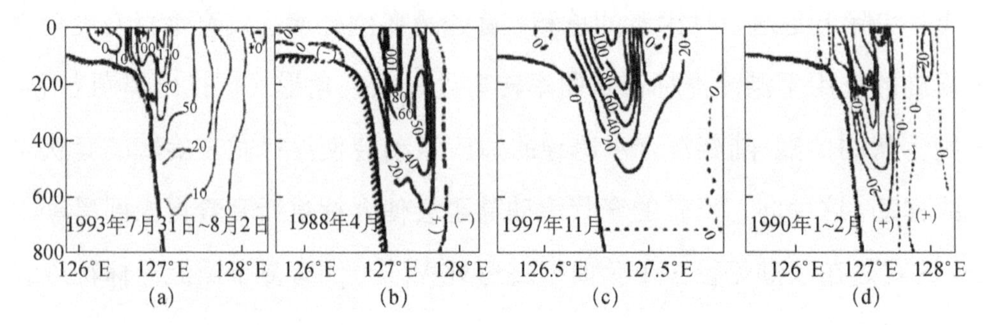

图13.6　早期中外海洋学家在PN断面上按测量的温盐深数据计算的径向流速“多核结构”示意图

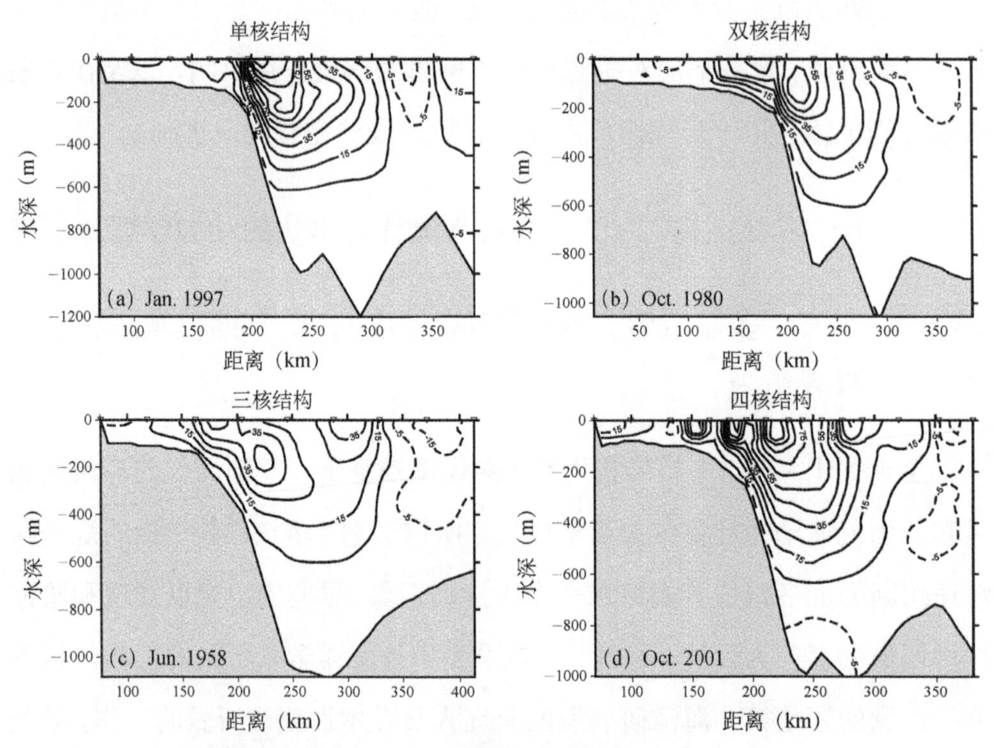

图13.7　处于黑潮流径平直段的PN断面测量计算径向流速“多核结构”示意图（它们仅发生在水深增加的大陆坡一侧）

1. 频繁观测计算到“多核结构”现象的 PN 断面，实际上处于东中国海黑潮流径平直段的中间部位上，“多核结构”一般发生在黑潮流径的大陆坡一侧海域。

PN 断面几乎正好处于台湾远东北黑潮流径的正曲率转弯处和九州岛西南负曲率转弯处的中间部位。从这种在大陆坡海域发生的径向流速多极值分布现象，实际上如图 13.7 中的黄色垂直线标示的一样，和“单核结构”即黑潮本身一样，它们都存在于水深向外海增加的大陆架坡海域内。

“黑潮分支”和“多核结构”实际上是一对黑潮与重力涡旋相互作用现象，它们分别是发生在黑潮海域的垂直和水平重力涡旋运动现象。只是“黑潮分支”正好处于流经负曲率转弯处的垂直旋转指向重力涡旋现象，而“多核结构”则是发生在黑潮流径平直段上的水平旋转指向重力涡旋现象而已。我们要问，这两种有各自运动空间分布特征的现象是规律性的吗？我们需要给出它们的统一解析动力学机制论述。

2. PN 断面上大样本统计给出的“多核结构”出现率分布，是与水平旋转指向重力涡旋的生成发展物理模型相联系的。它是具有完全自由度初阶次水平旋转指向重力涡旋的动力学和统计学一致性特征表象。

按 PN 断面的约 90 个测量计算样本统计，“多核结构”的出现率可以高达 47%，它应当是一种可靠的黑潮水平径向流速多核分布现象。其中初阶次的两、三、四核结构出现率可分别为 31%、11%、5%。这种稳定的“多核结构”出现率分布应当是与大陆架坡顶端生成的水平旋转指向重力涡旋发展物理模型有高度动力学一致性的。与这种物理模型相关的空间特征尺度数据主要有“小于大陆架坡尺度的重力涡旋尺度”和“小于黑潮流径曲率半径的大陆架坡尺度”。在大陆坡上缘形成的水平旋转指向重力涡旋，只有向外海方向移动的才能进入大陆坡海域并在那里得到相互作用的发育。其中少阶次“多核结构”有自由的空间发育特征，能充分显示水平旋转指向重力涡旋的发生概率。在黑潮空间尺度关系下“四核结构”实际上是一组临界的自由发育情况，从“一核结构”到“四核结构”是一组难得的非约束性水平旋转指向重力涡旋排列现象。

3.“四核结构”是一种临界自由发育情况，有相当确定性的实测核间距可以作为海洋动力系统数学物理描述能力的确定性定量标准。

“多核结构”核间距的跨大陆坡海域分布，呈现大陆一侧小、大洋一侧大的分布态势。“四核结构”是在东海黑潮大陆坡海域时空尺度限制条件下所得到的临界自由发育水平旋转指向重力涡旋列情况，其核间距实测分布可以是从大陆一侧 $O(27\text{km})$ 的紧密排到大洋一侧 $O(42\text{km})$ 的。实际上，只有在大陆坡上缘形成向大洋方向移动的水平旋转指向重力涡旋才能在大陆坡海域得到临界自由的发育，才能有这样的连续分布。“四核结构”是一种临界自由的完整发育情况，这种有确定意义核间距测量的理论检验可以作为海洋动力系统数学物理描述能力定量认定的实例。

4. 按重力涡旋“统一解析理论”第二存在性限制条件可以得到“多核结构”生成发展物理模型的解析定量表述，它是“多核结构”出现率统计模型建立的物理基础。

大陆坡上缘是背景速度剪切最发育的地方，水平旋转指向重力涡旋的生成发展模型可以按第二存在性限制条件的首阶次形式确定。它在向大洋一侧移动的过程中因水深增加效应和速度剪切生成作用而得到多样性的发展。单独的重力涡旋可以按向大陆一侧移动或向海洋一侧移动的初始状态分别得到为确定的50%出现率。这样，在从“单核结构”到“四核结构”的形成过程中，我们可以在自由演算的意义下依次得到它们的理论出现率。这时，我们可以按照离开大陆坡顶端的时间顺序来规定重力涡旋发生的先后，处于大陆一侧的“流核”是晚发生的，发育时间短的当然有小的核间距，处于大洋一侧的“流核”是早发生的，发育时间长的当然有大的核间距。

13.4.2 “多核结构”测量和测量计算事实的重力涡旋“统一解析理论”动力学解译研究

在随后的这一节中，我们先花两段篇幅给出动力学解译所需要的重要属性关系式，包括水平旋转指向重力涡旋的跨断面频率-波数关系式和指数成长率表示式、运动形状移动速度和成长指数表示式以及它们随黑潮流径曲率导数的解析表示式。而后再花两段篇幅分别对“多核结构”的四条观测计算事实做无一缺失的动力学解译。

1. 水平旋转指向重力涡旋的跨断面频率-波数关系式和指数成长率表示式

按重力涡旋解析应用子篇第一章所导得的第二存在性限制条件(11.89)，我们有

$$\left\{\omega^2=-\left\{F\left[\frac{1}{2n\pi}\frac{\partial\bar{U}_2}{\hat{H}\partial\sigma}\hat{H}k_1-\left(F+\frac{\partial\hat{U}_2}{\partial x_1}\right)\right]-\mathrm{i}\frac{F}{2n\pi}\frac{\partial\bar{U}_2}{\hat{H}\partial\sigma}\left(\frac{\partial\hat{H}}{\partial x_1}+\frac{\hat{H}}{\bar{R}}\right)\right\}\right\}_{\bar{M}}\qquad n=0,\pm1,\pm2,\ \dots\ 。\tag{13.23}$$

在这里，我们需要确定这个关系式中的首项指数n。首先它不应该是$n=0$的平凡解。再则，考虑到在实际海洋中水平旋转指向重力涡旋空间尺度应当小于大陆坡宽度，即$\left|\hat{H}k_1\right|>\left|\frac{\partial\hat{H}}{\partial x_1}\right|$，和大陆坡宽度应当小于流径曲率半径，即$\left|\frac{\partial\hat{H}}{\partial x_1}\right|>\left|\frac{\hat{H}}{\bar{R}}\right|$。这样，我们可以要求（13.22）式右端花括号内的第一项大于

零，即有

$$\left\{F>0,\ \frac{1}{2\pi}\frac{\partial\bar{U}_2}{\hat{H}\partial\sigma}\left|\hat{H}k_1\right|-\left(F+\frac{\partial\hat{U}_2}{\partial x_1}\right)>0\right\}_{\bar{M}},\tag{13.24}$$

以确定标示首阶次项的整数 n 。它实际上是模等于 1，即 $|n|=1$ 和符号与运动形状移动方向保持一致，即 $\mathrm{Sign}\{n\}=\mathrm{Sign}\{\hat{H}k_1\}$ 所规定的运动。这样，首阶次应确定为 $n=1\times\mathrm{Sign}\{\hat{H}k_1\}$ 。在所规定的首阶次运动中，我们还可以按“重力涡旋尺度小于大陆坡宽度，即 $\left|\hat{H}k_1\right|>\left|\frac{\partial\hat{H}}{\partial x_1}\right|$，和大陆坡宽度小于流径曲率半径，即 $\left|\frac{\partial\hat{H}}{\partial x_1}\right|>\left|\frac{\hat{H}}{\bar{R}}\right|$ 的实际海洋条件”，得到

$$\left\{\left|\frac{1}{2\pi}\frac{\partial\bar{U}_2}{\hat{H}\partial\sigma}\left|\hat{H}k_1\right|-\left(F+\frac{\partial\hat{U}_2}{\partial x_1}\right)\right|>\left|\frac{1}{2\pi}\frac{\partial\bar{U}_2}{\hat{H}\partial\sigma}\left(\frac{\partial\hat{H}}{\partial x_1}+\frac{\hat{H}}{\bar{R}}\right)\right|\right\}_{\bar{M}}。\tag{13.25}$$

这样，经过整理后的第二存在性限制条件和它的 Taylor 展开式首阶次项可以写成

$$\left\{\omega=\omega_{H\mathrm{Disper}}+\mathrm{i}\omega_{H\mathrm{Growth}}=\pm\mathrm{i}\left\{\begin{aligned}&F\left[\frac{1}{2\pi}\frac{\partial\bar{U}_2}{\hat{H}\partial\sigma}\left|\hat{H}k_1\right|-\left(F+\frac{\partial\hat{U}_2}{\partial x_1}\right)\right]\\&-\mathrm{i}\frac{F}{2\pi}\frac{\partial\bar{U}_2}{\hat{H}\partial\sigma}\left|\frac{\partial\hat{H}}{\partial x_1}\right|\mathrm{Sign}\{\hat{H}k_1\}\mathrm{Sign}\left\{\frac{\partial\hat{H}}{\partial x_1}\right\}\end{aligned}\right\}^{\frac{1}{2}}\right\}_{\bar{M}},\tag{13.26}$$

和

$$\left\{\begin{aligned}&\omega=\omega_{H\mathrm{Disper}}+\mathrm{i}\omega_{H\mathrm{Growth}}\\&\approx\pm\left\{\frac{\frac{1}{4\pi}F^{\frac{1}{2}}\frac{\partial\bar{U}_2}{\hat{H}\partial\sigma}\left|\frac{\partial\hat{H}}{\partial x_1}\right|\mathrm{Sign}\{\hat{H}k_1\}\mathrm{Sign}\left\{\frac{\partial\hat{H}}{\partial x_1}\right\}}{\left[\frac{1}{2\pi}\frac{\partial\bar{U}_2}{\hat{H}\partial\sigma}\left|\hat{H}k_1\right|-\left(F+\frac{\partial\hat{U}_2}{\partial x_1}\right)\right]^{\frac{1}{2}}}+\mathrm{i}F^{\frac{1}{2}}\left[\frac{1}{2\pi}\frac{\partial\bar{U}_2}{\hat{H}\partial\sigma}\left|\hat{H}k_1\right|-\left(F+\frac{\partial\hat{U}_2}{\partial x_1}\right)\right]^{\frac{1}{2}}\right\}\end{aligned}\right\}_{\bar{M}}\tag{13.27}$$

由于复频率的实部具有物理频率的意义，它是一个大于零的量，所以右端的符号应取为

$$\pm = \mathrm{Sign}\left\{\hat{H}k_1\right\}\mathrm{Sign}\left\{\frac{\partial \hat{H}}{\partial x_1}\right\}。 \tag{13.28}$$

这样，我们有首阶次的复频率-波数关系

$$\left\{\begin{array}{l}\omega = \omega_{H\mathrm{Disper}} + \mathrm{i}\,\omega_{H\mathrm{Growth}} \\ \approx \left\{\dfrac{\dfrac{1}{4\pi}F^{\frac{1}{2}}\dfrac{\partial \bar{U}_2}{\hat{H}\partial\sigma}\left|\dfrac{\partial \hat{H}}{\partial x_1}\right|}{\left[\dfrac{1}{2\pi}\dfrac{\partial \bar{U}_2}{\hat{H}\partial\sigma}\left|\hat{H}k_1\right| - \left(F + \dfrac{\partial \hat{U}_2}{\partial x_1}\right)\right]^{\frac{1}{2}}} + \mathrm{i}\,F^{\frac{1}{2}}\left[\dfrac{1}{2\pi}\dfrac{\partial \bar{U}_2}{\hat{H}\partial\sigma}\left|\hat{H}k_1\right| - \left(F + \dfrac{\partial \hat{U}_2}{\partial x_1}\right)\right]^{\frac{1}{2}}\mathrm{Sign}\left\{\hat{H}k_1\right\}\mathrm{Sign}\left\{\dfrac{\partial \hat{H}}{\partial x_1}\right\}\right\}\end{array}\right\}_{\bar{M}}。$$

(13.29)

这样，水平旋转指向重力涡旋的跨断面频率-波数关系式和指数成长率表示式可导得为

1）水平旋转指向重力涡旋的跨断面频率-波数关系式

$$\left\{\omega_{H\mathrm{Disper}} = \frac{\dfrac{1}{4\pi}F^{\frac{1}{2}}\dfrac{\partial \bar{U}_2}{\hat{H}\partial\sigma}\left|\dfrac{\partial \hat{H}}{\partial x_1}\right|}{\left[\dfrac{1}{2\pi}\dfrac{\partial \bar{U}_2}{\hat{H}\partial\sigma}\left|\hat{H}k_1\right| - \left(F + \dfrac{\partial \hat{U}_2}{\partial x_1}\right)\right]^{\frac{1}{2}}}\right\}_{\bar{M}}, \tag{13.30}$$

2）水平旋转指向重力涡旋的跨断面指数成长率表示式

$$\left\{\omega_{H\mathrm{Growth}} = F^{\frac{1}{2}}\left[\frac{1}{2\pi}\frac{\partial \bar{U}_2}{\hat{H}\partial\sigma}\left|\hat{H}k_1\right| - \left(F + \frac{\partial \hat{U}_2}{\partial x_1}\right)\right]^{\frac{1}{2}}\mathrm{Sign}\left\{\hat{H}k_1\right\}\mathrm{Sign}\left\{\frac{\partial \hat{H}}{\partial x_1}\right\}\right\}_{\bar{M}}。 \tag{13.31}$$

这个首阶次运动导出结果表明，产生于大陆坡上缘跨黑潮断面向大洋一侧移动的水平旋转指向重力涡旋型扰动，$\mathrm{Sign}\left\{\hat{H}k_1\right\} = +$，在大陆坡海域 $\mathrm{Sign}\left\{\dfrac{\partial \hat{H}}{\partial x_1}\right\} = +$ 总是有正指数成长率的。由于只有成长的才是存在的，这实际上就是“统一解析理论”所规定的，具有一致性动力学内涵的大陆坡上缘

水平旋转指向重力涡旋生成发展物理模型。

2. 水平旋转指向重力涡旋的跨断面运动形状移动速度和成长指数以及它们的随黑潮流径曲率导数

1）水平旋转指向重力涡旋的跨断面运动形状移动速度和成长指数表示式

（1）水平旋转指向重力涡旋的跨断面运动形状移动速度表示式

我们可以按定义式将水平旋转指向重力涡旋的跨断面运动形状移动速度写成

$$\left\{ c_{H1} \equiv \frac{\omega_{H\text{Disper}}}{k_1} = \frac{\dfrac{F^{\frac{1}{2}}}{4\pi} \dfrac{\partial \bar{U}_2}{\hat{H}\partial\sigma} \left| \dfrac{\partial \hat{H}}{\partial x_1} \right|}{k_1 \left[\dfrac{1}{2\pi} \dfrac{\partial \bar{U}_2}{\hat{H}\partial\sigma} \left| \hat{H} k_1 \right| - \left(F + \dfrac{\partial \hat{U}_2}{\partial x_1} \right) \right]^{\frac{1}{2}}} \right\}_{\bar{M}} \text{。} \tag{13.32}$$

（2）水平旋转指向重力涡旋的跨断面运动成长指数表示式

我们可以定义水平旋转指向重力涡旋移动固定距离 L 的成长倍数作为它的跨断面成长指数

$$\left\{ (\text{Ind}_{HG}) \equiv \exp\{\omega_{H\text{Growth}} T_{HL}\} = \exp\left\{ \omega_{H\text{Growth}} \frac{L}{c_{H1}} \right\} \right\}_{\bar{M}} \text{。} \tag{13.33}$$

在这里，$T_{HL} = \dfrac{L}{c_{H1}}$ 是跨断面涡旋运动形状移动固定距离 L 所花的时间，其中是 $\omega_{H\text{Growth}}$ 和 c_{H1} 分别是先前列出的指数成长率（13.31）和跨断面运动形状移动速度（13.32）。这样，将这些表示式代入定义式（13.33），则我们有水平旋转指向重力涡旋的跨断面运动成长指数为

$$\left\{(\mathrm{Ind}_{HG})=\exp\left\{\frac{\left[\frac{\partial\bar{U}_2}{\hat{H}\partial\sigma}\left|\hat{H}k_1\right|-2\pi\left(F+\frac{\partial\hat{U}_2}{\partial x_1}\right)\right]}{\frac{1}{2}\frac{\partial\bar{U}_2}{\partial\sigma}\left|\frac{\partial\hat{H}}{\partial x_1}\right|}L\left|\hat{H}k_1\right|\mathrm{Sign}\left\{\frac{\partial\hat{H}}{\partial x_1}\right\}\right\}\right\}_{\bar{M}} 。\quad(13.34)$$

2）水平旋转指向重力涡旋的跨断面运动形状移动速度和成长指数随曲率导数

（1）水平旋转指向重力涡旋的跨断面运动形状移动速度随黑潮流径曲率导数表示式

做水平旋转指向重力涡旋跨断面运动形状移动速度的随黑潮流径曲率导数，考虑其中的参变量 $F\equiv f+2\frac{\bar{U}_2}{\bar{R}}$，$\frac{\partial\hat{U}_2}{\partial x_1}\equiv\frac{\partial\bar{U}_2}{\partial x_1}-\frac{\bar{U}_2}{\bar{R}}$ 的随曲率复合关系，我们有

$$\left\{\frac{\partial c_{H1}}{\partial\frac{1}{\bar{R}}}=\frac{\partial}{\partial\frac{1}{\bar{R}}}\left\{\frac{\frac{F^{\frac{1}{2}}}{4\pi\hat{H}k_1}\frac{\partial\bar{U}_2}{\partial\sigma}\left|\frac{\partial\hat{H}}{\partial x_1}\right|}{\left[\frac{1}{2\pi}\frac{\partial\bar{U}_2}{\hat{H}\partial\sigma}\left|\hat{H}k_1\right|-\left(F+\frac{\partial\hat{U}_2}{\partial x_1}\right)\right]^{\frac{1}{2}}}\right\}\right\}_{M_1}$$

或

$$\left\{\begin{aligned}&\frac{\partial c_{H1}}{\partial\frac{1}{\bar{R}}}=\frac{\partial}{\partial\frac{1}{\bar{R}}}\left\{\frac{\frac{F^{\frac{1}{2}}}{4\pi\hat{H}k_1}\frac{\partial\bar{U}_2}{\partial\sigma}\left|\frac{\partial\hat{H}}{\partial x_1}\right|}{\left[\frac{1}{2\pi}\frac{\partial\bar{U}_2}{\hat{H}\partial\sigma}\left|\hat{H}k_1\right|-\left(F+\frac{\partial\hat{U}_2}{\partial x_1}\right)\right]^{\frac{1}{2}}}\right\}\\&=\frac{\left\{2\left[\frac{1}{2\pi}\frac{\partial\bar{U}_2}{\hat{H}\partial\sigma}\left|\hat{H}k_1\right|-\left(F+\frac{\partial\hat{U}_2}{\partial x_1}\right)\right]+F\right\}}{F^{\frac{1}{2}}\left[\frac{1}{2\pi}\frac{\partial\bar{U}_2}{\hat{H}\partial\sigma}\left|\hat{H}k_1\right|-\left(F+\frac{\partial\hat{U}_2}{\partial x_1}\right)\right]^{\frac{3}{2}}}\frac{1}{8\pi\hat{H}k_1}\bar{U}_2\frac{\partial\bar{U}_2}{\partial\sigma}\left|\frac{\partial\hat{H}}{\partial x_1}\right|\end{aligned}\right\}_{M_1} 。\quad(13.35)$$

（2）水平旋转指向重力涡旋成长指数的随黑潮流径曲率导数表示式

做水平旋转指向重力涡旋成长指数的随黑潮流径曲率导数，考虑其中

的参变量 $F \equiv f+2\frac{\bar{U}_2}{\bar{R}}$，$\frac{\partial \hat{U}_2}{\partial x_1} \equiv \frac{\partial \bar{U}_2}{\partial x_1} - \frac{\bar{U}_2}{\bar{R}}$ 的随曲率复合关系，我们有

$$\left\{\frac{\partial(\mathrm{Ind}_{HG})}{\partial \frac{1}{\bar{\bar{R}}}} = (\mathrm{Ind}_{HG})\left\{\frac{\left|\hat{H}k_1\right| \mathrm{Sign}\left\{\frac{\partial \hat{H}}{\partial x_1}\right\}}{\frac{\partial \bar{U}_2}{\partial \sigma}\left|\frac{\partial \hat{H}}{\partial x_1}\right|} 4\pi L \frac{\partial\left[\frac{1}{2\pi}\frac{\partial \bar{U}_2}{\hat{H}\partial\sigma}\left|\hat{H}k_1\right| - \left(F+\frac{\partial \hat{U}_2}{\partial x_1}\right)\right]}{\partial \frac{1}{\bar{\bar{R}}}}\right\}\right\}_{\bar{M}}。$$

或

$$\left\{\frac{\partial(\mathrm{Ind}_{HG})}{\partial \frac{1}{\bar{\bar{R}}}} = -(\mathrm{Ind}_{HG})\left[4\pi L \frac{\bar{U}_2}{\frac{\partial \bar{U}_2}{\partial \sigma}} \frac{\left|\hat{H}k_1\right|}{\left|\frac{\partial \hat{H}}{\partial x_1}\right|} \mathrm{Sign}\left\{\frac{\partial \hat{H}}{\partial x_1}\right\}\right]\right\}_{\bar{M}} \quad (13.36)$$

3.“多核结构”观测计算事实的重力涡旋“统一解析理论”动力学解译研究

1)“多核结构”发生在东中国海黑潮流径大陆坡一侧海域和在平直段起始端 PN 断面上频繁观测计算到“多核结构”现象的动力学机制

按所提出的重力波动“统一解析理论”，“多核结构”实际上是水平旋转指向重力涡旋列的依次做离大陆坡向排列。所导出的动力学机制主要包括

(1) 水平旋转指向重力涡旋频率-波数关系所显示的运动控制机制

按所导出的频率-波数关系式

$$\left\{\omega_{H\mathrm{Disper}} = \frac{\frac{1}{4\pi}F^{\frac{1}{2}}\frac{\partial \bar{U}_2}{\hat{H}\partial\sigma}\left|\frac{\partial \hat{H}}{\partial x_1}\right|}{\left[\frac{1}{2\pi}\frac{\partial \bar{U}_2}{\hat{H}\partial\sigma}\left|\hat{H}k_1\right| - \left(F+\frac{\partial \hat{U}_2}{\partial x_1}\right)\right]^{\frac{1}{2}}}\right\}_{\bar{M}}, \quad (13.30)$$

这里的水平旋转指向重力涡旋，实际上是受背景速度剪切作用 $\frac{\partial \bar{U}_2}{\hat{H}\partial\sigma}$ 和海底

地形变深效应$\left|\frac{\partial \hat{H}}{\partial x_1}\right|$控制的次级环流运动。但是，由于这些机制是包括在重力涡旋控制方程组中的，我们依旧称这种水平旋转指向次级环流为一种重力涡旋。

（2）"多核结构"存在于黑潮流经断续海槽大陆坡一侧海域的动力学机制

按导出的水平旋转指向重力涡旋指数成长率表示式

$$\left\{\omega_{H\text{Growth}} = F^{\frac{1}{2}}\left[\frac{1}{2\pi}\frac{\partial \bar{U}_2}{\hat{H}\partial\sigma}\left|\hat{H}k_1\right| - \left(F + \frac{\partial \hat{U}_2}{\partial x_1}\right)\right]^{\frac{1}{2}} \text{Sign}\left\{\hat{H}k_1\right\}\text{Sign}\left\{\frac{\partial \hat{H}}{\partial x_1}\right\}\right\}_{\bar{M}}，\quad (13.31)$$

所要求的$\text{Sign}\left\{\hat{H}k_1\right\} = +$和$\text{Sign}\left\{\frac{\partial \hat{H}}{\partial x_1}\right\} = +$，在大陆坡一侧海域总是有正指数成长率的。这样，按照"成长的才是存在的"认知，我们实际上已经给出了**"多核结构"现象发生在东中国海黑潮流径大陆坡一侧海域**的理论证明。

（3）"多核结构"能频繁在 PN 断面上观测计算到的小运动形状移动速度额外发育机制

在台湾远东北海域形成的黑潮流径向大洋一侧凸出的正曲率转弯处，对于在东中国海黑潮流径平直段的形成额外发育的"多核结构"起着重要作用。事实上，按导出的运动形状移动速度随黑潮流径导数表示式

$$\left\{\frac{\partial c_{H1}}{\partial \frac{1}{\bar{R}}} = \frac{\left\{2\left[\frac{1}{2\pi}\frac{\partial \bar{U}_2}{\hat{H}\partial\sigma}\left|\hat{H}k_1\right| - \left(F + \frac{\partial \hat{U}_2}{\partial x_1}\right)\right] + F\right\}}{F^{\frac{1}{2}}\left[\frac{1}{2\pi}\frac{\partial \bar{U}_2}{\hat{H}\partial\sigma}\left|\hat{H}k_1\right| - \left(F + \frac{\partial \hat{U}_2}{\partial x_1}\right)\right]^{\frac{3}{2}}}\frac{1}{8\pi\hat{H}k_1}\bar{U}_2\frac{\partial \bar{U}_2}{\partial\sigma}\left|\frac{\partial \hat{H}}{\partial x_1}\right|\right\}_{\bar{M}}。\quad (13.35)$$

和首阶次涡旋满足的条件

$$\left\{\text{Sign}\left\{\hat{H}k_1\right\} = +,\ F > 0,\ \frac{1}{2\pi}\frac{\partial \bar{U}_2}{\hat{H}\partial\sigma}\left|\hat{H}k_1\right| - \left(F + \frac{\partial \hat{U}_2}{\partial x_1}\right) > 0\right\}_{\bar{M}}，\quad (13.24)$$

我们总有首阶次水平旋转指向重力涡旋运动形状移动速度随黑潮流径导数大于零的状况。这样，在从 PN 断面附近起始一直延伸到九州远西南的东中国海黑潮流段上总有较台湾远东北向大洋一侧凸出的正曲率转弯处更小的运动形状移动速度。这保证了水平旋转指向重力涡旋能在这一流段上有更多的滞留时间，能在大陆坡一侧海域得到额外的发育，成长出更能被观测计算到的首阶次重力涡旋列的结果。这就是在东中国海黑潮平直流段上能较频繁观测计算到“多核结构”的运动形状移动速度动力学机制。

（4）“多核结构”频繁在 PN 断面观测计算到的额外发育成长指数综合发展机制

按导出的水平旋转指向重力涡旋成长指数的流径曲率导数表示式

$$\left\{\frac{\partial(\mathrm{Ind}_{HG})}{\partial\frac{1}{\bar{\bar{R}}}}=-(\mathrm{Ind}_{HG})\left[4\pi L\frac{\bar{U}_2}{\frac{\partial\bar{\bar{U}}_2}{\partial\sigma}}\frac{\left|\hat{H}k_1\right|}{\left|\frac{\partial\hat{H}}{\partial x_1}\right|}\mathrm{Sign}\left\{\frac{\partial\hat{H}}{\partial x_1}\right\}\right]\right\}_{\bar{M}}。\qquad(13.36)$$

考虑到首阶次涡旋满足的条件（13.24）， 我们有首阶次水平旋转指向重力涡旋成长指数的流径导数总是小于零的。这样，在从 PN 断面附近一直延伸到九州远西南的东中国海黑潮平直段上，总有随曲率减少而增加的成长指数，它使作为“多核结构”基本元的水平旋转指向重力涡旋得到综合的额外发育，成长为在这里更能被观测计算到的首阶次重力涡旋列。这就是“多核结构”在东中国海黑潮平直段上能更频繁观测计算到的综合动力学机制。

2）提出水平旋转指向重力涡旋扰动概率分布模型的 PN 断面“多核结构”大样本出现率分布一致性统计认知

实际上，“多核结构”的统计模型应当包括它确定性的生成发展物理模型和它随机性的分布规律概率模型。前者，在上一节中我们用频率-波数关系式给出它的地形变浅和速度剪切类属性，用运动形状移动速度和综合成长指数以及它们的随黑潮流径曲率导数给出它的成长发展机制；后者，在本节中我们将用简单的“均匀分布”发生概率模型，给出它大样本出现率分布的一致性统计检验。

在这里，我们首先认为（1）发生在大陆坡上缘的水平旋转指向重力涡旋型扰动是一类亚中尺度运动，它的发生受到黑潮流经断续海槽的大陆坡海域地形变深尺度和速度剪切尺度的约束。“多核结构”的单核、两核、三核、四核，可以被认为是扰动元有充分发展空间的，扰动元的发生和不发生的均匀性要求它们有相等的自由概率发生率，即向大陆和向大洋各占 $P=50\%$ 的出现率；（2）“四核结构”是一种很特殊的情况，在大陆坡上缘产生的水平旋转指向重力涡旋扰动需要一个接一个地产生，按所给出的运动形状移动速度和综合成长指数成长，它能自由地达到最后布满断续海槽大陆架坡一侧海域的情况。我们称这种最后能布满断续海槽大陆坡一侧海域的“四核结构”情况为**临界自由和完整发育的“多核结构”**。

按上述概率分布模型定义的“多核结构”随机事件，应当有以下出现率分布的计算，它们是单核的出现率计算为 $P^1=(50\%)^1=50\%$，两核出现率计算为 $P^2=(50\%)^2=25\%$，三核计算为 $P^3=(50\%)^3=12.5\%$，四核计算为 $P^4=6.25\%$。这个结果实际上是与大样本统计的“多核结构”出现率分布高度一致的，它们是单核的出现率约为53%，两核的约为31%、三核的约为11%、四核的约为5%。这种由高自由度计算结果确定的大样本出现率结果与实际测量的一致性认证了我们的“多核结构”随机特征。

4."多核结构"核间距跨黑潮流径大陆坡海域分布呈现大陆一侧小和大洋一侧大的基本态势。临界自由和完整确定的"四核结构"核间距现场测量的理论检验是海洋动力系统数学物理描述能力的高定量认知依据

按照黑潮海域"多核结构"的生成发展物理模型，它是一类在大陆坡上缘生成，在向大洋一侧移动的过程中在大陆坡海域临界发育的首阶次水平旋转指向重力涡旋运动。在东中国海黑潮平直段上早期形成的这种涡旋将以较发育的形态，排列在该海域向大洋一侧的前部，这样，我们自然有核间距跨大陆坡海域的大陆一侧小、大洋一侧大的分布态势。

用"比波数"$\left|\hat{H}k_1\right|$作为标示"多核结构"的水平旋转指向重力涡旋特征尺度，我们按"测量计算到的总是有最大成长指数的标示涡旋"认知，做该类涡旋成长指数随标示波数导数，则有

$$\left\{\frac{\partial(\mathrm{Ind}_{HG})}{\partial\left|\hat{H}k_1\right|}=(\mathrm{Ind}_{HG})\frac{\partial}{\partial\left|\hat{H}k_1\right|}\left\{\frac{\left[\frac{1}{2\pi}\frac{\partial\bar{U}_2}{\hat{H}\partial\sigma}\left|\hat{H}k_1\right|-\left(F+\frac{\partial\hat{U}_2}{\partial x_1}\right)\right]}{\frac{1}{4\pi}\frac{\partial\bar{U}_2}{\partial\sigma}\frac{\partial\hat{H}}{\partial x_1}}L\left|\hat{H}k_1\right|\right\}\right\}_{\bar{M}}$$

或

$$\left\{\frac{\partial(\mathrm{Ind}_{HG})}{\partial\left|\hat{H}k_1\right|}=(\mathrm{Ind}_{HG})4\pi L\frac{\left[\frac{1}{\pi}\frac{\partial\bar{U}_2}{\hat{H}\partial\sigma}\left|\hat{H}k_1\right|-\left(F+\frac{\partial\hat{U}_2}{\partial x_1}\right)\right]}{\frac{\partial\bar{U}_2}{\partial\sigma}\frac{\partial\hat{H}}{\partial x_1}}\right\}_{\bar{M}}。\qquad(13.37)$$

注意到在大陆坡海域表示式（13.37）右端的主要部分

$\left[\frac{1}{\pi}\frac{\partial\bar{U}_2}{\hat{H}\partial\sigma}\left|\hat{H}k_1\right|-\left(F+\frac{\partial\hat{U}_2}{\partial x_1}\right)\right]$可以改写成

$$\left\{\left[\frac{1}{\pi}\frac{\partial\bar{U}_2}{\hat{H}\partial\sigma}\left|\hat{H}k_1\right|-\left(F+\frac{\partial\hat{U}_2}{\partial x_1}\right)\right]=2\left[\frac{1}{2\pi}\frac{\partial\bar{U}_2}{\hat{H}\partial\sigma}\left|\hat{H}k_1\right|-\left(F+\frac{\partial\hat{U}_2}{\partial x_1}\right)\right]+\left(F+\frac{\partial\hat{U}_2}{\partial x_1}\right)\right\}_{\bar{M}},$$

（13.38）

它实际上是一个恒大于零的因子。这样，由一般极值条件

$$\left\{\frac{\partial\left(Ind_{HG}\right)}{\partial\left|\hat{H}k_1\right|}=0\right\}_{\bar{M}\text{极值条件}} \quad \text{或} \quad \left\{\frac{1}{\pi}\frac{\partial\bar{U}_2}{\hat{H}\partial\sigma}\left|\hat{H}k_1\right|-\left(F+\frac{\partial\hat{U}_2}{\partial x_1}\right)=0\right\}_{\bar{M}\text{极值条件}}，\quad (13.39)$$

是不能给出问题极值的。问题的极值应当由这个极值条件与边界限制条件值$\left\{\frac{F}{2\pi}\frac{\partial\bar{U}_2}{\hat{H}\partial\sigma}\left|\hat{H}k_1\right|-F\left(F+\frac{\partial\hat{U}_2}{\partial x_1}\right)=0\right\}_{\bar{M}\text{边界条件限制值}}$的小者等于零得到。这里小者实际上就是边界条件限制值，即我们有

$$\left\{\frac{1}{2\pi}\frac{\partial\bar{U}_2}{\hat{H}\partial\sigma}\left|\hat{H}k_1\right|-\left(F+\frac{\partial\hat{U}_2}{\partial x_1}\right)=0\right\}_{\bar{M}\text{极值条件限制值}}。\quad (13.40)$$

做这个方程的代数解，这样，我们有水平旋转指向重力涡旋的核间距解析表示式为

$$\left\{\left|K_{1MIN}\right|=2\pi\frac{\left(F+\frac{\partial\hat{U}_2}{\partial x_1}\right)}{\frac{\partial\bar{U}_2}{\partial\sigma}}\right\}_{\bar{M}} \quad \text{或} \quad \left\{L_{1MIN}=\frac{2\pi}{\left|K_{1MIN}\right|}=\frac{\frac{\partial\bar{U}_2}{\partial\sigma}}{\left(f+\frac{\partial\bar{U}_2}{\partial x_1}+\frac{\bar{U}_2}{\bar{R}}\right)}\right\}_{\bar{M}}。\quad (13.41)$$

其中核间距波数关系可写成$\left|K_{1MIN}\right|=\frac{2\pi}{L_{1MIN}}$。按黑潮海域与表示式（13.40）有关的基本空间尺度和运动尺度估计：

$[\partial x_1]=55\text{km}$（表示左锋区 20km 和 1/2 主干区 35km 的和），

$[\partial\sigma]=0.5$（表示水深的一半，约 700m），

$$[\partial U_2]_H=\pm1.5\frac{\text{m}}{\text{sec}}，\quad f=10^{-4}\frac{1}{\text{sec}}，\quad (13.42)$$

其中流速变化前的正负号分别对应于黑潮流径陆架一侧到大洋一侧的变化。这样，在黑潮平直段（曲率等于零，$\frac{1}{R}=0$）上我们可以计算得“多核

结构”的核间距空间分布为

$$\left\{L_{1MIN}=\frac{2\pi}{|K_{1MIN}|}=\left\{\frac{\dfrac{\partial\bar{U}_2}{\partial\sigma}}{\left(f+\dfrac{\partial\bar{U}_2}{\partial x_1}\right)}\right\}_{Left}\sim\left\{\frac{\dfrac{\partial\bar{U}_2}{\partial\sigma}}{\left(f+\dfrac{\partial\bar{U}_2}{\partial x_1}\right)}\right\}_{Right}\right\}_{\bar{M}}$$

或

$$\left\{\left\{\frac{\dfrac{1.5\dfrac{\mathrm{m}}{\mathrm{sec}}}{0.5}}{\left(1\times10^{-4}\dfrac{1}{\mathrm{sec}}+\dfrac{1.5\dfrac{\mathrm{m}}{\mathrm{sec}}}{55000\mathrm{m}}\right)}\right\}_{Left}\sim\left\{\frac{\dfrac{1.5\dfrac{\mathrm{m}}{\mathrm{sec}}}{0.5}}{\left(1\times10^{-4}\dfrac{1}{\mathrm{sec}}-\dfrac{1.5\dfrac{\mathrm{m}}{\mathrm{sec}}}{55000\mathrm{m}}\right)}\right\}_{Right}=\{23.6\mathrm{km}\}_{Left}\sim\{41.3\mathrm{km}\}_{Right}\right\}_{\bar{M}}。 \tag{13.43}$$

这个结果所表示的分布和量值特征几乎与测量计算结果完全一致。它不但呈现大陆一侧小、大洋一侧大的分布态势，其量值小的在大陆一侧可小到$O(27\mathrm{km})$，大的在大洋一侧可大到$O(42\mathrm{km})$。这种与测量计算事实几乎定量一致的结果，进一步检验了在海洋动力系统框架下所导出的重力涡旋控制方程组对“多核结构”这样的次中尺度标准运动类几何尺度问题的数学物理精确描述能力。

13.5 讨论和总结

在这里，我们将扼要给出“黑潮流径”基本弯曲形态和“黑潮分支”与“多核结构”两个黑潮与重力涡旋相互作用运动本质现象的高精度和大覆盖海洋资料集认定陈述。而后在重力涡旋“统一解析理论”基础上给出“西部边界流径”、“黑潮分支”和“多核结构”观测和观测计算事实无一缺失的动力学解译研究。

13.5.1 “黑潮流径”基础弯曲形态以及“黑潮分支”和“多核结构”涡旋运动本质现象的海洋资料集观测认定

1.“黑潮流径”基础弯曲形态的观测现象认定

多年平均“黑潮流径”可以用漂流浮标轨迹线密度分布的高值带界限来勾画。它表明，黑潮起源于菲律宾以东海域，在流向吕宋海峡的过程中逐渐汇聚成一股宽度约为150 km、厚度约为700 m，向下游略有扩展的大宽深比北向强流。黑潮实际上是沿着断续海槽的大陆坡一侧海域流动的北太平洋西部边界流，约束黑潮流动的这条断续海槽包括跨巴士水道的两条南北走向海山之间，台湾东岸岛坡和以东平行海山之间，以及跨过花莲海山进入中国东海所沿流的冲绳海槽。流经的冲绳海槽在济州岛以南九州西南海域顺势地形转向东偏南，直指图格拉海峡面向日本以南海域。与这条断续海槽相联系的“黑潮流径”基础弯曲形态主要包括三个流径向大陆一侧凸出的负曲率转弯处，它们分别处于巴士水道、台湾近东北和九州西南海域以及一个流径向大洋一侧凸出的正曲率转弯处，它位于台湾远东北海域，在这个正曲率转弯处和相邻两个负曲率转弯处之间的两个“黑潮流径”平直段分别处于台湾东北海域和东中国海中间海域，其间有IS和PN两个水文断面分跨于它们之上。

2.“黑潮分支”和“多核结构”的黑潮与重力涡旋标准运动类运动相互作用本质认定

结合第一海洋研究所早期在济州岛以南海域所做的泛中尺度涡旋跟踪调查研究，本文基于高分辨和大覆盖海洋资料所给出的泛中尺度涡旋直观表象描述，给出了“黑潮分支”的黑潮与垂直旋转指向重力涡旋相互作用运动本质认定。结合早期中国和日本海洋学家按当时所收集的零星 PN 断面高精度温盐深仪测量资料动力计算结果，本文更采用了第一海洋研究所在本世纪初所实现的逐季高精度温盐深仪测量大样本动力学计算结果，给出了“多核结构”的黑潮与水平旋转指向重力涡旋相互作用运动本质的认定。所有观测和观测计算事实无一缺失的动力学解译也从结果角度证实了这种相互作用运动本质认定的正确性。

13.5.2 北太平洋“西部边界流径”、“黑潮分支”和“多核结构”观测和观测计算事实的动力学解译研究

1.“西部边界流径”观测事实的重力涡旋“统一解析理论”动力学解译

重力涡旋“统一解析理论”的垂直旋转指向重力涡旋频率-波数关系式和指数成长率表示式是

$$\left\{\omega_{V\mathrm{Disper}}=\left[gk_1\hat{H}k_1\Phi_A+F\left(F+\frac{\partial\hat{U}_2}{\partial x_1}\right)\right]^{\frac{1}{2}}\right\}_{\bar{M}}, \tag{13.7}$$

和

$$\left\{\omega_{V\mathrm{Growth}}=\frac{\frac{g}{2}\left|\frac{\partial\hat{H}}{\partial x_1}\right||k_1|\Phi_A}{\left[gk_1\hat{H}k_1\Phi_A+F\left(F+\frac{\partial\hat{U}_2}{\partial x_1}\right)\right]^{\frac{1}{2}}}\mathrm{Sign}\left\{\frac{\partial\hat{H}}{\partial x_1}\right\}\mathrm{Sign}\{-k_1\}\right\}_{\bar{M}}。 \tag{13.8}$$

它们首先表明，垂直旋转指向重力涡旋的频率-波数关系，实际上对包括重力和地转力涡旋在内的泛中尺度涡旋运动都是适用的；指数成长率表示式给出北太平洋“西部边界流径”海域高度计海面起伏统计偏差分布特征的地形形成机理，主要包括琉球岛链以东岛架坡海域统计偏差高值带和黑

潮流经断续海槽中部海域统计偏差低值带形成机制的动力学解译。

2. “黑潮分支”观测事实的重力涡旋“统一解析理论”动力学解译

所导出的垂直旋转指向重力涡旋的运动形状移动速度和成长指数随曲率模导数表示式

$$\left\{\frac{\partial\left|c_{V1}\right|}{\partial\left|\frac{1}{\bar{R}}\right|}=\frac{\bar{U}_2\left(3f+2\frac{\partial\bar{U}_2}{\partial x_1}+4\frac{\bar{U}_2}{\bar{R}}\right)}{2\left|k_1\right|\left[F\left(F+\frac{\partial\hat{U}_2}{\partial x_1}\right)+g\hat{H}k_1^2\Phi_A\right]^{\frac{1}{2}}}\mathrm{Sign}\left\{\frac{1}{\bar{R}}\right\}\right\}_{\bar{M}}, \tag{13.17}$$

和

$$\left\{\frac{\partial\left(\mathrm{Ind}_{VG}\right)}{\partial\left|\frac{1}{\bar{R}}\right|}\approx\left(Ind_{VG}\right)\left\{\frac{\left(3f+2\frac{\partial\bar{U}_2}{\partial x_1}+4\frac{\bar{U}_2}{\bar{R}}\right)\bar{U}_2 g\Phi_A}{2\hat{H}\left[g\hat{H}k_1^2\Phi_A+F\left(F+\frac{\partial\hat{U}_2}{\partial x_1}\right)\right]^2}\left|Lk_1\right|\left|\hat{H}k_1\right|\left|\frac{\partial\hat{H}}{\partial x_1}\right|\right\}\mathrm{Sign}\left\{-\hat{H}k_1\right\}\mathrm{Sign}\left\{\frac{\partial\hat{H}}{\partial x_1}\right\}\mathrm{Sign}\left\{-\frac{1}{\bar{R}}\right\}\right\}, \tag{13.22}$$

它们表明，垂直旋转指向重力涡旋在负曲率转弯处有最慢的跨断面运动形状移动速度和最大的成长指数。这实际上就是“有最发育的垂直旋转指向重力涡旋以最慢的运动形状移动速度从负曲率转弯处缓慢溢出，并在流径大陆架一侧海域滞留堆积”的数学物理表述。这也是黑潮与垂直旋转指向重力涡旋相互作用和“黑潮分支”形成机制的解析表述。所谓“黑潮分支”实际上就是在负曲率转弯处得到额外发育的垂直旋转指向重力涡旋向大陆架一侧海域缓慢溢出和滞留堆积，在这里因这种涡旋存在而增强的局域水平混合能力和所产生的指向大陆架一侧海域的黑潮-陆架水混合水舌以及由这种显著混合水舌诱导的套状密度适应流动的总和。

3. 黑潮“多核结构”观测计算事实的重力涡旋“统一解析理论”动力学解译

在这里，我们将做成两件事：一件是提出“多核结构”的形成机制，另一件是理论检验核间距的观测计算结果，作为动力学解译的核心命题来归结。

1）黑潮“多核结构”的形成机制

所导出的水平旋转指向重力涡旋移动速度模和成长指数表示式

$$\left\{ c_{H1} \equiv \frac{\omega_{H\text{Disper}}}{k_1} = \frac{\frac{1}{4\pi} F^{\frac{1}{2}} \frac{\partial \bar{U}_2}{\hat{H}\partial\sigma}\left|\frac{\partial \hat{H}}{\partial x_1}\right|}{k_1 \left[\frac{1}{2\pi}\frac{\partial \bar{U}_2}{\hat{H}\partial\sigma}\left|\hat{H}k_1\right| - \left(F + \frac{\partial \hat{U}_2}{\partial x_1}\right)\right]^{\frac{1}{2}}} \right\}_{\bar{M}} \tag{13.32}$$

和

$$\left\{ (\mathrm{Ind}_{HG}) = \exp\left\{ \frac{\left[\frac{1}{2\pi}\frac{\partial \bar{U}_2}{\hat{H}\partial\sigma}\left|\hat{H}k_1\right| - \left(F + \frac{\partial \hat{U}_2}{\partial x_1}\right)\right]}{\frac{1}{4\pi}\frac{\partial \bar{U}_2}{\hat{H}\partial\sigma}\left|\frac{\partial \hat{H}}{\partial x_1}\right|} \frac{L}{\hat{H}}\left|\hat{H}k_1\right| \mathrm{Sign}\left\{\frac{\partial \hat{H}}{\partial x_1}\right\} \right\} \right\}_{\bar{M}} \tag{13.37}$$

以及它们随黑潮流径曲率模的导数

$$\left\{ \frac{\partial\left|c_{H1}\right|}{\partial\left|\frac{1}{\bar{\bar{R}}}\right|} = \left\{ \frac{\left\{\left[\frac{1}{2\pi}\frac{\partial \bar{U}_2}{\hat{H}\partial\sigma}\left|\hat{H}k_1\right| - \left(F + \frac{\partial \hat{U}_2}{\partial x_1}\right)\right] + \frac{F}{2}\right\}}{4\pi F^{\frac{1}{2}}\left[\frac{1}{2\pi}\frac{\partial \bar{U}_2}{\hat{H}\partial\sigma}\left|\hat{H}k_1\right| - \left(F + \frac{\partial \hat{U}_2}{\partial x_1}\right)\right]^{\frac{3}{2}}} \frac{\bar{U}_2}{\left|k_1\right|}\frac{\partial \bar{U}_2}{\hat{H}\partial\sigma} \right\} \left|\frac{\partial \hat{H}}{\partial x_1}\right| Sign\left\{\frac{1}{\bar{\bar{R}}}\right\} \right\}_{\bar{M}} \tag{13.35}$$

和

$$\left\{\frac{\partial(\mathrm{Ind}_{HG})}{\partial\left|\frac{1}{\bar{R}}\right|}=(Ind_{HG})4\pi L\frac{\bar{U}_2\left|\hat{H}k_1\right|}{\frac{\partial\bar{U}_2}{\partial\sigma}\left|\frac{\partial\hat{H}}{\partial x_1}\right|}Sign\left\{-\frac{1}{\bar{R}}\right\}\right\}_{\bar{M}}\text{。}\tag{13.39}$$

成长指数表示式（13.37）表明，起源于大陆架坡上缘向大洋一侧移动的水平旋转指向重力涡旋扰动，在大陆坡海域因为有大于 1 的成长指数而呈指数成长。这是重力涡旋“统一解析理论”所描述的“多核结构”生成发展动力学模型。

运动形状移动速度随曲率模导数表示式（13.35）表明，水平旋转指向重力涡旋在黑潮流径平直段的 PN 断面上有较小的运动形状移动速度，在这里，“多核结构”有更多的时间留在大陆坡海域得到额外的发育和更充分的成长。

成长指数随曲率模导数表示式（13.39）表明，水平旋转指向重力涡旋在处于黑潮流径平直段起始端附近的 PN 断面上，有较大的综合成长指数。得到额外发育和充分成长水平旋转指向重力涡旋的存在是在这里经常观测计算到“多核结构”现象的主要动力学机制。

2）黑潮“多核结构”核间距测量计算大样本结果的理论检验

按照“成长指数极值波数确定的就是物理上存在的运动”这一观测现象认知原则，我们比较成长指数对波数导数等于零确定的极值条件

$$\left\{\frac{1}{\pi}\frac{\partial\bar{U}_2}{\hat{H}\partial\sigma}\left|\hat{H}k_1\right|-\left(F+\frac{\partial\hat{U}_2}{\partial x_1}\right)=0\right\}_{\bar{M}\text{极值条件}}\tag{13.43}$$

和运动存在限制性条件决定的边界条件限制值

$$\left\{\frac{F}{2\pi}\frac{\partial\bar{U}_2}{\hat{H}\partial\sigma}\left|\hat{H}k_1\right|-F\left(F+\frac{\partial\hat{U}_2}{\partial x_1}\right)=0\right\}_{\bar{M}\text{边界条件限制值}}\text{，}\tag{13.24}$$

这样，我们可以取后者为确定极值的现实条件。按此我们有“多核结构”

的核间距理论计算公式

$$\left\{L_{1\mathrm{MIN}} \equiv \frac{2\pi}{\left|k_{1MIN}\right|} = \frac{\dfrac{\partial \bar{U}_2}{\partial \sigma}}{\left(F + \dfrac{\partial \hat{U}_2}{\partial x_1}\right)}\right\}_{M\text{边界条件限制值}}。 \quad (13.45)$$

采用公允的黑潮实际尺度估计，这个公式表示的核间距理论范围是

$$\left\{L_1 = \{23.6\mathrm{km}\}_{\mathrm{Left}} \sim \{41.3\mathrm{km}\}_{\mathrm{Right}}\right\}_{\bar{M}\text{边界条件限制值}}。 \quad (13.47)$$

这个理论结果与“四核结构”实测计算结果 $O(27\mathrm{km}) \sim O(42\mathrm{km})$ 集合完全一致，进一步检验了“海洋动力系统控制方程组完备集”对重力涡旋标准类运动的数学物理描述能力。

3）黑潮“多核结构”出现率的测量结果：单核约为 53%，两核约为 31%、三核约为 11%和四核约为 5%与“充分自由度发生现象”的理论出现率结果：单核约为 50%，两核约为 25%、三核约为 12.5%和四核约为 6.25%的高度一致性，说明“多核结构”观测现象发生的随机属性特征。这种属性对于海洋动力系统数值模式体系模拟计算具有深刻的确定性意义。

后　记

写到这里，应该告一段落了。在这里，我们引入系统科学的概念、思想和知识体系，导出海洋运动崭新的数学物理描述体系。所提出的非线性力湍流、重力波动、重力涡旋和地转力环流四运动类划分，从控制力及其平衡状态两个层次上“无叠置-全覆盖”了整个海洋运动系统。所给出的运动类分解-合成运算样式在与运动分类相洽和运动类描述量可加的两方面，保证了海洋动力系统运动类的控制方程组完备集与海洋流体力学原始Navier-Stokes控制方程组的一致性。所导出的控制方程组完备集无一缺失地描述了运动类和它们之间的运动相互作用，它们开辟了一条物理海洋学从“近代”到“现代”的精密科学研究通途。

我们所开展的“一般海洋”简化的解析研究，包括从湍流输运通量混合项和混合系数的结构均衡形式解析估计和一组推荐的基本特征量闭合方程，到“一般海洋”简化的重力涡旋的“统一解析理论”以及它们在从Prandtl混合模型到“黑潮分支”和“多核结构”观测事实无一缺失的动力学解译。这些解析工作的展示并不在于渲染理论工作的华丽夺目，而在于宣示了整个现代物理海洋学研究的开始。实际上，它们也为另一部分工作的开始奠定了坚实的理论基础，它就是“海洋动力系统数值模式体系”的研制。